Bibliographia Cartographica

Internationale Dokumentation des kartographischen Schrifttums
International documentation of cartographical literature
Documentation internationale de la litterature cartographique

Herausgegeben von der
Staatsbibliothek zu Berlin
– Preussischer Kulturbesitz –
in Verbindung mit der
Deutschen Gesellschaft für Kartographie e.V.

Redaktion: Lothar Zögner

Vol. 23 (1996)

K · G · Saur München
ISSN 0340-0409

Redaktionsschluß: 1.7.1996

Verantwortlich für die Redaktion:

Dr. Lothar Zögner
Leiter des Arbeitskreises „Bibliographie des kartographischen Schrifttums“
in der Deutschen Gesellschaft für Kartographie
und Direktor der Kartenabteilung der Staatsbibliothek zu Berlin
Preußischer Kulturbesitz,
Postfach 1407, 10772 Berlin

Redaktionelle Mitarbeit:

Dr. Helga Kallenbach
Kerstin Löwed-Lößl
Dr. Diethard Loeser

Gedruckt auf säurefreiem Papier / Printed on acid-free paper

Printed in the Federal Republic of Germany
by Druck-Partner Rübelmann GmbH, Hemsbach/Bergstr.

ISBN 3-598-20639-9

LIST OF COLLABORATORS
VERZEICHNIS DER MITARBEITER
LISTE DES COLLABORATEURS

Albania	Mr. E. SAMIMI, Geographic Studies Center, Rr. "Myslym Shyri" Nr. 11, Tirana
Argentina	Prof. Dr. P. J. GALLEZ, Instituto Patagonico, Calle Peru 339, RA-8000 Bahia Blanca
Australia	National Library of Australia, Map Collection, Canberra A.C.T. 2600
	MAIC H.-J. VOJACEK, 70 Elinga Street, Howrah 7018, Tasmania 7009
Austria	Frau Prof. Dr. I. KRETSCHMER, Institut für Geographie der Universität Wien, Universitätsstr. 7, A 1010 Wien
Belgium	Prof. Dr. F. DEPUYDT, Redingenstr. 16, B 3000 Leuven
Brasilia	Mrs. R. E. HORCH, Caixa postal 11201, Sao Paolo
Bulgaria	Prof. Dr. B. BEŠEVLIEV, Institut für Balkanistik, ul. G. Bonćev, bl. 6, BG-1113 Sofia
	Dipl.-Ing. V. KOEN, i.H. Glavna Upravlenie po Geodezija i Kartografija, ul Alabin 46, Sofia C
Canada	Mr. E.H. DAHL, Early Cartography Specialist National Archives of Canada, Ottawa K1A ON3
	Prof. Dr. H. SCHLICHTMANN, Dep. of Geography, Univ. of Regina, Regina Sask. S4S OA2
Croatia	Prof. Dr. N. FRANČULA, Geodetski fakultet Sveučilišta u. Zagrebu, Kačiceva ul. 26, Zagreb
Czech Republic	Dr. I. KUPČIK, Kiliansplatz 2, D 80339 München
Denmark	Mr. H. DUPONT, The Royal Library, P.O. Box 2149, DK-1016 Copenhagen K.
Finland	Dipl.-Ing. S. BIRKSTEDT, Maanmittaushallitus, Kirkkokatu 3, SF 00170 Helsinki 17

France	Comité Français de Cartographie, 138 bis, Rue de Grenelle, F 75007 Paris
	Mr. O. LOISEAU, Bibliothèque Nationale, Département des Cartes et Plans, 58 Rue de Richelieu, F 75 Paris
Germany	Herrn Wolfgang CROM, Württembergische Landesbibliothek, Postfach 105441, D 70047 Stuttgart
	Prof. Dr. U. FREITAG, Institut für Kartographie, Freie Universität Berlin, Arno-Holz-Str. 12, D 12165 Berlin
	Prof. Dr.-Ing. G. HAKE, Börie 58, D 30966 Hemmingen
	Frau Dr. H. KALLENBACH, Staatsbibliothek zu Berlin - Preußischer Kulturbesitz, Kartenabteilung, Postf. 1407, D 10772 Berlin
	Dr. D. LOESER, Staatsbibliothek zu Berlin - Preußischer Kulturbesitz, Kartenabteilung, Postf. 1407, D 10772 Berlin
	Frau Dipl.-Päd. S. MITTENZWEI, Staatsbibliothek zu Berlin - Preußischer Kulturbesitz, Unter den Linden 8, D 10117 Berlin
	Dipl.-Geogr. W. POBANZ, Institut für Kartographie, Freie Universität Berlin, Arno-Holz-Str. 12, D 12165 Berlin
	Prof. Dr. W. SPERLING, Geographisches Institut, Fachbereich Geographie, Tarforster Str. 55, D 54296 Trier
Great Britain	Mrs. Dr. K.S. COOK, Map Library, The British Library, Great Russell Street, London WC1
	Mr. F. HERBERT, Royal Geographical Society, Kensington Gore, London SW7 2AR
Hungary	MEM-CARTACTUAL, P.O.B. 76, V., Guszev u. 19, H 1367 Budapest
India	Prof. Dr. S.P. CHATTERJEE, Geographical Society of India, Univ. of Calcutta, Senate-House, Calcutta 12
Indonesia	Prof. J. RAIS M.Sc., Deputy Ketua Bokosurtanal, Jalan Dr. Wahidin 1/11, Jakarta
Ireland	Mr. M.C. O'GORMAN, Ordnance-Survey Office, Phoenix Park, Dublin

Israel	Prof. Dr. N. KADMON, The Hebrew University of Jerusalem, Dept. of Geography, Mount Scopus, 91905 Jerusalem
Italy	Dr. G. MOTTA, Direttore Cartografica, Istituto Geografico de Agostini, Corso della Vittoria 91, Novara
Japan	Mr. K. KANAZAWA, Japan Consulting Engineers Association, 1-21-5, Shin-Toride, Toride-Shi, 302 Japan
	Mrs. J. SUZUKI, The Map Library, National Diet Library, 1-10-1, Nagatacho, Chiyoda-ku, Tokyo. 100 Japan
Luxemburg	Prof. Dr. L.B.F. KORMOSS, Dyver 7, B 8000 Brugge, Belgien
Mexico	Unidad de Agencias, Cetenal, San Antonio Abad 124, Mexico 8 DF
Morocco	Mr. A. HAKHAM, Ing.-Topogr., A.N.I.G.E.T., Service Topographique, Rue Henri Mangeard, Rabat
Netherlands	Prof. Dr. Ferjan ORMELING, Rijksuniversiteit, Postbus 80.115, Heidelberglaan 2, NL-3508 TC Utrecht
	Prof. Dr. G. SCHILDER, Geografisch Instituut, Rijksuniversiteit te Utrecht, Transitorium II, Heidelberglaan 2, De Uithof, Utrecht
Norway	Mr.T. SøRBø, Kartsamling, Universitets-biblioteket, Drammensveien 42, Oslo
Peru	Prof. V.H. ROGGERO, Eng. Photogrammetry, Instituto Geográfico, Ministerio de Guerra, Lima
Poland	Dr. J. OSTROWSKI, Instytut Geografii i Przestrzennego Zagospodarowania PAN, Krakowskie Przedmiescie 30, 00-927 Warszawa
Portugal	Prof. Dr. O. RIBEIRO, Instituto di Geografia, Universidade de Lisboa, Lisboa
Romania	Dr. V. DUMITRESCU, Institutul de Geografie, Str. Dim. Racovita 12, Bucharest, Code 70307
Russia	Prof. A.M. BERLJANT, Geografičeskij Fakultet, Leninskie Gory, MGU, 119899 Moskva
	Mrs. Dr. N. KOTELNIKOVA, Dep. of Cartographic Publications Lenin State Library, 3, Kalinin Prospekt, 101000 Moskva

Slovakia	Mr. J. PRAVDA, Geografický ústav SAV, Štefánikova 49, 81473 Bratislava
Slovenia	M.Sc. B. LIPEJ, MOP-Geodetska uprava Republike Slovenije, Kristanova ul. 1, SI-61000 Ljubljana
South African	Chief Director of Surveys and Mapping, Dep. of Community Republic Development, Private Bag, 7705 Mowbray
Spain	Mrs. Dr. M. GALERA I MONEGAL, Institut Cartogràfic de Catalunya, Parc de Montjuïz, E-08038 Barcelona
Sweden	Dr. G. SCHALIN, Esselte, P.O.B. 22 069, S 104 22 Stockholm
Switzerland	Prof. Dipl.-Ing. E. SPIESS, Kartogr. Institut der E.T.H. CH 8093 Zürich-Hönggerberg
	Dipl.-Geogr. A. CAFLISCH, Schweizerische Landesbibliothek, Hallwylstr. 15, CH 3000 Bern
Thailand	Lieutenant General Ch. KULKASEM, Director of Survey, The Royal Thai Survey Dep., Bangkok
Turkey	Prof. Dr.-Ing. D. UCAR, I.T.Ü. Insaat Fakültesi. Jeodesi ve Fotogrametri, Mühendisligi Bölümü, TR-80626 Maslak-Istanbul
USA	Mr. R.E. GRIM, Geography and Map Division, Library of Congress, Washington D.C. 20540, USA
International	Prof. Dr. I.B.F. KORMOSS, Dyver 7, B 8000 Brugge, Organisations Belgien
	Mr. K.H. STABE, United Nations, Box 20, New York. N.Y. 10017, USA

A. Bibliography, Documentation, General literature
Bibliographie, Dokumentation, Allgemeines Schrifttum
Bibliographie, documentation, littérature générale

1. Reference Tools
Allgemeine Hilfsmittel
Moyens auxiliaires généraux

0001
Asch, Angela; Fasching, Gerhard L.: Die Ortsnamenbearbeitung bei der Salzburger Ortsnamenkommission. In: Festschrift Ortsnamenforschung. 20 Jahre Salzburger Ortsnamenkommission. - Salzburg 1995. p.165-176, 5 ill. (SIR Schriftenreihe, Bd 14.)

0002
Glossar. Begriffe und Abkürzungen der Rechnergestützten Kartographie und allgemeinen EDV. - Bielefeld: Deutsche Gesellschaft für Kartographie, Arbeitskreis Praktische Kartographie 1993. 86 p.

0003
Historisches Ortschaftsverzeichnis für ehemals zu Deutschland gehörige Gebiete (Zeitraum 1914-1945). Bd 1 ff. - Frankfurt am Main: Verlag des Institutes für angewandte Geodäsie 1994-

0004
Kiser, Dan: Geographic Names. Independent States in the World as of June 19, 1994. In: Geographic and Global Issues. Quarterly. 4, 1994, 1. p.19-26.

0005
Raykowski, Hans: Historisches Gemeindeverzeichnis für das Oldenburger Land 1814-1980. Mit Angaben zur Vogtei-, Amts- und Kreiszugehörigkeit sowie zur Karten- und Kirchenbuchüberlieferung und einem Kartenanhang. 2., verb. Aufl. - Oldenburg: Holzberg 1994. 52 p. (Inventare und kleinere Schriften des Staatsarchivs in Oldenburg. 14.)

0006
Zögner, Lothar: A national historical Dictionary of Mapmakers. In: How to identify a mapmaker. An international bibliographic Guide. - Paris 1995. p.11-16.

2. Bibliographies, Catalogues
Bibliographien, Kataloge
Bibliographies, catalogues

0007
Armitage, Geoff: County cartobibliographies of England and Wales: addendum. In: The Map Collector. 73, 1995. p.20-23, 2 ill.

0008
Bibliographie Geographie, Kartographie, Reisen. Bibliography of Geography, Cartography, Travel. Deutschsprachige Hochschulschriften und Veröffentlichungen außerhalb des Buchhandels, 1966-1990. Red.: Irene Butt und Monika Eichler. Vol. 1-4. - München: Saur 1994. 1420 p. ISBN 3-598-22641-1

0009
Bibliography of the History of Cartography of the Netherlands. Compiled by Peter van der Krogt, Marc Hameleers and Paul van den Brink. - Utrecht: H & S Publishers 1993. 418 p.
ISBN 90-6194-158-X

0010
Chan, Amy: New maps. In: Bulletin. Association of Canadian Map Libraries and Archives. 92, 1995. p.36.

0011
Crotts, Joe and others: New mapping of Western North America. In: Information Bulletin. Western Association of Map Libraries. 26, 1995, 3. p.62-63.

0012
Czerny, A.; Ostrowski, Jerzy: Nowości Wydawnicze. In: Polski przegląd kartograficzny. 26, 1994, 1. p.38-50. [Editorial news.] [Pol.]

0013
Espenhorst, Jürgen: Andree, Stieler, Meyer & Co. Handatlanten des deutschen Sprachraumes (1800-1945) nebst Vorläufern und Abkömmlingen im In- und Ausland. Bibliographisches Handbuch. - Schwerte: Pangaea Verlag 1994. 431 p., ill.

0014
Espenhorst, Jürgen: Andree, Stieler, Meyer & Co. Bibliographie der Handatlanten. Nachtrag 1995. - Schwerte 1995. p.434-482, ill.

0015
Fortin, Marcel; Dubreuil, Lorraine; Woods, Cheryl: Canadian fire insurance plans in Ontario collections, 1976-1973. - Ottawa, Ontario: Association of Canadian Map Libraries and Archives 1995. X, 107 p., ill., mp. (Occasional Papers of the Association of Canadian Map Libraries and Archives. 5.)

0016
Globes at auctions. From catalogues of Christie's and Sotheby's. [1993]. In: Internationale Coronelli-Gesellschaft für Globen- und Instrumentenkunde. Information. 21, 1994. p.8-12.

0017
Globes at auctions. From catalogues of Christie's and Sotheby's. [1992]. In: Internationale Coronelli-Gesellschaft für Globen- und Instrumentenkunde. Information. 20, 1993. p.11-18.

0018
Gosson, Claire; Lacasse, Diane; Stevens, Heather: Canadian Maps & Atlases selected for the International Cartographic Association, Barcelona, 1995. In: Bulletin. Association of Canadian Map Libraries and Archives. 92, 1995. p.22-26.

0019
Hohmann, Karl-Heinz: Karten des Michael Buyx in niederrheinischen Archiven. Ein kursorischer Überblick. In: Michael Buyx (1795-1882). Geometer, Altertumsfreund, Sammler. - Geldern 1995. p.137-145, 1 ill. (Veröffentlichungen des Historischen Vereins für Geldern und Umgegend. 96.)

0020
Holzer, Gerhard: Sammlung Woldan. Bestandskatalog. Abteilung A Cartographica. Teil I: Gesamte Erde und Außereuropa. - Wien: Verlag der Österreichischen Akademie der Wissenschaften 1995. 122 p. (Österreichische Akademie der Wissenschaften, phil.hist. Klasse, Sitzungsberichte, 628. Bd.) ISBN 3-7001-2219-5

0021
Holzer, Gerhard; Dörflinger, Johannes: Cartographic rarities of the "Woldan Collection" (late 15th to early 19th cen-

turies). Exhibition in the Archives of the Vienna University. 16th International Conference on the History of Cartography. - Vienna: Austrian Academy of Sciences 1995. 20 p.

0022
Howard E. Welsh (1917-1990). In: Internationale Coronelli-Gesellschaft für Globen- und Instrumentenkunde. Information. 18, 1991. p.3-24.

0023
Imhof, Viola: Die Wandkarten von Eduard Imhof. Beschreibung einer Sammlung und kommentierte Bibliographie. In: Karten hüten und bewahren. - Gotha 1995. p.67-80, 2 ill. (Kartensammlung und Kartendokumentation. 11.)

0024
Kartographische Zimelien der Österreichischen Nationalbibliothek. Objektliste zur Ausstellung. 16th International Conference on the History of Cartography. - Wien: Österreichische Nationalbibliothek 1995. 12 p.

0025
Klaus, Wolfram: Städte der neuen Bundesländer im Kartenbild. Teil I: Pläne und Grundrisse von 1550 - 1850. 2. Aufl. - Berlin: Staatsbibliothek zu Berlin 1994. 104 p. (Kartographische Bestandsverzeichnisse. 2.)

0026
Klöti, Thomas: Der virtuelle Atlas: Die Sammlung Ryhiner sowie weitere kartengeschichtlich interessante Anlegestellen im Internet. In: Cartographica Helvetica. 12, 1995. p.45-47, 2 tab.

0027
Larochelle, Rémi: Liste d'atlas mondiaux et régionaux disponibles à la cartothéque de l'Université Laval. In: Bulletin. Association of Canadian Map Libraries and Archives. 92, 1995. p.31-32.

0028
Leipziger Stadtpläne: Verzeichnis der in Leipziger Institutionen verfügbaren Karten und Pläne. Hrsg. von Pro Leipzig in Zusammenarbeit mit dem Stadtgeschichtlichen Museum Leipzig. - [Leipzig]: Passage-Verlag 1994. 39 p., ill., mp.
ISBN 3-9803465-4-4

0029
Neumann, Joachim: Über deutsche Landkartenausstellungen und ihre Kataloge. In: Karten hüten und bewahren. - Gotha 1995. p.141-147. (Kartensammlung und Kartendokumentation. 11.)

0030
Nowości Wydawnicze. In: Polski przegląd kartograficzny. 26, 1994, 2. p.110-122. [Editorial news.] [Pol.]

0031
Robin, Bruce: New books & atlases. In: Bulletin. Association of Canadian Map Libraries and Archives. 92, 1995. p.33-35.

0032
Schmidt, Rudolf: Literatur zur Globenkunde. In: Information. Internationale Coronelli-Gesellschaft für Globen- und Instrumentenkunde. 22, 1995. p.4-9.

0033
Schoeneich, Philippe: Cartographie géomorphologique en Suisse. Une bibliographie commentée et des propositions. In: Cartographie géomorphologique - Cartographie des risques. Actes de la Réunion annuelle de la Société Suisse de Géomorphologie 19 au 21 juin 1992 aux Diablerets et à Randa. - Lausanne 1992. p.1-13. (Université de

Lausanne. Inst. de Géographie. Travaux et recherches. 9.) [With German and French rés.]

0034
Shirley, Rodney W.: British Library Atlas Collection Project. - Buckingham 1995. 2 p. (Paper for the 16th International Conference on the History of Cartography.)

0035
Sperling, Walter: Reflections on a regional bibliography of Slovakia. In: Geografický časopis. 47, 1995, 1. p.45-51.

0036
Toneatto, Lucio: Codices artis mensoriae. I manoscritti degli antichi opuscoli latini d'agrimensura <5.-19.sec.>. Tom. 1.2. - Spoleto: Centro Italiano di Studi sull'alto Medioevo 1994. XV, 871 p., 24 plates. (Testi, studi, strumenti. 5.)
ISBN 88-7988-374-7

0037
Verzeichnis der Veröffentlichungen von Dr. Lothar Zögner. In: Karten hüten und bewahren. - Gotha 1995. p.19-27. (Kartensammlung und Kartendokumentation. 11.)

0038
Vidal, Gemmina: Lista de los atlas disponibles en la Biblioteca. Cartoteca de Catalunya. Julio 1995. - Barcelona: Institut Cartografic de Catalunya 1995. 36 p., ill. [mimeogr.]

3. Documentation, Classification Dokumentation, Klassifikation Documentation, classification

0039
Baer, Bärbel: Die Literaturdatenbank GEOPHOKA. Ihr Inhalt und ihre Nutzungsmöglichkeiten. In: Zeitschrift für Vermessungswesen. 119, 1994, 2. p.85-96, 5 ill.

0040
Barreiro, Luis: The Spanish Ministry of Defence's Historical Iberoamerican Cartography Database. In: Inspel. 28, 1994, 1. p.13-17. [In Engl. and Span.]

0041
Bühler, Jürg: Fachliteratur und Fachtagungen - tragende Säulen für die Arbeit in Kartensammlungen und -archiven [Lothar Zögner]. In: Karten hüten und bewahren. - Gotha 1995. p.49-50. (Kartensammlung und Kartendokumentation. 11.)

0042
Campbell, Tony: Conversion of the British Library's map catalogues: the keys to success. In: Inspel. 28, 1994, 1. p.67-72. [In Engl. and French.]

0043
Campbell, Tony: Possibilities for the international sharing of retroconverted map files. In: Inspel. 28, 1994, 1. p.182-190. [In Engl. and French.]

0044
Colomar, María Antonia: La retroconversion des documents cartographiques dans le projet d'informatisation de l'Archivo General de Indias de Seville. In: Inspel. 28, 1994, 1. p.161-170. [In French and Span.]

0045
Duchemin, Pierre-Yves: Introduction: Conversion of map catalogues, Barcelona, August 1993. In: Inspel. 28, 1994, 1. p.7-9. [In Engl. and French.]

0046
Duchemin, Pierre-Yves: The retrospective conversion of the catalogues in the Département des Cartes et Plans of the Bibliothèque Nationale. In: Inspel. 28, 1994, 1. p.80-89. [In Engl. and French.]

0047
Herero, Ana: Cartographic material on the ARIADNA system at the Biblioteca Nacional. In: Inspel. 28, 1994, 1. p.153-156. [In Engl. and Span.]

0048
Höhener, Hans-Peter: Zur Geschichte der Kartendokumentation in der Schweiz. In: Karten hüten und bewahren. - Gotha 1995. p.57-66. (Kartensammlung und Kartendokumentation. 11.)

0049
Hürlimann, Roland: Sachkatalog und Sacherschließung von Karten. - Zürich: ETH-Bibliothek 1994. [Kartensammlung Bibliothek ETH Zürich]. [Dipl-Arb.]

0050
Klemp, Egon: Grundsätze und erste Ergebnisse der Neukatalogisierung von Altkarten in deutschen Bibliotheken. In: Inspel. 28, 1994, 1. p.62-66.

0051
Larsgaard, Mary: Cataloging geospatial data in digital form. A paper presented at the 1995 SLA Annual Conference. In: Bulletin. Special Libraries Association, Geography and Map Division. 181, 1995. p.2-22.

0052
McGlamery, Patrick: A cataloguing concept for spatial data. In: Inspel. 28, 1994, 1. p.33-39.

0053
Montmany, Maria Antònia; Isern, Concepció; Lagüens, Assumpta: Project for the conversion of the Biblioteca de Catalunya Map Catalogue. In: Inspel. 28, 1994, 1. p.100-108. [In Engl. and Span.]

0054
Rockwell, Ken: 1994 special map project in the Library of Congress, Geography & Map Division: a report. In: Information Bulletin. Western Association of Map Libraries. 26, 1995, 1/2. p.11-15.

0055
Sastre Domingo, Jesús: Documentos de fotogrametría terrestre en el I.G.N. (español). Pasado, presente y futuro. In: Topografía y Cartografía. 66, 1995, 12. p.40-49, 2 ill. [With Engl. and French rés.]

0056
Smits, Jan: Describing geomatic data sets with ISBD and UNIMARC-problems and possible solutions. In: The LIBER Quarterly. European Research Libraries Cooperation ERLC. 5, 1995, 3. p.292-311.

0057
Smits, Jan: Report about developments in retroconversion from the Groupe des Cartothécaires de LIBER. In: Inspel. 28, 1994, 1. p.123- 130. [In Engl. and French.]

0058
Vejlsgaard, Susan: Retro-conversion by keyboarding of the Danish National Bibliogra phy. Cartographic materials 1986-1990. A precis. and national and international cooperation for the exchange of bibliographic records. In: Inspel. 28, 1994, 1. p.40-51. [In Engl. and French.]

0059
Wiegand, Günther: Die Erschließung historisch wertvoller Kartenbestände. Ziele, Verlauf und Bilanz eines Förderprogramms der Deutschen Forschungsgemeinschaft. In: Zeitschrift für Bibliothekswesen und Bibliographie. 40, 1993, 1. p.22-31.

0060
Wiegand, Günther: Wegweisung in eine vergangene Welt. Erschließung historischer Kartenbestände. In: Forschung. Mitteilungen der DFG. 1995, 2/3. p.28-30, 4 ill.

4. General Works on Cartography, Collective Writings Gesamtdarstellungen der Kartographie, Sammelwerke Représentations générales de la cartographie, recueils

0061
Computerkartographie. Eine Einführung in das Desktop Mapping am PC. Zusammengestellt von G. Olbricht, M. Quick und J. Schweikart. - Berlin etc.: Springer 1994. 268 p., ill. ISBN 3-540-57140-X

0062
Dent, Borden D.: Cartography: thematic map design. 3rd ed. - Dubuque, Iowa: Brown 1993. XVII, 427 p., ill. ISBN 0-697-13589-6

0063
Freitag, Ulrich: Die Beiträge von Max Groll, Walter Behrmann und Georg Jensch zur wissenschaftlichen Kartographie. - Berlin: Freie Universität, Fachrichtung Kartographie 1994. 50 p., 9 ill. (Berliner Manuskripte zur Kartographie.)

0064
Hake, Günter; Grünreich, Dietmar: Kartographie. 7., völlig neu bearb. u. erw. Aufl. - Berlin [u.a.]: de Gruyter 1994. 599 p., ill., mp.-suppl. (De-Gruyter-Lehrbuch.) ISBN 3-11-013397-0; 3-11-013398-9

0065
Herrero Matías, Miguel: Reflexiones sobre Cartografía y Técnicas Cartográficas (I). In: Topografía y Cartografía. 70, 1995, 12. p.26- 35.

0066
Karten hüten und bewahren. Festgabe für Lothar Zögner. - Gotha: Justus Perthes Verlag 1995. 254 p. (Kartensammlung und Kartendokumentation. 11.) ISBN 3-623-00435-9

0067
Die Kartographie. In: Die Welt von heute: die Geographie als Grundlage von Politik, Wirtschaft und Kultur. Hrsg.: Bruce Marshall. München 1992. p.240-255, ill., 3 mp.

0068
Taylor, Barbara: Globus, Atlas, Landkarte (Maps and mapping). - München: Schneider 1993. 32 p. (Entdecken und Experimentieren.) [Orig. English.]

5. Periodicals Periodika Périodiques

0069
Boersma, F.H.: Gissen naar kaarten. 20 jaar op zoek naar 'Automatisering in de kartografie'. In: Kartografisch Tijdschrift. 21, 1995, 3. p.65-69.

0070
Elk, Michel van: Nieuwe vormgeving NGT Geodesia en Kartografisch Tijdschrift. Een beschrijving van de totstandkoming van de nieuwe basis lay-out die vanaf heden voor de tijdschriften zal gaan gelden. In: Geodesia. (Kartografisch Tijdschrift 21, 1995, 1). 37, 1995, 1. p.40-41.

0071
Elzakker, C.P.J.M. van: Ontwikkelingen in de thematische kartografie. In: Karto grafisch Tijdschrift. 21, 1995, 3. p.53-64, 10 ill.

0072
Elzakker, C.P.J.M. van: Samenwerking Kartografisch Tijdschrift - NGT Geodesia. In: Kartografisch Tijdschrift. 21, 1995, 2. p.7-9, 6 ill.

0073
Geudeke, P.W.: FJO [F.J. Ormeling, jr] en de

topografie. In: Kartografisch Tijdschrift. 21, 1995, 3. p.31-36, 1 tab.

0074
Hootsmans, Rob M.: Het Kartografisch Tijdschrift geïllustreerd 1975-1994. In: Kartografisch Tijdschrift. 21, 1995, 3. p.21-23, 2 ill., 1 tab.

0075
Kartografické listy. Verleger: Kartografická spoločnost' SR a Geografický ústav SAV. - Bratislava 1995. 128 p. [Cartographic letters (Yearbook).] ISBN 80-966978-0-3

0076
Kers, A.J.: Vijfentwintig jaar kartografische periodieken. Wat stond er zoal in? Een kwantitatieve beschouwing. In: Kartografisch Tijdschrift. 21, 1995, 3. p.25-27, 7 ill.

0077
Koeman, Cornelis: Ferjan Ormeling verlaat de redactie van het Kartografisch Tijdschrift. In: Kartografisch Tijdschrift. 21, 1995, 3. p.7-10, 1 ill.

0078
Krogt, Peter C.J. van der: Twintig jaar historische kartografie in het Kartografisch Tijdschrift. In: Kartografisch Tijdschrift. 21, 1995, 3. p.28-30, 2 ill.

0079
Omme, G.W.J. van: Zo kan het ... maar zo kan het ook! Verbeteren aan verbeteringen. In: Kartografisch Tijdschrift. 21, 1995, 3. p.19- 20, 4 ill.

0080
Piket, J.J.C.: Het profiel van twintig jaargangen Kartografisch Tijdschrift. Kartografie tussen geografie en geografie. In: Kartografisch Tijdschrift. 21, 1995, 3. p.11-14, 3 ill.

0081
Snabilié, Chris J.: Berichten en Netwerk. 20 jaar verslaggeving in het Kartografisch Tijdschrift. In: Kartografisch Tijdschrift. 21, 1995, 3. p.15-18, 4 ill.

0082
Verroen, A.H.: Stadskartografie. In 25 jaar Nederlandse kartografische tijdschriften, 1970-1995. In: Kartografisch Tijdschrift. 21, 1995, 3. p.37-45, 3 ill.

B. History of Cartography
Geschichte der Kartographie
Histoire de la cartographie

1. General Features
Allgemeines
Généralités

0083
15th International Conference on the History of Cartography, Chicago, 21-25 June 1993, Hermon Dunlap Smith Center for the History of Cartography. In: Journal. Israeli Map Collectors Society. 10, 1993. p.24-32, 1 ill.

0084
Abstracts. 16th International Conference on the History of Cartography. Ed. by Ingrid Kretschmer. - Vienna 1995. 111 p.

0085
Alte Landkarten: Globen und Städteansichten. Ed.: Gert K. Nagel. - Augsburg: Battenberg 1994. 171 p., ill. (Battenberg-Antiquitäten-Katalog.) ISBN 3-89441-183-X

0086
Blanchard, Peter A.: Mapping value: a study of cartographic bias past and present. - Madison: University of Wisconsin, Madison 1995. [Master's thesis.]

0087
Blotevogel, Hans Heinrich: Das neue Bild der Erde - Gerhard Mercator als Geograph und Kartograph. In: D.U.G. [Duisburger Universitäts- Gesellschaft]-Zeitschrift. 1994, 1. p.10-34, ill.

0088
Bousquet-Bressolier, Catherine: L'æil du cartographe ou réflexions sur un monde vu de près. In: L'æil du cartographe et la représentation géographique du Moyen Age à nos jours. - Paris 1995. p.7-16, 3 ill. (Mémoires de la section de géographie physique et humaine. 18.)

0089
Brodský, Pavel: Zur Entwicklung der Kartographie. In: Weltbild im Spiegel der Kartographie des 16. bis 18. Jahrhunderts. - Böblingen 1994. p.39-43, 2 ill. (Böblinger Museumsschriften. 12.)

0090
Clancy, Robert: Historic cartography of the thematic map. In: The Globe. Journal of the Australian Map Circle. 41, 1995. p.10-18, 5 ill.

0091
Denholm, David: To map is to discover: the realisation of shape & context. In: The Globe. Journal of the Australian Map Circle. 41, 1995. p.1-9.

0092
Dörflinger, Johannes: Kartographiegeschichtliche Diplomarbeiten und Dissertationen am Institut für Geschichte der Universität Wien, 1989- 1994. In: Eich- und Vermessungsmagazin. 79, 1995. p.26-29.

0093
Editing early and historical atlases. Ed. by Joan Winearls. - Toronto etc.: University of Toronto Press 1995. XVII, 199 p. ISBN 0-8020-0623-X

0094
Edney, Matthew H.: The history of cartography and cartographic education: responding to institutional and theoretical changes. In: Proceedings of the Seminar on Teaching the History of Cartography II held at the Newberry Library, Chicago, on June 23, 1993 during the 15th International Conference on the History of Cartography. - Utrecht 1994. p.45-49.

0095
Galera i Monegal, Montserrat: A doctoral programme course on history of cartography organized by the Cartoteca de Catalunya, Institut Cartografic de Catalunya, Barcelona. In: Proceedings of the Seminar on Teaching the History of Cartography II held at the Newberry Library, Chicago, on June 23, 1993 during the 15th International Conference on the History of Cartography. - Utrecht 1994. p.39-43.

0096
Gérard Mercator cosmographe, le temps et l'espace. Sous la dir. de Marcel Watelet. - Anvers: Fonds Mercator Paribas, Banque Paribas 1994. 443 p.

0097
Gerhard Mercator - Europa und die Welt. Begleitband zur Ausstellung "Verfolgt, geachtet, universal - Gerhard Mercator, Europa und die Welt" anläßlich des 400. Todestages von Gerhard Mercator im Kultur- und Stadthistorischen Museum Duisburg vom 4.9.94 31.1.95. - Duisburg: Stadt Duisburg 1994. 253 p., ill., mp.

0098
Godlewska, Anne: Jomard: the geographic imagination and the first great facsimile atlases. In: Editing early and historical atlases. - Toronto etc. 1995. p.109-135, 3 ill.

0099
Hentschel, Karl-Heinz: Grenzzeichen, Untergänger und "Geheime Zeugen". In: Zur Geschichte des Vermessungswesens. - Wiesbaden 1995. p.88-98, 10 ill. (VDV-Schriftenreihe. 8.)

0100
La imagen del mundo. 500 años de cartografía. - Madrid: Fundacion Santillana. Biblioteca Nacional 1992. 207 p., ill. (Exhibition catalogue.)

0101
Karten hüten und bewahren. Festgabe für Lothar Zögner. - Gotha: Justus Perthes Verlag 1995. 254 p. (Kartensammlung und Kartendokumentation. 11.)
ISBN 3-623-00435-9

0102
Klöti, Thomas: Der virtuelle Atlas: Die Sammlung Ryhiner sowie weitere kartengeschichtlich interessante Anlegestellen im Internet. In: Cartographica Helvetica. 12, 1995. p.45-47, 2 tab.

0103
Kretschmer, Ingrid: Kartographiegeschichte - moderne Kartographie. In: Eich- und Vermessungsmagazin. 79, 1995. p.14.

0104
Kretschmer, Ingrid: Teaching the history of cartography. In: Proceedings of the Seminar on Teaching the History of Cartography II held at the Newberry Library, Chicago, on June 23, 1993 during the 15th International Conference on the History of Cartography. - Utrecht 1994. p.33-37.

0105
Krogt, Peter C.J. van der: Twintig jaar historische kartografie in het Kartografisch Tijdschrift. In: Kartografisch Tijdschrift. 21, 1995, 3. p.28-30, 2 ill.

0106
L'æil du cartographe et la représentation géographique du Moyen Age à nos jours. Sous la direction de Catherine Bousquet-Bressolier. Ministère de l'éducation nationale, de l'enseignement supérieur, de la recherche et de l'insertion professionnelle. Comité des travaux historiques et scientifiques. - Paris: C.T.H.S. 1995. 283 p., ill. (Mémoires de la section de géographie physique et humaine. 18.)
ISBN 2-7355-0319-4

0107
Lane, Ben: Going Dutch [Pierre Joppen]. In: The Map Collector. 73, 1995. p.26-27, 2 ill.

0108
Löffler, Ruth: Was lange im Verborgenen blieb - Die wissenschaftshistorische Sammlung des Kultur- und Stadthistorischen Museums Duisburg. In: Gerhard Mercator, Europa und die Welt. Begleitband zur Ausstellung 'Verfolgt, geachtet, universal - Gerhard Mercator, Europa und die Welt', anläßlich des 400. Todestages von Gerhard Mercator im Kultur- u. Stadthistorischen Museum Duisburg vom 4. Sept. 1994 bis zum 31. Januar 1995. - Duisburg 1994. p.235-240, 5 ill., 6 tab.

0109
Mund-Dopchie, Monique: L'imaginaire antique. In: Gérard Mercator cosmographe, le temps et l'espace. - Anvers 1994. p.22-35, 13 ill.

0110
Paladini Cuadrado, Angel: Determinación de la escala de los mapas antiguos. In: Boletín de Información. Servicio Geográfico del Ejército. 77, 1994. p.77-87, 2 tab.

0111
Proceedings of the Seminar on Teaching the History of Cartography II held at the Newberry Library, Chicago, on June 23, 1993 during the 15th International Conference on the History of Cartography. - Utrecht 1994. 52 p., ill., tab.

0112
Reinhartz, Dennis: Teaching the history of cartography: defining the subject for our students and ourselves. In: Proceedings of the Seminar on Teaching the History of Cartography II held at the Newberry Library, Chicago, on June 23, 1993 during the 15th International Conference on the History of Cartography. - Utrecht 1994. p.29-32, 2 ill.

0113
Rimbert, Sylvie: Pour une petite histoire d'idées autour de cartes topographiques. In: L'æil du cartographe et la représentation géographique du Moyen Age à nos jours. - Paris 1995. p.199-210, 8 ill. (Mémoires de la section de géographie physique et humaine. 18.)

0114
Szynkiewicz, Ewa: XIV Ogólnopolska Konferencja Historyków Kartografii we Wrocławiu. In: Polski przegląd kartograficzny. 26, 1994, 1. p.52-55, 5 ill. [14th All-Polish Conference at the History of Cartography at Wroclaw.] [Pol.]

0115
Tobler, Waldo: History of cartography as taught at UCSB [University of California, Santa Barbara]. In: Proceedings of the Seminar on Teaching the History of Cartography II held at the Newberry Library, Chicago, on June 23, 1993 during the 15th International Conference on the History of Cartography. - Utrecht 1994. p.9-22, 12 ill., 2 tab.

0116
Varanka, Dalia: The rise of English world atlases. - Milwaukee: University of Wisconsin, Milwaukee 1994. [Doct. diss.]

0117
Westen, J. van: Dichtbij of veraf. Relatieve plaatsbepaling. De kaart als hulpmiddel voor de 'verdwaalde' mens. In: Kartografisch Tijdschrift. 21, 1995, 3. p.71-78, 8 ill.

0118
Wiegand, Günther: Die Erschließung historisch wertvoller Kartenbestände. Ziele, Verlauf und Bilanz eines Förderprogramms der Deutschen Forschungsgemeinschaft. In: Zeitschrift für Bibliothekswesen und Bibliographie. 40, 1993, 1. p.22-31.

0119
Wood, Michael: Visualization in historical context. In: Visualization in modern cartography. - New York 1994. p.13-26, 2 ill. (Modern cartography. 2.)

0120
Woodward, David: Teaching the history of cartography at the University of Wisconsin. In: Proceedings of the Seminar on Teaching the History of Cartography II held at the Newberry Library, Chicago, on June 23, 1993 during the 15th International Conference on the History of Cartography. - Utrecht 1994. p.23-28.

0121
Zur Geschichte des Vermessungswesens. Vermessung in der Antike. Historische Karten. Der Geodät in der Literatur und bildenden Kunst. Biographien. Basisvermessungen. Instrumentenbau. Grenzmale. Red. Bearb.: Dieter Klemp u.a. - Wiesbaden: Chmielorz 1995. 123 p., ill. (VDV-Schriftenreihe. 8.) ISBN 3-87124-128-8

2. Regional History of Cartography
Regionale Geschichte der Kartographie
Histoire régionale de la cartographie

0122
Bruggen, R.H.A. van: De kaartenverzameling van de gemeente Heemstede. In: Caert-Thresoor. 14, 1995, 1. p.6-8, 2 ill.

a. The World
Welt
Le monde

0123
450 Jahre Copernicus "de revolutionibus". Astronomische und mathematische Bücher aus Schweinfurter Bibliotheken. Ausstellung des Stadtarchivs Schweinfurt in Zusammenarbeit mit der Bibliothek Otto Schäfer 21.11.93 - 19.6.94. - Schweinfurt 1993. 436 p., ill. (Veröff. d. Stadtarchivs Schweinfurt, 9.)

0124
Abeydeera, Ananda: Facsimiles of the charts attributed to Reinel, Ribeiro, Chaves, Verrazano and a print map by Cornelis Anthoniszoon from the Herzog August Bibliothek Wolfenbüttel. In: Wolfenbütteler Bibliotheks-Informationen. 20, 1995. p.7-14, ill.

0125
Atlantes Austriaci. Österreichische Atlanten 1561-1994. Hrsg. von Ingrid Kretschmer und Johannes Dörflinger. - Wien: Böhlau 1995. Band 2 in 2 Teilen mit zusammen 852 p.

0126
Babicz, Józef: Die Kugelgestalt der Erde als Grundlage des Modells der Kartenzeichnung von Gerhard Mercator bei der Redaktion der Ptolemäischen Geographie, 1578. In: Der Globusfreund. 43/44, 1995. p.55-58, 2 ill.

0127
Baldwin, Robert: P. Giovanni Maria Cassini, C.R.S. (1745-1824 ca.) and his globes. In: Der Globusfreund. 43/44, 1995. p.201-218.

0128
Bartha, Lajos; Puskás, Katalin: A debreceni kollégium kéziratos glóbuszai. In: Geodézia és Kartográfia. 47, 1995, 4. p.216-222, 4 ill.

[Manuscript globes of the Debrecen Calvinist College.] [Hung. with Engl. rés.]

0129
Bartha, Lajos: The first educational globes in Hungarian language 1800-1850. In: Der Globusfreund. 43/44, 1995. p.237-248, plates 32- 33; p.248-256. [In Engl. and German.]

0130
Brincken, Anna-Dorothee von den: La cartographie médiévale. In: Gérard Mercator cosmographe, le temps et l'espace. - Anvers 1994. p.36-49, 16 ill.

0131
Brodersen, Kai: Terra Cognita. Studien zur römischen Raumerfassung. - Hildesheim: Olms 1995. 354 p., ill. (Spudasmata. 59.) ISBN 3-487-10008-8

0132
Broecke, Marcel P.R. van den: Ortelius zag continenten al drijven. In: Caert-Thresoor. 14, 1995, 1. p.9-10, 1 ill., portr.

0133
Cook, Karen Severud: From false starts to firm beginnings: early colour printing of geological maps. In: Imago Mundi. 47, 1995. p.155- 172, ill.

0134
Cosgrave, Denis: Mappa mundi, anima mundi: imaginative mapping and environmental representation. In: Ruskin and environment. The storm- cloud nineteenth century. Ed.: Michael Wheeler ... - Manchester 1995. p.76-101, 1 ill.

0135
Dachs, Hans: Kommentar zu einer Sammlung alter gedruckter Karten. Druckschrift anläßlich einer Ausstellung im Hahn-Meitner-Institut zur Entwicklung der Kartographie. - Berlin: Hahn-Meitner-Institut 1995. var. pag., ill.

0136
Dalché, Patrick Gautier: Notes sur la "carte de Théodose II" et sur la "mappemonde de Théodulf d'Orléans". In: Geographia Antiqua. III-IV, 1994, 1995. p.91-108, 1 mp.

0137
Day, John D.: The Voretzsch/Howell Ricci Map: a peculiar puzzle. In: The Map Collector. 72, 1995. p.38-39, 1 ill.

0138
Dörflinger, Johannes; Hühnel, Helga: Österreichische Atlanten 1561- 1918. - Wien: Böhlau Verlag 1995. 2 Teilbände mit insges. 940 Seiten und 32 Abb. (Atlantes Austriaci, 1. Bd.)

0139
Dörflinger, Johannes; Schlass, Gerhard; Heinz, Markus: Maps, Atlases and Globes in the oldest monastery of Vienna. Exhibition in the Library of the "Schottenstift". 16th International Conference on the History of Cartography. - Vienna 1995. 53 p., 19 ill.

0140
Dolz, Wolfram: Metallgloben - Kompilation oder Kopie. In: Der Globusfreund. 43/44, 1995. p.107-117, 7 ill.; p.117-120, plates 12-14. [In German and Engl.]

0141
Frübis, Hildegard: Die Weltkarte des Grynaeus und die Figur des Weitgereisten. In: Die Wirklichkeit des Fremden. Die Darstellung der Neuen Welt im 16. Jahrhundert. - Berlin 1995. p.56-58.

0142
Hamer, John: Worlds apart, Norman Mappae mundi in England and Sicily [Ricardus de Bello]. In: The Portolan. 31, 1994. p.5-17.

0143
Holzer, Gerhard: Sammlung Woldan. Bestandskatalog. Abteilung A Cartographica. Teil I: Gesamte Erde und Außereuropa. - Wien: Verlag der Österreichischen Akademie der Wissenschaften 1995. 122 p. (Österreichische Akademie der Wissenschaften, phil.hist. Klasse, Sitzungsberichte, 628. Bd.) ISBN 3-7001-2219-5

0144
Imago Mundi Moderna: Weltkarten des zweiten Entdeckungszeitalters; eine Ausstellung der Badischen Landesbibliothek. - Karlsruhe: Badische Landesbibliothek 1993. 203 p., ill. ISBN 3-88705-037-1

0145
Kartographische Zimelien. Die 50 schönsten Karten und Globen der Österreichischen Nationalbibliothek. Hrsg.: Österreichische Nationalbibliothek. - Wien: Holzhausen 1995. 148 p., ill.

0146
Kretschmer, Ingrid: Österreichische Atlanten 1919-1994. - Wien: Böhlau Verlag 1995. 452 p., 32 ill. (Atlantes Austriaci, 2. Bd.)

0147
Krogt, Peter C.J. van der: Erdgloben, Wandkarten, Atlanten - Gerhard Mercator kartiert die Erde. In: Gerhard Mercator, Europa und die Welt. Begleitband zur Ausstellung 'Verfolgt, geachtet, universal - Gerhard Mercator, Europa und die Welt', anläßlich des 400. Todestages von Gerhard Mercator im Kultur- u. Stadthistorischen Museum Duisburg vom 4. Sept. 1994 bis zum 31. Januar 1995. - Duisburg 1994. p.81-130, 37 ill.

0148
Krücken, Wilhelm: Der gerade Weg - Die Mercator-Weltkarte ad usum navigantium 1569. In: Gerhard Mercator, Europa und die Welt. Begleitband zur Ausstellung 'Verfolgt, geachtet, universal - Gerhard Mercator, Europa und die Welt', anläßlich des 400. Todestages von Gerhard Mercator im Kultur- u. Stadthistorischen Museum Duisburg vom 4. Sept. 1994 bis zum 31. Januar 1995. - Duisburg 1994. p.211-219, 12 ill.

0149
Lualdi, Alberto: The Ubicini Brothers [Andrea and Carlo Ubicini]: A poorly-known globe makers in the early 19th century Milan. In: Der Globusfreund. 43/44, 1995. p.219-222, plates 25-28.

0150
The Northeast Passage. From the Vikings to Nordenskjöld. - Helsinki: Helsinki Univ. Library, John Nurminen Foundation 1992. Ca. 290 p., ill. ISBN 952-9745-02-8

0151
Paviot, Jacques: Ung mapmonde rond, en guise de pom(m)e: Ein Erdglobus von 1440-44, hergestellt für Philipp den Guten, Herzog von Burgund. In: Der Globusfreund. 43/44, 1995. p.19-29.

0152
Pelletier, Monique: Die herzförmigen Weltkarten von Oronce Fine. In: Cartographica Helvetica. 12, 1995. p.27-37, 12 ill.

0153
Peñaloza, M.; Marcos, A.: New controversies on Columbus' [Bartholomäus and Cristoforo Colombo] "Cosmographic" ideas. In: GeoJournal. 35, 1995, 4. p.471-479, 3 tab.

0154
Peters, Paul: Restauratie van twee Mercatorglobes uit het bezit van de K.O.K.W. te Sint-Niklaas. In: Caert-Thresoor. 14, 1995, 2. p.37- 43, 17 ill.

0155
Rücker, Elisabeth: Hartmann Schedels Weltchronik, Nürnberg 1493. In: Kartographische Drucke des 15. und 16. Jahrhunderts. - Leipzig 1994. p.7-15.

0156
Schmidt, Rudolf: Zur Arbeitsweise Vincenzo Coronellis. In: Der Globusfreund. 43/44, 1995. p.151-167, 9 ill.; p.168-170, plates 17-19. [In German and Engl.]

0157
Scianna, Nicolangelo: The Coronelli's three and a half foot globes. Building and engraving of the first terrestrial globes. In: Der Globusfreund. 43/44, 1995. p.171-188, 2 ill., 4 tab. p.189-196, plates 20-24. [In Engl. and German.]

0158
Stoughton, Herbert W.: Eratosthenes of Cyrene's contribution to geodesy. In: Surveying and Land Information Systems. 55, 1995, 3. p.72-76, 1 ill.

0159
A twelfth century Arabic World Map. In: The Carto-Philatelist. 39, 1994, 4. p.108-112.

0160
Vogel, Klaus A.: Armillarsphäre und frühe Globen vor 1492. In: Der Globusfreund. 43/44, 1995. p.31-42, 2 ill.; p.43-54, 2 ill. [In German and Engl.]

0161
Werner, Jan: In de witte Pascaert. Kaarten en etlassen van Fredrick de Wit, uitgever te Amsterdam (ca. 1630-1706). Catalogus bij de gelijknamige tentoostelling in de Universiteitsbibliotheek Amsterdam 23.9.-4.11.1994. - Amsterdam: Universiteitsbibliotheek 1994. 72 p., ill.

0162
Wohlschläger, Heide: Ein Erdglobus von Claude Buy de Mornas. In: Information. Internationale Coronelli-Gesellschaft für Globen- und Instrumentenkunde. 22, 1995. p.1-4, 3 ill.

0163
Zandvliet, Kees: Indonesia in the mirror of history: old maps of Indonesia and the world. - [Jakarta: Erasmus Huis 1994.] 20 p.

b. Oceans and Seas
Ozeane und Meere
Les océans et les mers

0164
David, Andrew: Is it Hurd's or Dalrymple's Channel Atlas? In: The Map Collector. 72, 1995. p.20-24, 7 ill.

0165
Dreyer-Eimbcke, Oswald: Durchs Eis ins Reich der Mitte - Einfluß und Bedeutung der Kartographie bei der Suche nach den Nordpassagen, von den Anfängen bis zum Ende des 16. Jahrhunderts. In: Gerhard Mercator, Europa und die Welt. Begleitband zur Ausstellung 'Verfolgt, geachtet, universal - Gerhard Mercator, Europa und die Welt', anläßlich des 400. Todestages von Gerhard Mercator im Kultur- u. Stadthistorischen Museum Duisburg vom 4. Sept. 1994 bis zum 31. Januar 1995. - Duisburg 1994. p.131-171, 28 ill.

0166
Ingstad, Helge: The Viking discovery of America. Maps. In: The Viking discovery of America. - Oslo 1991. p.211-221, 5 ill.

0167
Kelley, James E.: Perspectives on the origins and uses of the portolan charts. In: Cartographica. 32, 1995, 3. p.1-16, 8 ill., 2 tab.

0168
Ligtendag, Wim: Het nut van oude kaarten voor historisch-geografen: de bevindingen tijdens een onderzoek. In: Caert-Thresoor. 14, 1995, 1. p.1-5, 2 ill.

0169
Morris, R.O.: The Royal Naval Hydrographic Service 1795-1995. In: The International Hydrographic Review. 72, 1995, 2. p.7-21, 10 ill.

0170
Radelet-de Grave, Patricia: Le magnetisme et la localisation en mer. In: Gérard Mercator cosmographe, le temps et l'espace. - Anvers 1994. p.208-219, 12 ill., 1 mp.

0171
Schnall, Uwe: Seekarten als Mittel im Konkurrenzkampf zwischen Hamburg und Bremen? In: Karten hüten und bewahren. - Gotha 1995. p.173-183, 4 ill. (Kartensammlung und Kartendokumentation. 11.)

0172
Shirley, Rodney W.: The maritime map and atlases of Seller, Thornton, and Mount & Page. In: The Map Collector. 73, 1995. p.3-9, 8 ill., 1 tab.

0173
Terrell, Christopher: A sequel to The Atlantic Neptune of J.F.W. DesBarres: the story of the copperplates. In: The Map Collector. 72, 1995. p.2-9, 8 ill., portr.

c. Africa
Afrika
L'Afrique

0174
Atkinson, David: Arrows, empires, and ambitions in Africa: the geopolitical cartography of Fascist Italy. In: Maps and Africa. Proceedings of a Colloquium at the University of Aberdeen, April 1993. - Aberdeen 1994. p.43-65, 5 ill.

0175
Bridges, R.C.: Maps of East Africa in the nineteenth century. In: Maps and Africa. Proceedings of a Colloquium at the University of Aberdeen, April 1993. - Aberdeen 1994. p.12-31, 11 mp.

0176
Brogiato, Heinz-Peter and others: Paul Langhans und seine Wandkarte der deutschen Kolonien in Afrika (1908). In: Perspektiven der Entwicklungsländerforschung. Festschrift für Hans Hecklau. Hrsg.: Harold Leisch. - Trier 1995. p.81-102, 1 mp.-suppl. (Trierer Geographische Studien. 11.)

0177
Griffiths, I.L.: Maps, boundaries, ambiguity and change in the Gambia. In: Maps and Africa. Proceedings of a Colloquium at the University of Aberdeen, April 1993. - Aberdeen 1994. p.66-80, 4 ill.

0178
Heffernan, Michael J.: An imperial utopia: French Surveys of North Africa in the Early Colonial Period. In: Maps and Africa. Proceedings of a Colloquium at the University of Aberdeen, April 1993. - Aberdeen 1994. p.81-107, 7 ill.

0179
McMaster, David N.: The yellow cultivation plate of the Uganda 1:250 000 map, 1911. In: Maps and Africa. Proceedings of a Colloquium at the University of Aberdeen, April 1993. - Aberdeen 1994. p.213-225.

0180
Penn, Nigel: Mapping the Cape: John Barrow and the First British Occupation of the Colony, 1795-1803. In: Maps and Africa. Proceedings of a Colloquium at the University

of Aberdeen, April 1993. - Aberdeen 1994. p.108-127, 1 ill.

0181
Stone, Jeffrey: Colonialism and cartography in Botswana. In: Maps and Africa. Proceedings of a Colloquium at the University of Aberdeen, April 1993. - Aberdeen 1994. p.179-191.

0182
Yearwood, Peter J.: From lines on maps to national boundaries: the case of Northern Nigeria and Cameroun. In: Maps and Africa. Proceedings of a Colloquium at the University of Aberdeen, April 1993. - Aberdeen 1994. p.36-42, 2 mp.

d. The Americas
Amerika
L'Amérique

0183
Armstrong, Rebecca: Research issues and a case study of Native American cartography. - Milwaukee: University of Wisconsin, Milwaukee 1994. [Master's thesis.]

0184
Augustyn, Robert; Cohen, Paul: Maps in the making of Manhattan. In: The Magazine Antiques. 148, 1995, 3. p.336-347.

0185
Baynton-Williams, Ashley: Maps marking the American State of Franklin. In: The Map Collector. 72, 1995. p.12-17, 9 ill.

0186
Boudreau, Claude: La cartographie au Quebec, 1760-1840. - Sainte- Foy, Quebec: Les presses de l'Université Laval 1995. XII, 270 p. ISBN 2-7637-7350-8

0187
Breese, J.: Interpretation of the Anglo-Russian treaty of 1825 and establishment of the Alaska-Canada-boundary. In: Survey Review. 33, 1995. p.161-176, 1 mp.

0188
Edstrom, Nancy J.: Island wilderness: Isle Royal National Park. In: Exploration and Mapping of the National Parks. - Winnetka, Ill. 1994. p.218-250, 3 ill. (Occasional Paper No. 4.)

0189
Exploration and Mapping of the National Parks. Ed. by Jenny Marie Johnson. - Winnetka, Ill.: Speculum Orbis Press 1994. X, 285 p. (Occasional Paper No. 4.) ISBN 0-932757-04-9

0190
Figueira de Faria, Miguel: Ingegneria militare nel Brasile settesentesco. Cartografia, urbanisme e fortificazione. In: La costruzione di un nuovo mondo. Territorio, città, architettura tra Europa e America Latina dal 16. al 18. secolo. Atti del convegno internazionale di studi, Genova 1993. - Genova 1994. p.201-224, 12 ill.

0191
Fortin, Marcel; Dubreuil, Lorraine; Woods, Cheryl: Canadian fire insurance plans in Ontario collections, 1976-1973. - Ottawa, Ontario: Association of Canadian Map Libraries and Archives 1995. X, 107 p., ill., mp. (Occasional Papers of the Association of Canadian Map Libraries and Archives. 5.)

0192
Ingstad, Helge: The Viking discovery of America. Maps. In: The Viking discovery of America. - Oslo 1991. p.211-221, 5 ill.

0193
Kandoian, Nancy A.: "Supreme and distinctive" on the east coast: the mapping of Acadia National Park. In: Exploration and Mapping of the National Parks. - Winnetka, Ill. 1994. p.2-46, 3 ill. (Occasional Paper No. 4.)

0194
Lagarde, Lucie: Un cartographe face à ses sources: Guillaume Delisle (1675-1726) et l'Amérique du Nord. In: L'æil du cartographe et la représentation géographique du Moyen Age à nos jours. - Paris 1995. p.129-145, 6 ill. (Mémoires de la section de géographie physique et humaine. 18.)

0195
Language of the land: journeys into literary America. U.S. Library of Congress. Interpretive Programs Office. - Washington, D.C.: Library of Congress 1993. 20 p.

0196
Laurencich Minelli, Laura; Mantovani, Cristina: La lettera e la carta geografica di Zuan Rames: un documento trascurato del Codice Alberico sulla conquista del Messico. In: Bollettino della Società Geografica Italiana. Serie XI, Vol. XII, 1995. p.11-22, 2 ill. [With Engl. rés.]

0197
Martin, Robert Sidney: Following the river through the mountains: mapping Big Bend National Park. In: Exploration and Mapping of the National Parks. - Winnetka, Ill. 1994. p.48-83, 1 ill. (Occasional Paper No. 4.)

0198
Mclaughlin, Glen; Mayo, Nancy H.: The mapping of California as an island. - Saratoga, CA: California Map Society 1995. 135 p., ill. (Occasional Paper. California Map Society. 5.)

0199
Milanesi, Marica: Arsarot oder Anian? Identität und Unterscheidung zwischen Asien und der Neuen Welt in der Kartographie des 16. Jahrhunderts <1500-1570>. In: Die Neue Welt im Bewußtsein der Italiener und Deutschen des 16. Jahrhunderts. - Berlin 1993. p.15- 68, 39 ill. (Schriften des Italienisch-Deutschen Instituts in Trient. 6.) (Italienisch-Deutsches Institut. Studienwoche. 34.)

0200
Moffat, Riley; Stockton, Karen; Suzuki, Mabel: Keeping track of paradise: maps of the Hawaiian National Parks. In: Exploration and Mapping of the National Parks. - Winnetka, Ill. 1994. p.182-216, 3 ill. (Occasional Paper No. 4.)

0201
Rebert, Paula: Mapping the United States-Mexico boundary, 1849-1857. Madison: University of Wisconsin, Madison 1995. [Doct. diss.]

0202
Rex, Heather F.: An underground odyssey: the discovery and mapping of Carlsbad Caverns National Park. In: Exploration and Mapping of the National Parks. - Winnetka, Ill. 1994. p.84-106, 4 ill. (Occasional Paper No. 4.)

0203
Rodríguez, Rubén C.: The development of geodesy and cartography in Argentina. In: Surveying and Land Information Systems. 55, 1995, 2. p.77-82, 3 ill., 1 tab. [With Engl. rés.]

0204
Sacchi, Duccio: Cartografia del questionario e cartografia nel questionario. Il progetto cartografico delle relaciones geográficas delle Nuova Spagna (XVI secolo). In: La costruzione di un nuovo mondo. Territorio, città, architettura tra Europa e America

Latina dal 16. al 18. secolo. Atti del convegno internazionale di studi, Genova 1993. - Genova 1994. p.67-79, 2 ill.

0205
Seavey, Charles A.: "... the most sublime of all earthly spectacles." Exploration and mapping of the Grand Canyon. In: Exploration and Mapping of the National Parks. - Winnetka, Ill. 1994. p.148-181, 2 ill. (Occasional Paper No. 4.)

0206
Selwood, John H.: The emergence of Winnipeg's town plan, 1870-1914. In: Themes and issues of Canadian geography I. Beiträge zur Geographie Kanadas I. - Salzburg 1995. p.171-184, 7 ill. (Salzburger geographische Arbeiten. 28.)

0207
Sparke, Matthew: Between demythologizing and deconstructing the map: Shawnadithit's New-found-land and the alienation of Canada. In: Cartographica. 32, 1995, 1. p.1-21, 4 ill.

0208
Stark, Peter L.: Revealing the sapphire secret of the Cascade Range: exploration and mapping of Crater Lake National Park. In: Exploration and Mapping of the National Parks. - Winnetka, Ill. 1994. p.108-147, 2 ill. (Occasional Paper No. 4.)

0209
Stephenson, Richard W.: "A plan whol[l]y new". Pierre Charles L'Enfant's plan of the City of Washington. - Washington, D.C.: Library of Congress, Geography and Map Division 1993. 85 p., ill.

0210
Taylor, Iain C.: Official geography and the creation of 'Canada'. In: Cartographica. 31, 1994, 4. p.1-15, 13 ill. [With Engl. rés.]

0211
Walsh, Jim: Yellowstone Park: the first of many, the grandest of all. In: Exploration and Mapping of the National Parks. - Winnetka, Ill. 1994. p.252-285, 3 ill. (Occasional Paper No. 4.)

0212
Die Wiedergeburt der Antike und die Auffindung Amerikas: 2000 Jahre Wegbereitung einer Entdeckung. Bildkatalog zur Ausstellung; [Ausstellung in der Staats- und Universitätsbibliothek Hamburg - Carl von Ossietzky - vom 15.12.92 - 2.2.93]. Ausstellung und Katalog: Dieter Harlfinger ... - Wiesbaden: Reichert 1992. IX, 159 p., ill. ISBN 3-88226-564-7

e. Asia
Asien
L'Asie

0213
Bartlett, Alan: "And the peculiar commodity of the island". [Ceylon] [by Robert Knox]. In: Journal. Israeli Map Collectors Society. 10, 1993. p.42-46, 2 ill.

0214
Breese, J.: Interpretation of the Anglo-Russian treaty of 1825 and establishment of the Alaska-Canada-boundary. In: Survey Review. 33, 1995. p.161-176, 1 mp.

0215
Delano-Smith, Catherine: Expliquer ou décrire? Les cartes de la Terre Sainte antérieures à 1600. In: L'æil du cartographe et la représentation géographique du Moyen Age à nos jours. - Paris 1995. p.39-52, 6 ill. (Mémoires de la section de géographie physique et humaine. 18.)

0216
Delano-Smith, Catherine; Ingram, Elizabeth Morley: La carte de la Palestine. In: Gérard

Mercator cosmographe, le temps et l'espace. - Anvers 1994. p.268-283, 11 ill., 3 mp.

0217
Dürst, Arthur: Die Karte des Heiligen Landes in der Froschauer-Bibel 1525: erste in Zürich gedruckte Karte. In: Alte und neue Schätze: Zentralbibliothek Zürich. Hrsg. Alfred Cattani u.a. - Zürich 1993. p.50-53; p.180-184.

0218
Gestel, Paula van: Zoeken naar kaarten in boeken. In: Caert-Thresoor. 14, 1995, 1. p.11-12, 1 ill.

0219
Haag, Hans Jakob: A map considered to be the oldest woodcut map of the Holy Land (around 1560). In: Journal. Israeli Map Collectors Society. 10, 1993. p.40-41.

0220
Hu, Bangbo: Culture and maps: society and cartography in Chinese administrative gazetteers of the Song Dynasty (960-1279 A.D.). - Milwaukee: University of Wisconsin, Milwaukee 1994. [Doct. diss.]

0221
Künz, Armin: Cranach as cartographer: the rediscovered map of the Holy Land. In: Print Quarterly. 12, 1995, 2. p.123-144.

0222
The Madaba mosaic map. In: The Carto-Philatelist. 40, 1995, 1. p.11-12.

0223
Milanesi, Marica: Arsarot oder Anian? Identität und Unterscheidung zwischen Asien und der Neuen Welt in der Kartographie des 16. Jahrhunderts <1500-1570>. In: Die Neue Welt im Bewußtsein der Italiener und Deutschen des 16. Jahrhunderts. - Berlin 1993. p.15-68, 39 ill. (Schriften des Italienisch-Deutschen Instituts in Trient. 6.) (Italienisch-Deutsches Institut. Studienwoche. 34.)

0224
The Northeast Passage. From the Vikings to Nordenskjöld. - Helsinki: Helsinki Univ. Library, John Nurminen Foundation 1992. Ca. 290 p., ill. ISBN 952-9745-02-8

0225
Oestmann, Günther: Johannes Stoeffler's Celestial Globe. In: Der Globusfreund. 43/44, 1995. p.59-64, plates 5-8; p.71-74. [In Engl. and German.]

0226
Okhuizen, Edwin: Exploration and mapping of the Northeast Passage and Northern Eurasia, 15th-19th centuries. In: The Northeast Passage. From the Vikings to Nordenskjöld. - Helsinki 1992. p.10-48; p.272-275, ill.

0227
Szykula, Krystyna: The re-discovered Jenkinson Map of Russia dated 1562. Further investigations. - Warszawa 1995. 2 p., ill. (Paper for the 16th International Conference on the History of Cartography.)

0228
Wajntraub, Eva: The Holy City of Jerusalem. In: Journal. Israeli Map Collectors Society. 12, 1995. p.1-12, 22 ill.

0229
Wajntraub, Eva; Wajntraub, Gimpel: Gerard Mercator's Map of Palestine, 1537. In: Journal. Israeli Map Collectors Society. 11, 1994. p.1-6, portr.

0230
Wajntraub, Gimpel; Wajntraub, Eva: Holy Land maps and views by German-speaking cartographers. In: Journal. Israeli Map Collectors Society. 10, 1993. p.3-22.

0231
Wajntraub, Gimpel: Alphabetical list of German-speaking cartographers of Holy Land

maps, part IV. In: Journal. Israeli Map Collectors Society. 11, 1994. p.24-36, 4 ill.

0232
Yonechi, Fumio; Fujiwara, Takao: "Agricultural production of the Japanese Empire, Atlas" as a first thematic atlas in Japan. In: Map. 33, 1995, 2. p.1-12, 4 ill. [Japan. with Engl. rés.]

0233
Zandvliet, Kees: Indonesia in the mirror of history: old maps of Indonesia and the world. - [Jakarta: Erasmus Huis 1994.] 20 p.

0234
Zeilinger, Elisabeth: Das India orientalis-Konvolut aus dem Atlas Stosch der Österreichischen Nationalbibliothek. In: Karten hüten und bewahren. - Gotha 1995. p.233-254. (Kartensammlung und Kartendokumentation. 11.)

f. Australia and Pacific Islands
Australien und Ozeanien
L'Australie et l'Océanie

0235
Aplin, Graeme: Changing maps of changing cities: mapping urban change. In: The Globe. Journal of the Australian Map Circle. 41, 1995. p.19- 26, 2 ill.

0236
Bagnell, Wayne: Mapping Queensland. In: Cartography, Suppl. National Report to ICA, 1995, Australia. 17th International Cartographic Conference. 10th General Assembly of ICA. 1995. p.50-60, 3 ill.

0237
Greenberg, Isidore: Navigation and portolan charts. In: Journal. Israeli Map Collectors Society. 10, 1993. p.33-36, 1 ill.

0238
Selkirk, Patricia; Adamson, Don: Mapping Macquarie Island. In: The Globe. Journal of the Australian Map Circle. 41, 1995. p.53-67, 4 ill., 1 tab.

g. Europe
Europa
L'Europe

0239
Aerni, Klaus: Kirchberg auf alten Karten. In: Kirchberg: Ortsgeschichte zum 1000-Jahr-Jubiläum. Schriftleitung: Daniel Meichtry. - Kirchberg (Bern) 1994. p.33-44, mp.

0240
Alte Landkarten aus Niederösterreich. Eine Ausstellung aus den Sammlungen der NÖ Landesbibliothek. 8. April bis 3. September 1995. - Grafenegg: Metternich'sche Schloßverwaltung 1995. 78 p. (Katalog).

0241
Altherr, Jakob: Gabriel Walser (1695-1776): Pfarrer, Chronist, Geograph und Kartenzeichner. - Herisau: Verlag Appenzeller Hefte 1994. 64 p., ill. (Das Land Appenzell. 24.)

0242
Anno quingentesimo libri cronicarum. 500 Jahre Buch der Chroniken. 500 Jahre Schedelsche Weltchronik. Begleitheft zur Ausstellung. Germanisches Nationalmuseum, 13.7. - 30.12.1993. - Nürnberg: Verlag des Germanischen Nationalmuseums 1993. 22 p., ill.

0243
Atlas du territoire genevois: permanences et modifications cadastrales aux IXXe et XXe siècles. - Genève: Service des monuments et des sites (canton de Genève) 1993. 24 p., ill., 2 mp.

0244
Bachofen, Ernst: Der Stauberhof-Plan von 1707: Beispiel einstiger Dreizelgenwirtschaft. In: Maurmer Neujahrs-Blätter. - Maur 1993. p.32-38, ill., mp.

0245
Baeyens, Martin R.: Gerard Mercator en de cartografie. Internationale exlibris wedstrid 1993. - Saint Niklas: Stadsbestuur 1993. 95 p., ill.

0246
Bagutti, Aurelia: I baliaggi svizzeri in Italia nella cartografia di H.A. Jaillot. In: Archivio storico Ticin. 116, 1994. p.215-222 [Cantone Ticino; Graubünden].

0247
Bauer, Hans: Die Kurhannoversche Landesaufnahme des 18. Jahrhunderts. In: Nachrichten der Niedersächsischen Vermessungs- und Katasterverwaltung. 43, 1993, 3. p.123-142, 1 suppl.

0248
Bauer, Hans: Ein neues Erscheinungsbild für die Kurhannoversche Landesaufnahme. In: Nachrichten der Niedersächsischen Vermessungs- und Katasterverwaltung. 43, 1993, 3. p.122-142, 1 suppl.

0249
Bauer, Hans: Georg Christoph Lichtenberg und die Kurhannoversche Landesaufnahme. In: Nachrichten der Niedersächsischen Vermessungs- und Katasterverwaltung. 45, 1995, 1. p.3-9.

0250
Begrenzung und Wachstum. Berliner Stadtentwicklung im Spiegel von Karten. Ausstellungskatalog. Landesarchiv Berlin 1994/95. - Berlin: Landesarchiv 1994. 122 p., ill.

0251
Bibliography of the History of Cartography of the Netherlands. Compiled by Peter van der Krogt, Marc Hameleers and Paul van den Brink. - Utrecht: H & S Publishers 1993. 418 p. ISBN 90-6194-158-X

0252
Das Bild der alten Marck. Die Altmark in historischen Landkarten. Katalog der Ausstellung. Text: Ulrich Kalmbach; Hrsg.: Salzwedeler Museen. - Salzwedel 1994. 48 p., ill.

0253
Bonnekamp, Heinz: Die "Antiquarische Charte". In: Michael Buyx (1795- 1882). Geometer, Altertumsfreund, Sammler. - Geldern 1995. p.158. (Veröffentlichungen des Historischen Vereins für Geldern und Umgegend. 96.)

0254
Bonnekamp, Heinz: Register zur "Antiquarischen Charte" des Michael Buyx. In: Michael Buyx (1795-1882). Geometer, Altertumsfreund, Sammler. - Geldern 1995. p.193-233. (Veröffentlichungen des Historischen Vereins für Geldern und Umgegend. 96.)

0255
Brichzin, Hans: Eine Ungarnkarte von Nicolaus Angielus, sowie Grund- und Aufrisse ungarischer Festungen aus dem Jahr 1566 im Sächsischen Hauptstaatsarchiv zu Dresden. Teil II. In: Cartographica Hungarica. 1994, 4. p.12-18, 14 ill.

0256
Brichzin, Hans: Peter und Philipp Apian - und die verpaßten Chancen in der sächsischen Kartographie. In: Peter Apian. Astronomie, Kosmographie und Mathematik am Beginn der Neuzeit. Mit Ausstellungskatalog. - Eichstätt 1995. p.247-254, ill.

0257
Brohl, Elmar: Pläne und Karten von Ziegen-

hain zwischen 1616 und 1833. In: Schwälmer Jahrbuch 1995. p.104-131, ill., mp.

0258
Brunner, Hans: Die Großenhainer Basis in Sachsen. In: Zur Geschichte des Vermessungswesens. - Wiesbaden 1995. p.69-75, 6 ill. (VDV- Schriftenreihe. 8.)

0259
Brunner, Kurt: Philipp Apians Landesaufnahme Bayerns. In: Zur Geschichte des Vermessungswesens. - Wiesbaden 1995. p.38-45, 4 ill. (DVW-Schriftenreihe. 8.)

0260
Brunner, Kurt: Zwei Regionalkarten Süddeutschlands von David Seltzlin. In: Karten hüten und bewahren. - Gotha 1995. p.33-47, 5 ill. (Kartensammlung und Kartendokumentation. 11.)

0261
Buchar, Petr: Vývoj zobrazení českého státu. In: Mapa - podklad k novým informáciám. - Bratislava 1995. p.132-134. [Development of Czech Republic's projections.] [Czech with Engl. rés.]

0262
Collecting the Latvian map stamp - part two. In: The Carto-Philatelist. 39, 1994, 4. p.98-107.

0263
Corvisier de Villèle, Marie-Anne: Les Naudin et la cartographie militaire française de 1688 à 1744. In: L'æil du cartographe et la représentation géographique du Moyen Age à nos jours. - Paris 1995. p.147-164, 5 ill. (Mémoires de la section de géographie physique et humaine. 18.)

0264
Cosentino, Andrew J.: Charting history: early maps from Dutch and Flemish world in LoC Exhibition. In: Information Bulletin, Library of Congress. 52, 1993, 21. p.426-433.

0265
Darstellungen der Potsdamer Kulturlandschaft in Karten, Literatur und Abbildungen. In: Die Potsdamer Kulturlandschaft. Eine Untersuchung des historisch-kulturellen Landschaftspotentials. - s.l. 1993. p.66-128, ill.

0266
Desbrière, Michel: L'æuvre de Jacques Fougeu relative à la Champagne septentrionale pendant le règne de Henri IV. In: L'æil du cartographe et la représentation géographique du Moyen Age à nos jours. - Paris 1995. p.233-244, 4 ill. (Mémoires de la section de géographie physique et humaine. 18.)

0267
Diedenhoven, Wilhelm A.: Kartenkunst und Gartenkunst. Buyx' Arbeiten als Beleg und Voraussetzung für Weyhes Werk in Kleve. In: Michael Buyx (1795-1882). Geometer, Altertumsfreund, Sammler. - Geldern 1995. p.146-156, 11 ill. (Veröffentlichungen des Historischen Vereins für Geldern und Umgegend. 96.)

0268
Diedenhoven, Wilhelm A.: Klevische Gartenlust. Gartenkunst und Badebauten in Kleve. - Kleve: Freunde des Städt. Museums Haus Koekkoek 1994. 136 p., ill., mp.

0269
Dürst, Arthur: Die Ostschweiz im Bild der frühen Kartenmacher. - Murten: Cartographica Helvetica 1994. 55 p., ill.

0270
Dumont, Simone; Debardat, Suzanne: Zwei Pilger der wissenschaftlichen Kartographie in Zentral- und Osteuropa: Delisle und Cassini III. - Paris 1995. 2 p. (Paper for the 16th International Conference on the History of Cartography.)

0271
Ehrensvärd, Ulla: Die schwedische Landesaufnahme von Pommern in den Jahren 1758-1763. In: Karten hüten und bewahren. - Gotha 1995. p.51- 55, 1 ill. (Kartensammlung und Kartendokumentation. 11.)

0272
Ell, Paul S.; Slater, T.R.: The religious census of 1851: a computer-mapped survey of the Church of England. In: Journal of Historical Geography. 20, 1994, 1. p.44-61, 6 ill.

0273
Engelberts, Derck: Eine Karte der Region Burgdorf [Lambert de Varicourt]. In: Burgdorfer Jahrbuch. 61, 1994. p.9-23, mp.

0274
Espenhorst, Jürgen: Andree, Stieler, Meyer & Co. Bibliographie der Handatlanten. Nachtrag 1995. - Schwerte 1995. p.434-482, ill.

0275
Espenhorst, Jürgen: Andree, Stieler, Meyer & Co. Handatlanten des deutschen Sprachraumes (1800-1945) nebst Vorläufern und Abkömmlingen im In- und Ausland. Bibliographisches Handbuch. - Schwerte: Pangaea Verlag 1994. 431 p., ill.

0276
Finsterwalder, Rüdiger: Die Genauigkeit der Kartierung Bayerns zur Zeit von Peter Apian (1495-1552). In: Peter Apian. Astronomie, Kosmographie und Mathematik am Beginn der Neuzeit. Mit Ausstellungskatalog. - Eichstätt 1995. p.161-168, 6 ill.

0277
Fischer, Karl: Die kartographische Darstellung Wiens bis zur Zweiten Türkenbelagerung. In: Das ist die stat Wien. Vom Albertinischen Plan zur Computerstadtkarte. Ein halbes Jahrtausend Wiener Stadtkartographie. Wiener Geschichtsblätter. Beiheft 4, 1995. p.8-28.

0278
Fischer, Karl: Streiflichter auf die Wien-Kartographie der letzten beiden Jahrhunderte. In: Das ist die stat Wien. Vom Albertinischen Plan zur Computerstadtkarte. Ein halbes Jahrtausend Wiener Stadtkartographie. Wiener Geschichtsblätter. Beiheft 4, 1995. p.38-45.

0279
Fitze, Urs: Der Bodenseeraum auf alten Karten. Ausstellung "Die Ostschweiz im Bild der frühen Kartenmacher", Landesmuseum Zürich. In: Bodensee Hefte. 44, 1994, 11. p.22-27, mp.

0280
Frankewitz, Stefan: Die Karten und Pläne des Michael Buyx. In: Michael Buyx (1795-1882). Geometer, Altertumsfreund, Sammler. - Geldern 1995. p.115-136, 23 ill. (Veröffentlichungen des Historischen Vereins für Geldern und Umgegend. 96.)

0281
Gasperina, Fabrizio: Evolution de la Chaux-de-Fonds à travers ses plans cadastraux de 1794 à nos jours. - Neuchâtel: Institut de géographie, Université de Neuchâtel 1993. [Travail de diplôme.]

0282
Geisselbrecht-Capecki, Ursula: Ein Bilderatlas des Niederrheins vom 16. bis in das 19. Jahrhundert. Die Sammlung Robert Angerhausen im Städtischen Museum Haus Koekkoek, Kleve. In: Mitteilungsblatt. Freundeskreis für Cartographica. 9, 1995. p.20-27, 2 mp.

0283
Geländedarstellung. Von der Maulwurfshügelmanier zum digitalen Geländehöhenmodell. Ausstellung anläßlich der 16. Internationalen Konferenz zur Geschichte

der Kartographie. - Wien: Bundesamt für Eich- und Vermessungswesen 1995. 45 p.

0284
Gestel, Paula van: Zoeken naar kaarten in boeken. In: Caert-Thresoor. 14, 1995, 1. p.11-12, 1 ill.

0285
Giudicetti, Franchino: Die italienischen Nachzeichnungen der Schweizer Karte des Aegidius Tschudi, 1555-1598: Dokumentation. - Murten: Cartographica Helvetica 1993. 15 p., ill.

0286
Grössing, Helmuth: Entwicklungslinien der Kartographie bis zum Anfang des 16. Jahrhunderts. In: Das ist die stat Wien. Vom Albertinischen Plan zur Computerstadtkarte. Ein halbes Jahrtausend Wiener Stadtkartographie. Wiener Geschichtsblätter. Beiheft 4, 1995. p.3-7.

0287
Grosjean, Georges: Karte des bernischen Staatsgebietes 1638 von Joseph Plepp. In: Cartographica Helvetica. 12, 1995. p.13-17, 8 ill.

0288
Gucht, Alfred van der: La carte de la Flandre. In: Gérard Mercator cosmographe, le temps et l'espace. - Anvers 1994. p.284-295, 9 ill., 2 mp.

0289
Haller-Brem, Susanne: Eine Ausstellung im Landesmuseum zeigt Karten und Instrumente aus fünf Jahrhunderten. In: Vierteljahresschrift der naturforschenden Gesellschaft Zürich. 139, 1994, 4. p.185-186, ill., mp. [Die Ostschweiz im Bild der frühen Kartenmacher].

0290
Hellwig, Fritz: La carte de Lorraine. In: Gérard Mercator cosmographe, le temps et l'espace. - Anvers 1994. p.296-315, 17 ill., 1 mp.

0291
Hesselink-Duursma, C.W.: Manuscriptkaarten. Illustratie van de eerste ontwikkeling van de Nederlandse kartografie aan de hand van drie manuscriptkaarten uit het Streekarchief Hollands Midden. In: Geodesia. 37, 1995, 3. p.143-147, 4 ill.

0292
Höhener, Hans-Peter: La Suisse. In: Gérard Mercator cosmographe, le temps et l'espace. - Anvers 1994. p.360-367, 12 ill., 1 mp., 1 tab.

0293
Hohmann, Karl-Heinz: Karten des Michael Buyx in niederrheinischen Archiven. Ein kursorischer Überblick. In: Michael Buyx (1795-1882). Geometer, Altertumsfreund, Sammler. - Geldern 1995. p.137-145, 1 ill. (Veröffentlichungen des Historischen Vereins für Geldern und Umgegend. 96.)

0294
Imobersteg, Marc: Die "Erste Post & Dampfschifffahrt Reise Carte der Schweiz". In: Cartographica Helvetica. 12, 1995. p.42-44, 5 ill.

0295
Das ist die stat Wien. Vom Albertinischen Plan zur Computerstadtkarte. Wanderung durch ein halbes Jahrtausend Wiener Stadtkartographie. Objektliste zur Ausstellung des Wiener Stadt- und Landesarchivs und des Historischen Museums der Stadt Wien. - Wien: Historisches Museum der Stadt Wien 1995. 21 p. (= 204. Sonderausstellung.)

0296
Jäger, Eckhard: Ostdeutschland und die deutschen Siedlungsgebiete im östlichen Europa in der Kartographie. In: Deutsche im Osten. Geschichte, Kultur, Erinnerungen. - Berlin 1994. p.22-43, ill.

0297
Janczak, Julian: Odrzanskie archiwalia kartograficzne. In: Rzeki. Kultura, cywilizacja, historia. 1, 1992. p.107-118, 5 ill. [Storage of cartographic archive material.] [Pol.]

0298
Kamenarov, Aranas: Nacionalen seminar "Istorija na kartografijata v Balgarija". In: Geodezija, kartografija, zemeustrojstvo. 34, 1994, 3/ 4. p.35-36. [A national seminar "The History of Cartography in Bulgaria".] [Bulg.]

0299
Kartographische Zimelien. Die 50 schönsten Karten und Globen der Österreichischen Nationalbibliothek. Hrsg.: Österreichische Nationalbibliothek. - Wien: Holzhausen 1995. 148 p., ill.

0300
Kerscher, Hermann: Kartographische Darstellung der Fossa Carolina. In: Fossa Carolina - 1200 Jahre Karlsgraben. - München 1993. p.7-8.

0301
Klaus, Wolfram: Städte der neuen Bundesländer im Kartenbild. Teil I: Pläne und Grundrisse von 1550 - 1850. 2. Aufl. - Berlin: Staatsbibliothek zu Berlin 1994. 104 p. (Kartographische Bestandsverzeichnisse. 2.)

0302
Klöti, Thomas: Die Landtafel des Standes Luzern aus der Werkstatt der Malerfamilie Wägmann. In: Vermessung, Photogrammetrie, Kulturtechnik. 93, 1995, 10. p.619-621, 3 ill.

0303
Klöti, Thomas: Johann Friedrich von Ryhiner, 1732-1803. Berner Staatsmann, Geograph, Kartenbibliograph und Verkehspolitiker. - Bern: Geogr. Gesellschaft 1994. (Jahrbuch der Geogr. Gesellschaft Bern. 58, 1992/93.)

0304
Klöti, Thomas: Karten in der Stadt- und Universitätsbibliothek Bern: die Erschließung der Sammlung Ryhiner. In: Berner Zeitschrift, Geschichte und Heimatkunde. 56, 1994, 2. p.179-189, ill., tab., mp.

0305
Koen, Benjamin: Sto i petdeset godini ot izdavaneto na părvata karta na bălgarski ezik. In: Geodezija, kartografija, zemeustrojstvo. 33, 1993, 4. p.22-24, 2 ill. [150 years since the publication of the first map in Bulgaria.] [Bulg.]

0306
König, Gebhard; Serbjukov, A.N.: Koncepcija sozdanija i ispol'zovanija basy znanij v kartografičeskoj ėkspertnoj sisteme. Eine Ausstellung aus den Sammlungen der NÖ Landesbibliothek.
In: Izvestija vysšich učebnych zavedenij. Geodezija i aero-fotosemka. Wien: NÖ Landesbibliothek 1995. 1995, 2. 76 p. (Sonder- und Wechselaus-stellungen der NÖ Landesbibliothek, Nr. 16.) [Konzeption der Schaffung und Nutzung der Wissensbasis im kartographischen Expertensystem (KES).] [Russ.]

0307
Kretschmer, Ingrid: Die Donau - ein geographischer Überblick. In: Flüsse im Herzen Europas. Rhein-Elbe-Donau. Mosaiksteine einer europäischen Flußlandschaft. - Berlin 1993. p.135-137. (Staatsbibliothek zu Berlin. Ausstellungskatalog. N.F. 6.)

0308
Kretschmer, Ingrid: Donau und Donauländer - Lebensraum vieler Völker. In: Mitteilungsblatt. Freundeskreis für Cartographica. 9, 1995. p.3- 14, 5 ill.

0309
Kretschmer, Ingrid: Donau und Donauländer. Thematische Karten und Atlanten vom 18. Jahrhundert bis zur Gegenwart. In: Flüsse im Herzen Europas. Rhein-Elbe-Donau. Mosaiksteine einer europäischen Flußlandschaft. - Berlin 1993. p.147-157, 4 ill.

0310
Kreuer, Werner: Imago Civitatis. Stadtbildsprache des Spätmittelalters [Hartmann Schedel]. - Essen 1993. 195 p., 71 ill., 32 facs. (Essener Geogr. Schriften. 2.)

0311
Krogt, Peter C.J. van der: De foliokaart van de Nederlanden door Filips Galle uit 1579. In: Caert-Thresoor. 14, 1995, 3. p.63-67, 2 ill.

0312
Krogt, Peter C.J. van der: Het vorhoudingsgetal als schaal en de eerste kaart op schaal 1:10 000. In: Geodesia (Kartografisch Tijdschrift 21, 1995, 1). 37, 1995, 1. p.3-5, 3 ill.

0313
Kunitzsch, Paul: European celestial globes with Arabic inscriptions. In: Der Globusfreund. 43/44, 1995. p.135-142; p.143-150, plates 15-16. [In Engl. and German.]

0314
Kupčík, Ivan: Mappae Bavariae: thematische Karten von Bayern bis zum Jahr 1900; Sonderausstellung des Deutschen Museums München. - Weissenhorn: Konrad 1995. 134 p., mp. (Veröffentlichungen aus dem Archiv des Deutschen Museums. 2.) ISBN 3-87437-375-4

0315
Kusov, V.S.: Ritm preobrazovanij: k istorii otečestvennogo kartografo-geodezičeskogo dela. In: Geodezia i Kartografia. 1994, 3. p.57-65, 5 ill. [Reformation rhythm: on History of National Cartography and Geodesy.] [Russ.]

0316
Leipziger Stadtpläne: Verzeichnis der in Leipziger Institutionen verfügbaren Karten und Pläne. Hrsg. von Pro Leipzig in Zusammenarbeit mit dem Stadtgeschichtlichen Museum Leipzig. - [Leipzig]: Passage-Verlag 1994. 39 p., ill., mp. ISBN 3-9803465-4-4

0317
Ligtendag, Wim: Het nut van oude kaarten voor historisch-geografen: de bevindingen tijdens een onderzoek. In: Caert-Thresoor. 14, 1995, 1. p.1-5, 2 ill.

0318
Livieratos, E.; Valsamaki, M.: Cartometric analysis of Ptolemy's maps of Greece. - Thessaloniki 1995. 11 p., ill. (Paper for the 16th International Conference on the History of Cartography.)

0319
Longenbaugh, Dee: A (relatively) practical use for an old map. In: The Map Collector. 72, 1995. p.26-27, 1 ill., portr.

0320
Lovrić, Paško: Zagreb na zemljovidima. In: Geodetski list. 49, 1995, 1. p.41-43, 1 ill. [Zagreb on maps.] [Croat.]

0321
Marinoni, Augusto: La pianta di Imola. In: Leonardo artista delle macchie e cartografo. - Firenze 1994. p.77-82, 2 ill.

0322
Marsch, Angelika: Friedrich Bernhard Werner (1690-1776). Ein europäischer Ansichten-

zeichner aus Schlesien. - Würzburg: Stiftung Kulturwerk Schlesien 1995. 56 p., ill.

0323
Marsch, Angelika: Friedrich Bernhard Werner und seine Topographie von Oberschlesien. In: Stadtgeschichte Oberschlesiens. Studien zur städtischen Entwicklung ... herausgegeben von Thomas Wünsch. 1995. p.253-275, 11 ill.

0324
Marsch, Angelika: Oppeln-Falkenberg-Groß Strehlitz. Historische Ansichten aus vier Jahrhunderten. - Würzburg: Bergstadt Verlag 1995. 160 p., ill.

0325
Martig, P.: Bernische Grenz- und Gewässerpläne. In: Vermessung, Photogrammetrie, Kulturtechnik. 93, 1995, 10. p.622-625, 6 ill.

0326
Mesenburg, Peter: Netzgeometrie und Abbildungskonzept der Karte von Nicolaus von Cues. In: Zur Geschichte des Vermessungswesens. - Wiesbaden 1995. p.46-53, 5 ill., 1 tab. (VDV-Schriftenreihe. 8.)

0327
Meurer, Peter H.: Die "Poliographia Germanica" von Joannes Janssonius (Amsterdam 1616). Zur Editionsgeschichte des ersten Städteatlas von Deutschland. In: Karten hüten und bewahren. - Gotha 1995. p.97-117, 8 ill., 1 tab. (Kartensammlung und Kartendokumentation. 11.)

0328
Meurer, Peter H.: Hintergründe und Analysen zu Tobias Mayers "Kritischer Karte von Deutschland". In: Cartographica Helvetica. 12, 1995. p.19-26, 3 ill., 2 tab., portr.

0329
Meurer, Peter H.: Le territoire Allemand. In: Gérard Mercator cosmographe, le temps et l'espace. - Anvers 1994. p.336-349, 11 ill., 1 tab. 3 mp.

0330
Meurer, Peter H.: Les territoires de la couronne polonaise. In: Gérard Mercator cosmographe, le temps et l'espace. - Anvers 1994. p.350-359, 5 ill., 1 mp.

0331
Mokre, Jan: "Die Mitführung einer Landkarte ist unerläßlich". Die kartographische Entdeckung der Wiener Gegenden im Biedermeier. In: Karten hüten und bewahren. - Gotha 1995. p.119-139, 1 ill. (Kartensammlung und Kartendokumentation. 11.)

0332
Mokre, Jan: Das große 18. Jahrhundert der Wiener Stadtkartographie. In: Das ist die stat Wien. Vom Albertinischen Plan zur Computerstadtkarte. Ein halbes Jahrtausend Wiener Stadtkartographie. Wiener Geschichtsblätter. Beiheft 4, 1995. p.29-37.

0333
Monshausen, Lothar: Die Topographische Landesaufnahme im Raume Bitburg durch den französischen Obersten Tranchot. In: Nachrichtenblatt der Vermessungs- und Katasterverwaltung Rheinland-Pfalz. 38, 1995, 3. p.183-190, 2 ill., 3 mp.

0334
Moreno, Diego; Bousquet-Bressolier, Catherine: Une source pour l'histoire et l'archéologie des ressources végétales. Les cartes topographiques de la montagne Ligure (Italie). In: L'æil du cartographe et la représentation géographique du Moyen Age à nos jours. - Paris 1995. p.175-198, 11 ill. (Mémoires de la section de géographie physique et humaine. 18.)

0335
Müller, Guido; Sitte, Wolfgang; Suida, Hermann: Veränderungen der Kulturland-

schaft im südlichen Bereich der Stadt Salzburg während der letzten zwei Jahrhunderte im Bild kartographischer Darstellungen. In: Festschrift Helmut Riedl. - Salzburg 1993. p.89-104, 10 ill. (Salzburger Geographische Arbeiten. Bd 25.)

0336
Nicolussi, Kurt: Bilddokumente zur Geschichte des Vernagtferners im 17. Jahrhundert. In: Zeitschrift für Gletscherkunde und Glazialgeologie. 26, 1990, 2. p.97-119, 4 ill., plates.

0337
The Northeast Passage. From the Vikings to Nordenskjöld. - Helsinki: Helsinki Univ. Library, John Nurminen Foundation 1992. Ca. 290 p., ill. ISBN 952-9745-02-8

0338
Okhuizen, Edwin: Exploration and mapping of the Northeast Passage and Northern Eurasia, 15th-19th centuries. In: The Northeast Passage. From the Vikings to Nordenskjöld. - Helsinki 1992. p.10-48; p.272-275, ill.

0339
Otten, Jeanine: Kaarttekenaars en kaartafzetters in de dagboeken van Pieter de Graeff (1638-1707). In: Caert-Thresoor. 14, 1995, 3. p.53- 58, 2 ill.

0340
Pastoureau, Mireille: Entre Gaule et France, la "Gallia". In: Gérard Mercator cosmographe, le temps et l'espace. - Anvers 1994. p.316- 333, 15 ill., 2 mp.

0341
Pedley, Mary Sponberg: 'Commode, complet, uniforme, et suivi': problems in atlas editing in enlightenment France. In: Editing early and historical atlases. - Toronto etc. 1995. p.83-108, 3 ill.

0342
Petto, Christine Marie: Kartographie als Staatsaufgabe - die Förderung französischer Kartographen im 17. und 18. Jahrhundert. In: Cartographica Helvetica. 12, 1995. p.38-41, 3 ill.

0343
Der Pfinzing-Atlas von 1594. Faksimile-Edition anläßlich des 400jährigen Jubiläums. - Simmelsdorf: Altnürnberger Landschaft 1994. 56 p.

0344
Pinot, Jean-Pierre: L'adaptation d'une carte à de nouveaux utilisateurs. La carte de Bretagne de Bertrand d'Argentré (1582). In: L'æil du cartographe et la représentation géographique du Moyen Age à nos jours. - Paris 1995. p.223-231, 3 ill. (Mémoires de la section de géographie physique et humaine. 18.)

0345
Polleroß, Friedrich: "Austrie est imperae orbi universo". Der Globus als Herrschaftsgürtel der Habsburger. In: 1492-1992: Spanien, Österreich und Iberoamerika. Hrsg. von Wolfram Kröner. - Innsbruck 1993. p.35-50. (Innsbrucker Beiträge zur Kulturwissenschaft, Sonderh. 86.)

0346
Raa, Fineke te: Kaarten in het Rijksarchief in Noord-Brabant. In: Caert-Thresoor. 14, 1995, 4. p.87-92, 3 ill. [With Engl. rés.]

0347
Raykowski, Hans: Historisches Gemeindeverzeichnis für das Oldenburger Land 1814-1980. Mit Angaben zur Vogtei-, Amts- und Kreiszugehörigkeit sowie zur Karten- und Kirchenbuchüberlieferung und einem Kartenanhang. 2., verb. Aufl. - Oldenburg: Holzberg 1994. 52 p. (Inventare und kleinere Schriften des Staatsarchivs in Oldenburg. 14.)

0348
Riepl, Hermann: Der Bezirk Hollabrunn - alte Ansichten, Karten und Bücher. Zur sechsten Ausstellung der NÖ Landesbibliothek über die Bezirke Niederösterreichs. In: Unsere Heimat. 64, 1993, 1. p.36-37.

0349
Riepl, Hermann: Niederösterreich im alten Kartenbild. In: Unsere Heimat. 66, 1995, 3. p.214.

0350
Röttel, Karl: Peter Apians Karten. In: Peter Apian. Astronomie, Kosmographie und Mathematik am Beginn der Neuzeit. Mit Ausstellungskatalog. - Eichstätt 1995. p.169-182, ill.

0351
Rohr, Hans Peter: Das Schaffhauser Kartengemälde von Johann Rudolph Frey (1715). In: Schaffhauser Beiträge. Geschichte. 71, 1994. p.125- 135, 1 mp. [Kanton Schaffhausen].

0352
Rüsch, Elfi: Il "mappone" di Brissago. In: Bollettino Società Storica Locarnese. 1994, 2. p.53-56.

0353
Santi, Cesare: La mappe catastale di Monticello del 1793. In: Quaderni grigionitaliani. 62, 1993, 2. p.149-159, tab., mp.

0354
Scharfe, Wolfgang: The image of Brandenburg on maps of Germany. Central Europe of the 15th and 16th centuries. - Berlin 1995. 16 p., ill. (Paper for the 16th International Conference on the History of Cartography.)

0355
Scharfe, Wolfgang: Vorlesungen zur Kartographie-Geschichte der deutschsprachigen Länder in Barcelona. In: Kartographische Nachrichten. 45, 1995, 4. p.150-151.

0356
Schnayder, Edward: Polska kartografia wojskowa w czasie II wojny światowej (Przypomnienie w 50-lecie zakończenia wojny). In: Polski przegląd kartograficzny. 27, 1995, 4. p.191-200. [Polish military cartography at the time of World War II (Note on the 50th anniversary of the end of the War).] [Pol. with Engl. and Russ. rés.]

0357
Schnayder, Edward: Unbekannte oder wenig bekannte Polen betreffende, gedruckte Landkarten aus den Sammlungen in Wolfenbüttel und Stockholm. In: Zeszyty naukowe Uniwersytetu Jagiellonskogo. 1808. 1994. p.105- 115, ill. (Prace histor. Z. 111.)

0358
Schreiber, Theo: Niederzier im Spiegel amtlicher topographischer Karten. In: Jahrbuch des Kreises Düren 1994. p.121-134, 6 ill., 3 tab.

0359
Die Seehandlung. Preußische Staatsbank. Handel - Verkehr - Industrie - Bankwesen. Eine Ausstellung des Geheimen Staatsarchivs Preußischer Kulturbesitz und der Stiftung Preußische Seehandlung. - Berlin 1993. 107 p., ill., mp.

0360
Shehu, Agim; Kristo, Vasil: Kartografia albańska. In: Polski przegląd kartograficzny. 26, 1994, 1. p.24-27. [Albanian cartography.] [Pol. with Engl. and Russ. rés.]

0361
Shirley, Rodney W.: "Lost" British Isles wall map by John Senex found in the Newberry Library. In: Mapline. 78/79, 1995/96. p.[1]-4, 3 ill.

0362
Silió y Fermín Turiel, Fernando: Los mapas nacionales (1750-1900). In: La imagen del

mundo. 500 años de cartografía. - Madrid 1992. p.75-89, 20 ill.

0363
Smith, David: The preparation of the town maps for Lysons' Magna Britannia. In: The Cartographic Journal. 32, 1995, 1. p.11-17, 3 ill., 1 tab.

0364
Steinbring, Heinz: Der Kataster-Geometer Michael Buyx. In: Michael Buyx (1795-1882). Geometer, Altertumsfreund, Sammler. - Geldern 1995. p.52-67, 9 ill. (Veröffentlichungen des Historischen Vereins für Geldern und Umgegend. 96.)

0365
Steiner, Christian: Genauigkeitsanalyse des Atlas Tyrolensis. - Technische Universität Wien 1994. 123 p., ill., tab., 13 p. suppl. [Dipl.-Arb.]

0366
Stoeve, Wilbert; Buisseret, David: A French engineer's atlas of the River Somme, 1644: commentary on a Newberry manuscript. In: Mapline. 77, 1995. p.1-10, 8 ill.

0367
Szathmáry, Tibor: Der bisher unbekannte Zustand von Ungarnkarte Deutechums (1661-1663). In: Cartographica Hungarica. 1994, 4. p.5-8, 10 ill.

0368
Szathmáry, Tibor: Deutechum 1596-os Magyarország térképének eddig ismeretlen (utolsó) kiadása. In: Cartographica Hungarica. 1994, 4. p.2-4, 7 ill. [Der bisher unbekannte Zustand von Ungarnkarte Deutechums.] [Hung.]

0369
Szykula, Krystyna: The re-discovered Jenkinson Map of Russia dated 1562. Further investigations. - Warszawa 1995. 2 p., ill. (Paper for the 16th International Conference on the History of Cartography.)

0370
Tobler, Felix: Der Atlas der Diözese Raab (Györ) aus dem Jahre 1821. In: Cartographica Hungarica. 1994, 4. p.34-39, 8 ill.

0371
Unverhau, Dagmar: Das Danewerk kartographiegeschichtlich. In: Beretning fra trettende tvaerfaglige, Vikingesymposium, Kiels Univ. 26.-27.5.1994. - Hojbjerg 1994. p.7-28, ill.

0372
Wajntraub, Gimpel; Wajntraub, Eva: Holy Land maps and views by German-speaking cartographers. In: Journal. Israeli Map Collectors Society. 10, 1993. p.3-22.

0373
Wajntraub, Gimpel: Alphabetical list of German-speaking cartographers of Holy Land maps, part IV. In: Journal. Israeli Map Collectors Society. 11, 1994. p.24-36, 4 ill.

0374
Watelet, Marcel: Le nord de la France au coeur des enjeux Europeens. Contribution à la cartographie topographique militaire des Allies (russes et prussiens) dans le département des Ardennes. In: Sedan. De l'Europe des principautes à l'Europe des nations. - Nancy 1995. p.105-121, ill.

0375
Watelet, Marcel: Le terrain des ingénieurs. La cartographie routière en Wallonie au XVe siècle. - Bruxelles: Racine 1995. 232 p., ill.

0376
Wawrik, Franz: Die Kartensammlung der

Österreichischen Nationalbibliothek - Geschichte und Gegenwart. In: Kartographische Zimelien. - Wien 1995. p.3-10, 1 ill.

0377
Wawrik, Franz: Kartensammler und -sammlungen in Österreich. In: Karten hüten und bewahren. - Gotha 1995. p.205-220. (Kartensammlung und Kartendokumentation. 11.)

0378
Weber, Bruno: Herrlibergers Topograph: das zeichnerische Werk des Küfers Hans Conrad Nözli (1709-1751). - Zürich: Verlag Neue Zürcher Zeitung 1993. 175 p., ill.

0379
Wiesli, Urs: Das Aaretal zwischen Olten und Schönenwerd auf dem Midart-Plan um 1780. In: Jahrbuch. Solothurnische Geschichte. 66, 1993. p.437-440, 1 mp.

0380
Wolf, Armin: Gervasius von Tilbury und die Welfen. Zugleich Bemerkungen zur Ebstorfer Weltkarte. In: Die Welfen und ihr Braunschweiger Hof im hohen Mittelalter. - Wiesbaden 1995. p.407-437, ill., tab.

0381
Wolff, Fritz: Karten und Atlanten in fürstlichen Bibliotheken des 16. und 17. Jahrhunderts. Beispiele aus Hessen. In: Karten hüten und bewahren. - Gotha 1995. p.221-231. (Kartensammlung und Kartendokumentation. 11.)

0382
Wolff, Fritz: Wetterau und Vogelsberg in alten Landkarten. - Friedberg 1994. 51 p., ill. (Geschichte und Kultur in Wetterau und Vogelsberg. 2.)

0383
Wytyczak, Roman: Zbiory kartograficzne Biblioteki Zakładu Narodowego im. Ossolińskich we Wrocławiu. Część II. In: Polski przegląd kartograficzny. 26, 1994, 2. p.85-92, 2 tab. [The cartographic collection of the Ossolinskis National Institute Library in Wroclaw.] [Pol. with Engl. and Russ. rés.]

0384
Zögner, Gudrun K.: Karten in "Feuer und Flamme". In: Mitteilungsblatt. Freundeskreis für Cartographica. 9, 1995. p.37-39.

0385
Zögner, Gudrun K.; Zögner, Lothar: Mercator und das Klever Land. Studienfahrt des Freundeskreises. In: Mitteilungsblatt. Freundeskreis für Cartographica. 9, 1995. p.34-36, 1 ill.

0386
Zögner, Lothar: A national historical Dictionary of Mapmakers. In: How to identify a mapmaker. An international bibliographic Guide. - Paris 1995. p.11-16.

0387
Zögner, Lothar: An den Ufern von Rhein, Elbe, Donau. In: Mitteilungsblatt. Freundeskreis für Cartographica. 9, 1995. p.15-19, 4 ill.

0388
Züchner, Christian: Steinerne Karten - Topographische Darstellungen im vorgeschichtlichen Europa. In: Gerhard Mercator, Europa und die Welt. Begleitband zur Ausstellung 'Verfolgt, geachtet, universal - Gerhard Mercator, Europa und die Welt', anläßlich des 400. Todestages von Gerhard Mercator im Kultur- u. Stadthistorischen Museum Duisburg vom 4. Sept. 1994 bis zum 31. Januar 1995. - Duisburg 1994. p.241-251, 9 ill.

i. Outer Space
Weltraum
L'espace cosmique

0389
Baldwin, Robert: P. Giovanni Maria Cassini, C.R.S. (1745-1824 ca.) and his globes. In: Der Globusfreund. 43/44, 1995. p.201-218.

0390
Bartha, Lajos: The first educational globes in Hungarian language 1800-1850. In: Der Globusfreund. 43/44, 1995. p.237-248, plates 32-33; p.248-256. [In Engl. and German.]

0391
Blunck, Jürgen: Die Geschichte der Globen des Mars und seiner Monde. In: Der Globusfreund. 43/44, 1995. p.257-264, plates 34-38.

0392
Dekker, Elly: Conspicuous features on sixteenth century celestial globes. In: Der Globusfreund. 43/44, 1995. p.77-97, 6 tab., plates 9- 11; p.99-106. [In Engl. and German.]

0393
Grunert, Thomas: The digital three-dimensional reconstruction of Stoeffler's globe. In: Der Globusfreund. 43/44, 1995. p.65-70, 1 ill., 1 tab.; p.75-76. [In Engl. and German.]

0394
Kunitzsch, Paul: European celestial globes with Arabic inscriptions. In: Der Globusfreund. 43/44, 1995. p.135-142; p.143-150, plates 15-16. [In Engl. and German.]

0395
Lualdi, Alberto: The Ubicini Brothers [Andrea and Carlo Ubicini]: A poorly-known globe makers in the early 19th century Milan. In: Der Globusfreund. 43/44, 1995. p.219-222, plates 25-28.

0396
Mucha, Ludvík: Die Globen des Prager Astronomen Josef Georg Böhm (1807-1868). In: Der Globusfreund. 43/44, 1995. p.227-236, 3 ill., portr., plate 31.

0397
Peters, Paul: Restauratie van twee Mercatorglobes uit het bezit van de K.O.K.W. te Sint-Niklaas. In: Caert-Thresoor. 14, 1995, 2. p.37- 43, 17 ill.

0398
Pokarný, Pavel R.: Zur Datierung des Himmelsglobus von Caspar Pflieger. In: Der Globusfreund. 43/44, 1995. p.223-225, plates 29-30.

0399
Schmidt, Rudolf: Zur Arbeitsweise Vincenzo Coronellis. In: Der Globusfreund. 43/44, 1995. p.151-167, 9 ill.; p.168-170, plates 17-19. [In German and Engl.]

0400
Sumira, Sylvia: The conservation of a celestial globe by Hondius of 1613. In: Der Globusfreund. 43/44, 1995. p.283-288, plates 43-46; p.289-294. [In Engl. and German.]

0401
Thiele, Rüdiger: Kosmographie als universale Wissenschaft - zum Werk Gerhard Mercators. In: Gerhard Mercator, Europa und die Welt. Begleitband zur Ausstellung 'Verfolgt, geachtet, universal - Gerhard Mercator, Europa und die Welt', anläßlich des 400. Todestages von Gerhard Mercator im Kultur- u. Stadthistorischen Museum Duisburg vom 4. Sept. 1994 bis zum 31. Januar 1995. - Duisburg 1994. p.15-36, 29 ill.

0402
Turner, Gerard L.E.; Dekker, Elly: The first instruments of Gerard Mercator to be identified: three astrolabes. In: Gerhard Mercator,

Europa und die Welt. Begleitband zur Ausstellung 'Verfolgt, geachtet, universal - Gerhard Mercator, Europa und die Welt', anläßlich des 400. Todestages von Gerhard Mercator im Kultur- u. Stadthistorischen Museum Duisburg vom 4. Sept. 1994 bis zum 31. Januar 1995. - Duisburg 1994. p.197-210, 6 ill.

0403
Vermij, Rienk: Typus universitatis. In: Gérard Mercator cosmographe, le temps et l'espace. - Anvers 1994. p.234-239, 6 ill.

0404
Vogel, Klaus A.: Armillarsphäre und frühe Globen vor 1492. In: Der Globusfreund. 43/44, 1995. p.31-42, 2 ill.; p.43-54, 2 ill. [In German and Engl.]

3. **Epochs of the History of Cartography**
Epochen der Geschichte der Kartographie
Epoques de l'histoire de la cartographie

0405
Kröger, Kurt: Das Vermessungswesen bei Johann Georg Krünitz. In: Allgemeine Vermessungs-Nachrichten. 102, 1995, 4. p.155-160, 2 ill.

0406
Pravda, Ján: K prehistórii kartografie. In: Geografia. 1995, 3. p.19- 21, 5 ill. [To the prehistory of cartography.] [Slovak.]

b. **Antiquity**
Antike
Antiquité

0407
Brodersen, Kai: Terra Cognita. Studien zur römischen Raumerfassung. - Hildesheim: Olms 1995. 354 p., ill. (Spudasmata. 59.) ISBN 3-487-10008-8

0408
Hertel, Peter: Vermessung in der Antike. In: Zur Geschichte des Vermessungswesens. - Wiesbaden 1995. p.21-29, 4 ill. (VDV-Schriftenreihe. 8.)

0409
Die Wiedergeburt der Antike und die Auffindung Amerikas: 2000 Jahre Wegbereitung einer Entdeckung. Bildkatalog zur Ausstellung; [Ausstellung in der Staats- und Universitätsbibliothek Hamburg - Carl von Ossietzky - vom 15.12.92 - 2.2.93]. Ausstellung und Katalog: Dieter Harlfinger ... - Wiesbaden: Reichert 1992. IX, 159 p., ill. ISBN 3-88226-564-7

c. **Middle Ages**
Mittelalter
Moyen âge

0410
Bergmann, Werner: Mittelalterliche Straßenkarten. In: Zur Geschichte des Vermessungswesens. - Wiesbaden 1995. p.30-37, 5 ill. (VDV- Schriftenreihe. 8.)

0411
Brincken, Anna-Dorothee von den: La cartographie médiévale. In: Gérard Mercator cosmographe, le temps et l'espace. - Anvers 1994. p.36-49, 16 ill.

0412
Hamer, John: Worlds apart, Norman Mappae mundi in England and Sicily [Ricardus de Bello]. In: The Portolan. 31, 1994. p.5-17.

0413
Lecoq, Danielle: Mathieu Paris de l'itinéraire

à la représentation du monde. In: L'æil du cartographe et la représentation géographique du Moyen Age à nos jours. - Paris p.19-38, 12 ill. (Mémoires de la section de géographie physique et humaine. 18.)

0414
A twelfth century Arabic World Map. In: The Carto-Philatelist. 39, 1994, 4. p.108-112.

0415
Wolf, Armin: Gervasius von Tilbury und die Welfen. Zugleich Bemerkungen zur Ebstorfer Weltkarte. In: Die Welfen und ihr Braunschweiger Hof im hohen Mittelalter. - Wiesbaden 1995. p.407- 437, ill., tab.

d. Renaissance
Renaissance
Renaissance

0416
Akerman, James R.: From books with maps to books as maps: the editor in the creation of the atlas idea. In: Editing early and historical atlases. - Toronto etc. 1995. p.3-48, 5 ill., 2 tab.

0417
Babicz, Józef: La résurgence de Ptolémée. In: Gérard Mercator cosmographe, le temps et l'espace. - Anvers 1994. p.50-69, 24 ill.

0418
Bzinkowska, Jadwiga: Kartograficzny obraz nowo odkrytych ziem na mapach z czasów Kolumbia. In: Europa - Amerika od X do XX wieku. W piecsetna rocznice pierwszej wyprawy Kryszofa Kolumba. - Kraków 1993. p.53-64, 8 plates. (Zeszyty Naukowe Uniwersytetu Jagiellonskiego. 1124. Prace historyczne. 108.) [Das kartographische Bild der neu entdeckten Länder auf alten Karten aus der Zeit Kolumbus.] [Pol. with German rés.]

0419
Casado Soto, José Luis: El descubrimiento del mundo (1500-1630). In: La imagen del mundo. 500 años de cartografía. - Madrid 1992. p.37-53, 23 ill., 1 tab.

0420
Dolz, Wolfram: Mit Kompaß und Elle - Vermessungsmethoden und Feldmeßinstrumente zur Zeit Gerhard Mercators. In: Gerhard Mercator, Europa und die Welt. Begleitband zur Ausstellung 'Verfolgt, geachtet, universal - Gerhard Mercator, Europa und die Welt', anläßlich des 400. Todestages von Gerhard Mercator im Kultur- u. Stadthistorischen Museum Duisburg vom 4. Sept. 1994 bis zum 31. Januar 1995. - Duisburg 1994. p.183-196, 23 ill.

0421
Heijden, H.A.M. van der: Atlas Iprensis, 1570-1639. In: Caert- Thresoor. 14, 1995, 2. p.25-34, 4 ill.

0422
Heijden, H.A.M. van der: Kaart als kunst. In: Caert-Thresoor. 14, 1995, 4. p.77-84, 6 ill. [With Engl. rés.]

0423
Krzywicka-Blum, Ewa: Nowa metoda analizy i prezentacji zmienności skali dawnych map dużych obszarów. In: Polski przegląd kartograficzny. 26, 1994, 2. p.75-85, 5 ill. [A new method of analysis and presentation of scale variability of old maps of vast areas.] [Pol. with Engl. and Russ. rés.]

0424
Lindgren, Uta: Mesures de l'espace et du temps. In: Gérard Mercator cosmographe, le temps et l'espace. - Anvers 1994. p.162-177, 24 ill.

0425
Martín-Merás, Luisa: De los portulanos al Padrón de Indias (1450- 1550). In: La imagen

del mundo. 500 años de cartografía. - Madrid 1992. p.15-33, 16 ill., 1 tab.

0426
Milanesi, Marica: Arsarot oder Anian? Identität und Unterscheidung zwischen Asien und der Neuen Welt in der Kartographie des 16. Jahrhunderts <1500-1570>. In: Die Neue Welt im Bewußtsein der Italiener und Deutschen des 16. Jahrhunderts. - Berlin 1993. p.15- 68, 39 ill. (Schriften des Italienisch-Deutschen Instituts in Trient. 6.) (Italienisch-Deutsches Institut. Studienwoche. 34.)

0427
Nuti, Lucia: Le language de la peinture dans la cartographie topographique. In: L'æil du cartographe et la représentation géographique du Moyen Age à nos jours. - Paris 1995. p.53-70, 10 ill. (Mémoires de la section de géographie physique et humaine. 18.)

0428
Oestmann, Günther: On the construction of globe gores and the preparation of spheres in the sixteenth century. In: Der Globusfreund. 43/44, 1995. p.121-131, 4 ill.; p.132-134. [In Engl. and German.]

0429
Opdenberg, Georg: Historische Vermessungsinstrumente. Ein Diskussionsbeitrag über Erfahrungen mit Nachbauten. In: Zur Geschichte des Vermessungswesens. - Wiesbaden 1995. p.80-87, 9 ill. (VDV-Schriftenreihe. 8.)

0430
Scholz, Günter: 16.-18. Jahrhundert: Weltbild im Wandel. In: Weltbild im Spiegel der Kartographie des 16. bis 18. Jahrhunderts. - Böblingen 1994. p.9-15, 6 ill. (Böblinger Museumsschriften. 12.)

0431
Tromnau, Gernot: Götzen, Mythen, Kannibalen - "Ethnographische" Darstellungen im Kartenwerk Gerhard Mercators. In: Gerhard Mercator, Europa und die Welt. Begleitband zur Ausstellung 'Verfolgt, geachtet, universal - Gerhard Mercator, Europa und die Welt', anläßlich des 400. Todestages von Gerhard Mercator im Kultur- u. Stadthistorischen Museum Duisburg vom 4. Sept. 1994 bis zum 31. Januar 1995. - Duisburg 1994. p.173-182, 8 ill.

0432
Turner, Gerard L.E.; Dekker, Elly: Les astrolabes. In: Gérard Mercator cosmographe, le temps et l'espace. - Anvers 1994. p.178-192, 16 ill.

e. Baroque
Barock
Baroque

0433
Bousquet-Bressolier, Catherine: De la peinture géométrale> à la carte topographique. Évolution de l'héritage classique au cours du XVIIIe siècle. In: L'æil du cartographe et la représentation géographique du Moyen Age à nos jours. - Paris 1995. p.93-106, 3 ill. (Mémoires de la section de géographie physique et humaine. 18.)

0434
Dürst, Arthur: Das Projekt einer Sammlung von nachgebauten historischen Vermessungsinstrumenten. Die Zürcher Instrumentenbauer des frühen 17. Jahrhunderts. In: Vermessung, Photogrammetrie, Kulturtechnik. 93, 1995, 10. p.630-633, 12 ill.

0435
Ferrer, Rafael: La forma de la tierra (1630-1750). In: La imagen del mundo. 500 años de cartografía. - Madrid 1992. p.55-71, 21 ill., 1 tab.

0436
Fletcher, David: The Careswell Atlas: working tool and work of art. In: The Map Collector. 73, 1995. p.34-37, 5 ill.

0437
Hasegawa, Koji: Road atlases in early modern Japan and Britain. In: Geographical studies & Japan. Ed. by John Sargent & Richard Wiltshire. Folkestone, Kent 1993. p.15-24.

0438
Nuti, Lucia: Le language de la peinture dans la cartographie topographique. In: L'œil du cartographe et la représentation géographique du Moyen Age à nos jours. - Paris 1995. p.53-70, 10 ill. (Mémoires de la section de géographie physique et humaine. 18.)

0439
Opdenberg, Georg: Historische Vermessungsinstrumente. Ein Diskussionsbeitrag über Erfahrungen mit Nachbauten. In: Zur Geschichte des Vermessungswesens. - Wiesbaden 1995. p.80-87, 9 ill.

0440
Pelletier, Monique: Formation et missions de l'ingénieur géographe militaire au XVIIIe siècle. In: L'œil du cartographe et la représentation géographique du Moyen Age à nos jours. - Paris 1995. p.73-92, 4 ill. (Mémoires de la section de géographie physique et humaine. 18.)

0441
Picon, Antoine: Cartographie et aménagement du territoire. Les cartes des élèves des Ponts de Chaussées à la fin du XVIIIe siècle. In: L'œil du cartographe et la représentation géographique du Moyen Age à nos jours. - Paris 1995. p.107-125, 4 ill. (Mémoires de la section de géographie physique et humaine. 18.)

0442
Scholz, Günter: 16.-18. Jahrhundert: Weltbild im Wandel. In: Weltbild im Spiegel der Kartographie des 16. bis 18. Jahrhunderts. - Böblingen 1994. p.9-15, 6 ill. (Böblinger Museumsschriften. 12.)

0443
Warren, Bill: A most curious map [Jean Nicholas Buache de la Neuville]. In: The Map Collector. 73, 1995. p.13-18, 4 ill.

f. Modern Period
Moderne
Modernité

0444
Baden, Helmut: Instrumentenbauer A. Frerk - zu Unrecht vergessen. In: Zur Geschichte des Vermessungswesens. - Wiesbaden 1995. p.76-79, 3 ill. (VDV-Schriftenreihe. 8.)

0445
Bauer, Hans: Georg Christoph Lichtenberg und die Kurhannoversche Landesaufnahme. In: Nachrichten der Niedersächsischen Vermessungs- und Katasterverwaltung. 45, 1995, 1. p.3-9.

0446
Bergs, Irene-Annette: Schulatlanten des 19. Jahrhunderts in einer Bibliothek heute. In: Karten hüten und bewahren. - Gotha 1995. p.29- 31. (Kartensammlung und Kartendokumentation. 11.)

0447
Bridges, R.C.: Maps of East Africa in the nineteenth century. In: Maps and Africa. Proceedings of a Colloquium at the University of Aberdeen, April 1993. - Aberdeen 1994. p.12-31, 11 mp.

0448
Goffart, Walter A.: Breaking the Ortelian pattern: historical atlases with a new program,

1747-1830. In: Editing early and historical atlases. - Toronto etc. 1995. p.49-81, 3 ill.

0449
Goleń, Jan; Ostrowski, Wiesław: Metoda dazymetryczna - rys historyczny. In: Polski przegląd kartograficzny. 26, 1994, 1. p.3- 17, 5 ill. [The dasymetric method - a historical outline.] [Pol. with Engl. and Russ. rés.]

0450
Layland, Michael: "Sales from the Map Room" or collecting "modern" cartography. In: The Map Collector. 73, 1995. p.30-32, 5 ill.

0451
Maps and Africa. Proceedings of a Colloquium at the University of Aberdeen, April 1993. Ed. by Jeffrey C. Stone. - Aberdeen: Aberdeen University African Studies Group 1994. VI, 259 p.
ISBN 0-9509989-6-6

0452
Piña, Benjamin: La tierra desde el espacio (1900-2000). In: La imagen del mundo. 500 años de cartografía. - Madrid 1992. p.93-115, 31 ill., 1 tab.

0453
Robic, Marie-Claire: Carte et topographie: quand pédagogues, savants et militaires définissent l'intelligence du terrain (1870-1914). In: L'æil du cartographe et la représentation géographique du Moyen Age à nos jours. - Paris 1995. p.245-265, 6 ill. (Mémoires de la section de géographie physique et humaine. 18.)

0454
Silió y Fermín Turiel, Fernando: Los mapas nacionales (1750-1900). In: La imagen del mundo. 500 años de cartografía. - Madrid 1992. p.75-89, 20 ill.

C. Biographical Aspects of Cartography
Persönlichkeiten der Kartographie
Personnages de la cartographie

0455
Espenhorst, Jürgen: Andree, Stieler, Meyer & Co. Bibliographie der Handatlanten. Nachtrag 1995. - Schwerte 1995. p.434-482, ill.

0456
Geisselbrecht-Capecki, Ursula: Ein Bilderatlas des Niederrheins vom 16. bis in das 19. Jahrhundert. Die Sammlung Robert Angerhausen im Städtischen Museum Haus Koekkoek, Kleve. In: Mitteilungsblatt. Freundeskreis für Cartographica. 9, 1995. p.20-27, 2 mp.

0457
Brichzin, Hans: Eine Ungarnkarte von Nicolaus Angielus, sowie Grund- und Aufrisse ungarischer Festungen aus dem Jahr 1566 im Sächsischen Hauptstaatsarchiv zu Dresden. Teil II. In: Cartographica Hungarica. 1994, 4. p.12-18, 14 ill.

0458
Brichzin, Hans: Peter und Philipp Apian - und die verpaßten Chancen in der sächsischen Kartographie. In: Peter Apian. Astronomie, Kosmographie und Mathematik am Beginn der Neuzeit. Mit Ausstellungskatalog. - Eichstätt 1995. p.247-254, ill.

0459
Lindgren, Uta: Was verstand Peter Apian unter "Kosmographie"? In: Peter Apian. Astronomie, Kosmographie und Mathematik am Beginn der Neuzeit. Mit Ausstellungskatalog. - Eichstätt 1995. p.158-160, 3 ill.

0460
Peter Apian. Astronomie, Kosmographie und Mathematik am Beginn der Neuzeit. Hrsg.: Karl Röttel. - Eichstätt: Polygon-Verlag Buxheim 1995. 360 p., ill.
ISBN 3-928671-12-X

0461
Röttel, Hermine; Kaunzer, Wolfgang: Die Druckwerke Peter Apians. In: Peter Apian. - Eichstätt 1995. p.255-276, ill.

0462
Röttel, Karl: Peter Apians Karten. In: Peter Apian. Astronomie, Kosmographie und Mathematik am Beginn der Neuzeit. Mit Ausstellungskatalog. - Eichstätt 1995. p.169-182, ill.

0463
Brichzin, Hans: Peter und Philipp Apian - und die verpaßten Chancen in der sächsischen Kartographie. In: Peter Apian. Astronomie, Kosmographie und Mathematik am Beginn der Neuzeit. Mit Ausstellungskatalog. - Eichtätt 1995. p.247-254, ill.

0464
Brunner, Kurt: Philipp Apians Landesaufnahme Bayerns. In: Zur Geschichte des Vermessungswesens. - Wiesbaden 1995. p.38-45, 4 ill. (DVW-Schriftenreihe. 8.)

0465
Herten, Bart van der: De connectie tussen Jacob van Deventer en Viglius van Aytta in de jaren 1530-1540: Een hypothese. In: Caert-Thresoor. 14, 1995, 3. p.59-61, 3 ill.

0466
Bär, Werner-Franzisco: Friedrich Pfrommer (1903-1989). In: 40 Jahre Ortsverein Karlsruhe der Deutschen Gesellschaft für Kartographie e.V. Karlsruhe 1994. p.225-226, 1 ill.

0467
Hergt, K.: Gedenkveranstaltungen zum 200jährigen Geburtstag von J.J. Baeyer in Berlin, November 1994. In: Zeitschrift für Vermessungswesen. 120, 1995, 3. p.153-155.

0468
Häberlein, Roland: Willi Beck 85 Jahre. In: Kartographische Nachrichten. 45, 1995, 2. p.73, portr.

0469
Freitag, Ulrich: Die Beiträge von Max Groll, Walter Behrmann und Georg Jensch zur wissenschaftlichen Kartographie. - Berlin: Freie Universität, Fachrichtung Kartographie 1994. 50 p., 9 ill. (Berliner Manuskripte zur Kartographie.)

0470
Freitag, Ulrich: Walter Behrmann (1882-1955). In: Die Beiträge von Max Groll, Walter Behrmann und Georg Jensch zur wissenschaftlichen Kartographie. - Berlin 1994. p.15-20, portr. (Berliner Manuskripte zur Kartographie.)

0471
Hamer, John: Worlds apart, Norman Mappae mundi in England and Sicily [Ricardus de Bello]. In: The Portolan. 31, 1994. p.5-17.

0472
Raum, Frigyes: Bendefy (Benda) László a térképtörténész. In: Cartographica Hungarica. 1994, 4. p.40-41, portr. [Hung.]

0473
Hafner, Ernst: Ein Leben mit Landkarten. Regierungsrat Prof. Ing. Erwin Benesch wurde 90 Jahre. In: Eich- und Vermessungsmagazin. 78, 1995, Juni. p.18-20, 3 ill.

0474
Zimmermann, Bernhard: Friedrich Wilhelm Bessel und die ostpreußische Gradmessung. In: Zur Geschichte des Vermessungswesens. - Wiesbaden 1995. p.54-64, 5 ill., 1 tab. (VDV-Schriftenreihe. 8.)

0475
Ostrowski, Jerzy: David P. Bickmore 1917-1993. In: Polski przegląd kartograficzny. 26, 1994, 1. p.62-64. [Pol.]

0476
Lanegran, David: Hildegard Binder Johnson, 1908-1993. In: Journal of Geography. 93, 1994, 2. p.107-108.

0477
Mucha, Ludvík: Die Globen des Prager Astronomen Josef Georg Böhm (1807-1868). In: Der Globusfreund. 43/44, 1995. p.227-236, 3 ill., portr., plate 31.

0478
Schöttler, Horst: Dr. Werner Bormann 80 Jahre. In: Kartographische Nachrichten. 45, 1995, 2. p.73-74.

0479
Neumann, Joachim: Heinz Bosse - ein Leben für die Kartographie. In: 40 Jahre Ortsverein Karlsruhe der Deutschen Gesellschaft für Kartographie e.V. - Karlsruhe 1994. p.219-224, 1 ill.

0480
Herzig, Reinhard: Egon Breetz 65 Jahre. In: Kartographische Nachrichten. 45, 1995, 6. p.233 234, portr.

0481
Heyde, Kurt von der: Ehrenmitglied Dr. Werner Bormann +. In: Kartographische Nachrichten. 45, 1995, 5. p.190-191.

0482
Warren, Bill: A most curious map [Jean Nicholas Buache de la Neuville]. In: The Map Collector. 73, 1995. p.13-18, 4 ill.

0483
Wohlschläger, Heide: Ein Erdglobus von Claude Buy de Mornas. In: Information. Internationale Coronelli-Gesellschaft für Globen- und Instrumentenkunde. 22, 1995. p.1-4, 3 ill.

0484
Bonnekamp, Heinz: Die "Antiquarische Charte". In: Michael Buyx (1795- 1882). Geometer, Altertumsfreund, Sammler. - Geldern 1995. p.158. (Veröffentlichungen des Historischen Vereins für Geldern und Umgegend. 96.)

0485
Bonnekamp, Heinz: Register zur "Antiquarischen Charte" des Michael Buyx. In: Michael Buyx (1795-1882). Geometer, Altertumsfreund, Sammler. - Geldern 1995. p.193-233. (Veröffentlichungen des Historischen Vereins für Geldern und Umgegend. 96.)

0486
Diedenhoven, Wilhelm A.: Kartenkunst und Gartenkunst. Buyx' Arbeiten als Beleg und Voraussetzung für Weyhes Werk in Kleve. In: Michael Buyx (1795-1882). Geometer, Altertumsfreund, Sammler. - Geldern 1995. p.146-156, 11 ill. (Veröffentlichungen des Historischen Vereins für Geldern und Umgegend. 96.)

0487
Frankewitz, Stefan: Die Karten und Pläne des Michael Buyx. In: Michael Buyx (1795-1882). Geometer, Altertumsfreund, Sammler. - Geldern 1995. p.115-136, 23 ill. (Veröffentlichungen des Historischen Vereins für Geldern und Umgegend. 96.)

0488
Hohmann, Karl-Heinz: Karten des Michael Buyx in niederrheinischen Archiven. Ein kursorischer Überblick. In: Michael Buyx (1795-1882). Geometer, Altertumsfreund, Sammler. - Geldern 1995. p.137-145, 1 ill. (Veröffentlichungen des Historischen Vereins für Geldern und Umgegend. 96.)

0489
Michael Buyx (1795-1882). Geometer, Altertumsfreund, Sammler. - Geldern: Verlag des Historischen Vereins für Geldern und Umgebung 1995. 387 p., ill., 6 mp.-suppl. (Veröffentlichungen des Historischen Vereins für Geldern und Umgegend. 96.)

0490
Steinbring, Heinz: Der Kataster-Geometer Michael Buyx. In: Michael Buyx (1795-1882). Geometer, Altertumsfreund, Sammler. - Geldern 1995. p.52-67, 9 ill. (Veröffentlichungen des Historischen Vereins für Geldern und Umgegend. 96.)

0491
Koeman, Cornelis: Eila Campbell (1915-1994) en Helen Wallis (1924- 1995). In: Caert-Thresoor. 14, 1995, 1. p.13-14, 1 ill.

0492
Wajntraub, Eva; Wajntraub, Gimpel: Obituary Eila Campbell, 1915-1994. In: Journal. Israeli Map Collectors Society. 11, 1994. p.23.

0493
Fletcher, David: The Careswell Atlas: working tool and work of art. In: The Map Collector. 73, 1995. p.34-37, 5 ill.

0494
Dumont, Simone; Debardat, Suzanne: Zwei Pilger der wissenschaftlichen Kartographie in Zentral- und Osteuropa: Delisle und Cassini III. - Paris 1995. 2 p. (Paper for the 16th International Conference on the History of Cartography.)

0495
Baldwin, Robert: P. Giovanni Maria Cassini, C.R.S. (1745-1824 ca.) and his globes. In: Der Globusfreund. 43/44, 1995. p.201-218.

0496
Peñaloza, M.; Marcos, A.: New controversies on Columbus' [Bartholomäus and Cristoforo Colombo] "Cosmographic" ideas. In: GeoJournal. 35, 1995, 4. p.471-479, 3 tab.

0497
Gierloff-Emden, H.-G.: Die erste Entdeckungsreise des Columbus. Nautische und ozeanische Bedingungen. - München: Geobuch-Verlag 1994. 260 p., ill. (Münchner Geographische Abhandlungen. B.19.)

0498
450 Jahre Copernicus "de revolutionibus". Astronomische und mathematische Bücher aus Schweinfurter Bibliotheken. Ausstellung des Stadtarchivs Schweinfurt in Zusammenarbeit mit der Bibliothek Otto Schäfer 21.11.93 - 19.6.94. - Schweinfurt 1993. 436 p., ill. (Veröff. d. Stadtarchivs Schweinfurt, 9.)

0499
Schmidt, Rudolf: Zur Arbeitsweise Vincenzo Coronellis. In: Der Globusfreund. 43/44, 1995. p.151-167, 9 ill.; p.168-170, plates 17-19. [In German and Engl.]

0500
Scianna, Nicolangelo: The Coronelli's three and a half foot globes. Building and engraving of the first terrestrial globes. In: Der Globusfreund. 43/44, 1995. p.171-188, 2 ill., 4 tab. p.189-196, plates 20-24. [In Engl. and German.]

0501
Mesenburg, Peter: Netzgeometrie und Abbildungskonzept der Karte von Nicolaus von Cues. In: Zur Geschichte des Vermessungswesens. - Wiesbaden 1995. p.46-53, 5 ill., 1 tab. (VDV-Schriftenreihe. 8.)

0502
David, Andrew: Is it Hurd's or Dalrymple's Channel Atlas? In: The Map Collector. 72, 1995. p.20-24, 7 ill.

0503
Dumont, Simone; Debardat, Suzanne: Zwei Pilger der wissenschaftlichen Kartographie in Zentral- und Osteuropa: Delisle und Cassini III. - Paris 1995. 2 p. (Paper for the 16th International Conference on the History of Cartography.)

0504
Duziak, Elzbieta: Die Restaurierung der Delisle-Globen. Bericht über die Restaurierung zweier Globen aus dem frühen 18. Jahrhundert. In: Internationale Coronelli-Gesellschaft für Globen- und Instrumentenkunde. Information. 21, 1994. p.3-6, 1 ill.

0505
Lagarde, Lucie: Un cartographe face à ses sources: Guillaume Delisle (1675-1726) et l'Amérique du Nord. In: L'æil du cartographe et la représentation géographique du Moyen Age à nos jours. - Paris 1995. p.129-145, 6 ill. (Mémoires de la section de géographie physique et humaine. 18.)

0506
Terrell, Christopher: A sequel to The Atlantic Neptune of J.F.W. DesBarres: the story of the copperplates. In: The Map Collector. 72, 1995. p.2-9, 8 ill., portr.

0507
Szathmáry, Tibor: Der bisher unbekannte Zustand von Ungarnkarte Deutechums (1661-1663). In: Cartographica Hungarica. 1994, 4. p.5-8, 10 ill.

0508
Szathmáry, Tibor: Deutechum 1596-os Magyarország térképének eddig ismeretlen (utolsó) kiadása. In: Cartographica Hungarica. 1994, 4. p.2-4, 7 ill. [Der bisher unbekannte Zustand von Ungarnkarte Deutechums.] [Hung.]

0509
Herten, Bart van der: De connectie tussen Jacob van Deventer en Viglius van Aytta in de jaren 1530-1540: Een hypothese. In: Caert-Thresoor. 14, 1995, 3. p.59-61, 3 ill.

0510
Espenhorst, Jürgen; Kümpel, Erhard: Diercke Weltatlas. Zur Geschichte eines bekannten Schulatlasses, 1883-1956 (2. Entwurf). - Schwerte 1995. 12 p. [mimeogr.]

0511
Festschrift für Prof. Dr.-Ing. Egon Dorrer zum 60. Geburtstag. Hrsg. von Kurt Brunner und Jürgen Peipe. - Neubiberg: Universität der Bundeswehr, Studiengang Vermessungswesen 1994. 254 p., ill. (Schriftenreihe. Universität der Bundeswehr München, Studiengang Vermessungswesen. 46.)

0512
Stoughton, Herbert W.: Eratosthenes of Cyrene's contribution to geodesy. In: Surveying and Land Information Systems. 55, 1995, 3. p.72-76, 1 ill.

0513
Englisch, Brigitte: Projektion und Abbildungsform im kartographischen Werk Erhard Etzlaubs. - Bochum 1995. 26 p., ill. [mimeogr.]

0514
Pedley, Mary Sponberg: People in the corespondence with Jefferys and Faden (Collections of Letters in the William L. Clements Library). - Ann Arbor 1995. 2 p. (Paper for the 16th International Conference on the History of Cartography.)

0515
Schmitz, Alexander: Stadtpläne mit dem besonderen Kniff (Falk- Stadtpläne). In: Börsenblatt. Nr. 99 vom 12.12.1995. p.6-8, ill.

0516
Pelletier, Monique: Die herzförmigen Weltkarten von Oronce Fine. In: Cartographica Helvetica. 12, 1995. p.27-37, 12 ill.

0517
Lehrberger, Gerhard: Mathias von Flurl (1756-1823), Begründer der Mineralogie und Geologie in Bayern. Ausstellung im Gäubodenmuseum 19.11.1993-14.2.1994. - Straubing: Gäubodenmuseum 1993. 323 p., ill., mp. (Katalog des Gäubodenmuseums Straubing. 21.)

0518
Desbrière, Michel: L'æuvre de Jacques Fougeu relative à la Champagne septentrionale pendant le règne de Henri IV. In: L'æil du cartographe et la représentation géographique du Moyen Age à nos jours. - Paris 1995. p.233-244, 4 ill. (Mémoires de la section de géographie physique et humaine. 18.)

0519
Baden, Helmut: Instrumentenbauer A. Frerk - zu Unrecht vergessen. In: Zur Geschichte des Vermessungswesens. - Wiesbaden 1995. p.76-79, 3 ill. (VDV-Schriftenreihe. 8.)

0520
Rohr, Hans Peter: Das Schaffhauser Kartengemälde von Johann Rudolph Frey (1715). In: Schaffhauser Beiträge. Geschichte. 71, 1994. p.125- 135, 1 mp. [Kanton Schaffhausen].

0521
Krogt, Peter C.J. van der: De foliokaart van de Nederlanden door Filips Galle uit 1579. In: Caert-Thresoor. 14, 1995, 3. p.63-67, 2 ill.

0522
Garcelon, David C.: William Gardam & Sons: Makers of engineering, surveying and astronomical instruments. In: Rittenhouse. 9, 1995, 2. p.42-48, 4 ill.

0523
Anderegg, Susann: Der Kanton hat ein Juwel zurück [Konrad Geiger und Johannes Müller].

Basler-&-Hofmann-Stiftung übergibt Moritz Leuenberger eine 230jährige Karte. In: Cartographica Helvetica. 12, 1995. p.48-49, 4 ill.

0524
Schertenleib, U.: Schulkartograph Johann Sebastian Gerster - eine Erinnerung. In: Vermessung, Photogrammetrie, Kulturtechnik. 93, 1995, 10. p.626-629, 2 ill.

0525
Parra del Rio, Maria Dolores: Los "Planos geognosticos de los Alpes, la Suiza y el Tirol" de Carlos de Gimbernat. - Aranjuez: Ediciones Doce Callas 1993. 383 p., 12 mp., ill. (Theatrum naturae. Serie Textos clasicos.)

0526
Venti, Carmela: "Team Earth": Goode's homolosine projection transformed. - Waterford, Conn. 1995. 2 p. (Paper for the 16th International Conference on the History of Cartography.) [mimeogr.]

0527
Otten, Jeanine: Kaarttekenaars en kaartafzetters in de dagboeken van Pieter de Graeff (1638-1707). In: Caert-Thresoor. 14, 1995, 3. p.53-58, 2 ill.

0528
Freitag, Ulrich: Die Beiträge von Max Groll, Walter Behrmann und Georg Jensch zur wissenschaftlichen Kartographie. - Berlin: Freie Universität, Fachrichtung Kartographie 1994. 50 p., 9 ill. (Berliner Manuskripte zur Kartographie.)

0529
Freitag, Ulrich: Max Groll (1876-1916). In: Die Beiträge von Max Groll, Walter Behrmann und Georg Jensch zur wissenschaftlichen Kartographie. - Berlin 1994. p.3-5, portr. (Berliner Manuskripte zur Kartographie.)

0530
Frübis, Hildegard: Die Weltkarte des Grynaeus und die Figur des Weitgereisten. In: Die Wirklichkeit des Fremden. Die Darstellung der Neuen Welt im 16. Jahrhundert. - Berlin 1995. p.56-58.

0531
Festschrift für Günter Hake zum 70. Geburtstag. - Hannover: Universität Hannover 1993. 133 p., ill., mp. (Wissenschaftliche Arbeiten der Fachrichtung Vermessungswesen der Universität Hannover 180.)

0532
Dörflinger, Johannes: Günther Hamann 1924-1994. In: Der Globusfreund. 43/44, 1995. p.358-359.

0533
Lencer, Gunther; Mayer, Lars: Peter Andreas Hansen - Zur Feier der 200. Wiederkehr seines Geburtstages am 8.12.1795. In: Mitteilungen der DVW-Landesvereine Hessen e.V. und Thüringen e.V. 46, 1995, 3; 6, 1995, 3. p.2-7.

0534
Kretschmer, Ingrid: Hans Harms 1910-1995. In: Der Globusfreund. 43/ 44, 1995. p.361.

0535
Scharfe, Wolfgang: Hans Harms (9.3.1910 - 1.5.1995). In: Kartographische Nachrichten. 45, 1995, 4. p.153-154, portr.

0536
Scharfe, Wolfgang: Hans Harms 1910-1995. In: Cartographica Helvetica. 12, 1995. Rückseite d. 1. Heftumschlags.

0537
Minow, Helmut: Hans Georg Hertel (1626-1698) - Instrumentenmacher. In: Zeit-

schrift für Vermessungswesen. 120, 1995, 8. p.402-408, 5 ill.

0538
Sumira, Sylvia: The conservation of a celestial globe by Hondius of 1613. In: Der Globusfreund. 43/44, 1995. p.283-288, plates 43-46; p.289-294. [In Engl. and German.]

0539
Hochwartner, August: Ehrenpräsident Friedrich Hrbek 60 Jahre. In: Österreichische Zeitschrift für Vermessung & Geoinformation. 83, 1995, 3. p.169-179, portr.

0540
David, Andrew: Is it Hurd's or Dalrymple's Channel Atlas? In: The Map Collector. 72, 1995. p.20-24, 7 ill.

0541
Eduard Imhof, 1895-1986. Das kartographische Werk. Katalog einer Ausstellung in der ETH-Bibliothek vom 20.9.1994 bis 28.2.1995. - Zürich: ETH-Bibliothek 1994. 20 p. [Paper anläßl. der 9. Konferenz der LIBER-Gruppe der Kartenbibliothekare 1994 in Zürich.] [mimeogr.]

0542
Imhof, Viola: Die Wandkarten von Eduard Imhof. Beschreibung einer Sammlung und kommentierte Bibliographie. In: Karten hüten und bewahren. - Gotha 1995. p.67-80, 2 ill. (Kartensammlung und Kartendokumentation. 11.)

0543
Imhof, Viola: Die. Minya-Konka-Expedition von Eduard Imhof 1930. In: Die Alpen. 71, 1995, 3. p.145-159, ill.

0544
Rülke, Christine: Gedenkkolloquium zum 100. Geburtstag von Eduard Imhof an der TU Dresden. In: Kartographische Nachrichten. 45, 1995, 4. p.149-150, 1 ill.

0545
Ryser, Martin: Auf den Spuren Eduard Imhofs in Osttibet. In: Die Alpen. 71, 1995, 3. p.160-170, ill.

0546
Bagutti, Aurelia: I baliaggi svizzeri in Italia nella cartografia di H.A. Jaillot. In: Archivio storico Ticin. 116, 1994. p.215-222 [Cantone Ticino; Graubünden].

0547
Meurer, Peter H.: Die "Poliographia Germanica" von Joannes Janssonius (Amsterdam 1616). Zur Editionsgeschichte des ersten Städteatlas von Deutschland. In: Karten hüten und bewahren. - Gotha 1995. p.97-117, 8 ill., 1 tab. (Kartensammlung und Kartendokumentation. 11.)

0548
Pedley, Mary Sponberg: People in the corespondence with Jefferys and Faden (Collections of Letters in the William L. Clements Library). - Ann Arbor 1995. 2 p. (Paper for the 16th International Conference on the History of Cartography.)

0549
Szykula, Krystyna: The re-discovered Jenkinson Map of Russia dated 1562. Further investigations. - Warszawa 1995. 2 p., ill. (Paper for the 16th International Conference on the History of Cartography.)

0550
Freitag, Ulrich: Georg Jensch (1908-1978). In: Die Beiträge von Max Groll, Walter Behrmann und Georg Jensch zur wissenschaftlichen Kartographie. - Berlin 1994. p.35-38, portr. (Berliner Manuskripte zur Kartographie.)

0551
Godlewska, Anne: Jomard: the geographic imagination and the first great facsimile

atlases. In: Editing early and historical atlases. - Toronto etc. 1995. p.109-135, 3 ill.

0552
Lane, Ben: Going Dutch [Pierre Joppen]. In: The Map Collector. 73, 1995. p.26-27, 2 ill.

0553
Hirotada, Kawamura: Papier-maché relief model "Bohcho-dozu" made in Edo era (by Arima Kisohta). - Yamagucchi 1995. 6 p. (Paper for the 16th International Conference on the History of Cartography.)

0554
Walrawens, Hartmut: Von der notwendigen Unterdrückung der deutschen Universitäten. Der Berliner Universalgelehrte Julius Klaproth und die Königliche Bibliothek. In: Jahrbuch Preußischer Kulturbesitz. 31, 1994. - Berlin 1995. p.225-249, ill.

0555
Bartlett, Alan: "And the peculiar commodity of the island". [Ceylon] [by Robert Knox]. In: Journal. Israeli Map Collectors Society. 10, 1993. p.42-46, 2 ill.

0556
Johann Georg Kohl Exhibition travels to Bremen, Germany. In: Information Bulletin, Library of Congress. 52, 1993, 22. p.442-443, ill.

0557
Kröger, Kurt: Das Vermessungswesen bei Johann Georg Krünitz. In: Allgemeine Vermessungs-Nachrichten. 102, 1995, 4. p.155-160, 2 ill.

0558
Stephenson, Richard W.: "A plan whol[l]y new". Pierre Charles L'Enfant's plan of the City of Washington. - Washington, D.C.: Library of Congress, Geography and Map Division 1993. 85 p., ill.

0559
Brogiato, Heinz-Peter and others: Paul Langhans und seine Wandkarte der deutschen Kolonien in Afrika (1908). In: Perspektiven der Entwicklungsländerforschung. Festschrift für Hans Hecklau. Hrsg.: Harold Leisch. - Trier 1995. p.81-102, 1 mp.-suppl. (Trierer Geographische Studien. 11.)

0560
Bauer, Hans: Georg Christoph Lichtenberg und die Kurhannoversche Landesaufnahme. In: Nachrichten der Niedersächsischen Vermessungs- und Katasterverwaltung. 45, 1995, 1. p.3-9.

0561
Smith, David: The preparation of the town maps for Lysons' Magna Britannia. In: The Cartographic Journal. 32, 1995, 1. p.11-17, 3 ill., 1 tab.

0562
Lecoq, Danielle: Mathieu Paris de l'itinéraire à la représentation du monde. In: L'æil du cartographe et la représentation géographique du Moyen Age à nos jours. - Paris p.19-38, 12 ill. (Mémoires de la section de géographie physique et humaine. 18.)

0563
Hake, Günter: Ferdinand Mayer (21.4.1927-5.8.1995). In: Kartographische Nachrichten. 45, 1995, 6. p.231-232, portr.

0564
Meurer, Peter H.: Hintergründe und Analysen zu Tobias Mayers "Kritischer Karte von Deutschland". In: Cartographica Helvetica. 12, 1995. p.19-26, 3 ill., 2 tab., portr.

0565
Kretschmer, Ingrid: In memoriam Karl-Heinz Meine 1928-1993. In: Der Globusfreund. 43/44, 1995. p.353-354.

0566
Meurer, Peter H.: Les fils et petits-fils de Mercator [Arnold, Barthelemy, and Michel Mercator]. In: Gérard Mercator cosmographe, le temps et l'espace. - Anvers 1994. p.370-385, 15 ill., 2 mp.

0567
Baeyens, Martin R.: Gerard Mercator en de cartografie. Internationale exlibris wedstrid 1993. - Saint Niklas: Stadsbestuur 1993. 95 p., ill.

0568
Binder, Christa; Kretschmer, Ingrid: La projection mercatorienne. In: Gérard Mercator cosmographe, le temps et l'espace. - Anvers 1994. p.192-207, 5 ill., 4 mp.

0569
Blotevogel, Hans Heinrich: Das neue Bild der Erde - Gerhard Mercator als Geograph und Kartograph. In: D.U.G. [Duisburger Universitäts-Gesellschaft]-Zeitschrift. 1994, 1. p.10-34, ill.

0570
Büttner, M.: Neue Wege in der Mercator-Forschung. Mercator als Universitätswissenschaftler. - Bochum 1993. 145 p. (Abhandlungen zur Geschichte der Geowissenschaften und Religion/Umwelt-Forschung. Beiheft 2.)

0571
Dekker, Elly; Krogt, Peter C.J. van der: Les globes. In: Gérard Mercator cosmographe, le temps et l'espace. - Anvers 1994. p.242-267, 27 ill., 3 mp.

0572
Delano-Smith, Catherine; Ingram, Elizabeth Morley: La carte de la Palestine. In: Gérard Mercator cosmographe, le temps et l'espace. - Anvers 1994. p.268-283, 11 ill., 3 mp.

0573
Gérard Mercator cosmographe, le temps et l'espace. Sous la dir. de Marcel Watelet. - Anvers: Fonds Mercator Paribas, Banque Paribas 1994. 443 p.

0574
Gerhard Mercator - Europa und die Welt. Begleitband zur Ausstellung "Verfolgt, geachtet, universal - Gerhard Mercator, Europa und die Welt" anläßlich des 400. Todestages von Gerhard Mercator im Kultur- und Stadthistorischen Museum Duisburg vom 4.9.94 31.1.95. - Duisburg: Stadt Duisburg 1994. 253 p., ill., mp.

0575
Gucht, Alfred van der: La carte de la Flandre. In: Gérard Mercator cosmographe, le temps et l'espace. - Anvers 1994. p.284-295, 9 ill., 2 mp.

0576
Hellwig, Fritz: La carte de Lorraine. In: Gérard Mercator cosmographe, le temps et l'espace. - Anvers 1994. p.296-315, 17 ill., 1 mp.

0577
Höhener, Hans-Peter: La Suisse. In: Gérard Mercator cosmographe, le temps et l'espace. - Anvers 1994. p.360-367, 12 ill., 1 mp., 1 tab.

0578
Krücken, Wilhelm: Der gerade Weg - Die Mercator-Weltkarte ad usum navigantium 1569. In: Gerhard Mercator, Europa und die Welt. Begleitband zur Ausstellung 'Verfolgt, geachtet, universal - Gerhard Mercator, Europa und die Welt', anläßlich des 400. Todestages von Gerhard Mercator im Kultur- u. Stadthistorischen Museum Duisburg vom 4. Sept. 1994 bis zum 31. Januar 1995. - Duisburg 1994. p.211-219, 12 ill.

0579
Meurer, Peter H.: Le territoire Allemand. In: Gérard Mercator cosmographe, le temps et l'espace. - Anvers 1994. p.336-349, 11 ill., 1 tab. 3 mp.

0580
Meurer, Peter H.: Les territoires de la couronne polonaise. In: Gérard Mercator cosmographe, le temps et l'espace. - Anvers 1994. p.350-359, 5 ill., 1 mp.

0581
Milz, Joseph: Duisbourg. Duisbourg au cours de la première moitié du XVIe siècle. In: Gérard Mercator cosmographe, le temps et l'espace. - Anvers 1994. p.92-105, 22 ill.

0582
Pastoureau, Mireille: Entre Gaule et France, la "Gallia". In: Gérard Mercator cosmographe, le temps et l'espace. - Anvers 1994. p.316-333, 15 ill., 2 mp.

0583
Peters, Paul: Restauratie van twee Mercatorglobes uit het bezit van de K.O.K.W. te Sint-Niklaas. In: Caert-Thresoor. 14, 1995, 2. p.37-43, 17 ill.

0584
Peters, Paul: Restauration of a pair of globes from Gerhard Mercator's workshop (1541-1551). - Eerbeek 1994. 4 leaves.

0585
Scheele, Theo: Mercator, cultureel ambassadeur van Vlaanderen. Een speurtocht door de geschiedenis. In: Geodesia. 37, 1995, 2. p.101-103, 3 ill.

0586
Schmitz-Moormann, Karl: Gerhard Mercator - Übergang zwischen Mittelalter und Neuzeit. In: D.U.G. [Duisburger Universitäts-Gesellschaft]-Zeitschrift. 1994, 1. p.5-8.

0587
Voet, Leon: Le monde de l'edition et du libre. In: Gérard Mercator cosmographe, le temps et l'espace. - Anvers 1994. p.132-149, 41 ill.

0588
Wajntraub, Eva; Wajntraub, Gimpel: Gerard Mercator's Map of Palestine, 1537. In: Journal. Israeli Map Collectors Society. 11, 1994. p.1-6, portr.

0589
Watelet, Marcel: Conclusion: Mercator arpenteur du savoir. In: Gérard Mercator cosmographe, le temps et l'espace. - Anvers 1994. p.398-400, portr.

0590
Watelet, Marcel: De Rupelmonde à Louvain. In: Gérard Mercator cosmographe, le temps et l'espace. - Anvers 1994. p.72-91, 15 ill., 3 mp.

0591
Watelet, Marcel: Fragments d'historiographie. In: Gérard Mercator cosmographe, le temps et l'espace. - Anvers 1994. p.386-397, 25 ill.

0592
Watelet, Marcel: Réseaux de connaissances. In: Gérard Mercator cosmographe, le temps et l'espace. - Anvers 1994. p.106-118, 18 ill.

0593
Babicz, Józef: Die Kugelgestalt der Erde als Grundlage des Modells der Kartenzeichnung von Gerhard Mercator bei der Redaktion der Ptolemäischen Geographie, 1578. In: Der Globusfreund. 43/44, 1995. p.55-58, 2 ill.

0594
Buchholz, Reinhard; Krücken, Wilhelm: Die Mercator-Projektion: zu Ehren von Gerhard Mercator (1512-1594). - Velten: Becker 1994. 18 p., ill. ISBN 3-930640-36-8

0595
Krogt, Peter C.J. van der: Erdgloben, Wandkarten, Atlanten - Gerhard Mercator kartiert die Erde. In: Gerhard Mercator, Europa und die Welt. Begleitband zur Ausstellung 'Verfolgt, geachtet, universal - Gerhard Mercator, Europa und die Welt', anläßlich des 400. Todestages von Gerhard Mercator im Kultur- u. Stadthistorischen Museum Duisburg vom 4. Sept. 1994 bis zum 31. Januar 1995. - Duisburg 1994. p.81-130, 37 ill.

0596
Peters, Paul: The restauration of two Mercator-Globes terrestrial and celestial. In: Der Globusfreund. 43/44, 1995. p.265-272, plates 39-42; p.273-281. [In Engl. and German.]

0597
Thiele, Rüdiger: Kosmographie als universale Wissenschaft - zum Werk Gerhard Mercators. In: Gerhard Mercator, Europa und die Welt. Begleitband zur Ausstellung 'Verfolgt, geachtet, universal - Gerhard Mercator, Europa und die Welt', anläßlich des 400. Todestages von Gerhard Mercator im Kultur- u. Stadthistorischen Museum Duisburg vom 4. Sept. 1994 bis zum 31. Januar 1995. - Duisburg 1994. p.15-36, 29 ill.

0598
Tromnau, Gernot: Ein Nachruf - Gerhard Mercator zum 400. Todestag. In: Gerhard Mercator, Europa und die Welt. Begleitband zur Ausstellung 'Verfolgt, geachtet, universal - Gerhard Mercator, Europa und die Welt', anläßlich des 400. Todestages von Gerhard Mercator im Kultur- u. Stadthistorischen Museum Duisburg vom 4. Sept. 1994 bis zum 31. Januar 1995. - Duisburg 1994. p.11-13, 2 ill.

0599
Tromnau, Gernot: Götzen, Mythen, Kannibalen - "Ethnographische" Darstellungen im Kartenwerk Gerhard Mercators. In: Gerhard Mercator, Europa und die Welt. Begleitband zur Ausstellung 'Verfolgt, geachtet, universal - Gerhard Mercator, Europa und die Welt', anläßlich des 400. Todestages von Gerhard Mercator im Kultur- u. Stadthistorischen Museum Duisburg vom 4. Sept. 1994 bis zum 31. Januar 1995. - Duisburg 1994. p.173-182, 8 ill.

0600
Zögner, Gudrun K.; Zögner, Lothar: Mercator und das Klever Land. Studienfahrt des Freundeskreises. In: Mitteilungsblatt. Freundeskreis für Cartographica. 9, 1995. p.34-36, 1 ill.

0601
Meurer, Peter H.: Les fils et petits-fils de Mercator [Arnold, Barthelemy, and Michel Mercator]. In: Gérard Mercator cosmographe, le temps et l'espace. - Anvers 1994. p.370-385, 15 ill., 2 mp.

0602
Kretschmer, Ingrid: Emil Meynen 1902-1994. In: Der Globusfreund. 43/ 44, 1995. p.357.

0603
Wardenga, Ute: Emil Meynen - Annäherung an ein Leben. In: Geographisches Taschenbuch 1995/1996. p.18-41, 5 portr.

0604
Wiesli, Urs: Das Aaretal zwischen Olten und Schönenwerd auf dem Midart-Plan um 1780. In: Jahrbuch. Solothurnische Geschichte. 66, 1993. p.437-440, 1 mp.

0605
Klemp, Egon: Helmuth von Moltkes Beitrag zur Kartographie des Vorderen Orients. - Berlin 1995. 6 p., ill. (Paper for the 16th International Conference on the History of Cartography.)

0606
Deák, Antal András: Johann Christoph Müller "határmenti" térképei. In: Cartographica Hungarica. 1994, 4. p.42-45, 2 ill., portr. [Hung.]

0607
Anderegg, Susann: Der Kanton hat ein Juwel zurück [Konrad Geiger und Johannes Müller]. Basler-&-Hofmann-Stiftung übergibt Moritz Leuenberger eine 230jährige Karte. In: Cartographica Helvetica. 12, 1995. p.48-49, 4 ill.

0608
Corvisier de Villèle, Marie-Anne: Les Naudin et la cartographie militaire française de 1688 à 1744. In: L'æil du cartographe et la représentation géographique du Moyen Age à nos jours. - Paris 1995. p.147-164, 5 ill. (Mémoires de la section de géographie physique et humaine. 18.)

0609
Weber, Bruno: Herrlibergers Topograph: das zeichnerische Werk des Küfers Hans Conrad Nözli (1709-1751). - Zürich: Verlag Neue Zürcher Zeitung 1993. 175 p., ill.

0610
The Northeast Passage. From the Vikings to Nordenskjöld. - Helsinki: Helsinki Univ. Library, John Nurminen Foundation 1992. Ca. 290 p., ill. ISBN 952-9745-02-8

0611
Zögner, Lothar: Ruthardt Oehme (1901-1987). In: 40 Jahre Ortsverein Karlsruhe der Deutschen Gesellschaft für Kartographie e.V. - Karlsruhe 1994. p.224-225, 1 ill.

0612
Geudeke, P.W.: FJO [F.J. Ormeling, jr] en de topografie. In: Kartografisch Tijdschrift. 21, 1995, 3. p.31-36, 1 tab.

0613
Koeman, Cornelis: Ferjan Ormeling verlaat de redactie van het Kartografisch Tijdschrift. In: Kartografisch Tijdschrift. 21, 1995, 3. p.7-10, 1 ill.

0614
Broecke, Marcel P.R. van den: Ortelius zag continenten al drijven. In: Caert-Thresoor. 14, 1995, 1. p.9-10, 1 ill., portr.

0615
Neubauer, Manfred: Franz de Paula Triesnecker zur 250. Wiederkehr seines Geburtstages. In: Eich- und Vermessungsmagazin. 79, 1995. p.30-37, 9 ill.

0616
Crampton, Jeremy W.: Cartography's defining moment: the Peters Projection controversy, 1974-1990. In: Cartographica. 31, 1994, 4. p.16-32, 5 ill. [With Engl. rés.]

0617
Der Pfinzing-Atlas von 1594. Faksimile-Edition anläßlich des 400jährigen Jubiläums. - Simmelsdorf: Altnürnberger Landschaft 1994. 56 p.

0618
Pokarný, Pavel R.: Zur Datierung des Himmelsglobus von Caspar Pflieger. In: Der Globusfreund. 43/44, 1995. p.223-225, plates 29-30.

0619
Scheele, Theo: Een dagje ... Europlano. Anton Pieck en de kaartveredeling. In: Geodesia. 37, 1995, 3. p.149-151, 4 ill.

0620
Grosjean, Georges: Karte des bernischen Staatsgebietes 1638 von Joseph Plepp. In: Cartographica Helvetica. 12, 1995. p.13-17, 8 ill.

0621
Strübin Rindisbacher, Johanna: Vermessungspläne von Joseph Plepp (1595-1642), dem bernischen Werkmeister, Maler und Kartenverfasser. In: Cartographica Helvetica. 12, 1995. p.3-12, 10 ill., portr.

0622
Babicz, Józef: Die Kugelgestalt der Erde als Grundlage des Modells der Kartenzeichnung von Gerhard Mercator bei der Redaktion der Ptolemäischen Geographie, 1578. In: Der Globusfreund. 43/44, 1995. p.55-58, 2 ill.

0623
Babicz, Józef: La résurgence de Ptolémée. In: Gérard Mercator cosmographe, le temps et l'espace. - Anvers 1994. p.50-69, 24 ill.

0624
Livieratos, E.; Valsamaki, M.: Cartometric analysis of Ptolemy's maps of Greece. - Thessaloniki 1995. 11 p., ill. (Paper for the 16th International Conference on the History of Cartography.)

0625
Kain, Roger: Professor William Ravenhill FSA 1919-1995. In: The Map Collector. 73, 1995. p.46, portr.

0626
Freitag, Ulrich: Ehrenmitglied Helga Ravenstein +. In: Kartographische Nachrichten. 45, 1995, 3. p.112-113, portr.

0627
Abeydeera, Ananda: Facsimiles of the charts attributed to Reinel, Ribeiro, Chaves, Verrazano and a print map by Cornelis Anthoniszoon from the Herzog August Bibliothek Wolfenbüttel. In: Wolfenbütteler Bibliotheks-Informationen. 20, 1995. p.7-14, ill.

0628
Day, John D.: The Voretzsch/Howell Ricci Map: a peculiar puzzle. In: The Map Collector. 72, 1995. p.38-39, 1 ill.

0629
Pawlak, Władysław: Geneza kartografii Romerowskiej. In: Polski przegląd kartograficzny. 27, 1995, 3. p.117-128. [The origin of Romer's cartography.] [Pol. with Engl. and Russ. rés.]

0630
Cosgrave, Denis: Mappa mundi, anima mundi: imaginative mapping and environmental representation. In: Ruskin and environment. The storm- cloud nineteenth century. Ed.: Michael Wheeler ... - Manchester 1995. p.76-101, 1 ill.

0631
Klöti, Thomas: Johann Friedrich von Ryhiner, 1732-1803. Berner Staatsmann, Geograph, Kartenbibliograph und Verkehspolitiker. - Bern: Geogr. Gesellschaft 1994. (Jahrbuch der Geogr. Gesellschaft Bern. 58, 1992/93.)

0632
Klöti, Thomas: Karten in der Stadt- und Universitätsbibliothek Bern: die Erschließung der Sammlung Ryhiner. In: Berner Zeitschrift, Geschichte und Heimatkunde. 56, 1994, 2. p.179-189, ill., tab., mp.

0633
Anno quingentesimo libri cronicarum. 500 Jahre Buch der Chroniken. 500 Jahre Schedelsche Weltchronik. Begleitheft zur Ausstellung. Germanisches Nationalmuseum, 13.7. - 30.12.1993. - Nürnberg: Verlag des Germanischen Nationalmuseums 1993. 22 p., ill.

0634
Kreuer, Werner: Imago Civitatis. Stadtbildsprache des Spätmittelalters [Hartmann

Schedel]. - Essen 1993. 195 p., 71 ill., 32 facs. (Essener Geogr. Schriften. 2.)

0635
Rücker, Elisabeth: Hartmann Schedels Weltchronik, Nürnberg 1493. In: Kartographische Drucke des 15. und 16. Jahrhunderts. - Leipzig 1994. p.7-15.

0636
Brunner, Kurt: Zwei Regionalkarten Süddeutschlands von David Seltzlin. In: Karten hüten und bewahren. - Gotha 1995. p.33-47, 5 ill. (Kartensammlung und Kartendokumentation. 11.)

0637
Shirley, Rodney W.: "Lost" British Isles wall map by John Senex found in the Newberry Library. In: Mapline. 78/79, 1995/96. p.[1]-4, 3 ill.

0638
Sparke, Matthew: Between demythologizing and deconstructing the map: Shawnadithit's New-found-land and the alienation of Canada. In: Cartographica. 32, 1995, 1. p.1-21, 4 ill.

0639
Jedrzejczyk, Dobiesław: Mapa nadwyżek i niedoborów ludności polskiej Jerzego Smoleńskiego z 1926 roku. In: Polski przegląd kartograficzny. 26, 1994, 2. p.95-99, 1 ill. [Excess or deficit of the Polish population in the maps of Georg Smolensky 1926.] [Pol.]

0640
Espenhorst, Jürgen: Andree, Stieler, Meyer & Co. Bibliographie der Handatlanten. Nachtrag 1995. - Schwerte 1995. p.434-482, ill.

0641
Grunert, Thomas: The digital three-dimensional reconstruction of Stoeffler's globe. In: Der Globusfreund. 43/44, 1995. p.65-70, 1 ill., 1 tab.; p.75-76. [In Engl. and German.]

0642
Oestmann, Günther: Johannes Stoeffler's Celestial Globe. In: Der Globusfreund. 43/44, 1995. p.59-64, plates 5-8; p.71-74. [In Engl. and German.]

0643
Scheele, Theo: Vijfenzeventig jaar "meer dan landmeter" ing. P.S. Teeling, landmeter of sociograaf? In: Geodesia. 37, 1995, 12. p.545- 548, 4 ill., portr.

0644
Wolf, Armin: Gervasius von Tilbury und die Welfen. Zugleich Bemerkungen zur Ebstorfer Weltkarte. In: Die Welfen und ihr Braunschweiger Hof im hohen Mittelalter. - Wiesbaden 1995. p.407- 437, ill., tab.

0645
Koch, Wolf Günther: Friedrich Töpfer 70 Jahre. In: Kartographische Nachrichten. 45, 1995, 5. p.192-194, portr.

0646
Monshausen, Lothar: Die Topographische Landesaufnahme im Raume Bitburg durch den französischen Obersten Tranchot. In: Nachrichtenblatt der Vermessungs- und Katasterverwaltung Rheinland- Pfalz. 38, 1995, 3. p.183-190, 2 ill., 3 mp.

0647
Giudicetti, Franchino: Die italienischen Nachzeichnungen der Schweizer Karte des Aegidius Tschudi, 1555-1598: Dokumentation. - Murten: Cartographica Helvetica 1993. 15 p., ill.

0648
Lualdi, Alberto: The Ubicini Brothers [Andrea and Carlo Ubicini]: A poorly-known globe makers in the early 19th century Milan.In: Der Globusfreund. 43/44, 1995. p.219-222, plates 25-28.

0649
Engelberts, Derck: Eine Karte der Region Burgdorf [Lambert de Varicourt]. In: Burgdorfer Jahrbuch. 61, 1994. p.9-23, mp.

0650
Marinoni, Augusto: La pianta di Imola. In: Leonardo artista delle macchie e cartografo. - Firenze 1994. p.77-82, 2 ill.

0651
Klöti, Thomas: Die Landtafel des Standes Luzern aus der Werkstatt der Malerfamilie Wägmann. In: Vermessung, Photogrammetrie, Kulturtechnik. 93, 1995, 10. p.619-621, 3 ill.

0652
Baynes-Cope, Arthur: Helen M. Wallis, OBE 1924-1995, Kurator i.R. der Kartensammlung der British Library, Mitglied des erweiterten Vorstandes der Internationalen Coronelli-Gesellschaft. In: Der Globusfreund. 43/44, 1995. p.360-361.

0653
Mead, William: The globe my world [Helen Wallis]. In: The Geographical Magazine. 67, 1995, 11. p.30-31, ill.

0654
Ormeling, Ferdinand J.: In memoriam dr. Helen M. Wallis. In: Kartografisch Tijdschrift. 21, 1995, 2. p.53. [Dutch.]

0655
Anson, Roger W. and others: A tribute to Helen Wallis. In: The Cartographic Journal. 32, 1995, 1. p.98-101.

0656
Block, Rosemary; Evans, Cheryl: Obituary. A tribute to the late Dr. Helen Wallis. In: The Globe. Journal of the Australian Map Circle. 42, 1995. p.71-72.

0657
Dürst, Arthur: Helen M. Wallis 1924-1995. In: Cartographica Helvetica. 12, 1995. Rückseite d. 1. Heftumschlages.

0658
Koeman, Cornelis: Eila Campbell (1915-1994) en Helen Wallis (1924- 1995). In: Caert-Thresoor. 14, 1995, 1. p.13-14, 1 ill.

0659
Obituary Dr. Helen Wallis, OBE, FSA (1924-1995). In: Mapline. 77, 1995. p.15-16.

0660
Zögner, Lothar: Helen Wallis (1924-1995). In: Kartographische Nachrichten. 45, 1995, 4. p.159-160.

0661
Altherr, Jakob: Gabriel Walser (1695-1776): Pfarrer, Chronist, Geograph und Kartenzeichner. - Herisau: Verlag Appenzeller Hefte 1994. 64 p., ill. (Das Land Appenzell. 24.)

0662
Howard E. Welsh (1917-1990). In: Internationale Coronelli- Gesellschaft für Globen- und Instrumentenkunde. Information. 18, 1991. p.3-24.

0663
Marsch, Angelika: Friedrich Bernhard Werner (1690-1776). Ein europäischer Ansichtenzeichner aus Schlesien. - Würzburg: Stiftung Kulturwerk Schlesien 1995. 56 p., ill.

0664
Marsch, Angelika: Friedrich Bernhard Werner und seine Topographie von Oberschlesien. In: Stadtgeschichte Oberschlesiens. Studien zur städtischen Entwicklung ... herausgegeben von Thomas Wünsch. 1995. p.253-275, 11 ill.

0665
Werner, Jan: In de witte Pascaert. Kaarten en

etlassen van Fredrick de Wit, uitgever te Amsterdam (ca. 1630-1706). Catalogus bij de gelijknamige tentoostelling in de Universiteitsbibliotheek Amsterdam 23.9.-4.11.1994. - Amsterdam: Universiteitsbibliotheek 1994. 72 p., ill.

0666
Klaumünzner, Lothar: Henning Wocke. In: 40 Jahre Ortsverein Karlsruhe der Deutschen Gesellschaft für Kartographie e.V. - Karlsruhe 1994. p.227-229, 2 ill.

0667
Mills, William: Practical considerations in name placement: a defence of Pinhas Yoeli. In: Cartographica. 31, 1994, 4. p.58-61.

0668
Bühler, Jürg: Fachliteratur und Fachtagungen - tragende Säulen für die Arbeit in Kartensammlungen und -archiven [Lothar Zögner]. In: Karten hüten und bewahren. - Gotha 1995. p.49-50. (Kartensammlung und Kartendokumentation. 11.)

0669
Karten hüten und bewahren. Festgabe für Lothar Zögner. - Gotha: Justus Perthes Verlag 1995. 254 p. (Kartensammlung und Kartendokumentation. 11.)
ISBN 3-623-00435-9

0670
Neumann, Joachim: LOTHAR ZÖGNER - Abriß seiner Leistungen. Verzeichnis der Veröffentlichungen von Lothar Zögner. In: Karten hüten und bewahren. Festgabe für Lothar Zögner. Hrsg. von Joachim Neumann. - Gotha 1995. p.11-18. (Kartensammlung und Kartendokumentation. 11.)

0671
Hellwig, Fritz: Beiträge zur geschichtlichen Landeskunde bei Viglius Zuichemus ab Aytta (1507-1577). In: Zwischen Saar und Mosel. - Saarbrücken 1995. p.199-215, ill.

D. Organizations and Institutions of Cartography
Organisationen und Institutionen der Kartographie
Organisations et institutions de la cartographie

1. General Features
Allgemeines
Généralités

0672
Allen, Robert S.: An overview of the Federal Geographic Data Committee, National Spatial Data Infrastructure, National Geospatial Data Clearinghouse, and the Digital Geospatial Metadata Standard: what will it mean for tomorrow's libraries? In: Bulletin. Special Libraries Association, Geography and Map Division. 180, 1995. p.2-28.

0673
Baker, Graham: National coordination. In: Cartography, Suppl. National Report to ICA, 1995, Australia. 17th International Cartographic Conference. 10th General Assembly of ICA. p.16.

0674
Cartographic activities in Asia and the Pacific, 1986-1990. Paper submitted by the United Kingdom of Great Britain and Northern Ireland. In: 12th United Nations Regional Cartographic Conference for Asia and the Pacific. Vol. II, Technical Papers. Bangkok, 20-28 February 1991. - New York 1995. p.75-78, 7 tab.

0675
Cartographic activities in Australia, 1987-1990. In: 12th United Nations Regional Cartographic Conference for Asia and the Pacific. Vol. II, Technical Papers. - New York 1995. p.3-7.

0676
Cartographic activities in Malaysia, 1987-1990. In: 12th United Nations Regional Cartographic Conference for Asia and the Pacific. Vol. II, Technical Papers. Bangkok, 20-28 February 1991. - New York 1995. p.37-41, 2 ill., 2 tab.

0677
Cartographic activities in Nepal. In: 12th United Nations Regional Cartographic Conference for Asia and the Pacific. Vol. II, Technical Papers. Bangkok, 20-28 February 1991. - New York 1995. p.42-46, 5 ill.

0678
Cartographic activities in New Zealand, 1987-1990. In: 12th United Nations Regional Cartographic Conference for Asia and the Pacific. Vol. II, Technical Papers. Bangkok, 20-28 February 1991. - New York 1995. p.47-51.

0679
Cartographic activity in the USSR. In: 12th United Nations Regional Cartographic Conference for Asia and the Pacific. Vol. II, Technical Papers. Bangkok, 20-28 February 1991. - New York 1995. p.73-75.

0680
Cartographic work in Japan 1990-1993. The 13th United Nations Regional Cartographic Conference for Asia and the Pacific. In: Bulletin of the Geographical Survey Institute. 41, 1995, March. p.125-136, 11 tab.

0681
Cartographic work in Japan, 1986-1989. In: 12th United Nations Regional Cartographic Conference for Asia and the Pacific. Vol. II, Technical Papers. Bangkok, 20-28 Feb-ruary 1991. - New York 1995. p.27-36, 11 tab.

0682
La cartographie en RDP [République démocratique populaire] Lao. In: 12th United Nations Regional Cartographic Conference for Asia and the Pacific. Vol. II, Technical Papers. Bangkok, 20-28 February 1991. - New York 1995. p.36.

0683
Denegre, Jacques: CNIG. Policy and practice. In: The 1994 European GIS Yearbook. p.176.

0684
Etat d'avancement 1987-1991, et principales interventions régionales. In: 12th United Nations Regional Cartographic Conference for Asia and the Pacific. Vol. II, Technical Papers. Bangkok, 20-28 February 1991. - New York 1995. p.14-15.

0685
Foundation, building and development of geodesy and cartography work in Viet Nam. In: 12th United Nations Regional Cartographic Conference for Asia and the Pacific. Vol. II, Technical Papers. Bangkok, 20-28 February 1991. - New York 1995. p.98-100.

0686
Frančula, Nedjeljko; Lapaine, Miljenko; Lovrić, Paško: Kartografija u Hrvatskoj 1991-1995. In: Geodetski list. 49, 1995, 3. p.213-224. [Cartography in Croatia 1991-1995.] [Croat.]

0687
Green, D.R.: Cartographic activities in the United Kingdom, 1991-1995. In: The Cartographic Journal. 32, 1995, 1. p.50-73.

0688
Mapping and surveying activities, 1987-1990 [Singapore]. In: 12th United Nations Regional Cartographic Conference for Asia and the Pacific. Vol. II, Technical Papers. Bangkok, 20-28 February 1991. - New York 1995. p.59-60.

0689
Mapping in Korea. In: 12th United Nations Regional Cartographic Conference for Asia and the Pacific. Vol. II, Technical Papers. Bangkok, 20-28 February 1991. - New York 1995. p.54-58, 2 ill., 9 tab.

0690
National Report to ICA, 1995, Australia. 17th International Cartographic Conference. 10th General Assembly of ICA. - Barcelona 1995. 112 p. (Cartography, Suppl.)
ISBN 0-9589120-2-5

0691
National report on surveying and mapping. In: 12th United Nations Regional Cartographic Conference for Asia and the Pacific. Vol. II, Technical Papers. Bangkok, 20-28 February 1991. - New York 1995. p.17-19.

0692
New developments in surveying and mapping in China, 1987-1990. In: 12th United Nations Regional Cartographic Conference for Asia and the Pacific. Vol. II, Technical Papers. Bangkok, 20-28 February 1991. - New York 1995. p.7-12.

0693
Progress made in the field of surveying and mapping in Cyprus, 1987-1990. In: 12th United Nations Regional Cartographic Conference for Asia and the Pacific. Vol. II, Technical Papers. Bangkok, 20-28 February 1991. - New York 1995. p.13-14.

0694
Progress report on cartographic activities in Thailand. In: 12th United Nations Regional Cartographic Conference for Asia and the Pacific. Vol. II, Technical Papers. Bangkok, 20-28 February 1991. - New York 1995. p.60-73, 6 ill., 2 tab.

0695
Rapport Cartographique National. Travaux exécutés de 1991 à 1995. In: Bulletin du Comité Français de Cartographie. 144, 1995. 55 p., 3 mp.-suppl.

0696
Snabilié, Chris J.: Berichten en Netwerk. 20 jaar verslaggeving in het Kartografisch Tijdschrift. In: Kartografisch Tijdschrift. 21, 1995, 3. p.15-18, 4 ill.

0697
Status of cartographic activities in the United States. In: 12th United Nations Regional Cartographic Conference for Asia and the Pacific. Vol. II, Technical Papers. Bangkok, 20-28 February 1991. - New York 1995. p.79-98.

0698
Survey and mapping activity in Indonesia, 1987-1990. In: 12th United Nations Regional Cartographic Conference for Asia and the Pacific. Vol. II, Technical Papers. Bangkok, 20-28 February 1991. - New York 1995. p.19-27, 5 ill., 1 tab.

0699
Surveying and mapping in Hong Kong: 1987-1991. In: 12th United Nations Regional Cartographic Conference for Asia and the Pacific. Vol. II, Technical Papers. Bangkok, 20-28 February 1991. - New York 1995. p.103-104.

0700
Surveying and mapping in the Philippines, 1986-1990. In: 12th United Nations Regional Cartographic Conference for Asia and the Pacific. Vol. II, Technical Papers. Bangkok, 20-28 February 1991. - New York 1995. p.51-54.

0701
Technical cooperation activities for surveying, mapping, charting and remote sensing. In: 12th United Nations Regional Cartographic Conference for Asia and the Pacific. Vol. II, Technical Papers. Bangkok, 20-28 February 1991. - New York 1995. p.370-372.

0702
Technical cooperation. In: 12th United Nations Regional Cartographic Conference for Asia and the Pacific. Vol. II, Technical Papers. Bangkok, 20-28 February 1991. - New York 1995. p.372-377, 5 tab.

0703
Weber, Christiane: The National GIS Observatory. An information resource for the French GIS community. In: The 1994 European GIS Yearbook. p.174-175, 1 ill.

2. Cartographic Societies
Kartographische Gesellschaften
Sociétés cartographiques

0704
Aržanov, E.P.: K itogam konferencii Meždunarodnoj kartografičeskoj associacii. In: Geodezia i Kartografia. 1994, 4. p.48-50. [Results of ICA Conference.][Russ.]

0705
Blakemore, Michael: The Association for Geographic Information, five years on. In: The 1994 European GIS Yearbook. p.223-225, 1 ill.

0706
Brand, Michael: EUROGI. The European umbrella organisation for geographic information. In: The 1994 European GIS Yearbook. p.48-50.

0707
Duncan, Stuart: The Australian Map Circle. In: Cartography, Suppl. National Report to ICA, 1995, Australia. 17th International Cartographic Conference. 10th General Assembly of ICA. p.17-18.

0708
Lehmann, Helmut: Die Entwicklung des Ortsvereins Karlsruhe der Deutschen Gesellschaft für Kartographie in 40 Jahren. In: 40 Jahre Ortsverein Karlsruhe der Deutschen Gesellschaft für Kartographie e.V. Karlsruhe 1994. p.13-39, 10 ill.

0709
Smith, Keith: The Australian Institute of Cartographers. In: Cartography, Suppl. National Report to ICA, 1995, Australia. 17th International Cartographic Conference. 10th General Assembly of ICA. p.6-8.

0710
Smits, Jan: Report about developments in retroconversion from the Groupe des Cartothécaires de LIBER. In: Inspel. 28, 1994, 1. p.123-130. [In Engl. and French.]

0711
Wood, Michael: The International Cartographic Association - progress during 1991-95. In: The Cartographic Journal. 32, 1995, 2. p.159-164.

3. Teaching and Research Institutions Institutionen der Lehre und Forschung Institutions de l'enseignement et de la recherche

0712
Bähr, Hans-Peter: Kartographie am Institut für Photogrammetrie und Fernerkundung (IPF) der Universität Karlsruhe. In: 40 Jahre Ortsverein Karlsruhe der Deutschen Gesellschaft für Kartographie e.V. Karlsruhe 1994. p.247-248.

0713
Bilič, Ju.S.; Bugaevskij, Lev M.: Učebnaja i naučnaja kartografija v MIIGA i K (1779-1994). In: Izvestija vysšich učebnych zavedenij. Geodezija i aerofotosemka. 1995, 1. p.25-42. [Lehrkartographie und wissenschaftliche Kartographie im MIIGA i K (1779-1994).] [Russ.]

0714
Böhrenz, Hartmut: Übernahme von Bibliotheksbeständen der Preußischen Geologischen Landesanstalt und des Reichsamtes für Bodenforschung durch die Staatsbibliothek zu Berlin. In: Mitteilungen. Staatsbibliothek zu Berlin. N.F. 3, 1994, 1. p.24-32.

0715
Cheylan, Jean-Paul: An agenda for GIS research in France. In: The 1994 European GIS Yearbook. p.171-173.

0716
Fachgebiet Photogrammetrie und Kartographie im Institut für Geodäsie und Photogrammetrie. Hrsg.: Jörg Albertz. - Berlin: Technische Universität Berlin 1994. 24 p., ill.

0717
GEOSTAT: die Servicestelle des Bundes für raumbezogene Daten. Mitarb.: Henri Leuzinger. - Bern: Bundesamt für Statistik 1994. 15 p., ill. [In French, Ital. and Engl.]

0718
Günther-Diringer, Detlef: GIS-Einsatz im WWF-Auen-Institut. Projektunterstützung mithilfe von GIS - Bearbeitung von Überflutungsdauerkarten, Aufbau eines europaweiten Flußaueninformationssystems. In: Angewandte Geographische Informationsverarbeitung VII. Beiträge zum GIS-Symposium

5.-7. Juli 1995. - Salzburg 1995. p.49-53, 2 ill. (Salzburger Geographische Materialien. 22.)

0719
Homolya, András: A kataszterek térképi és leíró adatainak feldolgozása, problémák, lehetőségek, megoldások. In: Geodézia és Kartográfia. 47, 1995, 1. p.40-43, 3 ill. [Processing maps and descriptive data of cadastre: problems, possibilities, solutions.] [Hung. with Engl. rés.]

0720
Klotzsch, M.: Zur Geschichte der Geodäsie an der Technischen Hochschule Darmstadt. In: Mitteilungen der DVW-Landesvereine Hessen e.V. und Thüringen e.V. 46, 1995, 1; 6, 1995, 1. p.7-12.

0721
Koch, Wolf Günther: Beiträge des Instituts für Kartographie der TU Dresden zu Umweltschutz und Umweltplanung. In: Umweltinformation und Karte. Beiträge zur kartographischen Informationsverarbeitung. - Trier 1994. p.160-176, 3 ill. (Sonderband zum Deutschen Kartographentag. 43.)

0722
Magyar, Manfred: Anwendungsorientierte Grundlagen eines theoriegeleiteten Konzeptentwurfs zur kartographischen Perzeptionsforschung am Institut für Kartographie der Österreichischen Akademie der Wissenschaften. - Wien: Institut für Kartographie der Österreichischen Akademie der Wissenschaften 1994. 71 p., 9 ill. (Berichte und Informationen. 23.)

0723
Makowski, Andrzej: Jubileusz 40-lecia studiów kartograficznych w Politechnice Warszawskiej ("... od kamienia ... do komputera ...". In: Geodezja i Kartografia. 43, 1994, 4. p.287-301, 10 ill. [The 40th anniversary of cartogaphic studies in Warsaw University of Technology ("... from litographic stone ... to the computer...").] [Pol.]

0724
Mörzer Bruyns, Willem F.J.: The Mariners' Museum Collection of Navigating Instruments: needs and opportunities. In: Rittenhouse. 9, 1995, 4. p.97-119, 8 ill., 1 tab.

0725
Thomas, Rick: Data maps and correlation: tools for inquiry across disciplines. In: Journal of Geography. 93, 1994, 6. p.279-328.

0726
Wieshofer, Markus; Leitner, Michael: Das Institut für Geographie an der State University of New York (SUNY) in Buffalo. In: Angewandte Geographische Informationsverarbeitung V. Beiträge zum GIS-Symposium 7.-9. Juli 1993. - Salzburg 1993. p.199-206. (Salzburger Geographische Materialien, H. 20.)

0727
Žvan, Mimi: Vloga Geodetskega informacijskega centra Geodetske uprave Republike Slovenije. In: Geodetski Vestnik. 39, 1995, 2. p.131-133, 2 ill. [Role of the Geodetic Information Center of the Surveying and Mapping Authority of the Republic of Slovenia.] [Slov.]

4. Cartographic Training
Kartographische Ausbildung
Formation cartographique

0728
Aardoom, L.: "Wat is waar?" of: De geodesie als ruimtelijk- informatieve wetenschap. Een samenvatting van het Nationaal Geodetisch Plan 1995. In: Geodesia. 37, 1995, 2. p.75-82, 5 ill.

0729
Andel, Joost van: Behavior mapping and urban design. Graphic versus non-graphic information about environment-behavior relations. In: The urban experience. A people-environment perspective. - London 1994. p.507-517, 2 ill., 3 tab. [With French rés.]

0730
Ausbildung im Studiengang Vermessungswesen an der Technischen Hochschule Darmstadt. In: Mitteilungen der DVW-Landesvereine Hessen e.V. und Thüringen e.V. 46, 1995,1; 6, 1995, 1. p.13-16, 4 tab.

0731
Berljant, Alexander M.: Kartografičeskoe obrazovanie v universitetach Rossii: naučnye i učebno - metodičeskie problemy. In: Geodezija i Kartografija. 1994, 10. p.36-38. [Cartographic education in Russian universities: scientific and training problems.] [Russ.]

0732
Brandenberger, A.J.: Special report: World surveying and mapping manpower and training facilities. In: Surveying and Land Information Systems. 55, 1995, 3. p.142-144, 2 tab.

0733
Chamard, Roger R.: Certification of photogrammetrist and mapping scientists. In: Technical Papers 1995 ACSM/ASPRS, Charlotte, North Carolina, Annual Convention & Exposition. Vol. 2. - Bethesda 1995. p.154-159.

0734
Dörflinger, Johannes: Kartographiegeschichtliche Diplomarbeiten und Dissertationen am Institut für Geschichte der Universität Wien, 1989-1994. In: Eich- und Vermessungsmagazin. 79, 1995. p.26-29.

0735
Edney, Matthew H.: The history of cartography and cartographic education: responding to institutional and theoretical changes. In: Proceedings of the Seminar on Teaching the History of Cartography II held at the Newberry Library, Chicago, on June 23, 1993 during the 15th International Conference on the History of Cartography. - Utrecht 1994. p.45-49.

0736
Farjas Abadía, Mercedes: La enseñanza de la Topografía en la República Federal Alemana, R.F.A. In: Topografía y Cartografía. 66, 1995, 12. p.9-20, 3 ill., 1 tab. [Span. with Engl. rés.]

0737
Fraser, David: Cartographic education in Australia. In: Cartography, Suppl. National Report to ICA, 1995, Australia. 17th International Cartographic Conference. 10th General Assembly of ICA. 1995. p.108-112.

0738
GIS in surveying and mapping education in Canada. In: 12th United Nations Regional Cartographic Conference for Asia and the Pacific. Vol. II, Technical Papers. Bangkok, 20-28 February 1991. - New York 1995. p.337-340.

0739
Galera i Monegal, Montserrat: A doctoral programme course on history of cartography organized by the Cartoteca de Catalunya, Institut Cartografic de Catalunya, Barcelona. In: Proceedings of the Seminar on Teaching the History of Cartography II held at the Newberry Library, Chicago, on June 23, 1993 during the 15th International Conference on the History of Cartography. - Utrecht 1994. p.39-43.

0740
Ghilani, Charles D.: Use of Land Information Systems as an integrating tool in a baccalaureate surveying program. In: Surveying and Land Information Systems. 54, 1994, 4. p.231-236, 1 ill., 1 tab. [With Engl. rés.]

0741
Henninger, W.: Ausbildung zum Vermessungstechniker/zur Vermessungstechnikerin. In: 79. Deutscher Geodätentag 1995 in Dortmund "Lebensräume erfassen - werten - gestalten". Kongreßdokumentation der Fachvorträge. - Stuttgart 1995. p.223-226. (Schriftenreihe des DVW. 20.)

0742
An introduction to the Guide to training facilities in survey and mapping for overseas students in Great Britain. In: 12th United Nations Regional Cartographic Conference for Asia and the Pacific. Vol: II, Technical Papers. Bangkok, 20-28 February 1991. - New York 1995. p.386-387.

0743
Jeffress, Gary A.: Baccalaureate program in geographic information science. In: Technical Papers 1995 ACSM/ASPRS, Charlotte, North Carolina, Annual Convention & Exposition. - Bethesda 1995. p.201-208.

0744
Kemp, Karen K.: GIS education in Europe. In: The 1994 European GIS Yearbook. p.90-92, 1 ill.

0745
Kötter, K.-H.: Zur Ausbildung von Dipl.-Ing. (FH) für Vermessungswesen. In: 79. Deutscher Geodätentag 1995 in Dortmund "Lebensräume erfassen - werten - gestalten". Kongreßdokumentation der Fachvorträge. - Stuttgart 1995. p.229-230. (Schriftenreihe des DVW. 20.)

0746
Kretschmer, Ingrid: Teaching the history of cartography. In: Proceedings of the Seminar on Teaching the History of Cartography II held at the Newberry Library, Chicago, on June 23, 1993 during the 15th International Conference on the History of Cartography. - Utrecht 1994. p.33-37.

0747
Kunz, Dieter: Berufsschulunterricht für Kartographen an der Heinrich-Hübsch-Schule in Karlsruhe. In: 40 Jahre Ortsverein Karlsruhe der Deutschen Gesellschaft für Kartographie e.V. - Karlsruhe 1994. p.251- 252.

0748
Maas, A.: Is geodesie van waarde? Pleidooi voor een minder introverte geodetisch generalist; het Nationaal Geodetisch Plan onder vuur. In: Geodesia. 37, 1995, 5. p.237-240, 1 ill.

0749
Neumann, Joachim: Der Studiengang Kartographie an der Fachhochschule Karlsruhe. In: 40 Jahre Ortsverein Karlsruhe der Deutschen Gesellschaft für Kartographie e.V. - Karlsruhe 1994. p.239-245.

0750
Proceedings of the Seminar on Teaching the History of Cartography II held at the Newberry Library, Chicago, on June 23, 1993 during the 15th International Conference on the History of Cartography. - Utrecht 1994. 52 p., ill., tab.

0751
Reinhartz, Dennis: Teaching the history of cartography: defining the subject for our students and ourselves. In: Proceedings of the Seminar on Teaching the History of Cartography II held at the Newberry Library, Chicago, on June 23, 1993 during the 15th International Conference on the History of Cartography. - Utrecht 1994. p.29-32, 2 ill.

0752
Report of the National Working Party on Education and Research in land and geographic information systems. In: 12th United Nations Regional Cartographic Conference for Asia and the Pacific. Vol. II, Technical Papers. Bangkok, 20-28 February 1991. - New York 1995. p.328-337, 1 tab.

0753
Report on the second Training-Cum-Workshop on Geographical Names. In: 12th United Nations Regional Cartographic Conference for Asia and the Pacific. Vol. II, Technical Papers. Bangkok, 20-28 February 1991. - New York 1995. p.364-366.

0754
Schindler, Gernod: Neue Modelle der Aus- und Weiterbildung im Vermessungswesen. In: 79. Deutscher Geodätentag 1995 in Dortmund "Lebensräume erfassen - werten - gestalten". Kongreßdokumentation der Fachvorträge. - Stuttgart 1995. p.23-30, 3 tab. (Schriftenreihe des DVW. 20.)

0755
Shrestha, Ramesh L.: Four-year surveying and mapping undergraduate education in the United States. In: Surveying and Land Information Systems. 54, 1994, 4. p.210-218, 6 ill., 6 tab. [With Engl. rés.]

0756
Silfvernagel, Christer: Kart- och mätningsutbildningar i nya skolformer - vad har hänt? In: Lantmäteritidskriften. 1994, 4. p.20- 23, 1 ill. [New school-education by mapping and surveying - what happened ?] [Swed.]

0757
Tobler, Waldo: History of cartography as taught at UCSB [University of California, Santa Barbara]. In: Proceedings of the Seminar on Teaching the History of Cartography II held at the Newberry Library, Chicago, on June 23, 1993 during the 15th International Conference on the History of Cartography. - Utrecht 1994. p.9-22, 12 ill., 2 tab.

0758
Toppen, Fred: GIS education. On supply and demand. In: The 1994 European GIS Yearbook. p.82-84, 2 ill.

0759
Unwin, David J.: Masters of what? GIS education in the United Kingdom 1993. In: The 1994 European GIS Yearbook. p.216-218.

0760
Unwin, David J.: The academic setting of GIS. In: Geographical information systems. Principles and applications. Vol. 1: Principles. New York 1994. p.81-90, 2 ill.

0761
Vanneste, Dominique: University training in GIS in Belgium: a survey. In: Bulletin Trimestriel de la Société Belge de Photogrammetrie- Teledetection et Cartographie. 199/200, 1995. p.51-59.

0762
Vodopivec, Florijan; Kogoj, Dušan: Visoki strokovni študij geodezije. In: Geodetski vestnik. 39, 1995, 3. p.237-242, 3 tab. [Four-year university curriculum for geodesy.] [Slov. with Slov. and Engl. rés.]

0763
Volkova, N.V.; Oknin, Ju.A.: Podgotovka inženerov-kartoizdatelej v sovremennych uslovijach. In: Izvestija vysšich učebnych zavedenij. Geodezija i aerofotosemka. 1995, 2. p.107-110. [Die Ausbildung von Ingenieurskartographen unter modernen Bedingungen.] [Russ.]

0764
Warren, Stacy: Teaching GIS as a socially constructed technology. In: Cartography and Geographic Information Systems. 22, 1995, 1. p.70-77. [With Engl. rés.]

0765
Wijayratne, Indrajith: A baccalaureate degree program for the traditional surveyor. In: Surveying and Land Information Systems. 55, 1995, 3. p.115-124, 2 ill., 2 tab.

0766
Williams, Derek B.; Summers, Rachel: Some issues in GIS education in New Zealand. In: Proceedings of the 17th conference. New Zealand Geographical Society. Victoria Univ. of Wellington, august 30 - september 2, 1993. - Christchurch 1993. p.24-27, 5 ill.

0767
Woodward, David: Teaching the history of cartography at the University of Wisconsin. In: Proceedings of the Seminar on Teaching the History of Cartography II held at the Newberry Library, Chicago, on June 23, 1993 during the 15th International Conference on the History of Cartography. - Utrecht 1994. p.23-28.

5. Map Producers
Kartenhersteller
Producteurs de cartes

0768
70 Jahre Bundesamt für Eich- und Vermessungswesen. - Wien: Bundesamt für Eich- und Vermessungswesen 1993. 239 p., ill.

0769
ARC digitized raster graphics and their application. In: 12th United Nations Regional Cartographic Conference for Asia and the Pacific. Vol. II, Technical Papers. Bangkok, 20-28 February 1991. - New York 1995. p.254-259, 2 ill.

0770
Apagyi, Géza: Az Allami Földmérés elvárható szerepe a digitális földmérési alaptérkép (DFT) létrehozásában. In: Geodézia és Kartográfia. 47, 1995, 1. p.13-15. [Contribution to be expected of the National Surveying and Mapping Agency to form the digital large scale basic map.] [Hung. with Engl. rés.]

0771
Asche, Hartmut: Digitale Kartographie in Poznań. In: Kartographische Nachrichten. 45, 1995, 6. p.236-237, 1 ill.

0772
Baker, Graham: Australian Surveying and Land Information Group (AUSLIG) Department of Administrative Services. In: Cartography, Suppl. National Report to ICA, 1995, Australia. 17th International Cartographic Conference. 10th General Assembly of ICA. p.22-25.

0773
Bedrna, Zoltán: Príspevok ku klasifikácii a mapovaniu pôd pozmenených antropogénnou činnost'ou. In: 12th United Nations Regional Cartographic Conference for Asia and the Pacific. Vol. II, Technical Papers. Bangkok, 20-28 February 1991. In: Geografický časopis. - New York 1995. 47, 1995, 2. p.259-261. [Contribution to classification and mapping of soils changed by anthro-pis activity.] [Slovak with Engl. rés.]

0774
Berger, Kimberley H.: Hardcopy extraction considerations for Vector Product Format (VPF) products. In: Technical Papers 1995 ACSM/ASPRS, Charlotte, North Carolina, Annual Convention & Exposition. Vol. 2. - Bethesda 1995. p.73-82, 3 ill., 2 tab.

0775
Bobzien, Eckart: Starker Anstieg der Anzahl der Öffentlich bestellten Vermessungsingenieure. In: Mitteilungen aus dem Vermessungswesen. Berlin. 21, 1995. p.40-42.

0776
Boldyrev, A.N.; Filatova, T.P.: Omskoj kartografičeskoj fabrike - 60 let. In: Geodezija i Kartografija. 1994, 7. p.36-38. [60th anniversary of Omsk Cartographic Plant.] [Russ.]

0777
Borioli Sandoz, V.: Les données géoréférées disponibles en Suisse. L'expérience pratique au service GEOSTAT de l'OFS et l'inventaire des données du groupe de travail SIG-CSI. In: Vermessung, Photogrammetrie, Kulturtechnik. 93, 1995, 5. p.334-338, 4 ill.

0778
Directory of the Geomatics Industry (Mappers & Surveyors). In: BOSS = Business Opportunities Sourcing System. 1995, Special issue. 20, 30 p.

0779
Eoles, Allan: Mapping in the Australian Capital Territory. In: Cartography, Suppl. National Report to ICA, 1995, Australia. 17th International Cartographic Conference. 10th General Assembly of ICA. 1995. p.48-49.

0780
Eidenbenz, Ch.: GIS-Grundlagedaten beim Bundesamt für Landestopographie. In: Vermessung, Photogrammetrie, Kulturtechnik. 93, 1995, 5. p.330-333, 1 ill.

0781
Engelhardt, Hans-Peter: Electronic Map Display Systems for urban users. In: UDMS '93. 16th Urban Data Management Symposium 6.-10. Sept. 1993. Proceedings. - Wien 1993. p.405-414, 4 ill.

0782
Fraser, David: Mapping Victoria. In: Cartography, Suppl. National Report to ICA, 1995, Australia. 17th International Cartographic Conference. 10th General Assembly of ICA. 1995. p.73-76.

0783
Furness, Ronald A.; Clark, Meredith: Royal Australian Navy Hydrographic Service. In: Cartography, Suppl. National Report to ICA, 1995, Australia. 17th International Cartographic Conference. 10th General Assembly of ICA. 1995. p.26-33, 4 ill., 1 tab.

0784
Das Geoinformationssystem ATKIS und seine Nutzung in Wirtschaft und Verwaltung. Vorträge von Reinhard Bachhuber ... anläßlich des AdV-Symposiums ATKIS am 15. u. 16. Juni 1994 im Landesvermessungsamt Nordrhein-Westfalen, Bonn-Bad Godesberg. Hrsg. von Rolf Harbeck im Auftrag der Arbeitsgemeinschaft der Vermessungsverwaltungen der Länder der Bundesrepublik Deutschland (AdV). - Bonn 1994. 187 p., ill., 7 suppl.

0785
Griesemer, Owen C.; DeMulder, Mark L.: A cooperative mapping program for National Forest Lands. In: Technical Papers 1995 ACSM/ASPRS, Charlotte, North Carolina, Annual Convention & Exposition. - Bethesda 1995. p.272-276.

0786
Hafeneder, Rudolf: Integration von ATKIS-Daten in das Topographische Informationssystem der Bundeswehr TOPIS. In: Das Geoinformationssystem ATKIS und seine Nutzung in Wirtschaft und Verwaltung. Vorträge ... anläßlich des AdV-Symposiums ATKIS am 15. u. 16. Juni 1994 im Landesvermessungsamt Nordrhein-Westfalen, Bonn-Bad Godesberg. - Bonn 1994. p.70-77.

0787
Hanke, Peter; Proß, Erhard: Zur Fortführung des ATKIS 200 unter Verwendung digitaler Bilddaten. In: Nachrichten aus dem Karten- und Vermessungswesen. Rh. I, 113, 1995. p.79-88, 1 mp.-suppl. [With German, Engl. and French rés.]

0788
Harbeck, Rolf; Irsen, Wolfgang; Mittelstrass, Gerhard: O karte potencial'noj rastitel'nosti sredizemnomor'ja. In: Zeitschrift für Vermessungswesen. 120, 1995, 8. p.381-391, 1 ill. [On the map of the potential vegetation of the Mediterranean.] [Russ.]

0789
Hillier, John: Murray Darling Basin Commission (MDBC). In: Cartography, Suppl. National Report to ICA, 1995, Australia. 17th International Cartographic Conference. 10th General Assembly of ICA. 1995. p.43-45, 1 ill.

0790
Hydrographic technical assistance. In: 12th United Nations Regional Cartographic Conference for Asia and the Pacific. Vol. II, Technical Papers. Bangkok, 20-28 February 1991. - New York 1995. p.387-390.

0791
Kammerer, Peter: Weiterverarbeitung von Daten des Bayerischen Landesvermessungsamtes auf dem PC. In: Nachrichten aus dem Karten- und Vermessungswesen. Rh. I, 113, 1995. p.117-127, 3 ill., 1 tab. [With German, Engl. and French rés.]

0792
Karvinen, Pauli: Reform av det finska lantmäteriverkets organisation. In: Lantmäteritidskriften. 1995, 6. p.20-24, 3 ill. [Reformation of the Finnish land survey organisation.] [Swed.]

0793
Klöppel, Reinhard: Basisgeoinformationssysteme in Hessen - Konzept, Stand und Verwirklichung. In: 9. Informationsveranstaltung der Bayer. Vermessungsverwaltung über die graphische Datenverarbeitung am Mittwoch, den 26. April 1995 in der TU München. - München 1995. p.39-52, 5 ill.

0794
Kondášová, Marta: Spracovanie, vydávanie a využívanie kartografických diel územia Slovenskej Republiky. In: Kartografické Listy. 1995, 3. p.5-12. [Processing, issue and use of cartographic series of the Slovak Republic territory.] [Slovak with Engl. rés.]

0795
Krause, Ulrich: Konzeption des Landesvermessungsamtes NRW zur Fortführung des DLM 25/1 und zur Realisierung des DLM 25/2. In: Nachrichten aus dem Karten- und Vermessungswesen. Rh. I, 113, 1995. p.139-145. [With German, Engl. and French rés.]

0796
Kučera, Jiří: Problematika podnikání v kartografii. In: Geodetický a kartografický obzor. 41, 1995, 9. p.209-210. [Problems of management in cartography.] [Czech with Engl., French and German rés.]

0797
Lakota, Emil; Vašek, Jaroslav: Vydavatel'ský program VKÚ, š.p. Harmmanec. In: Mapa - podklad k novým informáciám. - Bratislava 1995. p.45-50. [Building of Military Topographic Information System in the Topographic Service of ACR.] [Slovak.]

0798
Laubsch, Jeffrey: Mapping South Australia. In: Cartography, Suppl. National Report to ICA, 1995, Australia. 17th International

Cartographic Conference. 10th General Assembly of ICA. 1995. p.77- 81, 1 ill.

0799
Mahr, Hans: DKM-Entwicklungsstufe im Hessischen Landesvermessungsamt, Wiesbaden. In: Nachrichten aus dem Karten- und Vermessungswesen. Rh. I, 113, 1995. p.161-165, 2 ill. [With German, Engl. and French rés.]

0800
Management of national mapping and charting programmes. In: 12th United Nations Regional Cartographic Conference for Asia and the Pacific. Vol. II, Technical Papers. Bangkok, 20-28 February 1991. - New York 1995. p.359-362.

0801
Mapping Northern Territory. In: Cartography, Suppl. National Report to ICA, 1995, Australia. 17th International Cartographic Conference. 10th General Assembly of ICA. 1995. p.103-105.

0802
Mapping Western Australia. In: Cartography, Suppl. National Report to ICA, 1995, Australia. 17th International Cartographic Conference. 10th General Assembly of ICA. 1995. p.82-102, 4 ill.

0803
Mapping and map publication in China. In: 12th United Nations Regional Cartographic Conference for Asia and the Pacific. Vol. II, Technical Papers. Bangkok, 20-28 February 1991. - New York 1995. p.220-223.

0804
Mapping, charting, and geodetic standardization activities within the United States Department of Defense. In: 12th United Nations Regional Cartographic Conference for Asia and the Pacific. Vol. II, Technical Papers. Bangkok, 20-28 February 1991. - New York 1995. p.311-313.

0805
McEwen, David: Mapping New South Wales. In: Cartography, Suppl. National Report to ICA, 1995, Australia. 17th International Cartographic Conference. 10th General Assembly of ICA. 1995. p.61- 72, 3 ill.

0806
McHaffie, Patrick H.: Manufacturing metaphors. Public cartography, the market, and democracy. In: Ground Truth. The Social Implications of Geographic Information Systems. - New York, London 1995. p.113-129.

0807
Miller, Scott B.; Walker, A. Stewart; Walsh, Muiris C.: Digital photogrammetry at the Ordnance Survey of Ireland. In: Technical Papers 1995 ACSM/ASPRS, Charlotte, North Carolina, Annual Convention & Exposition. Vol. 2. - Bethesda 1995. p.195-204.

0808
Milošev, Stojančo; Minčev, M.: Bălgarija - člen na Evropejskija komitet na răkovoditelite na nacionalnite kartografski službi (CERCO). In: Geodezija, kartografija, zemeustrojstvo. 34, 1994, 5. p.32. [Bulgaria - member of the European Committee of the Heads of National Cartographic Organizations (CERCO).] [Bulg.]

0809
Moore, Tony and others: Vector Smart Map Level 1 - a new DMA product. In: Technical Papers 1995 ACSM/ASPRS, Charlotte, North Carolina, Annual Convention & Exposition. Vol. 2. - Bethesda 1995. p.83-92, 3 ill.

0810
Morris, R.O.: The Royal Naval Hydrographic

Service 1795-1995. In: The International Hydrographic Review. 72, 1995, 2. p.7-21, 10 ill.

0811
Motta, Giuseppe: Gli atlanti dell'Istituto Geografico de Agostini al Servizio della colletti-vità. In: Bollettino della Associazione Italiana di Cartografia. 93/94, 1995. p.15-18.

0812
Mousset, Joe: CERCO. Fifteen years of progress. In: The 1994 European GIS Yearbook. p.62-63.

0813
Müller, Karlheinz: Kartographie bei der Stadt Karlsruhe. In: 40 Jahre Ortsverein Karlsruhe der Deutschen Gesellschaft für Kartographie e.V. - Karlsruhe 1994. p.268-270, 1 ill.

0814
Neumann, Karl; Koch, Hans: Ein experimentelles Informationssystem für ATKIS-Daten. In: Nachrichten aus dem Karten- und Vermessungswesen. Rh. I, 113, 1995. p.179-190, 5 ill. [With German, Engl. and French rés.]

0815
Pampaloni, Maurizio: L'Istituto Geografico Militare: programmi e prodotti. In: Bollettino della Associazione Italiana di Cartografia. 93/94, 1995. p.7-14.

0816
Papp-Váry, Arpád: 40 éves a Cartographia. In: Geodézia és Kartográfia. 47, 1995, 2. p.67-78, 2 ill., 4 tab. [40 years of the Cartographia Ltd.] [Hung. with Engl. rés.]

0817
Pichlmaier, Manfred: Kartographie in der Vermessung am Beispiel des Vermessungsbüros EGLE. In: 40 Jahre Ortsverein Karlsruhe der Deutschen Gesellschaft für Kartographie e.V. - Karlsruhe 1994. p.276-278, 1 ill.

0818
Picon, Antoine: Cartographie et aménagement du territoire. Les cartes des élèves des Ponts de Chaussées à la fin du XVIIIe siècle. In: L'æil du cartographe et la représentation géographique du Moyen Age à nos jours. - Paris 1995. p.107-125, 4 ill. (Mémoires de la section de géographie physique et humaine. 18.)

0819
Portnova, O.V.: Vzgljad v buduščee kartografičeskogo proizvodstva. In: Geodezija i Kartografija. 1995, 8. p.45-47. [View of cartographic production future.] [Russ.]

0820
Report of the International Hydrographic Organization. In: 12th United Nations Regional Cartographic Conference for Asia and the Pacific. Vol. II, Technical Papers. Bangkok, 20-28 February 1991. - New York 1995. p.101-103.

0821
Sandgren, Ulf: Den nya lantmäteriorganisationen i Sverige. In: Lantmäteritidskriften. 1995, 6. p.25-28, 1 ill. [The new land survey organization in Sweden.] [Swed.]

0822
Scheele, Theo: Een dagje ... Europlano. Anton Pieck en de kaartveredeling. In: Geodesia. 37, 1995, 3. p.149-151, 4 ill.

0823
Schellein, H.: GEOGIS 25 - Datenstruktur, Datenerfassung und Datenabgabe. In: 9. Informationsveranstaltung der Bayer. Vermessungsverwaltung über die graphische Datenverarbeitung am Mittwoch, den 26. April 1995 in der TU München. - München 1995. p.21- 29, 7 ill.

0824
Sellge, H.: Basisinformationen der Vermessungsverwaltungen (ALK und ATKIS). In: Gewinnung von Basisdaten für Geoinformationssysteme. Vorträge des 28. DVW-Seminars vom 5.-6. März an der Universität Hannover und vom 24.-25. Sept. 1992 an der Technischen Universität Dresden. - Stuttgart 1992. p.87-95. (Schriftenreihe des DVW. 4.) (Vorträge des ... DVW-Seminars. 28.)

0825
Shirley, Rodney W.: The maritime map and atlases of Seller, Thornton, and Mount & Page. In: The Map Collector. 73, 1995. p.3-9, 8 ill., 1 tab.

0826
Simcox, George N.: The changing face of army topography and its research and development. In: Technical Papers 1995 ACSM/ASPRS, Charlotte, North Carolina, Annual Convention & Exposition. - Bethesda 1995. p.277-280.

0827
Skitch, Bob: Mapping Australia - national overview. In: Cartography, Suppl. National Report to ICA, 1995, Australia. 17th International Cartographic Conference. 10th General Assembly of ICA. p.13-15.

0828
Smith, Keith: Australian Map Industry Association - AMIA. In: Cartography, Suppl. National Report to ICA, 1995, Australia. 17th International Cartographic Conference. 10th General Assembly of ICA. p.17.

0829
Snyder, Gregory I.; McDermott, Michael P.; Ogrosky, Charles E.: National mapping program user evaluation of selected current products. In: Technical Papers 1995 ACSM/ASPRS, Charlotte, North Carolina, Annual Convention & Exposition. - Bethesda 1995. p.261-269.

0830
Sowton, Michael Sam: Development of GIS-related activities at the Ordnance Survey. In: Geographical information systems. Principles and applications. Vol. 2: Applications. - New York 1994. p.23-38, 1 tab.

0831
Starr, Lowell E.; Anderson, K. Eric: A USGS perspective on GIS. In: Geographical information systems. Principles and applications. Vol. 2: Applications. - New York 1994. p.11-22.

0832
Stene, Øyvind: Statens kartverk i omstilling. In: Kart og plan. 88, 1995, 2. p.81-86. [The Norwegian Mapping Authority in change.] [Norw. with Engl. rés.]

0833
Strenn, Leopold; Zill, Viktor: Digitale Kartographie im Bundesamt für Eich- und Vermessungswesen (BEV). In: Österreichische Zeitschrift für Vermessung & Geoinformation. 83, 1995, 1/2. p.3-13, 9 ill. [With German and Engl. rés.]

0834
Taylor, Iain C.: Official geography and the creation of 'Canada'. In: Cartographica. 31, 1994, 4. p.1-15, 13 ill. [With Engl. rés.]

0835
Tremmel, Agoston: Hagyományőrzés a katonai térképészetnél. In: Geodézia és Kartográfia. 47, 1995, 4. p.193-196, 3 ill. [Respect for tradition at the Military Mapping Service.] [Hung. with Engl. rés.]

0836
Vasmut, A.S.; Atojan, R.V.; Atojan, L.V.: Kartografija i marketing: aspekty razvitija.

In: Izvestija vysšich učebnych zavedenij. Geodezija i aerofotos'emka. 1992, 4/5. p.124-134, 3 ill. [Kartographie und Marketing: Aspekte der Entwicklung.] [Russ.]

0837
Vickus, Georg: Weiterentwicklung der kartographischen Modellbildung in ATKIS. In: Kartographische Nachrichten. 45, 1995, 2. p.50-57, 7 ill.

0838
Waldorf, Susan: Eureka cartography. In: Cartographic Perspectives. 21, 1995. p.37.

0839
Warnest, Gary: The Royal Australian Survey Corps. In: Cartography, Suppl. National Report to ICA, 1995, Australia. 17th International Cartographic Conference. 10th General Assembly of ICA. 1995. p.34- 38, 2 ill.

0840
Waters, H.: Feasibility studies for mapping projects in developing countries. In: The Cartographic Journal. 32, 1995, 2. p.143-147, 1 tab.

0841
Watkins, Allen H.; Thorley, Gene A.: A new direction for the National Mapping Program. In: Technical Papers 1995 ACSM / ASPRS, Charlotte, North Carolina, Annual Convention & Exposition. - Bethesda 1995. p.270-271.

0842
Wilmersdorf, Erich: Computerunterstützte Kartographie in der Wiener Stadtverwaltung. In: Das ist die stat Wien. Vom Albertinischen Plan zur Computerstadtkarte. Ein halbes Jahrtausend Wiener Stadtkartographie. Wiener Geschichtsblätter. Beiheft 4, 1995. p.46-53.

0843
Würth, Karl: Die kartographischen Arbeiten beim Regionalverband Mittlerer Oberrhein. In: 40 Jahre Ortsverein Karlsruhe der Deutschen Gesellschaft für Kartographie e.V. - Karlsruhe 1994. p.266-268.

0844
Zaugg, Hans-Ulrich; Sandoz, Valérie Borioli: GEOSTAT - the service for Spatial Data in the Swiss Federal Administration. - Bern 1994. 8 p., 2 ill. [Paper anläßl. der 9. Konferenz der LIBER-Gruppe der Kartenbibliothekare 1994 in Zürich.] [mimeogr.]

0845
Ždanov, N.D.: Kartografo-geodezičeskaja služba rossii na novom etape razvitija. In: Geodezia i Kartografia. 1994, 3. p.1-8. [Russian Cartographic-Geodetic Survey at new stage of development.] [Russ.]

0846
Zill, Viktor: Automationsunterstützte Datenverarbeitung in der österreichischen Landesaufnahme. In: Angewandte Geographische Informationsverarbeitung V. Beiträge zum GIS-Symposium 7.-9. Juli 1993. - Salzburg 1993. p.61-64, 2 ill. (Salzburger Geographische Materialien, H. 20.)

6. Map Collections
Kartensammlungen
Cartothèques

0847
Abeydeera, Ananda: Facsimiles of the charts attributed to Reinel, Ribeiro, Chaves, Verrazano and a print map by Cornelis Anthoniszoon from the Herzog August Bibliothek Wolfenbüttel. In: Wolfenbütteler Bibliotheks-Informationen. 20, 1995. p.7-14, ill.

0848
Abler, Ronald F.: What you'll need to know to use GIS in 2001. In: Cartographic Perspectives. 21, 1995. p.53-56.

0849
Baruth, Christopher: Conference opening remarks. Papers from The Map Library in Transition. In: Cartographic Perspectives. 21, 1995. p.16- 17.

0850
Beard, Colleen: The future of digital data in map collections: one perspective. In: Cartographic Perspectives. 21, 1995. p.18-21.

0851
Bergs, Irene-Annette: Alte und moderne Landkarten in der Badischen Landesbibliothek. In: 40 Jahre Ortsverein Karlsruhe der Deutschen Gesellschaft für Kartographie e.V. - Karlsruhe 1994. p.233-238.

0852
Bergs, Irene-Annette: Schulatlanten des 19. Jahrhunderts in einer Bibliothek heute. In: Karten hüten und bewahren. - Gotha 1995. p.29- 31. (Kartensammlung und Kartendokumentation. 11.)

0853
Bibliothèque Nationale de France. Département des cartes et plans. In: Bulletin du Comité Français de Cartographie. 144, 1995. p.13-14.

0854
Böhrenz, Hartmut: Übernahme von Bibliotheksbeständen der Preußischen Geologischen Landesanstalt und des Reichsamtes für Bodenforschung durch die Staatsbibliothek zu Berlin. In: Mitteilungen. Staatsbibliothek zu Berlin. N.F. 3, 1994, 1. p.24-32.

0855
Bruggen, R.H.A. van: De kaartenverzameling van de gemeente Heemstede. In: Caert-Thresoor. 14, 1995, 1. p.6-8, 2 ill.

0856
Bzinkowska, Jadwiga: Implementation of the Virginia Technology Library System in the Jagiellonian Library and its Cartographic Department. In: The LIBER Quarterly. European Research Libraries Cooperation ERLC. 5, 1995, 3. p.337-341.

0857
Campbell, Tony: Conversion of the British Library's map catalogues: the keys to success. In: Inspel. 28, 1994, 1. p.67-72. [In Engl. and French.]

0858
Colomar, María Antonia: La retroconversion des documents cartographiques dans le projet d'informatisation de l'Archivo General de Indias de Seville. In: Inspel. 28, 1994, 1. p.161-170. [In French and Span.]

0859
Dahl, Edward H.; Hill, Greg; Murphy, Mary E.: The day it rained all night in the cartographic vault: Lessons in Disaster Preparedness and Recovery at the National Archives of Canada. Part I-III. In: Bulletin. Association of Canadian Map Libraries and Archives. 94, 1995. p.1-10, 10 ill.

0860
Dienes, Jennie: Moving the University of Kansas Map Library. In: Information Bulletin. Western Association of Map Libraries. 27, 1995, 1. p.16-31, 25 ill.

0861
Dörflinger, Johannes; Schlass, Gerhard; Heinz, Markus: Maps, Atlases and Globes in the oldest monastery of Vienna. Exhibition in the Library of the "Schottenstift". 16th International Conference on the History of Cartography. - Vienna 1995. 53 p., 19 ill.

0862
Duchemin, Pierre-Yves: The retrospective conversion of the catalogues in the Dé-

partment des Cartes et Plans of the Bibliothèque Nationale. In: Inspel. 28, 1994, 1. p.80-89. [In Engl. and French.]

0863
Duclos, France: Les globes de la Bibliothèque de la Société de Géographie. In: Acta Geographica. 104, 1995, 4. p.54-57, 2 ill.

0864
Duncan, Stuart: The Australian Map Circle. In: Cartography, Suppl. National Report to ICA, 1995, Australia. 17th International Cartographic Conference. 10th General Assembly of ICA. p.17-18.

0865
Evans, Cheryl: State Library of New South Wales. Maps Section - Report. In: The Globe. Journal of the Australian Map Circle. 43, 1995. p.70-72.

0866
Geisselbrecht-Capecki, Ursula: Ein Bilderatlas des Niederrheins vom 16. bis in das 19. Jahrhundert. Die Sammlung Robert Angerhausen im Städtischen Museum Haus Koekkoek, Kleve. In: Mitteilungsblatt. Freundeskreis für Cartographica. 9, 1995. p.20-27, 2 mp.

0867
Grim, Ronald: "Charrettes Collection", a complement to urban and architectural resources in the Geography and Map Division. In: Capital visions. - Washington 1995. p.1-3.

0868
Hablützel, Caroline: Reorganisation der Kartensammlung der Fachbereichsbibliothek Bühlplatz [Bern]: Arbeitsbericht. - Bern 1993. 32 leaves. [Dipl.-Arb. BBS.]

0869
Harmer, Shirley: Minutes of the Association of Canadian Map Libraries and Archives Annual Business Meeting, June 10, 1994, University of Guelph. In: Bulletin. Association of Canadian Map Libraries and Archives. 92, 1995. p.27-30.

0870
Harmer, Shirley: Minutes of the Association of Canadian Map Libraries and Archives, Annual General Meeting, Friday, May 12, 1995, University of British Columbia. In: Bulletin. Association of Canadian Map Libraries and Archives. 94, 1995. p.27-29, 1 ill.

0871
Herero, Ana: Cartographic material on the ARIADNA system at the Biblioteca Nacional. In: Inspel. 28, 1994, 1. p.153-156. [In Engl. and Span.]

0872
Herro, J.K.: Minutes, Spring Meeting, Western Association of Map Libraries, May 9-13, 1995, Vancouver, British Columbia. In: Information Bulletin. Western Association of Map Libraries. 26, 1995, 3. p.46-54.

0873
Herro, J.K.: Minutes. Western Association of Map Libraries, Fall 1995 Conference, Las Vegas, Nevada, October 15-18, 1995. In: Information Bulletin. Western Association of Map Libraries. 27, 1995, 1. p.5-10.

0874
Holzer, Gerhard: Sammlung Woldan. Bestandskatalog. Abteilung A Cartographica. Teil I: Gesamte Erde und Außereuropa. - Wien: Verlag der Österreichischen Akademie der Wissenschaften 1995. 122 p. (Österreichische Akademie der Wissenschaften, phil.hist. Klasse, Sitzungsberichte, 628. Bd.) ISBN 3-7001-2219-5

0875
Hürlimann, Roland: Sachkatalog und Sacherschließung von Karten. - Zürich: ETH-Bibliothek 1994. [Kartensammlung Bibliothek ETH Zürich]. [Dipl-Arb.]

0876
Hughes, Alun: From email to the web: index map to the Internet. In: Bulletin. Association of Canadian Map Libraries and Archives. 92, 1995. p.1-12.

0877
Hurni, Lorenz: Digital cartographic and topographic products from the Swiss Federal Office of Topography. In: The LIBER Quarterly. European Research Libraries Cooperation ERLC. 5, 1995, 3. p.249-254.

0878
Janczak, Julian: Odrzanskie archiwalia kartograficzne. In: Rzeki. Kultura, cywilizacja, historia. 1, 1992. p.107-118, 5 ill. [Storage of cartographic archive material.] [Pol.]

0879
Jones, Alan; Prescott, Dorothy: Digital spatial data and libraries in Australia. In: The Globe. Journal of the Australian Map Circle. 42, 1995. p.15-35.

0880
Kaminsky, V.I.; Kotelnikova, Natalia E.: The development of digital cartography in Russia and the usage of digital maps in the Russian State Library. In: The LIBER Quarterly. European Research Libraries Cooperation ERLC. 5, 1995, 3. p.342ff.

0881
Kartographische Zimelien. Die 50 schönsten Karten und Globen der Österreichischen Nationalbibliothek. Hrsg.: Österreichische Nationalbibliothek. - Wien: Holzhausen 1995. 148 p., ill.

0882
Klemp, Egon: Grundsätze und erste Ergebnisse der Neukatalogisierung von Altkarten in deutschen Bibliotheken. In: Inspel. 28, 1994, 1. p.62-66.

0883
Klöti, Thomas: Der virtuelle Atlas: Die Sammlung Ryhiner sowie weitere kartengeschichtlich interessante Anlegestellen im Internet. In: Cartographica Helvetica. 12, 1995. p.45-47, 2 tab.

0884
Klöti, Thomas: Karten in der Stadt- und Universitätsbibliothek Bern: die Erschließung der Sammlung Ryhiner. In: Berner Zeitschrift, Geschichte und Heimatkunde. 56, 1994, 2. p.179-189, ill., tab., mp.

0885
Kotelnikova, Natalia E.: Development of the digital cartography in Russia and use of digital maps in Russian State Library. - Moskva 1994. 2 p. [Paper anläßl. der 9. Konferenz der LIBER-Gruppe der Kartenbibliothekare 1994 in Zürich.] [mimeogr.]

0886
Kreft, Wolfgang: Eine Spezialsammlung historischer Senkrechtluftbilder Ostmitteleuropas in der Kartensammlung des Marburger Herder-Instituts. Bestand, Erschließung, Forschungsaspekte. In: Karten hüten und bewahren. - Gotha 1995. p.81-95, 9 ill. (Kartensammlung und Kartendokumentation. 11.)

0887
Kummer, Werner: Globen nach 1850. Privatsammlung Ingelheim. In: Der Globusfreund. 43/44, 1995. p.325-326, 1 tab.

0888
Lamble, William: The role of the library map collection in assisting export trade. In: The

Globe. Journal of the Australian Map Circle. 43, 1995. p.43-46. [With Engl. rés.]

0889
Layland, Michael: "Sales from the Map Room" or collecting "modern" cartography. In: The Map Collector. 73, 1995. p.30-32, 5 ill.

0890
Löffler, Ruth: Was lange im Verborgenen blieb - Die wissenschaftshistorische Sammlung des Kultur- und Stadthistorischen Museums Duisburg. In: Gerhard Mercator, Europa und die Welt. Begleitband zur Ausstellung 'Verfolgt, geachtet, universal - Gerhard Mercator, Europa und die Welt', anläßlich des 400. Todestages von Gerhard Mercator im Kultur- u. Stadthistorischen Museum Duisburg vom 4. Sept. 1994 bis zum 31. Januar 1995. - Duisburg 1994. p.235-240, 5 ill., 6 tab.

0891
Lords, Debra D.: Disenfranchisement: paranoia or possibilities. In: Cartographic Perspectives. 21, 1995. p.21-23.

0892
Martín y de la Vega, Rosa: Acces points and authority control for cartographic material. In: Inspel. 28, 1994, 1. p.139-145. [In Engl. and Span.]

0893
McClintock, T.K.: The conservation of globes. Observations in reference to other fine art and historic works. In: Der Globusfreund. 43/44, 1995. p.295-300, plates 47-48; p.301-303.

0894
McGlamery, Patrick: Building the virtual map library; some considerations. In: Cartographic Perspectives. 21, 1995. p.24-28.

0895
McGlamery, Patrick: MAGIC at the University of Connecticut: building the Virtual Map Library. In: Bulletin. Special Libraries Association, Geography and Map Division. 179, 1995. p.14-30.

0896
McGlamery, Patrick: Maps and spatial information changes in the map library. In: The LIBER Quarterly. European Research Libraries Cooperation ERLC. 5, 1995, 3. p.229-234.

0897
Montmany, Maria Antònia; Isern, Concepció; Lagüens, Assumpta: Project for the conversion of the Biblioteca de Catalunya Map Catalogue. In: Inspel. 28, 1994, 1. p.100-108. [In Engl. and Span.]

0898
Moulder, Cathy: GIS and libraries: issues and implications. In: Bulletin. Association of Canadian Map Libraries and Archives. 94, 1995. p.11-14.

0899
Muchová, Marie: Die alten Globen in der Sammlung des Museums für Kunstgewerbe in Prag. In: Der Globusfreund. 43/44, 1995. p.323-324, 1 ill., 1 tab.

0900
North, Gary W.: Transition in the world of map librarianship. In: Cartographic Perspectives. 21, 1995. p.28-29; 46-48.

0901
O'Connor, Maura: National Library of Australia's Map Collection. In: Cartography, Suppl. National Report to ICA, 1995, Australia. 17th International Cartographic Conference. 10th General Assembly of ICA. 1995. p.46.

0902
Parry, R.B.: The electronic map library - new maps, new uses, new users. In: The LIBER Quarterly. European Research Libraries Cooperation ERLC. 5, 1995, 3. p.262-273.

0903
Perkins, C.R.: Leave it to the labs? Options for the future of map and spatial data collections. In: The LIBER Quarterly. European Research Libraries Cooperation ERLC. 5, 1995, 3. p.312-329.

0904
Raa, Fineke te: Kaarten in het Rijksarchief in Noord-Brabant. In: Caert-Thresoor. 14, 1995, 4. p.87-92, 3 ill. [With Engl. rés.]

0905
Recupero, Lisa A.: Map users and map reference: some considerations for map librarians. In: Bulletin. Special Libraries Association, Geography and Map Division. 180, 1995. p.29-52.

0906
Roberts, John E.: Problems of survival: is it a beginning, an end or a continuation of the status quo? In: The Globe. Journal of the Australian Map Circle. 42, 1995. p.62-70, 3 ill.

0907
Rockwell, Ken: 1994 special map project in the Library of Congress, Geography & Map Division: a report. In: Information Bulletin. Western Association of Map Libraries. 26, 1995, 1/2. p.11-15.

0908
Salaba, Marie: Die Kartensammlungen im Generallandesarchiv Karlsruhe. In: 40 Jahre Ortsverein Karlsruhe der Deutschen Gesellschaft für Kartographie e.V. - Karlsruhe 1994. p.245-247.

0909
Salaba, Marie: Gemarkungspläne der zweiten Hälfte des 18. Jahrhunderts im Generallandesarchiv Karlsruhe. In: Karten hüten und bewahren. - Gotha 1995. p.149-171, 14 ill. (Kartensammlung und Kartendokumentation. 11.)

0910
Scurfield, Judith: State Library of Victoria. Map Section - Report. In: The Globe. Journal of the Australian Map Circle. 43, 1995. p.73.

0911
Smit, L.A.: Optitheek Rotterdam. Rotterdam in kaart, beeld en tekst op PC, een primeur. In: Geodesia. 37, 1995, 10. p.447-451, 5 ill., 1 tab.

0912
Švejda, Antonín: Die Globen im Besitz des Technischen Nationalmuseums Prag. In: Der Globusfreund. 43/44, 1995. p.13-17, plates 1-4. [In German and Engl.]

0913
Tatham, Andrew: Can the map curator adapt? In: The LIBER Quarterly. European Research Libraries Cooperation ERLC. 5, 1995, 3. p.330-336.

0914
Thomas, Rebecca: Lost and found in space: digital data and map libraries. In: The Globe. Journal of the Australian Map Circle. 41, 1995. p.95-101.

0915
Togashi, Ross: Photo essay: relief map storage and map case security device. In: Information Bulletin. Western Association of Map Libraries. 27, 1995, 1. p.12-15, 9 ill.

0916
Turconi, Katrin: Storage of maps: the Ulrich Planfiling System. - Zürich 1994. 1 p. [Paper anläßl. der 9. Konferenz der LIBER-Gruppe der Kartenbibliothekare 1994 in Zürich.] [mimeogr.]

0917
Vejlsgaard, Susan: Retro-conversion by keyboarding of the Danish National Bibliography. Cartographic materials 1986-1990. A precis. and national and international cooperation for the exchange of bibliographic records. In: Inspel. 28, 1994, 1. p.40-51. [In Engl. and French.]

0918
Wawrik, Franz: Die Kartensammlung der Österreichischen Nationalbibliothek - Geschichte und Gegenwart. In: Kartographische Zimelien. - Wien 1995. p.3-10, 1 ill.

0919
Wawrik, Franz: Die Kartensammlung der Österreichischen Nationalbibliothek. Erwerbungspolitik - neue Erwerbungen. In: Eich- und Vermessungsmagazin. 79, 1995. p.22-26, 1 ill.

0920
Wawrik, Franz: Kartensammler und -sammlungen in Österreich. In: Karten hüten und bewahren. - Gotha 1995. p.205-220. (Kartensammlung und Kartendokumentation. 11.)

0921
Western Association of Map Libraries, Directory of Members, July 1995. In: Information Bulletin. Western Association of Map Libraries. 26, 1995, 3. p.64-73.

0922
Wiegand, Günther: Wegweisung in eine vergangene Welt. Erschließung historischer Kartenbestände. In: Forschung. Mitteilungen der DFG. 1995, 2/3. p.28-30, 4 ill.

0923
Wolff, Fritz: Karten und Atlanten in fürstlichen Bibliotheken des 16. und 17. Jahrhunderts. Beispiele aus Hessen. In: Karten hüten und bewahren. - Gotha 1995. p.221-231. (Kartensammlung und Kartendokumentation. 11.)

0924
Wood, Alberta Auringer and others: Report of the ACMLA/WAML Joint Conference, University of British Columbia, Vancouver, B.C., May 9-12, 1995. In: Bulletin. Association of Canadian Map Libraries and Archives. 94, 1995. p.15-26, 5 ill.

0925
Wood, Alberta Auringer and others: Report on the 32nd Annual Clinic on Library Applications of Data Processing. GIS and libraries: patrons, maps and spatial information, April 2-4, 1995. In: Bulletin. Association of Canadian Map Libraries and Archives. 93, 1995. p.14-20.

0926
Wytyczak, Roman: Zbiory kartograficzne Biblioteki Zakładu Narodowego im. Ossolińskich we Wrocławiu. In: Polski przegląd kartograficzny. 26, 1994, 1. p.17-24. [The cartographic collection of the Ossolinskis National Institute Library in Wroclaw.] [Pol. with Engl. and Russ. rés.]

0927
Wytyczak, Roman: Zbiory kartograficzne Biblioteki Zakładu Narodowego im. Osso-

lińskich we Wrocławiu. Część II. In: Polski przegląd kartograficzny. 26, 1994, 2. p.85-92, 2 tab. [The cartographic collection of the Ossolinskis National Institute Library in Wroclaw.] [Pol. with Engl. and Russ. rés.]

0928
Zellmer, Linda R.: Planning for GIS in libraries: decisions, choices and opportunities. In: Cartographic Perspectives. 21, 1995. p.49-53.

0929
Zögner, Gudrun K.: Karten in "Feuer und Flamme". In: Mitteilungsblatt. Freundeskreis für Cartographica. 9, 1995. p.37-39.

7. Events, Conferences and Exhibitions Veranstaltungen, Tagungen, Ausstellungen Conférences, Réunions et expositions

0930
12th United Nations Regional Cartographic Conference for Asia and the Pacific. Vol. II, Technical Papers. Bangkok, 20-28 February 1991. New York 1995. XII, 390 p.

0931
15th International Conference on the History of Cartography, Chicago, 21-25 June 1993, Hermon Dunlap Smith Center for the History of Cartography. In: Journal. Israeli Map Collectors Society. 10, 1993. p.24-32, 1 ill.

0932
450 Jahre Copernicus "de revolutionibus". Astronomische und mathematische Bücher aus Schweinfurter Bibliotheken. Ausstellung des Stadtarchivs Schweinfurt in Zusammenarbeit mit der Bibliothek Otto Schäfer 21.11.93 - 19.6.94. - Schweinfurt 1993. 436 p., ill. (Veröff. d. Stadtarchivs Schweinfurt, 9.)

0933
79. Deutscher Geodätentag 1995 in Dortmund "Lebensräume erfassen - werten - gestalten". Kongreßdokumentation der Fachvorträge. Red.: Martina Lüchtefeld und Hartwig Junius. - Stuttgart: Wittwer 1995. 259 p., ill. (Schriftenreihe des DVW. 20.) ISBN 3-87919-190-5

0934
Abstracts. 16th International Conference on the History of Cartography. Ed. by Ingrid Kretschmer. - Vienna 1995. 111 p.

0935
Alte Landkarten aus Niederösterreich. Eine Ausstellung aus den Sammlungen der NÖ Landesbibliothek. 8. April bis 3. September 1995. - Grafenegg: Metternich'sche Schloßverwaltung 1995. 78 p. (Katalog).

0936
Anderson, Jim: Cartography at the 1995 Association of American Geographers Meeting. In: Cartographic Perspectives. 21, 1995. p.37; 40-41.

0937
Angewandte Geographische Informationsverarbeitung VII. Beiträge zum GIS-Symposium 5.-7. Juli 1995. Hrsg. von Franz Dollinger und Josef Strobl. - Salzburg: Institut für Geographie der Universität Salzburg 1995. 305 p. (Salzburger Geographische Materialien. 22.)

0938
Anno quingentesimo libri cronicarum. 500 Jahre Buch der Chroniken. 500 Jahre Schedelsche Weltchronik. Begleitheft zur Ausstellung. Germanisches Nationalmuseum, 13.7. - 30.12.1993. - Nürnberg: Verlag des Germanischen Nationalmuseums 1993. 22 p., ill.

0939
Aržanov, E.P.: K itogam konferencii Meždunarodnoj kartografičeskoj associacii. In: Geodezia i Kartografia. 1994, 4. p.48-50. [Results of ICA Conference.] [Russ.]

0940
Baruth, Christopher: Conference opening remarks. Papers from The Map Library in Transition. In: Cartographic Perspectives. 21, 1995. p.16- 17.

0941
Begrenzung und Wachstum. Berliner Stadtentwicklung im Spiegel von Karten. Ausstellungskatalog. Landesarchiv Berlin 1994/95. - Berlin: Landesarchiv 1994. 122 p., ill.

0942
Beiträge zum GIS-Symposium 5.-7. Juli 1995. Hrsg. Franz Dollinger. Salzburg: Institut für Geographie der Universität Salzburg 1995. 305 p., ill., mp. (Salzburger geographische Materialien. 22.) (Angewandte geographische Informationstechnologie. 7.)

0943
Berk, V.I.; Sudakov, A.S.: O zasedanii rabočej gruppy SKAR po geodezii i geografičeskoj informacii. In: Geodezija i Kartografija. 1995, 1. p.47-51. [SCAR Working Group on Geodesy and Geographic Information Meeting.] [Russ.]

0944
Das Bild der alten Marck. Die Altmark in historischen Landkarten. Katalog der Ausstellung. Text: Ulrich Kalmbach; Hrsg.: Salzwedeler Museen. - Salzwedel 1994. 48 p., ill.

0945
Bräuninger, Till; Bollmann, Jürgen; Streit, Ulrich: Karten als Basis für die Verarbeitung und Übermittlung von Umweltinformationen? Podiumsdiskussion zum 43. Deutschen Kartographentag 1994. In: Kartographische Nachrichten. 45, 1995, 4. p.141-145.

0946
Brülke, Bernd and others: 44. Deutscher Kartographentag 1995 in Hamburg. In: Kartographische Nachrichten. 45, 1995, 6. p.237-244, 1 ill.

0947
Bühler, Jürg: Fachliteratur und Fachtagungen - tragende Säulen für die Arbeit in Kartensammlungen und -archiven [Lothar Zögner]. In: Karten hüten und bewahren. - Gotha 1995. p.49-50. (Kartensammlung und Kartendokumentation. 11.)

0948
Burrough, Peter A.: European GIS conferences. The communication challenge. In: The 1994 European GIS Yearbook. p.98-100, 1 tab.

0949
Dachs, Hans: Kommentar zu einer Sammlung alter gedruckter Karten. Druckschrift anläßlich einer Ausstellung im Hahn-Meitner-Institut zur Entwicklung der Kartographie. - Berlin: Hahn-Meitner-Institut 1995. var. pag., ill.

0950
Dickson, Phil: Names conference in Zhongguo (China). In: New Zealand Cartography and Geographic Information Systems. 24, 1995, 2. p.12-15.

0951
Dörflinger, Johannes; Schlass, Gerhard; Heinz, Markus: Maps, Atlases and Globes in the oldest monastery of Vienna. Exhibition in the Library of the "Schottenstift".

16th International Conference on the History of Cartography. - Vienna 1995. 53 p., 19 ill.

0952
Eduard Imhof, 1895-1986. Das kartographische Werk. Katalog einer Ausstellung in der ETH-Bibliothek vom 20.9.1994 bis 28.2.1995. - Zürich: ETH-Bibliothek 1994. 20 p. [Paper anläßl. der 9. Konferenz der LIBER-Gruppe der Kartenbibliothekare 1994 in Zürich.] [mimeogr.]

0953
The Fourteenth Annual U.K. IMCoS Symposium, Cambridge, England, June 24-25, 1994. In: Journal. Israeli Map Collectors Society. 11, 1994. p.37.

0954
Freitag, Ulrich: Tagung: Regional- und Nationalatlanten. In: Kartographische Nachrichten. 45, 1995, 5. p.187.

0955
Geländedarstellung. Von der Maulwurfshügelmanier zum digitalen Geländehöhenmodell. Ausstellung anläßlich der 16. Internationalen Konferenz zur Geschichte der Kartographie. - Wien: Bundesamt für Eich- und Vermessungswesen 1995. 45 p.

0956
Das Geoinformationssystem ATKIS und seine Nutzung in Wirtschaft und Verwaltung. Vorträge von Reinhard Bachhuber ... anläßlich des AdV-Symposiums ATKIS am 15. u. 16. Juni 1994 im Landesvermessungsamt Nordrhein-Westfalen, Bonn-Bad Godesberg. Hrsg. von Rolf Harbeck im Auftrag der Arbeitsgemeinschaft der Vermessungsverwaltungen der Länder der Bundesrepublik Deutschland (AdV). - Bonn 1994. 187 p., ill., 7 suppl.

0957
Gerhard Mercator - Europa und die Welt. Begleitband zur Ausstellung "Verfolgt, geachtet, universal - Gerhard Mercator, Europa und die Welt" anläßlich des 400. Todestages von Gerhard Mercator im Kultur- und Stadthistorischen Museum Duisburg vom 4.9.94-31.1.95. - Duisburg: Stadt Duisburg 1994. 253 p., ill., mp.

0958
Gewinnung von Basisdaten für Geoinformationssysteme. Vorträge des 28. DVW-Seminars vom 5.-6. März an der Universität Hannover und vom 24.-25. Sept. 1992 an der Technischen Universität Dresden. Red.: D. Grünreich. - Stuttgart: Wittwer 1992. 166 p., ill., mp. (Schriftenreihe des DVW. 4.) (Vorträge des ... DVW-Seminars. 28.) ISBN 3-87919-166-2

0959
Haller-Brem, Susanne: Eine Ausstellung im Landesmuseum zeigt Karten und Instrumente aus fünf Jahrhunderten. In: Vierteljahresschrift der naturforschenden Gesellschaft Zürich. 139, 1994, 4. p.185-186, ill., mp. [Die Ostschweiz im Bild der frühen Kartenmacher].

0960
Harmer, Shirley: Minutes of the Association of Canadian Map Libraries and Archives Annual Business Meeting, June 10, 1994, University of Guelph. In: Bulletin. Association of Canadian Map Libraries and Archives. 92, 1995. p.27-30.

0961
Harmer, Shirley: Minutes of the Association of Canadian Map Libraries and Archives, Annual General Meeting, Friday, May 12, 1995, University of British Columbia. In: Bulletin. Association of Canadian Map Libraries and Archives. 94, 1995. p.27-29, 1 ill.

0962
Heijden, H.A.M. van der: Atlas Iprensis, 1570-1639. In: Caert- Thresoor. 14, 1995, 2. p.25-34, 4 ill.

0963
Herro, J.K.: Minutes, Spring Meeting, Western Association of Map Libraries, May 9-13, 1995, Vancouver, British Columbia. In: Information Bulletin. Western Association of Map Libraries. 26, 1995, 3. p.46-54.

0964
Herro, J.K.: Minutes. Western Association of Map Libraries, Fall 1995 Conference, Las Vegas, Nevada, October 15-18, 1995. In: Information Bulletin. Western Association of Map Libraries. 27, 1995, 1. p.5-10.

0965
Holzer, Gerhard; Dörflinger, Johannes: Cartographic rarities of the "Woldan Collection" (late 15th to early 19th centuries). Exhibition in the Archives of the Vienna University. 16th International Conference on the History of Cartography. - Vienna: Austrian Academy of Sciences 1995. 20 p.

0966
IGIS '94: Geographic information systems. International workshop on advanced research in geographic information systems, Monte Verità, Ascona, Switzerland. Febr. 18-March 4, 1994. Proceedings. Ed.: Jürg Nievergelt [and others]. - Berlin [and so on]: Springer 1994. VIII, 291 p., ill. (Lecture notes in computer science. 884.) ISBN 3-540-58795-0

0967
La imagen del mundo. 500 años de cartografía. - Madrid: Fundacion Santillana. Biblioteca Nacional 1992. 207 p., ill. (Exhibition catalogue.)

0968
Imago Mundi Moderna: Weltkarten des zweiten Entdeckungszeitalters; eine Ausstellung der Badischen Landesbibliothek. - Karlsruhe: Badische Landesbibliothek 1993. 203 p., ill. ISBN 3-88705-037-1

0969
Impressies 18e NGL- [Nationaal Geodetisch Plan] congres. In: Geodesia. 37, 1995, 12. p.553-563, 14 ill.

0970
Johann Georg Kohl Exhibition travels to Bremen, Germany. In: Information Bulletin, Library of Congress. 52, 1993, 22. p.442-443, ill.

0971
Kamenarov, Aranas: Nacionalen seminar "Istorija na kartografijata v Balgarija". In: Geodezija, kartografija, zemeustrojstvo. 34, 1994, 3/ 4. p.35-36. [A national seminar "The History of Cartography in Bulgaria".] [Bulg.]

0972
Kaneko, Jun'ichi: Report of the 17th Session of the United Nations Group of Experts on Geographical Names. In: Map. 33, 1995, 2. p.42- 47, 2 ill. [Japan.]

0973
Kartographische Zimelien der Österreichischen Nationalbibliothek. Objektliste zur Ausstellung. 16th International Conference on the History of Cartography. - Wien: Österreichische Nationalbibliothek 1995. 12 p.

0974
Kartographische Zimelien. Die 50 schönsten Karten und Globen der Österreichischen Nationalbibliothek. Hrsg.: Österreichische Nationalbibliothek. - Wien: Holzhausen 1995. 148 p., ill.

0975
Kićinbaći, Sanja: Izložba geodetskih instrumenata i zemljovida u Virovitici i Slatini. In: Geodetski list. 49, 1995, 2. p.155. [The exhibition of geodetic instruments and maps in Virovitica and Slatina.] [Croat.]

0976
König, Gebhard; Serbjukov, A.N.: Koncepcija sozdanija i ispol'zovanija basy znanij v kartografičeskoj èkspertnoj sisteme. Eine Ausstellung aus den Sammlungen der NÖ Landesbibliothek. In: Izvestija vysšich učebnych zavedenij. Geodezija i aerofotosemka. Wien: NÖ Landesbibliothek 1995. 1995, 2. 76 p. (Sonder- und Wechselausstellungen der NÖ Landesbibliothek, Nr. 16.) [Konzeption der Schaffung und Nutzung der Wissensbasis im kartographischen Expertensystem (KES).] [Russ.]

0977
Kretschmer, Ingrid: 15. Internationale Konferenz zur Geschichte der Kartographie, Chicago, 21. bis 25. Juni 1993. In: Mitteilungen der Österreichischen Geographischen Gesellschaft. 135, 1993. p.259-261.

0978
Kretschmer, Ingrid: VIII. Symposium der Internationalen Coronelli- Gesellschaft für Globen- und Instrumentenkunde. Prag, 1. bis 4. September 1994. In: Mitteilungen der Österreichischen Geographischen Gesellschaft. Bd 136. - Wien 1994. p.271-273.

0979
Krogt, Peter C.J. van der: Tentoonstelling 400 Jahre Mercator Atlas. In: Kartografisch Tijdschrift. 21, 1995, 2. p.59. [Dutch.]

0980
Krogt, Peter C.J. van der: Tentoonstelling Aardkloten en hemelsferen. In: Kartografisch Tijdschrift. 21, 1995, 2. p.58-59, 2 ill. [Dutch.]

0981
L'æil du cartographe et la représentation géographique du Moyen Age à nos jours. Sous la direction de Catherine Bousquet-Bressolier. Ministère de l'éducation nationale, de l'enseignement supérieur, de la recherche et de l'insertion professionnelle. Comité des travaux historiques et scientifiques. - Paris: C.T.H.S. 1995. 283 p., ill. (Mémoires de la section de géographie physique et humaine. 18.) ISBN 2-7355-0319-4

0982
Language of the land: journeys into literary America. U.S. Library of Congress. Interpretive Programs Office. - Washington, D.C.: Library of Congress 1993. 20 p.

0983
Lehrberger, Gerhard: Mathias von Flurl (1756-1823), Begründer der Mineralogie und Geologie in Bayern. Ausstellung im Gäubodenmuseum 19.11.1993-14.2.1994. - Straubing: Gäubodenmuseum 1993. 323 p., ill., mp. (Katalog des Gäubodenmuseums Straubing. 21.)

0984
Mapa - podklad k novým informáciám. Zborník z 11. kartografickej konferencie. Verleger: Kartografická společnost' Slovenskej republiky a Kartografická společnost České republiky. - - Bratislava 1995. 226 p. [Map - a base for new informations.]

0985
Maps and Africa. Proceedings of a Colloquium at the University of Aberdeen, April 1993. Ed. by Jeffrey C. Stone. - Aberdeen: Aberdeen University African Studies Group 1994. VI, 259 p. ISBN 0-9509989-6-6

0986
Mayer, Ferdinand; Häfele, Georg: Kartographie im multimedialen Umfeld. 5. Wiener Symposium, Wien, Bundesamt für Eich- und Vermessungswesen, 27. und 28. Juni 1994. In: Mitteilungen der Österreichischen Geographischen Gesellschaft. Bd 136. - Wien 1994. p.277-282, 2 ill.

0987
Neumann, Joachim: Über deutsche Landkar-

tenausstellungen und ihre Kataloge. In: Karten hüten und bewahren. - Gotha 1995. p.141-147. (Kartensammlung und Kartendokumentation. 11.)

0988
Papp-Váry, Arpád: A határokat átlépö térképészet. A 17. barcelonai térképészeti világkonferencia. In: Geodézia és Kartográfia. 47, 1995, 4. p.187-192, 2 tab. [Cartography across the borders. The 17th International Cartographical Conference of ICA.] [Hung. with Engl. rés.]

0989
Proceedings of the Seminar on Teaching the History of Cartography II held at the Newberry Library, Chicago, on June 23, 1993 during the 15th International Conference on the History of Cartography. - Utrecht 1994. 52 p., ill., tab.

0990
Riepl, Hermann: Der Bezirk Hollabrunn - alte Ansichten, Karten und Bücher. Zur sechsten Ausstellung der NÖ Landesbibliothek über die Bezirke Niederösterreichs. In: Unsere Heimat. 64, 1993, 1. p.36-37.

0991
Rülke, Christine: Gedenkkolloquium zum 100. Geburtstag von Eduard Imhof an der TU Dresden. In: Kartographische Nachrichten. 45, 1995, 4. p.149-150, 1 ill.

0992
Saarmann, Gerhard: Nachlese zur Behaim-Ausstellung im Germanischen Nationalmuseum, Nürnberg 1992/93. In: Information. Internationale Coronelli-Gesellschaft für Globen- und Instrumentenkunde. 20, 1993. p.8-10.

0993
Saarmann, Gerhard: The World in Your Hands. Eine Ausstellung im Museum Boerhaave in Leiden 18. März bis 24. September 1995 (London 1994). In: Der Globusfreund. 43/44, 1995. p.327-335.

0994
Scharfe, Wolfgang: Vorlesungen zur Kartographie-Geschichte der deutschsprachigen Länder in Barcelona. In: Kartographische Nachrichten. 45, 1995, 4. p.150-151.

0995
Schmidt, Rudolf: VIII. Symposium der Internationalen Coronelli-Gesellschaft für Globen- und Instrumentenkunde. 1. bis 4. September 1994 in Prag. In: Der Globusfreund. 43/44, 1995. p.7-8.

0996
Sims, Douglas W.: The International Conferences on the History of Cartography: a short historical survey and a bibliography of Papers. Brooklyn, N.Y. 1995. 36 p.,. [mimeogr.]

0997
Skitch, Bob: 10th Australian Institute of Cartographers Conference, Gold Coast - Queensland, September 1994 "Mapping Sciences '94". In: Cartography, Suppl. National Report to ICA, 1995, Australia. 17th International Cartographic Conference. 10th General Assembly of ICA. p.10-12.

0998
Smits, Jan: Cooperation between Mapcurators in Europa: an overview. - Den Haag: Koninkl. Bibl. 1995. 16 p. [mimeogr.]

0999
Stams, Werner: Internationales Seminar zur Kartosemiotik an der TU Dresden. In: Kartographische Nachrichten. 45, 1995, 3. p.110-112.

1000
Stets aktuelle Karten dank deutscher Weltraumkamera. MOMS-Symposium in Köln. In:

Geo-Informations-Systeme. 8, 1995, 6. p.35.

1001
Szynkiewicz, Ewa: XIV Ogólnopolska Konferencja Historyków Kartografii we Wrocławiu. In: Polski przegląd kartograficzny. 26, 1994, 1. p.52-55, 5 ill. [14th All-Polish Conference at the History of Cartography at Wroclaw.] [Pol.]

1002
Technical Papers 1995 ACSM/ASPRS, Charlotte, North Carolina, Annual Convention & Exposition, Febr. 27-March 2, 1995. Vol. 1-3. - Bethesda 1995. VII, 918 p. ISBN 1-57083-015-0; 1-57083-018-5

1003
Wiesinger, Christiana; Wiesinger, Walter: The World in Your Hands. An exhibition of globes and planetaria. Museum Boerhaave, Leiden, The Netherlands 18th of March to 24th of September 1995. In: Der Globusfreund. 43/44, 1995. p.335-336.

1004
Wodtke, Klaus Peter: Zweites AdV-Symposium ATKIS in Hannover. In: Kartographische Nachrichten. 45, 1995, 5. p.189-190.

1005
Wolff, Hans: "400 Jahre Mercator - 400 Jahre Atlas". Zur Ausstellung an der Bayerischen Staatsbibliothek vom 5. April bis 1. Juli 1995. In: Kartographische Nachrichten. 45, 1995, 4. p.146-148, 1 ill.

1006
Wood, Alberta Auringer and others: Report of the ACMLA/WAML Joint Conference, University of British Columbia, Vancouver, B.C., May 9-12, 1995. In: Bulletin. Association of Canadian Map Libraries and Archives. 94, 1995. p.15-26, 5 ill.

1007
Wood, Alberta Auringer: Barcelona: ICA week (one woman's impressions). In: The Bulletin of The Society of Cartographers. 29, 1995, 1. p.45- 46.

1008
Wood, Alberta Auringer: Summary Report of the Symposium on Cartographic Design and Research and Canadian Cartographic Association/North American Cartographic Information Society, Joint Conference, Ottawa, Ontario, August 7-12, 1994. In: Bulletin. Association of Canadian Map Libraries and Archives. 92, 1995. p.17-21.

1009
Zandvliet, Kees: Indonesia in the mirror of history: old maps of Indonesia and the world. - [Jakarta: Erasmus Huis 1994.] 20 p.

1010
Zögner, Lothar: An den Ufern von Rhein, Elbe, Donau. In: Mitteilungsblatt. Freundeskreis für Cartographica. 9, 1995. p.15-19, 4 ill.

8. Legal Questions, Copyright
Rechtsfragen, Urheberrecht
Questions juridiques, droit d'auteur

1011
Aschenberner, Peter: Festschreibung von Grundsatzkriterien zum urheberrechtlichen Schutz kartographischer Produkte. In: Kartographische Nachrichten. 45, 1995, 3. p.107-108.

1012
Curry, Michael R.: Rethinking rights and responsibilities in Geographic Information Systems: beyond the power of the image.

In: Cartography and Geographic Information Systems. 22, 1995, 1. p.58-69. [With Engl. rés.]

1013
Epstein, Earl F.: Legal aspects of GIS. In: Geographical information systems. Principles and applications. Vol. 1: Principles. - New York 1994. p.489-502, 2 ill.

1014
Fičor, Dušan: Aplikácia autorského práva pri tvorbe a vydávaní štátnych mapových diel. In: Mapa - podklad k novým informáciám. Bratislava 1995. p.208-213. [The application of copyright at the creation and publishing of the State Map Works.] [Slovak with Engl. rés.]

1015
Grant, Bruce: Copyright and its implications for the cartographer. In: The Bulletin of The Society of Cartographers. 28, 1994, 2. p.9-11.

1016
Herdeg, Eberhard: Rechtliche Bedingungen und Entgelte bei der Bereitstellung von ATKIS-Daten und anderen geotopographischen Daten. In: Das Geoinformationssystem ATKIS und seine Nutzung in Wirtschaft und Verwaltung. Vorträge ... anläßlich des AdV-Symposiums ATKIS am 15. u. 16. Juni 1994 im Landesvermessungsamt Nordrhein-Westfalen, Bonn-Bad Godesberg. - Bonn 1994. p.121-130, 3 tab.

1017
Huser, Meinrad: Schweizerisches Vermessungsrecht: gesetzliche Grundlagen und rechtliche Fragen der amtlichen Vermessung. - Fribourg: M. Huser 1994. XXIX, 178 p.

1018
Kozyr', V.I.; Kolesnikov, A.M.; Pallo, L.G.: Voprosy obespečenija zaščity cifrovoj kartografičeskoj informacii. In: Geodezija i Kartografija. 1994, 6. p.44-50, 1 ill. [Problems on provision of cartographic information protection.] [Russ.]

1019
Tönnessen, Karl: "Copyright" an Karten und Daten - eine Positionsbestimmung. In: Kartographische Nachrichten. 45, 1995, 2. p.57-63.

E. Theory of Cartography
Theorie der Kartographie
Théorie de la cartographie

1. Nature and Philosophy of Cartography
Wesen der Kartographie
Nature de la cartographie

1020
Bousquet-Bressolier, Catherine: L'œil du cartographe ou réflexions sur un monde vu de près. In: L'œil du cartographe et la représentation géographique du Moyen Age à nos jours. - Paris 1995. p.7-16, 3 ill. (Mémoires de la section de géographie physique et humaine. 18.)

1021
Göpfert, Wolfgang: Neuere Entwicklungen in der kartographischen Informationsverarbeitung. In: Umweltinformation und Karte. Beiträge zur kartographischen Informationsverarbeitung. - Trier 1994. p.94- 105, 3 ill. (Sonderband zum Deutschen Kartographentag. 43.)

1022
Hake, Günter; Grünreich, Dietmar: Kartographie. 7., völlig neu bearb. u. erw. Aufl. - Berlin [u.a.]: de Gruyter 1994. 599 p., ill., mp.-suppl. (De-Gruyter-Lehrbuch.) ISBN 3-11-013397-0; 3-11-013398-9

1023
Kováčová, Antónia: Ciel'ová funkcia mapy. - Bratislava: Slovenská technická univerzita 1995. [The target function of the map.] [Slovak.] [Dipl.-Arb.]

1024
Krygier, John B.: Cartography as an art and a science? In: The Cartographic Journal. 32, 1995, 1. p.3-10.

1025
Magyar, Manfred: Anwendungsorientierte Grundlagen eines theoriegeleiteten Konzeptentwurfs zur kartographischen Perzeptionsforschung am Institut für Kartographie der Österreichischen Akademie der Wissenschaften. - Wien: Institut für Kartographie der Österreichischen Akademie der Wissenschaften 1994. 71 p., 9 ill. (Berichte und Informationen. 23.)

1026
Mičian, L'udovít: Problémy metageografie a metakartografie vo svetle východo- a stredoeurópskej litaretúry. In: Geografický časopis. 47, 1995, 2. p.63-73, 2 ill. [Problems of metageography and metacartography in the light of eastern and central european literature.] [Slovak with Engl. rés.]

1027
Perkins, C.R.: Leave it to the labs? Options for the future of map and spatial data collections. In: The LIBER Quarterly. European Research Libraries Cooperation ERLC. 5, 1995, 3. p.312-329.

1028
Peterson, Michael P.: Interactive and animated cartography. - Englewood Cliffs, NJ: Prentice Hall 1995. XIII, 257 p., ill. (Prentice Hall series in geographic information science.) ISBN 0-13-079104-0

1029
Robinson, Arthur H. and others: Elements of cartography. 6th. ed. - New York, NY

[etc.]: Wiley 1995. 674 p., ill., mp. ISBN 0-471-55579-7

1030
Schlichtmann, H.; Wolodtschenko, A.; Pravda, Ján: Presentation of the collection "Cartographic thinking and map semiotics". In: Proceedings 2 of the 17th ICA International Cartographic Conference, Barcelona 1995. - s.l. 1995. p.1839-1842.

3. Theoretical Foundations of Cartography Theoretische Grundlagen der Kartographie Bases théoriques de la cartographie

1031
Aržanov, E.P.: O teoretičeskich osnovach kartografii. In: Geodezija i Kartografija. 1995, 5. p.40-42. [On cartography theoretic base.] [Russ.]

1032
Arzhanov, Ye.P.: Observations on the theory of reflection and cartography. In: Mapping Sciences & Remote Sensing. 32, 1995, 4. p.320-323.

1033
Babey, Nicolas: De la cartographie au "cartographisme". In: De la technopole comme ideal au "marketing" territorial comme moyen d'action. Mémoire de 3. cycle ("diplôme d'études approfondies") réalisé à l'Univ. de Montpellier. - Neuchâtel 1995. p.29-45, 12 suppl. (Géo-regards. 33.)

1034
Beránek, Tomáš: Expertní systémy a moderní kartografie. In: Mapa - podklad k novým informáciám. - Bratislava 1995. p.200-207, 2 ill. [Expert systems and their applying in cartography.] [Czech with Engl. rés.]

1035
Berljant, Alexander M.: Aktual'nye problemy kartosemiotiki i teorii kartografii. In: Geodezija i Kartografija. 1995, 1. p.52-54, 1 tab. [Current problems of cartographic semiotics and theory of cartography.] [Russ.]

1036
Berljant, Alexander M.: Teoretický proces v kartografii. In: Kartografické Listy. 1995, 3. p.19-24. [Theoretical process in cartography.] [Slovak with Engl. rés.]

1037
Burt, Iain: Clarity and sense of place in maps. In: The Cartographic Journal. 32, 1995, 2. p.154-158, 5 ill.

1038
Campbell, Willa M.: The effectiveness of newspaper maps as cartographic communications. - Lawrence: University of Kansas 1994. [Master's thesis.]

1039
Chevalier, Jean-Pierre: Les écoliers, les cartes et les territoires, diversité et complémentarité des regards disciplinaires. In: Mappe Monde. 1995, 4. p.1-5, 4 ill. [With French, Engl., and Span. rés.]

1040
Crampton, Jeremy W.: Alternative cartographies: new frontiers of human issues. - University Park: Pennsylvania State University 1994. X, 260 p., 8 ill. [Doct. diss.]

1041
Doncov, A.A.: O nadežnosti topografičeskich kart i planov. In: Geodezija i Kartografija. 1994, 6. p.41-43. [On reliability of topographic maps.] [Russ.]

1042
Finsterwalder, Rüdiger: Die Genauigkeit der Kartierung Bayerns zur Zeit von Peter Apian (1495-1552). In: Peter Apian. Astronomie, Kosmographie und Mathematik am Beginn der Neuzeit. Mit Ausstellungskatalog. - Eichstätt 1995. p.161-168, 6 ill.

1043
Freitag, Ulrich: Die Beiträge von Max Groll, Walter Behrmann und Georg Jensch zur wissenschaftlichen Kartographie. - Berlin: Freie Universität, Fachrichtung Kartographie 1994. 50 p., 9 ill. (Berliner Manuskripte zur Kartographie.)

1044
Glemser, Michael: Untersuchungen zur objektbezogenen geometrischen Genauigkeit. In: Angewandte Geographische Informationsverarbeitung V. Beiträge zum GIS-Symposium 7.-9. Juli 1993. - Salzburg 1993. p.97- 108, 9 ill., 6 tab. (Salzburger Geographische Materialien, H. 20.)

1045
Gołaski, Janusz: Geoprzedstawienia i mapy. In: Polski przegląd kartograficzny. 27, 1995, 4. p.173-176. [Geoimages and maps.] [Pol. with Engl. and Russ. rés.]

1046
Heino, Aarre: The presentation of data with graduated symbols. In: Cartographica. 32, 1995, 1. p.43-50, 10 ill.

1047
Isom, John: Secondary map information, synthesis maps and cartographic communication. - San Francisco: San Francisco State University 1994. [Master's thesis.]

1048
Ivanov, V.I. and others: Ozenka točnosti provedenija gorizontalej na analitičeskom stereoplottere. In: Geodezija i Kartografija. 1994, 6. p.39-41, 2 ill. [Accuracy estimation for contours drawing using analytical stereoplotter.] [Russ.]

1049
Li, Zhaoyuan: Maps as a visual language: a Chinese perspective. - Waterloo: Wilfrid Laurier University 1995. [Master's thesis.]

1050
Pravda, Ján: Diskusia o teoretickom procese v kartografii. In: Kartografické Listy. 1995, 3. p.25-34. [Discussion on theoretical process in cartography.] [Slovak with Engl. rés.]

1051
Pravda, Ján: Mapová semiotika. In: Geografický časopis. 47, 1995, 2. p.109-118. [Map semiotics.] [Slovak with Engl. rés.]

1052
Pravda, Ján: Some developmental traits of theoretical cartography. In: Proceedings 1 of 17th ICA International Cartographic Conference, Barcelona 1995. - s.l. 1995. p.909-913.

1053
Pravda, Ján: Spoločné problémy geografie a kartografie. In: Geographia Slovaca. 1995, 10. p.217-222. [Common problems of geography and cartography.] [Slovak with Engl. rés.]

1054
Pravda, Ján: Trendy, koncepcie a školy v teoretickej kartografii. In: Geodetický a kartografický obzor. 41, 1995, 1. p.2-5. [Trends, conceptions and schools in theoretical cartography.] [Slov. with Czech, French, Engl. and Russ. rés.]

1055
Pravda, Ján: Za teoretičnata kartografija i nejnite problemi. In: Geodezija, kartografija, zemeustrojstvo. 34, 1994, 1. p.23-26. [The theoretical cartography and its problems.] [Bulg.]

1056
Pravda, Ján: Zmeny v kartografii. In: Geografický časopis. 47, 1995, 4. p.261-274. [Changes in cartography.] [Slovak with Engl. rés.]

1057
Schlichtmann, H.; Wolodtschenko, A.; Pravda, Ján: Presentation of the collection "Cartographic thinking and map semiotics". In: Proceedings 2 of the 17th ICA International Cartographic Conference, Barcelona 1995. - s.l. 1995. p.1839-1842.

1058
Sparke, Matthew: Between demythologizing and deconstructing the map: Shawnadithit's New-found-land and the alienation of Canada. In: Cartographica. 32, 1995, 1. p.1-21, 4 ill.

1059
Westen, J. van: Dichtbij of veraf. Relatieve plaatsbepaling. De kaart als hulpmiddel voor de 'verdwaalde' mens. In: Kartografisch Tijdschrift. 21, 1995, 3. p.71-78, 8 ill.

4. Graphic Foundations of Cartography Graphische Grundlagen der Kartographie Bases graphiques de la cartographie

1060
Barber, Cynthia; Cromley, Robert; Andrle, Robert: Evaluating alternative line simplification strategies for multiple representations of cartographic lines. In: Cartography and Geographic Information Systems. 22, 1995, 4. p.276-290, 9 ill., 9 tab.

1061
Belov, S.A. and others: Model'nyj podchod k opisanijŭ kartografičeskich ŭslovnych znakov. In: Geodezija i Kartografija. 1994, 10. p.42-46, 4 ill. [Modelling approach to cartographic symbols description.] [Russ.]

1062
Berljant, Alexander M.: Aktual'nye problemy kartosemiotiki i teorii kartografii. In: Geodezija i Kartografija. 1995, 1. p.52-54, 1 tab. [Current problems of cartographic semiotics and theory of cartography.] [Russ.]

1063
Brecková, Veronika: Štandardizácia geografických dát v kartografickom systéme. - Bratislava: Slovenská technická univerzita 1995. [The standardization of geographic data in a cartographic system.] [Slovak.] [Dipl.-Arb.]

1064
Brewer, Cynthia A.: Color use guidelines for mapping and visualization. In: Visualization in modern cartography. - New York 1994. p.123-147, 8 ill. (Modern cartography. 2.)

1065
Chen, Wan: The usage of map symbolism in commonly-used computer mapping software packages. - Missoula: University of Montana 1995. [Master's thesis.]

1066
Denègre, Jean: Rôle de l'image satellitale dans le language cartographique. In: L'æil du cartographe et la représentation géographique du Moyen Age à nos jours. - Paris 1995. p.211-220, 3 ill. (Mémoires de la section de géographie physique et humaine. 18.)

1067
Doncov, A.A.: O semantike kartografičeskich znakovych sistem (V projadke obsuždenija). In: Geodezija i Kartografija. 1994, 11. p.37-39. [On semantics in cartographic sign systems.] [Russ.]

1068
Frangeš, Stanislav: Površinske signature na kartama. In: Geodetski list. 49, 1995, 1.

p.15-24, 5 ill. [Areal symbols on maps.] [Croat. with Engl. rés.]

1069
Gartner, Georg: Von der abstrakten Geometrie zur Visualisierung von Schrift und Signaturen. In: Angewandte Geographische Informationsverarbeitung V. Beiträge zum GIS-Symposium 7.-9. Juli 1993. - Salzburg 1993. p.109-116, 4 ill. (Salzburger Geographische Materialien, H. 20.)

1070
Heijden, H.A.M. van der: Kaart als kunst. In: Caert-Thresoor. 14, 1995, 4. p.77-84, 6 ill. [With Engl. rés.]

1071
Hökby, Torsten: GIS och GIS-utbildning ur ett europeiskt perspektiv. In: Lantmäteritidskriften. 1995, 1. p.23-28, 4 ill. [GIS and GIS-education from an european view.] [Swed.]

1072
Husár, Karol: Výplne a plošné obsahy areálov. In: Kartografické Listy. 1995, 3. p.35-44, 4 ill. [Fillings and planary contents of areas.] [Slovak with Engl. rés.]

1073
Ivanov, V.I.: Otobraženie nagruzki tematičeskich i special'nych kart sredstvami mašinnoj grafiki. In: Geodezia i Kartografia. 1994, 1. p.40-45, 5 ill. [Representation of thematic and specialized maps content by means of computer-aided graphics.] [Russ.]

1074
Leitner, Michael; Buttenfield, Barbara P.: The Dasymetric Technique. In: Angewandte Geographische Informationsverarbeitung V. Beiträge zum GIS-Symposium 7.-9. Juli 1993. - Salzburg 1993. p.89-96. (Salzburger Geographische Materialien, H. 20.)

1075
Li, Zhilin: An examination of algorithms for the detection of critical points on digital cartographic lines. In: The Cartographic Journal. 32, 1995, 2. p.121-125, 7 ill.

1076
Magyar, Manfred: Die Wahrnehmbarkeit von Größenunterschieden geometrischer Signaturenformen - eine grundlagenorientierte kartographische Wahrnehmungsstudie. In: Kartographische Nachrichten. 45, 1995, 6. p.205-215, 9 ill.

1077
Mark, David M.; Egenhofer, Max J.: Modeling spatial relations between lines and regions: combining formal mathematical models and human subjects testing. In: Cartography and Geographic Information Systems. 21, 1994, 4. p.195-212, 19 ill.

1078
Mel'ničenko, N.I.: Stimul'nye svojstva znakov. In: Izvestija vysšich učebnych zavedenij. Geodezija i aerofotosemka. 1994, 1. p.103-109, 3 ill. [Die anregenden Eigenschaften von Symbolen.] [Russ.]

1079
Nelson, Elisabeth S.: Colour detection on bivariate choropleth maps: the visual search process. In: Cartographica. 31, 1994, 4. p.33-43, 10 ill., 2 tab. [With Engl. rés.]

1080
Plazanet, Corinne; Affholder, Jean-Georges; Fritsch, Emmanuel: The importance of geometric modeling in linear feature generalization. In: Cartography and Geographic Information Systems. 22, 1995, 4. p.291-305, 11 ill.

1081
Pratt, Ian: Map semantics. In: Spatial information theory. An theoretical basis for GIS.

European conference, COSIT '93, Marciana Marina, Elba Island, Italy, sept. 1993. Proceedings. - Berlin 1993. p.77-91, 3 ill. (Lecture notes in computer science. 716.)

1082
Ramirez, J. Paul: Development of a cartographic language. In: Spatial information theory. An theoretical basis for GIS. European conference, COSIT '93, Marciana Marina, Elba Island, Italy, sept. 1993. Proceedings. - Berlin 1993. p.92-112, 12 ill., 4 tab. (Lecture notes in computer science. 716.)

1083
Rase, Wolf-Dieter: Liniengeometrie und Liniengraphik. Algorithmen und Programme für die Liniendarstellung mit GKS-Funktionen. - Karlsruhe: Wichmann 1993. XII, 197 p. (Mit Diskette).

1084
Stams, Werner: Internationales Seminar zur Kartosemiotik an der TU Dresden. In: Kartographische Nachrichten. 45, 1995, 3. p.110-112.

1085
Tromnau, Gernot: Götzen, Mythen, Kannibalen - "Ethnographische" Darstellungen im Kartenwerk Gerhard Mercators. In: Gerhard Mercator, Europa und die Welt. Begleitband zur Ausstellung 'Verfolgt, geachtet, universal - Gerhard Mercator, Europa und die Welt', anläßlich des 400. Todestages von Gerhard Mercator im Kultur- u. Stadthistorischen Museum Duisburg vom 4. Sept. 1994 bis zum 31. Januar 1995. - Duisburg 1994. p.173-182, 8 ill.

5. Surveying for Mapping
Kartendaten-Aufnahme
Lever cartographique

1086
Gewinnung von Basisdaten für Geoinformationssysteme. Vorträge des 28. DVW-Seminars vom 5.-6. März an der Universität Hannover und vom 24.-25. Sept. 1992 an der Technischen Universität Dresden. Red.: D. Grünreich. - Stuttgart: Wittwer 1992. 166 p., ill., mp. (Schriftenreihe des DVW. 4.) (Vorträge des ... DVW-Seminars. 28.) ISBN 3-87919-166-2

1087
Kufoniyi, Olajide: An introduction to object-oriented data structures. In: ITC-Journal. 1995, 1. p.1-7, 4 ill.

1088
Snyder, Gregory I.; McDermott, Michael P.; Ogrosky, Charles E.: National mapping program user evaluation of selected current products. In: Technical Papers 1995 ACSM/ASPRS, Charlotte, North Carolina, Annual Convention & Exposition. - Bethesda 1995. p.261-269.

a. Geodesy, Topography
Geodäsie, Vermessung, Topographie
Géodésie, topographie

1089
79. Deutscher Geodätentag 1995 in Dortmund "Lebensräume erfassen - werten - gestalten". Kongreßdokumentation der Fachvorträge. Red.: Martina Lüchtefeld und Hartwig Junius. - Stuttgart: Wittwer 1995. 259 p., ill. (Schriftenreihe des DVW. 20.) ISBN 3-87919-190-5

1090
Aardoom, L.: "Wat is waar?" of: De geodesie als ruimtelijk- informatieve wetenschap. Een samenvatting van het Nationaal Geodetisch Plan 1995. In: Geodesia. 37, 1995, 2. p.75-82, 5 ill.

1091
Acharya, Bishwa and others: Applications of GPS and scanning to base mapping: a sugar cane GIS pilot project in the Cauca Valley, Colombia. In: Technical Papers 1995 ACSM/ ASPRS, Charlotte, North Carolina, Annual Convention & Exposition. - Bethesda 1995. p.242-251, 4 ill., 6 tab.

1092
Adam, Franz: Erste praktische Erfahrungen bei Katastervermessungen mit GPS. In: Mitteilungen der DVW-Landesvereine Hessen e.V. und Thüringen e.V. 46, 1995, 3; 6, 1995, 3. p.17-27.

1093
Ashkenazi, Vidal: GPS and GIS. In: The 1994 European GIS Yearbook. p.127-130, 4 ill.

1094
Ausbildung im Studiengang Vermessungswesen an der Technischen Hochschule Darmstadt. In: Mitteilungen der DVW-Landesvereine Hessen e.V. und Thüringen e.V. 46, 1995,1; 6, 1995, 1. p.13-16, 4 tab.

1095
Bácsatyai, László: Umwandlung der Budapester stereographischen Koordinaten in österreichische Gauss-Krüger-Koordinaten. In: Österreichische Zeitschrift für Vermessung & Geoinformation. 83, 1995, 4. p.227-233, 5 ill., 3 tab.

1096
Baden, Helmut: Instrumentenbauer A. Frerk - zu Unrecht vergessen. In: Zur Geschichte des Vermessungswesens. - Wiesbaden 1995. p.76-79, 3 ill. (VDV-Schriftenreihe. 8.)

1097
Baer, Bärbel: Die Literaturdatenbank GEOPHOKA. Ihr Inhalt und ihre Nutzungsmöglichkeiten. In: Zeitschrift für Vermessungswesen. 119, 1994, 2. p.85-96, 5 ill.

1098
Barnes, Grenville; Sartori, Michael: A GPS methodology for surveying and mapping cadastral parcels in Albania. In: Technical Papers 1995 ACSM/ASPRS, Charlotte, North Carolina, Annual Convention & Exposition. Bethesda 1995. p.111-120, 2 ill., 2 tab.

1099
Bauer, Manfred: Vermessung und Ortung mit Satelliten: NAVSTAR-GPS und andere satellitengestützte Navigationssysteme; eine Einführung für die Praxis. 3rd enl. ed. - Heidelberg: Wichmann 1994. XI, 273 p., ill. ISBN 3-87907-267-1

1100
Berk, V.I.; Sudakov, A.S.: O zasedanii rabočej gruppy SKAR po geodezii i geografičeskoj informacii. In: Geodezija i Kartografija. 1995, 1. p.47-51. [SCAR Working Group on Geodesy and Geographic Information Meeting.] [Russ.]

1101
Bindig, S.; Bolze, Günther; Rokahr, F.: Das Vermessungswesen in Berlin nach der Wiedervereinigung - zwei ausgewählte Aufgabenschwerpunkte. In: Zeitschrift für Vermessungswesen. 120, 1995, 5. p.214-225.

1102
Bø, Tore: Grunnkart Bergen - vedlikehold av basen med terrestriske metoder. Erfaringer fra et forsøk i Kråkenesdalen i juni 1994. In: Kart og plan. 88, 1995, 1. p.41-44, 3 ill. [Basic

Map Bergen - maintenance of the database, with the use of terrestrial methods.] [Norw. with Engl. rés.]

1103
Bobzien, Eckart: Starker Anstieg der Anzahl der Öffentlich bestellten Vermessungsingenieure. In: Mitteilungen aus dem Vermessungswesen. Berlin. 21, 1995. p.40-42.

1104
Boljen, Joachim: Höhenbestimmung mit Hilfe des GPS. In: Zeitschrift für Satellitengestützte Positionierung, Navigation und Kommunikation. 4, 1995, 1. p.7-14, 1 ill.

1105
Bolze, Günther: Zum Lagenetz in Berlin. In: Mitteilungen aus dem Vermessungswesen. Berlin. 21, 1995. p.20-23.

1106
Božićnik, Marijan: Hrvatski katastar zemljišta na putu ka obliku mednoga katastra. In: Geodetski list. 49, 1995, 1. p.25-36, 1 tab. [Croatian Land Register on its way to reach the form of Boundary Land Register.] [Croat. with Engl. rés.]

1107
Brandenberger, A.J.: Special report: World surveying and mapping manpower and training facilities. In: Surveying and Land Information Systems. 55, 1995, 3. p.142-144, 2 tab.

1108
Brunner, Hans: Die Großenhainer Basis in Sachsen. In: Zur Geschichte des Vermessungswesens. - Wiesbaden 1995. p.69-75, 6 ill. (VDV- Schriftenreihe. 8.)

1109
Cartographic activities in Asia and the Pacific, 1986-1990. Paper submitted by the United Kingdom of Great Britain and Northern Ireland. In: 12th United Nations Regional Cartographic Conference for Asia and the Pacific. Vol. II, Technical Papers. Bangkok, 20-28 February 1991. - New York 1995. p.75-78, 7 tab.

1110
Cartographic activities in Australia, 1987-1990. In: 12th United Nations Regional Cartographic Conference for Asia and the Pacific. Vol. II, Technical Papers. - New York 1995. p.3-7.

1111
Cartographic activities in Malaysia, 1987-1990. In: 12th United Nations Regional Cartographic Conference for Asia and the Pacific. Vol. II, Technical Papers. Bangkok, 20-28 February 1991. - New York 1995. p.37-41, 2 ill., 2 tab.

1112
Cartographic activities in Nepal. In: 12th United Nations Regional Cartographic Conference for Asia and the Pacific. Vol. II, Technical Papers. Bangkok, 20-28 February 1991. - New York 1995. p.42-46, 5 ill.

1113
Cartographic activities in New Zealand, 1987-1990. In: 12th United Nations Regional Cartographic Conference for Asia and the Pacific. Vol. II, Technical Papers. Bangkok, 20-28 February 1991. - New York 1995. p.47-51.

1114
Cartographic activity in the USSR. In: 12th United Nations Regional Cartographic Conference for Asia and the Pacific. Vol. II, Technical Papers. Bangkok, 20-28 February 1991. - New York 1995. p.73-75.

1115
Cartographic work in Japan 1990-1993. The 13th United Nations Regional Cartographic

Conference for Asia and the Pacific. In: Bulletin of the Geographical Survey Institute. 41, 1995, March. p.125-136, 11 tab.

1116
Castle, Robert O.; Mark, Robert K.; Shaw, Roger H.: An empirical assessment of refraction error in leveling as a function of survey order and environment. - Washington: U.S. Gov. Print. Off 1944. V, 50 p. (U.S. Geological Survey Bulletin. 2114.)

1117
Cullis, Brian J.: Assessing the impact of remote sensing and GPS technologies on GIS adoption success. In: Technical Papers 1995 ACSM/ ASPRS, Charlotte, North Carolina, Annual Convention & Exposition. Vol. 2. - Bethesda 1995. p.338-347, 2 ill., 7 tab.

1118
Dolz, Wolfram: Mit Kompaß und Elle - Vermessungsmethoden und Feldmeßinstrumente zur Zeit Gerhard Mercators. In: Gerhard Mercator, Europa und die Welt. Begleitband zur Ausstellung 'Verfolgt, geachtet, universal - Gerhard Mercator, Europa und die Welt', anläßlich des 400. Todestages von Gerhard Mercator im Kultur- u. Stadthistorischen Museum Duisburg vom 4. Sept. 1994 bis zum 31. Januar 1995. - Duisburg 1994. p.183-196, 23 ill.

1119
Domínguez Bueno, Alfredo: Sistemas de Calidad. Implantación en el campo de la Topografía. In: Topografía y Cartografía. 71, 1995, 12. p.32-38, 2 tab.

1120
Dürst, Arthur: Das Projekt einer Sammlung von nachgebauten historischen Vermessungsinstrumenten. Die Zürcher Instrumentenbauer des frühen 17. Jahrhunderts. In: Vermessung, Photogrammetrie, Kulturtechnik. 93, 1995, 10. p.630-633, 12 ill.

1121
Džilsăn, Chomer L.: Kadastralnata geodezičeska snimka prez 2000 godina. In: Geodezija, kartografija, zemeustrojstvo. 33, 1993, 2. p.15-17. [The cadastre geodetic photograph in the year 2000.] [Bulg.]

1122
Elzakker, C.P.J.M. van: Samenwerking Kartografisch Tijdschrift - NGT Geodesia. In: Kartografisch Tijdschrift. 21, 1995, 2. p.7-9, 6 ill.

1123
FIG: Declaración acerca del catastro. In: Topografía y Cartografía. 69, 1995, 12. p.9-24.

1124
Farjas Abadía, Mercedes: La enseñanza de la Topografía en la República Federal Alemana, R.F.A. In: Topografía y Cartografía. 66, 1995, 12. p.9-20, 3 ill., 1 tab. [Span. with Engl. rés.]

1125
Ferrer, Rafael: La forma de la tierra (1630-1750). In: La imagen del mundo. 500 años de cartografía. - Madrid 1992. p.55-71, 21 ill., 1 tab.

1126
Finsterwalder, Rüdiger: Standortbestimmung mit einfachen Hilfsmitteln unter Einbeziehung von Strecken. In: Kartographische Nachrichten. 45, 1995, 4. p.139-141, 2 ill.

1127
Foundation, building and development of geodesy and cartography work in Viet Nam. In: 12th United Nations Regional Cartographic Conference for Asia and the Pacific. Vol. II, Technical Papers. Bangkok, 20-28 February 1991. - New York 1995. p.98-100.

1128
Garcelon, David C.: William Gardam & Sons: Makers of engineering, surveying and astronomical instruments. In: Rittenhouse. 9, 1995, 2. p.42-48, 4 ill.

1129
Glatthard, Thomas: Vermessen und Landmesser in Literatur und bildender Kunst. In: Zur Geschichte des Vermessungswesens. - Wiesbaden 1995. p.103-123, 15 ill. (VDV-Schriftenreihe. 8.)

1130
Gnägi, H.-R. and others: Amtliche Vermessungsschnittstelle (AVS) - INTERLIS: eine Standortbestimmung. In: Vermessung, Photogrammetrie, Kulturtechnik. 91, 1993, 10. p.567-570, ill.

1131
Gnägi, H.-R. and others: Interface de la mensuration officielle (IMO) - INTERLIS: état des lieux. In: Vermessung, Photogrammetrie, Kulturtechnik. 91, 1993, 12. p.673-676, diagr.

1132
Greenfeld, Joshua S.: GIS and GPS in continuing education? In: Technical Papers 1995 ACSM/ASPRS, Charlotte, North Carolina, Annual Convention & Exposition. - Bethesda 1995. p.354-360, 2 tab.

1133
Groten, Erwin: Die GPS-Technik - zukünftige Möglichkeiten und Grenzen. In: Mitteilungen der DVW-Landesvereine Hessen e.V. und Thüringen e.V. 46, 1995, 3; 6, 1995, 3. p.8-16, 2 ill.

1134
Heinze, Ottmar; Söhne, Wolfgang: Satellitennavigation, was sonst?! - Ein Plädoyer für hybride Systeme. In: Mitteilungen der DVW-Landesvereine Hessen e.V. und Thüringen e.V. 46, 1995,1; 6, 1995, 1. p.32-38, 10 ill.

1135
Henninger, W.: Ausbildung zum Vermessungstechniker / zur Vermessungstechnikerin. In: 79. Deutscher Geodätentag 1995 in Dortmund "Lebensräume erfassen - werten - gestalten". Kongreßdokumentation der Fachvorträge. - Stuttgart 1995. p.223-226. (Schriftenreihe des DVW. 20.)

1136
Hentschel, Karl-Heinz: Grenzzeichen, Untergänger und "Geheime Zeugen". In: Zur Geschichte des Vermessungswesens. - Wiesbaden 1995. p.88-98, 10 ill. (VDV-Schriftenreihe. 8.)

1137
Hergt, K.: Gedenkveranstaltungen zum 200jährigen Geburtstag von J.J. Baeyer in Berlin, November 1994. In: Zeitschrift für Vermessungswesen. 120, 1995, 3. p.153-155.

1138
Hertel, Peter: Vermessung in der Antike. In: Zur Geschichte des Vermessungswesens. - Wiesbaden 1995. p.21-29, 4 ill. (VDV-Schriftenreihe. 8.)

1139
Herzfeld, Günter: Das Vermessungs- und Katasterwesen in Rheinland- Pfalz - traditionell fortschrittlich. In: 78. Deutscher Geodätentag 1994 in Mainz "Geodäsie traditionell fortschrittlich". Kongreßdokumentation d. Fachvorträge. - Stuttgart 1994. p.48-54. (Deutscher Verein für Vermessungswesen e.V. Schriftenreihe. 12.)

1140
Hochstöger, Franz: Verwaltung landesweiter Geländehöhendaten. In: Angewandte Geographische Informationsverarbeitung VII. Beiträge zum GIS-Symposium 5.-7. Juli

1995. - Salzburg 1995. p.98-106, 2 ill., 2 tab. (Salzburger Geographische Materialien. 22.)

1141
Hochwartner, August: Ingenieurkonsulenten für Vermessungswesen und Vermessungsämter - Zusammenarbeit am Beispiel der Digitalen Katastralmappe. In: Österreichische Zeitschrift für Vermessungswesen und Photo-grammetrie. 81, 1993, 3. p.107-113.

1142
Höper, Dieter: Ingenieurvermessung heute, Bedeutung für andere Fachdisziplinen. In: 79. Deutscher Geodätentag 1995 in Dortmund "Lebensräume erfassen - werten - gestalten". Kongreßdokumentation der Fachvorträge. - Stuttgart 1995. p.136-138. (Schriftenreihe des DVW. 20.)

1143
Hoffer, Roger M.; Linden, David S.; Paschke, Jeanine L.: Integration of GIS, GPS, and remote sensing for inexpensive assessment of forest insect damage. In: Technical Papers 1995 ACSM/ASPRS, Charlotte, North Carolina, Annual Convention & Exposition. Vol. 3. - Bethesda 1995. p.571-578, 3 ill.

1144
Hofierka, Jaroslav; Šúri, Marcel: Modelovanie a kartografické zobrazovanie vodnej erózie pôdy s využitím GIS-u a údajov Landsat TM. In: Geodetický a kartografický obzor. 41, 1995, 9. p.198-203, 4 ill. [Modelling and cartographic representing of soil erosion caused by water using GIS and Landsat TM Data.] [Czech with Engl., French and German rés.]

1145
Hofman, M. and others: Actief GPS Referentie Systeem voor Nederland. Plannen voor een permanent GPS-netwerk ten behoeve van navigatie, GIS, landmeetkunde en wetenschappelijk onderzoek. In: Geodesia. 37, 1995, 5. p.227-230, 3 ill.

1146
Huep, Wolfgang: Die geometrische Datengewinnung vor Ort. Ein Spannungsfeld zwischen Satelliten- und erdgebundenen Verfahren. In: Gewinnung von Basisdaten für Geoinformationssysteme. Vorträge des 28. DVW-Seminars vom 5.-6. März an der Universität Hannover und vom 24.-25. Sept. 1992 an der Technnischen Universität Dresden. - Stuttgart 1992. p.97-111. (Schriftenreihe des DVW. 4.) (Vorträge des DVW-Seminars. 28.)

1147
Huser, Meinrad: Schweizerisches Vermessungsrecht: gesetzliche Grundlagen und rechtliche Fragen der amtlichen Vermessung. - Fribourg: M. Huser 1994. XXIX, 178 p.

1148
Impressies 18e NGL- [Nationaal Geodetisch Plan] congres. In: Geodesia. 37, 1995, 12. p.553-563, 14 ill.

1149
An introduction to the Guide to training facilities in survey and mapping for overseas students in Great Britain. In: 12th United Nations Regional Cartographic Conference for Asia and the Pacific. Vol. II, Technical Papers. Bangkok, 20-28 February 1991. - New York 1995. p.386-387.

1150
Irsen, Wolfgang: Bezugs- und Koordinatensysteme von Vermessung und Kartographie im Hinblick auf die europäische Vereinheitlichung. In: Die benutzte Erde. Ökosysteme, Rohstoffgewinnung, Herausforderungen. Berlin 1994. p.113-119, 1 ill.

1151
Kahmen, Heribert: Vermessungskunde. 18., rev. and enl. ed. - Berlin, New York: de Gruyter 1993. XVI, 737 p.

1152
Kaiser, Konrad: Der Einsatz von GPS-Empfängern zur Datenerfassung für geografische Informationssysteme. In: Angewandte Geographische Informationsverarbeitung V. Beiträge zum GIS-Symposium 7.-9. Juli 1993. - Salzburg 1993. p.319-328, 3 ill. (Salzburger Geographische Materialien, H. 20.)

1153
Kalafut, Martin: Využitie meraní GPS v S-JTSK. - Bratislava: SvF STU 1994. 137 p., 10 ill., 27 tab. [The application of GPS measurements in S-JTSK.] [Slovak.] [Diss.]

1154
Karvinen, Pauli: Reform av det finska lantmäteriverkets organisation. In: Lantmäteritidskriften. 1995, 6. p.20-24, 3 ill. [Reformation of the Finnish land survey organisation.]

1155
Kićinbaći, Sanja: Izložba geodetskih instrumenata i zemljovida u Virovitici i Slatini. In: Geodetski list. 49, 1995, 2. p.155. [The exhibition of geodetic instruments and maps in Virovitica and Slatina.] [Croat.]

1156
Klöppel, Reinhard: Das Vermessungswesen im Spannungsfeld zwischen föderaler Vielfalt und europäischer Integration. In: Mitteilungen der DVW-Landesvereine Hessen e.V. und Thüringen e.V. 46, 1995, 3; 6, 1995, 3. p.28-35, ill.

1157
Klotzsch, M.: Zur Geschichte der Geodäsie an der Technischen Hochschule Darmstadt. In: Mitteilungen der DVW-Landesvereine Hessen e.V. und Thüringen e.V. 46, 1995, 1; 6, 1995, 1. p.7-12.

1158
Knoop, Hans: Normung und technische Regelsetzung des Vermessungswesens in der Europäischen Union. In: 78. Deutscher Geodätentag 1994 in Mainz "Geodäsie traditionell fortschrittlich". Kongreßdokumentation d. Fachvorträge. - Stuttgart 1994. p.106-114, 2 ill. (Deutscher Verein für Vermessungswesen e.V. Schriftenreihe. 12.)

1159
Kötter, K.-H.: Zur Ausbildung von Dipl.-Ing. (FH) für Vermessungswesen. In: 79. Deutscher Geodätentag 1995 in Dortmund "Lebensräume erfassen - werten - gestalten". Kongreßdokumentation der Fachvorträge. - Stuttgart 1995. p.229-230. (Schriftenreihe des DVW. 20.)

1160
Kröger, Kurt: Das Vermessungswesen bei Johann Georg Krünitz. In: Allgemeine Vermessungs-Nachrichten. 102, 1995, 4. p.155-160, 2 ill.

1161
Lee, Jenn-Taur: Georeferencing digital map with GPS approach. In: Technical Papers 1995 ACSM/ASPRS, Charlotte, North Carolina, Annual Convention & Exposition. - Bethesda 1995. p.233-241, 4 ill., 1 tab.

1162
Lencer, Gunther; Mayer, Lars: Peter Andreas Hansen - Zur Feier der 200. Wiederkehr seines Geburtstages am 8.12.1795. In: Mitteilungen der DVW-Landesvereine Hessen e.V. und Thüringen e.V. 46, 1995, 3; 6, 1995, 3. p.2-7.

1163
Lenczowski, Roberta E.: Global geospatial information: the challenge and the response. In: Technical Papers 1995 ACSM/ASPRS, Charlotte, North Carolina, Annual Convention & Exposition. Vol. 2. - Bethesda 1995. p.50-59.

1164
Lindgren, Uta: Mesures de l'espace et du temps. In: Gérard Mercator cosmographe, le temps et l'espace. - Anvers 1994. p.162-177, 24 ill.

1165
Löffler, Ernst: Geographie und Fernerkundung: eine Einführung in die geographische Interpretation von Luftbildern und modernen Fernerkundungsdaten. 2., neubearb. u. erw. Aufl. - Stuttgart: Teubner 1994. 243 p., ill., mp. (Teubner-Studienbücher der Geographie.) ISBN 3-519-13423-3

1166
Luckhardt, Thomas: Entwicklungsstand der Erfassung raumbezogener Informationen durch kombinierte Methoden. In: Gewinnung von Basisdaten für Geoinformationssysteme. Vorträge des 28. DVW-Seminars vom 5.-6. März an der Universität Hannover und vom 24.-25. Sept. 1992 an der Technischen Universität Dresden. - Stuttgart 1992. p.139- 155, 4 ill. (Schriftenreihe des DVW. 4.) (Vorträge des DVW-Seminars. 28.)

1167
Lukáč, František: Aktuálne problémy geodetického zabezpečenia Armády SR. In: Mapa - podklad k novým informáciám. - Bratislava 1995. p.39-44, 1 ill. [Building of Military Topographic Information System in the Topographic Service of ACR.] [Slovak with Engl. rés.]

1168
Maas, A.: Is geodesie van waarde? Pleidooi voor een minder introverte geodetisch generalist; het Nationaal Geodetisch Plan onder vuur. In: Geodesia. 37, 1995, 5. p.237-240, 1 ill.

1169
Mapping and surveying activities, 1987-1990 [Singapore]. In: 12th United Nations Regional Cartographic Conference for Asia and the Pacific. Vol. II, Technical Papers. Bangkok, 20-28 February 1991. - New York 1995. p.59-60.

1170
Milošev, Stojančo; Minčev, M.: Bălgarija - člen na Evropejskija komitet na răkovoditelite na nacionalnite kartografski službi (CERCO). In: Geodezija, kartografija, zemeustrojstvo. 34, 1994, 5. p.32. [Bulgaria - member of the European Committee of the Heads of National Cartographic Organizations (CERCO).] [Bulg.]

1171
Minow, Helmut: Hans Georg Hertel (1626-1698) - Instrumentenmacher. In: Zeitschrift für Vermessungswesen. 120, 1995, 8. p.402-408, 5 ill.

1172
Mittelstrass, Gerhard: Die Geobasisdaten der Vermessungsverwaltungen als Grundlage der raumbezogenen Informationsverarbeitung. In: Geo-Informations-Systeme. 8, 1995, 4. p.28-26, 3 ill. [With Engl. and German rés.]

1173
Mivšek, Edvard: Spremembe v postopku vzpostavitve digitalnega zemljiškega katastra ter spremljanje in nadzor nadaljnjega izvajanja projekta vzpostavitve. In: Geodetski vestnik. 39, 1995, 3. p.195-201, 1 ill. [Changes in the

process of establishing digital land cadastre and in its management.] [Slov. with Czech and Engl. rés.]

1174
Mörzer Bruyns, Willem F.J.: The Mariners' Museum Collection of Navigating Instruments: needs and opportunities.
In: Rittenhouse. 9, 1995, 4. p.97-119, 8 ill., 1 tab.

1175
Molenaar, Martien: Is er nog geodetisch onderzoek na het NGP? Een oproep tot samenwerken. In: Geodesia. 37, 1995, 6. p.309-315.

1176
Mousset, Joe: CERCO. Fifteen years of progress. In: The 1994 European GIS Yearbook. p.62-63.

1177
Naprudnik, Milan: Geodezija in prostor V tisocletjih (I., II., III.). In: Geodetski vestnik. 39, 1995, 1. p.26-31. [Surveying and environment through millenia (I, II, III).] [Slov.]

1178
National report on surveying and mapping. In: 12th United Nations Regional Cartographic Conference for Asia and the Pacific. Vol. II, Technical Papers. Bangkok, 20-28 February 1991. - New York 1995. p.17-19.

1179
New developments in surveying and mapping in China, 1987-1990. In: 12th United Nations Regional Cartographic Conference for Asia and the Pacific. Vol. II, Technical Papers. Bangkok, 20-28 February 1991. - New York 1995. p.7-12.

1180
Opdenberg, Georg: Historische Vermessungsinstrumente. Ein Diskussionsbeitrag über Erfahrungen mit Nachbauten. In: Zur Geschichte des Vermessungswesens. - Wiesbaden 1995. p.80-87, 9 ill. (VDV-Schriftenreihe. 8.)

1181
Osada, Edward: A spline model for transformation of coordinates in GIS. In: Geo-Informations-Systeme. 8, 1995, 6. p.34-35, 2 ill.

1182
Osch, G.M. van: Kadastraal bijhoudingsproces volledig digitaal. De laatste analoge schakel, het mutatiedocument "Staat-75", is nu ook digitaal. In: Geodesia. 37, 1995, 9. p.399-402, 3 ill.

1183
Peñaloza, M.; Marcos, A.: New controversies on Columbus' [Bartholomäus and Cristoforo Colombo] "Cosmographic" ideas. In: GeoJournal. 35, 1995, 4. p.471-479, 3 tab.

1184
Penev, Evlogi: Triangulaciite na Sofija. Triangulacijata na Bartel, 1890-1896 g. In: Geodezija, kartografija, zemeustrojstvo. 33, 1993, 3. p.16-19, 2 ill., 3 tab. [The triangulations in Sofia. The Bartel's triangulation, 1890-1896.] [Bulg.]

1185
Penev, Evlogi: Triangulaciite na Sofija. Triangulacijata na A. Klaja, 1930-1932 g. In: Geodezija, kartografija, zemeustrojstvo. 33, 1993, 5/6. p.31-33, 3 ill. [The Sofia triangulations. A. Klaya's triangulation, 1930-1932.] [Bulg.]

1186
Persson, Karin; Persson, Clas-Göran: Datafångst för GIS med användning av GPS. In: Lantmäteritidskriften. 1995, 1. p.6-15, 5 ill. [Computerdevelopment for GIS by use of GPS.] [Swed.]

1187
Pražák, Josef: Katastr nemovitostí a geografické informační systémy. In: Geodetický' a kartografický' obzor. 41, 1995, 4. p.68-71. [Cadastre of real estates and geographic information systems.] [Slov. with Czech, French, Engl. and Russ. rés.]

1188
Progress made in the field of surveying and mapping in Cyprus, 1987-1990. In: 12th United Nations Regional Cartographic Conference for Asia and the Pacific. Vol. II, Technical Papers. Bangkok, 20-28 February 1991. - New York 1995. p.13-14.

1189
Progress report on cartographic activities in Thailand. In: 12th United Nations Regional Cartographic Conference for Asia and the Pacific. Vol. II, Technical Papers. Bangkok, 20-28 February 1991. - New York 1995. p.60-73, 6 ill., 2 tab.

1190
Puhar, Martin: Model delovanja digitalnega zemljiškega katastra kot posledica načina vzpostavitve in dosedanjega načina delovanja zemljiškega katastra. In: Geodetski vestnik. 39, 1995, 3. p.208-214. [Model of the functioning of a digital land cadastre as a result of its method of establishment and existing methods of functioning.] [Slov. with Czech and Engl. rés.]

1191
Rakar, Albin: Kataster komunalnih naprav med mojstrsko miselnostjo in računalniško obsedenostjo. In: Geodetski vestnik. 39, 1995, 3. p.215-221. [Public utilities cadastre - between the craft mentality and computer obsession.] [Slov. with Czech and German rés.]

1192
Raum, Frigyes: 200 éves a méter mértékrendszer. In: Geodézia és Kartográfia. 47, 1995, 2. p.94-97, 2 ill., 2 portr. [200 years of the Metric System.] [Hung. with Engl. rés.]

1193
Rener, Roman: Strokovne usmeritve geodezije v novi državi - kataster in kartografija. In: Geodetski vestnik. 39, 1995, 3. p.222- 228. [Professional orientations in geodesy in the new state - land cadastre and cartography.] [Slov. with Czech and Engl. rés.]

1194
Roberts, Susan M.; Schein, Richard H.: Earth shattering. Global imagery and GIS. In: Ground Truth. The Social Implications of Geographic Information Systems. - New York, London 1995. p.171-195, 10 ill.

1195
Rodríguez, Rubén C.: The development of geodesy and cartography in Argentina. In: Surveying and Land Information Systems. 55, 1995, 2. p.77-82, 3 ill., 1 tab. [With Engl. rés.]

1196
Sandgren, Ulf: Den nya lantmäteriorganisationen i Sverige. In: Lantmäteritidskriften. 1995, 6. p.25-28, 1 ill. [The new land survey organization in Sweden.] [Swed.]

1197
Scheele, Theo: Een dagje ... Landmeten en Vastgoed in Rotterdam. Landmeten in dynamisch Rotterdam, meer dan geo-informatie. In: Geodesia. 37, 1995, 7/8. p.359-364, 8 ill.

1198
Scheele, Theo: Vijfenzeventig jaar "meer dan landmeter" ing. P.S. Teeling, landmeter of sociograaf? In: Geodesia. 37, 1995, 12. p.545- 548, 4 ill., portr.

1199
Schindler, Gernod: Neue Modelle der Aus- und Weiterbildung im Vermessungswesen. In:

79. Deutscher Geodätentag 1995 in Dortmund "Lebensräume erfassen - werten - gestalten". Kongreßdokumentation der Fachvorträge. - Stuttgart 1995. p.23-30, 3 tab. (Schriftenreihe des DVW. 20.)

1200
Schubert-Weller, Christoph; Bittner, Ulla: Die geographischen Positionen der fünf neuen Bundesländer und Berlins. - Freiburg im Breisgau: Ebertin 1994. 185 p. ISBN 3-87186-076-X

1201
Schuster, Otmar: Die Deutsche Wiedervereinigung und das Kataster. In: 78. Deutscher Geodätentag 1994 in Mainz "Geodäsie traditionell fortschrittlich". Kongreßdokumentation der Fachvorträge. - Stuttgart 1994. p.130-137. (Deutscher Verein für Vermessungswesen e.V. Schriftenreihe. 12.)

1202
Schuster, Otmar: New land register in the former eastern territories experiences gained during the reunification of Germany. In: Technical Papers 1995 ACSM/ASPRS, Charlotte, North Carolina, Annual Convention & Exposition. - Bethesda 1995. p.347-353.

1203
Shrestha, Ramesh L.: Four-year surveying and mapping undergraduate education in the United States. In: Surveying and Land Information Systems. 54, 1994, 4. p.210-218, 6 ill., 6 tab. [With Engl. rés.]

1204
Silfvernagel, Christer: Kart- och mätningsutbildningar i nya skolformer - vad har hänt? In: Lantmäteritidskriften. 1994, 4. p.20- 23, 1 ill. [New school-education by mapping and surveying - what happened ?] [Swed.]

1205
Skalicki-Weixelberger, Peter: Der Einsatz von Global-Positioning System-Methoden für die Gewinnung von Daten für ein Geographisches Informationssystem. In: Angewandte Geographische Informationsverarbeitung V. Beiträge zum GIS-Symposium 7.-9. Juli 1993. - Salzburg 1993. p.231-237. (Salzburger Geographische Materialien, H. 20.)

1206
Soler, Tomás; Hall, Lucy W.: Establishment of a GPS high accuracy geodetic network in Romania. In: Surveying and Land Information Systems. 55, 1995, 4. p.183-191, 4 ill., 3 tab.

1207
Spencer, John F.: Geospatial metadata standards for geodetic data. In: Technical Papers 1995 ACSM/ASPRS, Charlotte, North Carolina, Annual Convention & Exposition. - Bethesda 1995. p.307-319, 4 tab.

1208
Stäblein, Gerhard: Vom Jakobsstab zum GPS. Entwicklung der Verfahren der geographischen Ortsbestimmung. In: Geographische Rundschau. 1993, 12. p.702-708, ill.

1209
Standards and specifications of surveying and mapping in China. In: 12th United Nations Regional Cartographic Conference for Asia and the Pacific. Vol. II, Technical Papers. Bangkok, 20-28 February 1991. - New York 1995. p.306-307, 1 tab.

1210
Status of cartographic activities in the United States. In: 12th United Nations Regional Cartographic Conference for Asia and the Pacific. Vol. II, Technical Papers. Bangkok, 20-28 February 1991. - New York 1995. p.79-98.

1211
Steinbring, Heinz: Der Kataster-Geometer Michael Buyx. In: Michael Buyx (1795-1882). Geometer, Altertumsfreund, Sammler. - Geldern 1995. p.52-67, 9 ill. (Veröffentlichungen des Historischen Vereins für Geldern und Umgegend. 96.)

1212
Stiftinger, Andreas Johannes: Höhensysteme im Vergleich. - Technische Universität Graz 1994. [Dipl.-Arb.]

1213
Stoughton, Herbert W.: Eratosthenes of Cyrene's contribution to geodesy. In: Surveying and Land Information Systems. 55, 1995, 3. p.72-76, 1 ill.

1214
Survey and mapping activity in Indonesia, 1987-1990. In: 12th United Nations Regional Cartographic Conference for Asia and the Pacific. Vol. II, Technical Papers. Bangkok, 20-28 February 1991. - New York 1995. p.19-27, 5 ill., 1 tab.

1215
Surveying and mapping in Hong Kong: 1987-1991. In: 12th United Nations Regional Cartographic Conference for Asia and the Pacific. Vol. II, Technical Papers. Bangkok, 20-28 February 1991. - New York 1995. p.103-104.

1216
Surveying and mapping in the Philippines, 1986-1990. In: 12th United Nations Regional Cartographic Conference for Asia and the Pacific. Vol. II, Technical Papers. Bangkok, 20-28 February 1991. - New York 1995. p.51-54.

1217
Technical Papers 1995 ACSM/ASPRS, Charlotte, North Carolina, Annual Convention & Exposition, Febr. 27-March 2, 1995. Vol. 1-3. - Bethesda 1995. VII, 918 p.
ISBN 1-57083-015-0; 1-57083-018-5

1218
Technical cooperation activities for surveying, mapping, charting and remote sensing. In: 12th United Nations Regional Cartographic Conference for Asia and the Pacific. Vol. II, Technical Papers. Bangkok, 20-28 February 1991. - New York 1995. p.370-372.

1219
Technical cooperation. In: 12th United Nations Regional Cartographic Conference for Asia and the Pacific. Vol. II, Technical Papers. Bangkok, 20-28 February 1991. - New York 1995. p.372-377, 5 tab.

1220
Tobler, Waldo: A graphical introduction to Survey adjustment. In: Cartographica. 32, 1995, 1. p.33-42, 8 ill.

1221
Toneatto, Lucio: Codices artis mensoriae. I manoscritti degli antichi opuscoli latini d'agrimensura <5.-19.sec.>. Tom. 1.2. - Spoleto: Centro Italiano di Studi sull'alto Medioevo 1994. XV, 871 p., 24 plates. (Testi, studi, strumenti. 5.)
ISBN 88-7988-374-7

1222
Turner, Gerard L.E.; Dekker, Elly: Les astrolabes. In: Gérard Mercator cosmographe, le temps et l'espace. - Anvers 1994. p.178-192, 16 ill.

1223
Turner, Gerard L.E.; Dekker, Elly: The first instruments of Gerard Mercator to be identified: three astrolabes. In: Gerhard Mercator, Europa und die Welt. Begleitband zur Ausstellung 'Verfolgt, geachtet, universal - Gerhard Mercator, Europa und die Welt', anläßlich des 400. Todestages von Gerhard

Mercator im Kultur- u. Stadthistorischen Museum Duisburg vom 4. Sept. 1994 bis zum 31. Januar 1995. - Duisburg 1994. p.197-210, 6 ill.

1224
Vodopivec, Florijan; Kogoj, Dušan: Visoki strokovni študij geodezije. In: Geodetski vestnik. 39, 1995, 3. p.237-242, 3 tab. [Four-year university curriculum for geodesy.] [Slov. with Slov. and Engl. rés.]

1225
Weber, Robert; Walter, Gerhard; Klotz, Stefan: GPS-relevante Koordinatensysteme und deren Bezug zum Österreichischen Festpunktfeld. In: Österreichische Zeitschrift für Vermessung & Geoinformation. 83, 1995, 4. p.190-200, 9 ill., 2 tab.

1226
Wettstädt, Günter; Heiß, Dora: Fünf Jahre Vermessungsamt Wedding. Ausstellung Archäologische und Historische Funde in Wedding - Darstellung in Karten, Plänen, Bildern und Gegenständen. Wedding 1993. - Berlin 1993. 15 p., ill.

1227
Wijayratne, Indrajith: A baccalaureate degree program for the traditional surveyor. In: Surveying and Land Information Systems. 55, 1995, 3. p.115-124, 2 ill., 2 tab.

1228
Wood, S.N.; Kentish, P.M.: La "Gestión de Calidad" - Una nueva interfaz entre los Gobiernos y los Topógrafos catastrales. In: Topografía y Cartografía. 71, 1995, 12. p.43-53, 2 ill., 2 tab. [Span. with Engl. and French rés.]

1229
Ždanov, N.D.: Kartografo-geodezičeskaja služba rossii na novom etape razvitija. In: Geodezia i Kartografia. 1994, 3. p.1-8. [Russian Cartographic-Geodetic Survey at new stage of development.] [Russ.]

1230
Zimmermann, Bernhard: Friedrich Wilhelm Bessel und die ostpreußische Gradmessung. In: Zur Geschichte des Vermessungswesens. - Wiesbaden 1995. p.54-64, 5 ill., 1 tab. (VDV-Schriftenreihe. 8.)

1231
Zur Geschichte des Vermessungswesens. Vermessung in der Antike. Historische Karten. Der Geodät in der Literatur und bildenden Kunst. Biographien. Basisvermessungen. Instrumentenbau. Grenzmale. Red. Bearb.: Dieter Klemp u.a. - Wiesbaden: Chmielorz 1995. 123 p., ill. (VDV-Schriftenreihe. 8.)
ISBN 3-87124-128-8

1232
Žvan, Mimi: Vloga Geodetskega informacijskega centra Geodetske uprave Republike Slovenije. In: Geodetski Vestnik. 39, 1995, 2. p.131-133, 2 ill. [Role of the Geodetic Information Center of the Surveying and Mapping Authority of the Republic of Slovenia.] [Slov.]

b. Photogrammetry, Remote Sensing
Photogrammetrie, Fernerkundung
Photogrammétrie, télédétection

1233
Abaimov, A.P. and others: Multipurpose mapping of the forests of the Central Putorana Upland, East Siberia. In: Mapping Sciences & Remote Sensing. 32, 1995, 4. p.274-283, 3 ill.

1234
Abanmy, Fahd and others: An evaluation of DEM and orthophoto generation on Ortho-MAX. In: Technical Papers 1995 ACSM/ASPRS, Charlotte, North Carolina, Annual Convention & Exposition. Vol. 2. - Bethesda 1995. p.479-487, 6 ill., 4 tab.

1235
Ackermann, Friedrich: Digitale Photogrammetrie - ein Paradigma-Sprung. In: Zeitschrift für Photogrammetrie und Fernerkundung. 63, 1995, 3. p.106-115, 5 ill.

1236
Albertz, Jörg: Beiträge der Satelliten-Fernerkundung zur topographischen und thematischen Kartierung. In: Umweltinformation und Karte. Beiträge zur kartographischen Informationsverarbeitung. - Trier 1994. p.27-44, 3 ill. (Sonderband zum Deutschen Kartographentag. 43.)

1237
Albertz, Jörg: Wahrnehmungspsychologische Aspekte der Herstellung von Satelliten-Bildkarten. In: Festschrift für Prof. Dr.-Ing. Egon Dorrer zum 60. Geburtstag. - Neubiberg 1994. p.27-35, 6 ill. (Schriftenreihe Univ. der Bundeswehr München, Studiengang Vermessungswesen. 46.)

1238
Almagor, Jacob; Shapira, Yerucham: The ADE technology for automatic surface reconstruction. In: Technical Papers 1995 ACSM/ASPRS, Charlotte, North Carolina, Annual Convention & Exposition. Vol. 2. - Bethesda 1995. p.501-520, 5 ill.

1239
Andersen, Øystein: Bruk av digitale bilder i kartproduksjon. In: Kart og plan. 88, 1995, 2. p.109-114, 6 ill. [Use of digital images in map production.] [Norw. with Engl. rés.]

1240
Application of remote sensing data in studies of natural resources and mapping. In: 12th United Nations Regional Cartographic Conference for Asia and the Pacific. Vol. II, Technical Papers. Bangkok, 20-28 February 1991. - New York 1995. p.157-158.

1241
Bähr, Hans-Peter; Quint, Franz; Stilla, Uwe: Modellbasierte Verfahren der Luftbildanalyse zur Kartenfortführung. In: Zeitschrift für Photogrammetrie und Fernerkundung. 63, 1995, 6. p.224-234, 8 ill. [With German and Engl. rés.]

1242
Baer, Bärbel: Die Literaturdatenbank GEO-PHOKA. Ihr Inhalt und ihre Nutzungsmöglichkeiten. In: Zeitschrift für Vermessungswesen. 119, 1994, 2. p.85-96, 5 ill.

1243
Baldina, Elena A.; Knizhnikov, Yuri F.; Labutina, Irina A.: The Astrakhanskiy Biosphere Reserve GIS. Part 2: Aerospace and cartographic maintenance. In: ITC-Journal. 1995, 3. p.193-196, 2 tab. [With Engl., French and Span. rés.]

1244
Balla, Scilla: A digitális képfeldolgozás szerepe a kataszteri tárképezésben. In: Geodézia és Kartográfia. 47, 1995, 2. p.87-89. [The role of digital image processing in cadastre mapping.] [Hung. with Engl. rés.]

1245
Bartoš, Pavol: Fotogrametria, DPZ a GIS - najvhodnejšie spojenie. In: Mapa - podklad k novým informáciám. - Bratislava 1995. p.161-169, 5 ill. [Toposkop - an effective tool for analysis in GIS.] [Slovak with Engl. rés.]

1246
Berezný, Marcel: Problematika výroby odvodenín z leteckých meračských snímok. In:

Kartografické listy. 1995, 3. p.123-126. [Production problems of derivations from aerial metrical photography.] [Slovak with Engl. rés.]

1247
Biles, Frances E.; Anderson, Timothy C.: Large scale digital orthophoto production and feature collection for a university GIS. In: Technical Papers 1995 ACSM / ASPRS, Charlotte, North Carolina, Annual Convention & Exposition. Vol. 2. - Bethesda 1995. p.167-174, 3 ill.

1248
Boresjö Bronge, Laine: Första detaljerade vegetationskartan producerad med satelitbildsteknik. In: Lantmäteritidskriften. 1995, 3. p.36-40, 1 ill., 1 tab. [The first particularized vegetation map produced by photogrammetry.] [Swed.]

1249
Brunner, Kurt: Frühe Anwendungen der Photogrammetrie für topographische Aufnahmen in der geowissenschaftlichen Forschung und auf Expeditionen. In: Festschrift für Prof. Dr.-Ing. Egon Dorrer zum 60. Geburtstag. - Neubiberg 1994. p.37-48, ill. (Schriftenreihe Univ. der Bundeswehr München, Studiengang Vermessungswesen. 46.)

1250
Cadoux-Hudson, James: Imagery in GIS. In: The 1994 European GIS Yearbook. p.143-146, 4 ill.

1251
Caetano, Mario: Burned vegetation mapping in mountainous areas with satellite remote sensing. - Santa Barbara: Univ. of California, Santa Barbara 1995. [Master's thesis.]

1252
Čalova, E.R.: Sozdanie učebnych geografičeskich atlasov na osnove aėrokosmičeskich snimkov. In: Geodezija i Kartografija. 1995, 7. p.29-33, 1 ill., 1 tab. [Making educational geographical atlases based on aerospace photos.] [Russ.]

1253
Campbell, Jeff; Weinstein, David; Finney, Mark: Integrating Landsat TM Imagery, GIS, and behave for forest fire fuels mapping and fire behavior modeling on the Camp Lejeune Marine Corps Base. In: Technical Papers 1995 ACSM/ASPRS, Charlotte, North Carolina, Annual Convention & Exposition. Vol. 2. - Bethesda 1995. p.365-373, 1 ill.

1254
Chamard, Roger R.: Certification of photogrammetrist and mapping scientists. In: Technical Papers 1995 ACSM/ASPRS, Charlotte, North Carolina, Annual Convention & Exposition. Vol. 2. - Bethesda 1995. p.154-159.

1255
Charre, Joël: Satellite et surveillance du climat. Atlas de veille climatique: 1986-1994. In: Mappe Monde. 1995, 3. p.48, 6 ill.

1256
Clerke, William; Lachowski, Henry: Integrating remote sensing and GIS to support Ecosystem Management in the USDA Forest Service. In: Technical Papers 1995 ACSM/ASPRS, Charlotte, North Carolina, Annual Convention & Exposition. Vol. 2. - Bethesda 1995. p.411-419, 1 ill.

1257
Combs, Russell G.; Bolstad, Paul V.: Positional accuracy in a natural resource database: comparison of a single-photo resection versus affine registration. In: Technical Papers 1995 ACSM/ASPRS, Charlotte, North Carolina, Annual Convention & Exposition. Vol. 3. - Bethesda 1995. p.563-570, 1 tab.

1258
Csaplovics, Elmar; Kanonier, Johannes; Sindhuber, Adele: Zur Integration hochauflösender kosmischer Photoaufnahmen mit der Kamera KFA-1000 in regionale Geo-Informationssysteme - Fallstudie Nationalpark Neusiedler See - Fertő Tó (Österreich, Ungarn). In: Angewandte Geographische Informationsverarbeitung V. Beiträge zum GIS-Symposium 7.-9. Juli 1993. - Salzburg 1993. p.283-289, 3 ill. (Salzburger Geographische Materialien, H. 20.)

1259
Cubberley, Robert N.: Wetlands mapping in New Jersey. In: Technical Papers 1995 ACSM/ASPRS, Charlotte, North Carolina, Annual Convention & Exposition. Vol. 2. - Bethesda 1995. p.429-438.

1260
Cullis, Brian J.: Assessing the impact of remote sensing and GPS technologies on GIS adoption success. In: Technical Papers 1995 ACSM/ ASPRS, Charlotte, North Carolina, Annual Convention & Exposition. Vol. 2. - Bethesda 1995. p.338-347, 2 ill., 7 tab.

1261
Davis, Frank W.; Simonett, David S.: GIS and remote sensing. In: Geographical information systems. Principles and applications. Vol. 1: Principles. - New York 1994. p.191-213, 2 tab.

1262
Daw, Michael E.: The use of satellite imagery for crop forecasting in Africa. In: Maps and Africa. Proceedings of a Colloquium at the University of Aberdeen, April 1993. - Aberdeen 1994. p.237-244, 6 ill.

1263
Denègre, Jean: Rôle de l'image satellitale dans le language cartographique. In: L'æil du cartographe et la représentation géographique du Moyen Age à nos jours. - Paris 1995. p.211-220, 3 ill. (Mémoires de la section de géographie physique et humaine. 18.)

1264
Dietrich, Alfred: Beitrag der Photogrammetrie und Fernerkundung zum Aufbau kommunaler Informationssysteme in Bayern. In: 9. Informationsveranstaltung der Bayer. Vermessungsverwaltung über die graphische Datenverarbeitung am Mittwoch, den 26. April 1995 in der TU München. - München 1995. p.77-83, 4 ill.

1265
Dinc, A.O.; D'Souza, G.: Detailed soil mapping in rangelands using Landsat-TM data in southeastern Anatolia Region of Turkey. In: Technical Papers 1995 ACSM/ ASPRS, Charlotte, North Carolina, Annual Convention & Exposition. Vol. 3. - Bethesda 1995. p.748-758, 2 ill., 4 tab.

1266
Dinc, A.O.: Importance of satellite remote sensing for developing countries for mapping and monitoring natural resources: examples from Turkey. In: Technical Papers 1995 ACSM/ASPRS, Charlotte, North Carolina, Annual Convention & Exposition. Vol. 3. Bethesda 1995. p.741-744, 3 ill.

1267
Dobson, Eric L. and others: A land cover characterization methodology for large area inventories. In: Technical Papers 1995 ACSM/ASPRS, Charlotte, North Carolina, Annual Convention & Exposition. Vol. 3. - Bethesda 1995. p.786-795, 2 tab.

1268
Egbert, Stephen L. and others: Developing a land cover modelling protocol for the High Plains using Multi-seasonal Thematic Mapper imagery. In: Technical Papers 1995 ACSM/ ASPRS, Charlotte, North Carolina, Annual

Convention & Exposition. Vol. 3. - Bethesda 1995. p.836-845, 3 tab.

1269
Ely, Jane F.: Mapping from airphotos to determine disturbance in streamside land use. - Corvallis: Oregon State University 1995. [Master's thesis.]

1270
Epps, Roger: Mapping broom by satellite imagery at Barrington Tops N.S.W. In: The Globe. Journal of the Australian Map Circle. 43, 1995. p.6-11, 2 ill. [With Engl. rés.]

1271
Fiset, Robert: Procédure d'extraction automatique des routes des images du satellite SPOT à l'aide des données cartographiques à l'échelle 1:50 000. - Montréal: Université de Montréal 1994. [Thèse de maîtrise.]

1272
Folvarská, Eva: Letecké meračské snímkovanie. In: Mapa - podklad k novým informáciám. - Bratislava 1995. p.144-147. [Aerial metrical photography.] [Slovak with Engl. rés.]

1273
Franzen, Michael and others: Digitale Luftbildkarte/Digitale Satellitenbildkarte. In: Österreichische Zeitschrift für Vermessung & Geoinformation. 82, 1994, 4. p.406, 1 ill.

1274
Frei, Urs: Compilation of cartographic and spaceborne remote sensing data for thematic/ topographic mapping. - Zürich: Geographisches Institut der Universität 1993. XI, 102 p., ill., mp. (Remote sensing series. 22.) [Diss.phil. II Zürich 1993.]

1275
Fritsch, Dieter: Ableitung digitaler Geländemodelle aus MOMS02/D2- Bilddaten - erste Ergebnisse. In: Geo-Informations-Systeme. 8, 1995, 2. p.13-20, 4 ill., 1 tab.

1276
Gapočko, G.F.: Fotografirovanie s aėroplanov. In: Izvestija vysšich učebnych zavedenij. Geodezija i aerofotos'emka. 1992, 6. p.62-76. [Photografieren aus Flugzeugen.] [Russ.]

1277
Goodwin, David W.: Digital parcel mapping using orthophotoquad base maps: a working model. - Amherst: University of Massachusetts, Amherst 1994. [Master's thesis.]

1278
Grenzdörffer, G.; Wannenwetsch, R.; Bill, Ralf: Digitales Orthophoto im GIS: neue Wege der Luftbildinterpretation. In: Vermessung, Photogrammetrie, Kulturtechnik. 93, 1995, 3. p.129-133, 3 ill.

1279
Guillande, Richard and others: Automated mapping of the landslide hazard on the island of Tahiti based on digital satellite data. In: Mapping Sciences & Remote Sensing. 32, 1995, 1. p.59-70, 6 ill., 2 tab. [With Engl. rés.]

1280
Han, C.S.: Vliegtuig-laserscanning. Een onderzoek naar de toepasbaarheid van een moderne remote sensing inwinningstechniek voor het meten van digitale terreinmodellen. In: Geodesia. 37, 1995, 2. p.89-93, 4 ill., 3 tab.

1281
Hanke, Peter; Proß, Erhard: Zur Fortführung des ATKIS 200 unter Verwendung digitaler Bilddaten. In: Nachrichten aus dem Karten- und Vermessungswesen. Rh. I, 113, 1995. p.79-88, 1 mp.-suppl. [With German, Engl. and French rés.]

1282
Haydn, Rupert; Volk, Peter: Umweltbeobachtung mit Satellitenbilddaten - Beispiele für Aktivitäten in Europa. In: Umweltinformation und Karte. Beiträge zur kartographischen Informationsverarbeitung. - Trier 1994. p.114-124. (Sonderband zum Deutschen Kartographentag. 43.)

1283
Heidbreder, William H. and others: DMA [Defense Mapping Agency] evaluation of Russian imagery. In: Technical Papers 1995 ACSM/ASPRS, Charlotte, North Carolina, Annual Convention & Exposition. Vol. 2. - Bethesda 1995. p.1-17, 14 ill.

1284
Höhle, Joachim: Die Ergänzung von 3D-Karten mittels Photo-CD Bildern. In: Zeitschrift für Photogrammetrie und Fernerkundung. 63, 1995, 2. p.69-78, 7 ill.

1285
Hoffer, Roger M.; Linden, David S.; Paschke, Jeanine L.: Integration of GIS, GPS, and remote sensing for inexpensive assessment of forest insect damage. In: Technical Papers 1995 ACSM/ASPRS, Charlotte, North Carolina, Annual Convention & Exposition. Vol. 3. - Bethesda 1995. p.571-578, 3 ill.

1286
Hootsmans, Rob M.; Köbben, B.J.: Kartografische produktie van remote-sensing-beelden. Integratie van remote-sensing informatie in een kartografische boodschap. In: Kartografisch Tijdschrift. 21, 1995, 3. p.93-98, 6 ill.

1287
Huckert, Frank: Möglichkeiten der Luftbildinterpretation unter kartographischen Geschichtspunkten zur Identifikation von Altlastverdachtsflächen. In: Umweltinformation und Karte. Beiträge zur kartographischen Informationsverarbeitung. - Trier 1994. p.125-138, 6 ill. (Sonderband zum Deutschen Kartographentag. 43.)

1288
Huep, Wolfgang: Die geometrische Datengewinnung vor Ort. Ein Spannungsfeld zwischen Satelliten- und erdgebundenen Verfahren. In: Gewinnung von Basisdaten für Geoinformationssysteme. Vorträge des 28. DVW-Seminars vom 5.-6. März an der Universität Hannover und vom 24.-25. Sept. 1992 an der Technnischen Universität Dresden. - Stuttgart 1992. p.97-111. (Schriftenreihe des DVW. 4.) (Vorträge des DVW-Seminars. 28.)

1289
Jacobberger, P.A.: Drought, desertification and digital images: the impact and implications of satellite mapping of land degradation in Africa. In: Maps and Africa. Proceedings of a Colloquium at the University of Aberdeen, April 1993. - Aberdeen 1994. p.207-212.

1290
Jacobs, Heiko; Sties, Manfred: Multitemporale Landnutzungsklassifizierung und Analyse der Nutzungsänderung im Oberrheingraben. In: Zeitschrift für Photogrammetrie und Fernerkundung. 63, 1995, 4. p.160-173, 8 ill., 7 tab.

1291
Jha, S.K.; Prakash, Satya: Various problems and considerations in the coastal and underwater mapping by photogrammetry and remote sensing. In: Indian Surveyor. 44, 1995, 1. p.43-49, 3 ill.

1292
Kamenský, M.: Cartographie numérique - quelques aspects d'utisation d'images satellitaires et de données vectorielles (Application à la feuille de Bratislava).

In: GDTA. - Toulouse, France 1995. p.44, 6 ill. [With Engl. rés.]

1293
Kappas, Martin; Grunwald, Burkhard: Reliefanalyse unter Zuhilfenahme von digitaler Luftbildanalyse am STEREOCORD G3 (Zeiss) und dem GIS-System SPANS. In: Angewandte Geographische Informationsverarbeitung V. Beiträge zum GIS-Symposium 7.-9. Juli 1993. - Salzburg 1993. p.217-221, 3 ill. (Salzburger Geographische Materialien, H. 20.)

1294
Karinshak, David: Comparison of remote sensing platforms for mapping wetland vegetation within a localized coastal estuary: an evaluation of C-CAP protocols. - Columbia: University of South Carolina 1995. [Master's thesis.]

1295
Kaufmann, Kay-Uwe; Buchroitner, Manfred F.: Herstellung und Anwendungsmöglichkeiten von Satellitenbildkarten durch digitale Kombination von Landsat TM und KWR-1000. In: Wissenschaftliche Zeitschrift der Technischen Universität Dresden. 43, 1994, 5. p.64-69.

1296
Klostius, Walter: Road extraction for a Road Information System with a positional accuracy of 2-5 m using High-Resolution Satellite Images. In: Geo-Informations- Systeme. 8, 1995, 6. p.20-24, 6 ill. [With Engl. and German rés.]

1297
Koch, K.R.: Bildinterpretation mit Hilfe eines Bayes-Netzes. In: Zeitschrift für Vermessungswesen. 120, 1995, 3. p.277-285.

1298
Konecny, Gottfried: Satelliten-Fernerkundung und Kartographie. In: Geo-Informations-Systeme. 8, 1995, 2. p.3-12, 1 il., 18 tab.

1299
Kostka, Robert; Sharov, Alexsey: An employment of Russian spaceborne photographic imagery for urban mapping: metric aspects. In: UDMS '93. 16th Urban Data Management Symposium 6.-10. Sept. 1993. Proceedings. - Wien 1993. p.1-10, 3 ill., 1 tab.

1300
Kreft, Wolfgang: Eine Spezialsammlung historischer Senkrechtluftbilder Ostmitteleuropas in der Kartensammlung des Marburger Herder-Instituts. Bestand, Erschließung, Forschungsaspekte. In: Karten hüten und bewahren. - Gotha 1995. p.81-95, 9 ill. (Kartensammlung und Kartendokumentation. 11.)

1301
Kuo, Shihjong: Digital airborne mapping system. In: Technical Papers 1995 ACSM/ASPRS, Charlotte, North Carolina, Annual Convention & Exposition. Vol. 2. - Bethesda 1995. p.175-184, 2 ill.

1302
Kuznetsova, T.I.: Landscape mapping of Cisbaykalia based on remote sensing imagery. In: Mapping Sciences & Remote Sensing. 32, 1995, 1. p.9-20, 2 ill., 2 tab. [With Engl. rés.]

1303
Laan, F.B. van der; Hassani, M.: Integrated GIS approach for agricultural control at parcel level using satellite data. In: Technical Papers 1995 ACSM/ASPRS, Charlotte, North Carolina, Annual Convention & Exposition. Vol. 3. - Bethesda 1995. p.590-598, 3 ill.

1304
Leary, Timothy J.; McGarry MacAulay, Gail: Advanced identification of wetlands in the Florida Keys using CAMS imagery. In: Technical Papers 1995 ACSM/ASPRS, Charlotte, North Carolina, Annual Convention &

Exposition. Vol. 3. - Bethesda 1995. p.847-854, 2 ill., 1 tab.

1305
Leberl, Franz; Kalliany, Rainer: Satellite Remote Sensing in Austria and the European Center for Earth Observation. In: Österreichische Zeitschrift für Vermessung & Geoinformation. 83, 1995, 1/2. p.37-47, 1 ill., 3 tab.

1306
Lewiński, Stanisław: Polska z kosmosu - satelitarna mapa Polski. In: Polski przegląd kartograficzny. 27, 1995, 2. p.68-73. [Poland from space - the satellite image map of Poland.] [Pol. with Engl. rés.]

1307
Lo, C.P.: A GIS approach to the integration of Landsat TM data and Census data. In: Technical Papers 1995 ACSM/ASPRS, Charlotte, North Carolina, Annual Convention & Exposition. Vol. 2. - Bethesda 1995. p.328-337, 5 ill., 2 tab.

1308
Lom, Otto von: Gewinnung von Basisdaten durch Photogrammetrie und Fernerkundung. In: Gewinnung von Basisdaten für Geoinformationssysteme. Vorträge des 28. DVW-Seminars vom 5.-6. März an der Universität Hannover und vom 24.-25. Sept. 1992 an der Technischen Universität Dresden. - Stuttgart 1992. p.125-138, 1 ill., 3 tab. (Schriftenreihe des DVW. 4.) (Vorträge des DVW- Seminars. 28.)

1309
MacKay, Ruth: Mapping vegetation for biodiversity analysis using integrated remote sensing/GIS methodology: Woodside, CA. - San Francisco: San Francisco State University 1994. [Master's thesis.]

1310
Markwitz, Winfried and others: Radarkarte Deutschland. In: Zeitschrift für Photogrammetrie und Fernerkundung. 63, 1995, 4. p.150-159, 3 ill., 1 tab.

1311
Markwitz, Winfried; Schreier, Gunter: Kartierung mit dem Synthetic Aperture Radar des europäischen Fernerkundungssatelliten ERS-1. In: Angewandte Geographische Informationsverarbeitung V. Beiträge zum GIS-Symposium 7.-9. Juli 1993. - Salzburg 1993. p.223-230, 2 ill. (Salzburger Geographische Materialien, H. 20.)

1312
Masuoka, Penny M.; Hoppin, Andrew D.; Lowman, Paul D.: A study of the Sudbury Basin, Ontario, using radar combined with digital elevation data: preliminary results. In: Technical Papers 1995 ACSM/ ASPRS, Charlotte, North Carolina, Annual Convention & Exposition. Vol. 3. - Bethesda 1995. p.704-713.

1313
Miller, Scott B.; Walker, A. Stewart; Walsh, Muiris C.: Digital photogrammetry at the Ordnance Survey of Ireland. In: Technical Papers 1995 ACSM/ASPRS, Charlotte, North Carolina, Annual Convention & Exposition. Vol. 2. - Bethesda 1995. p.195-204.

1314
Mulhern, Theresa: Spectral contrasts of subarctic vegetation: basis for mapping lichens with satellite data. - College Park: University of Maryland, College Park 1995. [Doct. diss.]

1315
Murtha, P.A.: Airborne SAR [Synthetic Aperture Radar] assists correction of forest map. In: Technical Papers 1995 ACSM/ ASPRS, Charlotte, North Carolina, Annual Convention & Exposition. Vol. 2. - Bethesda 1995. p.291-298, 2 ill., 2 tab.

1316
Nagel, David E.; Lillesand, Thomas M.: Use of preclassification image masking to improve the accuracy of wetland mapping undertaken in support of statewide land cover classification. In: Technical Papers 1995 ACSM/ ASPRS, Charlotte, North Carolina, Annual Convention & Exposition. Vol. 3. - Bethesda 1995. p.866-875, 1 ill., 5 tab.

1317
Øvstedal, Ola: Praktisk bruk av GPS under fly-fotografering i Indonesia. In: Kart og plan. 88, 1995, 2. p.103-108, 2 ill., 1 tab. [Experiences with GPS in aerial photography in Indonesia.] [Norw. with Engl. rés.]

1318
Petrie, Gordon; Liwa, Evaristo J.: Comparative tests of small-scale aerial photographs and Spot satellite images for topographic mapping and map revision in eastern, central and southern Africa. In: ITC- Journal. 1995, 1. p.43-55, 8 ill., 5 tab.

1319
Piña, Benjamin: La tierra desde el espacio (1900-2000). In: La imagen del mundo. 500 años de cartografía. - Madrid 1992. p.93-115, 31 ill., 1 tab.

1320
Plyusnin, V.M.: A remote sensing-based assessment of landscape modification in East Siberia. In: Mapping Sciences & Remote Sensing. 32, 1995, 1. p.71-79, 3 ill. [With Engl. rés.]

1321
Poljakov, V.G.: O sostavlenii srednemasštabnych kart po materialam kosmičeskoj fotos'emki. In: Geodezija i Kartografija. 1995, 4. p.47-52, 2 ill. [Medium scale mapping using remote sensing data.] [Russ.]

1322
Price, Kevin P.; Rich, Paul M.; O'Neal, Robby L.: Deriving high resolution canopy digital elevation models. In: Technical Papers 1995 ACSM/ASPRS, Charlotte, North Carolina, Annual Convention & Exposition. Vol. 2. - Bethesda 1995. p.281-289, 3 ill.

1323
Progetto didattico Pianura senza confini. In: Bollettino della Associazione Italiana di Cartografia. 95, 1995. 123 p. [Ital.]

1324
Rimsten, Carin: The use of spectral signals to map vegetation and the extent of saline soils in the Umbeluzi Valley, Mozambique. In: Practical approaches to applied remote sensing as illustrated by the SAMOZ project in Mozambique. - Uppsala 1994. p.43-71, 7 ill., 4 tab. (UNGI Rapport. 86.)

1325
Rimsten, Carin: The use of spectral signals to map vegetation and the extent of saline soils from satellite maps based on SPOT XS+P data. In: Practical approaches to applied remote sensing as illustrated by the SAMOZ project in Mozambique. - Uppsala 1994. p.73- 80, 4 ill., 2 tab. (UNGI Rapport. 86.)

1326
Rosner, Hans-Joachim: Die Regionalisierung oberflächennaher Lufttemperaturen mit Methoden der digitalen Bildverarbeitung. In: Angewandte Geographische Informationsverarbeitung V. Beiträge zum GIS-Symposium 7.-9. Juli 1993. - Salzburg 1993. p.239-248, 4 ill. (Salzburger Geographische Materialien, H. 20.)

1327
Saleh, Raad A.; Scarpace, Frank L.: Multi-dimensional matching techniques for stereophotogrammetric mapping. In: Technical Papers 1995 ACSM/ASPRS, Charlotte, North

Carolina, Annual Convention & Exposition. Vol. 2. - Bethesda 1995. p.450-452.

1328
Sastre Domingo, Jesús: Documentos de fotogrametría terrestre en el I.G.N. (español). Pasado, presente y futuro. In: Topografía y Cartografía. 66, 1995, 12. p.40-49, 2 ill. [With Engl. and French rés.]

1329
Schilcher, M.: Technologiewandel im Vermessungswesen durch Geoinformationssysteme. In: Mitteilungsblatt DVW Bayern. 47, 1995, 3. p.251-288, 12 ill., 3 mp.

1330
Sinning, M.; Grün, A.: Integrierte 3-D Stadtmodelle für urbane Entwicklungsräume. In: Vermessung, Photogrammetrie, Kulturtechnik. 93, 1995, 4. p.209-215, 12 ill.

1331
Sjölin, Jonas: Noggrannhet hos fotogrammetriska plankartor och terrängmodeller för projektering. In: Lantmäteritidskriften. 1995, 1. p.29-35, 5 ill., 4 tab. [Exactness by photogrammetric maps and topographical models by planning.] [Swed.]

1332
Sky, Per Kåre: Eiendomsregisterets (katasterets) samfunnsmessige betydning og funksjon, belyst ut fra samspillet med offentlig og med privat sektor. In: Kart og plan. 88, 1995, 2. p.124-131, 1 ill., 1 tab. [Social importance and function of cadastral systems.] [Norw. with Engl. rés.]

1333
Sladkopevcev, S.A.; Šarov, A.I.; Drozdov, S.L.: Distancionnye metody landšaftno-geochimičeskogo kartografirovanija - perspektivnoe napravlenie ėkologii i prikladnoj kosmonavtiki. In: Izvestija vysšich učebnych zavedenij. Geodezija i aerofotosemka. 1994, 1. p.89-96. [Geochemische Kartierung von Landschaften mit Methoden der Fernerkundung - Richtung der Ökologie und angewandten Kosmosforschung in der Perspektive.] [Russ.]

1334
Smith, S.E. and others: Georeferencing of Satellite Imagery for Digital Soil Mapping. In: Surveying and Land Information Systems. 55, 1995, 1. p.13-20, 6 ill., 2 tab. [With Engl. rés.]

1335
Sneller, B.: Van luchtfoto tot beslissing. In: Kartografisch Tijdschrift. 21, 1995, 3. p.81-83.

1336
Sohn, Youngsinn: Mapping low density vegetation using spectral unmixing in Thematic Mapper data: Long Valley, Nevada. - Salt Lake City: University of Utah 1994. [Doct. diss.]

1337
Spata, Manfred: Fünfzig Jahre Luftbildplanwerk 1:25 000 des Deutschen Reiches. In: Mitteilungsblatt. Freundeskreis für Cartographica. 9, 1995. p.28-33, 2 ill.

1338
Spata, Manfred: Fünfzig Jahre Luftbildplanwerk des Deutschen Reiches. In: Zur Geschichte des Vermessungswesens. - Wiesbaden 1995. p.99- 102, 1 ill. (DVW-Schriftenreihe. 8.)

1339
Stäblein, Gerhard; Hochschild, Volker: Ergebnisse der fernerkundungsgestützten geomorphologischen Kartierung am Liefdefjorden / Nordwest-Spitzbergen - Ergebnisse der Spitzbergenexpeditionen SPE 90. In: Geowissenschaftliche Spitzbergen- Expedition

1900 und 1991 "Stofftransporte Land-Meer in polaren Geosystemen" - Zwischenbericht. - Stuttgart 1992. p.339-354, 2 ill., 1 tab. (Stuttgarter geographische Studien. 117.)

1340
Steinnocher, Klaus; Staufer, Petra; Franzen, Michael: Landnutzungsdaten zur Modellierung zellularer Mobilfunknetze: Der integrative Einsatz digitaler Bildverarbeitungstechniken und geographischer Informationssysteme zur Erfassung urbaner Strukturen. In: Angewandte Geographische Informationsverarbeitung V. Beiträge zum GIS-Symposium 7.-9. Juli 1993. - Salzburg 1993. p.307-318, 2 ill., 8 tab. (Salzburger Geographische Materialien, H. 20.)

1341
Stets aktuelle Karten dank deutscher Weltraumkamera. MOMS-Symposium in Köln. In: Geo-Informations-Systeme. 8, 1995, 6. p.35.

1342
Technical Papers 1995 ACSM/ASPRS, Charlotte, North Carolina, Annual Convention & Exposition, Febr. 27-March 2, 1995. Vol. 1-3. - Bethesda 1995. VII, 918 p. ISBN 1-57083-015-0; 1-57083-018-5

1343
Technical cooperation activities for surveying, mapping, charting and remote sensing. In: 12th United Nations Regional Cartographic Conference for Asia and the Pacific. Vol. II, Technical Papers. Bangkok, 20-28 February 1991. - New York 1995. p.370-372.

1344
Tibaldi, Alessandro: Photo interpretation of active faults in regions of complex topography: possible errors in correspondence of ridges. In: ITC-Journal. 1995, 2. p.127-132, 6 ill. [With Engl., French and Span. rés.]

1345
Toth, Charles: Experiences with a fully digital image acquisition system. In: Technical Papers 1995 ACSM/ASPRS, Charlotte, North Carolina, Annual Convention & Exposition. Vol. 2. - Bethesda 1995. p.18-24, 4 ill.

1346
Umbach, Jürgen: Luftbilder der Allierten aus dem 2. Weltkrieg. In: Nachrichten der Niedersächsischen Vermessungs- und Katasterverwaltung. 45, 1995, 3. p.214-217, ill.

1347
Vagács, Géza: Néhány gondolat Balla Csilla mk. szds. cikkével kapcsolatban. In: Geodézia és Kartográfia. 47, 1995, 4. p.222-223. [Some remarks to the Paper "The role of digital image processing in cadastre mapping".] [Hung. with Engl. rés.]

1348
Vinogradov, B.V. and others: Mapping the dynamics of complex ecosystems based on sequential remote sensing imagery. In: Mapping Sciences & Remote Sensing. 32, 1995, 1. p.80-93, 2 ill., 2 tab. [With Engl. rés.]

1349
Wanzenböck, Christine: Einsatz der Photogrammetrie und eines geographischen Informationssystems im Kommassierungsverfahren. - TU Wien 1994. [Dipl.-Arb.]

1350
Weibel, Thomas; Gfeller, Matthias: Der digitale Orthophotoplan als Basiskarte für verschiedenste landschaftsplanerische Projekte. In: Angewandte Geographische Informationsverarbeitung V. Beiträge zum GIS-Symposium 7.-9. Juli 1993. - Salzburg 1993. p.281-282. (Salzburger Geographische Materialien, H. 20.)

1351
Wel, F.J.M. van der: Visualisatie van veranderingen. Het gebruik van remote-sensing-data in monitoringoperaties. In: Kartografisch Tijdschrift. 21, 1995, 3. p.84-92, 7 ill.

1352
Whistler, Jerry L. and others: The Kansas State Land Cover Mapping Project: regional scale land use/land cover mapping using Landsat Thematic Mapper data. In: Technical Papers 1995 ACSM/ASPRS, Charlotte, North Carolina, Annual Convention & Exposition. Vol. 3. - Bethesda 1995. p.773-785.

1353
Woldai, Tsehaie: Lithologic and structural mapping in a vegetated low-relief terrain using multiple-source remotely sensed data: a case study of the Calañas area in southwest Spain. In: ITC-Journal. 1995, 2. p.95-114, 15 ill. [With Engl., Span. and French rés.]

1354
Wood, Jeffrey R.: Combining remote sensing, GPS, and GIS for wetlands mapping in New Jersey. In: Technical Papers 1995 ACSM/ASPRS, Charlotte, North Carolina, Annual Convention & Exposition. Vol. 2. - Bethesda 1995. p.440-449.

1355
Woodcock, Curtis E. and others: Inversion of the Li-Strahler model for mapping forest vegetation: what works and what doesn't. In: Technical Papers 1995 ACSM/ASPRS, Charlotte, North Carolina, Annual Convention & Exposition. Vol. 2. - Bethesda 1995. p.299-308, 7 ill., 3 tab.

1356
Woodcock, Curtis E.; Gopal, Sucharita: Remote sensing of forests: new data layers for GIS. In: Technical Papers 1995 ACSM/ASPRS, Charlotte, North Carolina, Annual Convention & Exposition. Vol. 2. - Bethesda 1995. p.420-428, 4 ill., 3 tab.

1357
Wright, Robert: Satellites over Africa a review of the potential for mapping. In: Maps and Africa. Proceedings of a Colloquium at the University of Aberdeen, April 1993. - Aberdeen 1994. p.226-236.

1358
Žíhlavník, Štefan: Problematika a trend lesníckeho mapovania. In: Kartografické Listy. 1995, 3. p.105-108. [Problematik und Trend der forstlichen Kartierung.] [Slov. with German rés.]

1359
Zimmermann, Bernhard: Friedrich Wilhelm Bessel und die ostpreußische Gradmessung. In: Zur Geschichte des Vermessungswesens. - Wiesbaden 1995. p.54-64, 5 ill., 1 tab. (VDV-Schriftenreihe. 8.)

c. Data Collection for thematic Maps
Thematische Kartendaten-Aufnahme
Lever cartographique thématique

1360
Aussems, Thomas; Benning, Wilhelm: Zur automatisierten Bestandsaufnahme von 3D-Straßendaten. In: Allgemeine Vermessungs- Nachrichten. 102, 1995, 3. p.89-101, 9 ill.

1361
Dinc, A.O.; D'Souza, G.: Detailed soil mapping in rangelands using Landsat-TM data in southeastern Anatolia Region of Turkey. In: Technical Papers 1995 ACSM/ASPRS, Charlotte, North Carolina, Annual Convention & Exposition. Vol. 3. - Bethesda 1995. p.748-758, 2 ill., 4 tab.

1362
Dinc, A.O.: Importance of satellite remote sensing for developing countries for mapping and monitoring natural resources: examples from Turkey. In: Technical Papers 1995 ACSM/ASPRS, Charlotte, North Carolina, Annual Convention & Exposition. Vol. 3. - Bethesda 1995. p.741-744, 3 ill.

1363
Dobson, Eric L. and others: A land cover characterization methodology for large area inventories. In: Technical Papers 1995 ACSM/ASPRS, Charlotte, North Carolina, Annual Convention & Exposition. Vol. 3. - Bethesda 1995. p.786-795, 2 tab.

1364
Egbert, Stephen L. and others: Developing a land cover modelling protocol for the High Plains using Multi-seasonal Thematic Mapper imagery. In: Technical Papers 1995 ACSM/ASPRS, Charlotte, North Carolina, Annual Convention & Exposition. Vol. 3. - Bethesda 1995. p.836-845, 3 tab.

1365
Endrullis, Manfred and others: Sammlung und Zusammenführung von Verwaltungsgrenzen-Datensätzen der Bundesrepublik Deutschland. Ein Beitrag der Bundesrepublik Deutschland zum MEGRIN-Projekt. In: Kartographische Nachrichten. 45, 1995, 5. p.165-172, 2 ill., 3 tab., 2 mp.

1366
Hoffer, Roger M.; Linden, David S.; Paschke, Jeanine L.: Integration of GIS, GPS, and remote sensing for inexpensive assessment of forest insect damage. In: Technical Papers 1995 ACSM/ASPRS, Charlotte, North Carolina, Annual Convention & Exposition. Vol. 3. - Bethesda 1995. p.571-578, 3 ill.

1367
Hydrographic technical assistance. In: 12th United Nations Regional Cartographic Conference for Asia and the Pacific. Vol. II, Technical Papers. Bangkok, 20-28 February 1991. - New York 1995. p.387-390.

1368
Laan, F.B. van der; Hassani, M.: Integrated GIS approach for agricultural control at parcel level using satellite data. In: Technical Papers 1995 ACSM/ASPRS, Charlotte, North Carolina, Annual Convention & Exposition. Vol. 3. - Bethesda 1995. p.590-598, 3 ill.

1369
Leary, Timothy J.; McGarry MacAulay, Gail: Advanced identification of wetlands in the Florida Keys using CAMS imagery. In: Technical Papers 1995 ACSM/ASPRS, Charlotte, North Carolina, Annual Convention & Exposition. Vol. 3. - Bethesda 1995. p.847-854, 2 ill., 1 tab.

1370
Morris, R.O.: The Royal Naval Hydrographic Service 1795-1995. In: The International Hydrographic Review. 72, 1995, 2. p.7-21, 10 ill.

1371
Nagel, David E.; Lillesand, Thomas M.: Use of preclassification image masking to improve the accuracy of wetland mapping undertaken in support of statewide land cover classification. In: Technical Papers 1995 ACSM/ ASPRS, Charlotte, North Carolina, Annual Convention & Exposition. Vol. 3. - Bethesda 1995. p.866-875, 1 ill., 5 tab.

1372
Nagy, Alexander and others: Geologické mapy a mapovanie Západných Karpát. In: Geodetický a kartografický obzor. 41, 1995, 9. p.204-209, 5 ill., 2 tab. [Geologic maps and geologic survey of Western Carpathian

mountains.] [Czech with Engl., French and German rés.]

1373
Report of the International Hydrographic Organization. In: 12th United Nations Regional Cartographic Conference for Asia and the Pacific. Vol. II, Technical Papers. Bangkok, 20-28 February 1991. - New York 1995. p.101-103.

1374
Rosette, Michael: The situation of hydrography and nautical charting in the Republic of Seychelles. In: The International Hydrographic Review. 72, 1995, 2. p.23-28.

1375
Status of hydrographic surveying and nautical charting in Asia and the Pacific. In: 12th United Nations Regional Cartographic Conference for Asia and the Pacific. Vol. II, Technical Papers. Bangkok, 20-28 February 1991. - New York 1995. p.159-160.

1376
Whistler, Jerry L. and others: The Kansas State Land Cover Mapping Project: regional scale land use/land cover mapping using Landsat Thematic Mapper data. In: Technical Papers 1995 ACSM/ASPRS, Charlotte, North Carolina, Annual Convention & Exposition. Vol. 3. - Bethesda 1995. p.773-785.

6. Map Drafting and Map Design
Kartenentwurf und Kartengestaltung
Préparation et conception cartographiques

a. Map Editing
Kartenredaktion
Rédaction cartographique

1377
Birley, Rose; Tasker, Nick J.: Dyscover: A world of special maps for special people. In: The Cartographic Journal. 32, 1995, 2. p.117- 120, 1 ill.

1378
Bugaevskij, Lev M.: Osnovnye položenija teorii sostavlenija obščegeografičeskich kart. In: Izvestija vysšich učebnych zavedenij. Geodezija i aerofotos'emka. 1992, 4/5. p.116-123. [Grundlagen der Theorie des Entwurfs allgemeingeographischer Karten.] [Russ.]

1379
Dean, William G.: Atlas structures and their influence on editorial decisions: two recent case histories. In: Editing early and historical atlases. - Toronto etc. 1995. p.137-162, 2 ill., 2 tab.

1380
Dent, Borden D.: Cartography: thematic map design. 3rd ed. - Dubuque, Iowa: Brown 1993. XVII, 427 p., ill. ISBN 0-697-13589-6

1381
Editing early and historical atlases. Ed. by Joan Winearls. - Toronto etc.: University of Toronto Press 1995. XVII, 199 p. ISBN 0-8020-0623-X

1382
Gabay, Yair; Doytsher, Yerahmiel: Automatic feature correction in merging of line maps. In: Technical Papers 1995 ACSM/ASPRS, Charlotte, North Carolina, Annual Convention & Exposition. Vol. 2. - Bethesda 1995. p.404-410, 5 ill.

1383
Giordano, Alberto: Understanding cartographic design: an experientalist approach. - Santa Barbara: Univ. of California, Santa Barbara 1995. [Master's thesis.]

1384
Harris, R. Cole: Maps as a morality play: volume 1 of the 'Historical Atlas of Canada'.

In: Editing early and historical atlases. - Toronto etc. 1995. p.163-179, 1 ill.

1385
Holdsworth, Deryck W.: The politics of editing a National Historical Atlas: a commentary. In: Editing early and historical atlases. - Toronto etc. 1995. p.181-196, 1 ill.

1386
Kjørsvik, Heidi: Forslag til farge- og symbolbruk på arealplankart for kystsonen etter plan- og bygningsloven. In: Kart og plan. 88, 1995, 3. p.153-157, 3 ill. [Colour and symbols to be used in the planning for the Coastal Zone adapted to the planning and building act.] [Norw. with Engl. rés.]

1387
Lee, J.: Map design and GIS - a survey of map usage amongst GIS users. In: The Cartographic Journal. 32, 1995, 1. p.33-39, 5 ill., 3 tab.

1388
Omme, G.W.J. van: Zo kan het ... maar zo kan het ook! Verbeteren aan verbeteringen. In: Kartografisch Tijdschrift. 21, 1995, 3. p.19- 20, 4 ill.

1389
Pedley, Mary Sponberg: 'Commode, complet, uniforme, et suivi': problems in atlas editing in enlightenment France. In: Editing early and historical atlases. - Toronto etc. 1995. p.83-108, 3 ill.

1390
Prochorov, G.G.: Primenenie metodov korreljacionnogo analiza i prognosa dlja sostavlenija sintetičeskich i analitiko-sintetičeskich kart. In: Izvestija vyssich učebnych zavedenij. Geodezija i aerofotos'emka. 1992, 4/5. p.135-144, 3 ill., 5 tab. [Die Anwendung von Methoden der wechselseitigen Analyse und Prognose für den Entwurf synthetischer und analytisch-synthetischer Karten.] [Russ.]

1391
Ransom, Robin Y.: Map design analysis. - Las Cruces: New Mexico State University 1995. [Master's thesis.]

b. Map Types, Cartographic Methods
Kartentypen, kartographische Methoden
Types cartographiques, méthodes cartographiques

1392
Geländedarstellung. Von der Maulwurfshügelmanier zum digitalen Geländehöhenmodell. Ausstellung anläßlich der 16. Internationalen Konferenz zur Geschichte der Kartographie. - Wien: Bundesamt für Eich- und Vermessungswesen 1995. 45 p.

1393
Häfele, Georg: Methoden zur Erstellung einer digitalen Schräglichtschattierung in der Kartographie. - Wien 1992. 61 p., 24 ill.

c. Map Scale, Sheet Layout, Sheet Numbering and Naming
Kartenmaßstab, Blattschnitt, Blattbezeichnung
Echelle cartographique, découpage des feuilles, numéro et nom des feuilles

1394
Paladini Cuadrado, Angel: Determinación de la escala de los mapas antiguos. In: Boletín de Información. Servicio Geográfico del Ejército. 77, 1994. p.77-87, 2 tab.

1395
Stavestrand, Harald: Nytt nasjonalt kartbladsystem? Forslag om å ta i bruk Euref89 for alle offentlige kartserier. In: Kart og plan. 88, 1995, 4. p.240-242, 1 ill., 1 tab. [This is a proposal for a new official map series system, based on the Euref89 reference.] [Norw.]

d. Map Projection, Mathematical Cartography Kartennetzentwurf, mathematische Kartographie Projection cartographique, cartographie mathématique

1396
Alassan, Ba.: Kartografičeskie proekcii dlja sozdanija ėkologičeskich kart Respubliki Mali. In: Izvestija vysšich učebnych zavedenij. Geodezija i aerofotosemka. 1993, 3. p.163-172, 2 tab. [Kartographische Projektionen für die Herstellung ökologischer Karten der Republik Mali.] [Russ.]

1397
Balcerzak, Jerzy: Projective reductions in the Roussilhe projection. In: Geodezja i Kartografia. 43, 1994, 4. p.255-262, 3 ill. [In Engl. and Pol. with rés.]

1398
Beineke, Dieter: Zur Robinson-Abbildung. In: Kartographische Nachrichten. 45, 1995, 4. p.151-153, 1 tab.

1399
Binder, Christa; Kretschmer, Ingrid: La projection mercatorienne. In: Gérard Mercator cosmographe, le temps et l'espace. - Anvers 1994. p.192-207, 5 ill., 4 mp.

1400
Bretterbauer, Kurt: Die Gauß-Krüger Abbildung einfach dargestellt. In: Österreichische Zeitschrift für Vermessung & Geoinformation. 83, 1995, 3. p.146-150, 3 ill. [With German and Engl. rés.]

1401
Buchholz, Reinhard; Krücken, Wilhelm: Die Mercator-Projektion: zu Ehren von Gerhard Mercator (1512-1594). - Velten: Becker 1994. 18 p., ill. ISBN 3-930640-36-8

1402
Bugaevskij, Lev M.; Snyder, John P.: Map projections: a reference manual. - London: Taylor & Francis 1995. XX, 328 p., ill., mp. ISBN 0-7484-0303-5

1403
Bugaevskij, Lev M.; Bilibina, N.A.: Proekcii kart Aziatsko-Tichookeanskovo regiona. In: Izvestija vysšich učebnych zavedenij. Geodezija i aerofotosemka. 1993, 5/6. p.130-138, 3 ill. [Kartenprojektionen der asiatischen Region des Stillen Ozeans.] [Russ.]

1404
Crampton, Jeremy W.: Cartography's defining moment: the Peters Projection controversy, 1974-1990. In: Cartographica. 31, 1994, 4. p.16-32, 5 ill. [With Engl. rés.]

1405
Dougherty, Valerie: Spatial familiarity and globalness of spatial reference systems in cognitive maps of large-scale environments. - Santa Barbara: Univ. of California, Santa Barbara 1994. [Master's thesis.]

1406
Englisch, Brigitte: Projektion und Abbildungsform im kartographischen Werk Erhard Etzlaubs. - Bochum 1995. 26 p., ill. [mimeogr.]

1407
Francisco da Silva, Elias: Návrh kartografického zobrazenia Angoly. - Bratislava: Slovenská technická univerzita 1995. [A

Slovenská technická univerzita 1995. [A proposal of a cartographic projection for Angola.] [Slovak.] [Dipl.-Arb.]

1408
Gray, Robert W.: Exact transformation equations for Fuller's World Map. In: Cartographica. 32, 1995, 3. p.17-25, 8 ill., 1 tab.

1409
Gray, Robert W.: Fuller's Dymaxion TM Map. In: Cartography and Geographic Information Systems. 21, 1994, 4. p.243-246, 4 ill., 2 tab.

1410
Hofmann-Wellenhof, Bernhard; Collins, J.: Global positioning systems. Theory and practice. 2nd ed. - Wien: Springer 1993. XXI, 326 p., ill. ISBN 3-211-82477-4

1411
Hofmann-Wellenhof, Bernhard: Die konforme Abbildung oder: Muß Komplexes komplex sein? In: Österreichische Zeitschrift für Vermessung & Geoinformation. 83, 1995, 1/2. p.55-62.

1412
Hojovec, Vladislav; Panin, A.N.: Problemy otečestvennogo kartografičeskogo proizvodstva na sovremennom ėtape. In: Geodetický a kartografický obzor. 41, 1995, 2. p.23-28, 4 ill., 1 tab. [Approximate solution of ortho-gonality at variavalent projection.] [Slov. with Czech, French, Engl. and Russ. rés.]

1413
Hojovec, Vladislav: Ke kartografickým anamorfózám a jejich vývoji v poslední době. In: Geodetický a kartografický obzor. 41, 1995, 5. p.87-91, 3 ill. [Note to the cartographic anamorphoses and their development in the last time.] [Slov. with Czech, French, Engl. and Russ. rés.]

1414
Hušár, Karol: Výplne a plošné obsahy areálov. In: Kartografické Listy. 1995, 3. p.35-44, 4 ill. [Fillings and planary contents of areas.] [Slovak with Engl. rés.]

1415
Irsen, Wolfgang: Bezugs- und Koordinatensysteme von Vermessung und Kartographie im Hinblick auf die europäische Vereinheitlichung. In: Die benutzte Erde. Ökosysteme, Rohstoffgewinnung, Herausforderungen. - Berlin 1994. p.113-119, 1 ill.

1416
Kimerling, A. Jon; Overton, W. Scott; White, Denis: Statistical comparison of map projection distortions within irregular areas. In: Cartography and Geographic Information Systems. 22, 1995, 3. p.205- 221, 23 ill., 1 tab. [With Engl. rés.]

1417
Krücken, Wilhelm: Der gerade Weg - Die Mercator-Weltkarte ad usum navigantium 1569. In: Gerhard Mercator, Europa und die Welt. Begleitband zur Ausstellung 'Verfolgt, geachtet, universal - Gerhard Mercator, Europa und die Welt', anläßlich des 400. Todestages von Gerhard Mercator im Kultur- u. Stadthistorischen Museum Duisburg vom 4. Sept. 1994 bis zum 31. Januar 1995. - Duisburg 1994. p.211-219, 12 ill.

1418
Krzywicka-Blum, Ewa: Nowa metoda analizy i prezentacji zmienności skali dawnych map dużych obszarów. In: Polski przegląd kartograficzny. 26, 1994, 2. p.75-85, 5 ill. [A new method of analysis and presentation of scale variability of old maps of vast areas.] [Pol. with Engl. and Russ. rés.]

1419
Kufoniyi, Olajide; Molenaar, Martien; Bouloucos, Teo: Topologic consistency

operations in vector maps. In: Geo-Informations-Systeme. 8, 1995, 4. p.7-13, 3 ill., 2 tab. [With Engl. and German rés.]

1420
Lapaine, Miljenko and others: Ekvivalentno preslikavanje rotacijskog elipsoida na sferu i obratno primjenom trigonometrijskih redova. In: Geodetski list. 47, 1993, 4. p.315-324. [Equal-area mapping of the rotational ellipsoid onto a sphere and vice versa by using trigonometric series.] [Croat. with Engl. rés.]

1421
Lapaine, Miljenko: Izometrijska širina i loksodroma. In: Geodetski list. 47, 1993, 1. p.5-14, 5 ill. [Isometric latitude and loxodrome.] [Croat. with Engl. rés.]

1422
Li, Zhilin: An examination of algorithms for the detection of critical points on digital cartographic lines. In: The Cartographic Journal. 32, 1995, 2. p.121-125, 7 ill.

1423
Maling, Derek H.: Coordinate systems and map projections for GIS. In: Geographical information systems. Principles and applications. Vol. 1: Principles. - New York 1994. p.135-146, 4 ill.

1424
Mesenburg, Peter: Netzgeometrie und Abbildungskonzept der Karte von Nicolaus von Cues. In: Zur Geschichte des Vermessungswesens. - Wiesbaden 1995. p.46-53, 5 ill., 1 tab. (VDV-Schriftenreihe. 8.)

1425
Mikulcová, Denisa: Hodnotenie presnosti určenia kartometrických súradníc podrobných bodov polohopisu vybraného typu katastrálnych máp. - Bratislava: Slovenská technická univerzita 1995. [Assessing the precision of cartometric coordinates of detail mapping points in selected type of cadastral maps.] [Slovak.] [Dipl.- Arb.]

1426
Mojzeš, Marcel; Kalafut, Martin; Banský, L'ubomír: Geocentrický súradnicový systém a GIS. In: Mapa - podklad k novým informáciám. - Bratislava 1995. p.113-119. [Geocentric coordinate system and GIS.] [Slovak with Engl. rés.]

1427
O'Malley, Geoff; Fraser, Tony: Using the world projection and mapping program with coreldraw. In: The Bulletin of The Society of Cartographers. 28, 1994, 2. p.27-30, 3 ill.

1428
Rase, Wolf-Dieter: Liniengeometrie und Liniengraphik. Algorithmen und Programme für die Liniendarstellung mit GKS-Funktionen. - Karlsruhe: Wichmann 1993. XII, 197 p. (Mit Diskette).

1429
Rodriguez-Monteverde Cantarell, Joaquín; Martinez Cutillas, Antonio; Martinez Cutillas, Francisco: Acerca de la proyección de Van der Grinten y la extensión de sus ecuaciones. In: Boletín de Información. Servicio Geográfico del Ejército. 77, 1994. p.61-75, 2 ill., 4 tab.

1430
Rosenstiehl, Nicolas: Mapstat: du nouveau dans l'anamorphose. In: Bulletin du Comité Français de Cartographie. 145, 1995. p.13, 1 ill.

1431
Serbenjuk, S.N.; Burmistrov, V.V.; Kuprijanov, S.V.: Ėrgonomičeskij podchod k vizual'nomu analizu geoizobraženij. In: Geodezija i Kartografija. 1995, 6. p.42-46,

3 ill. [Ergonomic approach to visual analysis of geoimagery.] [Russ.]

1432
Snyder, John P.: The Hill Eucyclic Projection. In: Cartography and Geographic Information Systems. 21, 1994, 4. p.213-218, 9 ill.

1433
Standards and specifications of surveying and mapping in China. In: 12th United Nations Regional Cartographic Conference for Asia and the Pacific. Vol. II, Technical Papers. Bangkok, 20-28 February 1991. - New York 1995. p.306-307, 1 tab.

1434
Stojnov, Vladimír; Vălev, Georgi: Normalnata konformna konična proekzija i văzmožnostite za prilaganeto i v našata strana. In: Geodezija, kartografija, zemeustrojstvo. 33, 1993, 1. p.20-23, 4 tab. [The normal conformal conical projection and the possibilities for its application in our country.] [Bulg.]

1435
Strebe, Daniel R.: The generalized conic projection. In: Cartography and Geographic Information Systems. 21, 1994, 4. p.233-241, 10 ill., 1 tab.

1436
Val'ko, Ján; Žiaková, Adriana: Aplikácia kartografických zobrazení pre Slovensko. In: Mapa - podklad k novým informáciám. - Bratislava 1995. p.120-131, 8 ill., 8 tab. [Application of map projection for Slovakia.] [Slovak with Engl. rés.]

1437
Venti, Carmela: "Team Earth": Goode's homolosine projection transformed. - Waterford, Conn. 1995. 2 p. (Paper for the 16th International Conference on the History of Cartography.) [mimeogr.]

1438
Visvalingam, Mahes; Williamson, Peter J.: Simplification and generalization of large scale data for roads: a comparison of two filtering algorithms. In: Cartography and Geographic Information Systems. 22, 1995, 4. p.264-275, 5 ill., 1 tab.

1439
Zhan, Cixiang; Menon, Sudhakar; Gao, Peng: A directional path distance model for raster distance mapping. In: Spatial information theory. An theoretical basis for GIS. European conference, COSIT '93, Marciana Marina, Elba Island, Italy, sept. 1993. Proceedings. - Berlin 1993. p.434-443, 6 ill. (Lecture notes in computer science. 716.)

1440
Žiaková, Adriana: Návrh kartografického zobrazenia Slovenska. - Bratislava: Slovenská technická univerzita 1995. [A proposal of a cartographic projection for Slovakia.] [Slovak.] [Dipl.-Arb.]

e. Legend, Drafting Instructions, Map Specifications, Symbol Legends
Legende, Zeichenvorschriften, Musterblätter, Signaturen maßstab
Légende, spécifications cartographiques, échelle d'un symbole

1441
Cook, Karen Severud: From false starts to firm beginnings: early colour printing of geological maps. In: Imago Mundi. 47, 1995. p.155- 172, ill.

1442
Morrison, Claire; Forrest, David: A study of point symbol design for computer based large scale tourist mapping. In: The Cartographic Journal. 32, 1995, 2. p.126-136, 7 ill., 2 tab.

1443
Schoeneich, Philippe: Cartographie géomorphologique en Suisse. Une bibliographie commentée et des propositions. In: Cartographie géomorphologique - Cartographie des risques. Actes de la Réunion annuelle de la Société Suisse de Géomorphologie 19 au 21 juin 1992 aux Diablerets et à Randa. - Lausanne 1992. p.1-13. (Université de Lausanne. Inst. de Géographie. Travaux et recherches. 9.) [With German and French rés.]

1444
Schoeneich, Philippe: Comparaison des systèmes de légendes français, allemand et suisse - principes de la légende IGUL. In: Cartographie géomorphologique - Cartographie des risques. Actes de la Réunion annuelle de la Société Suisse de Géomorphologie 19 au 21 juin 1992 aux Diablerets et à Randa. - Lau-sanne 1992. p.15-24, 5 ill. (Université de Lausanne. Inst. de Géographie. Travaux et re-cherches. 9.) [With German and French rés.]

1445
Tripet, Jean-Pierre; Bollinger, Daniel; Noverraz, Francis: Cartes de mouvements de terrain. Proposition de légende. In: Cartographie géomorphologique - Cartographie des risques. Actes de la Réunion annuelle de la Société Suisse de Géomorphologie 19 au 21 juin 1992 aux Diablerets et à Randa. - Lausanne 1992. p.67-73, 2 tab. (Université de Lausanne. Inst. de Géographie. Travaux et recherches. 9.) [With German and French rés.]

f. Generalization
Generalisierung
Généralisation

1446
Sirko, Mieczysław: Metodyczne problemy doboru osiedli na mapach średnio- i małoskalowych. In: Polski przegląd kartograficzny. 27, 1995, 1. p.1-12, 4 ill., 4 tab. [Methodological problems of selection of settlements on medium- and small-scale maps.] [Pol. with Engl. and Russ. rés.]

1447
Visvalingam, Mahes; Williamson, Peter J.: Simplification and generalization of large scale data for roads: a comparison of two filtering algorithms. In: Cartography and Geographic Information Systems. 22, 1995, 4. p.264-275, 5 ill., 1 tab.

1448
Wood, Clifford H.: Perceptual responses to line simplification in a task-oriented map analysis experiment. In: Cartographica. 32, 1995, 1. p.22-32, 4 ill., 4 tab.

g. Geographical Names, Toponymy
Namenschreibung, Ortsnamenkunde
Orthographie des noms géographiques, toponymie

1449
Asch, Angela; Fasching, Gerhard L.: Die Ortsnamenbearbeitung bei der Salzburger Ortsnamenkommission. In: Festschrift Ortsnamenforschung. 20 Jahre Salzburger Ortsnamenkommission. - Salzburg 1995. p.165-176, 5 ill. (SIR Schriftenreihe, Bd 14.)

1450
Atchison, John: Towards an Australian national place names project. In: The Globe. Journal of the Australian Map Circle. 43, 1995. p.47- 59.

1451
Aumüller, Peter; Fasching, Gerhard L.: Die Verwendung geographischer Namen im Bereich der Landesverteidigung. In: Festschrift Ortsnamenforschung. 20 Jahre Salzburger Ortsnamenkommission. - Salzburg

1995. p.65-71, 1 mp. (SIR Schriftenreihe, Bd 14.)

1452
Boginskij, V.M.: O dejatel'nosti Gruppy ėkspertov OON po geografičeskim nazvanijam. In: Geodezija i Kartografija. 1995, 1. p.41-46. [On activities of UN Group of Experts for Geographical Names.] [Russ.]

1453
Boginskij, V.M.: O sozdanii v Rossii Gosudarstvennogo kataloga geografičeskich nazvanij. In: Geodezija i Kartografija. 1995, 4. p.43-46. [On State Catalog of geographical names developments in Russia.] [Russ.]

1454
Boginskij, V.M.; Nefedova, E.A.; Sudakov, A.S.: Zasedanie Otdela Vostočnaja Evropa, Severnaja i Srednjaja Azija. Gruppy ėkspertov OON po standartizacii geografičeskich nazvanij. In: Geodezija i Kartografija. 1995, 2. p.52-54. [Meeting of UN Expert Group's Section "Eastern Europe, Northern and Middle Asia" on Geographical Names Standardization.] [Russ.]

1455
Bradley, Barry: Applying the donor principle to map names. A practical experience. In: Proceedings of the 17th conference. New Zealand Geographical Society. Victoria Univ. of Wellington, august 30 - september 2, 1993. - Christchurch 1993. p.67-69.

1456
Braumann, Christoph; Philipp-Pommer, Karin: Ortsnamen im Salzburger Geographischen Informationssystem SAGIS. In: Festschrift Ortsnamenforschung. 20 Jahre Salzburger Ortsnamenkommission. - Salzburg 1995. p.59-63, 2 ill., 4 mp. (SIR Schriftenreihe, Bd 14.)

1457
Desoye, Helmut: Die Arbeitsgemeinschaft für kartographische Ortsnamenkunde (AKO). In: Festschrift Ortsnamenforschung. 20 Jahre Salzburger Ortsnamenkommission. - Salzburg 1995. p.9-16. (SIR Schriftenreihe, Bd 14.)

1458
Dickson, Phil: Names conference in Zhongguo (China). In: New Zealand Cartography and Geographic Information Systems. 24, 1995, 2. p.12-15.

1459
Dickson, Phil: When is a city not a city? Place names on maps. In: Proceedings of the 17th conference. New Zealand Geographical Society. Victoria Univ. of Wellington, august 30 - september 2, 1993. - Christchurch 1993. p.70-72, 1 tab.

1460
Divisional report of the United Nations Group of Experts on Geographical Names for the Division of Asia, south-east, and Pacific, southwest. In: 12th United Nations Regional Cartographic Conference for Asia and the Pacific. Vol. II, Technical Papers. Bangkok, 20-28 February 1991. - New York 1995. p.367-368.

1461
Donidze, G.I.: K 60-letiju laboratorii geografiškich nazvanij CNIIGAuK. In: Geodezija i Kartografija. 1994, 6. p.50-52. [To the 60th anniversary of Geographic names Laboratory in CNIIGAiK.] [Russ.]

1462
Dotter, Franz: Zur Namenschreibung in Alpenvereinskarten. In: Festschrift Ortsnamenforschung. 20 Jahre Salzburger Ortsnamenkommission. - Salzburg 1995. p.89-101. (SIR Schriftenreihe, Bd 14.)

1463
Fasching, Gerhard L.: 20 Jahre Salzburger Ortsnamenkommission 1975- 1995. In: Festschrift Ortsnamenforschung. 20 Jahre Salz-

burger Ortsnamenkommission. - Salzburg 1995. p.17-22. (SIR Schriftenreihe, Bd 14.)

1464
Gołaski, Janusz: Bieżąca problematyka nazw miejscowych w polskiej kartografii. In: Polski przegląd kartograficzny. 27, 1995, 2. p.61-68. [The problem of place names in Polish cartography.] [Pol. with Engl. rés.]

1465
Historisches Ortschaftsverzeichnis für ehemals zu Deutschland gehörige Gebiete (Zeitraum 1914-1945). Bd 1 ff. - Frankfurt am Main: Verlag des Institutes für angewandte Geodäsie 1994

1466
Horňanský, Imrich: Skončenie štandardizácie geografických názvov zo Základnej mapy Slovenskej republiky 1:10 000. In: Geodetický a kartografický obzor. 41, 1995, 5. p.92-94. [Finishing the standardization of geographic names from the Basic Map of the Slovak Republic 1:10 000.] [Slov. with Czech, French, Engl. and Russ. rés.]

1467
Ilyin, Pavel: Renaming of Soviet cities after exceptional people - a historical perspective on toponymy. In: Map. 33, 1995, 2. p.13-42, 1 ill. [Japan.]

1468
Isamberth, Renate: Ortsnamenbearbeitung im Österreichischen Statistischen Zentralamt. In: Festschrift Ortsnamenforschung. 20 Jahre Salzburger Ortsnamenkommission. - Salzburg 1995. p.77-81, 4 ill. (SIR Schriftenreihe, Bd 14.)

1469
Kaneko, Jun'ichi; Hishiyama, Takehide: Toponymic guidelines for map and other editors: Japan. In: Bulletin of the Geographical Survey Institute. 41, 1995, March. p.119-124, 1 tab.

1470
Kaneko, Jun'ichi: Report of the 17th Session of the United Nations Group of Experts on Geographical Names. In: Map. 33, 1995, 2. p.42- 47, 2 ill. [Japan.]

1471
Kiser, Dan: Geographic Names. Independent States in the World as of June 19, 1994. In: Geographic and Global Issues. Quarterly. 4, 1994, 1. p.19-26.

1472
Kossina, Anton: Das Namengut der Katastralmappe in Salzburg. In: Festschrift Ortsnamenforschung. 20 Jahre Salzburger Ortsnamenkommission. - Salzburg 1995. p.27-35, 5 ill. (SIR Schriftenreihe, Bd 14.)

1473
Lankamer, Tadeusz: Oficjalny wykaz nazw geograficznych Rzeczypospolitej Polskiej - geneza, realizacja, zawartość. In: Polski przegląd kartograficzny. 27, 1995, 1. p.12-16, 1 ill. [The official list of geographical names of the Republic of Poland - origin, realization, contents.] [Pol. with Engl. and Russ. rés.]

1474
Liedtke, Herbert; Förster, Uwe: Namen und Abgrenzungen von Landschaften in der Bundesrepublik Deutschland. Anhang: Übersichtskarte 1:1 000 000, Landschaften - Namen und Abgrenzungen. - Trier: Zentralausschuß für Deutsche Landeskunde 1994. 136 p., 1 mp.-suppl. (Forschungen zur deutschen Landeskunde. 239.) ISBN 3-88143-050-4

1475
Mang, Reinhard: Kartographische Bezeichnung und Abgrenzung geographischer Räume. In: Festschrift Ortsnamenforschung. 20 Jahre Salzburger Ortsnamenkommission. - Salzburg 1995. p.23-25. (SIR Schriftenreihe, Bd 14.)

1476
Meckel, Helmut: Das Namengut der Österreichischen Karte 1:50 000. In: Festschrift Ortsnamenforschung. 20 Jahre Salzburger Ortsnamenkommission. - Salzburg 1995. p.37-47, 4 ill. (SIR Schriftenreihe, Bd 14.)

1477
Moore, Laura A.; Matsumoto, M.Roy; Holderfield, Robert D.: Network access to geographic names: Defense Mapping Agency prototype to the information super highway. In: Technical Papers 1995 ACSM/ASPRS, Charlotte, North Carolina, Annual Convention & Exposition. Vol. 2. - Bethesda 1995. p.60-65.

1478
Ormeling, Ferdinand J.: De Verenigde Naties en de standaardisering van aardrijkskundige namen. In: Kartografisch Tijdschrift. 21, 1995, 2. p.25-32, 4 ill. [Dutch with Engl. and French rés.]

1479
Principales interventions sur les noms géographiques. In: 12th United Nations Regional Cartographic Conference for Asia and the Pacific. Vol. II, Technical Papers. Bangkok, 20-28 February 1991. - New York 1995. p.362-364.

1480
Raykowski, Hans: Historisches Gemeindeverzeichnis für das Oldenburger Land 1814-1980. Mit Angaben zur Vogtei-, Amts- und Kreiszugehörigkeit sowie zur Karten- und Kirchenbuchüberlieferung und einem Kartenanhang. 2., verb. Aufl. - Oldenburg: Holzberg 1994. 52 p. (Inventare und kleinere Schriften des Staatsarchivs in Oldenburg. 14.)

1481
Report on the second Training-Cum-Workshop on Geographical Names. In: 12th United Nations Regional Cartographic Conference for Asia and the Pacific. Vol. II, Technical Papers. Bangkok, 20-28 February 1991. - New York 1995. p.364-366.

1482
Schreibweise der Staatennamen und ihrer Ableitungen sowie der Hauptstädte in den Bekanntmachungen des Deutschen Übersetzungsdienstes bei den Vereinten Nationen und der deutschsprachigen Staaten ... 3. Ausgabe. Stand: Mai 1993. - Frankfurt a.M.: Ständiger Ausschuß für geographische Namen/ Institut für angewandte Geodäsie 1993.

1483
Sperling, Walter: Geographische Namen, politisch instrumentalisiert. Das Beispiel Schlesien. In: Karten hüten und bewahren. - Gotha 1995. p.185-203. (Kartensammlung und Kartendokumentation. 11.)

1484
Standardization of Undersea Feature Names. In: 12th United Nations Regional Cartographic Conference for Asia and the Pacific. Vol. II, Technical Papers. Bangkok, 20-28 February 1991. - New York 1995. p.368-369.

1485
Sudakov, A.S.: O merach po uporjadočeniju upotreblenija geografičeskich nazvanij v Rossijskoj Federacii. In: Geodezija i Kartografija. 1994, 7. p.34-35. [Measures of ordering geographical names in Russian Federation.] [Russ.]

1486
Sudakov, A.S.: Pervoe zasedanie Mežvedamstvennoj komissii po geografičeskim nazvanijam. In: Geodezija i Kartografija. 1995, 1. p.46-47. [First Meeting of Interbranch Commission of Geographic Names.] [Russ.]

1487
Wurth, Johannes: Die Gewässernamenbearbeitung beim Hydrographischen Dienst in

Österreich. In: Festschrift Ortsnamenforschung. 20 Jahre Salzburger Ortsnamenkommission. - Salzburg 1995. p.83-87, 4 ill. (SIR Schriftenreihe, Bd 14.)

1488
Zill, Viktor: Das Projekt GEONAM in BEV/ Gruppe Landesaufnahme. In: Festschrift Ortsnamenforschung. 20 Jahre Salzburger Ortsnamenkommission. - Salzburg 1995. p.49-58, 5 ill. (SIR Schriftenreihe, Bd 14.)

7. Map Revision Kartenaktualisierung Mis à jour des cartes

1489
Bähr, Hans-Peter; Quint, Franz; Stilla, Uwe: Modellbasierte Verfahren der Luftbildanalyse zur Kartenfortführung. In: Zeitschrift für Photogrammetrie und Fernerkundung. 63, 1995, 6. p.224-234, 8 ill. [German and Engl. rés.]

1490
Bakker, N.J.: Kaartrevisie bij de Topografische Dienst. In: Kartografisch Tijdschrift. 21, 1995, 2. p.11-18, 10 ill. [Dutch with Engl. and French rés.]

1491
Beník, Jaroslav: Súčasné technológie v tvorbe a obnove topografických máp a smery vývoja. In: Mapa - podklad k novým informáciám. - Bratislava 1995. p.135-139. [Contemporary technologies in process of topographic maps creation and its developmental tendencies.] [Slovak.]

1492
Bø, Tore: Grunnkart Bergen - vedlikehold av basen med terrestriske metoder. Erfaringer fra et forsøk i Kråkenesdalen i juni 1994. In: Kart og plan. 88, 1995, 1. p.41-44, 3 ill. [Basic Map Bergen - maintenance of the database, with the use of terrestrial methods.] [Norw. with Engl. rés.]

1493
Gegov, Konstantin: Digitalizirane i aktualizacija na šaštestvuvaštite kadastralni planove. In: Geodezija, kartografija, zemeustrojstvo. 34, 1994, 6. p.16-18. [Digitizing and updating of the existing cadastral plans.] [Bulg.]

1494
Kafka, Oldřich: Automatizace obnovy map katastru nemovitostí. In: Geodetický a kartografický obzor. 41, 1995, 8. p.166-169. [Automated renewal of the cadastre of real estates.] [Czech with Slov., Engl., German, French and Russ. rés.]

1495
Kilpeläinen, Tiina: Updating multiple representation geodata bases by incremental generalization. In: Geo-Informations-Systeme. 8, 1995, 4. p.13-18, 5 ill. [With Engl. and German rés.]

1496
Kocáb, Milan: MicroGEOS - nástroj pro vedení digitální katastrální mapy. In: Geodetický a kartografický obzor. 41, 1995, 9. p.197-198. [MicroGEOS - a tool of upkeeping the digital cadastral map.] [Czech with Engl., French and German rés.]

1497
Kummer, Klaus: Die Erneuerung der Liegenschaftskarte im Land Sachsen-Anhalt. In: Zeitschrift für Vermessungswesen. 119, 1994, 2. p.71-84, 11 ill.

1498
Murtha, P.A.: Airborne SAR [Synthetic Aperture Radar] assists correction of forest map. In: Technical Papers 1995 ACSM/ASPRS, Charlotte, North Carolina, Annual Convention & Exposition. Vol. 2. - Bethesda 1995. p.291-298, 2 ill., 2 tab.

1499
Osch, G.M. van: Kadastraal bijhoudingsproces volledig digitaal. De laatste analoge schakel, het mutatiedocument "Staat-75", is nu ook digitaal. In: Geodesia. 37, 1995, 9. p.399-402, 3 ill.

1500
Rybanský, Marian: Metodika určování mezní doby zastarání obsahu topografických map. In: Kartografické Listy. 1995, 3. p.55-60. [Methodology of determining the topographic map contents ageing.] [Czech with Engl. rés.]

1501
Strobl, Josef: Erstellung und Aktualisierung großmaßstäbiger kartographischer Dokumente mittels digitaler Kartierungsverfahren. In: Festschrift Helmut Riedl. - Salzburg 1993. p.181-192, 3 ill. (Salzburger Geographische Arbeiten. Bd 25.)

1502
Wieser, Erich G.: Fortführungsaspekte in kommunalen Landinformationssystemen. In: Gewinnung von Basisdaten für Geoinformationssysteme. Vorträge des 28. DVW-Seminars vom 5.-6. März an der Universität Hannover und vom 24.-25. Sept. 1992 an der Technischen Universität Dresden. - Stuttgart 1992. p.19-33. (Schriftenreihe des DVW. 4.) (Vorträge des ... DVW-Seminars. 28.)

1503
Wilmersdorf, Erich; Weiler, Felizian: Corporate update service of a property cadastre. In: UDMS '93. 16th Urban Data Management Symposium 6.-10. Sept. 1993. Proceedings. - Wien 1993. p.312-319.

F. Map Production, Practical Cartography
Kartenherstellung, Praktische Kartographie
Production des cartes, cartographie pratique

1. General Features
Allgemeines
Généralités

1504
Denholm, David: To map is to discover: the realisation of shape & context. In: The Globe. Journal of the Australian Map Circle. 41, 1995. p.1-9.

1505
Gubler, Martin; Klöti, Thomas: The colour microfilm as preliminary stage of digital maps. - Bern 1995. 3 p., ill. (Paper for the 16th International Conference on the History of Cartography.)

1506
Hájek, Milan: Aktuálne problémy v kartografii. In: Zborník geodézia a kartografia v doprave. - Bratislava 1995. p.76-87, 3 ill. [Current problems in cartography.] [Slovak.]

1507
Herrero Matías, Miguel: Reflexiones sobre Cartografía y Técnicas Cartográficas (y II). In: Topografía y Cartografía. 71, 1995, 12. p.9-20.

1508
Kučera, Jiří: Problematika podnikání v kartografii. In: Geodetický a kartografický obzor. 41, 1995, 9. p.209-210. [Problems of management in cartography.] [Czech with Engl., French and German rés.]

1509
Mikšovský, Miroslav: Výroba map a ekollogie. In: Mapa - podklad k novým informáciám. - Bratislava 1995. p.140-143. [Map production and ecology.] [Czech with Engl. rés.]

1510
Oknin, Ju.A.: Techničeskoe radaktirovanie v processe izdanija kart. In: Izvestija vysšich učebnych zavedenij. Geodezija i aerofotosemka. 1993, 3. p.146-155. [Die technische Redaktion im Prozess der Herausgabe von Karten.] [Russ.]

1511
Scheele, Theo: Een dagje ... Europlano. Anton Pieck en de kaartveredeling. In: Geodesia. 37, 1995, 3. p.149-151, 4 ill.

1512
Schirmer, Herbert: High-Tech im Rucksack. Die Neuauflage der Dachsteinkarte. In: Berg '93 = Alpenvereinsjahrbuch. 117, 1993. p.75-79, 3 ill.

1513
Wilfert, Ingeborg: Technologiewandel in der Kartographie. In: Wissenschaftliche Zeitschrift der Technischen Universität Dresden. 43, 1994, 5. p.76-80.

2. Traditional Reprographic Techniques
Herkömmliche Zeichen- und Reproduktionsverfahren
Procédés de dessin reprographiques traditionnelles en cartographie

a. General Features
Allgemeines
Généralités

1514
Aksenov, V.V.; Bojko, Ju.A.; Oknin, Ju.A.: Vozmožnosti primenenija reprografii dlja izdanija kart. In: Izvestija vysšich učebnych zavedenij. Geodezija i aerofotos'emka. 1993, 1/2. p.167-171. [Möglichkeiten der Anwendung der Reprographie für die Herausgabe von Karten.] [Russ.]

c. Map Lettering Techniques
Kartenbeschriftungsverfahren
Procédés des écritures cartographiques

1515
Freeman, Herbert: Computer name placement. In: Geographical information systems. Principles and applications. Vol. 1: Principles. New York 1994. p.445-456, 10 ill.

1516
Kresse, Wolfgang: Schriftplazierung in ATKIS. In: Nachrichten aus dem Karten- und Vermessungswesen. Rh. I, 113, 1995. p.147-154, 4 ill. [With German, Engl. and French rés.]

1517
Lehmann-Randrianasolomanana, Patricia: Un système auto-adaptatif de classification de symboles cartographiques basé sur les réseaux neuronaux topologiques incrémentaux. - Lausanne: Univ. Lausanne 1993. V, 121 p., ill. [Thèse sciences.]

1518
Mills, William: Practical considerations in name placement: a defence of Pinhas Yoeli. In: Cartographica. 31, 1994, 4. p.58-61.

d. Photographic Techniques
Photographische Reproduktionsverfahren
Procédés photographiques

1519
Bojko, Ju.A.: Matematičeskaja model' processa rastrirovanija izobraženija v polutonovom mikrofil'mirovanii. In: Izvestija vysšich učebnych zavedenij. Geodezija i aerofotosemka. 1993, 4. p.124-130, 2 ill. [Ein mathematisches Modell des Prozesses der Bildrasterung bei der Halbtonmikroverfilmung.] [Russ.]

1520
Bojko, Ju.A.: Optimizacija parametrov processa polutonovogo mikrofil'mirovanija. In: Izvestija vysšich učebnych zavedenij. Geodezija i aerofotosemka. 1993, 3. p.155-163, 4 ill. [Die Optimierung von Parametern des Prozesses der Halbtonmikroverfilmung.] [Russ.]

1521
Portnova, O.V.; Abramov, V.N.; Barabanova, N.G.: Novyj fotomaterial dlja kartografii. In: Geodezija i Kartografija. 1995, 1. p.39-41. [New photomaterial for cartographic purposes.] [Russ.]

1522
Strenn, Leopold: Das Reprosystem - Möglichkeiten und Anwendungen oder eine Abteilung im Wandel - von der projektiven zur sequentiellen Bildtechnik. In: Eich- und Vermessungsmagazin. 77, 1995, 1. p.5-9, 2 ill.

f. Reproduction and Presswork
Vervielfältigungsverfahren und Druckverfahren
Procédés reprographiques et procédés d'impression

1523
Sorokin, B.A.; Markova, S.G.; Oknin, Ju.A.: Vozmožnosti primenenija trafaretnoj pečati dlja izdanija kart. In: Izvestija vysšich učebnych zavedenij. Geodezija i aerofotosemka. 1993, 5/6. p.150-154. [Möglichkeiten der Anwendung des Siebdruckes für die Herausgabe von Karten.] [Russ.]

1524
Spinoso, Connie: An evaluative approach for colour printing technology in cartography. In: Cartography. Journal of the Australian Institute of Cartographers. 24, 1995, 2. p.67-73, 1 ill.

1525
Terrell, Christopher: A sequel to The Atlantic Neptune of J.F.W. DesBarres: the story of the copperplates. In: The Map Collector. 72, 1995. p.2-9, 8 ill., portr.

3. Computer-Assisted Map Techniques
Rechnergestützte Kartentechnik
Techniques cartographiques assistées par ordinateur

a. General Features
Allgemeines
Généralités

1526
9. Informationsveranstaltung der Bayer. Vermessungsverwaltung über die graphische Datenverarbeitung am Mittwoch, den 26. April 1995 in der TU München. - München 1995. 83 p., ill.

1527
ARC digitized raster graphics and their application. In: 12th United Nations Regional Cartographic Conference for Asia and the Pacific. Vol. II, Technical Papers. Bangkok, 20-28 February 1991. - New York 1995. p.254-259, 2 ill.

1528
Andersen, Øystein: Bruk av digitale bilder i kartproduksjon. In: Kart og plan. 88, 1995, 2. p.109-114, 6 ill. [Use of digital images in map production.] [Norw. with Engl. rés.]

1529
Andreev, A.M. and others: Komp'juternye technologii obrabotki vizual'noj informacii i ich primenenie pri izdanii kart. In: Geodezija i Kartografija. 1995, 8. p.47-49, 4 ill. [Complex technologies of visual information processing and their application for map edition.] [Russ.]

1530
Apagyi, Géza: Az Allami Földmérés elvárható szerepe a digitális földmérési alaptérkép (DFT) létrehozásában. In: Geodézia és Kartográfia. 47, 1995, 1. p.13-15. [Contribution to be expected of the National Surveying and Mapping Agency to form the digital large scale basic map.] [Hung. with Engl. rés.]

1531
Asche, Hartmut; Herrmann, Christian M.: Designing interactive maps for planning and education. In: Visualization in modern cartography. New York 1994. p.215-242, 14 ill. (Modern cartography. 2.)

1532
Asche, Hartmut: Digitale Kartographie in Poznań. In: Kartographische Nachrichten. 45, 1995, 6. p.236-237, 1 ill.

1533
Bähr, Hans-Peter; Quint, Franz; Stilla, Uwe: Modellbasierte Verfahren der Luftbildanalyse

zur Kartenfortführung. In: Zeitschrift für Photogrammetrie und Fernerkundung. 63, 1995, 6. p.224-234, 8 ill. [With German and Engl. rés.]

1534
Bakker, N.J.: Kaartrevisie bij de Topografische Dienst. In: Kartografisch Tijdschrift. 21, 1995, 2. p.11-18, 10 ill. [Dutch with Engl. and French rés.]

1535
Balla, Scilla: A digitális képfeldolgozás szerepe a kataszteri tárképezésben. In: Geodézia és Kartográfia. 47, 1995, 2. p.87-89. [The role of digital image processing in cadastre mapping.] [Hung. with Engl. rés.]

1536
Bedrna, Zoltán: Príspevok ku klasifikácii a mapovaniu pôd pozmenených antropogénnou činnost'ou. In: 12th United Nations Regional Cartographic Conference for Asia and the Pacific. Vol. II, Technical Papers. Bangkok, 20-28 February 1991. In: Geografický časopis. - New York 1995. 47, 1995, 2. p.259-261. [Contribution to classification and mapping of soils changed by anthro-pis activity.] [Slovak with Engl. rés.]

1537
Belov, S.B.; Bobkov, V.A.; Kadničanskij, S.A.: Sposoby obrabotki dannych o rel'efe. In: Geodezija i Kartografija. 1995, 3. p.37-41, 3 ill. [Methods of relief data processing.] [Russ.]

1538
Berljant, Alexander M.; Kapralov, E.G.; Kravcova, V.I.: Cifrovoe tematičeskoe kartografirovanie v universitetach Rossii. In: Vestnik Moskovskogo Universiteta: Serija. Geogr. 5, 1995, 6. p.60-67. [Digital thematic mapping at Russian universities.] [Russ.]

1539
Boersma, F.H.: Gissen naar kaarten. 20 jaar op zoek naar 'Automatisering in de kartografie'. In: Kartografisch Tijdschrift. 21, 1995, 3. p.65-69.

1540
Bradley, Barry: Cartography for the New Zealand Historical Atlas: using computers to draw maps. In: The Bulletin of The Society of Cartographers. 28, 1994, 2. p.19-22, 2 ill.

1541
Brunner, Kurt: Digitale Bearbeitung von Karten auf der Basis analoger Grundlagen - Prinzip und Anwendung. In: Mitteilungsblatt des deutschen Vereins für Vermessungswesen Landesverein Rheinland- Pfalz e.V. in Zusammenarbeit mit dem Landesverein Saarland e.V. 44, 1995, 1. p.9-23, 2 ill.

1542
Brunner, Kurt: Digitale Kartographie an Arbeitsplatzrechnern. In: Kartographische Nachrichten. 45, 1995, 2. p.63-68.

1543
Brunner, Kurt: Digitale Kartographie. Einsatz moderner Computer-Technologie für die Kartenherstellung. In: Geowissenschaften. 13, 1995, 7. p.257-260, 3 ill.

1544
Cartwright, William E.: New maps and mapping strategies: contemporary communications/contemporary cartography. In: The Bulletin of The Society of Cartographers. 29, 1995, 1. p.1-8, 4 ill.

1545
Chalugin, E.I.; Majdanič, A.I.: Ėkspertnye sistemy v sozdanii ėlektronnych kart. In: Izvestija vysšich učebnych zavedenij. Geodezija i aerofotosemka. 1995, 1. p.66-70. ["Expertensysteme" bei der Herstellung elektronischer Karten.] [Russ.]

1546
Chalugin, E.I.; Majdanič, A.I.: Konzeptual'nye osnovy sozdanija i ispol'zovanija ėlektronnych kart. In: Geodezia i Kartografia. 1994, 4. p.54-55. [Conceptual base of electronic map production and usage.] [Russ.]

1547
Chen, Wan: The usage of map symbolism in commonly-used computer mapping software packages. - Missoula: University of Montana 1995. [Master's thesis.]

1548
Clarke, Keith C.: Analytical and computer cartography. 2nd ed. - Englewood Cliffs, NJ: Prentice Hall 1995. XVI, 334 p., ill. (Prentice Hall series in geographic information science.) ISBN 0-13-033481-2

1549
Computerkartographie. Eine Einführung in das Desktop Mapping am PC. Zusammengestellt von G. Olbricht, M. Quick und J. Schweikart. - Berlin etc.: Springer 1994. 268 p., ill. ISBN 3-540-57140-X

1550
Conley, Robert Michael: Thematic map legend design features and automated cartography. - East Lansing: Michigan State University 1995. [Master's thesis.]

1551
A cooperative digital mapping project: a unique success story. In: 12th United Nations Regional Cartographic Conference for Asia and the Pacific. Vol. II, Technical Papers. Bangkok, 20-28 February 1991. New York 1995. p.273-278, 1 ill.

1552
Cosinschi, Micheline; Gabioud, Bernard: Le logiciel Carthema: réalisation automatique de cartes thématique. - Lausanne: Univ. Institut de Géographie 1994. 45, 116 p., ill. (Travaux et recherches de l'Institut, Univ. de Lausanne, Inst. de Géogr. 11.)

1553
De Taeye, Alain; Essen, Robert van: Realising the European digital road map. In: The 1994 European GIS Yearbook. p.52-54, 1 ill.

1554
Demšar, Božo: Transformacija grafičnih zemljiško-katastrskih načrtov - ravnanje robov načrtov. In: Geodetski Vestnik. 39, 1995, 4. p.280-284. [Transformation of graphic land cadastre maps - straightening of map edges.] [Slov. with Engl. rés.]

1555
The digital chart of the world project. In: 12th United Nations Regional Cartographic Conference for Asia and the Pacific. Vol. II, Technical Papers. Bangkok, 20-28 February 1991. - New York 1995. p.262-266.

1556
Digital mapping and topographic databases: aspects of the development of spatial information systems in Indonesia. In: 12th United Nations Regional Cartographic Conference for Asia and the Pacific. Vol. II, Technical Papers. Bangkok, 20-28 February 1991. - New York 1995. p.235-247, 8 ill.

1557
Digitale Karten in der Schweiz. Produkte, Datensätze und Anwendersysteme. Zusammengest. von Jürg Bühler und Thomas Klöti. Hrsg. von der Arbeitsgruppe Kartenbibliothekarinnen/ Kartenbibliothekare (BBS). - Zürich und Bern 1994. 19 p. [mimeogr.]

1558
Dransch, Doris: Temporale und nontemporale Computer-Animation in der Kartographie. - Berlin: FU, TU, TFH 1995. 123 p., ill. (Berliner Geowissenschaftliche Abhandlungen. C. 15.)

1559
Duttmann, Rainer; Franke, Michael; Stelzer, Rüdiger: Die "Digitale Geoökologische Karte" als Grundlage für prozeßorientierte Landschaftsbewertungen - Das Geoökologische Informationssystem: Konzeption, Anwendungen und Möglichkeiten der Integration zeitdynamischer Modelle. In: Angewandte Geographische Informationsverarbeitung V. Beiträge zum GIS-Symposium 7.-9. Juli 1993. - Salzburg 1993. p.255-266, 3 ill., 3 tab., 1 mp. (Salzburger Geographische Materialien, H. 20.)

1560
Eidenbenz, Ch.: GIS-Grundlagedaten beim Bundesamt für Landestopographie. In: Vermessung, Photogrammetrie, Kulturtechnik. 93, 1995, 5. p.330-333, 1 ill.

1561
Florinskij, I.V.; Grochlina, T.I.; Michajlova, N.L.: Landlord 2.0: Sistema analiza i kartografirovanija geometričeskich charakteristik rel'efa. In: Geodezija i Kartografija. 1995, 5. p.46- 51, 2 ill. [Landlord 2.0: System for recognition and mapping relief geometric features.] [Russ.]

1562
Fuchs, Helmut: Möglichkeiten der Visualisierung von CAD- und GIS-Daten. In: Österreichische Zeitschrift für Vermessung & Geoinformation. 83, 1995, 4. p.183-189, 11 ill. [With German and Engl. rés.]

1563
Gau, Hans-J.: Qualitätsbestimmende Einflüsse bei der Gewinnung von Rasterdaten topographischer Landeskartenwerke - Archivierung und Nutzung der Daten. In: Nachrichten aus dem Karten- und Vermessungswesen. Rh. I, 113, 1995. p.65-77, 8 ill. [With German, Engl. and French rés.]

1564
Gegov, Konstantin: Digitalizirane i aktualizacija na šaštestvuvaštite kadastralni planove. In: Geodezija, kartografija, zemeustrojstvo. 34, 1994, 6. p.16-18. [Digitizing and updating of the existing cadastral plans.] [Bulg.]

1565
Glossar. Begriffe und Abkürzungen der Rechnergestützten Kartographie und allgemeinen EDV. - Bielefeld: Deutsche Gesellschaft für Kartographie, Arbeitskreis Praktische Kartographie 1993. 86 p.

1566
Goodwin, David W.: Digital parcel mapping using orthophotoquad base maps: a working model. - Amherst: University of Massachusetts, Amherst 1994. [Master's thesis.]

1567
Gubler, Martin; Klöti, Thomas: The colour microfilm as preliminary stage of digital maps. In: The LIBER Quarterly. European Research Libraries Cooperation ERLC. 5, 1995, 3. p.287-291.

1568
Haslach, Klaus: Digitale Flurkarte in Bayern - Stand und Weiterentwicklung. In: 9. Informationsveranstaltung der Bayer. Vermessungsverwaltung über die graphische Datenverarbeitung am Mittwoch, den 26. April 1995 in der TU München. - München 1995. p.53- 60, 4 ill., 1 tab.

1569
Hatzenberger, Christoph; Hochstöger, Franz: Kommunikation in Internet - ein Überblick für Interessenten aus Vermessung und Geoinformation. In: Österreichische Zeitschrift für Vermessung & Geoinformation. 83, 1995, 4. p.200-208, 8 ill. [With German and Engl. rés.]

1570
Hecht, Horst: Die Elektronische Seekarte - Stand der Entwicklung und Anforderungen an die hydrographischen Dienste. In: Hydrographische Vermessungen - heute. Red.: G. Buziek [and others]. - Stuttgart 1995. p.130-143, 6 ill. (Vorträge des ... DVW-Seminars. 37.) (Schriftenreihe des DVW. 14.)

1571
Heilmann, Heiner: Die Konzeptbodenkarte als Grundlage für Landes-, Regional- und Kommunalplanung. In: LfUG [Landesamt für Umwelt und Geologie] Bericht. Vorträge und Fachaufsätze. Freistaat Sachsen. Landesamt für Umwelt und Geologie. 1, 1994, 1. p.60-62, 3 ill.

1572
Helm, Florian: Von der Feldskizze zum Digitalen Feldplan. In: Österreichische Zeitschrift für Vermessung & Geoinformation. 83, 1995, 4. p.200-208, 8 ill. [With German and Engl. rés.]

1573
Höhle, Joachim: Die Ergänzung von 3D-Karten mittels Photo-CD Bildern. In: Zeitschrift für Photogrammetrie und Fernerkundung. 63, 1995, 2. p.69-78, 7 ill.

1574
Homolya, András: A kataszterek térképi és leíró adatainak feldolgozása, problémák, lehetöségek, megoldások. In: Geodézia és Kartográfia. 47, 1995, 1. p.40-43, 3 ill. [Processing maps and descriptive data of cadastre: problems, possibilities, solutions.] [Hung. with Engl. rés.]

1575
Hurni, Lorenz: Digital cartographic and topographic products from the Swiss Federal Office of Topography. - Wabern 1994. 5 p., 1 ill. [Paper anläßl. der 9. Konferenz der LIBER-Gruppe der Kartenbibliothekare 1994 in Zürich.] [mimeogr.]

1576
Hurni, Lorenz: Modellhafte Arbeitsabläufe zur digitalen Erstellung von topographischen und geologischen Karten und dreidimensionalen Visualisierungen. In: Vermessung, Photogrammetrie, Kulturtechnik. 93, 1995, 4. p.278-283, 4 ill.

1577
Hurni, Lorenz: Modellhafte Arbeitsabläufe zur digitalen Erstellung von topographischen und geologischen Karten und dreidimensionalen Visualisierungen. - Zürich 1995. 190 p., ill., tab., mp. [Diss. Ing. ETH Zürich 1995.]

1578
Jäschke, Uwe; Müller, Martina: Desktop mapping - Ansätze zur Nutzung vorhandener Datenbestände. In: Kartographische Nachrichten. 45, 1995, 3. p.93-96, 3 ill., 4 mp.

1579
Jin, Di; Kite-Powell, Hauke L.; Broadus, James M.: Dynamic economic analysis of marine pollution prevention technologies: an application to double hulls and electronic charts. In: The International Hydrographic Review. 72, 1995, 2. p.71-96, 5 ill., 2 tab.

1580
Johann, Marion: Ein Datenmodell zur Ableitung anwendungsorientierter digitaler Basiskarten. - Trier: Geograph. Gesellschaft 1993. 137 p., ill. (Beiträge zur kartographischen Informationsverarbeitung. 4.) ISBN 3-921599-94-6

1581
Johannsen, Theodor M.: Digitale Landschaftsmodelle (DLM) und Hybride Datenverarbeitung. In: Vermessungswesen und Raumordnung. 55, 1993, 1/ 2. p.74-92, 17 ill.

1582
Jongh, H. de: De Kaart van Amsterdam 1:10 000. Van kaart naar objectgericht bestand. In: Geodesia (Kartografisch Tijdschrift 21, 1995, 1). 37, 1995, 1. p.27-31, 5 ill.

1583
Kafka, Oldřich: Automatizace obnovy map katastru nemovitostí. In: Geodetický a kartografický obzor. 41, 1995, 8. p.166-169. [Automated renewal of the cadastre of real estates.] [Czech with Slov., Engl., German, French and Russ. rés.]

1584
Kelly, Jan: Cartography, map-making, and GIS. In: The Bulletin of The Society of Cartographers. 28, 1994, 2. p.23-25.

1585
Kerr, Adam J.: A worldwide database for digital nautical charts. In: The International Hydrographic Review. 72, 1995, 2. p.97-119, 1 tab.

1586
Kertscher, Klaus: ALK - die automatisierte Liegenschaftskarte. In: Festschrift für Bodo Schrader zum 65. Geburtstag. - Braunschweig 1994. p.93-100, 4 ill. (Geodätische Schriftenreihe der Technischen Universität Braunschweig. 12.)

1587
Kočáb, Milan: MicroGEOS - nástroj pro vedení digitální katastrální mapy. In: Geodetický a kartografický obzor. 41, 1995, 9. p.197- 198. [MicroGEOS - a tool of upkeeping the digital cadastral map.] [Czech with Engl., French and German rés.]

1588
Komrakov, E.: Transas electronic charts. In: International Hydrographic Review. 72, 1995, 1. p.79-82.

1589
Kotelnikova, Natalia E.: Development of the digital cartography in Russia and use of digital maps in Russian State Library. - Moskva 1994. 2 p. [Paper anläßl. der 9. Konferenz der LIBER-Gruppe der Kartenbibliothekare 1994 in Zürich.] [mimeogr.]

1590
Kovács, Gáborné: A digitális földmérési alaptérképkészítés és helyzete Magyarországon. In: Geodézia és Kartográfia. 47, 1995, 1. p.16-18. [Production of the digital surveying basic maps in Hungary.] [Hung. with Engl. rés.]

1591
Kozyr', V.I.; Kolesnikov, A.M.; Pallo, L.G.: Voprosy obespečenija zaščity cifrovoj kartografičeskoj informacii. In: Geodezija i Kartografija. 1994, 6. p.44-50, 1 ill. [Problems on provision of cartographic information protection.] [Russ.]

1592
Kraak, Menno-Jan: Interactive modelling environment for three- dimensional maps. Functionality and interface issues. In: Visualization in modern cartography. - New York 1994. p.269-285, 7 ill. (Modern cartography. 2.)

1593
Kremers, Horst: Objektstrukturierte Digitale Basiskartenwerke als Grundlage für Kommunale Umweltinformationssysteme. In: Umweltinformation und Karte. Beiträge zur kartographischen Informationsverarbeitung. - Trier 1994. p.177-189. (Sonderband zum Deutschen Kartographentag. 43.)

1594
Kriz, Karel: Anforderungen an ein computergestütztes Kartographiesystem. In: Angewandte Geographische Informationsverarbeitung V. Beiträge zum GIS-Symposium

7.-9. Juli 1993. - Salzburg 1993. p.65-70. (Salzburger Geographische Materialien, H. 20.)

1595
Kriz, Karel: Anforderungen an ein computergestütztes Kartographie-System und ihre exemplarische Umsetzung mit DISK: Digitales Interaktives System für Kartographie. - Univ. Wien 1994. V, 122 p., ill. [Diss.]

1596
Kuo, Shihjong: Digital airborne mapping system. In: Technical Papers 1995 ACSM/ASPRS, Charlotte, North Carolina, Annual Convention & Exposition. Vol. 2. - Bethesda 1995. p.175-184, 2 ill.

1597
Kusch, Manfred: Rechnergestützte Herstellung von Karten 1:25 000 und 1:10 000 im Regelblattschnitt auf der Grundlage der Präsentationsgraphik des DLM 25/1. In: Nachrichten aus dem Karten- und Vermessungswesen. Rh. I, 113, 1995. p.155-159, 1 ill. [With German, Engl. and French rés.]

1598
Laan, F.B. van der; Hassani, M.: Integrated GIS approach for agricultural control at parcel level using satellite data. In: Technical Papers 1995 ACSM/ASPRS, Charlotte, North Carolina, Annual Convention & Exposition. Vol. 3. - Bethesda 1995. p.590-598, 3 ill.

1599
Lacy, James: An artificial neutral network for large scale wetlands mapping. - Madison: University of Wisconsin, Madison 1994. [Master's thesis.]

1600
Mapping, charting, and geodetic standardization activities within the United States Department of Defense. In: 12th United Nations Regional Cartographic Conference for Asia and the Pacific. Vol. II, Technical Papers. Bangkok, 20-28 February 1991. - New York 1995. p.311-313.

1601
Martyn, John: Geological mapping on the Macintosh. In: The Globe. Journal of the Australian Map Circle. 41, 1995. p.27-31, 5 ill.

1602
Martynenko, A.I. and others: Teoretičeskie osnovy sozdanija nacional'nogo i meždunarodnogo standarta cifrovych i ėlektronnych kart. In: Izvestija vysšich učebnych zavedenij. Geodezija i aerofotosemka. 1995, 2. p.72-73. [Theoretische Grundlagen der Herausbildung eines nationalen und internationalen Standards digitaler und elektronischer Karten.] [Russ.]

1603
Martynenko, A.I.: Kartografičeskoe modelirovanie i geoinformacionnye sistemy. In: Geodezija i Kartografija. 1994, 9. p.43-45. [Cartographic modeling and GIS.] [Russ.]

1604
Martynenko, A.I.: Novye technologii v komp'juternoj kartografii. In: Geodezia i Kartografia. 1994, 1. p.47-49. [New technologies in computer-aided cartography.] [Russ.]

1605
Mather, Paul M.: Map image registration accuracy using least-squares polynomials. In: International Journal of Geographical Information Systems. 9, 1995, 5. p.543-554, 6 tab.

1606
Matthias, Ekkehard: Die digitale Stadtkarte von Hamburg - DISK. In: 44 DKT. Deutscher Kartographentag 1995. Tagungsführer. Kartographie im Norden. DGfK. Hamburg, 21.-24. Mai. - Hamburg 1995. p.30-33, 2 ill.

1607
McHaffie, Patrick H.: Manufacturing metaphors. Public cartography, the market, and democracy. In: Ground Truth. The Social Implications of Geographic Information Systems. - New York, London 1995. p.113-129.

1608
Mihaljevic, John: Geographic information system or video hopscotch? In: Proceedings of the 17th conference. New Zealand Geographical Society. Victoria Univ. of Wellington, august 30 - september 2, 1993. - Christchurch 1993. p.34-39, 6 ill.

1609
Much, Susanne; Wilfert, Ingeborg: Effektive rechnergestützte Herstellung thematischer Karten. In: Kartographische Nachrichten. 45, 1995, 3. p.85-93, 6 ill.

1610
Niklasz, László: A "földhivatalok számítógépesítése c. PHARE-projekt TAKAROS, a digitális kataszteri térképek nyilvántartásának és kezelésének földhivatali koncepciója. In: Geodézia és Kartográfia. 47, 1995, 2. p.90-93, 1 tab. [TAKAROS - Land Office Concept for Registration and Management of Digital Cadastral Maps in the framework of the PHARE-project "Computerization of the Land Offices".]

1611
O'Malley, Geoff; Fraser, Tony: Using the world projection and mapping program with coreldraw. In: The Bulletin of The Society of Cartographers. 28, 1994, 2. p.27-30, 3 ill.

1612
O'Regan, Peter; Chalmers, Lex: Shoreline change analysis using digital mapping techniques. In: Proceedings of the 17th conference. New Zealand Geographical Society. Victoria Univ. of Wellington, august 30 - september 2, 1993. - Christchurch 1993. p.40-43, 2 ill.

1613
Osch, G.M. van: Kadastraal bijhoudingsproces volledig digitaal. De laatste analoge schakel, het mutatiedocument "Staat-75", is nu ook digitaal. In: Geodesia. 37, 1995, 9. p.399-402, 3 ill.

1614
Øvstedal, Ola: Praktisk bruk av GPS under fly-fotografering i Indonesia. In: Kart og plan. 88, 1995, 2. p.103-108, 2 ill., 1 tab. [Experiences with GPS in aerial photography in Indonesia.] [Norw. with Engl. rés.]

1615
Pampaloni, Maurizio: L'Istituto Geografico Militare: programmi e prodotti. In: Bollettino della Associazione Italiana di Cartografia. 93/94, 1995. p.7-14.

1616
Pfitzinger, Heinz: Probleme bei der Einführung der Automatisierten Liegenschaftskarte - ALK - in Berlin. In: Mitteilungen aus dem Vermessungswesen. Berlin. 21, 1995. p.4-19.

1617
Philipp, Reto: The digital geological map of Switzerland 1:100 000. - Zürich 1994. 2 p., ill. [Paper anläßl. der 9. Konferenz der LIBER- Gruppe der Kartenbibliothekare 1994 in Zürich.] [mimeogr.]

1618
Pillich, Bohdan: Time varying objects in ECDIS. Today, tomorrow and soon after. In: The International Hydrographic Review. 72, 1995, 2. p.111-119.

1619
Pravda, Ján: Kombinácia počítačového a klasického spracovania mapy foriem krajinného krytu. In: Geodetický a kartografický obzor. 41, 1995, 8. p.161-165, 3 ill.

[Combining computer and classic approach to land cover map compilation.] [Czech with Slov., Engl., German, French and Russ. rés.]

1620
Present problems of cadastral map digitization and geometrical improvement [Germany]. In: 12th United Nations Regional Cartographic Conference for Asia and the Pacific. Vol. II, Technical Papers. Bangkok, 20-28 February 1991. - New York 1995. p.183-188.

1621
Radovan, Dalibor: Replika na članek numerični postopek ravnanja robov katastrskih načrtov grafične izmere. In: Geodetski Vestnik. 39, 1995, 4. p.309-312, 1 ill. [Reply to the article on the numerical process of straightening the edges of graphically-based cadastral maps.] [Slov.]

1622
Rase, Wolf-Dieter: Liniengeometrie und Liniengraphik. Algorithmen und Programme für die Liniendarstellung mit GKS-Funktionen. - Karlsruhe: Wichmann 1993. XII, 197 p. (Mit Diskette).

1623
Rimbert, Sylvie: Cartomatique et sciences humaines. Les résultats d'une enquête du CNRS. In: Bulletin du Comité Français de Cartographie. 145, 1995. p.35-40, 1 ill., 3 tab.

1624
Rogers, Cheryl I: Evaluation of the use of color saturation to depict data uncertainty on digital maps. - San Diego: San Diego State University 1994. [Master's thesis.]

1625
Rose, Andreas; Zurhorst, Michael: Zur Problematik digitaler Katasterkarten in den Neuen Bundesländern. In: 78. Deutscher Geodätentag 1994 in Mainz "Geodäsie traditionell fortschrittlich". Kongreßdokumentation der Fachvorträge. - Stuttgart 1994. p.124-129. (Deutscher Verein für Vermessungswesen e.V. Schriftenreihe. 12.)

1626
Rosner, Hans-Joachim: Die Regionalisierung oberflächennaher Lufttemperaturen mit Methoden der digitalen Bildverarbeitung. In: Angewandte Geographische Informationsverarbeitung V. Beiträge zum GIS-Symposium 7.-9. Juli 1993. - Salzburg 1993. p.239-248, 4 ill. (Salzburger Geographische Materialien, H. 20.)

1627
Ruiter, Jouke de: Getting more from your data. In: The 1994 European GIS Yearbook. p.131-134, 3 ill.

1628
Sandoval Ramon, Leonardo: Cartografía digital: Situación actual y futura a corto y medio plazo. In: Boletín de Información. Servicio Geográfico del Ejército. 77, 1994. p.43-60, 2 ill.

1629
Schans, R. van der: Van terrein naar kaart, en terug. Voorvallen in het hoofd en de computer. In: Geodesia. 37, 1995, 10. p.459-462, 10 ill.

1630
Schweikart, Jürgen; Quick, Michael; Olbrich, Gerold: Stand und Entwicklung des Desktop Mapping am PC. In: Kartographische Nachrichten. 45, 1995, 1. p.1-9, 8 ill., 2 tab.

1631
Slocum, Terry A. and others: Visualization software tools. In: Visualization in modern cartography. - New York 1994. p.91-122, 9 ill. (Modern cartography. 2.)

1632
Snyder, Gregory I.; McDermott, Michael P.; Ogrosky, Charles E.: National mapping program user evaluation of selected current products. In: Technical Papers 1995 ACSM/ ASPRS, Charlotte, North Carolina, Annual Convention & Exposition. - Bethesda 1995. p.261-269.

1633
Spiess, Ernst; Brandenberger, Ch.: Übersichtsplan, aus dem digitalen Grunddatensatz abgeleitet. In: Vermessung, Photogrammetrie, Kulturtechnik. 93, 1995, 4. p.272-277, 6 ill.

1634
Standard procedure and data format for digital mapping. In: 12th United Nations Regional Cartographic Conference for Asia and the Pacific. Vol. II, Technical Papers. Bangkok, 20-28 February 1991. - New York 1995. p.247-250.

1635
Strenn, Leopold; Zill, Viktor: Digitale Kartographie im Bundesamt für Eich- und Vermessungswesen (BEV). In: Österreichische Zeitschrift für Vermessung & Geoinformation. 83, 1995, 1/2. p.3-13, 9 ill. [With German and Engl. rés.]

1636
Strobl, Josef: Erstellung und Aktualisierung großmaßstäbiger kartographischer Dokumente mittels digitaler Kartierungsverfahren. In: Festschrift Helmut Riedl. - Salzburg 1993. p.181-192, 3 ill. (Salzburger Geographische Arbeiten. Bd 25.)

1637
Su, Bo; Li, Zhilin: Expert system for automated map design and production: a review and some considerations. In: Cartography. Journal of the Australian Institute of Cartographers. 24, 1995, 1. p.33-42, 3 ill.

1638
Suchanov, Ju.A.: Kompleksnye regional'nye ėlektronnye atlasy i osobennosti ich proektirovanija. In: Izvestija vysšich učebnych zavedenij. Geodezija i aerofotosemka. 1993, 4. p.130-136. [Komplexe elektronische Regionalatlanten und Besonderheiten ihres Entwurfs.] [Russ.]

1639
Świderski, Slawomir: Numeryczna Mapa Ewidencji Gruntów i Budynków. Zasady tworzenia. Praktyczne zastosowanie na obiekcie m. Elbląga. In: Geodezja i Kartografia. 44, 1995, 2/3. p.375-381. [Numerical map of ground and building stocktaking. Working principles. Practical application on site in Elblag.] [Pol.]

1640
Tasker, Nick J.: Digital compiling easing the transition for technical pen users. In: The Bulletin of The Society of Cartographers. 29, 1995, 1. p.19-22.

1641
Tomlin, C. Dana: Cartographic modelling. In: Geographical information systems. Principles and applications. Vol. 1: Principles. New York 1994. p.361-374, 9 ill.

1642
Vagács, Géza: Néhány gondolat Balla Csilla mk. szds. cikkével kapcsolatban. In: Geodézia és Kartográfia. 47, 1995, 4. p.222-223. [Some remarks to the Paper "The role of digital image processing in cadastre mapping".] [Hung. with Engl. rés.]

1643
Vjačka, Adolf: Zaměřování změn v katastrálních mapách. In: Geodetický a kartografický obzor. 41, 1995, 11. p.242-247. [Survey of changes in cadastral maps.] [Czech with Slov., Engl., French and Russ. rés.]

1644
Voskresenskij, V.Ju.; Iljušina, T.V.: Komp'juternaja geografija i kartografija. In: Izvestija vysšich učebnych zavedenij. Geodezija i aerofotosemka. 1994, 1. p.97-102, 1 ill., 2 tab. [Computergeographie und -kartographie.] [Russ.]

1645
Werner, Willy: Rechnergestützte Kartographie als Werkzeug zur Durchführung und Auswertung von Umweltmonitoring in Forschung und Lehre. In: Umweltinformation und Karte. Beiträge zur kartographischen Informationsverarbeitung. - Trier 1994. p.271-290, 5 ill. (Sonderband zum Deutschen Kartographentag. 43.)

1646
Wimmer, Heinrich; Zahn, Johann: Der Aufbau des GEOGIS 500 und die Ableitung der ÜK 500 von Bayern. In: Kartographische Nachrichten. 45, 1995, 4. p.125-134, 13 ill., 2 tab., 1 mp.

1647
Wirth, Klaus: Stadtplanwerk Ruhrgebiet, ein Stadtkartenwerk im Umbruch. In: Kartographische Nachrichten. 45, 1995, 6. p.215-220, suppl. with 12 ill.

1648
Witke, Thomas: Erfahrungen bei der Erfassung, Vorverarbeitung, Fortführung, Ausgabe, Archivierung und Abgabe von Rasterdaten. In: Nachrichten aus dem Karten- und Vermessungswesen. Rh. I, 113, 1995. p.225-231, 2 ill., 1 tab. [With German, Engl. and French rés.]

1649
Wood, Alberta Auringer: Summary Report of the Symposium on Cartographic Design and Research and Canadian Cartographic Association/North American Cartographic Information Society, Joint Conference, Ottawa, Ontario, August 7-12, 1994. In: Bulletin. Association of Canadian Map Libraries and Archives. 92, 1995. p.17-21.

1650
Zafirov, Penčo; Marinov, Kol'o: LANDKAD - programna sistema za topografski modeli, kadastăr i komasacija. In: Geodezija, kartografija, zemeustrojstvo. 33, 1993, 1. p.18-19. [LANDKAD - a program system for topographic models, cadastre and reallocation.] [Bulg.]

1651
Zahn, Johann: Die Herstellung der digitalen Übersichtskarte von Bayern 1:500 000. In: Nachrichten aus dem Karten- und Vermessungswesen. Rh. I, 113, 1995. p.233-243, 7 ill., 1 suppl. [With German, Engl. and French rés.]

1652
Žalkovskij, E.A.: Cifrovoe kartografirovanie Rossijskoj Federacii. In: Izvestija vysšich učebnych zavedenij. Geodezija i aerofotosemka. 1995, 1. p.3-25, 3 tab. [Die digitale Kartierung der Russischen Föderation.] [Russ.]

1653
Zhan, Cixiang; Menon, Sudhakar; Gao, Peng: A directional path distance model for raster distance mapping. In: Spatial information theory. An theoretical basis for GIS. European conference, COSIT '93, Marciana Marina, Elba Island, Italy, sept. 1993. Proceedings. - Berlin 1993. p.434-443, 6 ill. (Lecture notes in computer science. 716.)

1654
Zill, Viktor: Automationsunterstützte Datenverarbeitung in der österreichischen Landesaufnahme. In: Angewandte Geographische Informationsverarbeitung V. Beiträge zum GIS-Symposium 7.-9. Juli 1993. - Salzburg 1993. p.61-64, 2 ill. (Salzburger Geographische Materialien, H. 20.)

b. Data Acquisition and Data Storage Techniques
Verfahren der Datenerfassung und Datenspeicherung
Procédés de l'acquisition et de la mémorisation des données

1655
Aussems, Thomas; Benning, Wilhelm: Zur automatisierten Bestandsaufnahme von 3D-Straßendaten. In: Allgemeine Vermessungs-Nachrichten. 102, 1995, 3. p.89-101, 9 ill.

1656
Caspary, W.: Genauigkeit als Qualitätsmerkmal digitaler Datenbestände. In: Gewinnung von Basisdaten für Geoinformationssysteme. Vorträge des 28. DVW-Seminars vom 5.-6. März an der Universität Hannover und vom 24.-25. Sept. 1992 an der Technischen Universität Dresden. - Stuttgart 1992. p.157-166, 6 ill. (Schriftenreihe des DVW. 4.) (Vorträge des ... DVW-Seminars. 28.)

1657
Gewinnung von Basisdaten für Geoinformationssysteme. Vorträge des 28. DVW-Seminars vom 5.-6. März an der Universität Hannover und vom 24.-25. Sept. 1992 an der Technischen Universität Dresden. Red.: D. Grünreich. - Stuttgart: Wittwer 1992. 166 p., ill., mp. (Schriftenreihe des DVW. 4.) (Vorträge des ... DVW-Seminars. 28.) ISBN 3-87919-166-2

1658
Haunold, Peter; Kuhn, Werner: A keystroke level analysis of manual digitizing. In: Spatial information theory. An theoretical basis for GIS. European conference, COSIT '93, Marciana Marina, Elba Island, Italy, sept. 1993. Proceedings. - Berlin 1993. p.406-420, 7 ill. (Lecture notes in computer science. 716.)

1659
Haunold, Peter: Analyse manueller Digitalisierungsabläufe mit dem Keystroke-Level-Modell. In: Angewandte Geographische Informationsverarbeitung V. Beiträge zum GIS-Symposium 7.-9. Juli 1993. - Salzburg 1993. p.117-128, 6 ill. (Salzburger Geographische Materialien, H. 20.)

1660
Hein, Karsten; Rappe, Bernd: Anwendung lokaler Schwellwertverfahren zur Optimierung der Binärisierung gescannter kartographischer Vorlagen. In: Nachrichten aus dem Karten- und Vermessungswesen. Rh. I, 113, 1995. p.89-103, 10 ill. [With German, Engl. and French rés.]

1661
Illert, Andreas: Kartometrische Erfassungsmethoden. In: Gewinnung von Basisdaten für Geoinformationssysteme. Vorträge des 28. DVW-Seminars vom 5.-6. März an der Universität Hannover und vom 24.-25. Sept. 1992 an der Technischen Universität Dresden. - Stuttgart 1992. p.113-123, 5 ill. (Schriftenreihe des DVW. 4.) (Vorträge des ... DVW-Seminars. 28.)

1662
Lange, N. de: Autokart. AutoCad-Applikationen zur thematischen Kartographie. - Münster 1993. 142 p., diagr., graphics. (Reihe Studienblätter des AAG [Arbeitsgemeinschaft Angewandte Geographie] H. 9.)

1663
Last piece of the jigsaw. (The last digitised map of Britain is completed.). In: The Geographical Magazine. 67, 1995, 10. p.35-36, ill.

1664
Lever, Peter: Data capture. A user's guide. In: The 1994 European GIS Yearbook. p.135-137.

1665
Lowell, Kim; Gold, Christopher: Using a fuzzy surface-based cartographic repesentation to decrease digitizing efforts for natural phenomena. In: Cartography and Geographic Information Systems. 22, 1995, 3. p.222-231, 5 ill., 2 tab. [With Engl. rés.]

1666
Luckhardt, Thomas: Entwicklungsstand der Erfassung raumbezogener Informationen durch kombinierte Methoden. In: Gewinnung von Basisdaten für Geoinformationssysteme. Vorträge des 28. DVW-Seminars vom 5.-6. März an der Universität Hannover und vom 24.-25. Sept. 1992 an der Technischen Universität Dresden. - Stuttgart 1992. p.139- 155, 4 ill. (Schriftenreihe des DVW. 4.)(Vorträge des DVW-Seminars. 28.)

1667
Mayer, Helmut; Heipke, Christian; Ebner, Heinrich: Wissensbasierte Bildanalyse zur Extraktion von topographischen Objekten - Grundlagen und Interpretation von Katasterkarten. In: Zeitschrift für Vermessungswesen. 120, 1995, 3. p.285-298, 14 ill.

1668
Méthode de saisie de la couche occupation du sol de la base de données cartographiques de l'IGN-France. In: 12th United Nations Regional Cartographic Conference for Asia and the Pacific. Vol. II, Technical Papers. Bangkok, 20-28 February 1991. - New York 1995. p.288-291.

1669
Mikhalevich, D.S. and others: Tus' "Snegir'" dlja avtomatičeskogo skanirovanija. In: Geodezija i Kartografija. 1994, 6. p.52-53, 1 ill., 1 tab. ["Snegir" printing ink for automated scanning.] [Russ.]

1670
Sellge, H.: Basisinformationen der Vermessungsverwaltungen (ALK und ATKIS). In: Gewinnung von Basisdaten für Geoinformationssysteme. Vorträge des 28. DVW-Seminars vom 5.-6. März an der Universität Hannover und vom 24.-25. Sept. 1992 an der Technischen Universität Dresden. - Stuttgart 1992. p.87-95. (Schriftenreihe des DVW. 4.) (Vorträge des ... DVW-Seminars. 28.)

1671
Visvalingam, Mahes; Varley, Dominic; Wright, Chris: Recognition of urban roads on large-scale maps. The prototypical cases. In: IGIS '94: Geographic information systems. International workshop on advanced research in geographic information systems, Monte Verità, Ascona, Switzerland. Febr. 18-March 4, 1994. Proceedings. - Berlin 1994. p.225-236, 5 ill. (Lecture notes in computer science. 884.)

c. Data Processing Techniques, Digital Generalization
Verfahren der Datenaufbereitung, digitale Generalisierung
Procédés de la préparation des données, généralisation numérique

1672
Barber, Cynthia; Cromley, Robert; Andrle, Robert: Evaluating alternative line simplification strategies for multiple representations of cartographic lines. In: Cartography and Geographic Information Systems. 22, 1995, 4. p.276-290, 9 ill., 9 tab.

1673
Bregt, A.K.; Bulens, J.D.: Generaliseren in de praktijk. Drie methoden voor het generaliseren van vlak-objecten. In: Geodesia. 37, 1995, 12. p.539-543, 2 ill., 1 tab.

1674
Fras, Zmago; Gvozdanović, Tomaž: Numerical process of straightening the edges of graphically-based cadastral maps. In: Geodetski Vestnik. 39, 1995, 2. p.95-102, 10 ill., p.87-94 = Slov. [With Engl. rés.]

1675
Fuhrmann, Sven; Streit, Ulrich: Konzeption eines CD-ROM-Visualisierungssystems für digitale hydrologische Karten. In: Angewandte Geographische Informationsverarbeitung VII. Beiträge zum GIS-Symposium 5.-7. Juli 1995. - Salzburg 1995. p.79-81, 2 ill. (Salzburger Geographische Materialien. 22.)

1676
Gabay, Yair; Doytsher, Yerahmiel: Automatic feature correction in merging of line maps. In: Technical Papers 1995 ACSM / ASPRS, Charlotte, North Carolina, Annual Convention & Exposition. Vol. 2. - Bethesda 1995. p.404-410, 5 ill.

1677
Illert, Andreas: Aspekte der Zusammenführung digitaler Datensätze unterschiedlicher Quellen. In: Nachrichten aus dem Karten- und Vermessungswesen. Rh. I, 113, 1995. p.105-115, 4 ill. [With German, Engl. and French rés.]

1678
Jones, Christopher B.; Bundy, Geraint Ll.; Ware, J. Mark: Map generalization with a triangulated data structure. In: Cartography and Geographic Information Systems. 22, 1995, 4. p.317-331, 15 ill.

1679
Kammerer, Peter: Weiterverarbeitung von Daten des Bayerischen Landesvermessungsamtes auf dem PC. In: Nachrichten aus dem Karten- und Vermessungswesen. Rh. I, 113, 1995. p.117-127, 3 ill., 1 tab. [With German, Engl. and French rés.]

1680
Kilpeläinen, Tiina: Updating multiple representation geodata bases by incremental generalization. In: Geo-Informations-Systeme. 8, 1995, 4. p.13-18, 5 ill. [With Engl. and German rés.]

1681
Kurz, Alexander: Aktivity Zeměměřického úřadu v oblasti naplňování ISZK a digitalizace kartografických děl. In: Mapa - podklad k novým informáciám. - Bratislava 1995. p.26-31. [Activities of Survey Office in filling ISZK and Map Digitalization.] [Czech with Engl. rés.]

1682
Lee, Dan: Areal features in digital map generalization. In: Technical Papers 1995 ACSM/ASPRS, Charlotte, North Carolina, Annual Convention & Exposition. - Bethesda 1995. p.327-334, 5 ill.

1683
Leitner, Michael; Buttenfield, Barbara P.: Acquisition of procedural cartographic knowledge by reverse engineering. In: Cartography and Geographic Information Systems. 22, 1995, 3. p.232-241, 4 ill., 2 tab. [With Engl. rés.]

1684
Li, Zhilin; Su, Bo: Algebraic models for feature displacement in the generalization of digital map data using morphological techniques. In: Cartographica. 32, 1995, 3. p.39-56, 34 ill., 2 tab.

1685
Li, Zhilin; Su, Bo: From phenomena to essence: envisioning the nature of digital map generalisation. In: The Cartographic Journal. 32, 1995, 1. p.45-47, 3 ill.

1686
Mackaness, William A.: An algorithm for conflict identification and feature displacement in automated map generalization. In: Cartography and Geographic Information Systems. 21, 1994, 4. p.219- 232, 20 ill., 2 tab.

1687
Mackaness, William A.: Analysis of urban road networks to support cartographic generalization. In: Cartography and Geographic Information Systems. 22, 1995, 4. p.306-316, 12 ill.

1688
Moravec, Dalibor: Generalizace reliéfu v kartografických modelech. In: Geodetický a kartografický obzor. 41, 1995, 9. p.178-182, 10 ill. [Generalization of relief in cartographic models.] [Czech with Engl., French and German rés.]

1689
Muller, Jean-Claude: Generalization of spatial databases. In: Geographical information systems. Principles and applications. Vol. 1: Principles. - New York 1994. p.457-475, 14 ill.

1690
Ondreička, Erik: Problematika vektorizácie hraníc pozemkov evidovaných v nedekadických mapách. In: Pedagogické listy. 1995, 2. p.87-94. [The vectorization problem of parcel boundaries kept in nondecadic maps.] [Slovak with Engl. rés.]

1691
Plazanet, Corinne; Affholder, Jean-Georges; Fritsch, Emmanuel: The importance of geometric modeling in linear feature generalization. In: Cartography and Geographic Information Systems. 22, 1995, 4. p.291-305, 11 ill.

1692
Su, Bo; Li, Zhilin: An algebraic basis for digital generalization of area-patches based on morphological techniques. In: The Cartographic Journal. 32, 1995, 2. p.148-153, 12 ill.

1693
Tsoulos, Lysandros: Cartographic generalization in digital environment. In: The International Hydrographic Review. 72, 1995, 2. p.151-163, 3 ill.

1694
Weibel, Robert: Map generalization in the context of digital systems. In: Cartography and Geographic Information Systems. 22, 1995, 4. p.259-263.

1695
Zelles, Roland: INTERGRAPH-Lösungen für die digitale kartographische Generalisierung. In: Nachrichten aus dem Karten- und Vermessungswesen. Rh. I, 113, 1995. p.245-256, 12 ill. [With German, Engl. and French rés.]

d. Digital Models
Digitale Modelle
Modèle numérique

1696
Abanmy, Fahd and others: An evaluation of DEM and orthophoto generation on OrthoMAX. In: Technical Papers 1995 ACSM / ASPRS, Charlotte, North Carolina, Annual Convention & Exposition. Vol. 2. - Bethesda 1995. p.479-487, 6 ill., 4 tab.

1697
Almagor, Jacob; Shapira, Yerucham: The ADE technology for automatic surface reconstruction. In: Technical Papers 1995 ACSM/ASPRS, Charlotte, North Carolina, Annual Convention & Exposition. Vol. 2. - Bethesda 1995. p.501-520, 5 ill.

1698
Ament, Rüdiger: Das Datenmodell des DKM aus fachlicher Sicht und aus Sicht der ALK/ATKIS-Datenbank. In: Nachrichten aus dem Karten- und Vermessungswesen. Rh.I, 113, 1995. p.9-18, 5 ill. [With German, Engl. and French rés.]

1699
Ament, Rüdiger: Realisierung der Verknüpfung zwischen DLM und DKM im ALK/ATKIS-Datenbankteil. In: Nachrichten aus dem Karten- und Vermessungswesen. Rh.I, 113, 1995. p.19-25, 3 ill. [With German, Engl. and French rés.]

1700
Banks, Dominic: Terrain modelling as an aid to historic visualisation. In: Cartography. Journal of the Australian Institute of Cartographers. 24, 1995, 2. p.75-83, 6 ill.

1701
De Floriani, Leila; Magillo, Paola: Computing visibility maps on a digital terrain model. In: Spatial information theory. An theoretical basis for GIS. European conference, COSIT '93, Marciana Marina, Elba Island, Italy, sept. 1993. Proceedings. - Berlin 1993. p.248-269, 13 ill. (Lecture notes in computer science. 716.)

1702
Endrullis, Manfred: Aufbau und Fortführung digitaler Landschafts- und Kartenmodelle des Geoinformationssystems ATKIS. In: Das Geoinformationssystem ATKIS und seine Nutzung in Wirtschaft und Verwaltung. Vorträge ... anläßlich des AdV-Symposiums ATKIS am 15. u. 16. Juni 1994 im Landesvermes-sungsamt Nordrhein-Westfalen, Bonn-Bad Godesberg. - Bonn 1994. p.137-146.

1703
Friedrich, J.: Eine Einführung in Prinzipien und Werkzeuge der objektorientierten Programmierung mit einem C++ Programmbeispiel für ein digitales Geländemodell. In: Zeitschrift für Vermessungswesen. 120, 1995, 3. p.143-151, 2 ill.

1704
Fritsch, Dieter: Ableitung digitaler Geländemodelle aus MOMS02/D2-Bilddaten - erste Ergebnisse. In: Geo-Informations Systeme. 8, 1995, 2. p.13-20, 4 ill., 1 tab.

1705
Gao, Jay: Comparison of sampling schemes in constructing DTMs from topographic maps. In: ITC-Journal. 1995, 1. p.18-22, 3 ill.

1706
Gruber, Michael; Meissl, Stephan; Böhm, Rainer: Das dreidimensionale digitale Stadtmodell Wien. Erfahrungen aus einer Vorstudie. In: Österreichische Zeitschrift für Vermessung & Geoinformation. 83, 1995, 1/2. p.29-36, 4 ill., 3 tab.

1707
Han, C.S.: Vliegtuig-laserscanning. Een onderzoek naar de toepasbaarheid van een moderne remote sensing inwinningstechniek voor het meten van digitale terreinmodellen. In: Geodesia. 37, 1995, 2. p.89-93, 4 ill., 3 tab.

1708
Harbeck, Rolf: Erdoberflächenmodelle der Landesvermessung und ihre Anwendungsgebiete. In: Kartographische Nachrichten. 45, 1995, 2. p.41-49, 2 ill., 3 mp.-suppl.

1709
Harmsworth, Garth R.; Dymond, John R.; McLeod, Malcolm: Automated mapping of soils in hilly terrain using DTMs [Digital Terrain Models]: A New Zealand example. In: ITC-Journal. 1995, 2. p.87-94, 4 ill., 4 tab. [With Engl. rés.]

1710
Hobbs, F.: The rendering of relief images from digital contour data. In: The Cartographic Journal. 32, 1995, 2. p.111-116, 6 ill.

1711
Hofierka, Jaroslav; Zlochová, J.: Digital terrain modelling and application within a GIS environment. In: Acta Facultatis Rerum Naturalium Universitatis Comenianae Environmentalica. 1995, 4/5. p.269-275, 5 ill. [With Slovak rés.]

1712
Hutchinson, Michael: Development of a continent-wide DEM with applications to terrain and climate analysis. In: Environmental modeling with GIS. - New York; Oxford 1993. p.392-399, 3 ill.

1713
Kavouras, Marinos: Human-computer interaction considerations in terrain modeling and visualization. In: Cognitive aspects of human- computer interaction for geographic informa-tion systems. - Dordrecht 1995. p.213-219, 1 ill. (NATO ASI series. Ser. D: Behavioural and social sciences. 83.)

1714
Kładoczny, Dariusz; Żyszkowska, Wiesława: Struktura numerycznych modeli terenu a ich obraz poziomicowy. In: Polski przegląd kartograficzny. 27, 1995, 4. p.177-191, 10 ill., 1 tab. [Digital terrain models structure and their contour line presentation.] [Pol. with Engl. and Russ. rés.]

1715
Kolény, M.; Jenčo, Marián: Využitie digitálneho modelu reliéfu na spresnenie pôdnoekologických máp. In: Zborník referátov: Vybrané problémy súčasnej geografie a príbuzných disciplin. - Bratislava 1995. p.67-74, 4 ill. [Using the digital georelief model to making accurate the soil-ecological maps.] [Slovak with Engl. rés.]

1716
Krause, Ulrich: Konzeption des Landesvermessungsamtes NRW zur Fortführung des DLM 25/1 und zur Realisierung des DLM 25/2. In: Nachrichten aus dem Karten- und Vermessungswesen. Rh. I, 113, 1995. p.139-145. [With German, Engl. and French rés.]

1717
Krzystek, Peter; Ackermann, Friedrich: New investigations into the practical performance of automatic DEM generation. In: Technical Papers 1995 ACSM/ASPRS, Charlotte, North Carolina, Annual Convention & Exposition. Vol. 2. - Bethesda 1995. p.488-500, 6 ill., 4 tab.

1718
Laux, Werner: Nutzung des ATKIS-Landschaftsmodells für die statistische Erhebung geplanter Flächennutzungen. In: Das Geoinformationssystem ATKIS und seine Nutzung in Wirtschaft und Verwaltung. Vorträge ... anläßlich des AdV-Symposiums ATKIS am 15. u. 16. Juni 1994 im Landesvermessungsamt Nordrhein-Westfalen, Bonn-Bad Godesberg. - Bonn 1994. p.78-84, 1 ill.

1719
Mahr, Hans: ATKIS-DKM Entwicklungsstufe des HLVA auf der Basis von Intergraph Hard- und Software. In: Kartographische Nachrichten. 45, 1995, 1. p.17-24, 7 ill., 1 mp.

1720
Mahr, Hans: DKM-Entwicklungsstufe im Hessischen Landesvermessungsamt, Wiesbaden. In: Nachrichten aus dem Karten- und Vermessungswesen. Rh. I, 113, 1995. p.161-165, 2 ill. [With German, Engl. and French rés.]

1721
Masuoka, Penny M.; Hoppin, Andrew D.; Lowman, Paul D.: A study of the Sudbury Basin, Ontario, using radar combined with digital elevation data: preliminary results. In: Technical Papers 1995 ACSM / ASPRS, Charlotte, North Carolina, Annual Convention & Exposition. Vol. 3. - Bethesda 1995. p.704-713.

1722
Meier, Siegfried; Endlich, Marion: Von der Topographischen Karte zum Digitalen Geländemodell - Schätzwerte für landschaftsgebundene Rasterweiten. In: Geo-Informations-Systeme. 8, 1995, 6. p.10-13, 1 ill., 3 tab. [With German and Engl. rés.]

1723
Moravec, Dalibor: Generalizace reliéfu v kartografických modelech. In: Geodetický a kartografický obzor. 41, 1995, 9. p.178-182, 10 ill. [Generalization of relief in cartographic models.] [Czech with Engl., French and German rés.]

1724
Muggenhuber, Gerhard: DKM und Datenaustausch. In: Angewandte Geographische Informationsverarbeitung V. Beiträge zum GIS-Symposium 7.-9. Juli 1993. - Salzburg 1993. p.49-54, 1 tab. (Salzburger Geographische Materialien, H. 20.)

1725
Pečnik, Slavko: Digital terrain model of Europe. In: Geodetski vestnik. 39, 1995, 1. p.13-18, 1 ill., 1 tab.

1726
Pečnik, Slavko: Digitalni model reliefa Evrope. In: Geodetski vestnik. 39, 1995, 1. p.7-12, 1 ill., 1 tab. [Digital terrain model of Europe.] [Slov.]

1727
Price, Kevin P.; Rich, Paul M.; O'Neal, Robby L.: Deriving high resolution canopy digital elevation models. In: Technical Papers 1995 ACSM/ASPRS, Charlotte, North Carolina, Annual Convention & Exposition. Vol. 2. - Bethesda 1995. p.281-289, 3 ill.

1728
Reischer, Johannes: Möglichkeiten der digitalen Erstellung ausgewählter kartenverwandter Ausdrucksformen durch optimierte Visualisierung von Geländemodellen (DGM): dargestellt am Beispiel des Gebietes Schneeberg und Rax. - Univ. Wien 1994. 87 p., ill., mp. [Dipl.-Arb.]

1729
Robson, Robert M.: Radar Elevation Model (REM). In: The Globe. Journal of the Australian Map Circle. 42, 1995. p.36-48, 7 ill., 2 tab.

1730
Sachweh, Michael; Würländer, Roland: Derivation of land from parameters for climatic mapping. In: Geo-Informations-Systeme. 8, 1995, 4. p.27-32, 4 ill. [With Engl. and German rés.]

1731
Schmid-McGibbon, Gesche: Generalization of digital terrain models for use in landform mapping. In: Cartographica. 32, 1995, 3. p.26- 38, 8 ill.

1732
Sjölin, Jonas: Noggrannhet hos fotogrammetriska plankartor och terrängmodeller för projektering. In: Lantmäteritidskriften. 1995, 1. p.29-35, 5 ill., 4 tab. [Exactness by photogrammetric maps and topographical models by planning.] [Swed.]

1733
Sneller, B.: Van luchtfoto tot beslissing. In: Kartografisch Tijdschrift. 21, 1995, 3. p.81-83.

1734
Vickus, Georg: Weiterentwicklung der kartographischen Modellbildung in ATKIS. In: Kartographische Nachrichten. 45, 1995, 2. p.50-57, 7 ill.

1735
Weibel, Robert; Heller, Martin: Digital terrain modelling. In: Geographical information systems. Principles and applications. Vol. 1: Principles. - New York 1994. p.269-297, 18 ill.

e. Data Presentation Techniques
Verfahren der Datenausgabe
Procédé de sortie des données

1736
Direct printing of digital imagery. Paper submitted by Australia. In: 12th United Nations Regional Cartographic Conference for Asia and the Pacific. Vol. II, Technical Papers. Bangkok, 20-28 February 1991. - New York 1995. p.219-220.

1737
Hoop, Sylvia de; Oosterom, Peter van; Molenaar, Martien: Topological querying of multiple map layers. In: Spatial information theory. An theoretical basis for GIS. European conference, COSIT '93, Marciana Marina, Elba Island, Italy, sept. 1993. Proceedings. - Berlin 1993. p.139-157, 6 ill. (Lecture notes in computer science. 716.)

1738
Lindholm, Mikko; Sarjakoski, Tapani: Designing a visualization user interface. In: Visualization in modern cartography. - New York 1994. p.167-184, 4 ill. (Modern cartography. 2.)

1739
Rigaux, Philippe; Scholl, Michel; Voisard, Agnes: A map editing kernel implementation: application to multiple scale display. In: Spatial information theory. An theoretical basis for GIS. European conference, COSIT '93, Marciana Marina, Elba Island, Italy, sept. 1993. Proceedings. - Berlin 1993. p.341-365, 5 ill. (Lecture notes in computer science. 716.)

1740
Spinoso, Connie: An evaluative approach for colour printing technology in cartography. In: Cartography. Journal of the Australian Institute of Cartographers. 24, 1995, 2. p.67-73, 1 ill.

G. Spatial Information Systems
Raumbezogene Informationssysteme
Systèmes d'informations spatiales

1. General Features, Graphic Data Banks
Allgemeines, graphische Datenbanken
Généralités, banques de données graphiques

1741
9. Informationsveranstaltung der Bayer. Vermessungsverwaltung über die graphische Datenverarbeitung am Mittwoch, den 26. April 1995 in der TU München. - München 1995. 83 p., ill.

1742
Allen, Robert S.: An overview of the Federal Geographic Data Committee, National Spatial Data Infrastructure, National Geospatial Data Clearinghouse, and the Digital Geospatial Metadata Standard: what will it mean for tomorrow's libraries? In: Bulletin. Special Libraries Association, Geography and Map Division. 180, 1995. p.2-28.

1743
Anderson, Jim: Cartography at the 1995 Association of American Geographers Meeting. In: Cartographic Perspectives. 21, 1995. p.37; 40-41.

1744
Approaches to spatial database transfer standards. In: 12th United Nations Regional Cartographic Conference for Asia and the Pacific. Vol. II, Technical Papers. Bangkok, 20-28 February 1991. - New York 1995. p.314-324, 5 ill.

1745
Ayyar, Mohan: Mapping via Internet: transmitting maps electronically. In: The Globe. Journal of the Australian Map Circle. 41, 1995. p.88- 94.

1746
Baker, Graham: Towards a national land and geographic data infrastructure. In: The Globe. Journal of the Australian Map Circle. 42, 1995. p.1-14.

1747
Bayliss, John H.: Map position finding in a computer simulated environment. - Blacksburg: Virginia Polytechnic Institute and State University 1994. [Master's thesis.]

1748
Buchanan, Anne L.: Statistical masterfile CD: a source of statistical data for geography and cartography. In: Bulletin. Special Libraries Association, Geography and Map Division. 180, 1995. p.61-67, 3 ill.

1749
Buchanan, H.: Product conformance with BS7567 (NTF) with an example studying Ordnance Survey Boundary Line. In: The Cartographic Journal. 32, 1995, 1. p.18-23, 7 ill.

1750
Cartwright, William E.: Interactive multimedia for mapping. In: Visualization in modern cartography. - New York 1994. p.63-89, 6 tab. (Modern cartography. 2.)

1751
Chalugin, E.I.; Majdanič, A.I.: Ėkspertnye sistemy v sozdanii ėlektronnych kart. In: Izvestija vysšich učebnych zavedenij. Geodezija i aerofotosemka. 1995, 1. p.66-70. ["Expertensysteme" bei der Herstellung elektronischer Karten.] [Russ.]

1752
Charvát, Karel: Data - základ GIS. In: Mapa - podklad k novým informáciám. - Bratislava 1995. p.83-84. [Data - the basis of GIS.] [Czech with Engl. rés.]

1753
Claussen, Hinrich: Digitale Karten für Fahrzeugnavigationssysteme. In: 79. Deutscher Geodätentag 1995 in Dortmund "Lebensräume erfassen werten - gestalten". Kongreßdokumentation der Fachvorträge. - Stuttgart 1995. p.9-22, 1 ill. (Schriftenreihe des DVW. 20.)

1754
Copas, Conn V.: Spatial information systems for decision support. In: Human factors in geographical information systems. - London [etc.] 1993. p.158-167.

1755
Crampton, Jeremy W.: Cartography resources on the World Wide Web. In: Cartographic Perspectives. 22, 1995. p.3-11, 7 ill.

1756
Développement des bases de données cartographiques. In: 12th United Nations Regional Cartographic Conference for Asia and the Pacific. Vol. II, Technical Papers. Bangkok, 20-28 February 1991. - New York 1995. p.228-235.

1757
Digital map data: a component of geographic and land information systems. In: 12th United Nations Regional Cartographic Conference for Asia and the Pacific. Vol. II, Technical Papers. Bangkok, 20-28 February 1991. - New York 1995. p.250-254.

1758
Digital mapping and topographic databases: aspects of the development of spatial information systems in Indonesia. In: 12th United Nations Regional Cartographic Conference for Asia and the Pacific. Vol. II, Technical Papers. Bangkok, 20-28 February 1991. - New York 1995. p.235-247, 8 ill.

1759
Fisher, Peter F.: Spatial data sources and data problems. In: Geographical information systems. Principles and applications. Vol. 1: Principles. - New York 1994. p.175-189, 8 ill.

1760
Frančula, Nedjeljko; Dinko, Kovačevic: Inozemna iskustva u uspostavljanju nacionalnih topografsko-kartografskih baza podataka. In: Geodetski list. 47, 1993, 1. p.15-27. [Some experiences from abroad in establishing national topographic cartographic databases.] [Croat. with Engl. rés.]

1761
Gartner, Georg: Von der abstrakten Geometrie zur Visualisierung von Schrift und Signaturen. In: Angewandte Geographische Informationsverarbeitung V. Beiträge zum GIS-Symposium 7.-9. Juli 1993. - Salzburg 1993. p.109-116, 4 ill. (Salzburger Geographische Materialien, H. 20.)

1762
Gazdzicki, Jerzy: GIS/LIS developments in Poland. In: The 1994 European GIS Yearbook. p.197-199.

1763
Glemser, Michael: Untersuchungen zur objektbezogenen geometrischen Genauigkeit. In: Angewandte Geographische Informationsverarbeitung V. Beiträge zum GIS-

Symposium 7.-9. Juli 1993. - Salzburg 1993. p.97-108, 9 ill., 6 tab. (Salzburger Geographische Materialien, H. 20.)

1764
Guptill, Stephen C.: Spatial data exchange and standardization. In: Geographical information systems. Principles and applications. Vol. 1: Principles. - New York 1994. p.515-530, 2 ill.

1765
Hanke, Peter; Proß, Erhard: Zur Fortführung des ATKIS 200 unter Verwendung digitaler Bilddaten. In: Nachrichten aus dem Karten- und Vermessungswesen. Rh. I, 113, 1995. p.79-88, 1 mp.-suppl. [With German, Engl. and French rés.]

1766
Healey, Richard G.: Database management systems. In: Geographical information systems. Principles and applications. Vol. 1: Principles. New York 1994. p.251-267, 11 ill., 3 tab.

1767
Höflinger, Ernst: LIS/GIS developments in Austria. In: The 1994 European GIS Yearbook. p.160-162, 2 ill.

1768
Hughes, Alun: From email to the web: index map to the Internet. In: Bulletin. Association of Canadian Map Libraries and Archives. 92, 1995. p.1-12.

1769
Implementing a cartographic database to enable automation. In: 12th United Nations Regional Cartographic Conference for Asia and the Pacific. Vol. II, Technical Papers. Bangkok, 20-28 February 1991. - New York 1995. p.269-272.

1770
Jäschke, Uwe; Müller, Martina: Desktop mapping - Ansätze zur Nutzung vorhandener Datenbestände. In: Kartographische Nachrichten. 45, 1995, 3. p.93-96, 3 ill., 4 mp.

1771
Kemp, Karen K.: Spatial databases: sources and issues. In: Environmental modeling with GIS. - New York; Oxford 1993. p.363-371.

1772
Kerr, Adam J.: A worldwide database for digital nautical charts. In: The International Hydrographic Review. 72, 1995, 2. p.97-119, 1 tab.

1773
Kriz, Karel: Anforderungen an ein computergestütztes Kartographiesystem. In: Angewandte Geographische Informationsverarbeitung V. Beiträge zum GIS-Symposium 7.-9. Juli 1993. - Salzburg 1993. p.65-70. (Salzburger Geographische Materialien, H. 20.)

1774
Larsgaard, Mary: Cataloging geospatial data in digital form. A paper presented at the 1995 SLA Annual Conference. In: Bulletin. Special Libraries Association, Geography and Map Division. 181, 1995. p.2-22.

1775
Lawford, Geoff J.: Geodata quality validation. In: Cartography. Journal of the Australian Institute of Cartographers. 24, 1995, 2. p.1-15, 2 ill., 5 tab.

1776
Lenczowski, Roberta E.: Global geospatial information: the challenge and the response. In: Technical Papers 1995 ACSM/ASPRS, Charlotte, North Carolina, Annual Convention & Exposition. Vol. 2. - Bethesda 1995. p.50-59.

1777
Marschallinger, Robert: Dreidimensionale Modellierung geologischer Daten mit Techbase. In: Angewandte Geographische Informationsverarbeitung V. Beiträge zum GIS-Symposium 7.-9. Juli 1993. - Salzburg 1993. p.213-216. (Salzburger Geographische Materialien, H. 20.)

1778
Mesure de la qualité de l'information d'occupation du sol dans un SIG. In: 12th United Nations Regional Cartographic Conference for Asia and the Pacific. Vol. II, Technical Papers. Bangkok, 20-28 February 1991. - New York 1995. p.355-358, 3 ill., 5 tab.

1779
Miller, Suzette: Map based information products: a multimedia definition and some issues and opportunities. In: Cartography. Journal of the Australian Institute of Cartographers. 24, 1995, 2. p.29-46, 5 ill.

1780
Milleret-Raffort, Françoise: Some cognitive and technical aspects of hypermaps. In: Cognitive aspects of human-computer interaction for geographic information systems. - Dordrecht 1995. p.197-211, 12 ill. (NATO ASI series. Ser. D: Behavioural and social sciences. 83.)

1781
Mitášová, Irena: Geoinformatika a priestorovo orientované informačné systémy. In: Geodetický a kartografický obzor. 41, 1995, 9. p.183-186. [Geoinformatics and space oriented Information Systems.] [Czech with Engl., French and German rés.]

1782
Mittelstrass, Gerhard: Die Geobasisdaten der Vermessungsverwaltungen als Grundlage der raumbezogenen Informationsverarbeitung. In: Geo-Informations-Systeme. 8, 1995, 4. p.28-26, 3 ill. [With Engl. and German rés.]

1783
Moore, Laura A.; Matsumoto, M.Roy; Holderfield, Robert D.: Network access to geographic names: Defense Mapping Agency prototype to the information super highway. In: Technical Papers 1995 ACSM/ASPRS, Charlotte, North Carolina, Annual Convention & Exposition. Vol. 2. - Bethesda 1995. p.60-65.

1784
Muggenhuber, Gerhard: DKM und Datenaustausch. In: Angewandte Geographische Informationsverarbeitung V. Beiträge zum GIS-Symposium 7.-9. Juli 1993. - Salzburg 1993. p.49-54, 1 tab. (Salzburger Geographische Materialien. 20.)

1785
Muller, Jean-Claude: Generalization of spatial databases. In: Geographical information systems. Principles and applications. Vol. 1: Principles. - New York 1994. p.457-475, 14 ill.

1786
A new Australian standard for spatial data transfer. In: 12th United Nations Regional Cartographic Conference for Asia and the Pacific. Vol. II, Technical Papers. Bangkok, 20-28 February 1991. - New York 1995. p.302-306.

1787
Nižnanský, Branislav: Grafické užívatel'ské rozhranie a mapa. In: Mapa - podklad k novým informáciám. - Bratislava 1995. p.79-82. [Graphical user interface and map.] [Slovak with Engl. rés.]

1788
Normalisation des échanges d'informations géographiques en France. In: 12th United Nations Regional Cartographic Conference

for Asia and the Pacific. Vol. II, Technical Papers. Bangkok, 20-28 February 1991. - New York 1995. p.308-311.

1789
Report of the National Working Party on Education and Research in land and geographic information systems. In: 12th United Nations Regional Cartographic Conference for Asia and the Pacific. Vol. II, Technical Papers. Bangkok, 20-28 February 1991. - New York 1995. p.328-337, 1 tab.

1790
Retscher, Günther: Europäische Entwicklungen im Bereich der Navigation von Automobilen. In: Österreichische Zeitschrift für Vermessung & Geoinformation. 83, 1995, 3. p.120-126, 3 ill., 1 tab. [With German and Engl. rés.]

1791
Schans, R. van der; Hettema, H.A.: Pragmatische geo- informatieverzorging. Een geodetische poging tot synthese. In: Geodesia. 37, 1995, 4. p.185-191, 9 ill.

1792
Schellein, H.: GEOGIS 25 - Datenstruktur, Datenerfassung und Datenabgabe. In: 9. Informationsveranstaltung der Bayer. Vermessungsverwaltung über die graphische Datenverarbeitung am Mittwoch, den 26. April 1995 in der TU München. - München 1995. p.21- 29, 7 ill.

1793
Sellge, H.: Basisinformationen der Vermessungsverwaltungen (ALK und ATKIS). In: Gewinnung von Basisdaten für Geoinformationssysteme. Vorträge des 28. DVW-Seminars vom 5.-6. März an der Universität Hannover und vom 24.-25. Sept. 1992 an der Technischen Universität Dresden. - Stuttgart 1992. p.87-95. (Schriftenreihe des DVW. 4.) (Vorträge des ... DVW-Seminars. 28.)

1794
Špaček, Štefan: Báza údajov pre geografické informačné systémy na Slovensku. In: Mapa - podklad k novým informáciám. - Bratislava 1995. p.18-25. [GIS database in Slovakia.] [Slovak with Engl. rés.]

1795
Su, Bo; Li, Zhilin: Expert system for automated map design and production: a review and some considerations. In: Cartography. Journal of the Australian Institute of Cartographers. 24, 1995, 1. p.33-42, 3 ill.

1796
Turk, Andrew; Mackaness, William A.: Design considerations for spatial information systems and maps to support native title negotiation and arbitration. In: Cartography. Journal of the Australian Institute of Cartographers. 24, 1995, 2. p.17-28, 7 ill.

1797
Van der Wel, Frans J.; Hootsmans, Rob M.; Ormeling, Ferjan: Visualization of data quality. In: Visualization in modern cartography. - New York 1994. p.313-331, 9 ill. (Modern cartography. 2.)

1798
Vasmut, A.S.; Galimov, A.I.: Metody formirovanija struktury ėkspertnoj sistemy dlja izvlečenija znanij iz kart. In: Izvestija vysšich učebnych zavedenij. Geodezija i aerofotosemka. 1993, 5/6. p.138-150, 2 ill. [Methoden der Herausbildung von Strukturen eines "Expertensystems" für die Gewinnung von Daten aus Karten.] [Russ.]

1799
Veen, J.B. van der; Uitermark, H.T.: Naar een objectgerichte GBKN?! Van basiskaart tot basisbestand via het objectbegrip. In: Geodesia. 37, 1995, 2. p.83-88, 4 ill.

1800
Waldorf, Susan: Eureka cartography. In: Cartographic Perspectives. 21, 1995. p.37.

1801
White, Marvin S.: Car navigation systems. In: Geographical information systems. Principles and applications. Vol. 2: Applications. - New York 1994. p.115-125, 7 ill.

1802
Wodtke, Klaus-Peter: Zweites AdV-Symposium ATKIS in Hannover. In: Kartographische Nachrichten. 45, 1995, 5. p.189-190.

1803
Zill, Viktor: Automationsunterstützte Datenverarbeitung in der österreichischen Landesaufnahme. In: Angewandte Geographische Informationsverarbeitung V. Beiträge zum GIS-Symposium 7.-9. Juli 1993. - Salzburg 1993. p.61-64, 2 ill. (Salzburger Geographische Materialien, H. 20.)

2. Geographical Information Systems (GIS) Geographische Informationssysteme Systèmes d'informations géographiques

1804
The 1994 European GIS Yearbook. - Oxford: NCC Blackwell 1994-.

1805
Aangeenbrug, Robert T.: A critique of GIS. In: Geographical information systems. Principles and applications. Vol. 1: Principles.- New York 1994. p.101-107.

1806
Abler, Ronald F.: What you'll need to know to use GIS in 2001. In: Cartographic Perspectives. 21, 1995. p.53-56.

1807
Acharya, Bishwa and others: Applications of GPS and scanning to base mapping: a sugar cane GIS pilot project in the Cauca Valley, Colombia. In: Technical Papers 1995 ACSM/ ASPRS, Charlotte, North Carolina, Annual Convention & Exposition. - Bethesda 1995. p.242-251, 4 ill., 6 tab.

1808
Adler, Ron: International land boundary database. In: Surveying and Land Information Systems. 55, 1995, 4. p.212-216, 2 ill., 1 tab.

1809
Aleksandrov, V.N.: Cifrovoe kartografirovanie i geoinformacionnye sistemy. In: Geodezia i Kartografia. 1994, 3. p.49-51. [Digital cartography and GIS.] [Russ.]

1810
Allgöwer, Britta: GIS im Schweizerischen Nationalpark. In: Cratschla. 1, 1993, 1. p.40-43, ill., tab.

1811
Alm, Håkan: Human factors considerations in vehicle navigation aids. In: Human factors in geographical information systems. - London [etc.] 1993. p.148-157.

1812
Angewandte Geographische Informationsverarbeitung V. Beiträge zum GIS-Symposium 7.-9. Juli 1993. Hrsg.: Franz Dollinger und Josef Strobl. - Salzburg: Selbstverlag des Instituts für Geographie der Universität Salzburg 1993. 380 p., ill., tab. (Salzburger Geographische Materialien, H. 20.)

1813
Angewandte Geographische Informationsverarbeitung VII. Beiträge zum GIS-Symposium 5.-7. Juli 1995. Hrsg. von Franz Dollinger und Josef Strobl. - Salzburg: Institut für Geographie der Universität Salzburg 1995.

305 p. (Salzburger Geographische Materialien. 22.)

1814
Artimo, Kirsi: The bridge between cartographic and geographic information systems. In: Visualization in modern cartography. - New York 1994. p.45-61. (Modern cartography. 2.)

1815
Asche, Hartmut; Wohlfarth, Hans-Martin: An atlas of transportation alternatives: a citizen-oriented approach to map-based information systems. In: UDMS '93. 16th Urban Data Management Symposium 6.-10. Sept. 1993. Proceedings. - Wien 1993. p.490-497.

1816
Ashkenazi, Vidal: GPS and GIS. In: The 1994 European GIS Yearbook. p.127-130, 4 ill.

1817
Aufaure-Portier, Marie-Aude: Definition of a visual language for GIS. In: Cognitive aspects of human-computer interaction for geographic information systems. - Dordrecht 1995. p.163-178, 10 ill. (NATO ASI series. Ser. D: Behavioural and social sciences. 83.)

1818
Avissar, Roni: An approach to bridge the gap between microscale land-surface processes and synoptic-scale meteorological conditions using atmospheric models and GIS: potential for applications in agriculture. In: Environmental modeling with GIS. - New York; Oxford 1993. p.123- 134, 10 ill., 4 tab.

1819
Backhaus, Klaus; Reinkemeier, Christoph; Voeth, Markus: Was Marketing zur Marktöffnung im GIS-Markt beitragen kann!. In: Geo-Informations-Systeme. 8, 1995, 6. p.2-9, 6 ill. [With German and Engl. rés.]

1820
Bärk, B.; Figura, J.; Zeppenfeld, G.: Datenaustausch zwischen Geo-Informationssystemen. Eine Herausforderung für die Zukunft. In: Geo-Informations-Systeme. 8, 1995, 6. p.30-34, 4 ill.

1821
Bako, Ladislav: Hranice v rámci miestnych informačných systémov. In: Pedagogické listy. 1995, 2. p.85-86. [Boundaries in municipal information systems.] [Slovak with Engl. rés.]

1822
Baldina, Elena A.; Knizhnikov, Yuri F.; Labutina, Irina A.: The Astrakhanskiy Biosphere Reserve GIS. Part 2: Aerospace and cartographic maintenance. In: ITC-Journal. 1995, 3. p.193-196, 2 tab. [With Engl., French and Span. rés.]

1823
Barandun, S.: Netzinformationssystem der Stadt Zürich. In: Vermessung, Photogrammetrie, Kulturtechnik. 93, 1995, 5. p.327-329, 1 ill.

1824
Bartoš, Pavol: Fotogrametria, DPZ a GIS - najvhodnejšie spojenie. In: Mapa - podklad k novým informáciám. - Bratislava 1995. p.161- 169, 5 ill. [Toposkop - an effective tool for analysis in GIS.] [Slovak with Engl. rés.]

1825
Batty, Peter: Database issues in GIS. In: The 1994 European GIS Yearbook. p.147-149.

1826 Beiträge zum GIS-Symposium 5.-7. Juli 1995. Hrsg. Franz Dollinger. Salzburg: Institut für Geographie der Universität Salzburg 1995. 305 p., ill., mp. (Salzburger geographische Materialien. 22.) (Angewandte geographische Informationstechnologie. 7.)

1827
Benwell, George L.: Culture, change, incorporation and geographical information systems. In: Human factors in geographical information systems. - London [etc.] 1993. p.223-232, 1 tab.

1828
Berends, J.; Janssen, H.C.: Het 1:10 000 Kernbestand. Grond onder de voeten voor GIS-gebruik. In: Geodesia (Kartografisch Tijdschrift 21, 1995, 1). 37, 1995, 1. p.7-11, 3 ill.

1829
Berger, Kimberley H.: Hardcopy extraction considerations for Vector Product Format (VPF) products. In: Technical Papers 1995 ACSM/ASPRS, Charlotte, North Carolina, Annual Convention & Exposition. Vol. 2. - Bethesda 1995. p.73-82, 3 ill., 2 tab.

1830
Berk, V.I.; Sudakov, A.S.: O zasedanii rabočej gruppy SKAR po geodezii i geografičeskoj informacii. In: Geodezija i Kartografija. 1995, 1. p.47-51. [SCAR Working Group on Geodesy and Geographic Information Meeting.] [Russ.]

1831
Bernard, Michel: Les SIG ont-ils atteint leur maturité? In: XYZ - Association Française de Topographie. 64, 1995, 3. p.35-36.

1832
Berry, Joseph K.: Cartographic modeling: the analytical capabilities of GIS. In: Environmental modeling with GIS. - New York; Oxford 1993. p.58-74, 10 ill.

1833
Berry, Joseph K.: GIS in island resource planning. A case study in map analysis. In: Geographical information systems. Principles and applications. Vol. 2: Applications. - New York 1994. p.285-295, 1 ill.

1834
Bieberstein, Karina; Kranz, Katrin: Das Forstliche Geographische Informationssystem Sachsens. In: Geo-Informations-Systeme. 7, 1995, 5. p.2-8, 6 ill. [With German and Engl. rés.]

1835
Biles, Frances E.; Anderson, Timothy C.: Large scale digital orthophoto production and feature collection for a university GIS. In: Technical Papers 1995 ACSM / ASPRS, Charlotte, North Carolina, Annual Convention & Exposition. Vol. 2. - Bethesda 1995. p.167-174, 3 ill.

1836
Bill, Ralf: Multimedia GIS - definition, requirements and applications. In: The 1994 European GIS Yearbook. p.151-154, 3 ill.

1837
Bill, Ralf: Neue Anwendungen für Geo-Informationssysteme - neue Anforderungen an Geo-Informationssysteme. In: 78. Deutscher Geodätentag 1994 in Mainz "Geodäsie traditionell fortschrittlich". Kongreßdokumentation der Fachvorträge. - Stuttgart 1994. p.86-95. (Deutscher Verein für Vermessungswesen e.V. Schriftenreihe. 12.)

1838
Black, Tony: A challenge for local government. Can the potential of GIS be realised? In: The 1994 European GIS Yearbook. p.212-215, 3 ill.

1839
Blades, Mark: Navigation and wayfinding in information systems. In: Human factors in geographical information systems. - London [etc.] 1993. p.61-69.

1840
Blakemore, Michael: The Association for Geographic Information, five years on. In: The 1994 European GIS Yearbook. p.223-225, 1 ill.

1841
Bø, Tore: Grunnkart Bergen - vedlikehold av basen med terrestriske metoder. Erfaringer fra et forsøk i Kråkenesdalen i juni 1994. In: Kart og plan. 88, 1995, 1. p.41-44, 3 ill. [Basic Map Bergen - maintenance of the database, with the use of terrestrial methods.] [Norw. with Engl. rés.]

1842
Bömelburg, Johann: Die Nutzung von ATKIS-Daten des Kreises Offenbach für Boden- und Gewässerschutz. In: Das Geoinformationssystem ATKIS und seine Nutzung in Wirtschaft und Verwaltung. Vorträge ... anläßlich d. AdV-Symposiums ATKIS am 15. u. 16. Juni 1994 im Landesvermessungsamt Nordrhein-Westfalen, Bonn-Bad Godesberg. - Bonn 1994. p.85-92, 2 ill.

1843
Boer, A.M. den: Van Heerlen naar Emmen en terug. Wil Nederland één, twee of tien digitale wegennetwerken 1:10 000? In: Geodesia (Kartografisch Tijdschrift 21, 1995, 1). 37, 1995, 1. p.21-25, 5 ill.

1844
Bogaerts, M.J.M.: GIS-Vlaanderen, grootschalig niveau. Advies van het Weetenschappelijk Comité GIS Vlaanderen. In: Geodesia. 37, 1995, 6. p.291-296, 1 ill.

1845
Boldin, Danijel: Uporaba digitalih prostorskih podatkov pri urbanistični zasnovi mesta Jesenice. In: Geodetski vestnik. 39, 1995, 3. p.177-183, 2 ill., 1 tab. [Use of digital spatial data in urban planning for the city of Jesenice.] [Slov. with Czech and Engl. rés.]

1846
Bonham-Carter, Graeme F.: Integration of geoscientific data using GIS. In: Geographical information systems. Principles and applications. Vol. 2: Applications. - New York 1994. p.171-184, 8 ill., 4 tab.

1847
Bor, Wilhelm: Die Erstellung des Flächennutzungsplanes auf der Basis von ATKIS-Daten. In: Das Geoinformationssystem ATKIS und seine Nutzung in Wirtschaft und Verwaltung. Vorträge ... anläßlich des AdV- Symposiums ATKIS am 15. u. 16. Juni 1994 im Landesvermessungsamt Nordrhein-Westfalen, Bonn-Bad Godesberg. - Bonn 1994. p.131-136.

1848
Borchert, Ralf: Produktionsmerkmale und Qualitätssicherung der ATKIS-Daten. In: Das Geoinformationssystem ATKIS und seine Nutzung in Wirtschaft und Verwaltung. Vorträge ... anläßlich des AdV-Symposiums ATKIS am 15. u. 16. Juni 1994 im Landesvermessungsamt Nordrhein-Westfalen, Bonn-Bad Godesberg. - Bonn 1994. p.147-170, 1 ill., 7 suppl.

1849
Borioli Sandoz, V.: Les données géoréférées disponibles en Suisse. L'expérience pratique au service GEOSTAT de l'OFS et l'inventaire des données du groupe de travail SIG-CSI. In: Vermessung, Photogrammetrie, Kulturtechnik. 93, 1995, 5. p.334-338, 4 ill.

1850
Brand, Michael: EUROGI. The European umbrella organisation for geographic information. In: The 1994 European GIS Yearbook. p.48-50.

1851
Braumann, Christoph; Philipp-Pommer, Karin: Ortsnamen im Salzburger Geographischen Informationssystem SAGIS. In: Festschrift Ortsnamenforschung. 20 Jahre Salzburger Ortsnamenkommission. - Salzburg 1995. p.59-63, 2 ill., 4 mp. (SIR Schriftenreihe, Bd 14.)

1852
Braun, Margrit von: The use of GIS in assessing exposure and remedial alternatives at superfund sites. In: Environmental modeling with GIS. - New York; Oxford 1993. p.339-347, 6 ill., 1 tab.

1853
Brecková, Veronika: Štandardizácia geografických dát v kartografickom systéme. - Bratislava: Slovenská technická univerzita 1995. [The standardization of geographic data in a cartographic system.] [Slovak.] [Dipl.-Arb.]

1854
Bredikhin, A.V.; Panin, A.V.: Experience in the development and use of a geology geomorphology block in a geographic information system. In: Mapping Sciences & Remote Sensing. 32, 1995, 1. p.50-58, 3 ill. [With Engl. rés.]

1855
Bregt, A.K.; Bulens, J.D.: Generaliseren in de praktijk. Drie methoden voor het generaliseren van vlak-objecten. In: Geodesia. 37, 1995, 12. p.539-543, 2 ill., 1 tab.

1856
Brüggemann, Heinz: Zukunftsaspekte des Geoinformationssystems ATKIS. In: Das Geoinformationssystem ATKIS und seine Nutzung in Wirtschaft und Verwaltung. Vorträge ... anläßlich des AdV-Symposiums ATKIS am 15. u. 16. Juni 1994 im Landesvermessungsamt Nordrhein-Westfalen, Bonn-Bad Godesberg. - Bonn 1994. p.171-187, 3 ill.

1857
Buchelová, L'ubica; Marko, Felix; Zahn, Ondrej: Vybrané aspekty tvorby lokalizačného základu GIS na informačnej úrovni základnej mapy 1:10 000. In: Kartografické Listy. 1995, 3. p.91-98. [Selected aspects of GIS location ground creation in information level of base map in scale 1:10 000.] [Slovak with Engl. rés.]

1858
Burrough, Peter A.: European GIS conferences. The communication challenge. In: The 1994 European GIS Yearbook. p.98-100, 1 tab.

1859
Burrough, Peter A.: Soil information systems. In: Geographical information systems. Principles and applications. Vol. 2: Applications. - New York 1994. p.153-169, 7 ill.

1860
Bußmann, Werner: GIS-präzise Daten und Karten zur Grundwassergefährdung. In: Wasserwirtschaft, Wassertechnik. 1994, 3. p.23-24.

1861
Buttenfield, Barbara P.; Weber, Christopher R.: Visualization and hypermedia in geographical information systems. In: Human factors in geographical information systems. - London [etc.] 1993. p.136-147, 4 ill.

1862
Buttenfield, Barbara P.; Mackaness, William A.: Visualization. In: Geographical information systems. Principles and applications. Vol. 1: Principles. - New York 1994. p.427-443, 5 ill.

1863
Cadoux-Hudson, James: Imagery in GIS. In: The 1994 European GIS Yearbook. p.143-146, 4 ill.

1864
Calkins, Hugh W.: GIS and public policy. In: Geographical information systems. Principles and applications. Vol. 2: Applications. - New York 1994. p.233-245, 3 ill., 2 tab.

1865
Cameron, J.: Implementation of GIS technology: A SE Asian experience. In: Cartography. Journal of the Australian Institute of Cartographers. 24, 1995, 1. p.21-32, 3 ill., 1 tab.

1866
Campbell, Jeff; Weinstein, David; Finney, Mark: Integrating Landsat TM Imagery, GIS, and behave for forest fire fuels mapping and fire behavior modeling on the Camp Lejeune Marine Corps Base. In: Technical Papers 1995 ACSM/ASPRS, Charlotte, North Carolina, Annual Convention & Exposition. Vol. 2. - Bethesda 1995. p.365-373, 1 ill.

1867
Caspary, W.: Genauigkeit als Qualitätsmerkmal digitaler Datenbestände. In: Gewinnung von Basisdaten für Geoinformationssysteme. Vorträge des 28. DVW-Seminars vom 5.-6. März an der Universität Hannover und vom 24.-25. Sept. 1992 an der Technischen Universität Dresden. - Stuttgart 1992. p.157-166, 6 ill. (Schriftenreihe des DVW. 4.) (Vorträge des ... DVW-Seminars. 28.)

1868
Chatelain, Jean-Luc and ohters: SIG et évaluation des risques naturels: application aux risques sismiques de Quito. In: Mappe Monde. 1995, 3. p.17-22. 5 ill. [With French, Engl. and Span. rés.]

1869
Cheylan, Jean-Paul: An agenda for GIS research in France. In: The 1994 European GIS Yearbook. p.171-173.

1870
Chmelík, Miloš: Topologie a GIS. In: Mapa - podklad k novým informáciám. - Bratislava 1995. p.90-94. [Topology and GIS.] [Czech with German rés.]

1871
Chorley, Roger; Buxton, Richard: The government setting of GIS in the United Kingdom. In: Geographical information systems. Principles and applications. Vol. 1: Principles. - New York 1994. p.67-79.

1872
Claramunt, Christophe; Vidale, Laura: GIS in Switzerland. In: The 1994 European GIS Yearbook. p.209-210, 1 ill.

1873
Clark, David M.; Hastings, David A.; Kineman, John J.: Global databases and their implications for GIS. In: Geographical information systems. Principles and applications. Vol. 2: Applications. - New York 1994. p.217-231, 3 ill., 3 tab.

1874
Clarke, Andrew L.: GIS specification, evaluation, and implementation. In: Geographical information systems. Principles and applications. Vol. 1: Principles. - New York 1994. p.457-475, 14 ill.

1875
Clerke, William; Lachowski, Henry: Integrating remote sensing and GIS to support Ecosystem Management in the USDA Forest Service. In: Technical Papers 1995 ACSM/ASPRS, Charlotte, North Carolina, Annual Convention & Exposition. Vol. 2. - Bethesda 1995. p.411-419, 1 ill.

1876
Cognitive aspects of human-computer interaction for geographic information systems. Ed. by Timothy L. Nyerges and others. - Dordrecht: Kluwer 1995. XI, 435 p. (NATO ASI series. Ser. D: Behavioural and social sciences. 83.)
ISBN 0-7923-3595-3

1877
Collier, Peter; Fontana, Dominic; Pearson, Alastair: GIS mapping of Langstone Harbour for an integrated ecological and archaeological study. In: The Cartographic Journal. 32, 1995, 2. p.137-142, 2 ill.

1878
Combs, Russell G.; Bolstad, Paul V.: Positional accuracy in a natural resource database: comparison of a single-photo resection versus affine registration. In: Technical Papers 1995 ACSM/ASPRS, Charlotte, North Carolina, Annual Convention & Exposition. Vol. 3. - Bethesda 1995. p.563-570, 1 tab.

1879
Coppock, J. Terry; Rhind, David W.: The history of GIS. In: Geographical information systems. Principles and applications. Vol. 1: Principles. - New York 1994. p.21-43, 1 ill.

1880
Coppock, J. Terry: GIS in Europe. A personal perspective. In: The 1994 European GIS Yearbook. p.86-88.

1881
Cowen, David J.; Shirley, W. Lynn: Integrated planning information systems. In: Geographical information systems. Principles and applications. Vol. 2: Applications. - New York 1994. p.297-310, 1 ill., 1 tab.

1882
Crampton, Jeremy W.: The ethics of GIS. In: Cartography and Geographic Information Systems. 22, 1995, 1. p.84-89. [With Engl. rés.]

1883
Cressie, Noel; Ver Hoef, Jay M.: Spatial statistical analysis of environmental and ecological data. In: Environmental modeling with GIS. - New York; Oxford 1993. p.404-413, 4 ill.

1884
Cressie, Noel: Geostatistics: a tool for environmental modelers. In: Environmental modeling with GIS. - New York; Oxford 1993. p.414-421.

1885
Csaplovics, Elmar; Kanonier, Johannes; Sindhuber, Adele: Zur Integration hochauflösender kosmischer Photoaufnahmen mit der Kamera KFA-1000 in regionale Geo-Informationssysteme - Fallstudie Nationalpark Neusiedler See - Fertő Tó (Österreich, Ungarn). In: Angewandte Geographische Informationsverarbeitung V. Beiträge zum GIS-Symposium 7.-9. Juli 1993. - Salzburg 1993. p.283-289, 3 ill. (Salzburger Geographische Materialien, H. 20.)

1886
Cullis, Brian J.: Assessing the impact of remote sensing and GPS technologies on GIS adoption success. In: Technical Papers 1995 ACSM / ASPRS, Charlotte, North Carolina, Annual Convention & Exposition. Vol. 2. - Bethesda 1995. p.338-347, 2 ill., 7 tab.

1887
Cummerwie, Heinz-Günter: Organisationsmanagement der Raumbezogenen Informationsverarbeitung (RIV) in den Kommunalverwaltungen. In: Zeitschrift für Vermessungswesen. 120, 1995, 8. p.391-402.

1888
Curry, Michael R.: Geographic Information Systems and the inevitability of ethical inconsistency. In: Ground Truth. The Social Implications of Geographic Information Systems. - New York, London 1995. p.68-87.

1889
Curry, Michael R.: Rethinking rights and responsibilities in Geographic Information Systems: beyond the power of the image. In: Cartography and Geographic Information Systems. 22, 1995, 1. p.58-69. [With Engl. rés.]

1890
Dangermond, Jack: The commercial setting of GIS. In: Geographical information systems. Principles and applications. Vol. 1: Principles. New York 1994. p.55-65, 8 ill.

1891
Davies, Clare: Tasks and task descriptions for GIS. In: Cognitive aspects of human-computer interaction for geographic information systems. - Dordrecht 1995. p.327-341, 3 ill., 3 tab. (NATO ASI series. Ser. D: Behavioural and social sciences. 83.)

1892
Davis, Frank W.; Simonett, David S.: GIS and remote sensing. In: Geographical information systems. Principles and applications. Vol. 1: Principles. - New York 1994. p.191-213, 2 tab.

1893
De Taeye, Alain; Essen, Robert van: Realising the European digital road map. In: The 1994 European GIS Yearbook. p.52-54, 1 ill.

1894
Deggau, Michael: Die Projekte STABIS und CORINNE Land Cover. In: Gewinnung von Basisdaten für Geoinformationssysteme. Vorträge des 28. DVW-Seminars vom 5.-6. März an der Universität Hannover und vom 24.-25. Sept. 1992 an der Technischen Universität Dresden. - Stuttgart 1992. p.75-86. (Schriftenreihe des DVW. 4.) (Vorträge des DVW-Seminars. 28.)

1895
Delattre, N.: Le produit topographique DB250 de l'Institut Géographique National. Conception d'un système d'information géographique à l'échelle 1:250 000. In: Bulletin Trimestriel de la Société Belge de Photogrammetrie-Teledetection et Cartographie. 199/ 200, 1995. p.3-26 = French; 6 ill., 7 tab.; p.27-50 = Flam.

1896
Denegre, Jacques: CNIG. Policy and practice. In: The 1994 European GIS Yearbook. p.176.

1897
The development of geographical information systems in Indonesia. In: 12th United Nations Regional Cartographic Conference for Asia and the Pacific. Vol. II, Technical Papers. Bangkok, 20-28 February 1991. - New York 1995. p.297-301, 2 ill.

1898
DiBiase, David and others: Multivariate display of geographic data: applications in earth system science. In: Visualization in modern cartography. - New York 1994. p.287-312, 8 ill. (Modern cartography. 2.)

1899
Ditz, Robert: Die Geometrieerfassung für ein GIS aus der amtlichen Karte ÖK 50. - TU Wien 1994. [Dipl.-Arb.]

1900
Dubčák, Anton: Zákon o štátnom informačnom systéme Slovenskej republiky. In: Mapa - podklad k novým informáciám. - Bratislava 1995. p.14-17. [The act on the State Information System of Slovak Republic.] [Slovak.]

1901
Eason, Ken D.: Planning for change. Introducing a geographical information system. In: Human factors in geographical information systems. - London [etc.] 1993. p.199-210, 2 ill.

1902
Egenhofer, Max J.; Herring, John R.: High-level spatial data structures for GIS. In: Geographical information systems. Principles and applications. Vol. 1: Principles. - New York 1994. p.227-237.

1903
Egenhofer, Max J.; Herring, John R.: Querying a geographical information system. In: Human factors in geographical information systems. - London [etc.] 1993. p.124-135.

1904
Eidenbenz, Ch.: GIS-Grundlagedaten beim Bundesamt für Landestopographie. In: Vermessung, Photogrammetrie, Kulturtechnik. 93, 1995, 5. p.330-333, 1 ill.

1905
Endrullis, Manfred: Aufbau und Fortführung digitaler Landschafts- und Kartenmodelle des Geoinformationssystems ATKIS. In: Das Geoinformationssystem ATKIS und seine Nutzung in Wirtschaft und Verwaltung. Vorträge ... anläßlich des AdV-Symposiums ATKIS am 15. u. 16. Juni 1994 im Landesvermessungsamt Nordrhein-Westfalen, Bonn-Bad Godesberg. - Bonn 1994. p.137-146.

1906
Engel, Bernard A.; Srinivasan, Raghavan; Rewerts, Chris: A spatial decision support system for modeling and managing agricultural non-point-source pollution. In: Environmental modeling with GIS. - New York; Oxford 1993. p.231-237, ill., 3 tab.

1907
Englund, Evan J.: Spatial simulation: environmental applications. In: Environmental modeling with GIS. - New York; Oxford 1993. p.432- 437, 9 ill.

1908
Epstein, Earl F.: Legal aspects of GIS. In: Geographical information systems. Principles and applications. Vol. 1: Principles. - New York 1994. p.489-502, 2 ill.

1909
Eymann, Gerhard; Graw, Robert: Meridianstreifen-übergreifende Verarbeitung und Präsentation gescannter Karten mit einem Geographischen Informationssystem. In: 78. Deutscher Geodätentag 1994 in Mainz "Geodäsie traditionell fortschrittlich". Kongreßdokumentation der Fachvorträge. - Stuttgart 1994. p.156-158. (Deutscher Verein für Vermessungswesen e.V. Schriftenreihe. 12.)

1910
Faoro, G.: SYSIF: Le système Infographique Fribourgeois - un SIT à l'échelle du canton. In: Vermessung, Photogrammetrie, Kulturtechnik. 93, 1995, 1. p.8-11, 3 ill.

1911
Fedra, Kurt: GIS and environmental modeling. In: Environmental modeling with GIS. - New York; Oxford 1993. p.35-50, 4 ill.

1912
Fedra, Kurt: GIS in environmental applications. In: The 1994 European GIS Yearbook. p.110-114, 6 ill.

1913
Feranec, Ján; Ot'ahel', Ján: Možnosti využitia bázy údajov CORINE land cover v kartografii. In: Geodetický a kartografický obzor. 41, 1995, 9. p.194-196. [Possible application of the Data Base CORINE land cover in cartography.] [Czech with Engl., French and German rés.]

1914
Filip, Rudolf; Brázdil, Karel: Výstavba vojenského topografického informačního systému v topografické službě AČR. In: Mapa - podklad k novým informáciám. - Bratislava 1995. p.32-38, 1 ill. [Building of Military Topographic Information System in the Topographic Service of ACR.] [Czech.]

1915
Filippakopoulou, Vassiliki; Nakos, Byron: Is GIS technology the present solution for creating tourist maps? In: Cartographica. 32, 1995, 1. p.51-62, 4 ill., 2 tab.

1916
Fiore, Tullia and others: La cartografia tematica da strumento di descrizione a supporto interpretativo per la gestione delle risorse idriche: la qualità delle acque superficiali nel bacino del Riu Cixerri (Sardegna meridionale). In: Bollettino della Associazione Italiana di Cartografia. 93/94, 1995. p.53-62, 7 ill. [Ital. with Engl. rés.]

1917
Fischer, Karl-Ludwig: Anforderungen an Basisinformationssysteme aus der Sicht eines Versorgungsunternehmens. In: Gewinnung von Basisdaten für Geoinformationssysteme. Vorträge des 28. DVW-Seminars vom 5.-6. März an der Universität Hannover und vom 24.-25. Sept. 1992 an der Technischen Universität Dresden. - Stuttgart 1992. p.63-73, 9 ill., 3 suppl. (Schriftenreihe des DVW. 4.) (Vorträge des DVW- Seminars. 28.)

1918
Fisher, Thomas R.: Use of 3D Geographic Information Systems in hazardous waste site investigations. In: Environmental modeling with GIS. - New York; Oxford 1993. p.238-247, 1 ill.

1919
Forest management and GIS: lessons learned in New Brunswick. In: 12th United Nations Regional Cartographic Conference for Asia and the Pacific. Vol. II, Technical Papers. Bangkok, 20-28 February 1991. New York 1995. p.291-297, 4 ill., 1 tab.

1920
Frank, Andrew U.: The use of geographical information system. The user interface is the system. In: Human factors in geographical information systems. - London [etc.] 1993. p.3-14, 3 ill.

1921
Frank, Andrew U.; Timpf, Sabine: Forschungsprojekte der Abteilung Geoinformation an der TU Wien. In: Nachrichten aus dem Karten und Vermessungswesen. Rh.I, 113, 1995. p.51-63. [With German, Engl. and French rés.]

1922
Franklin, Randolph: Computer systems and low-level data structures for GIS. In: Geographical information systems. Principles and applications. Vol. 1: Principles. - New York 1994. p.215-225, 20 ill.

1923
Freeman, Herbert: Computer name placement. In: Geographical information systems. Principles and applications. Vol. 1: Principles. New York 1994. p.445-456, 10 ill.

1924
Fritsch, Dieter: Geo-Informationssysteme im Spannungsfeld von Theorie und Praxis. In: 78. Deutscher Geodätentag 1994 in Mainz "Geodäsie traditionell fortschrittlich". Kongreßdokumentation der Fachvorträge. - Stuttgart 1994. p.96-105. (Deutscher Verein für Vermessungswesen e.V. Schriftenreihe. 12.)

1925
Fuchs, Helmut: Möglichkeiten der Visualisierung von CAD- und GIS-Daten. In: Österreichische Zeitschrift für Vermessung & Geoinformation. 83, 1995, 4. p.183-189, 11 ill. [With German and Engl. rés.]

1926
GIS in surveying and mapping education in Canada. In: 12th United Nations Regional Cartographic Conference for Asia and the Pacific. Vol. II, Technical Papers. Bangkok, 20-28 February 1991. - New York 1995. p.337-340.

1927
Gao, Xiaogang; Sorooshian, Soroosh; Goodrich, David C.: Linkage of a GIS to a distributed rainfall-runoff model. In: Environmental modeling with GIS. - New York; Oxford 1993. p.182-187, 7 ill.

1928
Gartzen, Petra: How big is the GIS market? In: The 1994 European GIS Yearbook. p.103-109, 8 ill.

1929
Geographic Information Systems. A hand-book for the Social Sciences. Ed. by Leonard Hochberg and others. - London: Blackwell 1994. 320 p.

1930
Geographische Informationssysteme (GIS) in der Forstwirtschaft. 32. Tagung Schweiz. Arbeitskreis für Forsteinrichtung, Birmensdorf, 26.-27.9.1991. In: Schweizerische Zeitschrift für Forstwesen. 144, 1993, 9. p.701-750, ill., tab.

1931
Geographisches Informationssystem der Stadt Zürich. [Versch. Beiträge]. In: Gas, Wasser, Abwasser. 74, 1994, 11. p.903-952, ill., tab., mp.

1932
Das Geoinformationssystem ATKIS und seine Nutzung in Wirtschaft und Verwaltung. Vorträge von Reinhard Bachhuber ... anläßlich des AdV-Symposiums ATKIS am 15. u. 16. Juni 1994 im Landesvermessungsamt Nordrhein-Westfalen, Bonn-Bad Godesberg. Hrsg. von Rolf Harbeck im Auftrag der Arbeitsgemeinschaft der Vermessungsverwaltungen der Länder der Bundesrepublik Deutschland (AdV). - Bonn 1994. 187 p., ill., 7 suppl.

1933
Gewinnung von Basisdaten für Geoinformationssysteme. Vorträge des 28. DVW-Seminars vom 5.-6. März an der Universität Hannover und vom 24.-25. Sept. 1992 an der Technischen Universität Dresden. Red.: D. Grünreich. - Stuttgart: Wittwer 1992. 166 p., ill., mp. (Schriftenreihe des DVW. 4.) (Vorträge des ... DVW-Seminars. 28.) ISBN 3-87919-166-2

1934
Giordano, Alberto and others: A conceptual model of GIS-based spatial analysis. In: Cartographica. 31, 1994, 4. p.44-57, 4 ill. [With Engl. rés.]

1935
Gleixner, Günther; Kranjec, Elmar; Ranzinger, Monika: GIS-Daten als Grundlage für 3D Stadtmodelle. In: Angewandte Geographische Informationsverarbeitung VII. Beiträge zum GIS-Symposium 5.-7. Juli 1995. - Salzburg 1995. p.87-92, 4 ill. (Salzburger Geographische Materialien. 22.)

1936
Gnägi, H.-R.: Datenaustausch zwischen GIS. In: Vermessung, Photogrammetrie, Kulturtechnik. 93, 1995, 4. p.183-187, 7 ill.

1937
Goddard, John: On the electronic highway. GIS and the geography of the information economy. In: The 1994 European GIS Yearbook. p.40- 42, 1 ill.

1938
Golay, François; Nyerges, Timothy L.: Understanding collaborative use of GIS through social cognition. In: Cognitive aspects of human-computer interaction for geographic information systems. - Dordrecht 1995. p.287-294, 3 ill. (NATO ASI series. Ser. D: Behavioural and social sciences. 83.)

1939
Goodchild, Michael F.: Geographic Information Systems and Geographic Research. In: Ground Truth. The Social Implications of Geographic Information Systems. - New York, London 1995. p.31-50, 2 ill.

1940
Goodchild, Michael F.: The state of GIS for environmental problem-solving. In: Environmental modeling with GIS. - New York; Oxford 1993. p.8-15.

1941
Goodchild, Michael F.: The technological setting of GIS. In: Geographical information systems. Principles and applications. Vol. 1: Principles. - New York 1994. p.45-54.

1942
Goss, Jon: Marketing the new marketing. The strategic discourse of geodemographic information systems. In: Ground Truth. The Social Implications of Geographic Information Systems. - New York, London 1995. p.130-170, 2 ill.

1943
Gould, Michael D.: Protocol analysis for cross-cultural GIS design. The importance of encoding resolution. In: Cognitive aspects of human-computer interaction for geographic information systems. - Dordrecht 1995. p.267-284, 5 ill. (NATO ASI series. Ser. D: Behavioural and social sciences. 83.)

1944
Gourmelon, Françoise; Bioret, Frédéric; Brigand, Louis: SIG et usage des sols: l'île d'Ouessant (finistère) de 1952 à 1992. In: Mappe Monde. 1995, 4. p.6-10, 2 mp. [With French, Engl., and Span. rés.]

1945
Greenfeld, Joshua S.: GIS and GPS in continuing education? In: Technical Papers 1995 ACSM/ASPRS, Charlotte, North Carolina, Annual Convention & Exposition. - Bethesda 1995. p.354-360, 2 tab.

1946
Gregor, Ole; Stubkjaer, Erik: An environmental GIS for the county of Viborg. In: The 1994 European GIS Yearbook. p.166-167, 1 ill., 1 tab.

1947
Grenzdörffer, G.; Wannenwetsch, R.; Bill, Ralf: Digitales Orthophoto im GIS: neue Wege der Luftbildinterpretation. In: Vermessung, Photogrammetrie, Kulturtechnik. 93, 1995, 3. p.129-133, 3 ill.

1948
Ground Truth. The Social Implications of Geographic Information Systems. Ed. by John Pickles. - New York, London: The Guilford Press 1995. XVI, 248 p.
ISBN 0-89862-294-8

1949
Grünreich, Dietmar: Geo-Informationssysteme - Grundlagen und Realisierungsstand. In: Gewinnung von Basisdaten für Geoinformationssysteme. Vorträge des 28. DVW-Seminars vom 5.-6. März an der Universität Hannover und vom 24.-25. Sept. 1992 an der Technischen Universität Dresden. - Stuttgart 1992. p.3-18, 3 ill., 1 tab. (Schriftenreihe des DVW. 4.) (Vorträge des DVW-Seminars. 28.)

1950
Günther-Diringer, Detlef: GIS-Einsatz im WWF-Auen-Institut. Projektunterstützung mithilfe von GIS - Bearbeitung von Überflutungsdauerkarten, Aufbau eines europaweiten Flußaueninformationssystems. In: Angewandte Geographische Informationsverarbeitung VII. Beiträge zum GIS-Symposium 5.-7. Juli 1995. - Salzburg 1995. p.49-53, 2 ill. (Salzburger Geographische Materialien. 22.)

1951
Häfele, Georg: Erweiterung der Funktionalität von GIS durch kartenverwandte Darstellungen. In: Angewandte Geographische Informationsverarbeitung VII. Beiträge zum GIS-Symposium 5.-7. Juli 1995. - Salzburg 1995. p.93-97, 3 ill. (Salzburger Geographische Materialien. 22.)

1952
Häfele, Georg: Herstellung digitaler Schräglichtschattierung mit GIS. In: Angewandte Geographische Informationsverarbeitung V. Beiträge zum GIS-Symposium 7.-9. Juli 1993. - Salzburg 1993. p.81-88, 5 ill. (Salzburger Geographische Materialien, H. 20.)

1953
Hafeneder, Rudolf: Integration von ATKIS-Daten in das Topographische Informationssystem der Bundeswehr TOPIS. In: Das Geoinformationssystem ATKIS und seine Nutzung in Wirtschaft und Verwaltung. Vorträge ... anläßlich des AdV-Symposiums ATKIS am 15. u. 16. Juni 1994 im Landesvermessungsamt Nordrhein-Westfalen, Bonn-Bad Godesberg. - Bonn 1994. p.70-77.

1954
Haines-Young, Roy: Geographical information systems. An overview. In: The 1994 European GIS Yearbook. p.23-26, 3 ill.

1955
Hanson, John B.: Geographic data sharing using the Spatial Data Transfer Standard. In: Technical Papers 1995 ACSM/ASPRS, Charlotte, North Carolina, Annual Convention & Exposition. - Bethesda 1995. p.298-306.

1956
Harbeck, Rolf; Irsen, Wolfgang; Mittelstrass, Gerhard: O karte potencial'noj rastitel'nosti sredizemnomor'ja. In: Zeitschrift für Vermessungswesen. 120, 1995, 8. p.381-391, 1 ill. [On the map of the potential vegetation of the Mediterranean.] [Russ.]

1957
Harbeck, Rolf: Überblick über Konzeption, Aufbau und Datenangebot des Geoinformationssystem ATKIS. In: Das Geoinformationssystem ATKIS und seine Nutzung in Wirtschaft und Verwaltung. Vorträge ... anläßlich des AdV-Symposiums ATKIS am 15. u. 16. Juni 1994 im Landesvermessungsamt Nordrhein-Westfalen, Bonn-Bad Godesberg. - Bonn 1994. p.13-32, 6 ill.

1958
Harris, Trevor M. and others: Pursuing social goals through participatory Geog-raphic Information Systems. Redressing South Africa's historical political ecology.
In: Ground Truth. The Social Implications of Geographic Information Systems. - New York, London 1995. p.196-222, 3 ill.

1959
Haunold, Peter; Kuhn, Werner: A keystroke level analysis of manual digitizing. In: Spatial information theory. An theoretical basis for GIS. European conference, COSIT '93, Marciana Marina, Elba Island, Italy, sept. 1993. Proceedings. - Berlin 1993. p.406-420, 7 ill. (Lecture notes in computer science. 716.)

1960
Haunold, Peter: Analyse manueller Digitalisierungsabläufe mit dem Keystroke-Level-Modell. In: Angewandte Geographische Informationsverarbeitung V. Beiträge zum GIS-Symposium 7.-9. Juli 1993. - Salzburg 1993. p.117-128, 6 ill. (Salzburger Geographische Materialien, H. 20.)

1961
Hay, Lauren E. and others: Modeling the effects of climate change on water resources in the Gunnison River Basin, Colorado. In: Environmental modeling with GIS. - New York; Oxford 1993. p.173-181, 6 ill.

1962
Hearnshaw, Hilary M.: Learning to use a GIS. In: Human factors in geographical information systems. - London [etc.] 1993. p.70-80, 3 tab.

1963
Hearnshaw, Hilary M.; Medyckyj-Scott, David: The way forward for human factors in GIS. In: Human factors in geographical information systems. - London [etc.] 1993. p.235-243.

1964
Heddergott, Dirk; Meissner, Bernd: Pilotstudie zum Aufbau eines Umweltinformationssystems der Stadt Chemnitz mit ARC / INFO. In: Kartographische Nachrichten. 45, 1995, 2. p.68-70, 1 suppl.

1965
Herdeg, Eberhard: Rechtliche Bedingungen und Entgelte bei der Bereitstellung von ATKIS-Daten und anderen geotopographischen Daten. In: Das Geoinformationssystem ATKIS und seine Nutzung in Wirtschaft und Verwaltung. Vorträge ... anläßlich des AdV-Symposiums ATKIS am 15. u. 16. Juni 1994 im Landesvermessungsamt Nordrhein-Westfalen, Bonn-Bad Godesberg. - Bonn 1994. p.121-130, 3 tab.

1966
Heriszt, Lore: Kombinierte Anwendung von ArcInfo mit einem Ausbreitungsmodell für Luftschadstoffe. In: Angewandte Geographische Informationsverarbeitung V. Bei-träge zum GIS-Symposium 7.-9. Juli 1993. - Salzburg 1993. p.291-302, 3 ill. (Salzburger Geographische Materialien, H. 20.)

1967
Heywood, D. Ian: GIS: Beginners start here ... In: The 1994 European GIS Yearbook. p.12-17, 4 ill.

1968
Hoebenreich-Rojko, Ladica: Model v podporo smotrnemu razpolaganju z mineralnimi viri. In: Geodetski vestnik. 39, 1995, 1. p.19-25. [Decision support model for balanced use of mineral resources.] [Slov.]

1969
Hökby, Torsten: GIS och GIS-utbildning ur ett europeiskt perspektiv. In: Lantmäteritidskriften. 1995, 1. p.23-28, 4 ill. [GIS and GIS- education from an european view.] [Swed.]

1970
Hoffer, Roger M.; Linden, David S.; Paschke, Jeanine L.: Integration of GIS, GPS, and remote sensing for inexpensive assessment of forest insect damage. In: Technical Papers 1995 ACSM/ASPRS, Charlotte, North Carolina, Annual Convention & Exposition. Vol. 3. - Bethesda 1995. p.571-578, 3 ill.

1971
Hoffmann, Frank: Applications of multimedial GIS technology for continuing education, training and business in environmental mapping. In: Mapa - podklad k novym informáciám. - Bratislava 1995. p.214- 226, 12 ill.

1972
Hofierka, Jaroslav; Zlochová, J.: Digital terrain modelling and application within a GIS environment. In: Acta Facultatis Rerum Naturalium Universitatis Comenianae Environmentalica. 1995, 4/5. p.269-275, 5 ill. [With Slovak rés.]

1973
Hofierka, Jaroslav; Tremboš, P.: Geographic information system in environmental research: some aspects of utilization. In: Acta Facultatis Rerum Naturalium Universitatis Comenianae Environmentalica. 1995, 4/5. p.261-267, 5 ill. [With Slovak rés.]

1974
Hofierka, Jaroslav; Tremboš, P.: Niektoré možnosti využitia technológie GIS pri tvorbe dokumentov ÚSES. In: Geoinfo. 1995, 2. p.27-29. [Some possibilities of GIS technology utilization of TSLES Documents creation.] [Slovak.]

1975
Hofierka, Jaroslav; Šúri, Marcel: Modelovanie a kartografické zobrazovanie vodnej erózie pôdy s využitím GIS-u a údajov Landsat TM. In: Geodetický a kartografický obzor. 41, 1995, 9. p.198-203, 4 ill. [Modeling and cartographic representing of soil erosion caused by water using GIS and Landsat TM Data.] [Czech with Engl., French and German rés.]

1976
Hofierka, Jaroslav: Využitie modelovania reliéfu v prostredí GIS-u pri environmentálnych aplikáciách. In: Geoinfo. 1995, 2. p.25-27, 6 ill. [The use by modeling of the relief in the context of GIS.] [Slovak.]

1977
Hoop, Sylvia de; Oosterom, Peter van; Molenaar, Martien: Topological querying of multiple map layers. In: Spatial information theory. An theoretical basis for GIS. European conference, COSIT '93, Marciana Marina, Elba Island, Italy, sept. 1993. Proceedings. - Berlin 1993. p.139-157, 6 ill. (Lecture notes in computer science. 716.)

1978
How to benchmark your geographic information system. In: 12th United Nations Regional Cartographic Conference for Asia and the Pacific. Vol. II, Technical Papers. Bangkok, 20-28 February 1991. - New York 1995. p.266-268.

1979
How-Ming, Shieh; Wu Hwa-Lih, Chung-Li: Integrating freight transportation planning with GIS. In: Geo-Informations-Systeme. 8, 1995, 1. p.22-26, 3 ill., 3 tab.

1980
Huber, P.: Die Bedeutung der Geo-Information in der öffentlichen Verwaltung. In: Vermessung, Photogrammetrie, Kulturtechnik. 93, 1995, 5. p.313-315.

1981
Huep, Wolfgang: Die geometrische Datengewinnung vor Ort. Ein Spannungsfeld zwischen Satelliten- und erdgebundenen Verfahren. In: Gewinnung von Basisdaten für Geoinformationssysteme. Vorträge des 28. DVW-Seminars vom 5.-6. März an der Universität Hannover und vom 24.-25. Sept. 1992 an der Technnischen Universität Dresden. - Stuttgart 1992. p.97-111. (Schriftenreihe des DVW. 4.) (Vorträge des DVW-Seminars. 28.)

1982
Human factors in geographical information systems. Ed. by David Medyckyj-Scott and Hilary M. Hearnshaw. - London & Florida: Helhaven Press 1993. XXIII, 266 p., ill. ISBN 1-85293-262-7

1983
Hunsaker, Carolyn T. and others: Spatial models of ecological systems and processes: the role of GIS. In: Environmental modeling with GIS. - New York; Oxford 1993. p.248-264.

1984
Husner, Erich: Der Einsatz von geographischen Informationssystemen (GIS) im Kanton Basel-Stadt. In: Vermessung, Photogrammetrie, Kulturtechnik. 91, 1993, 5. p.324-326, ill., mp.

1985
IGIS '94: Geographic information systems. International workshop on advanced re-search in geographic information systems, Monte Verità, Ascona, Switzerland. Febr. 18-March 4, 1994. Proceedings. Ed.: Jürg Nievergelt [and others]. - Berlin: Springer 1994. VIII, 291 p., ill. (Lecture notes in computer science. 884.) ISBN 3-540-58795-0

1986
Illert, Andreas: Kartometrische Erfassungsmethoden. In: Gewinnung von Basisdaten für Geoinformationssysteme. Vorträge des 28. DVW- Seminars vom 5.-6. März an der Universität Hannover und vom 24.-25. Sept. 1992 an der Technischen Universität Dresden. - Stuttgart 1992. p.113-123, 5 ill. (Schriftenreihe des DVW. 4.) (Vorträge des ... DVW-Seminars. 28.)

1987
Jacobi, Ole: GIS developments in Denmark. In: The 1994 European GIS Yearbook. p.163-165, 2 ill.

1988
Janeschitz, Elisabeth; Mitsche, Heribert: Der "Seeuferkataster Wörther See" als Teil von KAGIS. In: Angewandte Geographische Informationsverarbeitung V. Beiträge zum GIS-Symposium 7.-9. Juli 1993. - Salzburg 1993. p.157-168, 5 ill., 1 tab. (Salzburger Geographische Materialien, H. 20.)

1989
Jeffress, Gary A.: Baccalaureate program in geographic information science. In: Technical Papers 1995 ACSM/ASPRS, Charlotte, North Carolina, Annual Convention & Exposition. - Bethesda 1995. p.201-208.

1990
Jenčo, Marián; Kusendová, Dagmar: Naplnenie údajov bázy GIS automatickou vektorizáciou rastrovej predlohy. In: Mapa - podklad k novým informáciám. - Bratislava 1995. p.191-196. [Filling GIS database by automatic vectorization of raster image.] [Slovak with Engl. rés.]

1991
Jörg, Wolfgang: GIS im Einsatz bei der Radwegeplanung. In: Angewandte Geographische Informationsverarbeitung VII. Beiträge zum GIS-Symposium 5.-7. Juli 1995. - Salzburg 1995. p.107-111, 2 ill. (Salzburger Geographische Materialien. 22.)

1992
Jones, Alan; Prescott, Dorothy: Digital spatial data and libraries in Australia.
In: The Globe. Journal of the Australian Map Circle. 42, 1995. p.15-35.

1993
Jones, Andrew: Accidents, access and analysis. Using GIS to link road accident outcomes with health service accessibility.
In: The 1994 European GIS Yearbook. p.219-222, 5 ill.

1994
Kaiser, Konrad: Der Einsatz von GPS-Empfängern zur Datenerfassung für geografische Informationssysteme.
In: Angewandte Geographische Informationsverarbeitung V. Beiträge zum GIS-Symposium 7.-9. Juli 1993. - Salzburg 1993. p.319-328, 3 ill. (Salzburger Geographische Materialien, H. 20.)

1995
Kaltenbach, Hubert: Datenmodellierung in GIS - Stand der Entwicklung. In: 9. Informationsveranstaltung der Bayer. Vermessungsverwaltung über die graphische Datenverarbeitung am Mittwoch, den 26. April 1995 in der TU München. - München 1995. p.7-20, 7 ill.

1996
Kamenský, M.: Cartographie numérique - quelques aspects d'utisation d'images satellitaires et de données vectorielles (Application à la feuille de Bratislava).
In: GDTA. - Toulouse, France 1995. p.44, 6 ill. [With Engl. rés.]

1997
Kammerer, Peter: Weiterverarbeitung von Daten des Bayerischen Landesvermessungsamtes auf dem PC. In: Nachrichten aus dem Karten- und Vermessungswesen. Rh. I, 113, 1995. p.117-127, 3 ill., 1 tab. [With German, Engl. and French rés.]

1998
Kappas, Martin; Grunwald, Burkhard: Reliefanalyse unter Zuhilfenahme von digitaler Luftbildanalyse am STEREOCORD G3 (Zeiss) und dem GIS- System SPANS. In: Angewandte Geographische Informationsverarbeitung V. Beiträge zum GIS-Symposium 7.-9. Juli 1993. - Salzburg 1993. p.217-221, 3 ill. (Salzburger Geographische Materialien, H. 20.)

1999
Kavouras, Marinos; Tsamouras, Stratis: GIS in Greece. In: The 1994 European GIS Yearbook. p.178-181, 6 ill.

2000
Kelly, Jan: Cartography, map-making, and GIS. In: The Bulletin of The Society of Cartographers. 28, 1994, 2. p.23-25.

2001
Kemp, Karen K.: GIS education in Europe. In: The 1994 European GIS Yearbook. p.90-92, 1 ill.

2002
Keune, Walter; Simon, Rita: Infrastruktur-Informationssystem Bergwerk. In: Geo-Informations-Systeme. 8, 1995, 3. p.6-12, 4 ill.

2003
Kilpeläinen, Tiina: Updating multiple representation geodata bases by incremental generalization. In: Geo-Informations-Systeme. 8, 1995, 4. p.13-18, 5 ill. [With Engl. and German rés.]

2004
Kindler, Annegret: Der Einsatz von GIS in der Umweltforschung - dargestellt am Beispiel stadtökologischer Untersuchungen im Umweltforschungszentrum Leipzig-Halle. In: Nachrichten aus dem Karten- und Vermessungswesen. Rh. I, 113, 1995.

p.129-137, 2 ill., 1 tab. [With German, Engl. and French rés.]

2005
Kineman, John J.: What is a scientific database? Design considerations for global characterization in the NOAA-EPA Global Ecosystems Database Project. In: Environmental modeling with GIS. - New York; Oxford 1993. p.372-378, 3 ill.

2006
Kleiner, Andreas; Trachsler, Heinz: GIS-ZH: Das Geographische Informationssystem des Kantons Zürich. In: Vermessung, Photogrammetrie, Kulturtechnik. 93, 1995, 1. p.12-15, 2 ill.

2007
Kleiner, Andreas; Trachsler, Heinz: GIS-ZH: raumbezogene Daten effizienter nutzen und bewirtschaften. In: KAUZ: Kanton-Umwelt-Zürich. 5, 1993, 1. p.4-8, ill.

2008
Klostius, Walter: Road extraction for a Road Information System with a positional accuracy of 2-5 m using High-Resolution Satellite Images. In: Geo-Informations-Systeme. 8, 1995, 6. p.20-24, 6 ill. [With Engl. and German rés.]

2009
Knab, Jürgen: Lenkungs- und Beratungsstelle für graphische Informationssystem (LuBS-GIS). In: Deutscher Verein für Vermessungswesen (DVW) Landesvereine Hessen e.V. und Thüringen e.V. 46, 1995, 2; 6, 1995, 2. p.20-22.

2010
Knoop, Hans: Basisdaten für Geoinformationssysteme. In: Festschrift für Bodo Schrader zum 65. Geburtstag. - Braunschweig 1994. p.101- 115, 3 ill. (Geodätische Schriftenreihe der Technischen Universität Braunschweig. 12.)

2011
Kohlus, J.: Kartographie von Projektergebnissen der Ökosystemforschung Schleswig-Holsteinisches Wattenmeer - Anwendungen eines geographischen Informationssystems im Landesamt für den Nationalpark Schleswig-Holsteinisches Wattenmeer. In: Geographie der Meere und Küsten. Beiträge zur 11. Tagung des Arbeitskreises. - Greifswald 1994. p.141-156, 6 ill. (Greifswalder geographische Arbeiten. 10.)

2012
Kolk, E.: Op weg met TOPIOvector. Een landsdekkende middenschalige geografische gegevensbank. In: Geodesia (Kartografisch Tijdschrift 21, 1995, 1). 37, 1995, 1. p.13-20, 5 ill.

2013
Komedčikov, N.N.; Ljutyj, A.A.: Bank vtoričnoj informacii po ėkologičeskomu kartografirovaniju Rossii. In: Geodezija i Kartografija. 1995, 3. p.34-37. [Secondary Information Bank on Russia ecological mapping.] [Russ.]

2014
Kophstahl, Erwin: Überblick über Anwendungen des Geoinformationssystems ATKIS - Datenintegrationskonzept. In: Das Geoinformationssystem ATKIS und seine Nutzung in Wirtschaft und Verwaltung. Vorträge ... anläßlich des AdV-Symposiums ATKIS am 15. u. 16. Juni 1994 im Landesvermessungsamt Nordrhein-Westfalen, Bonn-Bad Godesberg. - Bonn 1994. p.33-46.

2015
Kränzle, Helmut: Fernerkundungsdaten und GIS bei der Planung eines Mobilfunknetzes.

In: Geo-Informations-Systeme. 8, 1995, 3. p.13-18, 2 ill.

2016
Kresse, Wolfgang: Schriftplazierung in ATKIS. In: Nachrichten aus dem Karten- und Vermessungswesen. Rh. I, 113, 1995. p.147-154, 4 ill. [With German, Engl. and French rés.]

2017
Kružliak, Peter: Model 10 - súbor topologicko vektorových objektov Slovenska. (Správa o genéze, súčasnom stave a výhľ'adoch do budúcnosti). In: Kartografické Listy. 1995, 3. p.87-90. [Model 10 - the datasets of topographical vector data.] [Slovak with Engl. rés.]

2018
Kubo, Sachio: The development of GIS in Japan. In: Geographical information systems. Principles and applications. Vol. 2: Applications. - New York 1994. p.47-56, 2 ill.

2019
Kufoniyi, Olajide: An introduction to object-oriented data structures. In: ITC-Journal. 1995, 1. p.1-7, 4 ill.

2020
Kuo, Ying Jean: Design considerations for an integrated GIS based on a persistent programming language. In: ITC-Journal. 1995, 1. p.8-17, 9 ill.

2021
Kuprijanov, S.V.: Ėkologičeskie i geoinformacionnye aspekty kartografirovanija noosfery. In: Geodezia i Kartografia. 1994, 4. p.38-42, 1 ill. [Ecological and geoinformational aspects of noosphere mapping.] [Russ.]

2022
Kusendová, Dagmar; Minár, Jozef: Geomorfologický informačný systém v prostredí GIS. In: Geoinfo. 1995, 2. p.23-24, 3 ill. [Geomorphological Information System in the context of GIS.] [Slovak.]

2023
Kusendová, Dagmar; Minár, Jozef: Kartografické spracovanie výsledkov komplexného geomorfologického výskumu v prostredí GIS-u. In: Kartografické Listy. 1995, 3. p.109-122, 7 ill. [Cartographic processing of the results of complex geomorphological research in the context of GIS.] [Slovak with Engl. rés.]

2024
Kusendová, Dagmar: Creation of environmental maps in GIS context - on the basis of complex geomorphological research. In: Acta Facultatis Rerum Naturalium Universitatis Comenianae Environmentalica. 1995, 4/5. p.225-260. [With Slovak rés.]

2025
Kutsal, Mehmet D.: The ownership of a GIS. In: Technical Papers 1995 ACSM / ASPRS, Charlotte, North Carolina, Annual Convention & Exposition. Vol. 3. - Bethesda 1995. p.599-602, 1 ill.

2026
Laan, F.B. van der; Hassani, M.: Integrated GIS approach for agricultural control at parcel level using satellite data. In: Technical Papers 1995 ACSM / ASPRS, Charlotte, North Carolina, Annual Convention & Exposition. Vol. 3. - Bethesda 1995. p.590-598, 3 ill.

2027
Labutina, Irina A. and others: The Astrakhanskiy Biosphere Reserve GIS. Part 3: Vegetation map. In: ITC-Journal. 1995, 3. p.197-201, 1 ill. [With Engl., French and Span. rés.]

2028
Lam, David C.L.: Combining ecological modeling, GIS and expert systems: a case study of Regional Fish Species Richness Model. In: Environmental modeling with GIS. - New York; Oxford 1993. p.270-275, 6 ill.

2029
Lamppu, Seppo; Vikman, Iris: Lokaldatat i planering av markanvändningen. In: Lantmäteritidskriften. 1995, 6. p.35-39, 2 ill. [The local data at the planning of 'area-using'.] [Swed.]

2030
Lang, Ruth; Müller, Armin; Lenz, Roman: Bestimmung der flächigen Aussageschärfe von Hangneigungs- und Standortskarten. In: Geo-Informations-Systeme. 8, 1995, 6. p.24-29, 6 ill. [With German and Engl. rés.]

2031
Laux, Werner: Nutzung des ATKIS-Landschaftsmodells für die statistische Erhebung geplanter Flächennutzungen. In: Das Geoinformationssystem ATKIS und seine Nutzung in Wirtschaft und Verwaltung. Vorträge ... anläßlich des AdV-Symposiums ATKIS am 15. u. 16. Juni 1994 im Landesvermessungsamt Nordrhein-Westfalen, Bonn-Bad Godesberg. - Bonn 1994. p.78-84, 1 ill.

2032
Leberl, Franz; Andrews, Keith; Mülner, Helmut: Graphical, visual and immersive interaction with geographic data. In: UDMS '93. 16th Urban Data Management Symposium 6.-10. Sept. 1993. Proceedings. - Wien 1993. p.1-10, 3 ill., 1 tab.

2033
Lechthaler, Mirjanka: Geographisches Informationssystem ohne Maßstab? In: Angewandte Geographische Informationsverarbeitung V. Beiträge zum GIS-Symposium 7.-9. Juli 1993. - Salzburg 1993. p.71-80, 5 ill. (Salzburger Geographische Materialien, H. 20.)

2034
Lechthaler, Mirjanka: Kartografska informacija u geografskom informacijskom sustavu. In: Geodetski list. 49, 1995, 3. p.225-237, 5 ill. [Cartographic information in geographic information systems.] [Croat.]

2035
Lee, J.: Map design and GIS - a survey of map usage amongst GIS users. In: The Cartographic Journal. 32, 1995, 1. p.33-39, 5 ill., 3 tab.

2036
Lee, Jenn-Taur: Georeferencing digital map with GPS approach. In: Technical Papers 1995 ACSM/ASPRS, Charlotte, North Carolina, Annual Convention & Exposition. - Bethesda 1995. p.233-241, 4 ill., 1 tab.

2037
Lee, Y.C.: On data models and schemas. In: Geo-Informations-Systeme. 8, 1995, 4. p.2-6, 6 ill. [With Engl. and German rés.]

2038
Lever, Peter: Data capture. A user's guide. In: The 1994 European GIS Yearbook. p.135-137.

2039
Li, R. and others: Modeling 3D geological subsurface information in GIS. In: Technical Papers 1995 ACSM/ASPRS, Charlotte, North Carolina, Annual Convention & Exposition. Vol. 2. - Bethesda 1995. p.392-400, 1 ill., 3 tab.

2040
Limpouch, Aleš: Toposkop - účinny nástroj

pro analýzu v oblasti GIS. In: Mapa - podklad k novým informáciám. - Bratislava 1995. p.154-160, 3 ill. [Toposkop - an effective tool for analysis in GIS.]
[Czech with Engl. rés.]

2041
Linssen, P.: De Vlaamse milieudatabank en haar belang voor GIS. In: Bulletin Trimestriel de la Société Belge de Photogrammetrie-Télédétection et Cartographie. 197/198, 1995. p.3-8.
[Flam. and French Version.]

2042
Lo, C.P.: A GIS approach to the integration of Landsat TM data and Census data. In: Technical Papers 1995 ACSM / ASPRS, Charlotte, North Carolina, Annual Convention & Exposition. Vol. 2. - Bethesda 1995. p.328-337, 5 ill., 2 tab.

2043
Lom, Otto von: Gewinnung von Basisdaten durch Photogrammetrie und Fernerkundung. In: Gewinnung von Basisdaten für Geoinformationssysteme. Vorträge des 28. DVW-Seminars vom 5.-6. März an der Universität Hannover und vom 24.-25. Sept. 1992 an der Technischen Universität Dresden. - Stuttgart 1992. p.125-138, 1 ill., 3 tab. (Schriftenreihe des DVW. 4.) (Vorträge des DVW-Seminars. 28.)

2044
Luckhardt, Thomas: Entwicklungsstand der Erfassung raumbezogener Informationen durch kombinierte Methoden. In: Gewinnung von Basisdaten für Geoinformationssysteme. Vorträge des 28. DVW-Seminars vom 5.-6. März an der Universität Hannover und vom 24.-25. Sept. 1992 an der Technischen Universität Dresden. - Stuttgart 1992. p.139-155, 4 ill. (Schriftenreihe des DVW. 4.) (Vorträge des DVW-Seminars. 28.)

2045
Lukáč, František: Aktuálne problémy geodetického zabezpečenia Armády SR. In: Mapa - podklad k novým informáciám. - Bratislava 1995. p.39-44, 1 ill. [Building of Military Topographic Information System in the Topographic Service of ACR.] [Slovak with Engl. rés.]

2046
Lutze, Karen and others: Hybrid visualiza-tion component for planning cellular radio networks. In: Geo-Informations-Systeme. 8, 1995, 3. p.19-24, 3 ill., 1 tab.

2047
Lychagin, Michael Y. and others: The Astrakhanskiy Biosphere Reserve GIS. Part 1: Present status and perspectives. In: ITC-Journal. 1995, 3. p.189-192.
[With Engl., French and Span. rés.]

2048
Lytle, Dennis J.: Digital soils databases for the United States. In: Environmental modeling with GIS. - New York; Oxford 1993. p.386-391, 4 ill.

2049
MacKay, Ruth: Mapping vegetation for biodiversity analysis using integrated remote sensing/GIS methodology: Woodside, CA. - San Francisco: San Francisco State University 1994. [Master's thesis.]

2050
Madonia, Paolo: Applicazione della tecnologia GIS nella realizzazione di carte tematiche: distribuzione territoriale dei parametri del bilancio idrogeologico nel bacino del Riu Cixerri (Sardegna meridionale). In: Bollettino della Associazione Italiana di Cartografia. 93/94, 1995. p.43-52, 7 ill., 2 tab.
[Ital. with Engl. rés.]

2051
Maguire, David J.: An overview and definition of GIS. In: Geographical information systems. Principles and applications. Vol. 1: Principles. - New York 1994. p.9-20, 3 ill.

2052
Maguire, David J.; Dangermond, Jack: The functionality of GIS. In: Geographical information systems. Principles and applications. Vol. 1: Principles. - New York 1994. p.319-335, 4 ill., 2 tab.

2053
Mahoney, Robert P.: GIS and utilities. In: Geographical information systems. Principles and applications. Vol. 2: Applications. - New York 1994. p.101-114, 3 ill.

2054
Maidment, David R.: GIS and hydrologic modeling. In: Environmental modeling with GIS. - New York; Oxford 1993. p.147-167, 9 ill.

2055
Maier, Philipp: Geographisch-technisches Informationssystem (GIS) mit hybrider Datenverarbeitung. In: 79. Deutscher Geodätentag 1995 in Dortmund "Lebensräume erfassen - werten - gestalten". Kongreßdokumentation der Fachvorträge. - Stuttgart 1995. p.76-88. (Schriftenreihe des DVW. 20.)

2056
Maling, Derek H.: Coordinate systems and map projections for GIS. In: Geographical information systems. Principles and applications. Vol. 1: Principles. - New York 1994. p.135-146, 4 ill.

2057
Mark, David M.; Egenhofer, Max J.: Modeling spatial relations between lines and regions: combining formal mathematical models and human subjects testing. In: Cartography and Geographic Information Systems. 21, 1994, 4. p.195-212, 19 ill.

2058
Marko, Felix: Topographic digital database, contents and the structure, Workshop on Revision of Digital Topographic Databases. CERKO Working group IX: Emmen, Holland. - Bratislava: VUGK 1995. 12 p., ill.

2059
Martynenko, A.I.: Kartografičeskoe modelirovanie i geoinformacionnye sistemy. In: Geodezija i Kartografija. 1994, 9. p.43-45. [Cartographic modeling and GIS.] [Russ.]

2060
Masser, Ian: Mapping the future of Europe. Recent developments in research. In: The 1994 European GIS Yearbook. p.76-81, 1 ill.

2061
May, Rudolf: Die Datenbank der Floristischen Kartierung. Ein Beispiel für die dezentrale Erhebung und zentrale Zusammenführung von raumbezogenen, naturschutzrelevanten Informationen. In: Umweltdatenbanken. Hrsg. von Horst Kremers. - Marburg 1994. p.155-175, 11 ill. (Praxis der Umweltinformatik. 5.)

2062
Medyckyj-Scott, David: Designing geographical information system for use. In: Human factors in geographical information systems. - London [etc.] 1993. p.87-100, 3 ill.

2063
Mihaljevic, John: Geographic information system or video hopscotch? In: Proceedings of the 17th conference. New Zealand Geographical Society. Victoria Univ. of Wellington, august 30 - september 2, 1993. Christchurch 1993. p.34-39, 6 ill.

2064
Miller, Roger P.: Beyond method, beyond ethics: integrating social theory into GIS and GIS into social theory. In: Cartography and Geographic Information Systems. 22, 1995, 1. p.98-103. [With Engl. rés.]

2065
Minárik, Peter: GIS povodia Dunaja. In: Mapa - podklad k novým informáciám. - Bratislava 1995. p.95-104, 5 ill., 1 tab. [GIS of the Danube River Basin.] [Slovak with Engl. rés.]

2066
Mitášová, Irena: Programové prostriedky na uchovávanie digitálnych informácií o hraniciach. In: Pedagogické listy. 1995, 2. p.58-59. [Software tools for digital boundary information documenting.] [Slovak with Engl. rés.]

2067
Mitášová, Irena; Hájek, Milan: Standardization and interchange of digital cartographic information in the Slovak Republic. In: Proceedings 1 of 17th ICA International Cartographic Conference, Barcelona 1995. - s.l. 1995. p.896-900, 1 ill., 1 tab.

2068
Mivšek, Edvard: Spremembe v postopku vzpostavitve digitalnega zemljiškega katastra ter spremljanje in nadzor nadaljnjega izvajanja projekta vzpostavitve. In: Geodetski vestnik. 39, 1995, 3. p.195-201, 1 ill. [Changes in the process of establishing digital land cadastre and in its management.] [Slov. with Czech and Engl. rés.]

2069
Mogorovich, Paolo: Environmentally friendly tourism. Developing a tourist information system. In: The 1994 European GIS Yearbook. p.189-191, 5 ill.

2070
Mojzeš, Marcel; Kalafut, Martin; Banský, L'ubomír: Geocentrický súradnicový systém a GIS. In: Mapa - podklad k novým informáciám. - Bratislava 1995. p.113-119. [Geocentric coordinate system and GIS.] [Slovak with Engl. rés.]

2071
Moore, Ian D. and others: GIS and land-surface-subsurface process modeling. In: Environmental modeling with GIS. - New York; Oxford 1993. p.196-230, 10 ill.

2072
Moore, Tony and others: Vector Smart Map Level 1 - a new DMA product. In: Technical Papers 1995 ACSM/ASPRS, Charlotte, North Carolina, Annual Convention & Exposition. Vol. 2. - Bethesda 1995. p.83-92, 3 ill.

2073
Morgenstern, Dieter: Geowissenschaften im interdisziplinären Kontext der GIS-Forschung. In: 78. Deutscher Geodätentag 1994 in Mainz "Geodäsie traditionell fortschrittlich". Kongreßdokumentation der Fachvorträge. - Stuttgart 1994. p.170-174. (Deutscher Verein für Vermessungswesen e.V. Schriftenreihe. 12.)

2074
Morrison, Joel L.: The organizational home for GIS in the scientific professional community. In: Geographical information systems. Principles and applications. Vol. 1: Principles. - New York 1994. p.91-100.

2075
Moulder, Cathy: GIS and libraries: issues and implications. In: Bulletin. Association of Canadian Map Libraries and Archives. 94, 1995. p.11-14.

2076
Mounsey, Helen M.: Multisource, multinational environmental GIS: Lessons learnt from CORINE. In: Geographical information systems. Principles and applications. Vol. 2: Applications. - New York 1994. p.185-200, 1 tab.

2077
Müller, Manfred: Die Nutzung von ATKIS-Daten beim Umweltinformationssystem Baden-Württemberg. In: Das Geoinformationssystem ATKIS und seine Nutzung in Wirtschaft und Verwaltung. Vorträge ... anläßlich des AdV-Symposiums ATKIS am 15. u. 16. Juni 1994 im Landesvermessungsamt Nordrhein-Westfalen, Bonn-Bad Godesberg. - Bonn 1994. p.93-102, 3 ill.

2078
Müller, Wolfgang: Anforderungen an Basisinformationssysteme aus der Sicht des Umweltinformationssystems Baden-Württemberg. In: Gewinnung von Basisdaten für Geoinformationssysteme. Vorträge des 28. DVW-Seminars vom 5.-6. März an der Universität Hannover und vom 24.-25. Sept. 1992 an der Technischen Universität Dresden. - Stuttgart 1992. p.47-61, 7 ill., 2 tab. (Schriftenreihe des DVW. 4.) (Vorträge des DVW-Seminars. 28.)

2079
Nemani, Ramakrishna and others: Regional Hydroecological Simulation System: an illustration of the integration of ecosystem models in a GIS. In: Environmental modeling with GIS. - New York; Oxford 1993. p.296-304, 4 ill., 2 tab.

2080
Neumann, Karl; Koch, Hans: Ein experimentelles Informationssystem für ATKIS-Daten. In: Nachrichten aus dem Karten- und Vermessungswesen. Rh. I, 113, 1995. p.179-190, 5 ill. [With German, Engl. and French rés.]

2081
Nisbet, Robert A.; Botkin, Daniel B.: Integrating a forest growth model with a Geographic Information System. In: Environmental modeling with GIS. - New York; Oxford 1993. p.265-270, 6 ill.

2082
Nkambwe, Musisi; Arnberg, Wolter: Using GIS to improve data flow for the analysis of land use competition in a tribal African settlement: a case study from Botswana. In: ITC-Journal. 1995, 2. p.115-119, 7 ill. [With Engl., French and Span. rés.]

2083
Novak, Joan H.; Dennis, Robin L.: Regional air quality and acid deposition modeling and the role for visualization. In: Environmental modeling with GIS. - New York; Oxford 1993. p.142-146.

2084
Nyerges, Timothy L.: How do people use geographical information systems? In: Human factors in geographical information systems. - London [etc.] 1993. p.37-50, 2 ill., 3 tab.

2085
Nyerges, Timothy L.: Understanding the scope of GIS: its relationship to environmental modeling. In: Environmental modeling with GIS. - New York; Oxford 1993. p.75-93, 5 ill., 6 tab.

2086
O'Callaghan, John F.; Garner, Barry J.: Land and geographical information systems in Australia. In: Geographical information systems. Principles and applications. Vol. 2: Applications. - New York 1994. p.57-70, 3 ill., 2 tab.

2087
Obermeyer, Nancy J.: The hidden GIS technocracy. In: Cartography and Geographic Information Systems. 22, 1995, 1. p.78-83. [With Engl. rés.]

2088
Onsrud, Harlan J.: Identifying unethical conduct in the use of GIS. In: Cartography and Geographic Information Systems. 22, 1995, 1. p.90-97, 1 ill. [With Engl. rés.]

2089
Oogen, J.H. van; Bremer, J.R.H.: Kwaliteit in perspectief. Onderzoek naar de behoefte aan registratie van de kwaliteit van geo-informatie. In: Geodesia. 37, 1995, 3. p.127-131, 4 ill.

2090
Openshaw, Stan: Developing appropriate spatial analysis methods for GIS. In: Geographical information systems. Principles and applications. Vol. 1: Principles. - New York 1994. p.389-402, 4 tab.

2091
Ormeling, Ferjan: Kartographie und geographische Informationssysteme. In: Wissenschaftliche Zeitschrift der Technischen Universität Dresden. 43, 1994, 5. p.43-48.

2092
Osada, Edward: A spline model for transformation of coordinates in GIS. In: Geo-Informations-Systeme. 8, 1995, 6. p.34-35, 2 ill.

2093
Ostapenko, E.A.: Technologičeskaja struktura i trebovanija k bankam videodannych dlja sistem kosmičeskogo ėkologičeskogo monitoringa. In: Izvestija vysšich učebnych zavedenij. Geodezija i aerofotosemka. 1994, 6. p.99-110, 3 ill. [Technologische Struktur und Anforderungen an Video-Datenbanken für Systeme des kosmischen und ökologischen Monitorings.] [Russ.]

2094
Ottavi, J.-Y.; Dagorne, A.: Système littoral et Système d'Information Géographique. Application à la Côte d'Azur. In: Bulletin du Comité Français de Cartographie. 145, 1995. p.17-33, 15 ill.

2095
Ottoson, Lars; Rystedt, Bengt: National GIS programmes in Sweden. In: Geographical information systems. Principles and applications. Vol. 2: Applications. - New York 1994. p.39-46, 6 ill.

2096
Parker, Nick: Geographical information system. Hardware design. In: Human factors in geographical information systems. - London [etc.] 1993. p.173-184, 5 ill., 1 tab.

2097
Parrish, David A. and others: U.S. EPA Region 6 Comparative Risk Project: evaluating ecological risk. In: Environmental modeling with GIS. - New York; Oxford 1993. p.348-352, 1 ill., 4 tab.

2098
Parrott, Robert; Stutz, Frederick: Urban GIS application. In: Geographical informa-tion systems. Principles and applications. Vol. 2: Applications. - New York 1994. p.247-260, 9 ill., 2 tab.

2099
Pecek, Dusan: Slovenia - opportunities and challenges. Slovenia 'suffers from all the GIS diseases'. In: The 1994 European GIS Yearbook. p.201-204, 1 ill.

2100
Penon, Angelo and others: Un' esperienza di

produzione cartografica attraverso l'uso di un GIS: la Carta Generale del territorio della Regione Piemonte alla scala 1:250 000. In: Bollettino della Associazione Italiana di Cartografia. 93/94, 1995. p.33-41, 2 tab. [Ital. with Engl. rés.]

2101
Persson, Karin; Persson, Clas-Göran: Datafångst för GIS med användning av GPS. In: Lantmäteritidskriften. 1995, 1. p.6-15, 5 ill. [Computerdevelopment for GIS by use of GPS.] [Swed.]

2102
Petch, James R.; Pauknerova, Eva; Heywood, D. Ian: GIS in nature con-servation: the Zdarske vrchy project, Czech Republic. In: ITC- Journal. 1995, 2. p.133-142, 8 ill. [Engl. with French and Span. rés.]

2103
Pfeiffer, Marion: Umweltverträglichkeitsstudien großer Verkehrsprojekte mit Hilfe eines Geographischen Informationssystems. In: Umweltinformation und Karte. Beiträge zur kartographischen Informationsverarbeitung. - Trier 1994. p.208-223, 2 ill. (Sonderband zum Deutschen Kartographentag. 43.)

2104
Pfeiffer, Rupert; Streit, Ulrich: GISPAD - ein Programmsystem zur mobilen Verarbeitung raumbezogener Informationen mit Pen-Computern. In: Nachrichten aus dem Karten- und Vermessungswesen. Rh. I, 113, 1995. p.191-193. [With German, Engl. and French rés.]

2105
Pickles, John: Conclusion. Toward an economy of electronic representation and the virtual sign. In: Ground Truth. The Social Implications of Geographic Information Systems. - New York, London 1995. p.223-240.

2106
Pickles, John: Representations in an electronic age. Geography, GIS, and democracy. In: Ground Truth. The Social Implications of Geographic Information Systems. - New York, London 1995. p.1-30.

2107
Piroh, Jaroslav: Funkcie, obsah a význam topografických máp v procese budovania geografických informačných systémov. In: Kartografické Listy. 1995, 3. p.13-18, 3 ill. [Function, content and importance of topographic maps i the process of GIS building.] [Slovak with Engl. rés.]

2108
Pögl, F.: Geodaten als Grundlage kommunaler Planungsvorhaben, aufgezeigt am Beispiel der Stadt Ingolstadt. In: Mit-teilungsblatt DVW Bayern. 47, 1995, 3. p.337-358.

2109
Powitz, Bernd M.; Riemer, Hans-Gerd: Das kommunale Geo-Informationssystem DAVID als Integrationsbasis im technischen Rathaus. In: Allgemeine Vermessungs-Nachrichten. 102, 1995, 6. p.232-240, 4 ill.

2110
Pražák, Josef: Katastr nemovitostí a geografické informační systémy. In: Geodetický a kartografický obzor. 41, 1995, 4. p.68-71. [Cadastre of real estates and geographic information systems.] [Slov. with Czech, French, Engl. and Russ. rés.]

2111
Puhar, Martin: Model delovanja digitalnega zemljiškega katastra kot posledica načina vzpostavitve in dosedanjega načina delovanja

zemljiškega katastra. In: Geodetski vestnik. 39, 1995, 3. p.208-214. [Model of the functioning of a digital land cadastre as a result of its method of es-tablishment and existing methods of functioning.] [Slov. with Czech and Engl. rés.]

2112
Purkhart, Jörg: Vorarlberger Geographisches Informationssystem (VOGIS). In: Österreichische Zeitschrift für Vermessung & Geoinformation. 83, 1995, 1/2. p.26-29, 2 ill.

2113
Qing, Wan: Simulation of flood evacuation with GIS. In: Geo- Informations-Systeme. 8, 1995, 1. p.19-22, 3 ill.

2114
Raamsdonk, J. van: TOPIOvector: ondergrond voor integraal waterbeheer. In: Geodesia (Kartografisch Tijdschrift 21, 1995, 1). 37, 1995, 1. p.33-36, 6 ill.

2115
Rainio, Antti: The geographic information market in Finland. In: The 1994 European GIS Yearbook. p.168-170, 1 ill.

2116
Rampal, K.K.: Geographic Information System (GIS). In: Indian Surveyor. 44, 1995, 1. p.23-42, 9 ill.

2117
Raper, Jonathan F.; Kelk, Brian: Three-dimensional GIS. In: Geographical information systems. Principles and applications. Vol. 1: Principles. - New York 1994. p.299-317, 11 ill., 1 tab.

2118
Rasmussen Rhodes, Hannah; Myers, Donald E.: GRASS used in the geostatistical analysis of Lakewater Data from the Eastern Lake Survey, Phase I. In: Environmental modeling with GIS. - New York; Oxford 1993. p.438-446, 13 ill., 4 tab.

2119
Rejeski, David: GIS and risk: a three-culture problem. In: Environmental modeling with GIS. - New York; Oxford 1993. p.318-331, 9 ill.

2120
Rensmann, Franz-Josef: Möglichkeiten und Grenzen von GIS im Finanzdienstleistungsmarkt. In: Geo-Informations-Systeme. 8, 1995, 3. p.2-6, 3 ill.

2121
Reynolds, Jonathan: GIS for retailing across Europe. In: The 1994 European GIS Yearbook. p.115-117, 1 ill., 2 tab.

2122
Rhind, David W.: Counting the people. The role of GIS. In: Geographical information systems. Principles and applications. Vol. 2: Applications. - New York 1994. p.127-137, 1 ill.

2123
Rhind, David W.: Does Europe exist? In: The 1994 European GIS Yearbook. p.30-33, 2 ill.

2124
Richards, D.R.; Jones, N.L.; Lin, H.C.: Graphical innovations in surface water flow analysis. In: Environmental modeling with GIS. - New York; Oxford 1993. p.188-195, 6 ill.

2125
Rickman, Daniel: Implications of the European DRIVE programme. In: The 1994 European GIS Yearbook. p.55-56.

2126
Rix, David; Markham, Richard: First footsteps in GIS. In: The 1994 European GIS Yearbook. p.18-21.

2127
Roberts, Susan M.; Schein, Richard H.: Earth shattering. Global imagery and GIS. In: Ground Truth. The Social Implications of Geographic Information Systems. - New York, London 1995. p.171-195, 10 ill.

2128
The role of the Canadian Government in Geographic Information Services. In: 12th United Nations Regional Cartographic Conference for Asia and the Pacific. Vol. II, Technical Papers. Bangkok, 20-28 February 1991. - New York 1995. p.347-349.

2129
Rosenbaum, Michael S.; Söderström, Mats: Cokriging of heavy metals as an aid to biogeochemical mapping. In: Geoinformation of agricultural planning and advisory work. - Göteborg 1995. V, 15 p., 5 ill., 2 tab.

2130
Rowley, John: National standards acivity in Europe. A summary. In: The 1994 European GIS Yearbook. p.73-75.

2131
Rowley, John: National standards activity in Europe. A country-by country review. In: The 1994 European GIS Yearbook. p.226-237, 1 tab.

2132
Ruiz Pérez, Maurici and others: GIS and multimedia applications to support environmental impact assessment and local planning. In: Cognitive aspects of human-computer interaction for geographic information systems. - Dordrecht 1995. p.221-238, 12 ill. (NATO ASI series. Ser. D: Behavioural and social sciences. 83.)

2133
Rundstrom, Robert A.: GIS, Indigenous peoples, and epistemological diversity. In: Cartography and Geographic Information Systems. 22, 1995, 1. p.45-57. [With Engl. rés.]

2134
Sagischewski, Herbert and others: Einsatz eines Waldinformationssystems für den niedersächsischen Harz. In: Geo-Informations-Systeme. 7, 1995, 5. p.15-17, 2 ill. [With German and Engl. rés.]

2135
Salgé, François: Geographic information. The challenge for Europe. In: The 1994 European GIS Yearbook. p.36-38.

2136
Sandgren, Ulf: GIS research and development in Sweden. In: The 1994 European GIS Yearbook. p.205-208, 1 ill.

2137
Saurer, Helmut; Klein, Gereon; Goßmann, Hermann: Das Freiburger Regionalisierungsmodell (FREIM) - Ein Konzept und seine Anwendung zur Erzeugung von Niederschlagsdaten. In: Nachrichten aus dem Karten- und Vermessungswesen. Rh. I, 113, 1995. p.195-208, 5 ill. [With German, Engl. and French rés.]

2138
Schans, R. van der; Hettema, H.A.: Pragmatische geo-informatieverzorging. Een geodetische poging tot synthese. Deel 2: Praktijk en conclusies. In: Geodesia. 37, 1995, 6. p.283-289, 4 ill.

2139
Schans, R. van der: Van terrein naar kaart, en terug. Voorvallen in het hoofd en de computer. In: Geodesia. 37, 1995, 10. p.459-462, 10 ill.

2140
Scharek, Peter and others: Die Nutzung geographischer Informationssysteme in der regionalen und angewandten Geologie. In: Zeitschrift für angewandte Geologie. 40, 1994, 2. p.87-91.

2141
Schares, N.: A geographical and technical information system for the city of Luxembourg. In: The 1994 European GIS Yearbook. p.192-196, 5 ill.

2142
Scheele, Theo: Een dagje ... Landmeten en Vastgoed in Rotterdam. Landmeten in dynamisch Rotterdam, meer dan geo-informatie. In: Geodesia. 37, 1995, 7/8. p.359-364, 8 ill.

2143
Schiermeier, Ruth: Aufbau eines Informationssystems für Forstzwecke in Bayern am Beispiel Fichtelgebirge. In: Geo-Informations-Systeme. 7, 1995, 5. p.8-14, 7 ill. [With German and Engl. rés.]

2144
Schilcher, M.: Technologiewandel im Vermessungswesen durch Geoinformationssysteme. In: Mitteilungsblatt DVW Bayern. 47, 1995, 3. p.251-288, 12 ill., 3 mp.

2145
Schoppmeyer, Johannes; Heisser, Michael: Behandlung von Geometrietypwechseln in GIS. In: Nachrichten aus dem Karten- und Vermessungswesen. Rh. I, 113, 1995. p.209-224, 11 ill., 2 tab. [With German, Engl. and French rés.]

2146
Schreuer, Vital: Eurostat. Bringing the geographical dimension to statistics. In: The 1994 European GIS Yearbook. p.44-47, 3 ill.

2147
Schulze, Karl-H.: Von der Straßenbauvermessung zum Informationssystem Straße. In: 79. Deutscher Geodätentag 1995 in Dortmund "Lebensräume erfassen - werten - gestalten". Kongreßdokumentation der Fachvorträge. - Stuttgart 1995. p.43-75, 8 ill., 4 tab. (Schriftenreihe des DVW. 20.)

2148
Schulze, Thomas: ATKIS-Anwendungen beim Landkreis Osnabrück. In: Das Geoinformationssystem ATKIS und seine Nutzung in Wirtschaft und Verwaltung. Vorträge ... anläßlich des AdV-Symposiums ATKIS am 15. u. 16. Juni 1994 im Landesvermessungsamt Nordrhein-Westfalen, Bonn-Bad Godesberg. - Bonn 1994. p.103-115, 2 ill.

2149
Sechrist, Daniel R.; Wilen, Bill O.: Wetlands evaluation: a geographic information system analysis of multi agency wetlands data for Wicomico County, Maryland. In: Technical Papers 1995 ACSM/ASPRS, Charlotte, North Carolina, Annual Convention & Exposition. Vol. 2. - Bethesda 1995. p.348-364, 6 ill.

2150
Sena, Michael L.: Adaptation of a public agency GIS database to dynamic route guidance. In: Technical Papers 1995 ACSM/ASPRS, Charlotte, North Carolina, Annual Convention & Exposition. - Bethesda 1995. p.361-365, 1 ill.

2151
Sever, Grega; Radovan, Dalibor: Zasnova in izdelava digitalne državne topografske karte 1:25 000. In: Geodetski vestnik. 39, 1995, 3. p.229-236, 1 ill. [Preparation and production of a digital national topographic map scale 1:25 000.] [Slov. with Czech and Engl. rés.]

2152
Shaw, Barbara; Allen, James R.: Analysis of a dynamic shoreline at Sandy Hook, New Jersey using a geographic information system. In: Technical Papers 1995 ACSM / ASPRS, Charlotte, North Carolina, Annual Convention & Exposition. Vol. 2. - Bethesda 1995. p.382-391, 3 ill., 1 tab.

2153
Shepherd, Ifan D.H.: Information integration and GIS. In: Geographical information systems. Principles and applications. Vol. 1: Principles. - New York 1994. p.337-360, 9 ill.

2154
Sheppard, Eric: GIS and Society: towards a research agenda. In: Cartography and Geographic Information Systems. 22, 1995, 1. p.5-16, 1 ill. [With Engl. rés.]

2155
Shiffer, Michael J.: Geographic interaction in the city planning content: beyond the multimedia prototype. In: Cognitive aspects of human-computer interaction for geographic information systems. - Dordrecht 1995. p.295-310, 7 ill. (NATO ASI series. Ser. D: Behavioural and social sciences. 83.)

2156
Shupeng, Chen: GIS in China. In: Geo-Informations-Systeme. 8, 1995, 1. p.1-5, 3 ill.

2157
Siderelis, Karen: Land resource information systems. In: Geographical information systems. Principles and applications. Vol. 2: Applications. - New York 1994. p.261-283, 2 ill.

2158
Sides, Edmund and others: Seminar report: Three-dimensional GIS: future developments. In: ITC-Journal. 1995, 2. p.151-164, 3 ill.

2159
Sjögren, Lennart: GIS vid fastighetsvärdering. In: Lantmäteritidskriften. 1995, 2. p.6-11, 4 ill. [Use of GIS by real estate valuation.] [Swed.]

2160
Skalicki-Weixelberger, Peter: Der Einsatz von Global-Positioning System-Methoden für die Gewinnung von Daten für ein Geographisches Informationssystem. In: Angewandte Geographische Informationsverarbeitung V. Beiträge zum GIS-Symposium 7.-9. Juli 1993. - Salzburg 1993. p.231-237. (Salz-burger Geographische Materialien, H. 20.)

2161
Skelly, W.C.; Henderson-Sellers, A.; Pitman, A.J.: Land surface data: global climate modeling requirements. In: Environmental modeling with GIS. - New York; Oxford 1993. p.135-141, 4 ill.

2162
Smith, Terence R.; Jiang, Ye: Knowledge-based approaches in GIS. In: Geographical information systems. Principles and applications. Vol. 1: Principles. - New York 1994. p.413-425.

2163
Sowton, Michael Sam: Development of GIS-related activities at the Ordnance Survey. In: Geographical information systems. Principles and applications. Vol. 2: Applications. - New York 1994. p.23-38, 1 tab.

2164
Špaček, Štefan: Báza údajov pre geografické informačné systémy na Slovensku. In: Mapa - podklad k novým informáciám. - Bratislava 1995. p.18-25. [GIS database in Slovakia.] [Slovak with Engl. rés.]

2165
Spocci, R.: Il sistema di informazione del territorio del canton Ticino. In: Vermessung, Photogrammetrie, Kulturtechnik. 93, 1995, 1. p.4-7, 4 ill.

2166
Starr, Lowell E.; Anderson, K. Eric: A USGS perspective on GIS. In: Geographical information systems. Principles and applications. Vol. 2: Applications. - New York 1994. p.11-22.

2167
Steinnocher, Klaus; Staufer, Petra; Franzen, Michael: Landnutzungsdaten zur Modellierung zellularer Mobilfunknetze: Der integrative Einsatz digitaler Bildverarbeitungstechniken und geographischer Informationssysteme zur Erfassung urbaner Strukturen. In: Angewandte Geographische Informationsverarbeitung V. Beiträge zum GIS-Symposium 7.-9. Juli 1993. - Salzburg 1993. p.307-318, 2 ill., 8 tab. (Salzburger Geographische Materialien, H. 20.)

2168
Stengele, R.; Nebiker, S.; Zanini, M.: Vom Pixel zum Objekt. Strukturierung und Modellierung von Geo-Informationen. In: Vermessung, Photogrammetrie, Kulturtechnik. 93, 1995, 4. p.174-182, 11 ill.

2169
Steyaert, Louis T.: A perspective on the state of environmental simulation modeling. In: Environmental modeling with GIS. - New York; Oxford 1993. p.16-30, 3 ill.

2170
Strandli, Bjørn: GIS for miljødata i Vestfold fylke. In: Lantmäteritidskriften. 1995, 6. p.29-30. [GIS for environment in Vestfold area.] [Norw.]

2171
Le Système d'Information Géographique National de l'IGN. In: 12th United Nations Regional Cartographic Conference for Asia and the Pacific. Vol. II, Technical Papers. Bangkok, 20-28 February 1991. - New York 1995. p.350-355, 3 ill.

2172
Szabó, Szilárd: Hungary: an active role in European GIS. In: The 1994 European GIS Yearbook. p.186-188, 1 ill.

2173
Taylor, D.R. Fraser: GIS and developing nations. In: Geographical information systems. Principles and applications. Vol. 2: Applications. - New York 1994. p.71-84.

2174
Taylor, Peter J.; Johnston, Ronald J.: Geographic Information Systems and Geography. In: Ground Truth. The Social Implications of Geographic Information Systems. - New York, London 1995. p.51-67.

2175
Tomlin, C. Dana: Cartographic modelling. In: Geographical information systems. Principles and applications. Vol. 1: Principles. New York 1994. p.361-374, 9 ill.

2176
Toppen, Fred: GIS education. On supply and demand. In: The 1994 European GIS Yearbook. p.82-84, 2 ill.

2177
Townshend, John R.G.: Environmental databases and GIS. In: Geographical information systems. Principles and applications. Vol. 2: Applications. - New York 1994. p.201-216, 5 ill., 6 tab.

2178
Turk, Andrew: The relevance of human factors to geographical information systems.

In: Human factors in geographical information systems. - London [etc.] 1993. p.15-31, 3 ill.

2179
Umweltdatenbanken. Hrsg. von Horst Kremers. - Marburg: Metropolis-Verl. 1994. 283 p., ill. (Praxis der Umwelt-Informatik. 5.) ISBN 3-89518-002-5

2180
Unwin, David J.: Masters of what? GIS education in the United Kingdom 1993. In: The 1994 European GIS Yearbook. p.216-218.

2181
Unwin, David J.: The academic setting of GIS. In: Geographical information systems. Principles and applications. Vol. 1: Principles. New York 1994. p.81-90, 2 ill.

2182
Vanneste, Dominique: University training in GIS in Belgium: a survey. In: Bulletin Trimestriel de la Société Belge de Photogrammetrie-Teledetection et Cartographie. 199/200, 1995. p.51-59.

2183
Vavrinec, Bohdan: Problematika identifikácie územných jednotiek v ISZP SR. In: Zpracování dogitálních dat v GIS a digitálni kartografii. 1995. p.103-106. [The problem of area units identification in ISZP SR.] [Slovak.]

2184
Veregin, Howard: Computer innovation and adoption in geography. A critique of conventional technological models. In: Ground Truth. The Social Implications of Geographic Information Systems. - New York, London 1995. p.88-112.

2185
Visvalingam, Mahes; Varley, Dominic; Wright, Chris: Recognition of urban roads on large-scale maps. The prototypical cases. In: IGIS '94: Geographic information systems. International workshop on advanced research in geographic information systems, Monte Verità, Ascona, Switzerland. Febr.18-March 4, 1994. Proceedings. - Berlin 1994. p.225-236, 5 ill. (Lecture notes in computer science. 884.)

2186
Vojtičko, Ondrej: Koncepcia tvorby máp, budovanie základnej bázy údajov pre GIS a ich legislatívne prostredie. In: Geodetický a kartografický obzor. 41, 1995, 9. p.175-178. [Concept of map compilation, forming of fundamental data base of GIS and their legislation base.] [Czech with Engl., French and German rés.]

2187
Voženílek, Vít: Digitální mapa světa - světová data na mezinárodním trhu. In: Kartografické Listy. 1995, 3. p.45-54, 3 ill. [The Digital Chart of the World - the world's data on international market.] [Slov. with Engl. rés.]

2188
Wadge, G.; Wislocki, A.P.; Pearson, E.J.: Spatial analysis in GIS for natural hazard assessment. In: Environmental modeling with GIS. - New York; Oxford 1993. p.332-338, 4 ill.

2189
Wanglin, Yan: A knowledge base and GIS Integrated System for urban planning. In: Geo-Informations-Systeme. 8, 1995, 1. p.10-14, 5 ill.

2190
Wanzenböck, Christine: Einsatz der Photogrammetrie und eines geographischen Informationssystems im Kommassierungsverfahren. - TU Wien 1994. [Dipl.-Arb.]

2191
Warren, Stacy: Teaching GIS as a socially constructed technology. In: Cartography and Geographic Information Systems. 22, 1995, 1. p.70-77. [With Engl. rés.]

2192
Weber, Christiane: The National GIS Observatory. An information resource for the French GIS community. In: The 1994 European GIS Yearbook. p.174-175, 1 ill.

2193
Weiner, Daniel and others: Apartheid representations in a digital landscape: GIS, Remote Sensing and local knowledge in Kiepersol, South Africa. In: Cartography and Geographic Information Systems. 22, 1995, 1. p.30-44, 4 ill. [With Engl. rés.]

2194
Westen, Kees van: Einsatz von Geographischen Informationssystemen bei der Kartierung natürlicher Risikogebiete. In: Umweltinformation und Karte. Beiträge zur kartographischen Informationsverarbeitung. - Trier 1994. p.291-301, 6 ill. (Sonderband zum Deutschen Kartographentag. 43.)

2195
Wicks, Malcolm; Norton-Standon, Graham: GIS and the European utilities. In: The 1994 European GIS Yearbook. p.119-121, 2 ill.

2196
Wieshofer, Markus; Leitner, Michael: Das Institut für Geographie an der State University of New York (SUNY) in Buffalo. In: Angewandte Geographische Informationsverarbeitung V. Beiträge zum GIS-Symposium 7.-9. Juli 1993. - Salzburg 1993. p.199-206. (Salzburger Geographische Materialien, H. 20.)

2197
Wilking, Rainer: Überlegungen zur Umstellung des Raumordnungskatasters auf ATKIS-Geobasisdaten. In: Das Geoinformationssystem ATKIS und seine Nutzung in Wirtschaft und Verwaltung. Vorträge ... anläßlich des AdV-Symposiums ATKIS am 15. u. 16. Juni 1994 im Landesvermessungsamt Nordrhein-Westfalen, Bonn- Bad Godesberg. - Bonn 1994. p.116-120.

2198
Williams, Derek B.; Summers, Rachel: Some issues in GIS education in New Zealand. In: Proceedings of the 17th conference. New Zealand Geographical Society. Victoria Univ. of Wellington, august 30 - september 2, 1993. - Christchurch 1993. p.24-27, 5 ill.

2199
Wood, Alberta Auringer and others: Report of the ACMLA/WAML Joint Conference, University of British Columbia, Vancouver, B.C., May 9-12, 1995. In: Bulletin. Association of Canadian Map Libraries and Archives. 94, 1995. p.15-26, 5 ill.

2200
Wood, Alberta Auringer and others: Report on the 32nd Annual Clinic on Library Applications of Data Processing. GIS and libraries: patrons, maps and spatial information, April 2-4, 1995. In: Bulletin. Association of Canadian Map Libraries and Archives. 93, 1995. p.14-20.

2201
Wood, Jeffrey R.: Combining remote sensing, GPS, and GIS for wetlands mapping in New Jersey. In: Technical Papers 1995 ACSM/ASPRS, Charlotte, North Carolina, Annual Convention & Exposition. Vol. 2. - Bethesda 1995. p.440-449.

2202
Woodcock, Curtis E.; Gopal, Sucharita: Remote sensing of forests: new data layers for GIS. In: Technical Papers 1995 ACSM / ASPRS, Charlotte, North Carolina, Annual Convention & Exposition. Vol. 2. - Bethesda 1995. p.420-428, 4 ill., 3 tab.

2203
Wouters, W.J.C.: TOPhoogteMD. Van de Hoogtekaart 1:10 000 naar het Digitale Hoogtebestand van Nederland. In: Geodesia (Kartografisch Tijdschrift 21, 1995, 1). 37, 1995, 1. p.37-39, 3 ill.

2204
Yafang, Su: Investment environment studies with GIS. In: Geo-Informations-Systeme. 8, 1995, 1. p.14-18, 5 ill.

2205
Yang, Hongguang: Flurbereinigung mittels Geo-Informationssystemen. In: Geo-Informations-Systeme. 8, 1995, 6. p.14-19, 3 ill. [With German and Engl. rés.]

2206
Zellmer, Linda R.: Planning for GIS in libraries: decisions, choices and opportunities. In: Cartographic Perspectives. 21, 1995. p.49-53.

2207
Zhang, Li: Management of complex objects and multimedia data in GIS. In: Geo-Informations-Systeme. 8, 1995, 1. p.5-9, 2 ill.

2208
Zimmermann, Hans: INFOPLAN: ein räumliches Informationssystem für die Planung. In: Vermessung, Photogrammetrie, Kulturtechnik. 91, 1993, 5. p.319-323, ill., tab., mp.

2209
Žvokelj, Borut Pegan: Standardi prostorskih podatkov: pregled in ocena stanja in uporabnosti nekaterih standardov s področja prostorske informatike. In: Geodetski vestnik. 39, 1995, 3. p.243-248. [Standards of spatial data: examination and estimate of the situation of spatial standards and their usage.] [Slov. with slov. and Engl. rés.]

3. Land Information Systems (LIS) Landinformationssysteme Systèmes d'informations du territoire

2210
Alers, H.M.G.: Kadasterproject Costa Rica. Ervaringen met betrekking tot de kadastrale en landmeetkundige aspecten. In: Geodesia. 37, 1995, 3. p.133-138, 7 ill.

2211
Bako, Ladislav: Hranice v rámci miestnych informačných systémov. In: Pedagogické listy. 1995, 2. p.85-86. [Boundaries in municipal information systems.] [Slovak with Engl. rés.]

2212
Charvát, Karel; Pivnička, František: TOPOL na okresních úřadech. In: Mapa - podklad k novým informáciám. - Bratislava 1995. p.197-199, 2 ill. [TOPOL at District Offices.] [Czech with Engl. rés.]

2213
The County of Oxford Land-Related Information System. In: 12th United Nations Regional Cartographic Conference for Asia and the Pacific. Vol. II, Technical Papers. Bangkok, 20-28 February 1991. - New York 1995. p.285-288, 1 ill.

2214
Dale, Peter F.: Land information systems in Europe. In: The 1994 European GIS Yearbook. p.123-125.

2215
Dale, Peter F.: Land information systems. In: Geographical information systems. Principles and applications. Vol. 2: Applications. - New York 1994. p.85-99, 3 ill.

2216
Dietrich, Alfred: Beitrag der Photogrammetrie und Fernerkundung zum Aufbau kommunaler Informationssysteme in Bayern. In: 9. Informationsveranstaltung der Bayer. Vermessungsverwaltung über die graphische Datenverarbeitung am Mittwoch, den 26. April 1995 in der TU München. - München 1995. p.77-83, 4 ill.

2217
Dreves, Hein D.: MERKIS-Empfehlungen für Schleswig-Holstein. In: Nachrichten aus dem Karten- und Vermessungswesen. Rh.I, 113, 1995. p.35-50, 4 ill. [With German, Engl. and French rés.]

2218
Drew, Alice R.: Obtaining accurate boundary locations for Land Information Systems. In: Surveying and Land Information Systems. 55, 1995, 4. p.171-175.

2219
Fiedler, Ralf; Klöppel, Peter: Das Landschaftsinformationssystem Rheinland-Pfalz (LANIS-RP) - Konzept und Realisierung. In: Umweltinformation und Karte. Beiträge zur kartographischen Informationsverarbeitung. - Trier 1994. p.69-80, 1 tab., 1 ill. (Sonderband zum Deutschen Kartographentag. 43.)

2220
Gatti, M.; Bruhin, G.: Einführung eines Landinformationssystems in der Gemeinde Meilen. In: Vermessung, Photogrammetrie, Kulturtechnik. 93, 1995, 5. p.321-323, 3 ill.

2221
Ghilani, Charles D.: Use of Land Information Systems as an integrating tool in a baccalaureate surveying program. In: Surveying and Land Information Systems. 54, 1994, 4. p.231-236, 1 ill., 1 tab. [With Engl. rés.]

2222
Herkert, Friedrich: Aufbau eines grafischen Informationssystems zur Erfüllung kommunaler Aufgaben (I). Zusammenarbeit zwischen Kommune, Dienstleister und Vermessungsamt. In: 9. Informationsveranstaltung der Bayer. Vermessungsverwaltung über die graphische Datenverarbeitung am Mittwoch, den 26. April 1995 in der TU München. München 1995. p.61-64.

2223
Kersting, N.: Von der Digitalen Flurkarte zum Kommunalen Informationssystem. In: Mitteilungsblatt DVW Bayern. 47, 1995, 3. p.331-336, 1 ill.

2224
Klimczak, Halina: Thematic (Plane) Data Base for the Polish part of the Snieznik Massif. In: Mapa - podklad k novým informáciám. - Bratislava 1995. p.105-112, 3 ill., 4 tab. [Engl. with Slovak rés.]

2225
Klug, Harald: Aufbau eines graphischen Informationssystems zur Erfüllung kommunaler Aufgaben (II). Zusammenarbeit zwischen Kommune, Ingenieurbüro und Vermessungsamt. In: 9. Informationsveranstaltung der Bayer. Vermessungsverwaltung über die graphische Datenverarbeitung am Mittwoch, den 26. April 1995 in der TU München. - München 1995. p.65-67.

2226
Mandzák, P.: Digital land use map - an advanced technique in urban studies. In: Acta Facultatis Rerum Naturalium Univer-sitatis Comenianae Environmentalica. 34, 1994. p.127-134, 2 ill. [With Slovak rés.]

2227
O'Callaghan, John F.; Garner, Barry J.: Land and geographical information systems in Australia. In: Geographical information systems. Principles and applications. Vol. 2: Applications. - New York 1994. p.57-70, 3 ill., 2 tab.

2228
Roßmann, Thomas: Aufbau eines graphischen Informationssystems zur Erfüllung kommunaler Aufgaben (III). Zusammenarbeit zwischen Kommune, Ingenieurbüro und Vermessungsamt. In: 9. Informationsveranstaltung der Bayer. Vermessungsverwaltung über die graphische Datenverarbeitung am Mittwoch, den 26. April 1995 in der TU München. - München 1995. p.69-75, 4 ill.

2229
Scheuring, Robert: Zur Qualität der Basisdaten von Landinformationssystemen. - Neubiberg: Univ. der Bundeswehr, Studiengang Vermessungswesen 1995. 121 p., ill. (Schriftenreihe. Studiengang Vermessungswesen, Univ. d. Bundeswehr München. 49.)

2230
Schubert, Hanns H.: Grundlagen für Kommunale Informationssysteme (KIS), Zeitbombe Kataster-Digitalisierung. In: Angewandte Geographische Informationsverarbeitung V. Beiträge zum GIS-Symposium 7.-9. Juli 1993. - Salzburg 1993. p.43-48, 2 ill. (Salzburger Geographische Materialien, H. 20.)

2231
Sky, Per Kåre: Etablering av et eiendomsinformasjonssystem i Forsvarets bygningstjeneste. In: Kart og plan. 88, 1995, 1. p.9-15, 5 ill., 1 tab. [Implementation of a Land Information System in The Norwegian Defence Construction Service.] [Norw. with Engl. rés.]

2232
Smit, L.A.: Optitheek Rotterdam. Rotter-dam in kaart, beeld en tekst op PC, een primeur. In: Geodesia. 37, 1995, 10. p.447-451, 5 ill., 1 tab.

2233
A strategy for designing an integrated land information system for a large third world city: The Bangkok Land Information System Project. In: 12th United Nations Regional Cartographic Conference for Asia and the Pacific. Vol. II, Technical Papers. Bangkok, 20-28 February 1991. - New York 1995. p.279-285, 1 ill.

2234
Wieser, Erich G.: Fortführungsaspekte in kommunalen Landinformationssystemen. In: Gewinnung von Basisdaten für Geoinformationssysteme. Vorträge des 28. DVW-Seminars vom 5.-6. März an der Universität Hannover und vom 24.-25. Sept. 1992 an der Technischen Universität Dresden. - Stuttgart 1992. p.19-33. (Schriftenreihe des DVW. 4.) (Vorträge des ... DVW-Seminars. 28.)

2235
Wilmersdorf, Erich: Aufbau eines Kommunales Grundstücksinformationssystems. In: Angewandte Geographische Informationsverarbeitung V. Beiträge zum GIS-Symposium 7.-9. Juli 1993. - Salzburg 1993. p.55-60. (Salzburger Geographische Materialien, H. 20.)

H. Topographic Cartography
Topographische Kartographie
Cartographie topographique

1. General Features, Map Specifications
Allgemeines und Zeichenvorschriften
Généralités et spécifications

2236
Albertz, Jörg: Beiträge der Satelliten-Fernerkundung zur topographischen und thematischen Kartierung. In: Umweltinformation und Karte. Beiträge zur kartographischen Informationsverarbeitung. - Trier 1994. p.27-44, 3 ill. (Sonderband zum Deutschen Kartographentag. 43.)

2237
Ament, Rüdiger: Das Datenmodell des DKM aus fachlicher Sicht und aus Sicht der ALK/ATKIS-Datenbank. In: Nachrichten aus dem Karten- und Vermessungswesen. Rh.I, 113, 1995. p.9-18, 5 ill. [With German, Engl. and French rés.]

2238
Ament, Rüdiger: Realisierung der Verknüpfung zwischen DLM und DKM im ALK/ATKIS-Datenbankteil. In: Nachrichten aus dem Karten- und Vermessungswesen. Rh.I, 113, 1995. p.19-25, 3 ill.[With German, Engl. and French rés.]

2239
Bakker, N.J.: Kaartrevisie bij de Topografische Dienst. In: Kartografisch Tijdschrift. 21, 1995, 2. p.11-18, 10 ill. [Dutch with Engl. and French rés.]

2240
Beník, Jaroslav: Súčasné technológie v tvorbe a obnove topografických máp a smery vývoja. In: Mapa - podklad k novým informáciám. - Bratislava 1995. p.135-139. [Contemporary technologies in process of topographic maps creation and its developmental tendencies.] [Slovak.]

2241
Bousquet-Bressolier, Catherine: De la peinture géométrale> à la carte topographique. Évolution de l'héritage classique au cours du XVIIIe siècle. In: L'æil du cartographe et la représentation géographique du Moyen Age à nos jours. - Paris 1995. p.93-106, 3 ill. (Mémoires de la section de géographie physique et humaine. 18.)

2242
Eidenbenz, Ch.: GIS-Grundlagedaten beim Bundesamt für Landestopographie. In: Vermessung, Photogrammetrie, Kulturtechnik. 93, 1995, 5. p.330-333, 1 ill.

2243
Fuchs, Walter: Die derzeitigen Methoden der topographischen Kartenfortführung vor dem Hintergrund der digitalen Verfahren der Landesaufnahme. In: Eich- und Vermessungsmagazin. 79, 1995, 1. p.38- 46, 4 ill.

2244
Geudeke, P.W.: FJO [F.J. Ormeling, jr] en de topografie. In: Kartografisch Tijdschrift. 21, 1995, 3. p.31-36, 1 tab.

2245
Gurtner, Martin: Karten lesen: Handbuch zu den Landeskarten. - Wabern: Bundesamt für Landestopographie 1995. 283 p., ill., mp. ISBN 3-85902-137-0

2246
Hocková, Miroslava: Model tvorby novej topografickej mapy. - Bratislava: Slovenská technická univerzita 1995. [A model of the new topographic map production.] [Slovak.] [Dipl.-Arb.]

2247
Hüttermann, Armin: Karteninterpretation in Stichworten. 3rd rev. and enl. ed. Pt. 1.2. - Berlin, Stuttgart: Hirt in der Gebr. Borntrager Verlagsbuchhandlung 1993-. 1. Geographische Interpretation topographischer Karten. 1993. 184 p. (Hirt's Stichwortbücher.)

2248
Hurni, Lorenz: Modellhafte Arbeitsabläufe zur digitalen Erstellung von topographischen und geologischen Karten und dreidimensio nalen Visualisierungen. In: Vermessung, Photogrammetrie, Kulturtechnik. 93, 1995, 4. p.278-283, 4 ill.

2249
Klüver, Hartmut: 175 Jahre amtliche Landesbeschreibung in Baden-Württemberg. In: Rundbrief Geographie. 131, 1995. p.22-23.

2250
Knoop, Hans: Basisdaten für Geoinformationssysteme. In: Festschrift für Bodo Schrader zum 65. Geburtstag. - Braunschweig 1994. p.101- 115, 3 ill. (Geodätische Schriftenreihe der Technischen Universität Braunschweig. 12.)

2251
Kusch, Manfred: Rechnergestützte Herstellung von Karten 1:25 000 und 1:10 000 im Regelblattschnitt auf der Grundlage der Präsentationsgraphik des DLM 25/1. In: Nachrichten aus dem Karten- und Vermessungswesen. Rh. I, 113, 1995. p.155-159, 1 ill. [With German, Engl. and French rés.]

2252
L'œil du cartographe et la représentation géographique du Moyen Age à nos jours. Sous la direction de Catherine Bousquet-Bressolier. Ministère de l'éducation nationale, de l'enseignement supérieur, de la recherche et de l'insertion professionnelle. Comité des travaux historiques et scientifiques. - Paris: C.T.H.S. 1995. 283 p., ill. (Mémoires de la section de géographie physique et humaine. 18.) ISBN 2-7355-0319-4

2253
Lorn, Otto von: ATKIS - Das Basisinformationssystem für Umweltplanung und Umweltverwaltung. In: Umweltinformation und Karte. Beiträge zur kartographischen Informationsverarbeitung. - Trier 1994. p.190-201, 2 ill. (Sonderband zum Deutschen Kartographentag. 43.)

2254
Miller, Scott B.; Walker, A. Stewart; Walsh, Muiris C.: Digital photogrammetry at the Ordnance Survey of Ireland. In: Technical Papers 1995 ACSM/ASPRS, Charlotte, North Carolina, Annual Convention & Exposition. Vol. 2. - Bethesda 1995. p.195-204.

2255
Nuti, Lucia: Le language de la peinture dans la cartographie topographique. In: L'œil du cartographe et la représentation géographique du Moyen Age à nos jours. - Paris 1995. p.53-70, 10 ill. (Mémoires de la section de géographie physique et humaine. 18.)

2256
Osuská, Zuzana: Modernizácia obsahu topografických máp. - Bratislava: Slovenská technická univerzita 1995. [The modernization of topographic maps contents.] [Slovak.] [Dipl.-Arb.]

2257
Piroh, Jaroslav: Funkcie, obsah a význam topografických máp v procese budovania geografických informačných systémov. In: Kartografické Listy. 1995, 3. p.13-18, 3 ill. [Function, content and importance of topographic maps i the process of GIS building.] [Slovak with Engl. rés.]

2258
Ramirez, J. Paul: Development of a cartographic language. In: Spatial information theory. An theoretical basis for GIS. European conference, COSIT '93, Marciana Marina, Elba Island, Italy, sept. 1993. Proceedings. - Berlin 1993. p.92-112, 12 ill., 4 tab. (Lecture notes in computer science. 716.)

2259
Rimbert, Sylvie: Pour une petite histoire d'idées autour de cartes topographiques. In: L'æil du cartographe et la représentation géographique du Moyen Age à nos jours. - Paris 1995. p.199-210, 8 ill. (Mémoires de la section de géographie physique et humaine. 18.)

2260
Schulz, Siegmund: Stadtkarte von Hamburg auf CD. In: Kartographische Nachrichten. 45, 1995, 6. p.222-224.

2261
Selkirk, Patricia; Adamson, Don: Mapping Macquarie Island. In: The Globe. Journal of the Australian Map Circle. 41, 1995. p.53-67, 4 ill., 1 tab.

2262
Sellge, H.: Basisinformationen der Vermessungsverwaltungen (ALK und ATKIS). In: Gewinnung von Basisdaten für Geoinformationssysteme. Vorträge des 28. DVW-Seminars vom 5.-6. März an der Universität Hannover und vom 24.-25. Sept. 1992 an der Technischen Universität Dresden. - Stuttgart 1992. p.87-95. (Schriftenreihe des DVW. 4.) (Vorträge des ... DVW-Seminars. 28.)

2263
Simcox, George N.: The changing face of army topography and its research and development. In: Technical Papers 1995 ACSM/ASPRS, Charlotte, North Carolina, Annual Convention & Exposition. - Bethesda 1995. p.277-280.

2264
Véchambre, Michèle: Lire la carte topographique à 15 ans. In: L'æil du cartographe et la représentation géographique du Moyen Age à nos jours. - Paris 1995. p.269-277, 1 ill. (Mémoires de la section de géographie physique et humaine. 18.)

2265
Zafirov, Penčo; Marinov, Kol'o: LANDKAD - programna sistema za topografski modeli, kadastăr i komasacija. In: Geodezija, kartografija, zemeustrojstvo. 33, 1993, 1. p.18-19. [LANDKAD - a program system for topographic models, cadastre and re-allocation.] [Bulg.]

2266
Zill, Viktor: Automationsunterstützte Datenverarbeitung in der österreichischen Landesaufnahme. In: Angewandte Geographische Informationsverarbeitung V. Beiträge zum GIS-Symposium 7.-9. Juli 1993. - Salzburg 1993. p.61-64, 2 ill. (Salzburger Geographische Materialien, H. 20.)

2. Maps Grouped According to Scale
Maßstabsbestimmte Kartengruppen
Cartes groupées d'après les échelles

2267
Kolk, E.: Op weg met TOPIOvector. Een landsdekkende middenschalige geografische gegevensbank. In: Geodesia (Kartografisch Tijdschrift 21, 1995, 1). 37, 1995, 1. p.13-20, 5 ill.

a. Map Scales larger than 1:10 000
Karten bis 1:10 000
Cartes jusqu'à l'échelle 1:10 000

2268
Acharya, Bishwa and others: Applications of GPS and scanning to base mapping: a sugar cane GIS pilot project in the Cauca Valley, Colombia. In: Technical Papers 1995 ACSM/ASPRS, Charlotte, North Carolina, Annual Convention & Exposition. - Bethesda 1995. p.242-251, 4 ill., 6 tab.

2269
Andreas, Karl: Die Entwicklung der Deutschen Grundkarte 1:5 000. In: 40 Jahre Ortsverein Karlsruhe der Deutschen Gesellschaft für Kartographie e.V. - Karlsruhe 1994. p.263-266.

2270
Apagyi, Géza: Az Állami Földmérés elvárható szerepe a digitális földmérési alaptérkép (DFT) létrehozásában. In: Geodézia és Kartográfia. 47, 1995, 1. p.13-15. [Contribution to be expected of the National Surveying and Mapping Agency to form the digital large scale basic map.] [Hung. with Engl. rés.]

2271
Aschenbrenner, Jörg; Slupetzky, Heinz: Die Karte "Hohe Riffel" 1:5 000. In: Mitteilungen der Österreichischen Geographischen Gesellschaft. Bd 136. - Wien 1994. p.263-265, 1 mp.-suppl.

2272
Balla, Scilla: A digitális képfeldolgozás szerepe a kataszteri térképezésben. In: Geodézia és Kartográfia. 47, 1995, 2. p.87-89. [The role of digital image processing in cadastre mapping.] [Hung. with Engl. rés.]

2273
Barnes, Grenville; Sartori, Michael: A GPS methodology for surveying and mapping cadastral parcels in Albania. In: Technical Papers 1995 ACSM/ASPRS, Charlotte, North Carolina, Annual Convention & Exposition. Bethesda 1995. p.111-120, 2 ill., 2 tab.

2274
Berends, J.; Janssen, H.C.: Het 1:10 000 Kernbestand. Grond onder de voeten voor GIS-gebruik. In: Geodesia (Kartografisch Tijdschrift 21, 1995, 1). 37, 1995, 1. p.7-11, 3 ill.

2275
Bø, Tore: Grunnkart Bergen - vedlikehold av basen med terrestriske metoder. Erfaringer fra et forsøk i Kråkenesdalen i juni 1994. In: Kart og plan. 88, 1995, 1. p.41-44, 3 ill. [Basic Map Bergen - maintenance of the database, with the use of terrestrial methods.] [Norw. with Engl. rés.]

2276
Bönisch, D.; Egreder, K.; Sachsenweger, E.: Untersuchung der Genauigkeit von Flurkarten am Beispiel Leidersbach (Ufr). In: Mitteilungsblatt DVW Landesverein Bayern. 47, 1995, 1. p.55-72, 2 ill., 6 tab.

2277
Bogaerts, M.J.M.: GIS-Vlaanderen, grootschalig niveau. Advies van het Weetenschappelijk Comité GIS Vlaanderen. In: Geodesia. 37, 1995, 6. p.291-296, 1 ill.

2278
Buelens, P.: GBK Vlaanderen. Kwaliteit, uniformiteit en pragmatisme. In: Geodesia. 37, 1995, 3. p.139-141, 1 ill.

2279
Čaňová, Jana: Tvorba Základnej mapy SR vel'kej mierky. - Bratislava: Slovenská technická univerzita 1995. [The production of the large scale basic map of Slovakia.] [Slovak.] [Dipl.-Arb.]

2280
Carlson, Christine: A comparative analysis of selected parcel map conversion methods. - DeKalb: Northern Illinois University 1995. [Master's thesis.]

2281
Demšar, Božo: Transformacija grafičnih zemljiško-katastrskih načrtov - ravnanje robov načrtov. In: Geodetski Vestnik. 39, 1995, 4. p.280-284. [Transformation of graphic land cadastre maps - straightening of map edges.] [Slov. with Engl. rés.]

2282
Drinka, Andrej: Posúdenie presnosti Základnej mapy SR vel'kej mierky. - Bratislava: Slovenská technická univerzita 1995. [Assessing the accuracy of the large scale basic map of SR.] [Slovak.] [Dipl.-Arb.]

2283
Fašiangová, Lýdia: Skúsenosti z vytvárania vektorovej katastrálnej mapy. In: Geodetický a kartografický obzor. 41, 1995, 7. p.142-145. [Experiences of forming the vector cadastral map.] [Czech with Engl., German, French and Russ. rés.]

2284
Fras, Zmago; Gvozdanović, Tomaž: Numerical process of straightening the edges of graphically-based cadastral maps. In: Geodetski Vestnik. 39, 1995, 2. p.95-102, 10 ill., p.87-94 = Slov. [With Engl. rés.]

2285
Gegov, Konstantin: Digitalizirane i aktualizacija na šaštestvuvaštite kadastralni planove. In: Geodezija, kartografija, zemeustrojstvo. 34, 1994, 6. p.16-18. [Digitizing and updating of the existing cadastral plans.] [Bulg.]

2286
Goodwin, David W.: Digital parcel mapping using orthophotoquad base maps: a working model. - Amherst: University of Massachusetts, Amherst 1994. [Master's thesis.]

2287
Haslach, Klaus: Digitale Flurkarte in Bayern - Stand und Weiterentwicklung. In: 9. Informationsveranstaltung der Bayer. Vermessungsverwaltung über die graphische Datenverarbeitung am Mittwoch, den 26. April 1995 in der TU München. - München 1995. p.53-60, 4 ill., 1 tab.

2288
Hatzenberger, Christoph; Hochstöger, Franz: Kommunikation in Internet - ein Überblick für Interessenten aus Vermessung und Geoinformation. In: Österreichische Zeitschrift für Vermessung & Geoinformation. 83, 1995, 4. p.200-208, 8 ill. [With German and Engl. rés.]

2289
Helm, Florian: Von der Feldskizze zum Digitalen Feldplan. In: Österreichische Zeitschrift für Vermessung & Geoinformation. 83, 1995, 4. p.200-208, 8 ill. [With German and Engl. rés.]

2290
Herben, W.: Cartographie communale numérique. In: Bulletin Trimestriel de la Société Belge de Photogrammetrie-Télédétection et Cartographie. 197/198, 1995. p.45-50, 2 ill. [Fläm. und franz. Version.]

2291
Horňanský, Imrich: Skončenie štandardizácie geografických názvov zo Základnej mapy Slovenskej republiky 1:10 000. In: Geodetický a kartografický obzor. 41, 1995, 5. p.92-94. [Finishing the standardization of geographic names from the Basic Map of the Slovak Republic 1:10 000.] [Slov. with Czech, French, Engl. and Russ. rés.]

2292
Jongh, H. de: De Kaart van Amsterdam 1:10 000. Van kaart naar objectgericht bestand. In: Geodesia (Kartografisch Tijdschrift 21, 1995, 1). 37, 1995, 1. p.27-31, 5 ill.

2293
Kafka, Oldřich: Automatizace obnovy map katastru nemovitostí. In: Geodetický a kartografický obzor. 41, 1995, 8. p.166-169. [Automated renewal of the cadastre of real estates.] [Czech with Slov., Engl., German, French and Russ. rés.]

2294
Kerscher, Hermann: Die Neuvermessung der Fossa Carolina. In: Fossa Carolina - 1200 Jahre Karlsgraben. - München 1993. p.11-16, 5 mp.

2295
Kertscher, Klaus: ALK - die automatisierte Liegenschaftskarte. In: Festschrift für Bodo Schrader zum 65. Geburtstag. - Braunschweig 1994. p.93-100, 4 ill. (Geodätische Schriftenreihe der Technischen Universität Braunschweig. 12.)

2296
Kocáb, Milan: MicroGEOS - nástroj pro vedení digitální katastrální mapy. In: Geodetický a kartografický obzor. 41, 1995, 9. p.197- 198. [MicroGEOS - a tool of upkeeping the digital cadastral map.] [Czech with Engl., French and German rés.]

2297
Kossina, Anton: Das Namengut der Katastralmappe in Salzburg. In: Festschrift Ortsnamenforschung. 20 Jahre Salzburger Ortsnamenkommission. - Salzburg 1995. p.27-35, 5 ill. (SIR Schriftenreihe, Bd 14.)

2298
Kovács, Gáborné: A digitális földmérési alaptérképkészítés és helyzete Magyarországon. In: Geodézia és Kartográfia. 47, 1995, 1. p.16-18. [Production of the digital surveying basic maps in Hungary.] [Hung. with Engl. rés.]

2299
Krogt, Peter C.J. van der: Het vorhoudingsgetal als schaal en de eerste kaart op schaal 1:10 000. In: Geodesia (Kartografisch Tijdschrift 21, 1995, 1). 37, 1995, 1. p.3-5, 3 ill.

2300
Kummer, Klaus: Die Erneuerung der Liegenschaftskarte im Land Sachsen-Anhalt. In: Zeitschrift für Vermessungswesen. 119, 1994, 2. p.71-84, 11 ill.

2301
Landesaufnahme. In: 70 Jahre Bundesamt für Eich- und Vermessungswesen. - Wien 1993. p.203-239, 20 ill.

2302
Large-scale urban base mapping in the Metro Manila Region. In: 12th United Nations Regional Cartographic Confer-

ence for Asia and the Pacific. Vol. II, Technical Papers. Bangkok, 20-28 February 1991. New York 1995. p.377-381, 2 ill.

2303
Mapping and surveying to support land administration in Thailand: the first six years of the Land Titling Project. In: 12th United Nations Regional Cartographic Conference for Asia and the Pacific. Vol. II, Technical Papers. Bangkok, 20-28 February 1991. - New York 1995. p.178-183, 3 tab.

2304
Matthias, Herbert J.; Spiess, Ernst: AVW 4: Amtliche Vermessungswerke, Band 4: Topographische Grundkarte, der Übersichtsplan. - Aarau: Verlag Sauerländer 1995. 166 p., ill. ISBN 3-7941-1749-2

2305
Mayer, Helmut; Heipke, Christian; Ebner, Heinrich: Wissensbasierte Bildanalyse zur Extraktion von topographischen Objekten - Grundlagen und Interpretation von Katasterkarten. In: Zeitschrift für Vermessungswesen. 120, 1995, 3. p.285-298, 14 ill.

2306
Milošev, Stojančo: Edromaštabnoto kartografirane na naseleni mesta v SAŠt. potrebiteli na edromaštabnata karta. In: Geodezija, kartografija, zemeustrojstvo. 34, 1994, 1. p.17-19. [Large-scale mapping of towns and villages in USA. Users of the large-scale map.] [Bulg.]

2307
Milošev, Stojančo: Edromaštabnoto kartografirane v SAŠt. Etapi pri izgotvjaneto na edromaštabnata karta. In: Geodezija, kartografija, zemeustrojstvo. 34, 1994, 3/4. p.28-31. [The large-scale cartography in USA. Stages of the drawing up the large-scale map.] [Bulg.]

2308
Moore, J.N.: The Ordnance Survey 1:500 town plan of Glasgow: a study of large-scale mapping, departmental policy and local opinion. In: The Cartographic Journal. 32, 1995, 1. p.24-32, 2 ill.

2309
Mortier, J.: Het typebestek GBKV [Grootschalige Basiskaart van Vlaanderen] van CARDIB CV. De toekomstige standaard voor grootschalige kaartvervaardiging in Vlaanderen? In: Geodesia. 37, 1995, 9. p.391-398, 8 ill.

2310
Niklasz, László: A "földhivatalok számítógépesítése c. PHARE-projekt TAKAROS, a digitális kataszteri térképek nyilvántartásának és kezelésének földhivatali koncepciója. In: Geodézia és Kartográfia. 47, 1995, 2. p.90-93, 1 tab. [TAKAROS - Land Office Concept for Registration and Management of Digital Cadastral Maps in the framework of the PHARE-project "Computerization of the Land Offices".]

2311
Osch, G.M. van: Kadastraal bijhoudingsproces volledig digitaal. De laatste analoge schakel, het mutatiedocument "Staat-75", is nu ook digitaal. In: Geodesia. 37, 1995, 9. p.399-402, 3 ill.

2312
Pfitzinger, Heinz: Probleme bei der Einführung der Automatisierten Liegenschaftskarte - ALK - in Berlin. In: Mitteilungen aus dem Vermessungswesen. Berlin. 21, 1995. p.4-19.

2313
Present problems of cadastral map digitization and geometrical improvement [Germany]. In: 12th United Nations Regional Cartographic Conference for Asia and the Pacific. Vol. II, Technical Papers. Bangkok, 20-28 February 1991. - New York 1995. p.183-188.

2314
Production of topographic base maps in south-east Asia: some considerations. In: 12th United Nations Regional Cartographic Conference for Asia and the Pacific. Vol. II, Technical Papers. Bangkok, 20-28 February 1991. - New York 1995. p.176-178.

2315
Radovan, Dalibor: Replika na članek numerični postopek ravnanja robov katastrskih načrtov grafične izmere. In: Geodetski Vestnik. 39, 1995, 4. p.309-312, 1 ill. [Reply to the article on the numerical process of straightening the edges of graphically-based cadastral maps.] [Slov.]

2316
Rose, Andreas; Zurhorst, Michael: Zur Problematik digitaler Katasterkarten in den Neuen Bundesländern. In: 78. Deutscher Geodätentag 1994 in Mainz "Geodäsie traditionell fortschrittlich". Kongreßdokumentation der Fachvorträge. - Stuttgart 1994. p.124-129. (Deutscher Verein für Vermessungswesen e.V. Schriftenreihe. 12.)

2317
Roßmann, Thomas: Aufbau eines graphischen Informationssystems zur Erfüllung kommunaler Aufgaben (III). Zusammenarbeit zwischen Kommune, Ingenieurbüro und Vermessungsamt. In: 9. Informationsveranstaltung der Bayer. Vermessungsverwaltung über die graphische Datenverarbeitung am Mittwoch, den 26. April 1995 in der TU München. - München 1995. p.69-75, 4 ill.

2318
Salaba, Marie: Gemarkungspläne der zweiten Hälfte des 18. Jahrhunderts im Generallandesarchiv Karlsruhe. In: Karten hüten und bewahren. - Gotha 1995. p.149-171, 14 ill. (Kartensammlung und Kartendokumentation. 11.)

2319
Sjölin, Jonas: Noggrannhet hos fotogrammetriska plankartor och terrängmodeller för projektering. In: Lantmäteritidskriften. 1995, 1. p.29-35, 5 ill., 4 tab. [Exactness by photogrammetric maps and topographical models by planning.] [Swed.]

2320
Spiess, Ernst; Brandenberger, Ch.: Übersichtsplan, aus dem digitalen Grunddatensatz abgeleitet. In: Vermessung, Photogrammetrie, Kulturtechnik. 93, 1995, 4. p.272-277, 6 ill.

2321
Strobl, Josef: Erstellung und Aktualisierung großmaßstäbiger kartographischer Dokumente mittels digitaler Kartierungsverfahren. In: Festschrift Helmut Riedl. - Salzburg 1993. p.181-192, 3 ill. (Salzburger Geographische Arbeiten. Bd 25.)

2322
Świderski, Slawomir: Numeryczna Mapa Ewidencji Gruntów i Budynków. Zasady tworzenia. Praktyczne zastosowanie na obiekcie m. Elbląga. In: Geodezja i Kartografia. 44, 1995, 2/3. p.375-381. [Numerical map of ground and building stocktaking. Working principles. Practical application on site in Elblag.] [Pol.]

2323
Topographic mapping project of the Bangkok Metropolitan Area. In: 12th United Nations Regional Cartographic Conference for Asia and the Pacific. Vol. II, Technical Papers. Bangkok, 20-28 February 1991. New York 1995. p.381-383.

2324
Vagács, Géza: Néhány gondolat Balla Csilla mk. szds. cikkével kapcsolatban. In: Geodézia és Kartográfia. 47, 1995, 4. p.222-223. [Some remarks to the Paper "The role of digital image processing in cadastre mapping".] [Hung. with Engl. rés.]

2325
Veen, J.B. van der; Uitermark, H.T.: Naar een objectgerichte GBKN?! Van basiskaart tot basisbestand via het objectbegrip. In: Geodesia. 37, 1995, 2. p.83-88, 4 ill.

2326
Verroen, A.H.: Stadskartografie. In 25 jaar Nederlandse kartografische tijdschriften, 1970-1995. In: Kartografisch Tijdschrift. 21, 1995, 3. p.37-45, 3 ill.

2327
Vjačka, Adolf: Zaměřování změn v katastrálních mapách. In: Geodetický a kartografický obzor. 41, 1995, 11. p.242-247. [Survey of changes in cadastral maps.] [Czech with Slov., Engl., French and Russ. rés.]

b. Map Scales from 1:10 000 to 1:300 000
Karten von 1:10 000 bis 1:300 000
Cartes de l'échelle 1:10 000 à l'échelle 1:300 000

2328
Bartaloš, Július: Posúdenie presnosti zobrazenia hraníc na mapách. In: Pedagogické listy. 1995, 2. p.28-31. [Assessing precision of boundaries representation in maps.] [Slovak with Engl. rés.]

2329
Beník, Jaroslav: Súčasné technológie v tvorbe a obnove topografických máp a smery vývoja. In: Mapa - podklad k novým informáciám. - Bratislava 1995. p.135-139. [Con temporary technologies in process of topographic maps creation and its developmental tendencies.] [Slovak.]

2330
Čižmár, Jozef: Analýza požiadaviek na hranice prvkov obsahu máp. In: Pedagogické listy. 1995, 2. p.32-39, 2 ill., 1 tab. [Analysis of standards for map representation of boundaries.] [Slovak with Engl. rés.]

2331
Čižmár, Jozef: K tvorbe novej topografickej mapy. In: Mapa - podklad k novým informáciám. - Bratislava 1995. p.186-190. [On the creation of new topographic map.] [Slovak with Engl. rés.]

2332
Delattre, N.: Le produit topographique DB250 de l'Institut Géographique National. Conception d'un système d'information géographique à l'échelle 1:250 000. In: Bulletin Trimestriel de la Société Belge de Photogrammetrie-Teledetection et Cartographie. 199/ 200, 1995. p.3-26 = French; 6 ill., 7 tab.; p.27-50 = Flam.

2333
Ditz, Robert: Die Geometrieerfassung für ein GIS aus der amtlichen Karte ÖK 50. - TU Wien 1994. [Dipl.-Arb.]

2334
Dotter, Franz: Zur Namenschreibung in Alpenvereinskarten. In: Festschrift Ortsnamenforschung. 20 Jahre Salz-

burger Ortsnamenkommission. - Salzburg 1995. p.89-101. (SIR Schriftenreihe, Bd 14.)

2335
Finsterwalder, Rüdiger: Eine neue Alpenvereinskarte Hunza-Karakorum", 1:100 000. In: Mitteilungen. Deutscher Alpenverein. 47, 1995, 5. p.340-342, ill.

2336
Herzog, Werner: Die Zukunft der Amtlichen topographischen Karte 1:25 000. Will die Geographie keinen Einfluß nehmen? In: Rundbrief Geographie. 130, 1995. p.1-4, 2 ill.

2337
Kondášová, Marta: Spracovanie, vydávanie a využívanie kartografických diel územia Slovenskej Republiky. In: Kartografické Listy. 1995, 3. p.5-12. [Processing, issue and use of cartographic series of the Slovak Republic territory.] [Slovak with Engl. rés.]

2338
Krakau, Winfried: Die topographische Abbildung des Landes Brandenburg im Maßstab 1:50 000. In: Kartographische Nachrichten. 45, 1995, 4. p.134-139, 4 ill.

2339
Kronsteiner, Gerald: Eine aktuelle Karte von Albanien. Versuch einer aktuellen kartographischen Darstellung von Albanien im Maßstab 1:200 000 einschl. einer Kurzfassung der jüngeren Kartographiegeschichte Albaniens. - Univ. Wien 1994. 118 p., 57 ill., 1 mp. [Dipl.-Arb.]

2340
Lipej, Božena: Predstavitev Pregledne karte Slovenije z občinami. In: Geodetski vestnik. 39, 1995, 1. p.47-48, 2 ill. [Presentation of a general map of Slovenia with communes.] [Slov.]

2341
Matthias, Herbert J.; Spiess, Ernst: AVW 4: Amtliche Vermessungswerke, Band 4: Topographische Grundkarte, der Übersichtsplan. - Aarau: Verlag Sauerländer 1995. 166 p., ill. ISBN 3-7941-1749-2

2342
Meckel, Helmut: Das Namengut der Österreichischen Karte 1:50 000. In: Festschrift Ortsnamenforschung. 20 Jahre Salzburger Ortsnamenkommission. - Salzburg 1995. p.37-47, 4 ill. (SIR Schriftenreihe, Bd 14.)

2343
Mesiar, Radko; Hájek, Milan: Hodnotenie priestorovej reprezentácie objektov pomocou fuzzy mier. In: Kartografické Listy. 1995, 3. p.61-66, 4 tab. [Assessment of the spatial representation of objects using fuzzy measures.] [Slov. with Engl. rés.]

2344
Mokre, Jan: "Die Mitführung einer Landkarte ist unerläßlich". Die kartographische Entdeckung der Wiener Gegenden im Biedermeier. In: Karten hüten und bewahren. - Gotha 1995. p.119-139, 1 ill. (Kartensammlung und Kartendokumentation. 11.)

2345
Monshausen, Lothar: Die Topographische Landesaufnahme im Raume Bitburg durch den französischen Obersten Tranchot. In: Nachrichtenblatt der Vermessungs- und Katasterverwaltung Rheinland-Pfalz. 38, 1995, 3. p.183-190, 2 ill., 3 mp.

2346
Pampaloni, Maurizio: L'Istituto Geografico Militare: programmi e prodotti. In: Bollettino della Associazione Italiana di Cartografia. 93/94, 1995. p.7-14.

2347
Penon, Angelo and others: Un' esperienza di produzione cartografica attraverso l'uso di un GIS: la Carta Generale del territorio della Regione Piemonte alla scala 1:250 000. In: Bollettino della Associazione Italiana di Cartografia. 93/94, 1995. p.33-41, 2 tab. [Ital. with Engl. rés.]

2348
Petrie, Gordon; Liwa, Evaristo J.: Comparative tests of small-scale aerial photographs and Spot satellite images for topographic mapping and map revion in eastern, central and southern Africa. In: ITC- Journal. 1995, 1. p.43-55, 8 ill., 5 tab.

2349
Petrovič, Dušan; Rojc, Branko: Državna topografska karta 1:25 000 - nova slovenska sistemska karta. In: Geodetski vestnik. 39, 1995, 3. p.202-207, 2 ill. [National topographic map scale 1:25 000 - new Slovene system map.] [Slov. with Czech and Engl. rés.]

2350
Pezzoli, Stefano: Piacenza, foglio 162: dalla topografia austriaca del XIX secolo a quella odierna. Una proposta di letteratura del paesaggio. In: Bollettino della Associazione Italiana di Cartografia. 93/94, 1995. p.139-142, 1 ill. [Ital. with Engl. rés.]

2351
Poljakov, V.G.: O sostavlenii srednemasštabnych kart po materialam kosmičeskoj fotos'emki. In: Geodezija i Kartografija. 1995, 4. p.47-52, 2 ill. [Medium scale mapping using remote sensing data.] [Russ.]

2352
Pregledna karta Republike Slovenije v merilu 1:200 000. In: Geodetski vestnik. 39, 1995, 1. p.49-50, 1 ill. [General map of the Republic of Slovenia at 1:200 000 scale.] [Slov.]

2353
Rabenstein, Edmund: Die Fertigstellung der Österreichischen Karte 1:200 000. In: Eich- und Vermessungsmagazin. 79, 1995. p.14-18, 2 ill.

2354
Rybanský, Marian: Metodika určování mezní doby zastarání obsahu topografických map. In: Kartografické Listy. 1995, 3. p.55-60. [Methodology of determining the topographic map contents ageing.] [Czech with Engl. rés.]

2355
Sandoval Ramon, Leonardo: Cartografía digital: Situación actual y futura a corto y medio plazo. In: Boletín de Información. Servicio Geográfico del Ejército. 77, 1994. p.43-60, 2 ill.

2356
Schreiber, Theo: Niederzier im Spiegel amtlicher topographischer Karten. In: Jahrbuch des Kreises Düren 1994. p.121-134, 6 ill., 3 tab.

2357
Sever, Grega; Radovan, Dalibor: Zasnova in izdelava digitalne državne topografske karte 1:25 000. In: Geodetski vestnik. 39, 1995, 3. p.229-236, 1 ill. [Preparation and production of a digital national topographic map scale 1:25 000.] [Slov. with Czech and Engl. rés.]

2358
Seyfert, Eckhardt: Stand und Entwicklungstendenzen der Topographischen Landesaufnahme im Land Brandenburg. In: 78. Deutscher Geodätentag 1994 in Mainz "Geodäsie traditionell fortschrittlich". Kon-

greßdokumentation der Fachvorträge. - Stuttgart 1994. p.138-145. (Deutscher Verein für Vermessungswesen e.V. Schriftenreihe. 12.)

2359
Simová, Bronislava: Technológia spracovania novej topografickej mapy. Bratislava: Slovenská technická univerzita 1995. [A technology of processing the new topographic map.] [Slovak.] [Dipl.-Arb.]

2360
Vojtičko, Ondrej: Koncepcia tvorby máp, budovanie základnej bázy údajov pre GIS a ich legislatívne prostredie. In: Geodetický a kartografický obzor. 41, 1995, 9. p.175-178. [Concept of map compilation, forming of fundamental data base of GIS and their legislation base.] [Czech with Engl., French and German rés.]

2361
Wernhart, Helmut: Das Bundesmeldenetz in der Österreichischen Karte 1:50 000. In: Eich- und Vermessungsmagazin. 77, 1995, 1. p.9-17, 21 ill.

c. Map Scales smaller than 1:300 000
Karten kleiner als 1:300 000
Cartes à une échelle de moins de 1:300 000

2362
Hirata, Masumi; Kanazawa, Kei; Hashimoto, Ryoichi: Preparation of the 1:3 500 000 Map of Japan Sea and its surrounding countries - a Japan version of the "Upside-down Map". In: Map. 33, 1995, 2. p.48-53, 2 ill., 3 tab., 1 mp. [Japan.]

2363
N'y Tchi, Suan: Analiz obščegeografičeskich kart V'etnama, izdannych v različnych stranach mira. In: Izvestija vysšich učebnych zavedenij. Geodezija i aerofotosemka. 1993, 5/6. p.155-160, 2 tab. [Analyse allgemeingeographischer Karten von Vietnam, die in verschiedenen Ländern der Welt herausgegeben wurden.] [Russ.]

2364
Voženílek, Vít: Digitální mapa světa - světová data na mezinárodním trhu. In: Kartografické Listy. 1995, 3. p.45-54, 3 ill. [The Digital Chart of the World - the world's data on international market.] [Slov. with Engl. rés.]

2365
Wimmer, Heinrich; Zahn, Johann: Der Aufbau des GEOGIS 500 und die Ableitung der ÜK 500 von Bayern. In: Kartographische Nachrichten. 45, 1995, 4. p.125-134, 13 ill., 2 tab., 1 mp.

2366
Yoshida, Yoshio; Kanazawa, Kei: A map of Antarctica on a scale of 1:10 000 000. In: Map. 33, 1995, 1. p.30-35, 9 ill., 1 mp.-suppl. [Japan. with Engl. rés.]

2367
Zahn, Johann: Die Herstellung der digitalen Übersichtskarte von Bayern 1:500 000. In: Nachrichten aus dem Karten- und Vermessungswesen. Rh. I, 113, 1995. p.233-243, 7 ill., 1 suppl. [With German, Engl. and French rés.]

3. Content of Topographic Maps
Inhaltselemente topographischer Karten
Eléments du contenu des cartes topographiques

2368
Mang, Reinhard: Kartographische Bezeichnung und Abgrenzung geographischer Räume. In: Festschrift Ortsnamenforschung.

20 Jahre Salzburger Ortsnamenkommission. - Salzburg 1995. p.23-25. (SIR Schriftenreihe, Bd 14.)

a. Planimetry
Situation
Planimétrie

2369
Adler, Ron: International land boundary database. In: Surveying and Land Information Systems. 55, 1995, 4. p.212-216, 2 ill., 1 tab.

2370
Boer, A.M. den: Van Heerlen naar Emmen en terug. Wil Nederland één, twee of tien digitale wegennetwerken 1:10 000? In: Geodesia (Kartografisch Tijdschrift 21, 1995, 1). 37, 1995, 1. p.21-25, 5 ill.

2371
Buchanan, H.: Product conformance with BS7567 (NTF) with an example studying Ordnance Survey Boundary Line. In: The Cartographic Journal. 32, 1995, 1. p.18-23, 7 ill.

2372
Drew, Alice R.: Obtaining accurate boundary locations for Land Information Systems. In: Surveying and Land Information Systems. 55, 1995, 4. p.171-175.

2373
Gabay, Yair; Doytsher, Yerahmiel: Automatic feature correction in merging of line maps. In: Technical Papers 1995 ACSM/ ASPRS, Charlotte, North Carolina, Annual Convention & Exposition. Vol. 2. - Bethesda 1995. p.404-410, 5 ill.

2374
Griffiths, I.L.: Maps, boundaries, ambiguity and change in the Gambia. In: Maps and Africa. Proceedings of a Colloquium at the University of Aberdeen, April 1993. - Aberdeen 1994. p.66-80, 4 ill.

2375
Kerscher, Hermann: Kartographische Darstellung der Fossa Carolina. In: Fossa Carolina - 1200 Jahre Karlsgraben. - München 1993. p.7-8.

2376
Mackaness, William A.: Analysis of urban road networks to support cartographic generalization. In: Cartography and Geographic Information Systems. 22, 1995, 4. p.306-316, 12 ill.

2377
Rebert, Paula: Mapping the United States-Mexico boundary, 1849-1857. Madison: University of Wisconsin, Madison 1995. [Doct. diss.]

2378
Schwarzbach, Frank: Untersuchungen zur rechnergestützten Linienglättung. - Dresden: Institut für Kartographie, TU Dresden 1995. (Kartographische Bausteine. 10.)

2379
Shimizu, Yasuo: Railway symbols on topographical maps. In: Map. 33, 1995, 3. p.35-40, 11 ill., 1 tab. [Japan. with Engl. rés.]

2380
Sirko, Mieczysław: Metodyczne problemy doboru osiedli na mapach średnio- i małoskalowych. In: Polski przegląd kartograficzny. 27, 1995, 1. p.1-12, 4 ill., 4 tab. [Methodological problems of selection of settlements on medium- and small-scale maps.] [Pol. with Engl. and Russ. rés.]

2381
Visvalingam, Mahes; Williamson, Peter J.: Simplification and generalization of large scale data for roads: a comparison of two

filtering algorithms. In: Cartography and Geographic Information Systems. 22, 1995, 4. p.264-275, 5 ill., 1 tab.

2382
Visvalingam, Mahes; Varley, Dominic; Wright, Chris: Recognition of urban roads on large-scale maps. The prototypical cases. In: IGIS '94: Geographic information systems. International workshop on advanced research in geographic information systems, Monte Verità, Ascona, Switzerland. Febr. 18-March 4, 1994. Proceedings. - Berlin 1994. p.225-236, 5 ill. (Lecture notes in computer science. 884.)

2383
Yearwood, Peter J.: From lines on maps to national boundaries: the case of Northern Nigeria and Cameroun. In: Maps and Africa. Proceedings of a Colloquium at the University of Aberdeen, April 1993. - Aberdeen 1994. p.36-42, 2 mp.

b. Relief
Gelände
Terrain

2384
Adamják, Marián: Test výškopisu topografickej mapy 1:10 000. In: Mapa - podklad k novým informáciám. - Bratislava 1995. p.178-185, 2 ill., 6 tab. [Testing of Hypsography in topographic map of scale 1:10 000.] [Slovak with Engl. rés.]

2385
Belov, S.B.; Bobkov, V.A.; Kadničanskij, S.A.: Sposoby obrabotki dannych o rel'efe. In: Geodezija i Kartografija. 1995, 3. p.37-41, 3 ill. [Methods of relief data processing.] [Russ.]

2386
Feldmann, Hans-Uli: Rock representation in topographic maps of Switzerland. - Wabern 1995. 4 p. (Paper for the 16th International Conference on the History of Cartography.)

2387
Finsterwalder, Rüdiger: Moderne Hochgebirgsdarstellung - gezeigt am Beispiel der Alpenvereinskarte "Cordillera real, süd 1:50 000". In: Die Erde. 49, 1995, 1. p.32-38, ill., 1 mp.

2388
Florinskij, I.V.; Grochlina, T.I.; Michajlova, N.L.: Landlord 2.0: Sistema analiza i kartografirovanija geometričeskich charakteristik rel'efa. In: Geodezija i Kartografija. 1995, 5. p.46- 51, 2 ill. [Landlord 2.0: System for recognition and mapping relief geometric features.] [Russ.]

2389
Häfele, Georg: Herstellung digitaler Schräglichtschattierung mit GIS. In: Angewandte Geographische Informationsverarbeitung V. Beiträge zum GIS-Symposium 7.-9. Juli 1993. - Salzburg 1993. p.81-88, 5 ill. (Salzburger Geographische Materialien, H. 20.)

2390
Hobbs, F.: The rendering of relief images from digital contour data. In: The Cartographic Journal. 32, 1995, 2. p.111-116, 6 ill.

2391
Hollowell, Helen: Examining techniques to map shorelines. - Columbia: University of South Carolina 1995. [Master's thesis.]

2392
Ivanov, V.I. and others: Ozenka točnosti provedenija gorizontalej na analitičeskom stereoplottere. In: Geodezija i Kartografija. 1994, 6. p.39-41, 2 ill. [Accuracy estimation for contours drawing using analytical stereoplotter.] [Russ.]

2393
Kappas, Martin; Grunwald, Burkhard: Reliefanalyse unter Zuhilfenahme von digitaler Luftbildanalyse am STEREO-CORD G3 (Zeiss) und dem GIS-System SPANS. In: Angewandte Geographische Informationsverarbeitung V. Beiträge zum GIS-Symposium 7.-9. Juli 1993. - Salzburg 1993. p.217-221, 3 ill. (Salzburger Geographische Materialien, H. 20.)

2394
Kładoczny, Dariusz; Żyszkowska, Wiesława: Struktura numerycznych modeli terenu a ich obraz poziomicowy. In: Polski przegląd kartograficzny. 27, 1995, 4. p.177-191, 10 ill., 1 tab. [Digital terrain models structure and their contour line presentation.] [Pol. with Engl. and Russ. rés.]

2395
Lanca, Margaret; Kirby, John R.: The benefits of verbal and spatial tasks in contour map learning. In: Cartographic Perspectives. 21, 1995. p.3-15, 3 ill., 1 tab.

2396
Lazarevič, K.S.: Puti ulučšenija izobraženija rel'efa na topografičeskich kartach. In: Geodezija i Kartografija. 1995, 5. p.43-45, 3 ill. [Approach to relief representation on topographic maps.] [Russ.]

2397
Lechthaler, Mirjanka: Entropija i evolucija reljefa. In: Geodetski list. 47, 1993, 2. p.117-128, 5 ill. [Entropy and evolution of landscape.] [Croat. with Engl. rés.]

2398
Wouters, W.J.C.: TOPhoogteMD. Van de Hoogtekaart 1:10 000 naar het Digitale Hoogtebestand van Nederland. In: Geodesia (Kartografisch Tijdschrift 21, 1995, 1). 37, 1995, 1. p.37-39, 3 ill.

2399
Yeager, J.A.; Lockwood, M.: Una serie de Mapas Topográficos-Batimétricos Informatizados de los Estados Unidos de América. In: Topografía y Cartografía. 67, 1995, 12. p.38-46, 1 ill., 2 tab. [With Engl. and French rés.]

I. Thematic Cartography
Thematische Kartographie
Cartographie thématique

1. General Features, Map Specifications
Allgemeines und Zeichenvorschriften
Généralités et feuilles types

2400
Albertz, Jörg: Beiträge der Satelliten-Fernerkundung zur topographischen und thematischen Kartierung. In: Umweltinformation und Karte. Beiträge zur kartographischen Informationsverarbeitung. - Trier 1994. p.27-44, 3 ill. (Sonderband zum Deutschen Kartographentag. 43.)

2401
Antheaume, Benoît; Arréghini, Louis: Bénin et Togo, "espaces-couloirs" africains. In: Mappe Monde. 1995, 1. p.18-22. [With French, Engl. and Span. rés.]

2402
Baldina, Elena A.; Knizhnikov, Yuri F.; Labutina, Irina A.: The Astrakhanskiy Biosphere Reserve GIS. Part 2: Aerospace and cartographic maintenance. In: ITC-Journal. 1995, 3. p.193-196, 2 tab. [With Engl., French and Span. rés.]

2403
Berljant, Alexander M.; Kapralov, E.G.; Kravcova, V.I.: Cifrovoe tematičeskoe kartografirovanie v universitetach Rossii. In: Vestnik Moskovskogo Universiteta: Serija. Geogr. 5, 1995, 6. p.60-67. [Digital thematic mapping at Russian universities.] [Russ.]

2404
Clancy, Robert: Historic cartography of the thematic map. In: The Globe. Journal of the Australian Map Circle. 41, 1995. p.10-18, 5 ill.

2405
Clark, David M.; Hastings, David A.; Kineman, John J.: Global databases and their implications for GIS. In: Geographical information systems. Principles and applications. Vol. 2: Applications. - New York 1994. p.217-231, 3 ill., 3 tab.

2406
Conley, Robert Michael: Thematic map legend design features and automated cartography. - East Lansing: Michigan State University 1995. [Master's thesis.]

2407
Cosinschi, Micheline; Gabioud, Bernard: Le logiciel Carthema: réalisation automatique de cartes thématique. - Lausanne: Univ. Institut de Géographie 1994. 45, 116 p., ill. (Travaux et recherches de l'Institut, Univ. de Lausanne, Inst. de Géogr. 11.)

2408
Czuba, Marta; Pasławski, Jacek: O pomiarze graficznej złozonosci kartogramów. In: Polski przeglad kartograficzny. 27, 1995, 3. p.128-134, 2 ill., 1 tab. [On measures of graphic complexity of choropleth maps.] [Pol. with Engl. and Russ. rés.]

2409
Dent, Borden D.: Cartography: thematic map design. 3rd ed. - Dubuque, Iowa: Brown 1993. XVII, 427 p., ill.
ISBN 0-697-13589-6

2410
Dzomamu, D.: K voprosu o kempleksnosintetičeskich kart. In: Izvestija vysšich učebnych zavedenij. Geodezija i aerofotos'emka. 1992, 4/5. p.145-153, 1 ill., 4 tab. [Zur Frage der komplex-synthetische Karten.] [Russ.]

2411
Elzakker, C.P.J.M. van: Ontwikkelingen in de thematische kartografie. In: Kartografisch Tijdschrift. 21, 1995, 3. p.53-64, 10 ill.

2412
Evteev, O.A. and others: General'nye tematičeskie karty strany: rol', nasledie, perspektivy. In: Geodezija i Kartografija. 1994, 9. p.36-38. [General thematic maps of Russia: role, legacy, prospects.] [Russ.]

2413
Flanagan, Colette: A test of choropleth figure/ground assumptions for animated cartography. - New York: Hunter College, City University of New York 1995. [Master's thesis.]

2414
Frei, Urs: Compilation of cartographic and spaceborne remote sensing data for thematic/topographic mapping. - Zürich: Geographisches Institut der Universität 1993. XI, 102 p., ill., mp. (Remote sensing series. 22.) [Diss.phil. II Zürich 1993.]

2415
Goleń, Jan; Ostrowski, Wiesław: Metoda dazymetryczna - rys historyczny. In: Polski przegląd kartograficzny. 26, 1994, 1. p.3-17, 5 ill. [The dasymetric method - a historical outline.] [Pol. with Engl. and Russ. rés.]

2416
Grosser, Konrad; Koch, Wolf Günther: Eine Befragung zur Nutzung von Flächenkartogrammen und Signaturenkartogrammen. In: Kartographische Nachrichten. 45, 1995, 5. p.172-182, 9 ill., 4 mp.

2417
Hagen, Dieter: Thematische Kartographie als Bestandteil umweltorientierter Ingenieurberatung. In: Umweltinformation und Karte. Beiträge zur kartographischen Informationsverarbeitung. - Trier 1994. p.106-113, 2 ill. (Sonderband zum Deutschen Kartographentag. 43.)

2418
Heino, Aarre: The presentation of data with graduated symbols. In: Cartographica. 32, 1995, 1. p.43-50, 10 ill.

2419
Ivanov, V.I.: Otobraženie nagruzki tematičeskich i special'nych kart sredstvami mašinnoj grafiki. In: Geodezia i Kartografia. 1994, 1. p.40-45, 5 ill. [Representation of thematic and specialized maps content by means of computer-aided graphics.] [Russ.]

2420
Kessler-de Vivie, Christiane: Ein Verfahren zur Steuerung der numerischen Klassenbildung in der thematischen Kartographie. - Trier: Geograph. Gesellschaft 1993. II, 97 p., ill., mp. (Beiträge zur kartographischen Informationsverarbeitung. 6.)
ISBN 3-921599-96-2

2421
Koch, Reinhold: 20 Jahre EDV-gestützte thematische Kartographie in der bayerischen Landesplanung. Rückblick - Bestandsaufnahme - Ausblick. In:

Planungskartographie und Geodesign. - Bonn 1993. p.421-434. (Informationen zur Raumentwicklung. 7.)

2422
Kottenstein, Thomas: Prototyp eines Zeichenreferenzsystems zur Herstellung thematischer Karten. - Trier: Geograph. Gesellschaft 1992. 104 p., ill. (Beiträge zur kartographischen Informationsverarbeitung. 5.) ISBN 3-921599-95-4

2423
Krčulová, Jana: Tematická mapa Slovenska. - Bratislava: Slovenská technická univerzita 1995. [A thematic map of Slovakia.] [Slovak.] [Dipl.-Arb.]

2424
Kupčík, Ivan: Mappae Bavariae: thematische Karten von Bayern bis zum Jahr 1900; Sonderausstellung des Deutschen Museums München. - Weissenhorn: Konrad 1995. 134 p., mp. (Veröffentlichungen aus dem Archiv des Deutschen Museums. 2.) ISBN 3-87437-375-4

2425
Lange, N. de: Autokart. AutoCad-Applikationen zur thematischen Kartographie. - Münster 1993. 142 p., diagr., graphics. (Reihe Studienblätter des AAG [Arbeitsgemeinschaft Angewandte Geographie] H. 9.)

2426
Leitner, Michael; Buttenfield, Barbara P.: The Dasymetric Technique. In: Angewandte Geographische Informationsverarbeitung V. Beiträge zum GIS-Symposium 7.-9. Juli 1993. - Salzburg 1993. p.89-96. (Salzburger Geographische Materialien, H. 20.)

2427
Mischke, Alfred: Die kartographische Darstellung von Isolinien an Unstetigkeitsstellen. In: Kartographische Nachrichten. 45, 1995, 5. p.182-186, 3 ill.

2428
Much, Susanne; Wilfert, Ingeborg: Effektive rechnergestützte Herstellung thematischer Karten. In: Kartographische Nachrichten. 45, 1995, 3. p.85-93, 6 ill.

2429
Nefedova, E.A.: O sozdanii bazovoj karty "Rossija i sopredel'nye gosudarstva". In: Geodezija i Kartografija. 1994, 8. p.31-34. [Base map "Russian and adjacent states" preparation.] [Russ.]

2430
Nelson, Elisabeth S.: Colour detection on bivariate choropleth maps: the visual search process. In: Cartographica. 31, 1994, 4. p.33-43, 10 ill., 2 tab. [With Engl. rés.]

2431
Prochorov, G.G.: Primenenie metodov korreljacionnogo analiza i prognosa dlja sostavlenija sintetičeskich i analitiko-sintetičeskich kart. In: Izvestija vysšich učebnych zavedenij. Geodezija i aerofotos'emka. 1992, 4/5. p.135-144, 3 ill., 5 tab. [Die Anwendung von Methoden der wechselseitigen Analyse und Prognose für den Entwurf synthetischer und analytisch-synthetischer Karten.] [Russ.]

2432
Uthe, Anne-Dore: Einfluß von Kommunikationsbedingungen auf die Modellierung thematischer Karten. In: Planungskartographie und Geodesign. - Bonn 1993. p.397-404. (Informationen zur Raumentwicklung. 7.)

2433
Yearwood, Peter J.: From lines on maps to national boundaries: the case of Northern Nigeria and Cameroun. In: Maps and Africa. Proceedings of a Colloquium at the University of Aberdeen, April 1993. - Aberdeen 1994. p.36-42, 2 mp.

2434
Young, Jim: Learning from thematic maps: children's cognitive processing and the integration of mapped information. - Minneapolis: University of Minnesota 1995. [Doct. diss.]

2435
Žalkovskij, E.A.; Nikiforov, V.I.: Problemy ocenki geografičeskich granic v tematičeskom kartografirovanii. In: Geodezija i Kartografija. 1994, 12. p.38-40. [Problems of estimation of role of geographic borders in thematic mapping.] [Russ.]

2436
Zindler, Friedrich A.: Kartenentwurf in Problemräumen, Region Südostanatolien. Versuch einer raumanalytischen Untersuchung mit besonderer Berücksichtigung der Funk-tion der Karte als Kommunikationsmittel. - Wien: Universität Wien 1992. 165 p., 26 ill., suppl. [Dipl.-Arb.]

2. Maps Grouped According to Scale
Maßstabsbestimmte Kartengruppen
Cartes groupées d'après les échelles

a. Map Scales larger than 1:10 000
Karten bis 1:10 000
Cartes jusqu'à l'èchelle 1:10 000

2437
Buchelová, L'ubica; Marko, Felix; Zahn, Ondrej: Vybrané aspekty tvorby lokalizačného základu GIS na informačnej úrovni základnej mapy 1:10 000. In: Kartografické Listy. 1995, 3. p.91-98. [Selected aspects of GIS location ground creation in information level of base map in scale 1:10 000.] [Slovak with Engl. rés.]

2438
Cholod, S.S.: Opyt soždanija krupnomasštabnoj korreljacionnoj chiono-geobotaničeskoj karty ključevogo učastkaarktičeskoj tundry. In: Geobotaničeskoe kartografirovanie. 1991. p.33-46, 4 ill. [An experience of compiling the large-scale correlation chiono-geobo-tanical map for the key area in arctic tundra.] [Russ.]

2439
Il'ina, I.S.: Otraženie prostranstvenno - vremennych kategorij rastitel'nosti na krupnomasštabnych geobotaničeskich kartach. In: Geobotaničeskoe kartografirovanie. 1991. p.13-21, 2 ill. [Representation of the space-time cathegories of vegetation on the large-scale geobotanical maps.] [Russ.]

2440
Jurkovskaja, T.K.; Elina, G.A.: Krupnomasštabnoe kartografirovanie paleorastitel'nosti golocena. In: Geobotaničeskoe kartografirovanie. 1991. p.3-12, 1 ill. [Large-scale mapping of the Holocene vegetation.] [Russ.]

2441
Koroljuk, A.Ju.: Krupnomasštabnoe kartirovanie rastitel'nosti Barabinskoj ravniny s ispol'zovaniem AFS i KS. In: Geobotaničeskoe kartografirovanie. 1991. p.69-74, 3 ill. [Large-scale vegetation mapping in the Baraba plain using the aerial and space photographs.] [Russ.]

2442
Namzalov, B.B.: Opyt krupnomasštabnogo kartirovanija rastitel'nosti gor jugovo-

stočnogo Altaja. In: Geobotaničeskoe kartografirovanie. 1991. p.46-63, 4 ill. [An experience of the large-scale mapping of the mountainous vegetation in the south-eastern Altai.] [Russ.]

2443
Strobl, Josef: Erstellung und Aktualisierung großmaßstäbiger kartographischer Dokumente mittels digitaler Kartierungsverfahren. In: Festschrift Helmut Riedl. - Salzburg 1993. p.181-192, 3 ill. (Salzburger Geographische Arbeiten. Bd 25.)

c. Map Scales smaller than 1:300 000
Karten kleiner als 1:300 000
Cartes à une échelle de moins de 1:300 000

2444
Die Bodenübersichtskarte der Bundesre-publik Deutschland im Maßstab 1:1 Mill. In: Zeitschrift für angewandte Geologie. 41, 1995, 1. p.31-36, ill.

3. Maps Grouped According to Content
Inhaltsbestimmte Kartengruppen
Cartes groupées d'après leur contenu

Administration / Verwaltung / Administration

2445
Black, Tony: A challenge for local government. Can the potential of GIS be realised? In: The 1994 European GIS Yearbook. p.212-215, 3 ill.

2446
Chorley, Roger; Buxton, Richard: The government setting of GIS in the United Kingdom. In: Geographical information systems. Principles and applications. Vol. 1: Principles. - New York 1994. p.67-79.

2447
Cummerwie, Heinz-Günter: Organisationsmanagement der Raumbezogenen Informationsverarbeitung (RIV) in den Kommunalverwaltungen. In: Zeitschrift für Vermessungswesen. 120, 1995, 8. p.391-402, 3 ill.

2448
Endrullis, Manfred and others: Sammlung und Zusammenführung von Verwaltungsgrenzen-Datensätzen der Bundesrepublik Deutschland. Ein Beitrag der Bundesrepublik Deutschland zum MEGRIN-Projekt. In: Kartographische Nachrichten. 45, 1995, 5. p.165-172, 2 ill., 3 tab., 2 mp.

2449
Herkert, Friedrich: Aufbau eines grafischen Informationssystems zur Erfüllung kommunaler Aufgaben (I). Zusammenarbeit zwischen Kommune, Dienstleister und Vermessungsamt. In: 9. Informationsveranstaltung der Bayer. Vermessungsverwaltung über die graphische Datenverarbeitung am Mittwoch, den 26. April 1995 in der TU München. - München 1995. p.61-64.

2450
Huber, P.: Die Bedeutung der Geo-Information in der öffentlichen Verwaltung. In: Vermessung, Photogrammetrie, Kulturtechnik. 93, 1995, 5. p.313-315.

2451
Klug, Harald: Aufbau eines graphischen Informationssystems zur Erfüllung kommunaler Aufgaben (II). Zusammenarbeit zwischen Kommune, Ingenieurbüro und Vermessungsamt. In: 9. Informationsveranstaltung der Bayer. Vermessungsverwaltung über die graphische Datenverarbeitung am Mittwoch, den 26. April 1995 in der TU München. - München 1995. p.65-67.

2452
Lamppu, Seppo; Vikman, Iris: Lokaldatat i planering av markanvändningen. In: Lantmäteritidskriften. 1995, 6. p.35-39, 2 ill. [The local data at the planning of 'area-using'.] [Swed.]

2453
Lipej, Božena: Predstavitev Pregledne karte Slovenije z občinami. In: Geodetski vestnik. 39, 1995, 1. p.47-48, 2 ill. [Presentation of a general map of Slovenia with communes.] [Slov.]

2454
Powitz, Bernd M.; Riemer, Hans-Gerd: Das kommunale Geo-Informationssystem DAVID als Integrationsbasis im technischen Rathaus. In: Allgemeine Vermessungs-Nachrichten. 102, 1995, 6. p.232-240, 4 ill.

2455
Stöhr, Gerhard: Die Problematik der Verwaltungsgrenzen und Herstellung digitaler Sonderkarten. In: Eich- und Vermessungsmagazin. 77, 1995, 1. p.17-26, 6 ill.

2456
Stöhr, Gerhard: Sonderkarten des Katasters und Verwaltungsgrenzen. Vom Katastralmappenarchiv zu digitalen Plangrundlagen. In: Angewandte Geographische Informationsverarbeitung VII. Beiträge zum GIS-Symposium 5.-7. Juli 1995. - Salzburg 1995. p.183-190, 4 ill. (Salzburger Geographische Materialien. 22.)

2457
Zanin, Christine: Les nouvelles cartes de l'intercommunalité. In: Revue de géographie de Lyon. 70, 1995, 2. p.129-138, 10 ill., 2 tab.

Aeronautics / Luftfahrt / Aeronautique

2458
Gartner, Georg; Popp, Andreas: Kartographische Produkte für Flugpassagiere. In: Kartographische Nachrichten. 45, 1995, 3. p.96-107, 7 ill.

2459
Vogelvluchtopnamen van Nederland 1921-1939: foto's van KLM Aerocarto Luchtfotografie. Red.: Sergio Derks. - Weesp: Robas 1994. 148 p., ill.
ISBN 90-72770-57-9

Agriculture / Landwirtschaft / Agriculture

2460
Bassett, Thomas J.: Mapping the terrain of tenure reform: the rural landholdings project of Côte d'Ivoire. In: Maps and Africa. Proceedings of a Colloquium at the University of Aberdeen, April 1993. - Aberdeen 1994. p.128-146, 4 ill., 1 tab.

2461
Clouet, Yves: Aité, bourg sahélien: aménagement et développement à dire d'acteurs. In: Mappe Monde. 1995, 3. p.30-34, 4 ill. [With French, Engl. and Span. rés.]

2462
Clouet, Yves: Les oasis. In: Mappe Monde. 1995, 4. p.44-48, 6 ill. [With French, Engl., and Span. rés.]

2463
Daw, Michael E.: The use of satellite imagery for crop forecasting in Africa. In: Maps and Africa. Proceedings of a Colloquium at the University of Aberdeen, April 1993. - Aberdeen 1994. p.237-244, 6 ill.

2464
Engel, Bernard A.; Srinivasan, Raghavan; Rewerts, Chris: A spatial decision support

system for modeling and managing agricultural non-point-source pollution. In: Environmental modeling with GIS. - New York; Oxford 1993. p.231-237, ill., 3 tab.

2465
Laan, F.B. van der; Hassani, M.: Integrated GIS approach for agricultural control at parcel level using satellite data. In: Technical Papers 1995 ACSM/ASPRS, Charlotte, North Carolina, Annual Convention & Exposition. Vol. 3. - Bethesda 1995. p.590-598, 3 ill.

2466
Morant, Philippe; Le Henaff, Françoise; Marchand, Jean-Pierre: Les mutations d'un paysage bocager: essai de cartographie dynamique. In: Mappe Monde. 1995, 1. p.5-8, 4 ill. [With French, Engl. and Span. rés.]

2467
Müller, Wolfgang: Anforderungen an Basisinformationssysteme aus der Sicht des Umweltinformationssystems Baden-Württem-berg. In: Gewinnung von Basisdaten für Geoinformationssysteme. Vorträge des 28. DVW-Seminars vom 5.-6. März an der Universität Hannover und vom 24.-25. Sept. 1992 an der Technischen Universität Dresden. - Stuttgart 1992. p.47-61, 7 ill., 2 tab. (Schriftenreihe des DVW. 4.) (Vorträge des DVW-Seminars. 28.)

2468
Technical co-operation in mapping for agriculture. In: 12th United Nations Regional Cartographic Conference for Asia and the Pacific. Vol. II, Technical Papers. Bangkok, 20-28 February 1991. - New York 1995. p.383-385.

2469
Yonechi, Fumio; Fujiwara, Takao: "Agricultural production of the Japanese Empire, Atlas" as a first thematic atlas in Japan. In: Map. 33, 1995, 2. p.1-12, 4 ill. [Japan. with Engl. rés.]

Archaeology / Archäologie / Archéologie

2470
Collier, Peter; Fontana, Dominic; Pearson, Alastair: GIS mapping of Langstone Harbour for an integrated ecological and archaeological study. In: The Cartographic Journal. 32, 1995, 2. p.137-142, 2 ill.

2471
Kerscher, Hermann: Die Neuvermessung der Fossa Carolina. In: Fossa Carolina - 1200 Jahre Karlsgraben. - München 1993. p.11-16, 5 mp.

2472
Melis, Paolo: Carta archeologica del Comune di Tergu. In: Bollettino della Associazione Italiana di Cartografia. 93/94, 1995. p.135-138, 3 ill. [Ital. with Engl. rés.]

2473
Melis, Rita Teresa; Tanda, Giuseppina: Esempio di cartografia finalizzata a valutare i rapporti tra ambiente fisico e siti archeologici nel territorio di Sedilo (Sar-degna Centrale). In: Bollettino della As-sociazione Italiana di Cartografia. 93/94, 1995. p.125-133, 7 ill. [Ital. with Engl. rés.]

Astronomy / Astronomie / Astronomie

2474
Vermij, Rienk: Typus universitatis. In: Gérard Mercator cosmographe, le temps et l'espace. - Anvers 1994. p.234-239, 6 ill.

Biology / Biologie / Biologie

2475
Buder, Wolfgang: Biotopkartierung in Sachsen - Methode, Stand, Ausblick. In:

LfUG Bericht. Vorträge u. Fachaufsätze. Freistaat Sachsen. Landesamt für Umwelt und Geologie. 1, 1994, 1. p.31-34, 3 ill.

2476
Hartl, Helmut: Biotopkartierung in Kärnten (1987-1993). In: Carinthia II. 104, 1994, 1. p.277-286, 2 ill.

2477
Hunsaker, Carolyn T. and others: Spatial models of ecological systems and processes: the role of GIS. In: Environmental modeling with GIS. - New York; Oxford 1993. p.248-264.

2478
Pichler, Peter: Zur Fertigstellung des Kräulerin-Atlasses. In: Höhlenkundliche Mitteilungen. 51, 1995, 4. p.69-73, 3 ill.

2479
Vinogradov, B.V. and others: Mapping the dynamics of complex ecosystems based on sequential remote sensing imagery. In: Mapping Sciences & Remote Sensing. 32, 1995, 1. p.80-93, 2 ill., 2 tab. [With Engl. rés.]

2480
Werner, Peter and others: Biotopkartierung im besiedelten Bereich - Fundus und Herausforderung für die stadtökologische Forschung. In: Stadtökologie. Versuch einer Standortbestimmung. - Frankfurt a.M. 1994. p.59-66, 3 ill., 2 tab. (Geobotanische Kolloquien. 11.) (Überarbeitete Fassung der Vorträge des ... Arbeitstreffens des Arbeitskreises Stadtökologie in der Gesellschaft für Ökologie. 1.)

Climatology and Meteorology / Klimatologie und Meteorologie / Climatologie et météorologie

2481
Avissar, Roni: An approach to bridge the gap between microscale land-surface processes and synoptic-scale meteorological conditions using atmospheric models and GIS: potential for applications in agriculture. In: Environmental modeling with GIS. - New York; Oxford 1993. p.123-134, 10 ill., 4 tab.

2482
Blühberger, Günther: Isoerodentenkarte von Vorarlberg mit der Liste der ÖBAG-Niederschlagsfaktoren Rv und Rw sowie Periodenvergleich und monatliche Mittelwerte der Niederschläge. - Wien: Umweltinstitut des Landes Vorarlberg 1993. 32 p., 11 tab., 1 ill., 1 mp.

2483
Brandolini, Pierluigi and others: G.I.S. e cartografia tematica nella zonizzazione dei comuni di "media montagna" in Liguria. In: Bollettino della Associazione Italiana di Cartografia. 93/94, 1995. p.63-72. [Ital. with Engl. rés.]

2484
Charre, Joël: Satellite et surveillance du climat. Atlas de veille climatique: 1986-1994. In: Mappe Monde. 1995, 3. p.48, 6 ill.

2485
Hay, Lauren E. and others: Modeling the effects of climate change on water resources in the Gunnison River Basin, Colorado. In: Environmental modeling with GIS. - New York; Oxford 1993. p.173-181, 6 ill.

2486
Paszyński, Janusz; Niedźwiedź, Tadeusz: O przedstawianiu częstości kierunków wiatru na mapach. In: Polski przeglad kartograficzny. 26, 1994, 4. p.218-226, 7 ill. [Mapping the frequency of wind directions.] [Pol. with Engl. and Russ. rés.]

2487
Rosner, Hans-Joachim: Die Regionalisierung oberflächennaher Lufttemperaturen mit Methoden der digitalen Bildverar-beitung. In: Angewandte Geographische Informationsverarbeitung V. Beiträge zum GIS-Symposium 7.-9. Juli 1993. - Salzburg 1993. p.239-248, 4 ill. (Salzburger Geographische Materialien, H. 20.)

2488
Sachweh, Michael; Würländer, Roland: Derivation of land from parameters for climatic mapping. In: Geo-Informations-Systeme. 8, 1995, 4. p.27-32, 4 ill. [With Engl. and German rés.]

2489
Saurer, Helmut; Klein, Gereon; Goßmann, Hermann: Das Freiburger Regionalisierungsmodell (FREIM) - Ein Konzept und seine Anwendung zur Erzeugung von Niederschlagsdaten. In: Nachrichten aus dem Karten- und Vermessungswesen. Rh. I, 113, 1995. p.195-208, 5 ill. [With German, Engl. and French rés.]

2490
Skelly, W.C.; Henderson-Sellers, A.; Pitman, A.J.: Land surface data: global climate modeling requirements. In: Environmental modeling with GIS. - New York; Oxford 1993. p.135-141, 4 ill.

2491
Vysoudil, M.: Možnosti a perspektivy topoklimatického mapování s využitím moderních metod geografického výskumu. In: Zborník referátov: Vybrané problémy súčasnej geografie a príbuzných disciplin. - Bratislava 1995. p.133-140, 3 ill. [Possibilities and capabilities of the topoclimatic mapping: computer aided geographical research techniques.] [Czech with Engl. rés.]

Culture / Kultur / Culture

2492
Armstrong, Rebecca: Research issues and a case study of Native American cartography. - Milwaukee: University of Wisconsin, Milwaukee 1994. [Master's thesis.]

2493
Crozat, Dominique: Images du bal en France. In: Mappe Monde. 1995, 1. p.1-4, 7 ill. [With French, Engl. and Span. rés.]

2494
Diedenhoven, Wilhelm A.: Kartenkunst und Gartenkunst. Buyx' Arbeiten als Beleg und Voraussetzung für Weyhes Werk in Kleve. In: Michael Buyx (1795-1882). Geometer, Altertumsfreund, Sammler. - Geldern 1995. p.146-156, 11 ill. (Veröffentlichungen des Historischen Vereins für Geldern und Umgegend. 96.)

2495
The global problem of backwardness of developing countries and its interpretation in complex atlases. In: 12th United Nations Regional Cartographic Conference for Asia and the Pacific. Vol. II, Technical Papers. Bangkok, 20-28 February 1991. - New York 1995. p.210-211.

2496
Hunt, Charles G.: Some notes on indigenous map-making in Africa. In: Maps and Africa. Proceedings of a Colloquium at the University of Aberdeen, April 1993. - Aberdeen 1994. p.32-35.

2497
Kohen, Jim: Mapping Aboriginal linguistic and clan boundaries in the Sydney region. In: The Globe. Journal of the Australian Map Circle. 41, 1995. p.32-39, 2 ill.

2498
Kretschmer, Ingrid: Donau und Donauländer - Lebensraum vieler Völker. In: Mitteilungsblatt. Freundeskreis für Cartographica. 9, 1995. p.3-14, 5 ill.

2499
Rundstrom, Robert A.: GIS, Indigenous peoples, and epistemological diversity. In: Cartography and Geographic Information Systems. 22, 1995, 1. p.45-57. [With Engl. rés.]

2500
Scanu, Giuseppe: Cartografia e atlanti linguistici ed etnografici. In: Bollettino della Associazione Italiana di Cartografia. 93/94, 1995. p.19-32. [Ital. with Engl. rés.]

Demography / Demographie / Démographie

2501
Andel, Joost van: Behavior mapping and urban design. Graphic versus non-graphic information about environment-behavior relations. In: The urban experience. A people-environment perspective. - London 1994. p.507-517, 2 ill., 3 tab. [With French rés.]

2502
Dreiser, Chr.: Mapping and monitoring auf QUELEA habitats in east Africa. - s.l. 1993. XII, 149 p., 2 tab., 90 ill. (Berliner geographische Studien. Bd 37.)

2503
Goss, Jon: Marketing the new marketing. The strategic discourse of geodemographic information systems. In: Ground Truth. The Social Implications of Geographic Information Systems. - New York, London 1995. p.130-170, 2 ill.

2504
Grosser, Konrad; Droth, Alf; Henker, Stephen: Karten zur Bevölkerung der Euroregion Neiße. In: Regionen an deutschen Grenzen. Strukturwandel an der ehemaligen innerdeutschen Grenze und an der deutschen Ostgrenze. - Leipzig 1995. p.92-102, 3 ill., 6 tab., 3 suppl.-mp. (Beiträge zur regionalen Geographie. 38.)

2505
Jędrzejczyk, Dobiesław: Mapa nadwyżek i niedoborów ludności polskiej Jerzego Smoleńskiego z 1926 roku. In: Polski przegląd kartograficzny. 26, 1994, 2. p.95-99, 1 ill. [Excess or deficit of the Polish population in the maps of Georg Smolensky 1926.] [Pol.]

2506
Kay, George: Population maps of Central Africa. Their origins, nature and use. In: Maps and Africa. Proceedings of a Colloquium at the University of Aberdeen, April 1993. - Aberdeen 1994. p.147-178, 13 ill.

2507
Qing, Wan: Simulation of flood evacuation with GIS. In: Geo-Informations-Systeme. 8, 1995, 1. p.19-22, 3 ill.

2508
Rhind, David W.: Counting the people. The role of GIS. In: Geographical information systems. Principles and applications. Vol. 2: Applications. - New York 1994. p.127-137, 1 ill.

2509
Rosenstiehl, Nicolas: Mapstat: du nouveau dans l'anamorphose. In: Bulletin du Comité Français de Cartographie. 145, 1995. p.13, 1 ill.

2510
Turk, Andrew; Mackaness, William A.: Design considerations for spatial information systems and maps to support native title negotiation and arbitration. In: Cartography. Journal of the Australian

Institute of Cartographers. 24, 1995, 2. p.17-28, 7 ill.

Ecology / Ökologie / Ecologie

2511
Abaimov, A.P. and others: Multipurpose mapping of the forests of the Central Putorana Upland, East Siberia. In: Mapping Sciences & Remote Sensing. 32, 1995, 4. p.274-283, 3 ill.

2512
Alassan, Ba.: Kartografičeskie proekcii dlja sozdanija ėkologičeskich kart Respubliki Mali. In: Izvestija vysšich učebnych zavedenij. Geodezija i aerofotosemka. 1993, 3. p.163-172, 2 tab. [Kartographische Projektionen für die Herstellung ökologischer Karten der Republik Mali.] [Russ.]

2513
Cayocca, Kelly: Map-assisted spectral characterization of a community ecotone for long term monitoring. - Santa Barbara: Univ. of California, Santa Barbara 1994. [Master's thesis.]

2514
Collier, Peter; Fontana, Dominic; Pearson, Alastair: GIS mapping of Langstone Harbour for an integrated ecological and archaeological study. In: The Cartographic Journal. 32, 1995, 2. p.137-142, 2 ill.

2515
Cressie, Noel; Ver Hoef, Jay M.: Spatial statistical analysis of environmental and ecological data. In: Environmental modeling with GIS. - New York; Oxford 1993. p.404-413, 4 ill.

2516
Durwen, Karl-Josef and ohters: Digitaler landschaftsökologischer Atlas Baden-Württemberg auf Grundlage der Standortskartierung. In: Angewandte Geographische Informationsverarbeitung VII. Beiträge zum GIS-Symposium 5.-7. Juli 1995. - Salzburg 1995. p.60-64. (Salzburger Geographische Materialien. 22.)

2517
Duttmann, Rainer; Franke, Michael; Stelzer, Rüdiger: Die "Digitale Geoökologische Karte" als Grundlage für prozeßorientierte Landschaftsbewertungen - Das Geo-ökologische Informationssystem: Konzeption, Anwendungen und Möglichkeiten der Integration zeitdynamischer Modelle. In: Angewandte Geographische Informationsverarbeitung V. Beiträge zum GIS-Symposium 7.-9. Juli 1993. - Salzburg 1993. p.255-266, 3 ill., 3 tab., 1 mp. (Salzburger Geographische Materialien, H. 20.)

2518
Edstrom, Nancy J.: Island wilderness: Isle Royal National Park. In: Exploration and Mapping of the National Parks. - Winnetka, Ill. 1994. p.218-250, 3 ill. (Occasional Paper No. 4.)

2519
Englund, Evan J.: Spatial simulation: environmental applications. In: Environmental modeling with GIS. - New York; Oxford 1993. p.432-437, 9 ill.

2520
Exploration and Mapping of the National Parks. Ed. by Jenny Marie Johnson. - Winnetka, Ill.: Speculum Orbis Press 1994. X, 285 p. (Occasional Paper No. 4.) ISBN 0-932757-04-9

2521
Hunsaker, Carolyn T. and others: Spatial models of ecological systems and processes: the role of GIS. In: Environmental modeling with GIS. - New York; Oxford 1993. p.248-264.

2522
Kandoian, Nancy A.: "Supreme and distinctive" on the east coast: the mapping of Acadia National Park. In: Exploration and Mapping of the National Parks. - Winnetka, Ill. 1994. p.2-46, 3 ill. (Occasional Paper No. 4.)

2523
Kasimov, N.S.; Berljant, Alexander M.: Ėkologičeskoe kartografirovanie i proekt ekologičeskogo atlasa Rossii. In: Geodezia i Kartografia. 1994, 1. p.43-47. [Ecological mapping and ecological atlas design.] [Russ.]

2524
Kineman, John J.: What is a scientific database? Design considerations for global characterization in the NOAA-EPA Global Ecosystems Database Project. In: Environmental modeling with GIS. - New York; Oxford 1993. p.372-378, 3 ill.

2525
Klink, Hans-Jürgen: Neue Wege der geoökologischen Erhebung und Kartierung. In: Beiträge zu globalen Umweltproblemen. - Stuttgart 1994. p.171-195, 4 ill. (Akademie der Wissenschaften und der Literatur. Abhandl. d. Math.-Naturwiss. Kl. 1994, 2.)

2526
Kočhurov, B.I.; Žerebcova, N.A.: Kartografirovanie ėkologičeskych problem i situacij. In: Geodezija i Kartografija. 1994, 5. p.43-47, 1 ill., 1 tab. [Mapping ecological events and situations.] [Russ.]

2527
Kočhurov, B.I.; Zherebtsova, N.A.: Mapping ecological situations: status, methodology, and prospects. In: Mapping Sciences & Remote Sensing. 32, 1995, 4. p.310-319, 2 tab.

2528
Kohlus, J.: Kartographie von Projektergebnissen der Ökosystemforschung Schleswig-Holsteinisches Wattenmeer - Anwendungen eines geographischen Informationssystems im Landesamt für den Nationalpark Schleswig-Holsteinisches Wattenmeer. In: Geographie der Meere und Küsten. Beiträge zur 11. Tagung des Arbeitskreises. - Greifswald 1994. p.141-156, 6 ill. (Greifswalder geographische Arbeiten. 10.)

2529
Komedčikov, N.N. and others: Ekologiceskoe kartografirovanie v Rossii. In: Geodezija i kartografija. Moskva. 1993, 9. p.38-44. [Ecological mapping in Russia.] [Russ.]

2530
Komedčikov, N.N.; Ljutyj, A.A.: Bank vtoricnoj informacii po ekologiceskomu kartografirovaniju Rossii. In: Geodezija i Kartografija. 1995, 3. p.34-37. [Secondary information bank on Russia ecological mapping.] [Russ.]

2531
Koschel', S.M.; Kul'bačevskaja, O.V.: Opyt operativnogo ėkologo-geochimičeskogo kartografirovanija urbanizirovannych territorij. In: Geodezia i Kartografia. 1994, 1. p.36-40. [Experience of operative ecological-geochemical mapping of urbanized areas.] [Russ.]

2532
Kuprijanov, S.V.: Ėkologičeskie i geoinformacionnye aspekty kartografirovanija noosfery. In: Geodezia i Kartografia. 1994, 4. p.38-42, 1 ill. [Ecological and geoinformational aspects of noosphere mapping.] [Russ.]

2533
Lam, David C.L.: Combining ecological modeling, GIS and expert systems: a case study of Regional Fish Species Richness Model. In: Environmental modeling with GIS. - New York; Oxford 1993. p.270-275, 6 ill.

2534
Leary, Timothy J.; McGarry MacAulay, Gail: Advanced identification of wetlands in the Florida Keys using CAMS imagery. In: Technical Papers 1995 ACSM/ASPRS, Charlotte, North Carolina, Annual Convention & Exposition. Vol. 3. - Bethesda 1995. p.847-854, 2 ill., 1 tab.

2535
Lychagin, Michael Y. and others: The Astrakhanskiy Biosphere Reserve GIS. Part 1: Present status and perspectives. In: ITC-Journal. 1995, 3. p.189-192. [With Engl., French and Span. rés.]

2536
Martin, Robert Sidney: Following the river through the mountains: mapping Big Bend National Park. In: Exploration and Mapping of the National Parks. - Winnetka, Ill. 1994. p.48-83, 1 ill. (Occasional Paper No. 4.)

2537
Nemani, Ramakrishna and others: Regional Hydroecological Simulation System: an illustration of the integration of ecosystem models in a GIS. In: Environmental modeling with GIS. - New York; Oxford 1993. p.296-304, 4 ill., 2 tab.

2538
Petch, James R.; Pauknerova, Eva; Heywood, D. Ian: GIS in nature conservation: the Zdarske vrchy project, Czech Republic. In: ITC-Journal. 1995, 2. p.133-142, 8 ill. [Engl. with French and Span. rés.]

2539
Pressey, Robert; Ferrier, Simon: Types, limitations and uses of geographic data in conservation planning. In: The Globe. Journal of the Australian Map Circle. 41, 1995. p.45-52.

2540
Ryžikov, A.I.: Proektirovanie zapovednikov i prirodno - resursnoe kartografirovanie territorij. In: Geodezija i Kartografija. 1995, 2. p.55-56. [Reserves planning and natural resources regional mapping.] [Russ.]

2541
Seavey, Charles A.: "... the most sublime of all earthly spectacles." Exploration and mapping of the Grand Canyon. In: Exploration and Mapping of the National Parks. - Winnetka, Ill. 1994. p.148-181, 2 ill. (Occasional Paper No. 4.)

2542
Stadtökologie und Kartographie. [Informationszentrum Raum und Bau der Fraunhofer-Gesellschaft]. 3rd enl. ed. - Stuttgart: IRB-Verlag 1993. 101 p. (IRB-Literaturauslese Nr. 2528.) ISBN 3-8167-2452-3

2543
Stark, Peter L.: Revealing the sapphire secret of the Cascade Range: exploration and mapping of Crater Lake National Park. In: Exploration and Mapping of the National Parks. - Winnetka, Ill. 1994. p.108-147, 2 ill. (Occasional Paper No. 4.)

2544
Vinogradov, B.V. and others: Mapping the dynamics of complex ecosystems based on sequential remote sensing imagery. In: Mapping Sciences & Remote Sensing. 32, 1995, 1. p.80-93, 2 ill., 2 tab. [With Engl. rés.]

2545
Walsh, Jim: Yellowstone Park: the first of many, the grandest of all. In: Exploration and Mapping of the National Parks. - Winnetka, Ill. 1994. p.252-285, 3 ill. (Occasional Paper No. 4.)

2546
Wood, Alberta Auringer and others: Report of the ACMLA/WAML Joint Conference, University of British Columbia, Vancouver, B.C., May 9-12, 1995. In: Bulletin. Association of Canadian Map Libraries and Archives. 94, 1995. p.15-26, 5 ill.

2547
Žerebcova, N.A.; Skornjakov, V.A.: Sovremennoe sostojanie ėkologičeskogo kartografirovanija. In: Geodezija i Kartografija. 1994, 10. p.38-42, 2 tab. [Ecological mapping state-of-art.] [Russ.]

Economics / Wirtschaft / Economie

2548
Blanchard, Peter A.: Mapping value: a study of cartographic bias past and present. - Madison: University of Wisconsin, Madison 1995. [Master's thesis.]

2549
The global problem of backwardness of developing countries and its interpretation in complex atlases. In: 12th United Nations Regional Cartographic Conference for Asia and the Pacific. Vol. II, Technical Papers. Bangkok, 20-28 February 1991. - New York 1995. p.210-211.

2550
Mapping socio-economic characteristics by value-by-area cartograms (anamorphic maps). Paper submitted by Germany. In: 12th United Nations Regional Cartographic Conference for Asia and the Pacific. Vol. II, Technical Papers. Bangkok, 20-28 February 1991. - New York 1995. p.203-209, 4 ill.

2551
Pawson, Eric: Compiling a plate for the historical atlas of New Zealand. The West Coast coal industry. In: Proceedings of the 17th conference. New Zealand Geographical Society. Victoria Univ. of Wellington, august 30 - september 2, 1993. - Christchurch 1993. p.16-18.

2552
Rensmann, Franz-Josef: Möglichkeiten und Grenzen von GIS im Finanzdienstleistungsmarkt. In: Geo-Informations-Systeme. 8, 1995, 3. p.2-6, 3 ill.

2553
Reynolds, Jonathan: GIS for retailing across Europe. In: The 1994 European GIS Yearbook. p.115-117, 1 ill., 2 tab.

2554
Roche, Michael: Atlases, ethics and freezing works. In: Proceedings of the 17th conference. New Zealand Geographical Society. Victoria Univ. of Wellington, august 30-september 2, 1993. - Christchurch 1993. p.11-15, 2 ill., 1 tab.

2555
Rodionova, I.A.: Kartografirovanie pokazatelej urovnja obščestvennogo razvitija stran mira. In: Geodezia i Kartografia. 1994, 4. p.43-48, 2 ill. [Mapping level indices of world countries social development.] [Russ.]

2556
Die Seehandlung. Preußische Staatsbank. Handel - Verkehr - Industrie - Bankwesen. Eine Ausstellung des Geheimen Staatsarchivs Preußischer Kulturbesitz und der Stiftung Preußische Seehandlung. - Berlin 1993. 107 p., ill., mp.

2557
Stani-Fertl, Roman: Physisch-topographische Übersichtskarte und Wirtschaftskarte im Schulatlas. Methodik und Gestaltungs-

grundsätze erläutert an Beispielen aus dem Freytag-Berndt Unterstufen-Schulatlas. In: GW-Unterricht. 59, 1995. p.38-40, 3 mp.

2558
Suvorov, A.K.: Rol' i naznačenie kartografičeskoj informacii pri perechode k rynočnym otnošenijam. In: Geodezija i Kartografija. 1994, 11. p.34-36. [Role and purpose of cartographic information during transfer to marketing relations.] [Russ.]

2559
Zanin, Christine: Les nouvelles cartes de l'intercommunalité. In: Revue de géographie de Lyon. 70, 1995, 2. p.129-138, 10 ill., 2 tab.

Environment / Umwelt / Entourage

2560
Arnold, Falk; Koeppel, Hans-Werner: Umweltinformationen - ein innovatives Tätigkeitsfeld der Kartographie. In: Umweltinformation und Karte. Beiträge zur kartographischen Informationsverarbeitung. - Trier 1994. p.45-51. (Sonderband zum Deutschen Kartographentag. 43.)

2561
Birke, Manfred; Raschka, Helmut; Rauch, Uwe: Regionale Oberflächengeochemie. Eine Methode zur umweltgeochemischen Übersichtsaufnahme. In: Zeitschrift für angewandte Geologie. 41, 1995, 1. p.10-20, ill.

2562
Bömelburg, Johann: Die Nutzung von ATKIS-Daten des Kreises Offenbach für Boden- und Gewässerschutz. In: Das Geoinformationssystem ATKIS und seine Nutzung in Wirtschaft und Verwaltung. Vorträge ... anläßlich d. AdV-Symposiums ATKIS am 15. u. 16. Juni 1994 im Landesvermessungsamt Nordrhein-Westfalen, Bonn-Bad Godesberg. - Bonn 1994. p.85-92, 2 ill.

2563
Bowie, Ian: Whose environment are we mapping? In: The Globe. Journal of the Australian Map Circle. 43, 1995. p.12-17, 1 ill. [With Engl. rés.]

2564
Bräuninger, Till; Bollmann, Jürgen; Streit, Ulrich: Karten als Basis für die Verarbeitung und Übermittlung von Umweltinformationen? Podiumsdiskussion zum 43. Deutschen Kartographentag 1994. In: Kartographische Nachrichten. 45, 1995, 4. p.141-145.

2565
Braun, Margrit von: The use of GIS in assessing exposure and remedial alternatives at superfund sites. In: Environmental modeling with GIS. - New York; Oxford 1993. p.339-347, 6 ill., 1 tab.

2566
Christ, Fred: Kartographische Systeme für Umweltinstitutionen. In: Umweltinformation und Karte. Beiträge zur kartographischen Informationsverarbeitung. - Trier 1994. p.52-68. (Sonderband zum Deutschen Kartographentag. 43.)

2567
Cressie, Noel; Ver Hoef, Jay M.: Spatial statistical analysis of environmental and ecological data. In: Environmental modeling with GIS. - New York; Oxford 1993. p.404-413, 4 ill.

2568
Deggau, Michael: Die Projekte STABIS und CORINNE Land Cover. In: Gewinnung von Basisdaten für Geoinformationssysteme. Vorträge des 28. DVW-Seminars vom 5.-6. März an der Universität Hannover und vom 24.-25. Sept. 1992 an der Technischen Universität Dresden. - Stuttgart 1992.

p.75-86. (Schriftenreihe des DVW. 4.) (Vorträge des DVW-Seminars. 28.)

2569
Engel, Bernard A.; Srinivasan, Raghavan; Rewerts, Chris: A spatial decision support system for modeling and managing agricultural non-point-source pollution. In: Environmental modeling with GIS. - New York; Oxford 1993. p.231-237, ill., 3 tab.

2570
Fedra, Kurt: GIS and environmental modeling. In: Environmental modeling with GIS. - New York; Oxford 1993. p.35-50, 4 ill.

2571
Fedra, Kurt: GIS in environmental applications. In: The 1994 European GIS Yearbook. p.110-114, 6 ill.

2572
Fisher, Thomas R.: Use of 3D Geographic Information Systems in hazardous waste site investigations. In: Environmental modeling with GIS. - New York; Oxford 1993. p.238-247, 1 ill.

2573
Gahn, Mathias: Umweltdokumentation mit Hilfe von Color-Infrarot-Luftbildern. In: Umweltinformation und Karte. Beiträge zur kartographischen Informationsverarbeitung. - Trier 1994. p.81-93, 3 ill. (Sonderband zum Deutschen Kartographentag. 43.)

2574
Girault, Delphine: Cartographie des contraintes biophysiques pour la recherche des sites d'épandage des boues de station d'épuration. - Sherbrooke: Université de Sherbrooke 1995. [Thèse de maîtrise.]

2575
Goodchild, Michael F.: The state of GIS for environmental problem- solving. In: Environmental modeling with GIS. - New York; Oxford 1993. p.8-15.

2576
Gregor, Ole; Stubkjaer, Erik: An environmental GIS for the county of Viborg. In: The 1994 European GIS Yearbook. p.166-167, 1 ill., 1 tab.

2577
Haydn, Rupert; Volk, Peter: Umweltbeobachtung mit Satellitenbilddaten - Beispiele für Aktivitäten in Europa. In: Umweltinformation und Karte. Beiträge zur kartographischen Informationsverarbeitung. - Trier 1994. p.114-124. (Sonderband zum Deutschen Kartographentag. 43.)

2578
Heddergott, Dirk; Meissner, Bernd: Pilotstudie zum Aufbau eines Umweltinformationssystems der Stadt Chemnitz mit ARC/INFO. In: Kartographische Nachrichten. 45, 1995, 2. p.68-70, 1 suppl.

2579
Heriszt, Lore: Kombinierte Anwendung von ArcInfo mit einem Ausbreitungsmodell für Luftschadstoffe. In: Angewandte Geographische Informationsverarbeitung V. Beiträge zum GIS-Symposium 7.-9. Juli 1993. - Salzburg 1993. p.291-302, 3 ill. (Salzburger Geographische Materialien, H. 20.)

2580
Huckert, Frank: Möglichkeiten der Luftbildinterpretation unter kartographischen Geschichtspunkten zur Identifikation von Altlastverdachtsflächen. In: Umweltinformation und Karte. Beiträge zur kartographischen Informationsverarbeitung. - Trier 1994. p.125-138, 6 ill. (Sonderband zum Deutschen Kartographentag. 43.)

2581
Iracka, Maria: Mapa zdrowotnego stanu drzewostanów w Pienińskim Parku Narodowym w skali 1:10 000. In: Polski przegląd kartograficzny. 26, 1994, 2. p.92-95. [Maps about the health conditions of the trees in the Pieninski National Park at the scale of 1:10 000.] [Pol.]

2582
Kindler, Annegret: Der Einsatz von GIS in der Umweltforschung - dargestellt am Beispiel stadtökologischer Untersuchungen im Umweltforschungszentrum Leipzig-Halle. In: Nachrichten aus dem Karten- und Vermessungswesen. Rh. I, 113, 1995. p.129-137, 2 ill., 1 tab. [With German, Engl. and French rés.]

2583
Koch, Wolf Günther: Beiträge des Instituts für Kartographie der TU Dresden zu Umweltschutz und Umweltplanung. In: Umweltinformation und Karte. Beiträge zur kartographischen Informationsverarbeitung. - Trier 1994. p.160-176, 3 ill. (Sonderband zum Deutschen Kartographentag. 43.)

2584
Koussoulakou, Alexandra: Spatial-temporal analysis of urban air pollution. In: Visualization in modern cartography. - New York 1994. p.243-267, 11 ill. (Modern cartography. 2.)

2585
Kremers, Horst: Objektstrukturierte Digi-tale Basiskartenwerke als Grundlage für Kommunale Umweltinformationssysteme. In: Umweltinformation und Karte. Beiträge zur kartographischen Informationsverarbeitung. - Trier 1994. p.177-189. (Sonderband zum Deutschen Kartographentag. 43.)

2586
Kretschmer, Ingrid: Kartographische Neuigkeiten aus Ungarn. In: Kartographische Nachrichten. 45, 1995, 2. p.70-72.

2587
Kusendová, Dagmar: Creation of environmental maps in GIS context - on the basis of complex geomorphological research. In: Acta Facultatis Rerum Naturalium Universitatis Comenianae Environmentalica. 1995, 4/5. p.225-260. [With Slovak rés.]

2588
Larochelle, Rémi: Liste d'atlas mondiaux et régionaux disponibles à la cartothéque de l'Université Laval. In: Bulletin. Association of Canadian Map Libraries and Archives. 92, 1995. p.31-32.

2589
Linssen, P.: De Vlaamse milieudatabank en haar belang voor GIS. In: Bulletin Trimes-triel/ de la Société Belge de Photogrammetrie-Télédétection et Cartographie. 197/198, 1995. p.3-8. [Fläm. und frz. Version.]

2590
Lom, Otto von: ATKIS - Das Basisinformationssystem für Umweltplanung und Umweltverwaltung. In: Umweltinformation und Karte. Beiträge zur kartographischen Informationsverarbeitung. - Trier 1994. p.190-201, 2 ill. (Sonderband zum Deutschen Kartographentag. 43.)

2591
Lottermoser, Jürgen: Anforderungen an ein kommunales Umweltinformationssystem für die Stadt Saarbrücken. In: Umweltinfor-mation und Karte. Beiträge zur kartogra-phischen Informationsverarbeitung. - Trier 1994. p.202-207. (Sonderband zum Deutschen Kartographentag. 43.)

2592
Moskovchenko, D.V.: Mapping the resistance

of northern landscapes in West Siberia to chemical pollution. In: Mapping Sciences & Remote Sensing. 32, 1995, 2. p.120-133, 1 ill., 2 tab. [With Engl. rés.]

2593
Mounsey, Helen M.: Multisource, multinational environmental GIS: Lessons learnt from CORINE. In: Geographical information systems. Principles and applications. Vol. 2: Applications. - New York 1994. p.185-200, 1 tab.

2594
Müller, Manfred: Die Nutzung von ATKIS-Daten beim Umweltinformationssystem Baden-Württemberg. In: Das Geoinformationssystem ATKIS und seine Nutzung in Wirtschaft und Verwaltung. Vorträge ... anläßlich des AdV-Symposiums ATKIS am 15. u. 16. Juni 1994 im Landesvermessungsamt Nordrhein-Westfalen, Bonn- Bad Godesberg. - Bonn 1994. p.93-102, 3 ill.

2595
Nováček, Vitězslav and others: Soubor geografických map o životním prostředí list Hodonín 34-22. In: Zprávy geografického ústavu ČSAV. 29, 1992, 2. p.52-56. [A set of geographical maps about the environment.] [Czech.]

2596
Novak, Joan H.; Dennis, Robin L.: Regional air quality and acid deposition modeling and the role for visualization. In: Environmental modeling with GIS. - New York; Oxford 1993. p.142-146.

2597
Nyerges, Timothy L.: Understanding the scope of GIS: its relationship to environmental modeling. In: Environmental modeling with GIS. - New York; Oxford 1993. p.75-93, 5 ill., 6 tab.

2598
Ostapenko, E.A.: Technologičeskaja struktura i trebovanija k bankam videodannych dlja sistem kosmičeskogo ėkologičeskogo monitoringa. In: Izvestija vysšich učebnych zavedenij. Geodezija i aerofotosemka. 1994, 6. p.99-110, 3 ill. [Technologische Struktur und Anforderungen an Video-Datenbanken für Systeme des kosmischen und ökologischen Monitorings.] [Russ.]

2599
Parrish, David A. and others: U.S. EPA Region 6 Comparative Risk Project: evaluating ecological risk. In: Environmental modeling with GIS. - New York; Oxford 1993. p.348-352, 1 ill., 4 tab.

2600
Pavelka, Stanislav: Tvorba máp životného prostredia. - Bratislava: Slovenská technická univerzita 1995. [The production of environmental maps.] [Slovak.] [Dipl.-Arb.]

2601
Pfeiffer, Marion: Umweltverträglichkeitsstudien großer Verkehrsprojekte mit Hilfe eines Geographischen Informationssystems. In: Umweltinformation und Karte. Beiträge zur kartographischen Informationsverarbeitung. - Trier 1994. p.208-223, 2 ill. (Sonderband zum Deutschen Kartographentag. 43.)

2602
Schmitz, Stefan: Die Karte als Darstellungsmittel und Analysewerkzeug in der raumbezogenen Umweltforschung. In: Umweltinformation und Karte. Beiträge zur kartographischen Informationsverarbeitung. - Trier 1994. p.224-236, 3 mp. (Sonderband zum Deutschen Kartographentag. 43.)

2603
Sladkopevcev, S.A.; Kadetov, O.K.; Kravcov, V.V.: Kartografičeskoe obespečenie ėkologičeskogo monitoringa neftegazonosnych

rajonov Zapadnoj Sibiri. In: Izvestija vysšich učebnych zavedenij. Geodezija i aerofotosemka. 1995, 3. p.125-134, 2 ill., 1 tab. [Die kartographische Sicherstellung des ökologischen Monitorings der erdöl- und erdgashaltigen Zonen Westsibiriens.] [Russ.]

2604
Sokolov, S.M.; Galiulin, R.V.; Belousov, V.S.: Mapping the negative environmental impacts of pesticides. In: Mapping Sciences & Re-mote Sensing. 32, 1995, 2. p.158-171, 1 ill., 1 tab. [With Engl. rés.]

2605
Steyaert, Louis T.: A perspective on the state of environmental simulation modeling. In: Environmental modeling with GIS. - New York; Oxford 1993. p.16-30, 3 ill.

2606
Strandli, Bjørn: GIS for miljødata i Vestfold fylke. In: Lantmäteritidskriften. 1995, 6. p.29-30. [GIS for environment in Vestfold area.] [Norw.]

2607
Townshend, John R.G.: Environmental databases and GIS. In: Geographical information systems. Principles and applications. Vol. 2: Applications. - New York 1994. p.201-216, 5 ill., 6 tab.

2608
Umweltinformation und Karte: ... zum 43. Deutschen Kartographentag, Trier 1994. Hrsg.: Jürgen Bollmann. - Trier: Geograph. Gesellschaft 1994. 301 p., ill., mp. (Beiträge zur kartographischen Informationsverarbeitung. Sonderband.) ISBN 3-921599-98-9

2609
Uthe, Anne-Dore: Stand und Verfahren der regelbasierten Kartenmodellierung im Umweltbereich. In: Umweltinformation und Karte. Beiträge zur kartographischen Informationsverarbeitung. - Trier 1994. p.237-257, 4 ill. (Sonderband zum Deutschen Kartographentag. 43.)

2610
Weber, Wilfried: GeoNetz - Ein Werkzeug zur Verarbeitung von geo- und umweltwissenschaftlichen Daten in vernetzten Systemen. In: Umweltinformation und Karte. Beiträge zur kartographischen Informationsverarbeitung. - Trier 1994. p.258-270, 6 ill. (Sonderband zum Deutschen Kartographentag. 43.)

2611
Werner, Willy: Rechnergestützte Kartographie als Werkzeug zur Durchführung und Auswertung von Umweltmonitoring in Forschung und Lehre. In: Umweltinformation und Karte. Beiträge zur kartographischen Informationsverarbeitung. - Trier 1994. p.271-290, 5 ill. (Sonderband zum Deutschen Kartographentag. 43.)

2612
Yafang, Su: Investment environment studies with GIS. In: Geo-Informations-Systeme. 8, 1995, 1. p.14-18, 5 ill.

Forestry / Forstwirtschaft / Sylviculture

2613
Abaimov, A.P. and others: Multipurpose mapping of the forests of the Central Putorana Upland, East Siberia. In: Mapping Sciences & Remote Sensing. 32, 1995, 4. p.274-283, 3 ill.

2614
Bertacchi, Andrea; Onnis, Antonino: Evoluzione dell'uso del territorio e della copertura vegetale delle colline pisane. In: Bollettino della Associazione Italiana di Cartografia. 93/94, 1995. p.81-86, 3 ill. [Ital. with Engl. rés.]

2615
Bieberstein, Karina; Kranz, Katrin: Das Forstliche Geographische Informations-system Sachsens. In: Geo-Informations- Systeme. 7, 1995, 5. p.2-8, 6 ill.
[With German and Engl. rés.]

2616
Campbell, Jeff; Weinstein, David; Finney, Mark: Integrating Landsat TM Imagery, GIS, and behave for forest fire fuels mapping and fire behavior modeling on the Camp Lejeune Marine Corps Base. In: Technical Papers 1995 ACSM/ASPRS, Charlotte, North Carolina, Annual Convention & Exposition. Vol. 2. - Bethesda 1995. p.365-373, 1 ill.

2617
Clerke, William; Lachowski, Henry: Integrating remote sensing and GIS to support Ecosystem Management in the USDA Forest Service. In: Technical Papers 1995 ACSM/ASPRS, Charlotte, North Carolina, Annual Convention & Exposition. Vol. 2. - Bethesda 1995. p.411-419, 1 ill.

2618
Forest management and GIS: lessons learned in New Brunswick. In: 12th United Nations Regional Cartographic Conference for Asia and the Pacific. Vol. II, Technical Papers. Bangkok, 20-28 February 1991. New York 1995. p.291-297, 4 ill., 1 tab.

2619
Geographische Informationssysteme (GIS) in der Forstwirtschaft. 32. Tagung Schweiz. Arbeitskreis für Forsteinrichtung, Birmensdorf, 26.-27.9.1991. In: Schweizerische Zeitschrift für Forstwesen. 144, 1993, 9. p.701-750, ill., tab.

2620
Griesemer, Owen C.; DeMulder, Mark L.: A cooperative mapping program for National Forest Lands. In: Technical Papers 1995 ACSM / ASPRS, Charlotte, North Carolina, Annual Convention & Exposition. - Bethesda 1995. p.272-276.

2621
Hoffer, Roger M.; Linden, David S.; Paschke, Jeanine L.: Integration of GIS, GPS, and remote sensing for inexpensive assessment of forest insect damage. In: Technical Papers 1995 ACSM/ASPRS, Charlotte, North Carolina, Annual Convention & Exposition. Vol. 3. - Bethesda 1995. p.571-578, 3 ill.

2622
Iracka, Maria: Mapa zdrowotnego stanu drzewostanów w Pienińskim Parku Narodowym w skali 1:10 000. In: Polski przegląd kartograficzny. 26, 1994, 2. p.92-95. [Maps about the health conditions of the trees in the Pieninski National Park at the scale of 1:10 000.] [Pol.]

2623
Murtha, P.A.: Airborne SAR [Synthetic Aperture Radar] assists correction of forest map. In: Technical Papers 1995 ACSM/ASPRS, Charlotte, North Carolina, Annual Convention & Exposition. Vol. 2. - Bethesda 1995. p.291-298, 2 ill., 2 tab.

2624
Nisbet, Robert A.; Botkin, Daniel B.: Integrating a forest growth model with a Geographic Information System. In: Environmental modeling with GIS. - New York; Oxford 1993. p.265-270, 6 ill.

2625
Sagischewski, Herbert and others: Einsatz eines Waldinformationssystems für den niedersächsischen Harz. In: Geo-Informations-Systeme. 7, 1995, 5. p.15-17, 2 ill. [With German and Engl. rés.]

2626
Schiermeier, Ruth: Aufbau eines Informationssystems für Forstzwecke in Bayern am Beispiel Fichtelgebirge. In: Geo-Informations-Systeme. 7, 1995, 5. p.8-14, 7 ill. [With German and Engl. rés.]

2627
Schlüter, Wolfgang: Das Forstkartenwerk der Forstdirektion Karlsruhe. In: 40 Jahre Ortsverein Karlsruhe der Deutschen Gesellschaft für Kartographie e.V. - Karlsruhe 1994. p.257-261, 2 ill.

2628
Woodcock, Curtis E. and others: Inversion of the Li-Strahler model for mapping forest vegetation: what works and what doesn't. In: Technical Papers 1995 ACSM / ASPRS, Charlotte, North Carolina, Annual Convention & Exposition. Vol. 2. - Bethesda 1995. p.299-308, 7 ill., 3 tab.

2629
Woodcock, Curtis E.; Gopal, Sucharita: Remote sensing of forests: new data layers for GIS. In: Technical Papers 1995 ACSM/ ASPRS, Charlotte, North Carolina, Annual Convention & Exposition. Vol. 2. - Bethesda 1995. p.420-428, 4 ill., 3 tab.

2630
Žíhlavník, Štefan: Problematika a trend lesníckeho mapovania. In: Kartografické Listy. 1995, 3. p.105-108. [Problematik und Trend der forstlichen Kartierung.] [Slov. with German rés.]

Geochemistry / Geochemie / Géochimie

2631
Birke, Manfred; Raschka, Helmut; Rauch, Uwe: Regionale Oberflächengeochemie. Eine Methode zur umweltgeochemischen Übersichtsaufnahme. In: Zeitschrift für angewandte Geologie. 41, 1995, 1. p.10-20, ill.

2632
Rosenbaum, Michael S.; Söderström, Mats: Cokriging of heavy metals as an aid to biogeochemical mapping. In: Geoinformation of agricultural planning and advisory work. - Göteborg 1995. V, 15 p., 5 ill., 2 tab.

2633
Sladkopevcev, S.A.; Šarov, A.I.; Drozdov, S.L.: Distancionnye metody landšaftno-geochimičeskogo kartografirovanija - perspektivnoe napravlenie ėkologii i prikladnoj kosmonavtiki. In: Izvestija vysšich učebnych zavedenij. Geodezija i aerofotosemka. 1994, 1. p.89-96. [Geochemische Kartierung von Landschaften mit Methoden der Fernerkundung - Richtung der Ökologie und angewandten Kosmosforschung in der Perspektive.] [Russ.]

2634
Steenfelt, Agnete: Regional geokemisk kortlægning i geologi, mineral prospektering og miljøundersøgelser. In: Symposium om geologi og miljø. Henning Sørensen symposiet afholdt på DGU den. 18. september 1992 i Th. Sorgenfrei auditoriet. - København 1994. p.42-49, 4 ill., 1 tab.

Geology / Geologie / Géologie

2635
Böhrenz, Hartmut: Übernahme von Bibliotheksbeständen der Preußischen Geolo-gischen Landesanstalt und des Reichsamtes für Bodenforschung durch die Staatsbibliothek zu Berlin. In: Mitteilungen. Staatsbibliothek zu Berlin. N.F. 3, 1994, 1. p.24-32.

2636
Bredikhin, A.V.; Panin, A.V.: Experience in the development and use of a geology-geo-

morphology block in a geographic information system. In: Mapping Sciences & Remote Sensing. 32, 1995, 1. p.50-58, 3 ill. [With Engl. rés.]

2637
Cook, Karen Severud: From false starts to firm beginnings: early colour printing of geological maps. In: Imago Mundi. 47, 1995. p.155-172, ill.

2638
Cooper, Richard: The 1:250 000 scale Hydrogeological Map Series of the Murray Basin. In: The Globe. Journal of the Australian Map Circle. 43, 1995. p.60-67, 2 ill.

2639
Costa, Maurizio; Di Gregorio, Felice: Cartografia dei dissesti idrogeologici del settore costiero compreso tra Porto Paglia e Capo Altano (Sardegna SW). In: Bollettino della Associazione Italiana di Cartografia. 93/94, 1995. p.107-118, 3 ill., 1 tab. [Ital. with Engl. rés.]

2640
Engel, David W.: A cartographic and statistical comparison of the global distribution of volcanoes on Venus and Earth. - Hattiesburg: University of Southern Mississippi 1995. [Master's thesis.]

2641
Gamsjäger, Erika: Isoliniendarstellung geologischer Flächen aus interpretierten Luftbildern unter Verwendung eines geowissenschaftlichen Programmsystems im Gebiet Hochschwab-Salzatal. Univ. Wien 1994. 81 p., ill., 6 suppl. [Diss.]

2642
Hurni, Lorenz: Modellhafte Arbeitsabläufe zur digitalen Erstellung von topographischen und geologischen Karten und dreidimensionalen Visualisierungen. In: Vermessung, Photogrammetrie, Kulturtechnik. 93, 1995, 4. p.278-283, 4 ill.

2643
Kronberg, Peter: Tektonische Strukturen in Luftbildern und Satellitenaufnahmen: ein Bildatlas. - Stuttgart: Enke 1995. IX, 204 p., ill. ISBN 3-432-26481-X

2644
Lehrberger, Gerhard: Mathias von Flurl (1756-1823), Begründer der Mineralogie und Geologie in Bayern. Ausstellung im Gäubodenmuseum 19.11.1993-14.2.1994. - Straubing: Gäubodenmuseum 1993. 323 p., ill., mp. (Katalog des Gäubodenmuseums Straubing. 21.)

2645
Li, R. and others: Modeling 3D geological subsurface information in GIS. In: Technical Papers 1995 ACSM/ASPRS, Charlotte, North Carolina, Annual Convention & Exposition. Vol. 2. - Bethesda 1995. p.392-400, 1 ill., 3 tab.

2646
Marschallinger, Robert: Dreidimensionale Modellierung geologischer Daten mit Techbase. In: Angewandte Geographische Informationsverarbeitung V. Beiträge zum GIS-Symposium 7.-9. Juli 1993. - Salzburg 1993. p.213-216. (Salzburger Geographische Materialien, H. 20.)

2647
Martyn, John: Geological mapping on the Macintosh. In: The Globe. Journal of the Australian Map Circle. 41, 1995. p.27-31, 5 ill.

2648
Moffat, Riley; Stockton, Karen; Suzuki, Mabel: Keeping track of paradise: maps of the Hawaiian National Parks. In: Ex-

ploration and Mapping of the National Parks. - Winnetka, Ill. 1994. p.182-216, 3 ill. (Occasional Paper No. 4.)

2649
Nagy, Alexander and others: Geologické mapy a mapovanie Západných Karpát. In: Geodetický a kartografický obzor. 41, 1995, 9. p.204-209, 5 ill., 2 tab. [Geologic maps and geologic survey of Western Carpathian mountains.] [Czech with Engl., French and German rés.]

2650
Neumann-Mahlkau, Peter: Die 1994 erschienenen amtlichen geologischen Karten der Bundesrepublik Deutschland. In: Zeitschrift der Deutschen Geologischen Gesellschaft. 146, 1995. p.317-320.

2651
Onuzi, Kujtim: Historical view over geological cartography in Albania. Tirana 1995. 7 p.(Paper for the 16th International Conference on the History of Cartography.)

2652
Parra del Rio, Maria Dolores: Los "Planos geognosticos de los Alpes, la Suiza y el Tirol" de Carlos de Gimbernat. - Aranjuez: Ediciones Doce Callas 1993. 383 p., 12 mp., ill. (Theatrum naturae. Serie Textos clasicos.)

2653
Philipp, Reto: The digital geological map of Switzerland 1:100 000. - Zürich 1994. 2 p., ill. [Paper anläßl. der 9. Konferenz der LIBER-Gruppe der Kartenbibliothekare 1994 in Zürich.] [mimeogr.]

2654
Piepjohn, Karsten and others: Geologische Neukartierung der Germaniahalvøya, Haakon VII Land, NW-Spitzbergen, Svalbard. In: Geowissenschaftliche Spitzbergen-Expedition 1900 und 1991 "Stofftransporte Land-Meer in polaren Geosystemen" - Zwischenbericht. Stuttgart 1992. p.37-54, 3 ill. (Stuttgarter geographische Studien. 117.)

2655
Powell, D.: Interpretation geologischer Strukturen durch Karten. - Heidelberg: Springer 1995. ISBN 3-540-58607-5

2656
Scharek, Peter and others: Die Nutzung geographischer Informationssysteme in der regionalen und angewandten Geologie. In: Zeitschrift für angewandte Geologie. 40, 1994, 2. p.87-91.

2657
Sides, Edmund and others: Seminar report: Three-dimensional GIS: future developments. In: ITC-Journal. 1995, 2. p.151-164, 3 ill.

2658
Tibaldi, Alessandro: Photo interpretation of active faults in regions of complex topography: possible errors in correspondence of ridges. In: ITC-Journal. 1995, 2. p.127-132, 6 ill. [With Engl., French and Span. rés.]

2659
Turberg, Pascal: Apport de la cartographie radiomagnétotellurique à l'hydrogéologie des milieux fracturés. - s.l. 1994. XVIII, 132 [98] p., ill.

2660
Woldai, Tsehaie: Lithologic and structural mapping in a vegetated low-relief terrain using multiple-source remotely sensed data: a case study of the Calañas area in south-west Spain. In: ITC-Journal. 1995, 2. p.95-114, 15 ill. [With Engl., Span. and French rés.]

Geomorphology / Geomorphologie / Géomorphologie

2661
Brandolini, Pierluigi and others: G.I.S. e cartografia tematica nella zonizzazione dei comuni di "media montagna" in Liguria. In: Bollettino della Associazione Italiana di artografia. 93/94, 1995. p.63-72. [Ital. with Engl. rés.]

2662
Bredikhin, A.V.; Panin, A.V.: Experience in the development and use of a geology-geomorphology block in a geographic information system. In: Mapping Sciences & Remote Sensing. 32, 1995, 1. p.50-58, 3 ill. [With Engl. rés.]

2663
Cartographie géomorphologique - Cartographie des risques. Actes de la Réunion annuelle de la Société Suisse de Géomorphologie 19 au 21 juin 1992 aux Diablerets et à Randa. Ed. Philippe Schoeneich, Emmanuel Reynard. - Lausanne 1992. 129 p. (Université de Lausanne. Inst. de Géographie. Travaux et recherches. 9.) [With German and French rés.]

2664
Kusendová, Dagmar; Minár, Jozef: Geomorfologický informačný systém v prostredí GIS. In: Geoinfo. 1995, 2. p.23-24, 3 ill. [Geomorphological Information System in the context of GIS.] [Slovak.]

2665
Kusendová, Dagmar; Minár, Jozef: Kartografické spracovanie výsledkov komplexného geomorfologického výskumu v prostredí GIS-u. In: Kartografické Listy. 1995, 3. p.109-122, 7 ill. [Cartographic processing of the results of complex geomorphological research in the context of GIS.] [Slovak with Engl. rés.]

2666
Lang, Ruth; Müller, Armin; Lenz, Roman: Bestimmung der flächigen Aussageschärfe von Hangneigungs- und Standortskarten. In: Geo-Informations-Systeme. 8, 1995, 6. p.24-29, 6 ill. [With German and Engl. rés.]

2667
Li, Zhilin; Su, Bo: Algebraic models for feature displacement in the generalization of digital map data using morphological techniques. In: Cartographica. 32, 1995, 3. p.39-56, 34 ill., 2 tab.

2668
Lugon, Ralph; Dousse, Jean-Philippe: Modélisation numérique du pergélisol dans les Alpes valaisannes. In: Cartographie géomorphologique - Cartographie des risques. Actes de la Réunion annuelle de la Société Suisse de Géomorphologie 19 au 21 juin 1992 aux Diablerets et à Randa. - Lausanne 1992. p.61-63, 2 ill., 1 mp. (Université de Lausanne. Inst. de Géographie. Travaux et recherches. 9.) [With German and French rés.]

2669
Marova, N.A.: The bottom relief of Antarctica and its representation on new bathymetric maps. In: Mapping Sciences & Remote Sensing. 32, 1995, 2. p.134-144, 1 ill.

2670
Melis, Rita Teresa; Maccioni, Luigi: Carta morfopedologica del Parco del Sinis-Montiferru (Sardegna Occidentale). In: Bollettino della Associazione Italiana di Cartografia. 93/94, 1995. p.93-102, 2 ill., 3 tab. [Ital. with Engl. rés.]

2671
O'Regan, Peter; Chalmers, Lex: Shoreline change analysis using digital mapping techniques. In: Proceedings of the 17th conference. New Zealand Geographical Society.

Victoria Univ. of Wellington, august 30 - september 2, 1993. - Christchurch 1993. p.40-43, 2 ill.

2672
Rafiqpoor, M. David: Geomorphologische Detailkartierung und Höhenstufung als Grundlage zur landschaftsökologischen Bewertung tropischer Hochgebirgssysteme am Beispiel der Apolobamba-Kordillere (Bolivien). In: Beiträge zu globalen Umweltproblemen. - Stuttgart 1994. p.95-113, 13 ill., 1 mp. (Akademie der Wissenschaften und der Literatur. Abhandl. Math.-Naturwiss. Kl.1994, 2.)

2673
Rafiqpoor, M. David: Geomorphologische Kartierung in der Apolobamba-Kordillere (Bolivien). Anwendungen des Legendenkonzeptes der GMK in einem randtropischen Hochgebirge. In: Erdkunde. 48, 1994, 4. p.241-258, 3 mp.

2674
Reynard, Emmanuel: Comparaison de cartes géomorphologiques à différentes échelles. Le cas de la vallée de la Morge. In: Cartographie géomorphologique - Cartographie des risques. Actes de la Réunion annuelle de la Société Suisse de Géomorphologie 19 au 21 juin 1992 aux Diablerets et à Randa. - Lausanne 1992. p.25-30, 3 ill. (Université de Lausanne, Institut de Géographie. Travaux et recherches. 9.) [With German and French rés.]

2675
Schmid-McGibbon, Gesche: Generalization of digital terrain models for use in land orm mapping. In: Cartographica. 32, 1995, 3. p.26-38, 8 ill.

2676
Schoeneich, Philippe: Cartographie géomorphologique en Suisse. Une bibliographie commentée et des propositions. In: Cartographie géomorphologique - Cartographie des risques. Actes de la Réunion annuelle de la Société Suisse de Géomorphologie 19 au 21 juin 1992 aux Diablerets et à Randa. - Lausanne 1992. p.1-13. (Université de Lausanne. Inst. de Géographie. Travaux et recherches. 9.) [With German and French rés.]

2677
Schoeneich, Philippe: Comparaison des systèmes de légendes français, allemand et suisse - principes de la légende IGUL. In: Cartographie géomorphologique - Cartographie des risques. Actes de la Réunion annuelle de la Société Suisse de Géomorphologie 19 au 21 juin 1992 aux Diablerets et à Randa. - Lausanne 1992. p.15-24, 5 ill. (Université de Lausanne. Inst. de Géographie. Travaux et recherches. 9.) [With German and French rés.]

2678
Shaw, Barbara; Allen, James R.: Analysis of a dynamic shoreline at Sandy Hook, New Jersey using a geographic information sys-tem. In: Technical Papers 1995 ACSM / ASPRS, Charlotte, North Carolina, Annual Convention & Exposition. Vol. 2. - Bethesda 1995. p.382-391, 3 ill., 1 tab.

2679
Stäblein, Gerhard; Hochschild, Volker: Ergebnisse der fernerkundungsgestützten geomorphologischen Kartierung am Liefdefjorden / Nordwest-Spitzbergen - Ergebnisse der Spitzbergenexpeditionen SPE 90. In: Geowissenschaftliche Spitzbergen-Expedition 1900 und 1991 "Stofftransporte Land-Meer in polaren Geosystemen" - Zwischenbericht. - Stuttgart 1992. p.339-354, 2 ill., 1 tab. (Stuttgarter geographische Studien. 117.)

2680
Stocker, Erich: Geomorphologische Kartierung alpiner Gebiete - Erfahrungen an einem

Beispiel aus dem Voralpengebiet bei Salzburg. In: Mitteilungen der Österreichischen Geographischen Gesellschaft. 135, 1993. p.161-174, 3 ill.

2681
Stuber, Alain: La géomorphologie dans les domaines de la protection de la nature et du paysage. Exemples d'applications cartographiques. In: Cartographie géomorphologique - Cartographie des risques. Actes de la Réunion annuelle de la Société Suisse de Géomorphologie 19 au 21 juin 1992 aux Diablerets et à Randa. - Lausanne 1992. p.45-51, 2 ill. (Université de Lausanne. Inst. de Géographie. Travaux et recherches. 9.) [With German and French rés.]

2682
Velicko, A.A.: Relief cryogenic morphology: fundamental characteristics and mapping. In: Cold climate landforms. - Chichester 1994. p.101-116, 9 ill. (International geomorphology series.)

Geophysics / Geophysik / Géophysique

2683
Chatelain, Jean-Luc and ohters: SIG et évaluation des risques naturels: application aux risques sismiques de Quito. In: Mappe Monde. 1995, 3. p.17-22, 5 ill. [With French, Engl. and Span. rés.]

2684
Kraiger, G.; Kühtreiber, N.: Preliminary results of a new Bouger map of Austria. In: Geodesy and physics of the earth. Geodetic contributions to geodynamics. 7. international symposium ... Potsdam, Oct. 5-10, 1992. - Berlin [and so on] 1993. p.133-136, 2 ill. (International Association of Geodesy symposia. 112.)

2685
Radelet-de Grave, Patricia: Le magnetisme et la localisation en mer. In: Gérard Mercator cosmographe, le temps et l'espace. - Anvers 1994. p.208-219, 12 ill., 1 mp.

Geoscience / Geowissenschaften / Science de la terre

2686
Bonham-Carter, Graeme F.: Integration of geoscientific data using GIS. In: Geographical information systems. Principles and applications. Vol. 2: Applications. - New York 1994. p.171-184, 8 ill., 4 tab.

2687
Bouchard, Virginie and others: Progression des marais salés à l'ouest du Mont-Saint-Michel entre 1984 et 1994. In: Mappe Monde. 1995, 4. p.28-34, 4 ill. [French with French, Engl. and Span. rés.]

2688
Cartographie géomorphologique - Cartographie des risques. Actes de la Réunion annuelle de la Société Suisse de Géomorphologie 19 au 21 juin 1992 aux Diablerets et à Randa. Ed. Philippe Schoeneich, Emmanuel Reynard. - Lausanne 1992. 129 p. (Université de Lausanne. Inst. de Géographie. Travaux et recherches. 9.) [With German and French rés.]

2689
Guillande, Richard and others: Automated mapping of the landslide hazard on the island of Tahiti based on digital satellite data. In: Mapping Sciences & Remote Sensing. 32, 1995, 1. p.59-70, 6 ill., 2 tab. [With Engl. rés.]

2690
Lavigne, Franck; Thouret, Jean-Claude: Proposition d'une méthode d'évaluation

et de cartographie des risques liés aux lahars sur le volcan Merapi <Java, Indonésie>. In: Croissance urbaine et risques naturels dans les montagnes des pays en développement. - Grenoble 1994. p.151-166, 3 ill., 3 tab. (Revue de Géographie Alpine. 82. 1994, 4.) [With Engl. and French rés.]

2691
Melis, Rita Teresa; Tanda, Giuseppina: Esempio di cartografia finalizzata a valutare i rapporti tra ambiente fisico e siti archeologici nel territorio di Sedilo (Sardegna Centrale). In: Bollettino della Associazione Italiana di Cartografia. 93/94, 1995. p.125-133, 7 ill. [Ital. with Engl. rés.]

2692
Moore, Ian D. and others: GIS and land-surface-subsurface process modeling. In: Environmental modeling with GIS. - New York; Oxford 1993. p.196-230, 10 ill.

2693
Morgenstern, Dieter: Geowissenschaften im interdisziplinären Kontext der GIS-Forschung. In: 78. Deutscher Geodätentag 1994 in Mainz "Geodäsie traditionell fortschrittlich". Kongreßdokumentation der Fachvorträge. - Stuttgart 1994. p.170-174. (Deutscher Verein für Vermessungswesen e.V. Schriftenreihe. 12.)

2694
Rejeski, David: GIS and risk: a three- culture problem. In: Environmental modeling with GIS. - New York; Oxford 1993. p.318-331, 9 ill.

2695
Rex, Heather F.: An underground odyssey: the discovery and mapping of Carlsbad Caverns National Park. In: Exploration and Mapping of the National Parks. - Winnetka, Ill. 1994. p.84-106, 4 ill. (Occasional Paper No. 4.)

2696
Sandford, H.: The human context in hazard mapping. - Edmonton: University of Alberta 1994. [Master's thesis.]

2697
Stutz, Edgar: Cartes des aléas et des dangers géologiques. Comment informer l'utilisateur? L'exemple du Bouveret (Port-Valais, VS). In: Cartographie géomorphologique - Cartographie des risques. Actes de la Réunion annuelle de la Société Suisse de Géomorphologie 19 au 21 juin 1992 aux Diablerets et à Randa. - Lausanne 1992. p.75-86, 5 ill. (Université de Lausanne, Institut de Géographie. Travaux et recherches. 9.) [With German and French rés.]

2698
Tripet, Jean-Pierre; Bollinger, Daniel; Noverraz, Francis: Cartes de mouvements de terrain. Proposition de légende. In: Cartographie géomorphologique - Cartographie des risques. Actes de la Réunion annuelle de la Société Suisse de Géomorphologie 19 au 21 juin 1992 aux Diablerets et à Randa. - Lausanne 1992. p.67-73, 2 tab. (Université de Lausanne. Inst. de Géographie. Travaux et recherches. 9.) [With German and French rés.]

2699
Wadge, G.; Wislocki, A.P.; Pearson, E.J.: Spatial analysis in GIS for natural hazard assessment. In: Environmental modeling with GIS. - New York; Oxford 1993. p.332-338, 4 ill.

2700
Williams, Brian: Hazard mapping. In: The Globe. Journal of the Australian Map Circle. 43, 1995. p.1-5. [With Engl. rés.]

Glaciology / Glaziologie / Glaciologie

2701
Aschenbrenner, Jörg; Slupetzky, Heinz: Neue Hochgebirgskarten aus den Hohen Tauern (Granatspitz- und Glocknergruppe). In: Mitteilungen der Österreichischen Geographischen Gesellschaft. 135, 1993. p.243-246, 1 ill., 2 mp.

2702
Hastenrath, Stefan and others: Variations of the Lewis and Gregor Glaciers, Mount Kenya, 1990-1993. In: Die Erde. 49, 1995, 1. p.60-62, ill., 1 mp.

2703
Lugon, Ralph; Dousse, Jean-Philippe: Modélisation numérique du pergélisol dans les Alpes valaisannes. In: Cartographie géomorphologique - Cartographie des risques. Actes de la Réunion annuelle de la Société Suisse de Géomorphologie 19 au 21 juin 1992 aux Diablerets et à Randa. - Lausanne 1992. p.61-63, 2 ill., 1 mp. (Université de Lausanne. Inst. de Géographie. Travaux et recherches. 9.) [With German and French rés.]

2704
Nicolussi, Kurt: Bilddokumente zur Geschichte des Vernagtferners im 17. Jahrhundert. In: Zeitschrift für Gletscherkunde und Glazialgeologie. 26, 1990, 2. p.97-119, 4 ill., plates.

2705
Velicko, A.A.: Relief cryogenic morphology: fundamental characteristics and mapping. In: Cold climate landforms. - Chichester 1994. p.101-116, 9 ill. (International geomorphology series.)

History / Geschichte / Histoire

2706
Bonnekamp, Heinz: Die "Antiquarische Charte". In: Michael Buyx (1795-1882). Geometer, Altertumsfreund, Sammler. - Geldern 1995. p.158. (Veröffentlichungen des Historischen Vereins für Geldern und Umgegend. 96.)

2707
Bradley, Barry: Cartography for the New Zealand Historical Atlas: using computers to draw maps. In: The Bulletin of The Society of Cartographers. 28, 1994, 2. p.19-22, 2 ill.

2708
Ferry, John: Mapping the New South Wales free selection acts in Colonial New England. In: The Globe. Journal of the Australian Map Circle. 43, 1995. p.29-42, 7 ill. [With Engl. rés.]

2709
McKinnon, Malcolm: Why geographers are indispendable to the making of an historical atlas of New Zealand. In: Proceedings of the 17th conference. New Zealand Geographical Society. Victoria Univ. of Wellington, august 30 - september 2, 1993. - Christchurch 1993. p.8-10.

2710
Moldofsky, Byron: The Historical Atlas of Canada: Feedback from users and the Historical Atlas of Canada Data Dissemination Project. In: Bulletin. Association of Canadian Map Libraries and Archives. 93, 1995. p.1-11, 4 ill.

2711
Ormeling, Ferdinand J.: Honderd edities van Putzger's Historische Schulatlas. In: Kartografisch Tijdschrift. 21, 1995, 2. p.55-56, 1 ill. [Dutch.]

2712
Pawson, Eric: Compiling a plate for the historical atlas of New Zealand. The West Coast coal industry. In: Proceedings of

the 17th conference. New Zealand Geographical Society. Victoria Univ. of Wellington, august 30 - september 2, 1993. - Christchurch 1993. p.16-18.

2713
Pawson, Eric: Historical atlas of New Zealand. Introduction. In: Proceedings of the 17th conference. New Zealand Geographical Society. Victoria Univ. of Wellington, august 30 - september 2, 1993. - Christchurch 1993. p.8.

2714
Roche, Michael: Atlases, ethics and freezing works. In: Proceedings of the 17th conference. New Zealand Geographical Society. Victoria Univ. of Wellington, august 30 - september 2, 1993. - Christchurch 1993. p.11-15, 2 ill., 1 tab.

Hydrography / Hydrographie / Hydrographie

2715
Aaviksoo, K.D.: Izučenie struktury rastitel'nosti verchovych bolot i dinamiki bolotnych landšaftov na osnove krupnomasštabnych aerofotosnimkov. In: Geobotaničeskoe kartografirovanie. 1991. p.63-69, 2 tab. [The study of the bog vegetation structure and the dynamics of mire landscapes on the base of large-scale aerial photographs.] [Russ.]

2716
Boothby, John; Hull, Andrew P.: Mapping Cheshire's ponds. In: The Bulletin of The Society of Cartographers. 29, 1995, 1. p.13-17, 4 ill.

2717
Bußmann, Werner: GIS-präzise Daten und Karten zur Grundwassergefährdung. In: Wasserwirtschaft, Wassertechnik. 1994, 3. p.23-24.

2718
A cooperative digital mapping project: a unique success story. In: 12th United Nations Regional Cartographic Conference for Asia and the Pacific. Vol. II, Technical Papers. Bangkok, 20-28 February 1991. - New York 1995. p.273-278, 1 ill.

2719
Cubberley, Robert N.: Wetlands mapping in New Jersey. In: Technical Papers 1995 ACSM/ASPRS, Charlotte, North Carolina, Annual Convention & Exposition. Vol. 2. - Bethesda 1995. p.429-438.

2720
Deuschle, Angela; Poschlod, Peter: Monitoring feiner Veränderungen in Moorkomplexen. Mikrokartierung von Vegetationsmosaik-Komplexen. In: Feuchtgebiete. Gefährdung, Schutz Naturierung. - Ostfildern 1994. p.253-261, 4 ill. (Hohenheimer Umwelttagung. 26.)

2721
Di Gregorio, Felice; Martinez, Giovanna Luigia: La carta della pericolosità da inondazione nella Bassa Valle del Temo (Sardegna nord-occidentale). In: Bollettino della Associazione Italiana di Cartografia. 93/94, 1995. p.119-124. [Ital. with Engl. rés.]

2722
Fiore, Tullia and others: La cartografia tematica da strumento di descrizione a supporto interpretativo per la gestione delle risorse idriche: la qualità delle acque superficiali nel bacino del Riu Cixerri (Sardegna meridionale). In: Bollettino della Associazione Italiana di Cartografia. 93/94, 1995. p.53-62, 7 ill. [Ital. with Engl. rés.]

2723
Fuhrmann, Sven; Streit, Ulrich: Konzeption eines CD-ROM-Visualisierungssystems für

digitale hydrologische Karten. In: Angewandte Geographische Informationsverarbeitung VII. Beiträge zum GIS-Symposium 5.-7. Juli 1995. - Salzburg 1995. p.79-81, 2 ill. (Salzburger Geographische Materialien. 22.)

2724
Gao, Xiaogang; Sorooshian, Soroosh; Goodrich, David C.: Linkage of a GIS to a distributed rainfall-runoff model. In: Environmental modeling with GIS. - New York; Oxford 1993. p.182-187, 7 ill.

2725
Hay, Lauren E. and others: Modeling the effects of climate change on water resources in the Gunnison River Basin, Colorado. In: Environmental modeling with GIS. - New York; Oxford 1993. p.173-181, 6 ill.

2726
Heymann, Reinhard von: Kartographie in der Wasserwirtschaft von Baden-Württemberg am Beispiel des Kartenwerks Wasser und Abfallwirtschaft. In: 40 Jahre Ortsverein Karlsruhe der Deutschen Gesellschaft für Kartographie e.V. - Karlsruhe 1994. p.261-262.

2727
Lacy, James: An artificial neutral network for large scale wetlands mapping. - Madison: University of Wisconsin, Madison 1994. [Master's thesis.]

2728
Leary, Timothy J.; McGarry MacAulay, Gail: Advanced identification of wetlands in the Florida Keys using CAMS imagery. In: Technical Papers 1995 ACSM/ASPRS, Charlotte, North Carolina, Annual Convention & Exposition. Vol. 3. - Bethesda 1995. p.847-854, 2 ill., 1 tab.

2729
Ledoux, Bruno: Les études de vulnérabilité dans la cartographie réglementaire des inondations à la Réunion: approche méthodologique, études de cas et rélexion sur leur finalité. In: Croissance urbaine et risques naturels dans les montagnes des pays en développement. - Grenoble 1994. p.167-177. (Revue de Géographie Alpine. 82. 1994, 4.) [With Engl. and French rés.]

2730
Madonia, Paolo: Applicazione della tecnologia GIS nella realizzazione di carte tematiche: distribuzione territoriale dei parametri del bilancio idrogeologico nel bacino del Riu Cixerri (Sardegna meridionale). In: Bollettino della Associazione Italiana di Cartografia. 93/94, 1995. p.43-52, 7 ill., 2 tab. [Ital. with Engl. rés.]

2731
Maidment, David R.: GIS and hydrologic modeling. In: Environmental modeling with GIS. - New York; Oxford 1993. p.147-167, 9 ill.

2732
Nagel, David E.; Lillesand, Thomas M.: Use of preclassification image masking to improve the accuracy of wetland mapping undertaken in support of statewide land cover classification. In: Technical Papers 1995 ACSM/ASPRS, Charlotte, North Carolina, Annual Convention & Exposition. Vol. 3. - Bethesda 1995. p.866-875, 1 ill., 5 tab.

2733
Nemani, Ramakrishna and others: Regional Hydroecological Simulation System: an illustration of the integration of ecosystem models in a GIS. In: Environmental modeling with GIS. - New York; Oxford 1993. p.296-304, 4 ill., 2 tab.

2734
Novoselova, L.P.: Voprosy kartografirovanija vodochranilišč. In: Izvestija vysšich učebnych zavedenij. Geodezija i aerofotos'emka. 1993, 1/2. p.160-166, 1 ill. [Fragen des Kartographierens von Stauseen.] [Russ.]

2735
Raamsdonk, J. van: TOPIOvector: ondergrond voor integraal waterbeheer. In: Geodesia (Kartografisch Tijdschrift 21, 1995, 1). 37, 1995, 1. p.33-36, 6 ill.

2736
Rasmussen Rhodes, Hannah; Myers, Donald E.: GRASS used in the geostatistical analysis of Lakewater Data from the Eastern Lake Survey, Phase I. In: Environmental modeling with GIS. - New York; Oxford 1993. p.438-446, 13 ill., 4 tab.

2737
Richards, D.R.; Jones, N.L.; Lin, H.C.: Graphical innovations in surface water flow analysis. In: Environmental modeling with GIS. - New York; Oxford 1993. p.188-195, 6 ill.

2738
Rötzer, Thomas; Würländer, Roland: Neuartige Karten des Wasserhaushalts von Bayern unter Berücksichtigung der Topographie. In: Wetter und Leben. 46, 1994, 1/2. p.15-29, 3 ill.

2739
Sechrist, Daniel R.; Wilen, Bill O.: Wetlands evaluation: a geographic information system analysis of multi agency wetlands data for Wicomico County, Maryland. In: Technical Papers 1995 ACSM/ASPRS, Charlotte, North Carolina, Annual Convention & Exposition. Vol. 2. - Bethesda 1995. p.348-364, 6 ill.

2740
Wood, Jeffrey R.: Combining remote sensing, GPS, and GIS for wetlands mapping in New Jersey. In: Technical Papers 1995 ACSM / ASPRS, Charlotte, North Carolina, Annual Convention & Exposition. Vol. 2. - Bethesda 1995. p.440-449.

2741
Wurth, Johannes: Die Gewässernamenbearbeitung beim Hydrographischen Dienst in Österreich. In: Festschrift Ortsnamenforschung. 20 Jahre Salzburger Ortsnamenkommission. - Salzburg 1995. p.83-87, 4 ill. (SIR Schriftenreihe, Bd 14.)

2742
Zierl, Eckhard: Die Digitale Bundeswasserstraßenkarte DBWK. In: 40 Jahre Ortsverein Karlsruhe der Deutschen Gesellschaft für Kartographie e.V. - Karlsruhe 1994. p.255-257, 1 ill.

Land use / Landnutzung / Utilisation

2743
Bertacchi, Andrea; Onnis, Antonino: Evoluzione dell'uso del territorio e della copertura vegetale delle colline pisane. In: Bollettino della Associazione Italiana di Cartografia. 93/94, 1995. p.81-86, 3 ill. [Ital. with Engl. rés.]

2744
Brundu, Brunella: L'importanza della cartografia nella valutazione del consumo di spazio. In: Bollettino della Associazione Italiana di Cartografia. 93/94, 1995. p.143-151, 2 ill. [Ital. with Engl. rés.]

2745
Deggau, Michael: Die Projekte STABIS und CORINNE Land Cover. In: Gewinnung von Basisdaten für Geoinformationssysteme. Vorträge des 28. DVW-Seminars vom 5.-6. März an der Universität Hannover und vom

24.-25. Sept. 1992 an der Technischen Universität Dresden. - Stuttgart 1992. p.75-86. (Schriftenreihe des DVW. 4.) (Vorträge des DVW-Seminars. 28.)

2746
Dobson, Eric L. and others: A land cover characterization methodology for large area inventories. In: Technical Papers 1995 ACSM/ASPRS, Charlotte, North Carolina, Annual Convention & Exposition. Vol. 3.- Bethesda 1995. p.786-795, 2 tab.

2747
Egbert, Stephen L. and others: Developing a land cover modelling protocol for the High Plains using Multi-seasonal Thematic Mapper imagery. In: Technical Papers 1995 ACSM/ASPRS, Charlotte, North Carolina, Annual Convention & Exposition. Vol. 3. - Bethesda 1995. p.836-845, 3 tab.

2748
Ely, Jane F.: Mapping from airphotos to determine disturbance in streamside land use. - Corvallis: Oregon State University 1995. [Master's thesis.]

2749
Feranec, Ján; Ot'ahel', Ján: Možnosti využitia bázy údajov CORINE land cover v kartografii. In: Geodetický a kartografický obzor. 41, 1995, 9. p.194-196. [Possible application of the Data Base CORINE land cover in cartography.] [Czech with Engl., French and German rés.]

2750
Gourmelon, Françoise; Bioret, Frédéric; Brigand, Louis: SIG et usage des sols: l'île d'Ouessant (finistère) de 1952 à 1992. In: Mappe Monde. 1995, 4. p.6-10, 2 mp. [With French, Engl., and Span. rés.]

2751
Jacobs, Heiko; Sties, Manfred: Multitemporale Landnutzungsklassifizierung und Analyse der Nutzungsänderung im Oberrheingraben. In: Zeitschrift für Photogrammetrie und Fernerkundung. 63, 1995, 4. p.160-173, 8 ill., 7 tab.

2752
Laux, Werner: Nutzung des ATKIS-Landschaftsmodells für die statistische Erhebung geplanter Flächennutzungen. In: Das Geoinformationssystem ATKIS und seine Nutzung in Wirtschaft und Verwaltung. Vorträge ... anläßlich des AdV-Symposiums ATKIS am 15. und 16. Juni 1994 im Landesvermessungsamt Nordrhein-Westfalen, Bonn-Bad Godesberg. - Bonn 1994. p.78-84, 1 ill.

2753
Mandzák, P.: Digital land use map - an advanced technique in urban studies. In: Acta Facultatis Rerum Naturalium Univer-sitatis Comenianae Environmentalica. 34, 1994. p.127-134, 2 ill. [With Slovak rés.]

2754
McMaster, David N.: The yellow cultivation plate of the Uganda 1:250 000 map, 1911. In: Maps and Africa. Proceedings of a Colloquium at the University of Aberdeen, April 1993. - Aberdeen 1994. p.213-225.

2755
Mesure de la qualité de l'information d'occupation du sol dans un SIG. In: 12th United Nations Regional Cartographic Conference for Asia and the Pacific. Vol. II, Technical Papers. Bangkok, 20-28 February 1991. - New York 1995. p.355-358, 3 ill., 5 tab.

2756
Méthode de saisie de la couche occupation du sol de la base de données cartogra-

phiques de l'IGN-France. In: 12th United Nations Regional Cartographic Conference for Asia and the Pacific. Vol. II, Technical Papers. Bangkok, 20-28 February 1991. - New York 1995. p.288-291.

2757
Nkambwe, Musisi; Arnberg, Wolter: Using GIS to improve data flow for the analysis of land use competition in a tribal African settlement: a case study from Botswana. In: ITC-Journal. 1995, 2. p.115-119, 7 ill. [With Engl., French and Span. rés.]

2758
Ottavi, J.-Y.; Dagorne, A.: Système littoral et Système d'Information Géographique. Application à la Côte d'Azur. In: Bulletin du Comité Français de Cartographie. 145, 1995. p.17-33, 15 ill.

2759
Pedrazza, Hannes: Erstellung und Gestaltung eines digitalen Flächenwidmungs planes. Dargestellt am Beispiel der NÖ Gemeinde Obergrafendorf. - Wien 1993. 75 p., 20 ill., 3 mp. [Dipl.-Arb. Univ. Wien.]

2760
Stätter, Christian: Landnutzungsklassifikation Pannonischer Raum. - Technische Universität Wien 1994. [Dipl.-Arb.]

2761
Whistler, Jerry L. and others: The Kansas State Land Cover Mapping Project: regional scale land use/land cover mapping using Landsat Thematic Mapper data. In: Technical Papers 1995 ACSM/ASPRS, Charlotte, North Carolina, Annual Convention & Exposition. Vol. 3. - Bethesda 1995. p.773-785.

Landscape / Landschaft / Paysage

2762
Boothby, John; Hull, Andrew P.: Mapping Cheshire's ponds. In: The Bulletin of The Society of Cartographers. 29, 1995, 1. p.13-17, 4 ill.

2763
Feranec, Ján; Ot'ahel', Ján: CORINE Land Cover Nomenclature at scale 1:50 000. In: Pollution Monitoring and Geographic Information Systems. Paris 1995. p.171-178, 1 ill.

2764
Feranec, Ján: Visual image interpretation in CORINE Land Cover Mapping. In: Phare CORINE Newsletter. 1995, 2. p.10, 1 ill.

2765
Gautier, Denis: La délimitation des paysages: exemple de la Vallée Française en Cévennes. In: Mappe Monde. 1995, 3. p.35-39, 4 ill. [With French, Engl. and Span. rés.]

2766
Hochrein, Werner; Stoll, Heinz: Veränderungskarten: Dokumente des Landschaftswandels. In: Vermessung, Photogrammetrie, Kulturtechnik. 91, 1993, 5. p.338-345, ill., tab.

2767
Jalabert, Guy; Weissberg, Daniel: Organisation et dynamique de la région Midi-Pyrénées. In: Mappe Monde. 1995, 1. p.9-13, 6 ill. [With French, Engl. and Span. rés.]

2768
Kuznetsova, T.I.: Landscape mapping of Cisbaykalia based on remote sensing imagery. In: Mapping Sciences & Remote Sensing. 32, 1995, 1. p.9-20, 2 ill., 2 tab. [With Engl. rés.]

2769
Liedtke, Herbert; Förster, Uwe: Namen und Abgrenzungen von Landschaften in der Bundesrepublik Deutschland. Anhang: Übersichtskarte 1:1 000 000, Landschaften - Namen und Abgrenzungen. - Trier: Zentralausschuß für Deutsche Landeskunde 1994. 136 p., 1 mp.- suppl. (Forschungen zur deutschen Landeskunde. 239.)
ISBN 3-88143-050-4

2770
Pailhé, Joël: L'Aquitaine, un modèle localisé. In: Mappe Monde. 1995, 3. p.1-5, 7 ill. [With French, Engl. and Span. rés.]

2771
Plyusnin, V.M.: A remote sensing-based assessment of landscape modification in East Siberia. In: Mapping Sciences & Remote Sensing. 32, 1995, 1. p.71-79, 3 ill. [With Engl. rés.]

2772
Terhorst, L.H.P.M.: 'Een kaart moet je ruim zien'. Enkele 3D-presentatietechnieken toegepast. In: Kartografisch Tijdschrift. 21, 1995, 2. p.41-48, 7 ill., 2 tab. [Dutch with Engl. and French rés.]

2773
Weibel, Thomas: Der digitale Orthophotoplan als Basiskarte für landschaftsplanerische Projekte. In: Gaia. 3, 1994, 4. p.241-242, ill.

Linguistic / Sprache / Linguistique

2774
Bencardino, Filippo: La rappresentazione cartografica della diffusione spaziale dei linguaggi. In: Lingua, cultura, territorio. Rapporti ed effetti geografici. - Bologna 1992. p.94-105, 1 ill.

2775
Scanu, Giuseppe: Cartografia e atlanti linguistici ed etnografici. In: Bollettino della Associazione Italiana di Cartografia. 93/94, 1995. p.19-32. [Ital. with Engl. rés.]

Medicine / Medizin / Medicine

2776
Girault, Delphine: Cartographie des contraintes biophysiques pour la recherche des sites d'épandage des boues de station d'épuration. - Sherbrooke: Université de Sherbrooke 1995. [Thèse de maîtrise.]

2777
Gould, Peter: Sources of error in a map series, or science as a socially negotiated enterprise. In: Cartographic Perspectives. 21, 1995. p.30-36, 5 ill.

2778
Jones, Andrew: Accidents, access and analysis. Using GIS to link road accident outcomes with health service accessibility. In: The 1994 European GIS Yearbook. p.219-222, 5 ill.

Military Cartography / Militärkartographie / Cartographie militaire

2779
Aumüller, Peter; Fasching, Gerhard L.: Die Verwendung geographischer Namen im Bereich der Landesverteidigung. In: Festschrift Ortsnamenforschung. 20 Jahre Salzburger Ortsnamenkommission. - Salzburg 1995. p.65-71, 1 mp. (SIR Schriftenreihe, Bd 14.)

2780
Banks, Dominic: Terrain modelling as an aid to historic visualisation. In: Cartography. Journal of the Australian Institute of Cartographers. 24, 1995, 2. p.75-83, 6 ill.

2781
Barac, Arrigo: A military map of the Jewish Brigade, May 1945. In: Journal. Israeli Map Collectors Society. 11, 1994. p.7, 1 ill.

2782
Brichzin, Hans: Eine Ungarnkarte von Nicolaus Angielus, sowie Grund- und Aufrisse ungarischer Festungen aus dem Jahr 1566 im Sächsischen Haupt-staatsarchiv zu Dresden. Teil II. In: Cartographica Hungarica. 1994, 4. p.12-18, 14 ill.

2783
The digital chart of the world project. In: 12th United Nations Regional Cartographic Conference for Asia and the Pacific. Vol. II, Technical Papers. Bangkok, 20-28 February 1991. - New York 1995. p.262-266.

2784
Figueira de Faria, Miguel: Ingegneria militare nel Brasile settesentesco. Car-tografia, urbanisme e fortificazione. In:
La costruzione di un nuovo mondo. Territorio, città, architettura tra Europa e America Latina dal 16. al 18. secolo. Atti del convegno internazionale di studi, Genova 1993. - Genova 1994. p.201-224, 12 ill.

2785
Hrabák, Otakar: Kartografické informácie na vojenských mapách. - Bratislava: Slovenská technická univerzita 1995. [The cartographic information in military maps.] [Slovak.] [Dipl.-Arb.]

2786
Moore, Tony and others: Vector Smart Map Level 1 - a new DMA product. In: Technical Papers 1995 ACSM/ASPRS, Charlotte, North Carolina, Annual Convention & Exposition. Vol. 2. - Bethesda 1995. p.83-92, 3 ill.

2787
Pelletier, Monique: Formation et missions de l'ingénieur géographe militaire au XVIIIe siècle. In: L'æil du cartographe et la représentation géographique du Moyen Age à nos jours. - Paris 1995. p.73-92, 4 ill. (Mémoires de la section de géographie physique et humaine. 18.)

2788
Schnayder, Edward: Polska kartografia wojskowa w czasie II wojny światowej (Przypomnienie w 50-lecie zakończenia wojny). In: Polski przegląd kartograficzny. 27, 1995, 4. p.191-200. [Polish military cartography at the time of World War II (Note on the 50th anniversary of the end of the War).] [Pol. with Engl. and Russ. rés.]

2789
Simcox, George N.: The changing face of army topography and its research and development. In: Technical Papers 1995 ACSM/ASPRS, Charlotte, North Carolina, Annual Convention & Exposition. - Bethesda 1995. p.277-280.

2790
Stoeve, Wilbert; Buisseret, David: A French engineer's atlas of the River Somme, 1644: commentary on a Newberry manuscript. In: Mapline. 77, 1995. p.1-10, 8 ill.

2791
Totev, G.: Roljata na kartite pri obsadata na pleven prez 1877 g. In: Geodezija, kartografija, zemeustrojstvo. 34, 1994, 5. p.25-27, 4 ill. [The importance of cartography for the siege of Pleven in 1877.] [Bulg.]

2792
Tremmel, Agoston: Hagyományörzés a katonai térképészetnél. In: Geodézia és Kartográfia. 47, 1995, 4. p.193-196, 3 ill.

[Respect for tradition at the Military Mapping Service.] [Hung. with Engl. rés.]

2793
Warnest, Gary: The Royal Australian Survey Corps. In: Cartography, Suppl. National Report to ICA, 1995, Australia. 17th International Cartographic Conference. 10th General Assembly of ICA. 1995. p.34-38, 2 ill.

Mining / Bergbau / Mines

2794
Keune, Walter; Simon, Rita: Infrastruktur-Informationssystem Bergwerk. In: Geo-Informations-Systeme. 8, 1995, 3. p.6-12, 4 ill.

Natural Resources / Bodenschätze / Ressources minières

2795
Application of remote sensing data in studies of natural resources and mapping. In: 12th United Nations Regional Cartographic Conference for Asia and the Pacific. Vol. II, Technical Papers. Bangkok, 20-28 February 1991. - New York 1995. p.157-158.

2796
Berry, Joseph K.: GIS in island resource planning. A case study in map analysis. In: Geographical information systems. Principles and applications. Vol. 2: Applications. - New York 1994. p.285-295, 1 ill.

2797
Dinc, A.O.: Importance of satellite remote sensing for developing countries for mapping and monitoring natural resources: examples from Turkey. In: Technical Papers 1995 ACSM/ASPRS, Charlotte, North Carolina, Annual Convention & Exposition. Vol. 3. - Bethesda 1995. p.741-744, 3 ill.

2798
Hoebenreich-Rojko, Ladica: Model v podporo smotrnemu razpolaganju z mineralnimi viri. In: Geodetski vestnik. 39, 1995, 1. p.19-25. [Decision support model for balanced use of mineral resources.] [Slov.]

2799
Ryžikov, A.I.: Proektirovanie zapovednikov i prirodno - resursnoe kartografirovanie territorij. In: Geodezija i Kartografija. 1995, 2. p.55-56. [Reserves planning and natural resources regional mapping.] [Russ.]

2800
Siderelis, Karen: Land resource information systems. In: Geographical information systems. Principles and applications. Vol. 2: Applications. - New York 1994. p.261-283, 2 ill.

Oceanography / Ozeanographie / Océanographie

2801
Costa, Maurizio; Di Gregorio, Felice: Cartografia dei dissesti idrogeologici del settore costiero compreso tra Porto Paglia e Capo Altano (Sardegna SW). In: Bollettino della Associazione Italiana di Cartografia. 93/94, 1995. p.107-118, 3 ill., 1 tab. [Ital. with Engl. rés.]

2802
Koen, Benjamin: Kompleksen atlas na Černo more. In: Geodesija, Kartografija, zemeustroistvo. 35, 1995, 1. p.25-30, 5 ill. [Complex atlas of Black Sea.] [Bulg.]

2803
Kohlus, J.: Kartographie von Projektergebnissen der Ökosystemforschung Schleswig-Holsteinisches Wattenmeer - Anwendungen eines geographischen Informationssystems im Landesamt für den Nationalpark Schleswig-Holsteinisches Wattenmeer.

In: Geographie der Meere und Küsten. Beiträge zur 11. Tagung des Arbeitskreises. - Greifswald 1994. p.141-156, 6 ill. (Greifswalder geographische Arbeiten. 10.)

2804
Lewis, Keith: New ways of looking at the seabed. In: New Zealand Cartography and Geographic Information Systems. 24, 1995, 2. p.1-11, 8 ill.

2805
Marova, N.A.: The bottom relief of Antarctica and its representation on new bathymetric maps. In: Mapping Sciences & Remote Sensing. 32, 1995, 2. p.134-144, 1 ill.

2806
Ocean mapping activities of the Intergovernmental Oceanographic Commission. In: 12th United Nations Regional Cartographic Conference for Asia and the Pacific. Vol. II, Technical Papers. Bangkok, 20-28 February 1991. - New York 1995. p.161-168, 4 ill.

2807
Report of the IOC ad hoc Group of Experts on Ocean Mapping in the WESTPAC Area. In: 12th United Nations Regional Car-tographic Conference for Asia and the Pacific. Vol. II, Technical Papers. Bangkok, 20-28 February 1991. - New York 1995. p.169-175, 1 ill.

2808
Specifications for the international bathymetric charts produced under regional mapping projects. In: 12th United Nations Regional Cartographic Conference for Asia and the Pacific. Vol. II, Technical Papers. Bangkok, 20-28 February 1991. - New York 1995. p.325-326.

Pedology / Pedologie / Pédologie

2809
Die Bodenübersichtskarte der Bundesrepublik Deutschland im Maßstab 1:1 Mill. In: Zeitschrift für angewandte Geologie. 41, 1995, 1. p.31-36, ill.

2810
Burrough, Peter A.: Soil information systems. In: Geographical information systems. Principles and applications. Vol. 2: Applications. - New York 1994. p.153-169, 7 ill.

2811
Carter, Simon E.: Soil, scale and ideology some thoughts on the use of small scale soil maps in an African context. In: Maps and Africa. Proceedings of a Colloquium at the University of Aberdeen, April 1993. - Aberdeen 1994. p.192-206, 4 ill.

2812
Dinc, A.O.; D'Souza, G.: Detailed soil mapping in rangelands using Landsat-TM data in southeastern Anatolia Region of Turkey. In: Technical Papers 1995 ACSM/ASPRS, Charlotte, North Carolina, Annual Convention & Exposition. Vol. 3. - Bethesda 1995. p.748-758, 2 ill., 4 tab.

2813
Eisenhut, Max: Die österreichische Bodenkarte - ein Beitrag zum Schutz der Umwelt. In: Mitteilungen der Österreichischen Geographischen Gesellschaft. 135, 1993. p.175-190, 7 ill., 1 tab.

2814
Harmsworth, Garth R.; Dymond, John R.; McLeod, Malcolm: Automated mapping of soils in hilly terrain using DTMs [Digital Terrain Models]: A New Zealand example. In: ITC-Journal. 1995, 2. p.87-94, 4 ill., 4 tab. [With Engl. rés.]

2815
Heilmann, Heiner: Die Konzeptbodenkarte als Grundlage für Landes-, Regional- und Kommunalplanung. In: LfUG [Landesamt für Umwelt und Geologie] Bericht. Vorträge und Fachaufsätze. Freistaat Sachsen. Landesamt für Umwelt und Geologie. 1, 1994, 1. p.60-62, 3 ill.

2816
Hofierka, Jaroslav; Šúri, Marcel: Modelovanie a kartografické zobrazovanie vodnej erózie pôdy s využitím GIS-u a údajov Landsat TM. In: Geodetický a kartografický obzor. 41, 1995, 9. p.198-203, 4 ill. [Modelling and cartographic representing of soil erosion caused by water using GIS and Landsat TM Data.] [Czech with Engl., French and German rés.]

2817
Jacobberger, P.A.: Drought, desertification and digital images: the impact and implications of satellite mapping of land degradation in Africa. In: Maps and Africa. Proceedings of a Colloquium at the University of Aberdeen, April 1993. - Aberdeen 1994. p.207-212.

2818
Lang, Ruth; Müller, Armin; Lenz, Roman: Bestimmung der flächigen Aussageschärfe von Hangneigungs- und Standortskarten. In: Geo-Informations-Systeme. 8, 1995, 6. p.24-29, 6 ill. [With German and Engl. rés.]

2819
Lytle, Dennis J.: Digital soils databases for the United States. In: Environmental modeling with GIS. - New York; Oxford 1993. p.386-391, 4 ill.

2820
Melis, Rita Teresa; Maccioni, Luigi: Carta morfopedologica del Parco del Sinis-Montiferru (Sardegna Occidentale). In: Bollettino della Associazione Italiana di Cartografia. 93/94, 1995. p.93-102, 2 ill., 3 tab. [Ital. with Engl. rés.]

2821
Mertens, Hans: Bemerkungen zur Bodenübersichtskarte 1:100 000. In: Natur und Landschaft im Kreis Neuss. - Neuss 1995. p.31-37, 1 ill. (Schriften des Kreises Neuss. 19.)

2822
Rimsten, Carin: The use of spectral signals to map vegetation and the extent of saline soils in the Umbeluzi Valley, Mozambique. In: Practical approaches to applied remote sensing as illustrated by the SAMOZ project in Mozambique. - Uppsala 1994. p.43-71, 7 ill., 4 tab. (UNGI Rapport. 86.)

2823
Rimsten, Carin: The use of spectral signals to map vegetation and the extent of saline soils from satellite maps based on SPOT XS+P data. In: Practical approaches to applied remote sensing as illustrated by the SAMOZ project in Mozambique. - Uppsala 1994. p.73-80, 4 ill., 2 tab. (UNGI Rapport. 86.)

2824
Ruettimann, Markus: Bodenerosion in Ackerbaugebieten. Möglichkeiten der Gefährdungsbestimmung für die Praxis. In: Cartographie géomorphologique - Cartographie des risques. Actes de la Réunion annuelle de la Société Suisse de Géomorphologie 19 au 21 juin 1992 aux Diablerets et à Randa. - Lausanne 1992. p.87-98, 6 ill., 1 tab. (Université de Lausanne, Institut de Géographie. Travaux et recherches. 9.) [With German and French rés.]

2825
Smith, S.E. and others: Georeferencing of Satellite Imagery for Digital Soil Mapping. In: Surveying and Land Information Systems. 55, 1995, 1. p.13-20, 6 ill., 2 tab. [With Engl. rés.]

Planning / Planung / Planification

2826
Bor, Wilhelm: Die Erstellung des Flächennutzungsplanes auf der Basis von ATKIS-Daten. In: Das Geoinformationssystem ATKIS und seine Nutzung in Wirtschaft und Verwaltung. Vorträge ... anläßlich des AdV-Symposiums ATKIS am 15. und 16. Juni 1994 im Landesvermessungsamt Nordrhein-Westfalen, Bonn-Bad Godesberg. - Bonn 1994. p.131-136.

2827
Bräuninger, Till: Kartographische Struktur von Planungsinformationen. Neue Ansätze für die Nutzung von Planungskarten. In: Planungskartographie und Geodesign. - Bonn 1993. p.405-410. (Informationen zur Raumentwicklung. 7.)

2828
Cowen, David J.; Shirley, W. Lynn: Integrated planning information systems. In: Geographical information systems. Principles and applications. Vol. 2: Applications. - New York 1994. p.297-310, 1 ill., 1 tab.

2829
Fuxjäger, Gerald: Flächenwidmungsplan als abfragbarer Datensatz - Marktgemeinde Unterpremstätten/Steiermark. In: Österreichische Zeitschrift für Vermessung & Geoinformation. 82, 1994, 4. p.406.

2830
Kjørsvik, Heidi: Forslag til farge- og symbolbruk på arealplankart for kystsonen etter plan- og bygningsloven. In: Kart og plan. 88, 1995, 3. p.153-157, 3 ill. [Colour and symbols to be used in the planning for the Coastal Zone adapted to the planning and building act.] [Norw. with Engl. rés.]

2831
Ledoux, Bruno: Les études de vulnérabilité dans la cartographie réglementaire des inondations à la Réunion: approche méthodologique, études de cas et rélexion sur leur finalité. In: Croissance urbaine et risques naturels dans les montagnes des pays en développement. - Grenoble 1994. p.167-177. (Revue de Géographie Alpine. 82. 1994, 4.) [With Engl. and French rés.]

2832
Martig, P.: Bernische Grenz- und Gewässerpläne. In: Vermessung, Photogrammetrie, Kulturtechnik. 93, 1995, 10. p.622-625, 6 ill.

2833
Moll, Peter: Zur Darstellung räumlicher Leitbilder in Planungskarten. In: Planungskartographie und Geodesign. - Bonn 1993. p.411-420. (Informationen zur Raumentwicklung. 7.)

2834
Picon, Antoine: Cartographie et aménage-ment du territoire. Les cartes des élèves des Ponts de Chaussées à la fin du XVIIIe siècle. In: L'æil du cartographe et la représentation géographique du Moyen Age à nos jours. - Paris 1995. p.107-125, 4 ill. (Mémoires de la section de géographie physique et humaine. 18.)

2835
Plan nacional de desarrollo 1995-2000. Vol. 1-3. - s.l.: Poder Ejecutivo Federal 1995. 271 p.; 93, LXXXVII; 177 p. ISBN 970-13-0019-X; 970-13-0738-0; 970-13-0740-2

2836
Planungskartographie und Geodesign. In: Informationen zur Raumentwicklung. 1993, 7. p.389-487. [Themenheft.]

2837
Pressey, Robert; Ferrier, Simon: Types, limitations and uses of geographic data in conservation planning. In: The Globe. Journal of the Australian Map Circle. 41, 1995. p.45-52.

2838
Schön, Karl Peter: Kartographische Darstellungen zu einem europäischen Raumordnungskonzept. Cartographic presentation in the context of a European concept of regional planning. In: Vorstellungen der Bundesrepublik Deutschland zu einem europäischen Raumordnungskonzept. Referate eines Workshops am 26.-27.4.1993 in Marburg. - Marburg/Lahn 1993. p.13-26, 10 mp. (Marburger geographische Schriften. 125.) [In German and Engl.]

2839
Shiffer, Michael J.: Geographic interaction in the city planning content: beyond the multimedia prototype. In: Cognitive aspects of human-computer interaction for geographic information systems. - Dordrecht 1995. p.295-310, 7 ill. (NATO ASI series. Ser. D: Behavioural and social sciences. 83.)

2840
Spiekermann, Klaus; Wegener, Michael: Zeitkarten für die Raumplanung. In: Planungskartographie und Geodesign. - Bonn 1993. p.459-487. (Informationen zur Raumentwicklung. 7.)

2841
Verdeil, Eric: Les entrées de ville de Martigues. In: Mappe Monde. 1995, 3. p.12-16, 5 ill. [With French, Engl. and Span. rés.]

2842
Wilking, Rainer: Überlegungen zur Umstellung des Raumordnungskatasters auf ATKIS-Geobasisdaten. In: Das Geoinformationssystem ATKIS und seine Nutzung in Wirtschaft und Verwaltung. Vorträge ... anläßlich des AdV-Symposiums ATKIS am 15. und 16. Juni 1994 im Landesvermessungsamt Nordrhein-Westfalen, Bonn-Bad Godesberg. - Bonn 1994. p.116-120.

Politics / Politik / Politique

2843
Atkinson, David: Arrows, empires, and ambitions in Africa: the geopolitical cartography of Fascist Italy. In: Maps and Africa. Proceedings of a Colloquium at the University of Aberdeen, April 1993. - Aberdeen 1994. p.43-65, 5 ill.

2844
Blake, Gerald: The mapping of international boundaries. In: The Bulletin of The Society of Cartographers. 28, 1994, 2. p.1-7, 4 ill.

2845
Calkins, Hugh W.: GIS and public policy. In: Geographical information systems. Principles and applications. Vol. 2: Applications. - New York 1994. p.233-245, 3 ill., 2 tab.

2846
Platzeck, Matthias: Kartographie und Politik - ein Spannungsfeld? Festvortrag zum 43. Deutschen Kartographentag Trier 1994. In: Umweltinformation und Karte. Beiträge zur kartographischen Informationsverarbeitung. - Trier 1994. p.7-17. (Sonderband zum Deutschen Kartographentag. 43.)

2847
Rebert, Paula: Mapping the United States-Mexico boundary, 1849-1857. Madison:

University of Wisconsin,
Madison 1995. [Doct. diss.]

2848
Rodionova, I.A.: Kartografirovanie pokazatelej urovnja obščestvennogo razvitija stran mira. In: Geodezia i Kartografia. 1994, 4. p.43-48, 2 ill. [Mapping level indices of world countries social development.] [Russ.]

Religion / Religion / Religion

2849
Ell, Paul S.; Slater, T.R.: The religious census of 1851: a computer-mapped survey of the Church of England. In: Journal of Historical Geography. 20, 1994, 1. p.44-61, 6 ill.

2850
Tobler, Felix: Der Atlas der Diözese Raab (Győr) aus dem Jahre 1821. In: Cartographica Hungarica. 1994, 4. p.34-39, 8 ill.

Settlement / Siedlung / Habitat

2851
Andel, Joost van: Behavior mapping and urban design. Graphic versus non-graphic information about environment-behavior relations. In: The urban experience. A people-environment perspective. - London 1994. p.507-517, 2 ill., 3 tab. [With French rés.]

2852
Aplin, Graeme: Changing maps of changing cities: mapping urban change. In: The Globe. Journal of the Australian Map Circle. 41, 1995. p.19- 26, 2 ill.

2853
Augustyn, Robert; Cohen, Paul: Maps in the making of Manhattan. In: The Magazine Antiques. 148, 1995, 3. p.336-347.

2854
Babey, Nicolas: De la cartographie au "cartographisme". In: De la technopole comme ideal au "marketing" territorial comme moyen d'action. Mémoire de 3. cycle ("diplôme d'études approfondies") réalisé à l'Univ. de Montpellier. - Neuchâtel 1995. p.29-45, 12 suppl. (Géo-regards. 33.)

2855
Bedjanic, Klaudia: Kartographische Bearbeitung von Orthophoto-Stadtplänen mit touristischer Thematik. Entwurf und Erstellung einer Touristenkarte des 1. Bezirks von Wien mit gastronomischen Komponenten. - Wien 1993. 74 p., 3 ill., 4 mp. [Dipl.-Arb. Univ. Wien.]

2856
Begrenzung und Wachstum. Berliner Stadtentwicklung im Spiegel von Karten. Ausstellungskatalog. Landesarchiv Berlin 1994/95. - Berlin: Landesarchiv 1994. 122 p., ill.

2857
Belada, Peter: Die Mehrzweckstadtkarte von Wien. In: Österreichische Zeitschrift für Vermessung & Geoinformation. 82, 1994, 4. p.400.

2858
Boldin, Danijel: Uporaba digitalih prostorskih podatkov pri urbanističnі zasnovi mesta Jesenice. In: Geodetski vestnik. 39, 1995, 3. p.177-183, 2 ill., 1 tab. [Use of digital spatial data in urban planning for the city of Jesenice.] [Slov. with Czech and Engl. rés.]

2859
Boulanger, Claudine; Battu, Serge: Un village de montagne modélisé à l'école. In: Mappe Monde. 1995, 3. p.40-42, 5 ill. [With French, Engl. and Span. rés.]

2860
Brundu, Brunella: L'importanza della cartografia nella valutazione del consumo di spazio. In: Bollettino della Associazione Italiana di Cartografia. 93/94, 1995. p.143-151, 2 ill. [Ital. with Engl. rés.]

2861
Dreves, Hein D.: MERKIS-Empfehlungen für Schleswig-Holstein. In: Nachrichten aus dem Karten- und Vermessungswesen. Rh.I, 113, 1995. p.35-50, 4 ill. [With German, Engl. and French rés.]

2862
Figueira de Faria, Miguel: Ingegneria militare nel Brasile settesentesco. Cartografia, urbanisme e fortificazione. In: La costru-zione di un nuovo mondo. Territorio, città, architettura tra Europa e America Latina dal 16. al 18. secolo. Atti del convegno internazionale di studi, Genova 1993. - Genova 1994. p.201-224, 12 ill.

2863
Fischer, Karl: Die kartographische Darstellung Wiens bis zur Zweiten Türkenbelagerung. In: Das ist die stat Wien. Vom Albertinischen Plan zur Computerstadtkarte. Ein halbes Jahrtausend Wiener Stadtkartographie. Wiener Geschichtsblätter. Beiheft 4, 1995. p.8-28.

2864
Fischer, Karl: Streiflichter auf die Wien-Kartographie der letzten beiden Jahrhun-derte. In: Das ist die stat Wien. Vom Al-bertinischen Plan zur Computerstadtkarte. Ein halbes Jahrtausend Wiener Stadtkartographie. Wiener Geschichtsblätter. Beiheft 4, 1995. p.38-45.

2865
Galli, Paola; Mosciatti, Maurizio; Ortolani, Paolo: Esempio di cartografia del verde ornamentale finalizzata alla gestione degli ambienti urbanizzati. In: Bollettino della Associazione Italiana di Cartografia. 93/94, 1995. p.77-80. [Ital. with Engl. rés.]

2866
Gleixner, Günther; Kranjec, Elmar; Ranzinger, Monika: GIS-Daten als Grundlage für 3D Stadtmodelle. In: Angewandte Geographische Informationsverarbeitung VII. Beiträge zum GIS-Symposium 5.-7. Juli 1995. - Salzburg 1995. p.87-92, 4 ill. (Salzburger Geographische Materialien. 22.)

2867
Grössing, Helmuth: Entwicklungslinien der Kartographie bis zum Anfang des 16. Jahrhunderts. In: Das ist die stat Wien. Vom Albertinischen Plan zur Computerstadtkarte. Ein halbes Jahrtausend Wiener Stadtkartographie. Wiener Geschichtsblätter. Beiheft 4, 1995. p.3-7.

2868
Gruber, Michael; Meissl, Stephan; Böhm, Rainer: Das dreidimensionale digitale Stadtmodell Wien. Erfahrungen aus einer Vorstudie. In: Österreichische Zeitschrift für Vermessung & Geoinformation. 83, 1995, 1/2. p.29-36, 4 ill., 3 tab.

2869
Hausen, A.: Einblicke in die graphische Datenverarbeitung. In: Vermessungsingenieur. 12, 1995. p.23-27.

2870
Helle, Cécile: Villes et organisation de l'espace vauclusien. In: Mappe Monde. 1995, 1. p.14-17, 8 ill. [With French, Engl. and Span. rés.]

2871
Herben, W.: Cartographie communale numérique. In: Bulletin Trimestriel de la

Société Belge de Photogrammetrie-Télédétection et Cartographie. 197/198, 1995. p.45-50, 2 ill. [Fläm. und franz. Version.]

2872
Das ist die stat Wien. Vom Albertinischen Plan zur Computerstadtkarte. Wanderung durch ein halbes Jahrtausend Wiener Stadtkartographie. Objektliste zur Ausstellung des Wiener Stadt- und Landesarchivs und des Historischen Museums der Stadt Wien. - Wien: Historisches Museum der Stadt Wien 1995. 21 p. (204. Sonderausstellung.)

2873
Jongh, H. de: De Kaart van Amsterdam 1:10 000. Van kaart naar objectgericht bestand. In: Geodesia (Kartografisch Tijdschrift 21, 1995, 1). 37, 1995, 1. p.27-31,5 ill.

2874
Kindler, Annegret: Der Einsatz von GIS in der Umweltforschung - dargestellt am Beispiel stadtökologischer Untersuchungen im Umweltforschungszentrum Leipzig-Halle. In: Nachrichten aus dem Karten- und Vermessungswesen. Rh. I, 113, 1995. p.129-137, 2 ill., 1 tab. [With German, Engl. and French rés.]

2875
Klaus, Wolfram: Städte der neuen Bundesländer im Kartenbild. Teil I: Pläne und Grundrisse von 1550 - 1850. 2. Aufl. - Berlin: Staatsbibliothek zu Berlin 1994. 104 p. (Kartographische Bestandsverzeichnisse. 2.)

2876
Koschel', S.M.; Kul'bačevskaja, O.V.: Opyt operativnogo ėkologo- geochimičeskogo kartografirovanija urbanizirovannych territorij. In: Geodezia i Kartografia. 1994, 1. p.36-40. [Experience of operative ecological-geochemical mapping of urbanized areas.] [Russ.]

2877
Kostka, Robert; Sharov, Alexsey: An employment of Russian spaceborne photographic imagery for urban mapping: metric aspects. In: UDMS '93. 16th Urban Data Management Symposium 6.-10. Sept. 1993. Proceedings. - Wien 1993. p.1-10, 3 ill., 1 tab.

2878
Koussoulakou, Alexandra: Spatial-temporal analysis of urban air pollution. In: Visualization in modern cartography. - New York 1994. p.243-267, 11 ill. (Modern cartography. 2.)

2879
Large-scale urban base mapping in the Metro Manila Region. In: 12th United Nations Regional Cartographic Conference for Asia and the Pacific. Vol. II, Technical Papers. Bangkok, 20-28 February 1991. New York 1995. p.377-381, 2 ill.

2880
Leipziger Stadtpläne: Verzeichnis der in Leipziger Institutionen verfügbaren Karten und Pläne. Hrsg. von Pro Leipzig in Zusammenarbeit mit dem Stadtgeschichtlichen Museum Leipzig. - [Leipzig]: Passage-Verlag 1994. 39 p., ill., mp. ISBN 3-9803465-4-4

2881
Longenbaugh, Dee: A (relatively) practical use for an old map. In: The Map Collector. 72, 1995. p.26-27, 1 ill., portr.

2882
Lovrić, Paško: Zagreb na zemljovidima. In: Geodetski list. 49, 1995, 1. p.41-43, 1 ill. [Zagreb on maps.] [Croat.]

2883
Mackaness, William A.: Analysis of urban road networks to support cartographic generalization. In: Cartography and Geographic Information Systems. 22, 1995, 4. p.306-316, 12 ill.

2884
Margraf, Otti: Zur Visualisierung von Einzugsbereichen durch die kartographische Darstellung von Interaktionen. Am Beispiel der Arbeitspendelwanderung und versorgungsräumlicher Beziehungen in Zentralortbereichen. In: Planungskartographie und Geodesign. - Bonn 1993. p.435-450. (Informationen zur Raumentwicklung. 7.)

2885
Marinoni, Augusto: La pianta di Imola. In: Leonardo artista delle macchie e cartografo. - Firenze 1994. p.77-82, 2 ill.

2886
Matthias, Ekkehard: Die digitale Stadtkarte von Hamburg - DISK. In: 44 DKT. Deutscher Kartographentag 1995. Tagungsführer. Kartographie im Norden. DGfK. Hamburg, 21.-24. Mai. - Hamburg 1995. p.30-33, 2 ill.

2887
Meurer, Peter H.: Die "Poliographia Germanica" von Joannes Janssonius (Amsterdam 1616). Zur Editionsgeschichte des ersten Städteatlas von Deutschland. In: Karten hüten und bewahren. - Gotha 1995. p.97-117 8 ill., 1 tab. (Kartensammlung und Kartendokumentation. 11.)

2888
Milošev, Stojančo: Edromaštabnoto kartografirane na naseleni mesta v SAŠt. potrebiteli na edromaštabnata karta. In: Geodezija, kartografija, zemeustrojstvo. 34, 1994, 1. p.17-19. [Large-scale mapping of towns and villages in USA. Users of the large-scale map.] [Bulg.]

2889
Mokre, Jan: Das große 18. Jahrhundert der Wiener Stadtkartographie. In: Das ist die stat Wien. Vom Albertinischen Plan zur Computerstadtkarte. Ein halbes Jahrtausend Wiener Stadtkartographie. Wiener Geschichtsblätter. Beiheft 4, 1995. p.29-37.

2890
Moore, J.N.: The Ordnance Survey 1:500 town plan of Glasgow: a study of large-scale mapping, departmental policy and local opinion. In: The Cartographic Journal. 32, 1995, 1. p.24-32, 2 ill.

2891
Müller, Guido; Sitte, Wolfgang; Suida, Hermann: Veränderungen der Kulturlandschaft im südlichen Bereich der Stadt Salzburg während der letzten zwei Jahrhunderte im Bild kartographischer Darstellungen. In: Festschrift Helmut Riedl. - Salzburg 1993. p.89-104, 10 ill. (Salzburger Geographische Arbeiten. Bd 25.)

2892
Parrott, Robert; Stutz, Frederick: Urban GIS application. In: Geographical in-formation systems. Principles and ap-plications. Vol. 2. Applications. - New York 1994. p.247-260, 9 ill., 2 tab.

2893
Prat, Alain: Le Plan Cabanne, centre des immigrés Maghrébins à Montpellier. In: Mappe Monde. 1995, 3. p.8-11, 5 ill.

2894
Ranzinger, Monika; Lorber, Günther: 3D-Stadtmodell Graz - Überlegungen für eine operationelle Umsetzung. In: Österreichische Zeitschrift für Vermessung & Geoinformation. 83, 1995, 3. p.111-118, 6 ill., 6 tab. [With German and Engl. rés.]

2895
Rozenblat, Céline: Tissu d'un semis de villes européennes. In: Mappe Monde. 1995, 4. p.22-27, 7 ill. [With French, Engl., and Span. rés.]

2896
Schmitz, Alexander: Stadtpläne mit dem besonderen Kniff (Falk-Stadtpläne). In: Börsenblatt. Nr. 99 vom 12.12. 1995. p.6-8, ill.

2897
Schulz, Siegmund: Stadtkarte von Hamburg auf CD. In: Kartographische Nachrichten. 45, 1995, 6. p.222-224.

2898
Selwood, John H.: The emergence of Winnipeg's town plan, 1870-1914. In: Themes and issues of Canadian geography I. Beiträge zur Geographie Kanadas I. - Salzburg 1995. p.171-184, 7 ill. (Salzburger geographische Arbeiten. 28.)

2899
Shiffer, Michael J.: Geographic interaction in the city planning content: beyond the multimedia prototype. In: Cognitive aspects of human-computer interaction for geographic information systems. - Dordrecht 1995. p.295-310, 7 ill. (NATO ASI series. Ser. D: Behavioural and social sciences. 83.)

2900
Sinning, M.; Grün, A.: Integrierte 3-D Stadtmodelle für urbane Entwicklungsräume. In: Vermessung, Photogrammetrie, Kulturtechnik. 93, 1995, 4. p.209-215, 12 ill.

2901
Smith, David: The preparation of the town maps for Lysons' Magna Britannia. In: The Cartographic Journal. 32, 1995, 1. p.11-17, 3 ill., 1 tab.

2902
Spiess, Ernst; Brandenberger, Ch.: Übersichtsplan, aus dem digitalen Grunddatensatz abgeleitet. In: Vermessung, Photogrammetrie, Kulturtechnik. 93, 1995, 4. p.272-277, 6 ill.

2903
Steinnocher, Klaus; Staufer, Petra; Franzen, Michael: Landnutzungsdaten zur Modellierung zellularer Mobilfunknetze: Der integrative Einsatz digitaler Bildverarbeitungstechniken und geographischer Informationssysteme zur Erfassung urbaner Strukturen. In: Angewandte Geographische Informationsverarbeitung V. Beiträge zum GIS-Symposium 7.-9. Juli 1993. - Salzburg 1993. p.307-318, 2 ill., 8 tab. (Salzburger Geographische Materialien, H. 20.)

2904
Topographic mapping project of the Bangkok Metropolitan Area. In: 12th United Nations Regional Cartographic Conference for Asia and the Pacific. Vol. II, Technical Papers. Bangkok, 20-28 February 1991. New York 1995. p.381-383.

2905
Verdeil, Eric: Les entrées de ville de Martigues. In: Mappe Monde. 1995, 3. p.12-16, 5 ill. [With French, Engl. and Span. rés.]

2906
Verroen, A.H.: Stadskartografie. In 25 jaar Nederlandse kartografische tijdschriften, 1970-1995. In: Kartografisch Tijdschrift. 21, 1995, 3. p.37-45, 3 ill.

2907
Voiron-Canicio, Christine: Morphologie d'un semis de villes européennes. In: Mappe Monde. 1995, 4. p.17-21, 7 ill. [With French, Engl., and Span. rés.]

2908
Wajntraub, Eva: The Holy City of Jerusalem. In: Journal. Israeli Map Collectors Society. 12, 1995. p.1-12, 22 ill.

2909
Wanglin, Yan: A knowledge base and GIS Integrated System for urban planning. In: Geo-Informations-Systeme. 8, 1995, 1. p.10-14, 5 ill.

2910
Werner, Peter and others: Biotopkartierung im besiedelten Bereich - Fundus und Herausforderung für die stadtökologische Forschung. In: Stadtökologie. Versuch einer Standortbestimmung. - Frankfurt a.M. 1994. p.59-66, 3 ill., 2 tab. (Geobotanische Kolloquien. 11.) (Überarbeitete Fassung der Vorträge des ... Arbeitstreffens des Arbeitskreises Stadtökologie in der Gesellschaft für Ökologie. 1.)

2911
Wilmersdorf, Erich: Computerunterstützte Kartographie in der Wiener Stadtverwaltung. In: Das ist die stat Wien. Vom Albertinischen Plan zur Computerstadtkarte. Ein halbes Jahrtausend Wiener Stadtkartographie. Wiener Geschichtsblätter. Beiheft 4, 1995. p.46-53.

2912
Wirth, Klaus: Stadtplanwerk Ruhrgebiet, ein Stadtkartenwerk im Umbruch. In: Kartographische Nachrichten. 45, 1995, 6. p.215-220, suppl. with 12 ill.

Sociology / Soziologie / Sociologie

2913
Harris, Trevor M. and others: Pursuing social goals through participatory Geo-graphic Information Systems. Redressing South Africa's historical political ecology. In: Ground Truth. The Social Implications of Geographic Information Systems. - New York, London 1995. p.196-222, 3 ill.

2914
Mackenzie, Ailsa: Geographical patterns of crime. In: The Globe. Journal of the Australian Map Circle. 41, 1995. p.83-87, 1 ill.

2915
Prat, Alain: Le Plan Cabanne, centre des immigrés Maghrébins à Montpellier. In: Mappe Monde. 1995, 3. p.8-11, 5 ill.

2916
Rodionova, I.A.: Kartografirovanie pokazatelej social'nogo položenija ženščin. In: Geodezija i Kartografija. 1994, 8. p.34-41, 1 tab., 1 mp. [Mapping indices of women social status.] [Russ.]

2917
Weiner, Daniel and others: Apartheid representations in a digital landscape: GIS, Remote Sensing and local knowledge in Kiepersol, South Africa. In: Cartography and Geographic Information Systems. 22, 1995, 1. p.30-44, 4 ill. [With Engl. rés.]

Statistics / Statistik / Statistique

2918
Buchanan, Anne L.: Statistical masterfile CD: a source of statistical data for geography and cartography. In: Bulletin. Special Libraries Association, Geography and Map Division. 180, 1995. p.61-67, 3 ill.

2919
Cressie, Noel; Ver Hoef, Jay M.: Spatial statistical analysis of environmental and ecological data. In: Environmental modeling with GIS. - New York; Oxford 1993. p.404-413, 4 ill.

2920
Cressie, Noel: Geostatistics: a tool for environmental modelers. In: Environmental modeling with GIS. - New York; Oxford 1993. p.414-421.

2921
Lo, C.P.: A GIS approach to the integration of Landsat TM data and Census data. In: Technical Papers 1995 ACSM/ASPRS, Charlotte, North Carolina, Annual Convention & Exposition. Vol. 2. - Bethesda 1995. p.328-337, 5 ill., 2 tab.

2922
Pravda, Ján: Kombinácia počítačového a klasického spracovania mapy foriem krajinného krytu. In: Geodetický a kartografický obzor. 41, 1995, 8. p.161-165, 3 ill. [Combining computer and classic approach to land cover map compilation.] [Czech with Slov., Engl., German, French and Russ. rés.]

2923
Rasmussen Rhodes, Hannah; Myers, Donald E.: GRASS used in the geostatistical anal-ysis of Lakewater Data from the Eastern Lake Survey, Phase I. In: Environmental modeling with GIS. - New York; Oxford 1993. p.438-446, 13 ill., 4 tab.

2924
Rhind, David W.: Counting the people. The role of GIS. In: Geographical information systems. Principles and applications. Vol. 2: Applications. - New York 1994. p.127-137, 1 ill.

2925
Schreuer, Vital: Eurostat. Bringing the geographical dimension to statistics. In: The 1994 European GIS Yearbook. p.44-47, 3 ill.

2926
Thomas, Rick: Data maps and correlation: tools for inquiry across disciplines. In: Journal of Geography. 93, 1994, 6. p.279-328.

Tourism / Tourismus / Tourisme

2927
Arnold, Lesley M.; Wright, Graeme: The West Australian Travellers Atlas. In: Cartography. Journal of the Australian Institute of Cartographers. 24, 1995, 1. 24, 1995, 1.

2928
Bedjanic, Klaudia: Kartographische Bearbeitung von Orthophoto-Stadtplänen mit touristischer Thematik. Entwurf und Erstellung einer Touristenkarte des 1. Bezirks von Wien mit gastronomischen Komponenten. - Wien 1993. 74 p., 3 ill., 4 mp. [Dipl.-Arb. Univ. Wien.]

2929
Bell, Scott: Cartographic presentation as an aid to spatial knowledge acquisition in unknown environments. - Santa Barbara: University of California, Santa Barbara 1995. [Master's thesis.]

2930
Bergh, Jos van den: Gebruikerseisen aan fietskaarten. In: Kartografisch Tijdchrift. 21, 1995, 2. p.19-24, 5 ill. [Dutch with Engl. and French rés.]

2931
Erhard, Andreas: Entwicklung und Unterentwicklung: grundsätzliche Überlegungen zur Darstellung mittels Indikatoren anläßlich der Erstellung zweier neuer Karten im Afrikateil des neuen Hölzel-Weltatlas für die Oberstufe: Entwicklungsindikatoren und Tourismus. In: GW-Unterricht. 59, 1995. p.19-35, 4 tab., 2 mp.

2932
Filippakopoulou, Vassiliki; Nakos, Byron: Is GIS technology the present solution for

creating tourist maps? In: Cartographica. 32, 1995, 1. p.51-62, 4 ill., 2 tab.

2933
Hofecker, Peter: Möglichkeiten neuer Darstellungsformen in der Kartographie: Freizeitaktivitäten im Raum Neue/ Alte Donau. Ein interaktives kartographisches Informationssystem für den tertiären Sektor. Bd 1: Aufbau und Programmierung eines rechnergestützten Freizeit-Informationssystems. - Wien 1993. 155 p., 73 ill. [Dipl.- Arb. Univ. Wien.]

2934
Hogan, Christopher: Mapping beach conditions to provide an efficient surf rescue service. In: The Globe. Journal of the Australian Map Circle. 41, 1995. p.68-82, 9 ill., 2 tab.

2935
Imobersteg, Marc: Die "Erste Post & Dampfschifffahrt Reise Carte der Schweiz". In: Cartographica Helvetica. 12, 1995. p.42-44, 5 ill.

2936
Lang, Walter: Möglichkeiten neuer Darstellungsformen in der Kartographie: Freizeitaktivitäten im Raum Neue/Alte Donau. Ein interaktives kartographisches Informationssystem für den tertiären Sektor. Bd 2: Entwicklung und Visualisierung von digitalen Signaturen für die Darstellung am Bildschirm. - Wien 1993. 68 p., 24 ill. [Dipl.-Arb. Univ. Wien.]

2937
Mogorovich, Paolo: Environmentally friendly tourism. Developing a tourist information system. In: The 1994 European GIS Yearbook. p.189-191, 5 ill.

2938
Morrison, Claire; Forrest, David: A study of point symbol design for computer based large scale tourist mapping. In: The Cartographic Journal. 32, 1995, 2. p.126-136, 7 ill., 2 tab.

2939
Nakagawa, Koichi: Maps and plans which appeared in the Railway Travel Guidebook. In: Map. 33, 1995, 3. p.15-26, 8 ill. [Japan. with Engl. rés.]

2940
Ravenel, Loïc: L'origine géographique des footballeurs professionnels. In: Mappe Monde. 1995, 1. p.44-47, 4 ill. [With French, Engl. and Span. rés.]

Traffic / Verkehr / Transports

2941
ARC digitized raster graphics and their application. In: 12th United Nations Regional Cartographic Conference for Asia and the Pacific. Vol. II, Technical Papers. Bangkok, 20-28 February 1991. - New York 1995. p.254-259, 2 ill.

2942
Akachi, Yuich: Maps showing the change in passenger arrivals and departures at railway stations in the Tokyo Metropolitan Area. In: Map. 33, 1995, 3. p.49-56, 6 ill. [Japan. with Engl. rés.]

2943
Alm, Håkan: Human factors considerations in vehicle navigation aids. In: Human factors in geographical information systems. - London [etc.] 1993. p.148-157.

2944
Asche, Hartmut; Wohlfarth, Hans-Martin: An atlas of transportation alternatives: a citizen-oriented approach to map-based information systems. In: UDMS '93. 16th Urban Data Management Symposium 6.-10.

Sept. 1993. Proceedings. - Wien 1993. p.490-497.

2945
Barandun, S.: Netzinformationssystem der Stadt Zürich. In: Vermessung, Photogrammetrie, Kulturtechnik. 93, 1995, 5. p.327-329, 1 ill.

2946
Bergmann, Werner: Mittelalterliche Straßenkarten. In: Zur Geschichte des Vermessungswesens. - Wiesbaden 1995. p.30-37, 5 ill. (VDV- Schriftenreihe. 8.)

2947
Blades, Mark: Navigation and wayfinding in information systems. In: Human factors in geographical information systems. - London [etc.] 1993. p.61-69.

2948
Blok, C.A.: Routekaart Nederland '95/'96. ANWB ledenwijzer met uitgebreide carpool informatie. In: Kartografisch Tijdschrift. 21, 1995, 2. p.49-51, 2 ill., 1 mp. [Dutch.]

2949
Brocard, Madeleine; Lecoquierre, Bruno; Mallet, Pascal: Le chorotype de l'estuaire européen. In: Mappe Monde. 1995, 3. p.6-7. [With French, Engl. and Span. rés.]

2950
Brocard, Madeleine; Joly, Olivier; Steck, Benjamin: Les réseaux de circulation maritime. In: Mappe Monde. 1995, 1. p.23-28, 6 ill. [With French, Engl. and Span. rés.]

2951
Claussen, Hinrich: Digitale Karten für Fahrzeugnavigationssysteme. In: 79. Deutscher Geodätentag 1995 in Dortmund "Lebensräume erfassen werten - gestalten". Kongreßdokumentation der Fachvorträge. - Stuttgart 1995. p.9-22, 1 ill. (Schriftenreihe des DVW. 20.)

2952
A cooperative digital mapping project: a unique success story. In: 12th United Nations Regional Cartographic Conference for Asia and the Pacific. Vol. II, Tech nical Papers. Bangkok, 20-28 February 1991. - New York 1995. p.273-278, 1 ill.

2953
De Taeye, Alain; Essen, Robert van: Realising the European digital road map. In: The 1994 European GIS Yearbook. p.52-54, 1 ill.

2954
Etsuo, Iguchi: Some changes in the Metropolitan (Tokyo) Street Car Plans and their specific features. In: Map. 33, 1995, 3. p.27-34, 12 ill. [Japan. with Engl. rés.]

2955
Fischer, Karl-Ludwig: Anforderungen an Basisinformationssysteme aus der Sicht eines Versorgungsunternehmens. In: Gewinnung von Basisdaten für Geoinformationssysteme. Vorträge des 28. DVW-Seminars vom 5.-6. März an der Universität Hannover und vom 24.-25. Sept. 1992 an der Technischen Universität Dresden. - Stuttgart 1992. p.63-73, 9 ill., 3 suppl. (Schriftenreihe des DVW. 4.) (Vorträge des DVW-Seminars. 28.)

2956
Fiset, Robert: Procédure d'extraction automatique des routes des images du satellite SPOT à l'aide des données cartographiques à l'échelle 1:50 000. - Montréal: Université de Montréal 1994. [Thèse de maîtrise.]

2957
Garland, Ken: Mr Beck's Underground map. - Harrow Weald [London]: Capital Transport Publ. 1994. 80 p., mp. ISBN 1-85414-168-6

2958
Gartner, Georg; Popp, Andreas: Kartographische Produkte für Flugpassagiere. In: Kartographische Nachrichten. 45, 1995, 3. p.96-107, 7 ill.

2959
Hasegawa, Koji: Road atlases in early modern Japan and Britain. In: Geographical studies & Japan. Ed. by John Sargent & Richard Wiltshire. - Folkestone, Kent 1993. p.15-24.

2960
How-Ming, Shieh; Wu Hwa-Lih, Chung-Li: Integrating freight transportation planning with GIS. In: Geo-Informations-Systeme. 8, 1995, 1. p.22-26, 3 ill., 3 tab.

2961
Iwabuchi, Hiroyuki: Tokyo area JR Lines. In: Map. 33, 1995, 3. p.13-14, 2 ill. [Japan.]

2962
Jörg, Wolfgang: GIS im Einsatz bei der Radwegeplanung. In: Angewandte Geographische Informationsverarbeitung VII. Beiträge zum GIS-Symposium 5.-7. Juli 1995. - Salzburg 1995. p.107-111, 2 ill. (Salzburger Geographische Materialien. 22.)

2963
Jones, Andrew: Accidents, access and analysis. Using GIS to link road accident outcomes with health service accessibility. In: The 1994 European GIS Yearbook. p.219-222, 5 ill.

2964
Jüptner, Bernhard: Die Trekkingkarte - Entstehung, Methodik und Inhalte (mit einer Aufzählung bisher veröffentlichter Produkte und einer kritischen Gegenüberstellung von Beispielen aus dem Langthang Himal). - Wien: Institut für Kartographie der Österreichischen Akademie der Wissenschaften 1994. 48 p., 20 ill., 12 tab. (Berichte und Informationen. 24.)

2965
Kern, Hans F.; Morhard, Heinz: Verkehrsstärkenkarten in der Bundesrepublik Deutschland. In: Kartographische Nachrichten. 45, 1995, 1. p.9-16, 1 ill., 24 ill.-suppl.

2966
Klostius, Walter: Road extraction for a Road Information System with a positional accuracy of 2-5 m using High-Resolution Satellite Images. In: Geo-Informations-Systeme. 8, 1995, 6. p.20-24, 6 ill. [With Engl. and German rés.]

2967
Kränzle, Helmut: Fernerkundungsdaten und GIS bei der Planung eines Mobilfunknetzes. In: Geo-Informations-Systeme. 8, 1995, 3. p.13-18, 2 ill.

2968
Krivosudská, Gabriela: Zakladné mapové diela v rezorte dopravy SR. In: Kartografické Listy. 1995, 3. p.99-104. [The basic map works in the field of transport in the Slovak Republic.] [Slovak with Engl. rés.]

2969
Kuznecov, A.A. and others: Novaja sistema viacionnych kart. In: Izvestija vysšich učebnych zavedenij. Geodezija i aerofotosemka. 1995, 2. p.74-78. [Ein neues System von Flugkarten.] [Russ.]

2970
Lutze, Karen and others: Hybrid visualization component for planning cellular radio networks. In: Geo-Informations-Systeme. 8, 1995, 3. p.19-24, 3 ill., 1 tab.

2971
Marcadon, Jacques: Ports et flux de conteneurs dans le monde, 1983-1992. In: Mappe Monde. 1995, 1. p.29-34, 4 ill. [With French, Engl. and Span. rés.]

2972
Morrison, Alastair: Des différences entre les plans des transports publics en France, en Allemagne et en Espagne. In: Mappe Monde. 1995, 3. p.23-29, 7 ill. [With French, Engl. and Span. rés.]

2973
Nakagawa, Koichi: Maps and plans which appeared in the Railway Travel Guidebook. In: Map. 33, 1995, 3. p.15-26, 8 ill. [Japan. with Engl. rés.]

2974
Otake, Kazuhiko: To the Special Number of "a World of Railway Mapping". In: Map. 33, 1995, 3. p.1-12, 12 ill., 1 mp.-suppl. [Japan. with Engl. rés.]

2975
Rakar, Albin: Kataster komunalnih naprav med mojstrsko miselnostjo in računalniško obsedenostjo. In: Geodetski vestnik. 39, 1995, 3. p.215-221. [Public utilities cadastre - between the craft mentality and computer obsession.] [Slov. with Czech and German rés.]

2976
Retscher, Günther: Europäische Entwicklungen im Bereich der Navigation von Automobilen. In: Österreichische Zeitschrift für Vermessung & Geoinformation. 83, 1995, 3. p.120-126, 3 ill., 1 tab. [With German and Engl. rés.]

2977
Rickman, Daniel: Implications of the European DRIVE programme. In: The 1994 European GIS Yearbook. p.55-56.

2978
Sakato, Naoteru: Representation of railways on nautical charts and their historical consideration. In: Map. 33, 1995, 3. p.41-48, 9 ill. [Japan. with Engl. rés.]

2979
Schulze, Karl-H.: Von der Straßenbauvermessung zum Informationssystem Straße. In: 79. Deutscher Geodätentag 1995 in Dortmund "Lebensräume erfassen - werten - gestalten". Kongreßdokumentation der Fachvorträge. - Stuttgart 1995. p.43-75, 8 ill., 4 tab. (Schriftenreihe des DVW. 20.)

2980
Sena, Michael L.: Adaptation of a public agency GIS database to dynamic route guidance. In: Technical Papers 1995 ACSM/ASPRS, Charlotte, North Carolina, Annual Convention & Exposition. - Bethesda 1995. p.361-365, 1 ill.

2981
Seto, Reiko: The change in commuter flow by Shi, Ku, Machi and Mura Units in the Kanto District from 1965 to 1985. In: Map. 33, 1995, 1. p.14-29, 9 ill., 3 tab. [Japan. with Engl. rés.]

2982
Verdeil, Eric: Les entrées de ville de Martigues. In: Mappe Monde. 1995, 3. p.12-16, 5 ill. [With French, Engl. and Span. rés.]

2983
Watelet, Marcel: Le terrain des ingénieurs. La cartographie routière en Wallonie au XVe siècle. - Bruxelles: Racine 1995. 232 p., ill.

2984
White, Marvin S.: Car navigation systems. In: Geographical information systems. Principles and applications. Vol. 2: Applications. - New York 1994. p.115-125, 7 ill.

2985
Zhan, Cixiang; Menon, Sudhakar; Gao, Peng: A directional path distance model for raster distance mapping. In: Spatial information theory. An theoretical basis for GIS. European conference, COSIT '93, Marciana Marina, Elba Island, Italy, sept. 1993. Proceedings. - Berlin 1993. p.434-443, 6 ill. (Lecture notes in computer science. 716.)

Vegetation / Vegetation / Vegetation

2986
Aaviksoo, K.D.: Izučenie struktury rastitel'-nosti verchovych bolot i dinamiki bolotnych landšaftov na osnove krupnomasštabnych aerofotosnimkov. In: Geobotaničeskoe kartografirovanie. 1991. p.63-69, 2 tab. [The study of the bog vegetation structure and the dynamics of mire landscapes on the base of large-scale aerial photographs.] [Russ.]

2987
Benson, Doug: Mapping vegetation. In: The Globe. Journal of the Australian Map Circle. 41, 1995. p.40-44.

2988
Benson, John: Sampling, strategies and costs of regional vegetation mapping. In: The Globe. Journal of the Australian Map Circle. 43, 1995. p.18-28, 1 ill., 4 tab. [With Engl. rés.]

2989
Boresjö Bronge, Laine: Första detaljerade vegetationskartan producerad med satellitbildsteknik. In: Lantmäteritidskriften. 1995, 3. p.36-40, 1 ill., 1 tab. [The first particularized vegetation map produced by photogrammetry.] [Swed.]

2990
Caetano, Mario: Burned vegetation mapping in mountainous areas with satellite remote sensing. - Santa Barbara: Univ. of California, Santa Barbara 1995. [Master's thesis.]

2991
Cholod, S.S.: Opyt soždanija krupnomasštabnoj korreljacionnoj chiono-geobotaničeskoj karty ključevogo učastka arktičeskoj tundry. In: Geobotaničeskoe kartografirovanie. 1991. p.33-46, 4 ill. [An experience of compiling the large-scale correlation chiono-geobotanical map for the key area in arctic tundra.] [Russ.]

2992
Cholod, S.S.; Jurkovskaja, T.K.: Sovremennoe sostojanie i perspektivy geobotaničeskogo kartografirovanija v botaničeskom institute RAN. In: Geobotaničeskoe kartografirovanie. 1992. p.3-20. [The modern state and the prospects of the geobotanical mapping in the Botanical Institute of the Ac. Science of Russia.] [Russ.]

2993
Deuschle, Angela; Poschlod, Peter: Monitoring feiner Veränderungen in Moorkomplexen. Mikrokartierung von Vegetationsmosaik-Komplexen. In: Feuchtgebiete. Gefährdung, Schutz Naturierung. - Ostfildern 1994. p.253-261, 4 ill. (Hohenheimer Umwelttagung. 26.)

2994
Epps, Roger: Mapping broom by satellite imagery at Barrington Tops N.S.W. In: The Globe. Journal of the Australian Map Circle. 43, 1995. p.6-11, 2 ill. [With Engl. rés.]

2995
Galli, Paola; Mosciatti, Maurizio; Ortolani, Paolo: Esempio di cartografia del verde ornamentale finalizzata alla gestione degli ambienti urbanizzati. In: Bollettino della

Associazione Italiana di Cartografia. 93/94, 1995. p.77-80. [Ital. with Engl. rés.]

2996
Gray, Violet: A digital multipurpose vegetation map for the Colorado Desert of California. - Santa Barbara: Univ. of California, Santa Barbara 1994. [Master's thesis.]

2997
Il'ina, I.S.: Otraženie prostranstvenno - vremennych kategorij rastitel'nosti na krupnomasštabnych geobotaničeskich kartach. In: Geobotaničeskoe kartografirovanie. 1991. p.13-21, 2 ill. [Representation of the space-time cathegories of vegetation on the large-scale geobotanical maps.] [Russ.]

2998
Jurkovskaja, T.K.: Karty stepeni opasnosti vozniknovenija požara v sredizemnomor'e. In: Geobotaničeskoe kartografirovanie. 1992. p.53-55. [Maps of the degrees of the fire-danger in Mediterranea.] [Russ.]

2999
Jurkovskaja, T.K.; Elina, G.A.: Krupnomasštabnoe kartografirovanie paleorastitel'-nosti golocena. In: Geobotaničeskoe kartografirovanie. 1991. p.3-12, 1 ill. [Large-scale mapping of the Holocene vegetation.] [Russ.]

3000
Karamyševa, Z.V.; Jurkovskaja, T.K.: Ocerednoe rabočee soveščanie po "Karte rastitel'nosti Evropy". In: Geobotaničeskoe kartografirovanie. 1992. p.55-58. [Next in turn workshop on the vegetation map of Europe.] [Russ.]

3001
Karinshak, David: Comparison of remote sensing platforms for mapping wetland vegetation within a localized coastal estuary: an evaluation of C-CAP protocols. - Columbia: University of South Carolina 1995. [Master's thesis.]

3002
Koroljuk, A.Ju.: Krupnomasštabnoe kartirovanie rastitel'nosti Barabinskoj ravniny s ispol'zovaniem AFS i KS. In: Geobotaničeskoe kartografirovanie. 1991. p.69-74, 3 ill. [Large-scale vegetation mapping in the Baraba plain using the aerial and space photographs.] [Russ.]

3003
Labutina, Irina A. and others: The Astrakhanskiy Biosphere Reserve GIS. Part 3: Vegetation map. In: ITC-Journal. 1995, 3. p.197-201, 1 ill. [With Engl., French and Span. rés.]

3004
Lunn, Angus: Vegetation and species distribution mapping in Britain, with special reference to North East England. In: The Bulletin of The Society of Cartographers. 28, 1994, 2. p.13-17.

3005
MacKay, Ruth: Mapping vegetation for biodiversity analysis using integrated remote sensing/GIS methodology: Woodside, CA. - San Francisco: San Francisco State University 1994. [Master's thesis.]

3006
May, Rudolf: Die Datenbank der Floristischen Kartierung. Ein Beispiel für die dezentrale Erhebung und zentrale Zusammenführung von raumbezogenen, naturschutzrelevanten Informationen. In: Umweltdatenbanken. Hrsg. von Horst Kremers. - Marburg 1994. p.155- 175, 11 ill. (Praxis der Umweltinformatik. 5.)

3007
Moreno, Diego; Bousquet-Bressolier, Catherine: Une source pour l'histoire et l'archéologie des ressources végétales. Les cartes topographiques de la montagne Ligure (Italie). In: L'æil du cartographe et la représentation géographique du Moyen Age à nos jours. - Paris 1995. p.175-198, 11 ill. (Mémoires de la section de géographie physique et humaine. 18.)

3008
Mulhern, Theresa: Spectral contrasts of subarctic vegetation: basis for mapping lichens with satellite data. - College Park: University of Maryland, College Park 1995. [Doct. diss.]

3009
Nagel, David E.; Lillesand, Thomas M.: Use of preclassification image masking to improve the accuracy of wetland mapping undertaken in support of statewide land cover classification. In: Technical Papers 1995 ACSM/ASPRS, Charlotte, North Carolina, Annual Convention & Exposition. Vol. 3. - Bethesda 1995. p.866-875, 1 ill., 5 tab.

3010
Namzalov, B.B.: Opyt krupnomasštabnogo kartirovanija rastitel'nosti gor jugovostočnogo Altaja. In: Geobotaničeskoe kartografirovanie. 1991. p.46-63, 4 ill. [An experience of the large-scale mapping of the mountainous vegetation in the south-eastern Altai.] [Russ.]

3011
Ogureeva, G.N.; Kotova, T.V.; Rjabova, N.V.: Opyt melkomasštabnogo kartografirovanija rastitel'nosti Avstralii. In: Geobotaničeskoe kartografirovanie. 1992. p.20-32, 1 mp. [An experience of the small-scale vegetation mapping of Australia.] [Russ.]

3012
Pajanskaja-Gvozdeva, I.I.: Karty rastitel'nosti v nacional'nom atlase Švecii. In: Geobotaničeskoe kartografirovanie. 1991. p.79-82. [The vegetation maps in National Atlas of Sweden.] [Russ.]

3013
Plit, Joanna: Zastosowanie metody kartograficznej do badania procesu przekształcenia krajobrazów roślinnych w XIX i XX wieku na przykładzie Mazowsza. In: Polski przegląd kartograficzny. 26, 1994, 2. p.65-75, 4 ill., 1 tab. [Application of the cartographical method for studying the process of vegetation landscape transformation in the 19th and 20th centuries upon the example of Mazovia.] [Pol. with Engl. and Russ. rés.]

3014
Pott, Richard: Farbatlas Nordseeküste und Nordseeinseln: ausgewählte Beispiele aus der südlichen Nordsee in geobotanischer Sicht. - Stuttgart: Ulmer 1995. 288 p., ill., mp. ISBN 3-8001-3350-4

3015
Račkovskaja, E.I.; Safronova, I.N.: Novaja karta botaniko-geografičeskogo rajonirovanija Kazachstana i Srednej Azii v predelach pustynnoj oblasti. In: Geobotaničeskoe kartografirovanie. 1992. p.33-49, 1 ill. [The new map of botanical-geographic subdivision of Kazakhstan and Middle Asia within the limits of the desert region.] [Russ.]

3016
Rimsten, Carin: The use of spectral signals to map vegetation and the extent of saline soils in the Umbeluzi Valley, Mozambique.

In: Practical approaches to applied remote sensing as illustrated by the SAMOZ project in Mozambique. - Uppsala 1994. p.43-71, 7 ill., 4 tab. (UNGI Rapport. 86.)

3017
Rimsten, Carin: The use of spectral signals to map vegetation and the extent of saline soils from satellite maps based on SPOT XS+P data. In: Practical approaches to applied remote sensing as illustrated by the SAMOZ project in Mozambique. - Uppsala 1994. p.73-80, 4 ill., 2 tab. (UNGI Rapport. 86.)

3018
Satta, Vincenzo: Alcune considerazioni su fisionomia e struttura della vegetazione e rappresentazione cartografica. In: Bollettino della Associazione Italiana di Cartografia. 93/94, 1995. p.153-161, 1 ill. [Ital. with Engl. rés.]

3019
Sohn, Youngsinn: Mapping low density vegetation using spectral unmixing in Thematic Mapper data: Long Valley, Nevada. - Salt Lake City: University of Utah 1994. [Doct. diss.]

3020
Thannheiser, Dietbert: Vegetationskartierung auf der Germaniahalvøya. In: Geowissenschaftliche Spitzbergen-Expedition 1900 und 1991 "Stofftransporte Land-Meer in polaren Geosystemen" - Zwischenbericht. Stuttgart 1992. p.141-160, 9 ill. (Stuttgarter geographische Studien. 117.)

3021
Tomei, Paolo Emilio; Bertacchi, Andrea: Carta della vegetazione scenario Alta Garfagnana. In: Bollettino della Associazione Italiana di Cartografia. 93/94, 1995. p.87-91, 2 ill. [Ital. with Engl. rés.]

3022
Umweltdatenbanken. Hrsg. von Horst Kremers. - Marburg: Metropolis-Verl. 1994. 283 p., ill. (Praxis der Umwelt-Informatik. 5.) ISBN 3-89518-002-5

3023
Volkova, E.A.; Fedorova, I.T.: Karty rastitel'nosti v atlase resursov Avstralii. In: Geobotaničeskoe kartografirovanie. 1992. p.50-53. [Vegetation maps in atlas of resources of Australia.] [Russ.]

3024
Volkova, V.G.: Sostavlenie karty potencial'noj ustojčivosti rastitel'nych soobšestv k technogennym nagruzkam. In: Geobotaničeskoe kartografirovanie. 1991. p.23-33, 9 ill., 2 tab. [Compiling the map of potential resistance of plant communities to the technogenic press.] [Russ.]

3025
Woodcock, Curtis E.; Gopal, Sucharita: Remote sensing of forests: new data layers for GIS. In: Technical Papers 1995 ACSM/ASPRS, Charlotte, North Carolina, Annual Convention & Exposition. Vol. 2. - Bethesda 1995. p.420-428, 4 ill., 3 tab.

J. Atlas Cartography
Atlas-Kartographie
Cartographie relative à la réalisation des atlas

1. General Features
Allgemeines
Généralités

3026
Akerman, James R.: From books with maps to books as maps: the editor in the creation of the atlas idea. In: Editing early and historical atlases. - Toronto etc. 1995. p.3-48, 5 ill., 2 tab.

3027
Birsak, Lukas: Atlaskartographie auf dem Weg ins dritte Jahrtausend. EDV-gestützte Kartenherstellung für die neuen österreichischen Hölzel-Atlanten. In: GW-Unterricht. 56, 1994. p.85-87.

3028
Blok, C.A.: Aandacht voor atlaskartografie. Tendensen in ruim een kwart eeuw informatievoorziening op atlasgebied. In: Kartografisch Tijdschrift. 21, 1995, 3. p.47-52, 4 ill.

3029
Editing early and historical atlases. Ed. by Joan Winearls. - Toronto etc.: University of Toronto Press 1995. XVII, 199 p. ISBN 0-8020-0623-X

3030
Espenhorst, Jürgen: Andree, Stieler, Meyer & Co. Bibliographie der Handatlanten. Nachtrag 1995. - Schwerte 1995. p.434-482, ill.

3031
Godlewska, Anne: Jomard: the geographic imagination and the first great facsimile atlases. In: Editing early and historical atlases. - Toronto etc. 1995. p.109-135, 3 ill.

3032
Goffart, Walter A.: Breaking the Ortelian pattern: historical atlases with a new program, 1747-1830. In: Editing early and historical atlases. - Toronto etc. 1995. p.49-81, 3 ill.

3033
Krogt, Peter C.J. van der: Tentoonstelling 400 Jahre Mercator Atlas. In: Kartografisch Tijdschrift. 21, 1995, 2. p.59. [Dutch.]

3034
Motta, Giuseppe: Gli atlanti dell'Istituto Geografico de Agostini al Servizio della collettività. In: Bollettino della Associazione Italiana di Cartografia. 93/94, 1995. p.15-18. [Ital. with Engl. rés.]

3035
Pedley, Mary Sponberg: 'Commode, complet, uniforme, et suivi': problems in atlas editing in enlightenment France. In: Editing early and historical atlases. - Toronto etc. 1995. p.83-108, 3 ill.

3036
Robin, Bruce: New books & atlases. In: Bulletin. Association of Canadian Map Libraries and Archives. 92, 1995. p.33-35.

3037
Spiess, Ernst: Some problems with the use of electronic atlases. In: The LIBER Quarterly.

European Research Libraries Cooperation ERLC. 5, 1995, 3. p.235-244.

3038
Vidal, Gemmina: Lista de los atlas disponibles en la Biblioteca. Cartoteca de Catalunya. Julio 1995. - Barcelona: Institut Cartografic de Catalunya 1995. 36 p., ill. [mimeogr.]

3039
Wolff, Fritz: Karten und Atlanten in fürstlichen Bibliotheken des 16. und 17. Jahrhunderts. Beispiele aus Hessen. In: Karten hüten und bewahren. - Gotha 1995. p.221-231. (Kartensammlung und Kartendokumentation. 11.)

3040
Wolff, Hans: "400 Jahre Mercator - 400 Jahre Atlas". Zur Ausstellung an der Bayerischen Staatsbibliothek vom 5. April bis 1. Juli 1995. In: Kartographische Nachrichten. 45, 1995, 4. p.146-148, 1 ill.

2. World Atlases, Reference Atlases Weltatlanten Atlas mondiaux, atlas de référence

3041
Atlantes Austriaci. Österreichische Atlanten 1561-1994. Hrsg. von Ingrid Kretschmer und Johannes Dörflinger. - Wien: Böhlau 1995. Band 2 in 2 Teilen mit zusammen 852 p.

3042
Dörflinger, Johannes; Hühnel, Helga: Österreichische Atlanten 1561-1918. - Wien: Böhlau Verlag 1995. 2 Teilbände mit insges. 940 Seiten und 32 Abb. (Atlantes Austriaci, 1. Bd.)

3043
Espenhorst, Jürgen; Kümpel, Erhard: Diercke Weltatlas. Zur Geschichte eines bekannten Schulatlasses, 1883-1956 (2. Entwurf). - Schwerte 1995. 12 p. [mimeogr.]

3044
Espenhorst, Jürgen: Andree, Stieler, Meyer & Co. Handatlanten des deutschen Sprachraumes (1800-1945) nebst Vorläufern und Abkömmlingen im In- und Ausland. Bibliographisches Handbuch. - Schwerte: Pangaea Verlag 1994. 431 p., ill.

3045
Heijden, H.A.M. van der: Atlas Iprensis, 1570-1639. In: Caert-Thresoor. 14, 1995, 2. p.25-34, 4 ill.

3046
Kretschmer, Ingrid: Österreichische Atlanten 1919-1994. - Wien: Böhlau Verlag 1995. 452 p., 32 ill. (Atlantes Austriaci, 2. Bd.)

3047
Krogt, Peter C.J. van der: Erdgloben, Wandkarten, Atlanten - Gerhard Mercator kartiert die Erde. In: Gerhard Mercator, Europa und die Welt. Begleitband zur Ausstellung 'Verfolgt, geachtet, universal - Gerhard Mercator, Europa und die Welt', anläßlich des 400. Todestages von Gerhard Mercator im Kultur- u. Stadthistorischen Museum Duisburg vom 4. Sept. 1994 bis zum 31. Januar 1995. - Duisburg 1994. p.81-130, 37 ill.

3048
Varanka, Dalia: The rise of English world atlases. - Milwaukee: University of Wisconsin, Milwaukee 1994. [Doct. diss.]

3049
Zeilinger, Elisabeth: Das India orientalis-Konvolut aus dem Atlas Stosch der Österreichischen Nationalbibliothek. In: Karten hüten und bewahren. - Gotha 1995. p.233-254. (Kartensammlung und Kartendokumentation. 11.)

3. Topographic Atlases Topographische Atlanten Atlas topographiques

3050
Atlantes Austriaci. Österreichische Atlanten 1561-1994. Hrsg. von Ingrid Kretschmer und Johannes Dörflinger. - Wien: Böhlau 1995. Band 2 in 2 Teilen mit zusammen 852 p.

3051
David, Andrew: Is it Hurd's or Dalrymple's Channel Atlas? In: The Map Collector. 72, 1995. p.20-24, 7 ill.

3052
Dörflinger, Johannes; Hühnel, Helga: Österreichische Atlanten 1561-1918. - Wien: Böhlau Verlag 1995. 2 Teilbände mit insges. 940 Seiten und 32 Abb. (Atlantes ustriaci, 1. Bd.)

3053
Kretschmer, Ingrid: Österreichische Atlanten 1919-1994. - Wien: Böhlau Verlag 1995. 452 p., 32 ill. (Atlantes Austriaci, 2. Bd.)

3054
Der Pfinzing-Atlas von 1594. Faksimile-Edition anläßlich des 400jährigen Jubiläums. - Simmelsdorf: Altnürnberger Landschaft 1994. 56 p.

4. Thematic Atlases, Planning Atlases Thematische Atlanten, Planungsatlanten Atlas thématiques, atlas de planification

3055
Arnberg, Wolter: Design concepts of the National PC-Atlas of Sweden. Stockholm 1994. 17 p. [Paper anläßl. der 9. Konferenz der LIBER-Gruppe der Kartenbibliothekare 1994 in Zürich.] [mimeogr.]

3056
Arnold, Lesley M.; Wright, Graeme: The West Australian Travellers Atlas. In: Cartography. Journal of the Australian Institute of Cartographers. 24, 1995, 1. 24, 1995, 1.

3057
Asche, Hartmut; Wohlfarth, Hans-Martin: An atlas of transportation alternatives: a citizen-oriented approach to map-based information systems. In: UDMS '93. 16th Urban Data Management Symposium 6.-10. Sept. 1993. Proceedings. - Wien 1993. p.490-497.

3058
Atlantes Austriaci. Österreichische Atlanten 1561-1994. Hrsg. von Ingrid Kretschmer und Johannes Dörflinger. - Wien: Böhlau 1995. Band 2 in 2 Teilen mit zusammen 852 p.

3059
Bäärnhielm, Göran: The National PC-Atlas of Sweden. In: The LIBER Quarterly. European Research Libraries Cooperation ERLC. 5, 1995, 3. p.245-248.

3060
Charre, Joël: Satellite et surveillance du climat. Atlas de veille climatique: 1986-1994. In: Mappe Monde. 1995, 3. p.48, 6 ill.

3061
Dean, William G.: Atlas structures and their influence on editorial decisions: two recent case histories. In: Editing early and historical atlases. - Toronto etc. 1995. p.137-162, 2 ill., 2 tab.

3062
Dörflinger, Johannes; Hühnel, Helga: Österreichische Atlanten 1561-1918. - Wien: Böhlau Verlag 1995. 2 Teilbände mit insges. 940 Seiten und 32 Abb. (Atlantes Austriaci, 1. Bd.)

3063
Dubuc, Sylvie: Atlas du Viêt-Nam. In: Mappe Monde. 1995, 3. p.45-47, 5 ill.

3064
Durwen, Karl-Josef and ohters: Digitaler landschaftsökologischer Atlas Baden-Württemberg auf Grundlage der Standortskartierung. In: Angewandte Geographische Informationsverarbeitung VII. Beiträge zum GIS-Symposium 5.-7. Juli 1995. - Salzburg 1995. p.60-64. (Salzburger Geographische Materialien. 22.)

3065
Fandel, Ulla: Ansätze zum Aufbau der digitalen Datenbasis für einen Nationalatlas der Bundesrepublik Deutschland. - Trier: Geograph. Gesellschaft 1992. 123 p., ill., mp. (Beiträge zur kartographischen Informationsverarbeitung. 7.)
ISBN 3-921599-97-0

3066
Ferras, Robert: Près d'un demi-millier de cartes sur la France physique, sa population et ses villes: les 3 premiers volumes de l'Atlas de France. In: Mappe Monde. 1995, 4. p.35-41, 5 ill. [With French, Engl., and Span. rés.]

3067
Freitag, Ulrich: Tagung: Regional- und Nationalatlanten. In: Kartographische Nachrichten. 45, 1995, 5. p.187.

3068
Harris, R. Cole: Maps as a morality play: volume 1 of the 'Historical Atlas of Canada'. In: Editing early and historical atlases. - Toronto etc. 1995. p.163-179, 1 ill.

3069
Hasegawa, Koji: Road atlases in early modern Japan and Britain. In: Geographical studies & Japan. Ed. by John Sargent & Richard Wiltshire. Folkestone, Kent 1993. p.15-24.

3070
Holdsworth, Deryck W.: The politics of editing a National Historical Atlas: a commentary. In: Editing early and historical atlases. - Toronto etc. 1995. p.181-196, 1 ill.

3071
Kasimov, N.S.; Berljant, Alexander M.: Èkologičeskoe kartografirovanie i proekt ekologičeskogo atlasa Rossii. In: Geodezia i Kartografia. 1994, 1. p.43-47. [Ecological mapping and ecological atlas design.] [Russ.]

3072
Koch, Wolf Günther: Zwei aktuelle landeskundliche Atlasprojekte. In: Wissenschaftliche Zeitschrift der Technischen Univer-sität Dresden. 43, 1994, 5. p.70-75.

3073
Koen, Benjamin: Kompleksen atlas na Černo more. In: Geodesija, Kartografija, zemeu-

stroistvo. 35, 1995, 1. p.25-30, 5 ill. [Complex atlas of Black Sea.] [Bulg.]

3074
Kretschmer, Ingrid: Atlas of regional development of Austria. In: Proceedings ICA National and Regional Atlases Commission Meeting. - Madrid 1992. p.185-187. (Comunicaciones y Ponencias, 10.)

3075
Kretschmer, Ingrid: Kartographische Neuigkeiten aus Ungarn. In: Kartographische Nachrichten. 45, 1995, 2. p.70-72.

3076
Kretschmer, Ingrid: Österreichische Atlanten 1919-1994. - Wien: Böhlau Verlag 1995. 452 p., 32 ill. (Atlantes Austriaci, 2. Bd.)

3077
Leidlmair, Adolf: Der Tirol-Atlas als Landeskunde in Karten. In: Innsbrucker Jahresbericht 1991/92 der Österreichischen Geographischen Gesellschaft, Zweigverein Innsbruck. - Innsbruck 1993. p.34-44.

3078
Mayr, A.; Tzschaschel, S.: Aktueller Planungsstand zum Atlas Bundesrepublik Deutschland. In: Rundbrief Geographie. 132, 1995. p.19-22.

3079
McKinnon, Malcolm: Why geographers are indispendable to the making of an historical atlas of New Zealand. In: Proceedings of the 17th conference. New Zealand Geographical Society. Victoria Univ. of Wellington, august 30 - september 2, 1993. - Christchurch 1993. p.8- 10.

3080
Meurer, Peter H.: Die "Poliographia Germanica" von Joannes Janssonius (Amsterdam 1616). Zur Editionsgeschichte des ersten Städteatlas von Deutschland. In: Karten hüten und bewahren. - Gotha 1995. p.97-117, 8 ill., 1 tab. (Kartensammlung und Kartendokumentation. 11.)

3081
Moldofsky, Byron: The Historical Atlas of Canada: Feedback from users and the Historical Atlas of Canada Data Dissemination Project. In: Bulletin. Association of Canadian Map Libraries and Archives. 93, 1995. p.1-11, 4 ill.

3082
Najgrakowski, W.: Der neue Atlas von Polen. In: Kartographische Nachrichten. 45, 1995, 6. p.224-229, 1 ill.

3083
Ormeling, Ferdinand J.: Honderd edities van Putzger's Historische Schulatlas. In: Kartografisch Tijdschrift. 21, 1995, 2. p.55-56, 1 ill. [Dutch.]

3084
Pajanskaja-Gvozdeva, I.I.: Karty rastitel'nosti v nacional'nom atlase Švecii. In: Geobotaničeskoe kartografirovanie. 1991. p.79-82. [The vegetation maps in National Atlas of Sweden.] [Russ.]

3085
Pawson, Eric: Compiling a plate for the historical atlas of New Zealand. The West Coast coal industry. In: Proceedings of the 17th conference. New Zealand Geographical Society. Victoria Univ. of Wellington, august 30-september 2, 1993. - Christchurch 1993. p.16- 18.

3086
Pawson, Eric: Historical atlas of New Zealand. Introduction. In: Proceedings of the 17th conference. New Zealand Geographical

Society. Victoria Univ. of Wellington, august 30 - september 2, 1993. - Christchurch 1993. p.8.

3087
Pichler, Peter: Zur Fertigstellung des Kräulerin-Atlasses. In: Höhlenkundliche Mitteilungen. 51, 1995, 4. p.69-73, 3 ill.

3088
Preparation of the National Atlas of Japan, revised edition. In: 12th United Nations Regional Cartographic Conference for Asia and the Pacific. Vol. II, Technical Papers. Bangkok, 20-28 February 1991. New York 1995. p.216-218, 1 tab.

3089
Ricci, Marcello: L'Atlante tematico d'Italia del Touring Club Italiano. In: Bollettino della Società Geografica Italiana. Serie XI, Vol. XII, 1995. p.91-96. [With Engl. rés.]

3090
Roche, Michael: Atlases, ethics and freezing works. In: Proceedings of the 17th conference. New Zealand Geographical Society. Victoria Univ. of Wellington, august 30 - september 2, 1993. - Christchurch 1993. p.11-15, 2 ill., 1 tab.

3091
Scanu, Giuseppe: Cartografia e atlanti linguistici ed etnografici. In: Bollettino della Associazione Italiana di Cartografia. 93/94, 1995. p.19-32. [Ital. with Engl. rés.]

3092
Torricelli, Gian Paolo: Proposte per l'elaborazione di un atlante tematico permanente, nell' ambito della cooperazione transfrontaliers Ticino-Lombardia-Piemonte. - Bellinzona: Periodoco dell'Istituto di ricerche economiche 1993. 68 p., tab., mp.

3093
Volkova, E.A.; Fedorova, I.T.: Karty rastitel'nosti v atlase resursov Avstralii. In: Geobotaničeskoe kartografirovanie. 1992. p.50-53. [Vegetation maps in atlas of resources of Australia.] [Russ.]

3094
Yonechi, Fumio; Fujiwara, Takao: "Agricultural production of the Japanese Empire, Atlas" as a first thematic atlas in Japan. In: Map. 33, 1995, 2. p.1-12, 4 ill. [Japan. with Engl. rés.]

5. School Atlases
Schulatlanten
Atlas scolaires

3095
Atlantes Austriaci. Österreichische Atlanten 1561-1994. Hrsg. von Ingrid Kretschmer und Johannes Dörflinger. - Wien: Böhlau 1995. Band 2 in 2 Teilen mit zusammen 852 p.

3096
Atschko, Gerhard and others: Der erste Blick in die Welt: Australien-Karten aus Hölzel 5/8. Atlasinnovation für die 5. bis 8. Schulstufe aus dem Verlag Ed. Hölzel. In: GW-Unterricht. 57, 1995. p.95-96.

3097
Bergs, Irene-Annette: Schulatlanten des 19. Jahrhunderts in einer Bibliothek heute. In: Karten hüten und bewahren. - Gotha 1995. p.29-31. (Kartensammlung und Kartendokumentation. 11.)

3098
Birsak, Lukas: Atlaskartographie auf dem Weg ins dritte Jahrtausend. EDV-gestützte Kartenherstellung für die neuen österreichischen Hölzel-Atlanten. In: GW-Unterricht. 56, 1994. p.85-87.

3099
Čalova, E.R.: Sozdanie učebnych geografičeskich atlasov na osnove aėrokosmičeskich snimkov. In: Geodezija i Kartografija. 1995, 7. p.29-33, 1 ill., 1 tab. [Making educational geographical atlases based on aerospace photos.] [Russ.]

3100
Dörflinger, Johannes; Hühnel, Helga: Österreichische Atlanten 1561-1918. - Wien: Böhlau Verlag 1995. 2 Teilbände mit insges. 940 Seiten und 32 Abb. (Atlantes Austriaci, 1. Bd.)

3101
Erhard, Andreas: Entwicklung und Unterentwicklung: grundsätzliche Überlegungen zur Darstellung mittels Indikatoren anläßlich der Erstellung zweier neuer Karten im Afrikateil des neuen Hölzel-Weltatlas für die Oberstufe: Entwicklungsindikatoren und Tourismus. In: GW-Unterricht. 59, 1995. p.19-35, 4 tab., 2 mp.

3102
Kretschmer, Ingrid: Österreichische Atlanten 1919-1994. - Wien: Böhlau Verlag 1995. 452 p., 32 ill. (Atlantes Austriaci, 2. Bd.)

3103
Leidlmair, Adolf; Keller, Wilfried: Atlas für Südtirol. Der Schulatlas für die Mittelschulen in Südtirol aus dem Verlag Ed. Hölzel. In: GW-Unterricht. 55, 1994. p.104-107, 8 ill.

3104
Leidlmair, Adolf; Keller, Wilfried: Geographie im Dienste der Schule (Zum Erscheinen der 3. Auflage des Atlas für Südtirol). In: Innsbrucker Jahresbericht 1991/92 der Österreichischen Geographischen Gesellschaft, Zweigverein Innsbruck. - Innsbruck 1993. p.40-44.

3105
Mel'ničenko, N.I.: Nestandartnye karty i atlasy dlja detej. In: Izvestija vysšich učebnych zavedenij. Geodezija i aerofotos-emka. 1995, 1. p.85-91. [Nicht standar-disierte Karten und Atlanten für Kinder.] [Russ.]

3106
Menschik, Gottfried: Zentrum und Peripherie. Zwei neue Karten im neuen Hölzel Weltatlas für die Oberstufe. In: GW-Unterricht. 56, 1994. p.88-91, 1 ill.

3107
Stani-Fertl, Roman: Physisch-topographische Übersichtskarte und Wirtschaftskarte im Schulatlas. Methodik und Gestaltungsgrundsätze erläutert an Beispielen aus dem Freytag-Berndt Unterstufen-Schulatlas. In: GW-Unterricht. 59, 1995. p.38-40, 3 mp.

3108
Stani-Fertl, Roman: Zwei Kartenproben aus dem neuen Europateil des Unterstufen-Schulatlas von Freytag & Berndt. In: GW-Unterricht. 56, 1994. p.82-84, 2 mp.

6. Regional Atlases / Regionalatlanten / Atlas régionaux

3109
Bradley, Barry: Cartography for the New Zealand Historical Atlas: using computers to draw maps. In: The Bulletin of The Society of Cartographers. 28, 1994, 2. p.19-22, 2 ill.

3110
Colmano, David: Erstellung eines Regionalatlas für Südtirol mit Hilfe von Desktop Publishing. - Univ. Wien 1994. 75 p., 12 ill., suppl. [Dipl.-Arb.]

3111
Dubuc, Sylvie: Atlas du Viêt-Nam. In: Mappe Monde. 1995, 3. p.45-47, 5 ill.

3112
Ferras, Robert: Près d'un demi-millier de cartes sur la France physique, sa population et ses villes: les 3 premiers volumes de l'Atlas de France. In: Mappe Monde. 1995, 4. p.35-41, 5 ill. [With French, Engl., and Span. rés.]

3113
Fletcher, David: The Careswell Atlas: working tool and work of art. In: The Map Collector. 73, 1995. p.34-37, 5 ill.

3114
Kretschmer, Ingrid: Kartographische Neuigkeiten aus Ungarn. In: Kartographische Nachrichten. 45, 1995, 2. p.70-72.

3115
Mayr, A.; Tzschaschel, S.: Aktueller Planungsstand zum Atlas Bundesrepublik Deutschland. In: Rundbrief Geographie. 132, 1995. p.19-22.

3116
McKinnon, Malcolm: Why geographers are indispendable to the making of an historical atlas of New Zealand. In: Proceedings of the 17th conference. New Zealand Geographical Society. Victoria Univ. of Wellington, august 30 - september 2, 1993. - Christchurch 1993. p.8-10.

3117
Najgrakowski, W.: Der neue Atlas von Polen. In: Kartographische Nachrichten. 45, 1995, 6. p.224-229, 1 ill.

3118
O'Malley, Geoff; Fraser, Tony: Using the world projection and mapping program with coreldraw. In: The Bulletin of The Society of Cartographers. 28, 1994, 2. p.27-30, 3 ill.

3119
Pawson, Eric: Historical atlas of New Zealand. Introduction. In: Proceedings of the 17th conference. New Zealand Geographical Society. Victoria Univ. of Wellington, august 30 - september 2, 1993. Christchurch 1993. p.8.

3120
Preparation of the National Atlas of Japan, revised edition. In: 12th United Nations Regional Cartographic Conference for Asia and the Pacific. Vol. II, Technical Papers. Bangkok, 20-28 February 1991. New York 1995. p.216-218, 1 tab.

3121
Ricci, Marcello: L'Atlante tematico d'Italia del Touring Club Italiano. In: Bollettino della Società Geografica Italiana. Serie XI, Vol. XII, 1995. p.91-96. [With Engl. rés.]

3122
Steiner, Christian: Genauigkeitsanalyse des Atlas Tyrolensis. - Technische Universität Wien 1994. 123 p., ill., tab., 13 p. suppl. [Dipl.-Arb.]

3123
Suchanov, Ju.A.: Kompleksnye regional'nye ėlektronnye atlasy i osobennosti ich proektirovanija. In: Izvestija vysšich učebnych zavedenij. Geodezija i aerofotosemka. 1993, 4. p.130-136. [Komplexe elektronische Regionalatlanten und Besonderheiten ihres Entwurfs.] [Russ.]

3124
Sullivan, Thomas J.: Developing contents for a special topic regional atlas. - Missoula: University of Montana 1995. [Master's thesis.]

3125
Tobler, Felix: Der Atlas der Diözese Raab (Györ) aus dem Jahre 1821. In: Cartographica Hungarica. 1994, 4. p.34-39, 8 ill.

K. Tactile Maps, Maps for the Blind
Taktile Karten, Blindenkarten
Cartes tactiles, cartes pour areugles

3126
Birley, Rose; Tasker, Nick J.: Dyscover - a world of special maps for special people. In: The Bulletin of The Society of Cartographers. 29, 1995, 1. p.9-12, 1 ill.

L. Film and Computer Screen Maps
Film- und Bildschirm-Karten
Cartes cinématographiques et cartes écran

3127
Brewer, Cynthia A.: Color use guidelines for mapping and visualization. In: Visualiza ion in modern cartography. - New York 1994. p.123-147, 8 ill. (Modern cartography. 2.)

3128
Buttenfield, Barbara P.; Weber, Christopher R.: Visualization and hypermedia in geographical information systems. In: Human factors in geographical information systems. - London [etc.] 1993. p.136-147, 4 ill.

3129
Buttenfield, Barbara P.; Mackaness, William A.: Visualization. In: Geographical information systems. Principles and applications. Vol. 1: Principles. - New York 1994. p.427-443, 5 ill.

3130
Cammack, Rex: The cognition of cartographic animations with object files. - Columbia: University of South Carolina 1995. [Doct. diss.]

3131
Cartwright, William E.: New maps and mapping strategies: contemporary communications/contemporary cartography. In: The Bulletin of The Society of Cartographers. 29, 1995, 1. p.1-8, 4 ill.

3132
Chalugin, E.I.; Majdanič, A.I.: Konzeptual'nye osnovy sozdanija i ispol'zovanija ėlektronnych kart. In: Geodezia i Kartografia. 1994, 4. p.54-55. [Conceptual base of electronic map production and usage.] [Russ.]

3133
De Floriani, Leila; Magillo, Paola: Computing visibility maps on a digital terrain model. In: Spatial information theory. An theoretical basis for GIS. European conference, COSIT '93, Marciana Marina, Elba Island, Italy, sept. 1993. Proceedings. - Berlin 1993. p.248-269, 13 ill. (Lecture notes in computer science. 716.)

3134
Engelhardt, Hans-Peter: Electronic Map Display Systems for urban users. In: UDMS '93. 16th Urban Data Management Symposium 6.-10. Sept. 1993. Proceedings. - Wien 1993. p.405-414, 4 ill.

3135
Flanagan, Colette: A test of choropleth figure/ground assumptions for animated cartography. - New York: Hunter College, City University of New York 1995. [Master's thesis.]

3136
Gartner, Georg: Von der abstrakten Geometrie zur Visualisierung von Schrift und Signaturen. In: Angewandte Geographische Informationsverarbeitung V. Beiträge zum GIS-Symposium 7.-9. Juli 1993. - Salzburg 1993. p.109-116, 4 ill. (Salzburger Geographische Materialien, H. 20.)

3137
Kavouras, Marinos: Human-computer interaction considerations in terrain modeling and visualization. In: Cognitive aspects of human-computer interaction for geographic

information systems. - Dordrecht 1995. p.213-219, 1 ill. (NATO ASI series. Ser. D: Behavioural and social sciences. 83.)

3138
Knapp, Loey: A task analysis approach to the visualization of geographic data. In: Cognitive aspects of human-computer interaction for geographic information systems. - Dordrecht 1995. p.355-371, 8 ill. (NATO ASI series. Ser. D: Behavioural and social sciences. 83.)

3139
Krygier, John B.: Sound and geographic visualization. In: Visualization in modern cartography. - New York 1994. p.149-166, 1 ill. (Modern cartography. 2.)

3140
Kufoniyi, Olajide; Molenaar, Martien; Bouloucos, Teo: Topologic consistency operations in vector maps. In: Geo-Informations-Systeme. 8, 1995, 4. p.7-13, 3 ill., 2 tab. [With Engl. and German rés.]

3141
Lindholm, Mikko; Sarjakoski, Tapani: Designing a visualization user interface. In: Visualization in modern cartography. - New York 1994. p.167-184, 4 ill. (Modern cartography. 2.)

3142
MacEachren, Alan M.: Visualization in modern cartography: setting the agenda. In: Visualization in modern cartography. - New York 1994. p.1-12, 3 ill., 1 tab. (Modern cartography. 2.)

3143
McGuiness, Carol: Expert/Novice use of visualization tools. In: Visualization in modern cartography. - New York 1994. p.185-199, 4 ill. (Modern cartography. 2.)

3144
Peterson, Michael P.: Cognitive issues in cartographic visualization. In: Visualization in modern cartography. - New York 1994. p.27-43, 5 ill. (Modern cartography. 2.)

3145
Rigaux, Philippe; Scholl, Michel; Voisard, Agnes: A map editing kernel implementation: application to multiple scale display. In: Spatial information theory. An theoretical basis for GIS. European conference, COSIT '93, Marciana Marina, Elba Island, Italy, sept. 1993. Proceedings. - Berlin 1993. p.341-365, 5 ill. (Lecture notes in computer science. 716.)

3146
Slocum, Terry A. and others: Visualization software tools. In: Visualization in modern cartography. - New York 1994. p.91-122, 9 ill. (Modern cartography. 2.)

3147
Taylor, D.R. Fraser: Perspectives on visualization and modern cartography. In: Visualization in modern cartography. - New York 1994. p.333-341, 1 ill. (Modern cartography. 2.)

3148
Van der Wel, Frans J.; Hootsmans, Rob M.; Ormeling, Ferjan: Visualization of data quality. In: Visualization in modern cartography. - New York 1994. p.313-331, 9 ill. (Modern cartography. 2.)

3149
Visualization in modern cartography. Ed. by Alan M. MacEachren and D.R. Fraser Taylor. - New York: Pergamon 1994. XVII, 345 p. (Modern cartography. 2.) ISBN 0-08-042416-3

3150
Wood, Michael: Interacting with maps. In: Human factors in geographical information systems. - London [etc.] 1993. p.111-123, 2 ill.

3151
Wood, Michael: Visualization in historical context. In: Visualization in modern cartography. - New York 1994. p.13-26, 2 ill. (Modern cartography. 2.)

M. Map-like Representations
Kartenverwandte Darstellungen
Représentation paracartographiques

1. General Features
Allgemeines
Généralités

3152
Anderson, Jim: Cartography at the 1995 Association of American Geographers Meeting. In: Cartographic Perspectives. 21, 1995. p.37; 40-41.

3153
Bill, Ralf: Multimedia GIS - definition, requirements and applications. In: The 1994 European GIS Yearbook. p.151-154, 3 ill.

3154
Cartwright, William E.: Interactive multimedia for mapping. In: Visualization in modern cartography. - New York 1994. p.63-89, 6 tab. (Modern cartography. 2.)

3155
Häfele, Georg: Erweiterung der Funktionalität von GIS durch kartenverwandte Darstellungen. In: Angewandte Geographische Informationsverarbeitung VII. Beiträge zum GIS-Symposium 5.-7. Juli 1995. - Salzburg 1995. p.93-97, 3 ill. (Salzburger Geographische Materialien. 22.)

3156
Krygier, John B.: Sound and geographic visualization. In: Visualization in modern cartography. - New York 1994. p.149-166, 1 ill. (Modern cartography. 2.)

3157
Miller, Suzette: Map based information products: a multimedia definition and some issues and opportunities. In: Cartography. Journal of the Australian Institute of Cartographers. 24, 1995, 2. p.29-46, 5 ill.

3158
Milleret-Raffort, Françoise: Some cognitive and technical aspects of hypermaps. In: Cognitive aspects of human-computer interaction for geographic information systems. - Dordrecht 1995. p.197-211, 12 ill. (NATO ASI series. Ser. D: Behavioural and social sciences. 83.)

3159
Pravda, Ján: Asociatívnosť v mapovom vyjadrovaní. In: Mapa - podklad k novým informáciám. - Bratislava 1995. p.66-71. [Associativity in map expression.] [Slovak with Engl. rés.]

3160
Ruiz Pérez, Maurici and others: GIS and multimedia applications to support environmental impact assessment and local planning. In: Cognitive aspects of human-computer interaction for geographic information systems. - Dordrecht 1995. p.221-238, 12 ill. (NATO ASI series. Ser. D: Behavioural and social sciences. 83.)

3161
Shiffer, Michael J.: Geographic interaction in the city planning content: beyond the multimedia prototype. In: Cognitive as-

pects of human-computer interaction for geographic information systems. - Dordrecht 1995. p.295-310, 7 ill. (NATO ASI series. Ser. D: Behavioural and social sciences. 83.)

3162
Waldorf, Susan: Eureka cartography. In: Cartographic Perspectives. 21, 1995. p.37.

3163
Zhang, Li: Management of complex objects and multimedia data in GIS. In: Geo-Informations-Systeme. 8, 1995, 1. p.5-9, 2 ill.

2. Three-Dimensional Representations Dreidimensionale Darstellungen Représentations tridimentionelles

3164
Baldwin, Robert: P. Giovanni Maria Cassini, C.R.S. (1745-1824 ca.) and his globes. In: Der Globusfreund. 43/44, 1995. p.201-218.

3165
Bartha, Lajos; Puskás, Katalin: A debreceni kollégium kéziratos glóbuszai. In: Geodézia és Kartográfia. 47, 1995, 4. p.216-222, 4 ill. [Manuscript globes of the Debrecen Calvinist College.] [Hung. with Engl. rés.]

3166
Bartha, Lajos: The first educational globes in Hungarian language 1800-1850. In: Der Globusfreund. 43/44, 1995. p.237-248, plates 32-33; p.248-256. [In Engl. and German.]

3167
Baumann, Arthur: Eine Armillarsphäre als Bastelarbeit. In: Der Globusfreund. 43/44, 1995. p.305-312, 5 ill.; p.312-316. [In German and Engl.]

3168
Blunck, Jürgen: Die Geschichte der Globen des Mars und seiner Monde. In: Der Globusfreund. 43/44, 1995. p.257-264, plates 34-38.

3169
Bredikhin, A.V.; Panin, A.V.: Experience in the development and use of a geology-geomorphology block in a geographic information system. In: Mapping Sciences & Remote Sensing. 32, 1995, 1. p.50-58, 3 ill. [With Engl. rés.]

3170
Dekker, Elly; Krogt, Peter C.J. van der: Les globes. In: Gérard Mercator cosmographe, le temps et l'espace. - Anvers 1994. p.242-267, 27 ill., 3 mp.

3171
Dekker, Elly: Conspicuous features on sixteenth century celestial globes. In: Der Globusfreund. 43/44, 1995. p.77-97, 6 tab., plates 9-11; p.99-106. [In Engl. and German.]

3172
Dolz, Wolfram: Metallgloben - Kompilation oder Kopie. In: Der Globusfreund. 43/44, 1995. p.107-117, 7 ill.; p.117-120, plates 12-14. [In German and Engl.]

3173
Duclos, France: Les globes de la Bibliothèque de la Société de Géographie. In: Acta Geographica. 104, 1995, 4. p.54-57, 2 ill.

3174
Duziak, Elzbieta: Die Restaurierung der Delisle-Globen. Bericht über die Restaurierung zweier Globen aus dem frühen 18. Jahrhundert. In: Internationale Coronelli-Gesellschaft für Globen- und Instrumentenkunde. Information. 21, 1994. p.3-6, 1 ill.

3175
Gilde, Egon: Die Entstehung des Meeres-Relief-Globus und seine pädagogische Zielsetzung. In: Der Globusfreund. 43/44, 1995. p.317-319; p.319-321. [In German and Engl.]

3176
Globes at auctions. From catalogues of Christie's and Sotheby's. [1993]. In: Internationale Coronelli-Gesellschaft für Globen- und Instrumentenkunde. Information. 21, 1994. p.8-12.

3177
Globes at auctions. From catalogues of Christie's and Sotheby's. [1992]. In: Internationale Coronelli-Gesellschaft für Globen- und Instrumentenkunde. Information. 20, 1993. p.11-18.

3178
Grunert, Thomas: The digital three-dimensional reconstruction of Stoeffler's globe. In: Der Globusfreund. 43/44, 1995. p.65-70, 1 ill., 1 tab.; p.75-76. [In Engl. and German.]

3179
Hirotada, Kawamura: Papier-maché relief model "Bohcho-dozu" made in Edo era (by Arima Kisohta). - Yamagucchi 1995. 6 p. (Paper for the 16th International Conference on the History of Cartography.)

3180
Hofmann, Catherine and others: Le globe et son image. - Paris: Bibliothèque Nationale de France 1995. 75 p., 47 ill.

3181
Howard E. Welsh (1917-1990). In: Internationale Coronelli-Gesellschaft für Globen- und Instrumentenkunde. Information. 18, 1991. p.3-24.

3182
Kretschmer, Ingrid: VIII. Symposium der Internationalen Coronelli- Gesellschaft für Globen- und Instrumentenkunde. Prag, 1. bis 4. September 1994. In: Mitteilungen der Österreichischen Geographischen Gesellschaft. Bd 136. - Wien 1994. p.271-273.

3183
Krogt, Peter C.J. van der: Erdgloben, Wandkarten, Atlanten - Gerhard Mercator kartiert die Erde. In: Gerhard Mercator, Europa und die Welt. Begleitband zur Ausstellung 'Verfolgt, geachtet, universal - Gerhard Mercator, Europa und die Welt', anläßlich des 400. Todestages von Gerhard Mercator im Kultur- u. Stadthistorischen Museum Duisburg vom 4. Sept. 1994 bis zum 31. Januar 1995. - Duisburg 1994. p.81-130, 37 ill.

3184
Krogt, Peter C.J. van der: Tentoonstelling Aardkloten en hemelsferen. In: Kartografisch Tijdschrift. 21, 1995, 2. p.58-59, 2 ill. [Dutch.]

3185
Kummer, Werner: Globen nach 1850. Privatsammlung Ingelheim. In: Der Globusfreund. 43/44, 1995. p.325-326, 1 tab.

3186
Kunitzsch, Paul: European celestial globes with Arabic inscriptions. In: Der Globusfreund. 43/44, 1995. p.135-142; p.143-150, plates 15-16. [In Engl. and German.]

3187
Lualdi, Alberto: The Ubicini Brothers [Andrea and Carlo Ubicini]: A poorly-known globe makers in the early 19th century Milan. In: Der Globusfreund. 43/44, 1995. p.219-222, plates 25-28.

3188
McClintock, T.K.: The conservation of globes. Observations in reference to other fine art and historic works. In: Der Globusfreund. 43/44, 1995. p.295-300, plates 47-48; p.301-303.

3189
Mucha, Ludvík: Die Globen des Prager Astronomen Josef Georg Böhm (1807-1868). In: Der Globusfreund. 43/44, 1995. p.227-236, 3 ill., portr., plate 31.

3190
Muchová, Marie: Die alten Globen in der Sammlung des Museums für Kunstgewerbe in Prag. In: Der Globusfreund. 43/44, 1995. p.323-324, 1 ill., 1 tab.

3191
Oestmann, Günther: Johannes Stoeffler's Celestial Globe. In: Der Globusfreund. 43/44, 1995. p.59-64, plates 5-8; p.71-74. [In Engl. and German.]

3192
Oestmann, Günther: On the construction of globe gores and the preparation of spheres in the sixteenth century. In: Der Globusfreund. 43/44, 1995. p.121-131, 4 ill.; p.132-134. [In Engl. and German.]

3193
Paviot, Jacques: Ung mapmonde rond, en guise de pom(m)e: Ein Erdglobus von 1440-44, hergestellt für Philipp den Guten, Herzog von Burgund. In: Der Globusfreund. 43/44, 1995. p.19-29.

3194
Peters, Paul: Restauratie van twee Mercatorglobes uit het bezit van de K.O.K.W. te Sint-Niklaas. In: Caert- Thresoor. 14, 1995, 2. p.37- 43, 17 ill.

3195
Peters, Paul: Restauration of a pair of globes from Gerhard Mercator's workshop (1541-1551). - Eerbeek 1994. 4 leaves.

3196
Peters, Paul: The restauration of two Mercator-Globes terrestrial and celestial. In: Der Globusfreund. 43/44, 1995. p.265-272, plates 39-42; p.273-281. [In Engl. and German.]

3197
Pokarný, Pavel R.: Zur Datierung des Himmelsglobus von Caspar Pflieger. In: Der Globusfreund. 43/44, 1995. p.223-225, plates 29-30.

3198
Polleroß, Friedrich: "Austrie est imperae orbi universo". Der Globus als Herrschaftsgürtel der Habsburger. In: 1492-1992: Spanien, Österreich und Iberoamerika. Hrsg.von Wolfram Kröner. - Innsbruck 1993. p.35-50. (Innsbrucker Beiträge zur Kulturwissenschaft, Sonderh. 86.)

3199
Saarmann, Gerhard: The World in Your Hands. Eine Ausstellung im Museum Boerhaave in Leiden 18. März bis 24. September 1995 (London 1994). In: Der Globusfreund. 43/44, 1995. p.327-335.

3200
Schmidt, Rudolf: Literatur zur Globenkunde. In: Information. Internationale Coronelli-Gesellschaft für Globen- und Instrumentenkunde. 22, 1995. p.4-9.

3201
Schmidt, Rudolf: VIII. Symposium der Internationalen Coronelli- Gesellschaft für Globen- und Instrumentenkunde. 1. bis 4. September 1994 in Prag. In: Der Globusfreund. 43/44, 1995. p.7-8.

3202
Schmidt, Rudolf: Zur Arbeitsweise Vincenzo

Coronellis. In: Der Globusfreund. 43/44, 1995. p.151-167, 9 ill.; p.168-170, plates 17-19. [In German and Engl.]

3203
Scianna, Nicolangelo: The Coronelli's three and a half foot globes. Building and engraving of the first terrestrial globes. In: Der Globusfreund. 43/44, 1995. p.171-188, 2 ill., 4 tab. p.189-196, plates 20-24. [In Engl. and German.]

3204
Sumira, Sylvia: The conservation of a celestial globe by Hondius of 1613. In: Der Globusfreund. 43/44, 1995. p.283-288, plates 43-46; p.289-294. [In Engl. and German.]

3205
Švejda, Antonín: Die Globen im Besitz des Technischen Nationalmuseums Prag. In: Der Globusfreund. 43/44, 1995. p.13-17, plates 1-4. [In German and Engl.]

3206
Togashi, Ross: Photo essay: relief map storage and map case security device. In: Information Bulletin. Western Association of Map Libraries. 27, 1995, 1. p.12-15, 9 ill.

3207
Utsunomiya, Yojiro; Matsumoto, Yukio: Development of a method for evaluating the content of geographical information on a globe. In: Map. 33, 1995, 1. p.7-13, 6 ill. [Japan. with Engl. rés.]

3208
Vogel, Klaus A.: Armillarsphäre und frühe Globen vor 1492. In: Der Globusfreund. 43/44, 1995. p.31-42, 2 ill.; p.43-54, 2 ill. [In German and Engl.]

3209
Wiesinger, Christiana; Wiesinger, Walter: The World in Your Hands. An exhibition of globes and planetaria. Museum Boerhaave, Leiden, The Netherlands 18th of March to 24th of September 1995. In: Der Globusfreund. 43/44, 1995. p.335-336.

3210
Wohlschläger, Heide: Ein Erdglobus von Claude Buy de Mornas. In: Information. Internationale Coronelli-Gesellschaft für Globen- und Instrumentenkunde. 22, 1995. p.1-4, 3 ill.

3. Two-Dimensional Representations
Zweidimensionale Darstellungen
Représentations bidimensionnelles

3211
Antheaume, Benoît; Arréghini, Louis: Bénin et Togo, "espaces-couloirs" africains. In: Mappe Monde. 1995, 1. p.18-22. [With French, Engl. and Span. rés.]

3212
Berljant, Alexander M.: Graphic media and geoiconography. In: Mapping Sciences & Remote Sensing. 32, 1995, 2. p.95-102, 1 ill. [With Engl. rés.]

3213
Brocard, Madeleine; Lecoquierre, Bruno; Mallet, Pascal: Le chorotype de l'estuaire européen. In: Mappe Monde. 1995, 3. p.6-7. [With French, Engl. and Span. rés.]

3214
Clouet, Yves: Les oasis. In: Mappe Monde. 1995, 4. p.44-48, 6 ill. [With French, Engl., and Span. rés.]

3215
Dubuc, Sylvie: Atlas du Viêt-Nam. In: Mappe Monde. 1995, 3. p.45-47, 5 ill.

3216
Fisher, Thomas R.: Use of 3D Geographic Information Systems in hazardous waste site investigations. In: Environmental modeling with GIS. - New York; Oxford 1993. p.238-247, 1 ill.

3217
Gruber, Michael; Meissl, Stephan; Böhm, Rainer: Das dreidimensionale digitale Stadtmodell Wien. Erfahrungen aus einer Vorstudie. In: Österreichische Zeitschrift für Vermessung & Geoinformation. 83, 1995, 1/2. p.29-36, 4 ill., 3 tab.

3218
Helle, Cécile: Villes et organisation de l'espace vauclusien. In: Mappe Monde. 1995, 1. p.14-17, 8 ill. [With French, Engl. and Span. rés.]

3219
Höhle, Joachim: Die Ergänzung von 3D-Karten mittels Photo-CD Bildern. In: Zeitschrift für Photogrammetrie und Fernerkundung. 63, 1995, 2. p.69-78, 7 ill.

3220
Hurni, Lorenz: Modellhafte Arbeitsabläufe zur digitalen Erstellung von topographischen und geologischen Karten und dreidimensionalen Visualisierungen. In: Vermessung, Photogrammetrie, Kulturtechnik. 93, 1995, 4. p.278-283, 4 ill.

3221
Jalabert, Guy; Weissberg, Daniel: Organisation et dynamique de la région Midi-Pyrénées. In: Mappe Monde. 1995, 1. p.9-13, 6 ill. [With French, Engl. and Span. rés.]

3222
Kraak, Menno-Jan: Interactive modelling environment for three-dimensional maps. Functionality and interface issues. In: Visualization in modern cartography. - New York 1994. p.269-285, 7 ill. (Modern cartography. 2.)

3223
Li, R. and others: Modeling 3D geological subsurface information in GIS. In: Technical Papers 1995 ACSM/ASPRS, Charlotte, North Carolina, Annual Convention & Exposition. Vol. 2. - Bethesda 1995. p.392-400, 1 ill., 3 tab.

3224
Mapping socio-economic characteristics by value-by-area cartograms (anamorphic maps). Paper submitted by Germany. In: 12th United Nations Regional Cartographic Conference for Asia and the Pacific. Vol. II, Technical Papers. Bangkok, 20-28 February 1991. - New York 1995. p.203-209, 4 ill.

3225
Nicolussi, Kurt: Bilddokumente zur Geschichte des Vernagtferners im 17. Jahrhundert. In: Zeitschrift für Gletscherkunde und Glazialgeologie. 26, 1990, 2. p.97-119, 4 ill., plates.

3226
Pailhé, Joël: L'Aquitaine, un modèle localisé. In: Mappe Monde. 1995, 3. p.1-5, 7 ill. [With French, Engl. and Span. rés.]

3227
Ranzinger, Monika; Lorber, Günther: 3D-Stadtmodell Graz - Überlegungen für eine operationelle Umsetzung. In: Österreichische Zeitschrift für Vermessung & Geoinformation. 83, 1995, 3. p.111-118, 6 ill., 6 tab. [With German and Engl. rés.]

3228
Raper, Jonathan F.; Kelk, Brian: Three-dimensional GIS. In: Geographical information systems. Principles and applications. Vol. 1: Principles. - New York 1994. p.299-317, 11 ill., 1 tab.

3229
Rosenstiehl, Nicolas: Mapstat: du nouveau dans l'anamorphose. In: Bulletin du Comité Français de Cartographie. 145, 1995. p.13, 1 ill.

3230
Sinning, M.; Grün, A.: Integrierte 3D-Stadtmodelle für urbane Entwicklungsräume. In: Vermessung, Photogrammetrie, Kulturtechnik. 93, 1995, 4. p.209-215, 12 ill.

3231
Terhorst, L.H.P.M.: 'Een kaart moet je ruim zien'. Enkele 3D-presentatietechnieken toegepast. In: Kartografisch Tijdschrift. 21, 1995, 2. p.41-48, 7 ill., 2 tab. [Dutch with Engl. and French rés.]

3232
Turner, Gerard L.E.; Dekker, Elly: The first instruments of Gerard Mercator to be identified: three astrolabes. In: Gerhard Mer-cator, Europa und die Welt. Begleitband zur Ausstellung 'Verfolgt, geachtet, universal - Gerhard Mercator, Europa und die Welt', anläßlich des 400. Todestages von Gerhard Mercator im Kultur- u. Stadthistorischen Museum Duisburg vom 4. Sept. 1994 bis zum 31. Januar 1995. - Duisburg 1994. p.197-210, 6 ill.

N. Use of Maps
Kartennutzung
Utilisation des cartes

1. General Features, Accessories for Map Use
Allgemeines, Hilfsmittel des Kartengebrauchs
Généralités, accessoires pour l'utilisation des cartes

3233
Addison, D.: Maps to sleep and dream to. In: The Cartographic Journal. 32, 1995, 1. p.48-49, 2 ill.

3234
Bell, Scott: Cartographic presentation as an aid to spatial knowledge acquisition in unknown environments. - Santa Barbara: University of California, Santa Barbara 1995. [Master's thesis.]

3235
Buckley, Chris: The value of maps and charts in regional and family history. In: The Globe. Journal of the Australian Map Circle. 42, 1995. p.58-61.

3236
Cooke, Terry: Maps for orienteering. In: The Globe. Journal of the Australian Map Circle. 42, 1995. p.49-57, 2 ill.

3237
Denholm, David: To map is to discover: the realisation of shape & context. In: The Globe. Journal of the Australian Map Circle. 41, 1995. p.1-9.

3238
Dreyer-Eimbcke, Oswald: Durchs Eis ins Reich der Mitte - Einfluß und Bedeutung der Kartographie bei der Suche nach den Nordpassagen, von den Anfängen bis zum Ende des 16. Jahrhunderts. In: Gerhard Mercator, Europa und die Welt. Begleitband zur Ausstellung 'Verfolgt, geachtet, universal - Gerhard Mercator, Europa und die Welt', anläßlich des 400. Todestages von Gerhard Mercator im Kultur- u. Stadthistorischen Museum Duisburg vom 4. Sept. 1994 bis zum 31. Januar 1995. - Duisburg 1994. p.131-171, 28 ill.

3239
Gao, Jay: Comparison of sampling schemes in constructing DTMs from topographic maps. In: ITC-Journal. 1995, 1. p.18-22, 3 ill.

3240
Gau, Hans-J.: Qualitätsbestimmende Einflüsse bei der Gewinnung von Rasterdaten topographischer Landeskartenwerke - Archivierung und Nutzung der Daten. In: Nachrichten aus dem Karten- und Vermessungswesen. Rh. I, 113, 1995. p.65-77, 8 ill. [With German, Engl. and French rés.]

3241
González-Pumariega Solís, Pelayo: La imagen de la cartografía en la filatelia española contemporánea (I y II). In: Topografía y Cartografía. 69, 1995, 12; 70, 1995, 12. p.25-45, 18 ill.; p.54-63, 12 ill.

3242
Gould, Michael D.: Protocol analysis for cross-cultural GIS design. The importance of encoding resolution. In: Cognitive aspects of human-computer interaction for geographic information systems. - Dordrecht 1995. p.267-284, 5 ill. (NATO ASI series. Ser. D: Behavioural and social sciences. 83.)

3243
Grosser, Konrad; Koch, Wolf Günther: Eine Befragung zur Nutzung von Flächenkartogrammen und Signaturenkartogrammen. In: Kartographische Nachrichten. 45, 1995, 5. p.172-182, 9 ill., 4 mp.

3244
Gurtner, Martin: Karten lesen: Handbuch zu den Landeskarten. - Wabern: Bundesamt für Landestopographie 1995. 283 p., ill., mp. ISBN 3-85902-137-0

3245
Hein, Karsten; Rappe, Bernd: Anwendung lokaler Schwellwertverfahren zur Optimierung der Binärisierung gescannter kartographischer Vorlagen. In: Nachrichten aus dem Karten- und Vermessungswesen. Rh. I, 113, 1995. p.89-103, 10 ill. [With German, Engl. and French rés.]

3246
Hu, Bangbo: Culture and maps: society and cartography in Chinese administrative gazetteers of the Song Dynasty (960-1279 A.D.). - Milwaukee: University of Wisconsin, Milwaukee 1994. [Doct. diss.]

3247
Imhof, Viola: Die Wandkarten von Eduard Imhof. Beschreibung einer Sammlung und kommentierte Bibliographie. In: Karten hüten und bewahren. - Gotha 1995. p.67-80, 2 ill. (Kartensammlung und Kartendokumentation. 11.)

3248
Kemp, Karen K.: Spatial databases: sources and issues. In: Environmental modeling with GIS. - New York; Oxford 1993. p.363-371.

3249
Koussoulakou, Alexandra: Spatial-temporal analysis of urban air pollution. In: Visualization in modern cartography. - New York 1994. p.243-267, 11 ill. (Modern cartography. 2.)

3250
Lamble, William: The role of the library map collection in assisting export trade. In: The Globe. Journal of the Australian Map Circle. 43, 1995. p.43-46. [With Engl. rés.]

3251
Layland, Michael: "Sales from the Map Room" or collecting "modern" cartography. In: The Map Collector. 73, 1995. p.30-32, 5 ill.

3252
Lee, J.: Map design and GIS - a survey of map usage amongst GIS users. In: The Cartographic Journal. 32, 1995, 1. p.33-39, 5 ill., 3 tab.

3253
Ligtendag, Wim: Het nut van oude kaarten voor historisch-geografen: de bevindingen tijdens een onderzoek. In: Caert-Thresoor. 14, 1995, 1. p.1-5, 2 ill.

3254
Longenbaugh, Dee: A (relatively) practical use for an old map. In: The Map Collector. 72, 1995. p.26-27, 1 ill., portr.

3255
Mayer, Ferdinand; Häfele, Georg: Kartographie im multimedialen Umfeld. 5. Wiener

Symposium, Wien, Bundesamt für Eich- und Vermessungswesen, 27. und 28. Juni 1994. In: Mitteilungen der Österreichischen Geographischen Gesellschaft. Bd 136. - Wien 1994. p.277-282, 2 ill.

3256
Milošev, Stojančo: Edromaštabnoto kartografirane na naseleni mesta v SAŠt. potrebiteli na edromaštabnata karta. In: Geodezija, kartografija, zemeustrojstvo. 34, 1994, 1. p.17-19. [Large-scale mapping of towns and villages in USA. Users of the large-scale map.] [Bulg.]

3257
Moldofsky, Byron: The Historical Atlas of Canada: Feedback from users and the Historical Atlas of Canada Data Dissemination Project. In: Bulletin. Association of Canadian Map Libraries and Archives. 93, 1995. p.1-11, 4 ill.

3258
O'Brien, C.I.M.: Africa and maps: a mapmaker's view. In: Maps and Africa. Proceedings of a Colloquium at the University of Aberdeen, April 1993. - Aberdeen 1994. p.1-11.

3259
Recupero, Lisa A.: Map users and map reference: some considerations for map librarians. In: Bulletin. Special Libraries Association, Geography and Map Division. 180, 1995. p.29-52.

3260
Robic, Marie-Claire: Carte et topographie: quand pédagogues, savants et militaires définissent l'intelligence du terrain (1870-1914). In: L'æil du cartographe et la représentation géographique du Moyen Age à nos jours. - Paris 1995. p.245-265, 6 ill. (Mémoires de la section de géographie physique et humaine. 18.)

3261
Shirley, Rodney W.: "Lost" British Isles wall map by John Senex found in the Newberry Library. In: Mapline. 78/79, 1995/96. p.[1]-4, 3 ill.

3262
Snabilié, Chris J.: Kartografie in de reclame. In: Kartografisch Tijdschrift. 21, 1995, 2. p.33-39, 30 ill. [Dutch.]

3263
Snyder, Gregory I.; McDermott, Michael P.; Ogrosky, Charles E.: National mapping program user evaluation of selected current products. In: Technical Papers 1995 ACSM/ASPRS, Charlotte, North Carolina, Annual Convention & Exposition. - Bethesda 1995. p.261-269.

3264
Stuber, Alain: La géomorphologie dans les domaines de la protection de la nature et du paysage. Exemples d'applications cartographiques. In: Cartographie géomorphologique - Cartographie des risques. Actes de la Réunion annuelle de la Société Suisse de Géomorphologie 19 au 21 juin 1992 aux Diablerets et à Randa. - Lausanne 1992. p.45-51, 2 ill. (Université de Lausanne. Inst. de Géographie. Travaux et recherches. 9.) [With German and French rés.]

3265
Vasmut, A.S.; Galimov, A.I.: Metody formirovanija struktury ėkspertnoj sistemy dlja izvlečenija znanij iz kart. In: Izvestija vysšich učebnych zavedenij. Geodezija i aerofotosemka. 1993, 5/6. p.138-150, 2 ill. [Methoden der Herausbildung von Strukturen eines "Expertensystems" für die Gewinnung von Daten aus Karten.] [Russ.]

3266
Wood, Michael: Interacting with maps. In: Human factors in geographical information

systems. - London [etc.] 1993. p.111-123, 2 ill.

2. Perception, Cognitive Maps Wahrnehmung, kognitive Karten Perception, cartes cognitives

3267
Cammack, Rex: The cognition of cartographic animations with object files. - Columbia: University of South Carolina 1995. [Doct. diss.]

3268
Chevalier, Jean-Pierre: Les écoliers, les cartes et les territoires, diversité et complémentarité des regards disciplinaires. In: Mappe Monde. 1995, 4. p.1-5, 4 ill. [French with French, Engl. and Span. rés.]

3269
Clouet, Yves: Aité, bourg sahélien: aménagement et développement à dire d'acteurs. In: Mappe Monde. 1995, 3. p.30-34, 4 ill. [With French, Engl. and Span. rés.]

3270
Derkau, Rose: Mental Maps oder wie objektive Wirklichkeit und subjektive Darstellung zu einem Gefühl von Heimat werden. In: Region. Heimaten der individualisierten Gesellschaft. - Frankfurt am Main 1995. p.207-224, 6 ill. (Kulturanthropologie-Notizen. 50.)

3271
Dougherty, Valerie: Spatial familiarity and globalness of spatial reference systems in cognitive maps of large-scale environments. - Santa Barbara: Univ. of California, Santa Barbara 1994. [Master's thesis.]

3272
Eckert, Herta: Offizieller Blick und persönliche Bedeutung. Mental Maps regionaler Entscheidungsträger und Honoratioren. In: Region. Heimaten der individualisierten Gesellschaft. - Frankfurt am Main 1995. p.225-244, 4 ill. (Kulturanthropologie-Notizen. 50.)

3273
Kapteina, Arne: Vertraute Gegend. Markierte Landkarten und Mental Maps im Methodenvergleich. In: Region. Heimaten der individualisierten Gesellschaft. - Frankfurt am Main 1995. p.183-206, 12 ill. (Kulturanthropologie-Notizen. 50.)

3274
Kong, Lilly and others; Savage, Victor R.: Mental maps of the world: the case of Singapore students. In: Journal of Geography. 93, 1994, 6. p.258-263.

3275
Magyar, Manfred: Die Wahrnehmbarkeit von Größenunterschieden geometrischer Signaturenformen - eine grundlagenorientierte kartographische Wahrnehmungsstudie. In: Kartographische Nachrichten. 45, 1995, 6. p.205-215, 9 ill.

3276
Mark, David M.; Egenhofer, Max J.: Modeling spatial relations between lines and regions: combining formal mathematical models and human subjects testing. In: Cartography and Geographic Information Systems. 21, 1994, 4. p.195-212, 19 ill.

3277
Ploch, Beatrice: Die Symbolisierung der eigenen Welt. Das Raumorientierungsmodell als Schlüssel zu den Mental Maps. In: Region. Heimaten der individualisierten Gesellschaft. - Frankfurt am Main 1995. p.153-181, 4 ill., 15 tab. (Kulturanthropologie-Notizen. 50.)

3278
Ploch, Beatrice: Mental Maps und Landkarten der vertrauten Gegend. In: Region. Heimaten der individualisierten Gesellschaft. - Frankfurt am Main 1995. p.149-152. (Kulturanthropologie-Notizen. 50.)

3279
Rogers, Cheryl I: Evaluation of the use of color saturation to depict data uncertainty on digital maps. - San Diego: San Diego State University 1994. [Master's thesis.]

3280
Salloway, Caroline: Evaluation of the effectiveness of perceptually ordered color schemes for maps. - San Diego: San Diego State University 1994. [Master's thesis.]

3281
Schreier, Helmut: Zur Anfertigung von Tiefenkarten. Eine Erinnerungsübung. In: Gefühle als Erkenntnisquelle. - Frankfurt a.M. 1995. p.59-69. (Frankfurter Beiträge zur Didaktik der Geographie. 15.)

3282
Svensson, Björn: Cognitive maps at different scales. - Santa Barbara: Univ. of California, Santa Barbara 1994. [Master's thesis.]

3283
Tversky, Barbara: Cognitive maps, cognitive collages, and spatial mental models. In: Spatial information theory. An theoretical basis for GIS. European conference, COSIT '93, Marciana Marina, Elba Island, Italy, sept. 1993. Proceedings. - Berlin 1993. p.14-24. (Lecture notes in computer science. 716.)

3284
Venemans, B.A.: Waarnemingspsychologische effecten bij het gebruik van kleur in de kartografie. In: Kartografisch Tijdschrift. 21, 1995, 3. p.[nach p.64] 1-4, 3 ill., 2 tab.

3285
Wood, Clifford H.: Perceptual responses to line simplification in a task-oriented map analysis experiment. In: Cartographica. 32, 1995, 1. p.22-32, 4 ill., 4 tab.

3286
Young, Jim: Learning from thematic maps: children's cognitive processing and the integration of mapped information. - Minneapolis: University of Minnesota 1995. [Doct. diss.]

3. Map Reading and Map Interpretation, Cartometry / Kartenlesen, Karteninterpretation, Kartometrie / Lecture des cartes et interprétation des cartes, cartométrie

3287
Bayliss, John H.: Map position finding in a computer simulated environment. - Blacksburg: Virginia Polytechnic Institute and State University 1994. [Master's thesis.]

3288
Berger, Kimberley H.: Hardcopy extraction considerations for Vector Product Format (VPF) products. In: Technical Papers 1995 ACSM/ASPRS, Charlotte, North Carolina, Annual Convention & Exposition. Vol. 2. - Bethesda 1995. p.73-82, 3 ill., 2 tab.

3289
Berljant, Alexander M.: Graphic media and geoiconography. In: Mapping Sciences & Remote Sensing. 32, 1995, 2. p.95-102, 1 ill. [With Engl. rés.]

3290
Combs, Russell G.; Bolstad, Paul V.: Positional accuracy in a natural resource database: comparison of a single-photo re-section versus affine registration. In: Technical Papers 1995 ACSM/ASPRS, Char-lotte, North Carolina, Annual Convention & Exposition. Vol. 3. - Bethesda 1995. p.563-570, 1 tab.

3291
Czuba, Marta; Pasławski, Jacek: O pomiarze graficznej złozonosci kartogramów. In: Polski przegl9ad kartograficzny. 27, 1995, 3. p.128-134, 2 ill., 1 tab. [On measures of graphic complexity of choropleth maps.] [Pol. with Engl. and Russ. rés.]

3292
Duttmann, Rainer; Franke, Michael; Stelzer, Rüdiger: Die "Digitale Geoökologische Karte" als Grundlage für prozeßorientierte Landschaftsbewertungen - Das Geo-ökologische Informationssystem: Konzeption, Anwendungen und Möglichkeiten der Integration zeitdynamischer Modelle. In: Angewandte Geographische Informationsverarbeitung V. Beiträge zum GIS-Symposium 7.-9. Juli 1993. - Salzburg 1993. p.255-266, 3 ill., 3 tab., 1 mp. (Salzburger Geographische Materialien, H. 20.)

3293
Giordano, Alberto: Understanding cartographic design: an experientalist approach. - Santa Barbara: Univ. of California, Santa Barbara 1995. [Master's thesis.]

3294
Gurtner, Martin: Karten lesen: Handbuch zu den Landeskarten. - Wabern: Bundesamt für Landestopographie 1995. 283 p., ill., mp. ISBN 3-85902-137-0

3295
Hüttermann, Armin: Karteninterpretation in Stichworten. 3rd rev. and enl. ed. Pt. 1.2. - Berlin, Stuttgart: Hirt in der Gebr. Borntrãger Verlagsbuchhandlung 1993-. 1. Geographische Interpretation topographischer Karten. 1993. 184 p. (Hirt's Stichwortbücher.)

3296
Lanca, Margaret; Kirby, John R.: The benefits of verbal and spatial tasks in contour map learning. In: Cartographic Perspectives. 21, 1995. p.3-15, 3 ill., 1 tab.

3297
Lang, Ruth; Müller, Armin; Lenz, Roman: Bestimmung der flächigen Aussageschärfe von Hangneigungs- und Standortskarten. In: Geo-Informations-Systeme. 8, 1995, 6.p.24-29, 6 ill. [With German and Engl. rés.]

3298
Mayer, Helmut; Heipke, Christian; Ebner, Heinrich: Wissensbasierte Bildanalyse zur Extraktion von topographischen Objekten - Grundlagen und Interpretation von Katasterkarten. In: Zeitschrift für Vermessungswesen. 120, 1995, 3. p.285-298, 14 ill.

3299
Meier, Siegfried; Bethge, Frank: Rechnergestützte Kartometrie. Neue Anforderungen - Neue Formeln. In: Kartographische Nachrichten. 45, 1995, 6. p.220-222.

3300
Meier, Siegfried; Bethge, Frank: Rechnergestützte Kartometrie. Neue Anforderungen - Neue Formeln. In: Nachrichten aus dem Karten- und Vermessungswesen. Rh. I, 113, 1995. p.167-170. [With German, Engl. and French rés.]

3301
Mesiar, Radko; Hájek, Milan: Hodnotenie priestorovej reprezentácie objektov po-

mocou fuzzy mier. In: Kartografické Listy. 1995, 3. p.61-66, 4 tab. [Assessment of the spatial representation of objects using fuzzy measures.] [Slov. with Engl. rés.]

3302
Meurer, Peter H.: Hintergründe und Analysen zu Tobias Mayers "Kritischer Karte von Deutschland". In: Cartographica Helvetica. 12, 1995. p.19-26, 3 ill., 2 tab., portr.

3303
Moore, Tony and others: Vector Smart Map Level 1 - a new DMA product. In: Technical Papers 1995 ACSM/ASPRS, Charlotte, North Carolina, Annual Convention & Exposition. Vol. 2. - Bethesda 1995. p.83-92, 3 ill.

3304
Moreno, Diego; Bousquet-Bressolier, Catherine: Une source pour l'histoire et l'archéologie des ressources végétales. Les cartes topographiques de la montagne Ligure (Italie). In: L'æil du cartographe et la représentation géographique du Moyen Age à nos jours. - Paris 1995. p.175-198, 11 ill. (Mémoires de la section de géographie physique et humaine. 18.)

3305
Mortier, J.: Het typebestek GBKV [Grootschalige Basiskaart van Vlaanderen] van CARDIB CV. De toekomstige standaard voor grootschalige kaartvervaardiging in Vlaanderen? In: Geodesia. 37, 1995, 9. p.391-398, 8 ill.

3306
Murakoshi, Shin: The ability to infer real terrain from 1:25 000 topographic maps. In: Map. 33, 1995, 1. p.1-6, 2 ill., 3 tab. [Japan. with Engl. rés.]

3307
Nelson, Elisabeth S.: Colour detection on bivariate choropleth maps: the visual search process. In: Cartographica. 31, 1994, 4. p.33-43, 10 ill., 2 tab. [With Engl. rés.]

3308
Pezzoli, Stefano: Piacenza, foglio 162: dalla topografia austriaca del XIX secolo a quella odierna. Una proposta di letteratura del paesaggio. In: Bollettino della Associazione Italiana di Cartografia. 93/94, 1995. p.139-142, 1 ill. [Ital. with Engl. rés.]

3309
Pinot, Jean-Pierre: L'adaptation d'une carte à de nouveaux utilisateurs. La carte de Bretagne de Bertrand d'Argentré (1582). In: L'æil du cartographe et la représentation géographique du Moyen Age à nos jours. - Paris 1995. p.223-231, 3 ill. (Mémoires de la section de géographie physique et humaine. 18.)

3310
Sabtan, Abdullah A.: A rational method to calculate the geometry of map areas. In: Survey Review. 33, 1995. p.270-280, 9 ill., 3 tab.

3311
Utsunomiya, Yojiro; Matsumoto, Yukio: Development of a method for evaluating the content of geographical information on a globe. In: Map. 33, 1995, 1. p.7-13, 6 ill. [Japan. with Engl. rés.]

3312
Véchambre, Michèle: Lire la carte topographique à 15 ans. In: L'æil du cartographe et la représentation géographique du Moyen Age à nos jours. - Paris 1995. p.269-277, 1 ill. (Mémoires de la section de géographie physique et humaine. 18.)

3313
Warren, Bill: A most curious map [Jean Nicholas Buache de la Neuville]. In: The Map Collector. 73, 1995. p.13-18, 4 ill.

4. Functions of Maps Funktionsbereiche der Kartographie Domaines de fonction des cartes

3314
Pravda, Ján: Funkcie mapy. In: Geografický časopis. 47, 1995, 3. p.201-212. [Function of map.] [Slovak with Engl. rés.]

3315
Steenfelt, Agnete: Regional geokemisk kortlægning i geologi, mineral prospektering og miljøundersøgelser. In: Symposium om geologi og miljø. Henning Sørensen symposiet afholdt på DGU den. 18. september 1992 i Th. Sorgenfrei auditoriet. - København 1994. p.42-49, 4 ill., 1 tab.

Cadastral Mapping / Katasterkartographie / Cartographie cadastrale

3316
Acharya, Bishwa and others: Applications of GPS and scanning to base mapping: a sugar cane GIS pilot project in the Cauca Valley, Colombia. In: Technical Papers 1995 ACSM/ASPRS, Charlotte, North Carolina, Annual Convention & Exposition. - Bethesda 1995. p.242-251, 4 ill., 6 tab.

3317
Balla, Scilla: A digitális képfeldolgozás szerepe a kataszteri tárképezésben. In: Geodézia és Kartográfia. 47, 1995, 2. p.87-89. [The role of digital image processing in cadastre mapping.] [Hung. with Engl. rés.]

3318
Barnes, Grenville; Sartori, Michael: A GPS methodology for surveying and mapping cadastral parcels in Albania. In: Technical Papers 1995 ACSM/ASPRS, Charlotte, North Carolina, Annual Convention & Exposition. Bethesda 1995. p.111-120, 2 ill., 2 tab.

3319
Bassett, Thomas J.: Mapping the terrain of tenure reform: the rural landholdings project of Côte d'Ivoire. In: Maps and Africa. Proceedings of a Colloquium at the University of Aberdeen, April 1993. - Aberdeen 1994. p.128-146, 4 ill., 1 tab.

3320
Blaschitz, Friedrich: Vom Grundsteuerkataster zur Digitalen Katastralmappe. In: Eich- und Vermessungsmagazin. 79, 1995. p.18-22, 2 ill.

3321
Bönisch, D.; Egreder, K.; Sachsenweger, E.: Untersuchung der Genauigkeit von Flurkarten am Beispiel Leidersbach (Ufr). In: Mitteilungsblatt DVW Landesverein Bayern. 47, 1995, 1. p.55-72, 2 ill., 6 tab.

3322
Brandstätter, Ernst: Neuordnung der Nutzungsinformation im Kataster. In: Angewandte Geographische Informationsverarbeitung VII. Beiträge zum GIS-Symposium 5.-7. Juli 1995. - Salzburg 1995. p.39-41. (Salzburger Geographische Materialien. 22.)

3323
Carlson, Christine: A comparative analysis of selected parcel map conversion methods. - DeKalb: Northern Illinois University 1995. [Master's thesis.]

3324
Demšar, Božo: Transformacija grafičnih zemljiško-katastrskih načrtov - ravnanje robov načrtov. In: Geodetski Vestnik. 39,

1995, 4. p.280-284. [Transformation of graphic land cadastre maps - straightening of map edges.] [Slov. with Engl. rés.]

3325
Džilsăn, Chomer L.: Kadastralnata geodezičeska snimka prez 2000 godina. In: Geodezija, kartografija, zemeustrojstvo. 33, 1993, 2. p.15-17. [The cadastre geodetic photograph in the year 2000.] [Bulg.]

3326
Fašiangová, Lýdia: Skúsenosti z vytvárania vektorovej katastrálnej mapy. In: Geodetický a kartografický obzor. 41, 1995, 7. p.142-145. [Experiences of forming the vector cadastral map.] [Czech with Engl., German, French and Russ. rés.]

3327
Fletcher, David: The Careswell Atlas: working tool and work of art. In: The Map Collector. 73, 1995. p.34-37, 5 ill.

3328
Fras, Zmago; Gvozdanović, Tomaž: Numerical process of straightening the edges of graphically-based cadastral maps. In: Geodetski Vestnik. 39, 1995, 2. p.95-102, 10 ill., p.87-94 = Slov. [With Engl. rés.]

3329
García-Cuerva, José Luis: El plano de una finca como elemento identificador de la propiedad. In: Topografía y Cartografía. 67, 1995, 12. p.17-27, 4 ill.

3330
Gegov, Konstantin: Digitalizirane i aktualizacija na šaštestvuvaštite kadastralni planove. In: Geodezija, kartografija, zemeustrojstvo. 34, 1994, 6. p.16-18. [Digitizing and updating of the existing cadastral plans.] [Bulg.]

3331
Goodwin, David W.: Digital parcel mapping using orthophotoquad base maps: a working model. - Amherst: University of Massachusetts, Amherst 1994. [Master's thesis.]

3332
Haslach, Klaus: Digitale Flurkarte in Bayern - Stand und Weiterentwicklung. In: 9. Informationsveranstaltung der Bayer. Vermessungsverwaltung über die graphische Datenverarbeitung am Mittwoch, den 26. April 1995 in der TU München. - München 1995. p.53-60, 4 ill., 1 tab.

3333
Hochwartner, August: Ingenieurkonsulenten für Vermessungswesen und Vermessungsämter - Zusammenarbeit am Beispiel der Digitalen Katastralmappe. In: Österreichische Zeitschrift für Vermessungswesen und Photogrammetrie. 81, 1993, 3. p.107-113.

3334
Homolya, András: A kataszterek térképi és leíró adatainak feldolgozása, problémák, lehetöségek, megoldások. In: Geodézia és Kartográfia. 47, 1995, 1. p.40-43, 3 ill. [Processing maps and descriptive data of cadastre: problems, possibilities, solutions.] [Hung. with Engl. rés.]

3335
Horňanský, Imrich: Územie obce a hranice tohto územia, katastrálne územie a jeho hranice. In: Pedagogické listy. 1995, 2. p.66-69. [The territory of municipality and its boundaries, cadastral unit and its boundaries.] [Slovak with Engl. rés.]

3336
Johann, Marion: Das Bodenbelastungskataster Rheinland-Pfalz - Aufbau der Datenbasis und methodische Komponenten für die Ableitung von Analysekarten. In: Umweltinformation und Karte. Beiträge

zur kartographischen Informationsverarbeitung. - Trier 1994. p.139-159, 6 ill. (Sonderband zum Deutschen Kartographentag. 43.)

3337
Kafka, Oldřich: Automatizace obnovy map katastru nemovitostí. In: Geodetický a kartografický obzor. 41, 1995, 8. p.166-169. [Automated renewal of the cadastre of real estates.] [Czech with Slov., Engl., German, French and Russ. rés.]

3338
Kataster, Grundlagenvermessungen, Staatsgrenzen. Modernisierung des Katasters. In: 70 Jahre Bundesamt für Eich- und Vermessungswesen. Wien 1993. p.111-129, 11 ill.

3339
Kersting, N.: Von der Digitalen Flurkarte zum Kommunalen Informationssystem. In: Mitteilungsblatt DVW Bayern. 47, 1995, 3. p.331-336, 1 ill.

3340
Kertscher, Klaus: ALK - die automatisierte Liegenschaftskarte. In: Festschrift für Bodo Schrader zum 65. Geburtstag. - Braunschweig 1994. p.93-100, 4 ill. (Geodätische Schriftenreihe der Technischen Universität Braunschweig. 12.)

3341
Kocáb, Milan: MicroGEOS - nástroj pro vedení digitální katastrální mapy. In: Geodetický a kartografický obzor. 41, 1995, 9. p.197-198. [MicroGEOS - a tool of upkeeping the digital cadastral map.] [Czech with Engl., French and German rés.]

3342
Kugler, Rupert: Datenbanken des Katasters - Aktualität und Konsistenz. In: Eich- und Vermessungsmagazin. 79, 1995, 1. p.24-38, 9 ill., 15 tab.

3343
Kummer, Klaus: Die Erneuerung der Liegenschaftskarte im Land Sachsen-Anhalt. In: Zeitschrift für Vermessungswesen. 119, 1994, 2. p.71-84, 11 ill.

3344
Mapping and surveying to support land administration in Thailand: the first six years of the Land Titling Project. In: 12th United Nations Regional Cartographic Conference for Asia and the Pacific. Vol. II, Technical Papers. Bangkok, 20-28 February 1991. - New York 1995. p.178-183, 3 tab.

3345
Mikulcová, Denisa: Hodnotenie presnosti určenia kartometrických súradníc podrobných bodov polohopisu vybraného typu katastrálnych máp. - Bratislava: Slovenská technická univerzita 1995. [Assessing the precision of cartometric coordinates of detail mapping points in selected type of cadastral maps.] [Slovak.] [Dipl.- Arb.]

3346
Muggenhuber, Gerhard: Automated cadastre as basis for information systems in Austria. In: UDMS '93. 16th Urban Data Management Symposium 6.-10. Sept. 1993. Proceedings. - Wien 1993. p.308-311, 1 ill., 1 tab.

3347
Muggenhuber, Gerhard: Daten - Information - Wissen [Katasterkarte]. In: Eich- und Vermessungsmagazin. 72, 1993. p.5-15, 7 ill.

3348
Niklasz, László: A "földhivatalok számítógépesítése c. PHARE-projekt TAKAROS, a digitális kataszteri térképek nyilván-tartásának és kezelésének földhivatali koncepciója. In: Geodézia és Kartográfia. 47, 1995, 2. p.90-93, 1 tab. [TAKAROS - Land Office Concept for Registration and Management of Digital Cadastral

Maps in the framework of the PHARE-project "Computerization of the Land Offices".]

3349
Osch, G.M. van: Kadastraal bijhoudingsproces volledig digitaal. De laatste analoge schakel, het mutatiedocument "Staat- 75", is nu ook digitaal. In: Geodesia. 37, 1995, 9. p.399-402, 3 ill.

3350
Pfitzinger, Heinz: Probleme bei der Einführung der Automatisierten Liegenschaftskarte - ALK - in Berlin. In: Mitteilungen aus dem Vermessungswesen. Berlin. 21, 1995. p.4-19.

3351
Prell, Karl-Martin: Automationskonzept in der Flurneuordnungsverwaltung Thüringen. In: Zeitschrift für Vermessungswesen. 120, 1995, 3. p.305-316, 2 ill.

3352
Present problems of cadastral map digitization and geometrical improvement [Germany]. In: 12th United Nations Regional Cartographic Conference for Asia and the Pacific. Vol. II, Technical Papers. Bangkok, 20-28 February 1991. - New York 1995. p.183-188.

3353
Radovan, Dalibor: Replika na članek numerični postopek ravnanja robov katastrskih načrtov grafične izmere. In: Geodetski Vestnik. 39, 1995, 4. p.309-312, 1 ill. [Reply to the article on the numerical process of straightening the edges of graphically-based cadastral maps.] [Slov.]

3354
Rener, Roman: Strokovne usmeritve geodezije v novi državi - kataster in kartografija. In: Geodetski vestnik. 39, 1995, 3. p.222-228. [Professional orientations in geodesy in the new state - land cadastre and cartography.] [Slov. with Czech and Engl. rés.]

3355
Rose, Andreas; Zurhorst, Michael: Zur Problematik digitaler Katasterkarten in den Neuen Bundesländern. In: 78. Deutscher Geodätentag 1994 in Mainz "Geodäsie traditionell fortschrittlich". Kongreßdokumentation der Fachvorträge. - Stuttgart 1994. p.124-129. (Deutscher Verein für Vermessungswesen e.V. Schriftenreihe. 12.)

3356
Roßmann, Thomas: Aufbau eines graphischen Informationssystems zur Erfüllung kommunaler Aufgaben (III). Zusammenarbeit zwischen Kommune, Ingenieurbüro und Vermessungsamt. In: 9. Informationsveranstaltung der Bayer. Vermessungsverwaltung über die graphische Datenverarbeitung am Mittwoch, den 26. April 1995 in der TU München. - München 1995. p.69-75, 4 ill.

3357
Salaba, Marie: Gemarkungspläne der zweiten Hälfte des 18. Jahrhunderts im Generallandesarchiv Karlsruhe. In: Karton hüten und bewahren. - Gotha 1995. p.149-171, 14 ill. (Kartensammlung und Kartendokumentation. 11.)

3358
Schubert, Hanns H.: Grundlagen für Kommunale Informationssysteme (KIS), Zeitbombe Kataster-Digitalisierung. In: Angewandte Geographische Informationsverarbeitung V. Beiträge zum GIS-Symposium 7.-9. Juli 1993. - Salzburg 1993. p.43-48, 2 ill. (Salzburger Geographische Materialien, H. 20.)

3359
Sky, Per Kåre: Etablering av et eiendomsinformasjonssystem i Forsvarets bygnings-

tjeneste. In: Kart og plan. 88, 1995, 1. p.9-15, 5 ill., 1 tab. [Implementation of a Land Information System in The Norwegian Defence Construction Service.] [Norw. with Engl. rés.]

3360
Steinbring, Heinz: Der Kataster-Geometer Michael Buyx. In: Michael Buyx (1795-1882). Geometer, Altertumsfreund, Sammler. - Geldern 1995. p.52-67, 9 ill. (Veröffentlichungen des Historischen Vereins für Geldern und Umgegend. 96.)

3361
Stöhr, Gerhard: Sonderkarten des Katasters und Verwaltungsgrenzen. Vom Katastralmappenarchiv zu digitalen Plangrundlagen. In: Angewandte Geographische Informationsverarbeitung VII. Beiträge zum GIS-Symposium 5.-7. Juli 1995. - Salzburg 1995. p.183-190, 4 ill. (Salzburger Geographische Materialien. 22.)

3362
Świderski, Slawomir: Numeryczna Mapa Ewidencji Gruntów i Budynków. Zasady tworzenia. Praktyczne zastosowanie na obiekcie m. Elbląga. In: Geodezja i Kartografia. 44, 1995, 2/3. p.375-381. [Numerical map of ground and building stocktaking. Working principles. Practical application on site in Elblag.] [Pol.]

3363
Turk, Andrew; Mackaness, William A.: Design considerations for spatial information systems and maps to support native title negotiation and arbitration. In: Cartography. Journal of the Australian Institute of Cartographers. 24, 1995, 2. p.17-28, 7 ill.

3364
Vagács, Géza: Néhány gondolat Balla Csilla mk. szds. cikkével kapcsolatban. In: Geodézia és Kartográfia. 47, 1995, 4. p.222-223. [Some remarks to the Paper "The role of digital image processing in cadastre mapping".] [Hung. with Engl. rés.]

3365
Vjačka, Adolf: Zaměřování změn v katastrálních mapách. In: Geodetický a kartografický obzor. 41, 1995, 11. p.242-247. [Survey of changes in cadastral maps.] [Czech with Slov., Engl., French and Russ. rés.]

3366
Wilmersdorf, Erich: Aufbau eines Kommunales Grundstücksinformationssystems. In: Angewandte Geographische Informationsverarbeitung V. Beiträge zum GIS-Symposium 7.-9. Juli 1993. - Salzburg 1993. p.55-60. (Salzburger Geographische Materialien, H. 20.)

3367
Wilmersdorf, Erich; Weiler, Felizian: Corporate update service of a property cadastre. In: UDMS '93. 16th Urban Data Management Symposium 6.-10. Sept. 1993. Proceedings. - Wien 1993. p.312-319.

3368
Žihlavník, Štefan: Problematika a trend lesníckeho mapovania. In: Kartografické Listy. 1995, 3. p.105-108. [Problematik und Trend der forstlichen Kartierung.] [Slov. with German rés.]

Journalistic Cartography / Medienkartographie/ Cartographie journalistique

3369
Campbell, Willa M.: The effectiveness of newspaper maps as cartographic communications. - Lawrence: University of Kansas 1994. [Master's thesis.]

3370
Everling, Holger; Schliephack, Wolfgang: Pressekartographie in der Praxis. In: 44 DKT. Deutscher Kartographentag 1995. Tagungsführer. Kartographie im Norden. DGfK. Hamburg, 21.-24. Mai. - Hamburg 1995. p.111-124, 11 ill.

3371
Scharfe, Wolfgang: Neue Erkenntnisse zur Presse-Kartographie. In: 44 DKT. Deutscher Kartographentag 1995. Tagungsführer. Kartographie im Norden. DGfK. Hamburg, 21.-24. Mai. - Hamburg 1995. p.97-110, 9 ill.

3372
Scharfe, Wolfgang: Presse-Karten: Forschungsprojekt gefördert mit Mitteln der Deutschen Forschungsgemeinschaft 1988-1993; Abschlußbericht. - Berlin: Freie Univ., FB Geowiss., Fachrichtung Kartographie 1994. 408 p., ill., mp. [mimeogr.]

Military Cartography / Militärkartographie / Cartographie militaire

3373
Corvisier de Villèle, Marie-Anne: Les Naudin et la cartographie militaire française de 1688 à 1744. In: L'æil du cartographe et la représentation géographique du Moyen Age à nos jours. - Paris 1995. p.147-164, 5 ill. (Mémoires de la section de géographie physique et humaine. 18.)

3374
Hafeneder, Rudolf: Integration von ATKIS-Daten in das Topographische Informationssystem der Bundeswehr TOPIS. In: Das Geoinformationssystem ATKIS und seine Nutzung in Wirtschaft und Verwaltung. Vorträge ... anläßlich des AdV-Symposiums ATKIS am 15. u. 16. Juni 1994 im Landesvermessungsamt Nordrhein-Westfalen, Bonn-Bad Godesberg. - Bonn 1994. p.70-77.

Navigational Mapping / Navigationskartographie / Cartographie de navigation

3375
ARC digitized raster graphics and their application. In: 12th United Nations Regional Cartographic Conference for Asia and the Pacific. Vol. II, Technical Papers. Bangkok, 20-28 February 1991. - New York 1995. p.254-259, 2 ill.

3376
Alm, Håkan: Human factors considerations in vehicle navigation aids. In: Human factors in geographical information systems. - London [etc.] 1993. p.148-157.

3377
Blades, Mark: Navigation and wayfinding in information systems. In: Human factors in geographical information systems. - London [etc.] 1993. p.61-69.

3378
Claussen, Hinrich: Digitale Karten für Fahrzeugnavigationssysteme. In: 79. Deutscher Geodätentag 1995 in Dortmund "Lebensräume erfassen werten - gestalten". Kongreßdokumentation der Fachvorträge. - Stuttgart 1995. p.9-22, 1 ill. (Schriftenreihe des DVW. 20.)

3379
David, Andrew: Is it Hurd's or Dalrymple's Channel Atlas? In: The Map Collector. 72, 1995. p.20-24, 7 ill.

3380
Froese, Jens: Forschung und Entwicklung an ISSUS im Bereich sicherer Navigation auf See unter besonderer Berücksichtigung der elektronischen Seekarte. In: 44 DKT. Deutscher Kartographentag 1995. Tagungsführer. Kartographie im Norden. DGfK. Hamburg, 21.-24. Mai. - Hamburg 1995. p.44-48, 2 ill.

3381
Furness, Ronald A.; Clark, Meredith: Royal Australian Navy Hydrographic Service. In: Cartography, Suppl. National Report to ICA, 1995, Australia. 17th International Cartographic Conference. 10th General Assembly of ICA. 1995. p.26-33, 4 ill., 1 tab.

3382
Greenberg, Isidore: Navigation and portolan charts. In: Journal. Israeli Map Collectors Society. 10, 1993. p.33-36, 1 ill.

3383
Hecht, Horst: Die Elektronische Seekarte - Stand der Entwicklung und Anforderungen an die hydrographischen Dienste. In: Hydrographische Vermessungen - heute. Red.: G. Buziek [and others]. - Stuttgart 1995. p.130-143, 6 ill. (Vorträge des ... DVW-Seminars. 37.) (Schriftenreihe des DVW. 14.)

3384
Implementing a cartographic database to enable automation. In: 12th United Nations Regional Cartographic Conference for Asia and the Pacific. Vol. II, Technical Papers. Bangkok, 20-28 February 1991. New York 1995. p.269-272.

3385
Jin, Di; Kite-Powell, Hauke L.; Broadus, James M.: Dynamic economic analysis of marine pollution prevention technologies: an application to double hulls and electronic charts. In: The International Hydrographic Review. 72, 1995, 2. p.71-96, 5 ill., 2 tab.

3386
Kappel, Wilfried: Das deutsche Seekartenwerk. In: 44 DKT. Deutscher Kartographentag 1995. Tagungsführer. Kartographie im Norden. DGfK. Hamburg, 21.-24. Mai. - Hamburg 1995. p.34-41, 3 ill.

3387
Kelley, James E.: Perspectives on the origins and uses of the portolan charts. In: Cartographica. 32, 1995, 3. p.1-16, 8 ill., 2 tab.

3388
Kerr, Adam J.: A worldwide database for digital nautical charts. In: The International Hydrographic Review. 72, 1995, 2. p.97-119, 1 tab.

3389
Krücken, Wilhelm: Der gerade Weg - Die Mercator-Weltkarte ad usum navigantium 1569. In: Gerhard Mercator, Europa und die Welt. Begleitband zur Ausstellung 'Verfolgt, geachtet, universal - Gerhard Mercator, Europa und die Welt', anläßlich des 400. Todestages von Gerhard Mercator im Kultur- u. Stadthistorischen Museum Duisburg vom 4. Sept. 1994 bis zum 31. Januar 1995. - Duisburg 1994. p.211-219, 12 ill.

3390
Kuznecov, A.A. and others: Novaja sistema aviacionnych kart. In: Izvestija vysšich učebnych zavedenij. Geodezija i aerofotosemka. 1995, 2. p.74-78. [Ein neues System von Flugkarten.] [Russ.]

3391
Pillich, Bohdan: Time varying objects in ECDIS. Today, tomorrow and soon after. In: The International Hydrographic Review. 72, 1995, 2. p.111-119.

3392
Radelet-de Grave, Patricia: Le magnetisme et la localisation en mer. In: Gérard Mercator cosmographe, le temps et l'espace. - Anvers 1994. p.208-219, 12 ill., 1 mp.

3393
Retscher, Günther: Europäische Entwicklungen im Bereich der Navigation von Auto-

mobilen. In: Österreichische Zeitschrift für Vermessung & Geoinformation. 83, 1995, 3. p.120-126, 3 ill., 1 tab. [With German and Engl. rés.]

3394
Rosette, Michael: The situation of hydrography and nautical charting in the Republic of Seychelles. In: The International Hydrographic Review. 72, 1995, 2. p.23-28.

3395
Sakato, Naoteru: Representation of railways on nautical charts and their historical consideration. In: Map. 33, 1995, 3. p.41-48, 9 ill. [Japan. with Engl. rés.]

3396
Schnall, Uwe: Seekarten als Mittel im Konkurrenzkampf zwischen Hamburg und Bremen? In: Karten hüten und bewahren. - Gotha 1995. p.173-183, 4 ill. (Kartensammlung und Kartendokumentation. 11.)

3397
Sena, Michael L.: Adaptation of a public agency GIS database to dynamic route guidance. In: Technical Papers 1995 ACSM/ ASPRS, Charlotte, North Carolina, Annual Convention & Exposition. - Bethesda 1995. p.361-365, 1 ill.

3398
Status of hydrographic surveying and nautical charting in Asia and the Pacific. In: 12th United Nations Regional Cartographic Conference for Asia and the Pacific. Vol. II, Technical Papers. Bangkok, 20-28 February 1991. - New York 1995. p.159-160.

3399
Status of international (INT) charts. Paper submitted by International Hydrographic Bureau. In: 12th United Nations Regional Cartographic Conference for Asia and the Pacific. Vol. II, Technical Papers. Bangkok, 20-28 February 1991. - New York 1995. p.188-190, 1 ill.

3400
White, Marvin S.: Car navigation systems. In: Geographical information systems. Principles and applications. Vol. 2: Applications. - New York 1994. p.115-125, 7 ill.

Planning Cartography / Planungskartographie / Cartographie en aménagement

3401
Asche, Hartmut; Herrmann, Christian M.: Designing interactive maps for planning and education. In: Visualization in modern cartography. New York 1994. p.215-242, 14 ill. (Modern cartography. 2.)

3402
Boldin, Danijel: Uporaba digitalih prostorskih podatkov pri urbanistični zasnovi mesta Jesenice. In: Geodetski vestnik. 39, 1995, 3. p.177-183, 2 ill., 1 tab. [Use of digital spatial data in urban planning for the city of Jesenice.] [Slov. with Czech and Engl. rés.]

3403
Heilmann, Heiner: Die Konzeptbodenkarte als Grundlage für Landes-, Regional- und Kommunalplanung. In: LfUG [Landesamt für Umwelt und Geologie] Bericht. Vorträge und Fachaufsätze. Freistaat Sachsen. Landesamt für Umwelt und Geologie. 1, 1994, 1. p.60-62, 3 ill.

3404
Pögl, F.: Geodaten als Grundlage kommunaler Planungsvorhaben, aufgezeigt am Beispiel der Stadt Ingolstadt. In: Mitteilungsblatt DVW Bayern. 47, 1995, 3. p.337-358.

3405
Sjölin, Jonas: Noggrannhet hos fotogrammetriska plankartor och terrängmodeller för projektering. In: Lantmäteritidskriften. 1995,

1. p.29-35, 5 ill., 4 tab. [Exactness by photogrammetric maps and topographical models by planning.] [Swed.]

3406
Wanglin, Yan: A knowledge base and GIS Integrated System for urban planning. In: Geo-Informations-Systeme. 8, 1995, 1. p.10-14, 5 ill.

3407
Weibel, Thomas; Gfeller, Matthias: Der digitale Orthophotoplan als Basiskarte für verschiedenste landschaftsplanerische Projekte. In: Angewandte Geographische Informationsverarbeitung V. Beiträge zum GIS-Symposium 7.-9. Juli 1993. - Salzburg 1993. p.281-282. (Salzburger Geographische Materialien, H. 20.)

School Cartography / Schulkartographie / Cartographie scolaire

3408
Asche, Hartmut; Herrmann, Christian M.: Designing interactive maps for planning and education. In: Visualization in modern cartography. New York 1994. p.215-242, 14 ill. (Modern cartography. 2.)

3409
Birley, Rose; Tasker, Nick J.: Dyscover - a world of special maps for special people. In: The Bulletin of The Society of Cartographers. 29, 1995, 1. p.9-12, 1 ill.

3410
Birley, Rose; Tasker, Nick J.: Dyscover: A world of special maps for special people. In: The Cartographic Journal. 32, 1995, 2. p.117- 120, 1 ill.

3411
Boulanger, Claudine; Battu, Serge: Un village de montagne modélisé à l'école. In: Mappe Monde. 1995, 3. p.40-42, 5 ill. [With French, Engl. and Span. rés.]

3412
Brogiato, Heinz-Peter and others: Paul Langhans und seine Wandkarte der deutschen Kolonien in Afrika (1908). In: Perspektiven der Entwicklungsländerforschung. Festschrift für Hans Hecklau. Hrsg.: Harold Leisch. - Trier 1995. p.81-102, 1 mp.-suppl. (Trierer Geographische Studien. 11.)

3413
Chevalier, Jean-Pierre: Les écoliers, les cartes et les territoires, diversité et complémentarité des regards disciplinaires. In: Mappe Monde. 1995, 4. p.1-5, 4 ill. [French with French, Engl. and Span. rés.]

3414
Grenié, Françoise: La cartographie dans les manuels scolaires. In: Bulletin du Comité Français de Cartographie. 139, 1994. p.11-37, 59 ill.

3415
Komedčikov, N.N.: Osnovnye vechi otečestvennoj učebnoj kartografii. In: Geodezija i Kartografija. 1994, 12. p.40-43. [Main stages of national educational cartography.] [Russ.]

3416
Mel'ničenko, N.I.: Nestandartnye karty i atlasy dlja detej. In: Izvestija vysšich učebnych zavedenij. Geodezija i aerofotosjemka. 1995, 1. p.85-91. [Nicht standardisierte Karten und Atlanten für Kinder.] [Russ.]

3417
Progetto didattico Pianura senza confini. In: Bollettino della Associazione Italiana di Cartografia. 95, 1995. 123 p. [Ital.]

3418
Schertenleib, U.: Schulkartograph Johann Sebastian Gerster - eine Erinnerung. In: Vermessung, Photogrammetrie, Kulturtechnik. 93, 1995, 10. p.626-629, 2 ill.

3419
Schreier, Helmut: Zur Anfertigung von Tiefenkarten. Eine Erinnerungsübung. In: Gefühle als Erkenntnisquelle. - Frankfurt a.M. 1995. p.59-69. (Frankfurter Beiträge zur Didaktik der Geographie. 15.)

Tourist Mapping / Tourismuskartographie / Cartographie touristique

3420
Bergh, Jos van den: Gebruikerseisen aan fietskaarten. In: Kartografisch Tijdschrift. 21, 1995, 2. p.19-24, 5 ill. [Dutch with Engl. and French rés.]

3421
Kollmorgen, Frauke: Radwanderkarten und ihre Benutzer: eine empirische Untersuchung. - Berlin: Freie Univ. 1994. 112 p., ill., mp. [Dipl.-Arb.]

3422
Schmitz, Alexander: Stadtpläne mit dem besonderen Kniff (Falk-Stadtpläne). In: Börsenblatt. Nr. 99 vom 12.12. 1995. p.6-8, ill.

5. Maps in Other Media / Verwendung von Karten in anderen Medien / Utilisation des cartes dans d'autres médias

3423
Ayre, Derry: Maps on your postcards' backsides. In: Cartomania. 33/ 34, 1994. p.2-8, ill.

3424
Elkins, Dick: Maps of the Holy Land on postage stamps. In: Journal. Israeli Map Collectors Society. 11, 1994. p.16-22, 14 ill.

3425
Szynkiewicz, Ewa: XIV Ogólnopolska Konferencja Historyków Kartografii we Wrocławiu. In: Polski przegląd kartograficzny. 26, 1994, 1. p.52-55, 5 ill. [14th All-Polish Conference at the History of Cartography at Wroclaw.] [Pol.]

3426
Züchner, Christian: Steinerne Karten - Topographische Darstellungen im vorgeschichtlichen Europa. In: Gerhard Mercator, Europa und die Welt. Begleitband zur Ausstellung 'Verfolgt, geachtet, universal - Gerhard Mercator, Europa und die Welt', anläßlich des 400. Todestages von Gerhard Mercator im Kultur- u. Stadthistorischen Museum Duisburg vom 4. Sept. 1994 bis zum 31. Januar 1995. - Duisburg 1994. p.241-251, 9 ill.

O. Regional Cartography
Regionale Kartographie
Cartographie régionale

2. Regions
Regionen
Régions

a. The World
Welt
Le monde

3427
450 Jahre Copernicus "de revolutionibus". Astronomische und mathematische Bücher aus Schweinfurter Bibliotheken. Ausstellung des Stadtarchivs Schweinfurt in Zusammenarbeit mit der Bibliothek Otto Schäfer 21.11.93 - 19.6.94. - Schweinfurt 1993. 436 p., ill. (Veröff. d. Stadtarchivs Schweinfurt, 9.)

3428
Abeydeera, Ananda: Facsimiles of the charts attributed to Reinel, Ribeiro, Chaves, Verrazano and a print map by Cornelis Anthoniszoon from the Herzog August Bibliothek Wolfenbüttel. In: Wolfenbütteler Bibliotheks-Informationen. 20, 1995. p.7-14, ill.

3429
Atlantes Austriaci. Österreichische Atlanten 1561-1994. Hrsg. von Ingrid Kretschmer und Johannes Dörflinger. - Wien: Böhlau 1995. Band 2 in 2 Teilen mit zusammen 852 p.

3430
Brandenberger, A.J.: Special report: World surveying and mapping manpower and training facilities. In: Surveying and Land Information Systems. 55, 1995, 3. p.142-144, 2 tab.

3431
Casado Soto, José Luis: El descubrimiento del mundo (1500-1630). In: La imagen del mundo. 500 años de cartografía. - Madrid 1992. p.37- 53, 23 ill., 1 tab.

3432
Clark, David M.; Hastings, David A.; Kineman, John J.: Global databases and their implications for GIS. In: Geographical information systems. Principles and applications. Vol. 2: Applications. - New York 1994. p.217-231, 3 ill., 3 tab.

3433
DiBiase, David and others: Multivariate display of geographic data: applications in earth system science. In: Visualization in modern cartography. - New York 1994. p.287-312, 8 ill. (Modern cartography. 2.)

3434
The digital chart of the world project. In: 12th United Nations Regional Cartographic Conference for Asia and the Pacific. Vol. II, Technical Papers. Bangkok, 20-28 February 1991. - New York 1995. p.262-266.

3435
Dörflinger, Johannes; Hühnel, Helga: Österreichische Atlanten 1561-1918. - Wien: Böhlau Verlag 1995. 2 Teilbände mit

insges. 940 Seiten und 32 Abb. (Atlantes Austriaci, 1. Bd.)

3436
Dörflinger, Johannes; Schlass, Gerhard; Heinz, Markus: Maps, Atlases and Globes in the oldest monastery of Vienna. Exhibition in the Library of the "Schottenstift". 16th International Conference on the History of Cartography. - Vienna 1995. 53 p., 19 ill.

3437
Ferrer, Rafael: La forma de la tierra (1630-1750). In: La imagen del mundo. 500 años de cartografía. - Madrid 1992. p.55-71, 21 ill., 1 tab.

3438
Gilde, Egon: Die Entstehung des Meeres-Relief-Globus und seine pädagogische Zielsetzung. In: Der Globusfreund. 43/44, 1995. p.317-319; p.319-321. [In German and Engl.]

3439
Hamer, John: Worlds apart, Norman Mappae mundi in England and Sicily [Ricardus de Bello]. In: The Portolan. 31, 1994. p.5-17.

3440
Holzer, Gerhard: Sammlung Woldan. Bestandskatalog. Abteilung A Cartographica. Teil I: Gesamte Erde und Außereuropa. - Wien: Verlag der Österreichischen Akademie der Wissenschaften 1995. 122 p. (Österreichische Akademie der Wissenschaften, phil.hist. Klasse, Sitzungsberichte, 628. Bd.) ISBN 3-7001-2219-5

3441
Imago Mundi Moderna: Weltkarten des zweiten Entdeckungszeitalters; eine Ausstellung der Badischen Landesbibliothek. - Karlsruhe: Badische Landesbibliothek 1993. 203 p., ill. ISBN 3-88705-037-1

3442
Kartographische Zimelien. Die 50 schönsten Karten und Globen der Österreichischen Nationalbibliothek. Hrsg.: Österreichische Nationalbibliothek. - Wien: Holzhausen 1995. 148 p., ill.

3443
Kiser, Dan: Geographic Names. Independent States in the World as of June 19, 1994. In: Geographic and Global Issues. Quarterly. 4, 1994, 1. p.19-26.

3444
Kretschmer, Ingrid: Österreichische Atlanten 1919-1994. - Wien: Böhlau Verlag 1995. 452 p., 32 ill. (Atlantes Austriaci, 2. Bd.)

3445
Lenczowski, Roberta E.: Global geospatial information: the challenge and the response. In: Technical Papers 1995 ACSM/ ASPRS, Charlotte, North Carolina, Annual Convention & Exposition. Vol. 2. - Bethesda 1995. p.50-59.

3446
Olson, David R.: Representing the world in maps, diagrams, formulas, pictures and texts. In: The world on paper. - Cambridge 1994. p.195-233.

3447
Ormeling, Ferdinand J.: Honderd edities van Putzger's Historische Schulatlas. In: Kartografisch Tijdschrift. 21, 1995, 2. p.55-56, 1 ill. [Dutch.]

3448
Pelletier, Monique: Die herzförmigen Weltkarten von Oronce Fine. In: Cartographica Helvetica. 12, 1995. p.27-37, 12 ill.

3449
Rodionova, I.A.: Kartografirovanie pokazatelej social'nogo položenija ženščin. In:

Geodezija i Kartografija. 1994, 8. p.34-41, 1 tab., 1 mp. [Mapping indices of women social status.] [Russ.]

3450
<u>Rodionova</u>, I.A.: Kartografirovanie pokazatelej urovnja obščestvennogo razvitija stran mira. In: Geodezia i Kartografia. 1994, 4. p.43-48, 2 ill. [Mapping level indices of world countries social development.] [Russ.]

3451
<u>Rosenstiehl</u>, Nicolas: Mapstat: du nouveau dans l'anamorphose. In: Bulletin du Comité Français de Cartographie. 145, 1995. p.13, 1 ill.

3452
<u>Rücker</u>, Elisabeth: Hartmann Schedels Weltchronik, Nürnberg 1493. In: Kartographische Drucke des 15. und 16. Jahrhunderts. - Leipzig 1994. p.7-15.

3453
<u>Taylor</u>, D.R. Fraser: GIS and developing nations. In: Geographical information systems. Principles and applications. Vol. 2: Applications. - New York 1994. p.71-84.

3454
A twelfth century Arabic World Map. In: The Carto-Philatelist. 39, 1994, 4. p.108-112.

3455
<u>Varanka</u>, Dalia: The rise of English world atlases. - Milwaukee: University of Wisconsin, Milwaukee 1994. [Doct. diss.]

3456
<u>Voženílek</u>, Vít: Digitální mapa světa - světová data na mezinárodním trhu. In: Kartografické Listy. 1995, 3. p.45-54, 3 ill. [The Digital Chart of the World - the world's data on international market.] [Slov. with Engl. rés.]

3457
<u>Werner</u>, Jan: In de witte Pascaert. Kaarten en atlassen van Fredrick de Wit, uitgever te Amsterdam (ca. 1630-1706). Catalogus bij de gelijknamige tentoostelling in de Universiteitsbibliotheek Amsterdam 23.9.-4.11.1994. - Amsterdam: Universiteitsbibliotheek 1994. 72 p., ill.

3458
<u>Zandvliet</u>, Kees: Indonesia in the mirror of history: old maps of Indonesia and the world. - [Jakarta: Erasmus Huis 1994.] 20 p.

b. Oceans and Seas
Ozeane und Meere
Les océans et les mers

3459
<u>Bouchard</u>, Virginie and others: Progression des marais salés à l'ouest du Mont-Saint-Michel entre 1984 et 1994. In: Mappe Monde. 1995, 4. p.28-34, 4 ill. [French with French, Engl. and Span. rés.]

3460
<u>Brocard</u>, Madeleine; Joly, Olivier; Steck, Benjamin: Les réseaux de circulation maritime. In: Mappe Monde. 1995, 1. p.23-28, 6 ill. [With French, Engl. and Span. rés.]

3461
<u>Costa</u>, Maurizio; Di Gregorio, Felice: Cartografia dei dissesti idrogeologici del settore costiero compreso tra Porto Paglia e Capo Altano (Sardegna SW). In: Bollettino della Associazione Italiana di Cartografia. 93/94, 1995. p.107-118, 3 ill., 1 tab. [Ital. with Engl. rés.]

3462
<u>Dobson</u>, Eric L. and others: A land cover characterization methodology for large area inventories. In: Technical Papers

1995 ACSM/ASPRS, Charlotte, North Carolina, Annual Convention & Exposition. Vol. 3. - Bethesda 1995. p.786-795, 2 tab.

3463
Froese, Jens: Forschung und Entwicklung an ISSUS im Bereich sicherer Navigation auf See unter besonderer Berücksichtigung der elektronischen Seekarte. In: 44 DKT. Deutscher Kartographentag 1995. Tagungsführer. Kartographie im Norden. DGfK. Hamburg, 21.-24. Mai. Hamburg 1995. p.44-48, 2 ill.

3464
Furness, Ronald A.; Clark, Meredith: Royal Australian Navy Hydrographic Service. In: Cartography, Suppl. National Report to ICA, 1995, Australia. 17th International Cartographic Conference. 10th General Assembly of ICA. 1995. p.26-33, 4 ill., 1 tab.

3465
Gilde, Egon: Die Entstehung des Meeres-Relief-Globus und seine pädagogische Zielsetzung. In: Der Globusfreund. 43/44, 1995. p.317-319; p.319-321. [In German and Engl.]

3466
Hecht, Horst: Die Elektronische Seekarte - Stand der Entwicklung und Anforderungen an die hydrographischen Dienste. In: Hydrographische Vermessungen - heute. Red.: G. Buziek [and others]. - Stuttgart 1995. p.130-143, 6 ill. (Vorträge des ... DVW-Seminars. 37.) (Schriftenreihe des DVW. 14.)

3467
Hogan, Christopher: Mapping beach conditions to provide an efficient surf rescue service. In: The Globe. Journal of the Australian Map Circle. 41, 1995. p.68-82, 9 ill., 2 tab.

3468
Hollowell, Helen: Examining techniques to map shorelines. - Columbia: University of South Carolina 1995. [Master's thesis.]

3469
Hydrographic technical assistance. In: 12th United Nations Regional Cartographic Conference for Asia and the Pacific. Vol. II, Technical Papers. Bangkok, 20-28 February 1991. - New York 1995. p.387-390.

3470
Jha, S.K.; Prakash, Satya: Various problems and considerations in the coastal and underwater mapping by photogrammetry and remote sensing. In: Indian Surveyor. 44, 1995, 1. p.43-49, 3 ill.

3471
Jin, Di; Kite-Powell, Hauke L.; Broadus, James M.: Dynamic economic analysis of marine pollution prevention technologies: an application to double hulls and electronic charts. In: The International Hydrographic Review. 72, 1995, 2. p.71-96, 5 ill., 2 tab.

3472
Kappel, Wilfried: Das deutsche Seekartenwerk. In: 44 DKT. Deutscher Kartographentag 1995. Tagungsführer. Kartographie im Norden. DGfK. Hamburg, 21.-24. Mai. - Hamburg 1995. p.34-41, 3 ill.

3473
Kelley, James E.: Perspectives on the origins and uses of the portolan charts. In: Cartographica. 32, 1995, 3. p.1-16, 8 ill., 2 tab.

3474
Kerr, Adam J.: A worldwide database for digital nautical charts. In: The International Hydrographic Review. 72, 1995, 2. p.97-119, 1 tab.

3475
Koen, Benjamin: Kompleksen atlas na Černo more. In: Geodesija, Kartografija, zemeustroistvo. 35, 1995, 1. p.25-30, 5 ill. [Complex atlas of Black Sea.] [Bulg.]

3476
Kohlus, J.: Kartographie von Projektergebnissen der Ökosystemforschung Schleswig-Holsteinisches Wattenmeer - Anwendungen eines geographischen Informationssystems im Landesamt für den Nationalpark Schleswig-Holsteinisches Wattenmeer. In: Geographie der Meere und Küsten. Beiträge zur 11. Tagung des Arbeitskreises. - Greifswald 1994. p.141-156, 6 ill. (Greifswalder geographische Arbeiten. 10.)

3477
Leary, Timothy J.; McGarry MacAulay, Gail: Advanced identification of wetlands in the Florida Keys using CAMS imagery. In: Technical Papers 1995 ACSM/ASPRS, Charlotte, North Carolina, Annual Convention & Exposition. Vol. 3. - Bethesda 1995. p.847-854, 2 ill., 1 tab.

3478
Lewis, Keith: New ways of looking at the seabed. In: New Zealand Cartography and Geographic Information Systems. 24, 1995, 2. p.1-11, 8 ill.

3479
Marcadon, Jacques: Ports et flux de conteneurs dans le monde, 1983-1992. In: Mappe Monde. 1995, 1. p.29-34, 4 ill. [With French, Engl. and Span. rés.]

3480
Marova, N.A.: The bottom relief of Antarctica and its representation on new bathymetric maps. In: Mapping Sciences & Remote Sensing. 32, 1995, 2. p.134-144, 1 ill.

3481
Mörzer Bruyns, Willem F.J.: The Mariners' Museum Collection of Navigating Instruments: needs and opportunities. In: Rittenhouse. 9, 1995, 4. p.97-119, 8 ill., 1 tab.

3482
Ocean mapping activities of the Intergovernmental Oceanographic Commission. In: 12th United Nations Regional Cartographic Conference for Asia and the Pacific. Vol. II, Technical Papers. Bangkok, 20-28 February 1991. - New York 1995. p.161-168, 4 ill.

3483
Pillich, Bohdan: Time varying objects in ECDIS. Today, tomorrow and soon after. In: The International Hydrographic Review. 72, 1995, 2. p.111-119.

3484
Report of the IOC ad hoc Group of Experts on Ocean Mapping in the WESTPAC Area. In: 12th United Nations Regional Cartographic Conference for Asia and the Pacific. Vol. II, Technical Papers. Bangkok, 20-28 February 1991. - New York 1995. p.169-175, 1 ill.

3485
Rosette, Michael: The situation of hydrography and nautical charting in the Republic of Seychelles. In: The International Hydrographic Review. 72, 1995, 2. p.23-28.

3486
Schnall, Uwe: Seekarten als Mittel im Konkurrenzkampf zwischen Hamburg und Bremen? In: Karten hüten und bewahren. - Gotha 1995. p.173-183, 4 ill. (Kartensammlung und Kartendokumentation. 11.)

3487
Shaw, Barbara; Allen, James R.: Analysis of a dynamic shoreline at Sandy Hook, New

Jersey using a geographic information system. In: Technical Papers 1995 ACSM/ ASPRS, Charlotte, North Carolina, Annual Convention & Exposition. Vol. 2. - Bethesda 1995. p.382-391, 3 ill., 1 tab.

3488
Shirley, Rodney W.: The maritime map and atlases of Seller, Thornton, and Mount & Page. In: The Map Collector. 73, 1995. p.3-9, 8 ill., 1 tab.

3489
Specifications for the international bathymetric charts produced under regional mapping projects. In: 12th United Nations Regional Cartographic Conference for Asia and the Pacific. Vol. II, Technical Papers. Bangkok, 20-28 February 1991. - New York 1995. p.325-326.

3490
Standardization of Undersea Feature Names. In: 12th United Nations Regional Cartographic Conference for Asia and the Pacific. Vol. II, Technical Papers. Bangkok, 20-28 February 1991. - New York 1995. p.368-369.

3491
Status of hydrographic surveying and nautical charting in Asia and the Pacific. In: 12th United Nations Regional Cartographic Conference for Asia and the Pacific. Vol. II, Technical Papers. Bangkok, 20-28 February 1991. - New York 1995. p.159-160.

3492
Status of international (INT) charts. Paper submitted by International Hydrographic Bureau. In: 12th United Nations Regional Cartographic Conference for Asia and the Pacific. Vol. II, Technical Papers. Bangkok, 20-28 February 1991. - New York 1995. p.188-190, 1 ill.

3493
Terrell, Christopher: A sequel to The Atlantic Neptune of J.F.W. DesBarres: the story of the copperplates. In: The Map Collector. 72, 1995. p.2-9, 8 ill., portr.

3494
Yeager, J.A.; Lockwood, M.: Una serie de Mapas Topográficos-Batimétricos Informatizados de los Estados Unidos de América. In: Topografía y Cartografía. 67, 1995, 12. p.38-46, 1 ill., 2 tab. [With Engl. and French rés.]

c. Africa
Afrika
L'Afrique

3495
Atkinson, David: Arrows, empires, and ambitions in Africa: the geopolitical cartography of Fascist Italy. In: Maps and Africa. Proceedings of a Colloquium at the University of Aberdeen, April 1993. - Aberdeen 1994. p.43-65, 5 ill.

3496
Bridges, R.C.: Maps of East Africa in the nineteenth century. In: Maps and Africa. Proceedings of a Colloquium at the University of Aberdeen, April 1993. - Aberdeen 1994. p.12-31, 11 mp.

3497
Brogiato, Heinz-Peter and others: Paul Langhans und seine Wandkarte der deutschen Kolonien in Afrika (1908). In: Perspektiven der Entwicklungsländerforschung. Festschrift für Hans Hecklau. Hrsg.: Harold Leisch. - Trier 1995. p.81-102, 1 mp.-suppl. (Trierer Geographische Studien. 11.)

3498
Charre, Joël: Satellite et surveillance du climat. Atlas de veille climatique: 1986-1994. In: Mappe Monde. 1995, 3. p.48, 6 ill.

3499
Daw, Michael E.: The use of satellite imagery for crop forecasting in Africa. In: Maps and Africa. Proceedings of a Colloquium at the University of Aberdeen, April 1993. - Aberdeen 1994. p.237-244, 6 ill.

3500
Dreiser, Chr.: Mapping and monitoring auf QUELEA habitats in east Africa. - s.l. 1993. XII, 149 p., 2 tab., 90 ill. (Berliner geographische Studien. Bd 37.)

3501
Erhard, Andreas: Entwicklung und Unterentwicklung: grundsätzliche Überlegungen zur Darstellung mittels Indikatoren anläßlich der Erstellung zweier neuer Karten im Afrikateil des neuen Hölzel-Weltatlas für die Oberstufe: Entwicklungsindikatoren und Tourismus. In: GW-Unterricht. 59, 1995. p.19-35, 4 tab., 2 mp.

3502
Heffernan, Michael J.: An imperial utopia: French Surveys of North Africa in the Early Colonial Period. In: Maps and Africa. Proceedings of a Colloquium at the University of Aberdeen, April 1993. - Aberdeen 1994. p.81-107, 7 ill.

3503
Hunt, Charles G.: Some notes on indigenous map-making in Africa. In: Maps and Africa. Proceedings of a Colloquium at the University of Aberdeen, April 1993. - Aberdeen 1994. p.32-35.

3504
Jacobberger, P.A.: Drought, desertification and digital images: the impact and implications of satellite mapping of land degradation in Africa. In: Maps and Africa. Proceedings of a Colloquium at the University of Aberdeen, April 1993. - Aberdeen 1994. p.207-212.

3505
Jurkovskaja, T.K.: Karty stepeni opasnosti vozniknovenija požara v sredizemnomor'e. In: Geobotaničeskoe kartografirovanie. 1992. p.53-55. [Maps of the degrees of the fire-danger in Mediterranea.] [Russ.]

3506
Kay, George: Population maps of Central Africa. Their origins, nature and use. In: Maps and Africa. Proceedings of a Colloquium at the University of Aberdeen, April 1993. - Aberdeen 1994. p.147-178, 13 ill.

3507
Maps and Africa. Proceedings of a Colloquium at the University of Aberdeen, April 1993. Ed. by Jeffrey C. Stone. - Aberdeen: Aberdeen University African Studies Group 1994. VI, 259 p. ISBN 0-9509989-6-6

3508
O'Brien, C.I.M.: Africa and maps: a mapmaker's view. In: Maps and Africa. Proceedings of a Colloquium at the University of Aberdeen, April 1993. - Aberdeen 1994. p.1-11.

3509
Petrie, Gordon; Liwa, Evaristo J.: Comparative tests of small-scale aerial photographs and Spot satellite images for topographic mapping and map revision in eastern, central and southern Africa. In: ITC-Journal. 1995, 1. p.43-55, 8 ill., 5 tab.

3510
Wright, Robert: Satellites over Africa a review of the potential for mapping. In: Maps and Africa. Proceedings of a Collo-quium at the University of Aberdeen, April 1993. - Aberdeen 1994. p.226-236.

Angola / Angola / Angola

3511
Francisco da Silva, Elias: Návrh kartografického zobrazenia Angoly. - Bratislava: Slovenská technická univerzita 1995. [A proposal of a cartographic projection for Angola.] [Slovak.] [Dipl.-Arb.]

Benin / Benin / Benin

3512
Antheaume, Benoît; Arréghini, Louis: Bénin et Togo, "espaces- couloirs" africains. In: Mappe Monde. 1995, 1. p.18-22. [With French, Engl. and Span. rés.]

Botsuana / Botswana / Botsuana

3513
Nkambwe, Musisi; Arnberg, Wolter: Using GIS to improve data flow for the analysis of land use competition in a tribal African settlement: a case study from Botswana. In: ITC-Journal. 1995, 2. p.115-119, 7 ill. [With Engl., French and Span. rés.]

3514
Stone, Jeffrey: Colonialism and cartography in Botswana. In: Maps and Africa. Proceedings of a Colloquium at the University of Aberdeen, April 1993. - Aberdeen 1994. p.179-191.

Cameroon / Kamerun / Cameroun

3515
Yearwood, Peter J.: From lines on maps to national boundaries: the case of Northern Nigeria and Cameroun. In: Maps and Africa. Proceedings of a Colloquium at the University of Aberdeen, April 1993. - Aberdeen 1994. p.36-42, 2 mp.

Gambia / Gambia / Gambie

3516
Griffiths, I.L.: Maps, boundaries, ambiguity and change in the Gambia. In: Maps and Africa. Proceedings of a Colloquium at the University of Aberdeen, April 1993. - Aberdeen 1994. p.66-80, 4 ill.

Ivory Coast / Elfenbeinküste / Côte-d'Ivoire

3517
Bassett, Thomas J.: Mapping the terrain of tenure reform: the rural landholdings project of Côte d'Ivoire. In: Maps and Africa. Proceedings of a Colloquium at the University of Aberdeen, April 1993. - Aberdeen 1994. p.128-146, 4 ill., 1 tab.

Mali / Mali / Mali

3518
Alassan, Ba.: Kartografičeskie proekcii dlja sozdanija ėkologičeskich kart Respubliki Mali. In: Izvestija vysšich učebnych zavedenij. Geodezija i aerofotosemka. 1993, 3. p.163-172, 2 tab. [Kartographische Projektionen für die Herstellung ökologischer Karten der Republik Mali.] [Russ.]

3519
Clouet, Yves: Aité, bourg sahélien: aménagement et développement à dire d'acteurs. In: Mappe Monde. 1995, 3. p.30-34, 4 ill. [With French, Engl. and Span. rés.]

Mozambique / Mosambik / Mocambique

3520
Rimsten, Carin: The use of spectral signals to map vegetation and the extent of saline soils in the Umbeluzi Valley, Mozambique. In: Practical approaches to applied remote sensing as illustrated by the SAMOZ project in

Mozambique. - Uppsala 1994. p.43-71, 7 ill., 4 tab. (UNGI Rapport. 86.)

3521
Rimsten, Carin: The use of spectral signals to map vegetation and the extent of saline soils from satellite maps based on SPOT XS+P data. In: Practical approaches to applied remote sensing as illustrated by the SAMOZ project in Mozambique. - Uppsala 1994. p.73-80, 4 ill., 2 tab. (UNGI Rapport. 86.)

Nigeria / Nigeria / Nigeria

3522
Yearwood, Peter J.: From lines on maps to national boundaries: the case of Northern Nigeria and Cameroun. In: Maps and Africa. Proceedings of a Colloquium at the University of Aberdeen, April 1993. - Aberdeen 1994. p.36-42, 2 mp.

Republic of South Africa / Südafrikanische Republik République d'Afrique du Sud

3523
Harris, Trevor M. and others: Pursuing social goals through participatory Geographic Information Systems. Redressing South Africa's historical political ecology. In: Ground Truth. The Social Implications of Geographic Information Systems. - New York, London 1995. p.196-222, 3 ill.

3524
Penn, Nigel: Mapping the Cape: John Barrow and the First British Occupation of the Colony, 1795-1803. In: Maps and Africa. Proceedings of a Colloquium at the University of Aberdeen, April 1993. - Aberdeen 1994. p.108-127, 1 ill.

3525
Weiner, Daniel and others: Apartheid representations in a digital landscape: GIS, Remote Sensing and local knowledge in Kiepersol, South Africa. In: Cartography and Geographic Information Systems. 22, 1995, 1. p.30-44, 4 ill. [With Engl. rés.]

Seychelles / Seyschellen / Seychelles

3526
Rosette, Michael: The situation of hydrography and nautical charting in the Republic of Seychelles. In: The International Hydrographic Review. 72, 1995, 2. p.23-28.

Togo / Togo /Togo

3527
Antheaume, Benoît; Arréghini, Louis: Bénin et Togo, "espaces- couloirs" africains. In: Mappe Monde. 1995, 1. p.18-22. [With French, Engl. and Span. rés.]

Uganda / Uganda / Uganda

3528
McMaster, David N.: The yellow cultivation plate of the Uganda 1:250 000 map, 1911. In: Maps and Africa. Proceedings of a Colloquium at the University of Aberdeen, April 1993. - Aberdeen 1994. p.213-225.

Vietnam / Vietnam / Vietnam

3529
N'y Tchi, Suan: Analiz obščegeografičeskich kart V'etnama, izdannych v različnych stranach mira. In: Izvestija vysšich učebnych zavedenij. Geodezija i aerofotosemka. 1993, 5/6. p.155-160, 2 tab. [Analyse allgemeingeographischer Karten von Vietnam, die in verschiedenen Ländern der Welt herausgegeben wurden.] [Russ.]

Zimbabwe / Simbabwe / le Zimbabwe

3530
Carter, Simon E.: Soil, scale and ideology

some thoughts on the use of small scale soil maps in an African context. In: Maps and Africa. Proceedings of a Colloquium at the University of Aberdeen, April 1993. - Aberdeen 1994. p.192-206, 4 ill.

d. The Americas
Amerika
L'Amérique

3531
Crotts, Joe and others: New mapping of Western North America. In: Information Bulletin. Western Association of Map Libraries. 26, 1995, 3. p.62-63.

3532
Finsterwalder, Rüdiger: Moderne Hochgebirgsdarstellung - gezeigt am Beispiel der Alpenvereinskarte "Cordillera real, süd 1:50 000". In: Die Erde. 49, 1995, 1. p.32-38, ill., 1 mp.

3533
Lagarde, Lucie: Un cartographe face à ses sources: Guillaume Delisle (1675-1726) et l'Amérique du Nord. In: L'æil du cartographe et la représentation géographique du Moyen Age à nos jours. - Paris 1995. p.129-145, 6 ill. (Mémoires de la section de géographie physique et humaine. 18.)

3534
Rundstrom, Robert A.: GIS, Indigenous peoples, and epistemological diversity. In: Cartography and Geographic Information Systems. 22, 1995, 1. p.45-57. [With Engl. rés.]

3535
Die Wiedergeburt der Antike und die Auffindung Amerikas: 2000 Jahre Wegbereitung einer Entdeckung. Bildkatalog zur Ausstellung; [Ausstellung in der Staats- und Universitätsbibliothek Hamburg - Carl von Ossietzky - vom 15.12.92 - 2.2.93]. Ausstellung und Katalog: Dieter Harlfinger ... - Wiesbaden: Reichert 1992. IX, 159 p., ill. ISBN 3-88226-564-7

Argentine / Argentinien / Argentine

3536
Rodríguez, Rubén C.: The development of geodesy and cartography in Argentina. In: Surveying and Land Information Systems. 55, 1995, 2. p.77-82, 3 ill., 1 tab. [With Engl. rés.]

Bolivia / Bolivien / Bolivie

3537
Rafiqpoor, M. David: Geomorphologische Detailkartierung und Höhenstufung als Grundlage zur landschaftsökologischen Bewertung tropischer Hochgebirgssysteme am Beispiel der Apolobamba-Kordillere (Bolivien). In: Beiträge zu globalen Umweltproblemen. - Stuttgart 1994. p.95-113, 13 ill., 1 mp. (Akademie der Wissenschaften und der Literatur. Abhandl. Math.-Naturwiss. Kl. 1994, 2.)

3538
Rafiqpoor, M. David: Geomorphologische Kartierung in der Apolobamba-Kordillere (Bolivien). Anwendungen des Legendenkonzeptes der GMK in einem randtropischen Hochgebirge. In: Erdkunde. 48, 1994, 4. p.241-258, 3 mp.

3539
Roux, Jean-Claude; Waniez, Philippe; Brustlein-Waniez, Violette: Niveaux d'analyse et cartographie thématique: groupes ethniques et conditions de vie en Bolivie. In: Mappe Monde. 1995, 1. p.35-41, 13 ill. [With French, Engl. and Span. rés.]

Brazil / Brasilien / Bresil

3540
Figueira de Faria, Miguel: Ingegneria mili-tare

nel Brasile settesentesco. Cartografia, urbanisme e fortificazione. In: La costruzione di un nuovo mondo. Territorio, città, architettura tra Europa e America Latina dal 16. al 18. secolo. Atti del convegno internazionale di studi, Genova 1993. - Genova 1994. p.201-224, 12 ill.

Canada / Kanada / Canada

3541
Boudreau, Claude: La cartographie au Quebec, 1760-1840. - Sainte-Foy, Quebec: Les presses de l'Université Laval 1995. XII, 270 p. ISBN 2-7637-7350-8

3542
The County of Oxford Land-Related Information System. In: 12th United Nations Regional Cartographic Conference for Asia and the Pacific. Vol. II, Technical Papers. Bangkok, 20-28 February 1991. - New York 1995. p.285-288, 1 ill.

3543
Dahl, Edward H.; Hill, Greg; Murphy, Mary E.: The day it rained all night in the cartographic vault: Lessons in Disaster Preparedness and Recovery at the National Archives of Canada. Part I-III. In: Bulletin. Association of Canadian Map Libraries and Archives. 94, 1995. p.1-10, 10 ill.

3544
Dean, William G.: Atlas structures and their influence on editorial decisions: two recent case histories. In: Editing early and historical atlases. - Toronto etc. 1995. p.137-162, 2 ill., 2 tab.

3545
Forest management and GIS: lessons learned in New Brunswick. In: 12th United Nations Regional Cartographic Conference for Asia and the Pacific. Vol. II, Technical Papers. Bangkok, 20-28 February 1991. New York 1995. p.291-297, 4 ill., 1 tab.

3546
GIS in surveying and mapping education in Canada. In: 12th United Nations Regional Cartographic Conference for Asia and the Pacific. Vol. II, Technical Papers. Bangkok, 20-28 February 1991. - New York 1995. p.337-340.

3547
Gosson, Claire; Lacasse, Diane; Stevens, Heather: Canadian Maps & Atlases selected for the International Cartographic Association, Barcelona, 1995. In: Bulletin. Association of Canadian Map Libraries and Archives. 92, 1995. p.22-26.

3548
Harris, R. Cole: Maps as a morality play: volume 1 of the 'Historical Atlas of Canada'. In: Editing early and historical atlases. - Toronto etc. 1995. p.163-179, 1 ill.

3549
Holdsworth, Deryck W.: The politics of editing a National Historical Atlas: a commentary. In: Editing early and historical atlases. - Toronto etc. 1995. p.181-196, 1 ill.

3550
Lam, David C.L.: Combining ecological modeling, GIS and expert systems: a case study of Regional Fish Species Richness Model. In: Environmental modeling with GIS. - New York; Oxford 1993. p.270-275, 6 ill.

3551
Moldofsky, Byron: The Historical Atlas of Canada: Feedback from users and the Historical Atlas of Canada Data Dissemination Project. In: Bulletin. Association of Canadian Map Libraries and Archives. 93, 1995. p.1-11, 4 ill.

3552
Murtha, P.A.: Airborne SAR [Synthetic

Aperture Radar] assists correction of forest map. In: Technical Papers 1995 ACSM/ASPRS, Charlotte, North Carolina, Annual Convention & Exposition. Vol. 2. - Bethesda 1995. p.291-298, 2 ill., 2 tab.

3553
The role of the Canadian Government in Geographic Information Services. In: 12th United Nations Regional Cartographic Conference for Asia and the Pacific. Vol. II, Technical Papers. Bangkok, 20-28 February 1991. - New York 1995. p.347-349.

3554
Schmid-McGibbon, Gesche: Generalization of digital terrain models for use in landform mapping. In: Cartographica. 32, 1995, 3. p.26-38, 8 ill.

3555
Selwood, John H.: The emergence of Winnipeg's town plan, 1870-1914. In: Themes and issues of Canadian geography I. Beiträge zur Geographie Kanadas I. - Salzburg 1995. p.171-184, 7 ill. (Salzburger geographische Arbeiten. 28.)

3556
Taylor, Iain C.: Official geography and the creation of 'Canada'. In: Cartographica. 31, 1994, 4. p.1-15, 13 ill. [With Engl. rés.]

3557
Wood, Alberta Auringer and others: Report of the ACMLA/WAML Joint Conference, University of British Columbia, Vancouver, B.C., May 9-12, 1995. In: Bulletin. Association of Canadian Map Libraries and Archives. 94, 1995. p.15-26, 5 ill.

Columbia / Kolumbien / Colombie

3558
Acharya, Bishwa and others: Applications of GPS and scanning to base mapping: a sugar cane GIS pilot project in the Cauca Valley, Colombia. In: Technical Papers 1995 ACSM/ASPRS, Charlotte, North Carolina, Annual Convention & Exposition. - Bethesda 1995. p.242-251, 4 ill., 6 tab.

Costa Rica / Costa Rica / Costa Rica

3559
Alers, H.M.G.: Kadasterproject Costa Rica. Ervaringen met betrekking tot de kadastrale en landmeetkundige aspecten. In: Geodesia. 37, 1995, 3. p.133-138, 7 ill.

Ecuador / Ekuador / Ecuador

3560
Chatelain, Jean-Luc and ohters: SIG et évaluation des risques naturels: application aux risques sismiques de Quito. In: Mappe Monde. 1995, 3. p.17-22, 5 ill. [With French, Engl. and Span. rés.]

Mexico / Mexiko / Mexique

3561
Laurencich Minelli, Laura; Mantovani, Cristina: La lettera e la carta geografica di Zuan Rames: un documento trascurato del Codice Alberico sulla conquista del Messico. In: Bollettino della Società Geografica Italiana. Serie XI, Vol. XII, 1995. p.11-22, 2 ill. [With Engl. rés.]

3562
Plan nacional de desarrollo 1995-2000. Vol. 1-3. - s.l.: Poder Ejecutivo Federal 1995. 271 p.; 93, LXXXVII; 177 p.
ISBN 970-13-0019-X; 970-13-0738-0; 970-13-0740-2

3563
Rebert, Paula: Mapping the United States-Mexico boundary, 1849-1857. Madison: University of Wisconsin, Madison 1995. [Doct. diss.]

3564
Sacchi, Duccio: Cartografia del questionario e cartografia nel questionario. Il progetto cartografico delle relaciones geográficas delle Nuova Spagna (XVI secolo). In: La costruzione di un nuovo mondo. Territorio, città, architettura tra Europa e America Latina dal 16. al 18. secolo. Atti del convegno internazionale di studi, Genova 1993. - Genova 1994. p.67-79, 2 ill.

United States of America / USA / Etats-Unis d'Amerique

3565
Allen, Robert S.: An overview of the Federal Geographic Data Committee, National Spatial Data Infrastructure, National Geospatial Data Clearinghouse, and the Digital Geospatial Metadata Standard: what will it mean for tomorrow's libraries? In: Bulletin. Special Libraries Association, Geography and Map Division. 180, 1995. p.2-28.

3566
Armstrong, Rebecca: Research issues and a case study of Native American cartography. - Milwaukee: University of Wisconsin, Milwaukee 1994. [Master's thesis.]

3567
Augustyn, Robert; Cohen, Paul: Maps in the making of Manhattan. In: The Magazine Antiques. 148, 1995, 3. p.336-347.

3568
Baynton-Williams, Ashley: Maps marking the American State of Franklin. In: The Map Collector. 72, 1995. p.12-17, 9 ill.

3569
Bedrna, Zoltán: Príspevok ku klasifikácii a mapovaniu pôd pozmenených antropogénnou činnost'ou. In: 12th United Nations Regional Cartographic Conference for Asia and the Pacific. Vol. II, Technical Papers. Bangkok, 20-28 February 1991. In: Geografický časopis. - New York 1995. 47, 1995, 2. p.259-261. [Contribution to classification and mapping of soils changed by anthropis activity.] [Slovak with Engl. rés.]

3570
Berry, Joseph K.: GIS in island resource planning. A case study in map analysis. In: Geographical information systems. Principles and applications. Vol. 2: Applications. - New York 1994. p.285-295, 1 ill.

3571
Biles, Frances E.; Anderson, Timothy C.: Large scale digital orthophoto production and feature collection for a university GIS. In: Technical Papers 1995 ACSM/ ASPRS, Charlotte, North Carolina, Annual Convention & Exposition. Vol. 2. - Bethesda 1995. p.167-174, 3 ill.

3572
Breese, J.: Interpretation of the Anglo-Russian treaty of 1825 and establishment of the Alaska-Canada- boundary. In: Survey Review. 33, 1995. p.161-176, 1 mp.

3573
Campbell, Jeff; Weinstein, David; Finney, Mark: Integrating Landsat TM Imagery, GIS, and behave for forest fire fuels mapping and fire behavior modeling on the Camp Lejeune Marine Corps Base. In: Technical Papers 1995 ACSM/ASPRS, Charlotte, North Carolina, Annual Convention & Exposition. Vol. 2. - Bethesda 1995. p.365-373, 1 ill.

3574
Chamard, Roger R.: Certification of photogrammetrist and mapping scientists.

In: Technical Papers 1995 ACSM/ASPRS, Charlotte, North Carolina, Annual Convention & Exposition. Vol. 2. - Bethesda 1995. p.154-159.

3575
Clerke, William; Lachowski, Henry: Integrating remote sensing and GIS to support Ecosystem Management in the USDA Forest Service. In: Technical Papers 1995 ACSM/ASPRS, Charlotte, North Carolina, Annual Convention & Exposition. Vol. 2. - Bethesda 1995. p.411-419, 1 ill.

3576
A cooperative digital mapping project: a unique success story. In: 12th United Nations Regional Cartographic Conference for Asia and the Pacific. Vol. II, Techical Papers. Bangkok, 20-28 February 1991. New York 1995. p.273-278, 1 ill.

3577
Cubberley, Robert N.: Wetlands mapping in New Jersey. In: Technical Papers 1995 ACSM/ASPRS, Charlotte, North Carolina, Annual Convention & Exposition. Vol. 2. - Bethesda 1995. p.429-438.

3578
Dobson, Eric L. and others: A land cover characterization methodology for large area inventories. In: Technical Papers 1995 ACSM/ASPRS, Charlotte, North Carolina, Annual Convention & Exposition. Vol. 3. - Bethesda 1995. p.786-795, 2 tab.

3579
Edstrom, Nancy J.: Island wilderness: Isle Royal National Park. In: Exploration and Mapping of the National Parks. - Winnetka, Ill. 1994. p.218-250, 3 ill. (Occasional Paper No. 4.)

3580
Egbert, Stephen L. and others: Developing a land cover modelling protocol for the High Plains using Multi-seasonal Thematic Mapper imagery. In: Technical Papers 1995 ACSM/ASPRS, Charlotte, North Carolina, Annual Convention & Exposition. Vol. 3. - Bethesda 1995. p.836-845, 3 tab.

3581
Exploration and Mapping of the National Parks. Ed. by Jenny Marie Johnson. - Winnetka, Ill.: Speculum Orbis Press 1994. X, 285 p. (Occasional Paper No. 4.) ISBN 0-932757-04-9

3582
Ghilani, Charles D.: Use of Land Information Systems as an integrating tool in a baccalaureate surveying program. In: Surveying and Land Information Systems. 54, 1994, 4. p.231-236, 1 ill., 1 tab. [With Engl. rés.]

3583
Gould, Peter: Sources of error in a map series, or science as a socially negotiated enterprise. In: Cartographic Perspectives. 21, 1995. p.30-36, 5 ill.

3584
Gray, Violet: A digital multipurpose vegetation map for the Colorado Desert of California. - Santa Barbara: Univ. of California, Santa Barbara 1994. [Master's thesis.]

3585
Greenfeld, Joshua S.: GIS and GPS in continuing education? In: Technical Papers 1995 ACSM/ASPRS, Charlotte, North Carolina, Annual Convention & Exposition. - Bethesda 1995. p.354-360, 2 tab.

3586
Griesemer, Owen C.; DeMulder, Mark L.: A cooperative mapping program for National Forest Lands. In: Technical Papers 1995

ACSM/ASPRS, Charlotte, North Carolina, Annual Convention & Exposition. - Bethesda 1995. p.272-276.

3587
Hanson, John B.: Geographic data sharing using the Spatial Data Transfer Standard. In: Technical Papers 1995 ACSM/ASPRS, Charlotte, North Carolina, Annual Convention & Exposition. - Bethesda 1995. p.298-306.

3588
Hastenrath, Stefan and others: Variations of the Lewis and Gregor Glaciers, Mount Kenya, 1990-1993. In: Die Erde. 49, 1995, 1. p.60-62, ill., 1 mp.

3589
Hay, Lauren E. and others: Modeling the effects of climate change on water resources in the Gunnison River Basin, Colorado. In: Environmental modeling with GIS. - New York; Oxford 1993. p.173-181, 6 ill.

3590
Hoffer, Roger M.; Linden, David S.; Paschke, Jeanine L.: Integration of GIS, GPS, and remote sensing for inexpensive assessment of forest insect damage. In: Technical Papers 1995 ACSM/ASPRS, Charlotte, North Carolina, Annual Convention & Exposition. Vol. 3. - Bethesda 1995. p.571-578, 3 ill.

3591
Kandoian, Nancy A.: "Supreme and distinctive" on the east coast: the mapping of Acadia National Park. In: Exploration and Mapping of the National Parks. - Winnetka, Ill. 1994. p.2-46, 3 ill. (Occasional Paper No. 4.)

3592
Kineman, John J.: What is a scientific database? Design considerations for global characterization in the NOAA-EPA Global Ecosystems Database Project. In: Environmental modeling with GIS. - New York; Oxford 1993. p.372-378, 3 ill.

3593
Language of the land: journeys into literary America. U.S. Library of Congress. Interpretive Programs Office. - Washington, D.C.: Library of Congress 1993. 20 p.

3594
Leary, Timothy J.; McGarry MacAulay, Gail: Advanced identification of wetlands in the Florida Keys using CAMS imagery. In: Technical Papers 1995 ACSM/ASPRS, Charlotte, North Carolina, Annual Convention & Exposition. Vol. 3. - Bethesda 1995. p.847-854, 2 ill., 1 tab.

3595
Lo, C.P.: A GIS approach to the integration of Landsat TM data and Census data. In: Technical Papers 1995 ACSM/ASPRS, Charlotte, North Carolina, Annual Convention & Exposition. Vol. 2. - Bethesda 1995. p.328-337, 5 ill., 2 tab.

3596
Lytle, Dennis J.: Digital soils databases for the United States. In: Environmental modeling with GIS. - New York; Oxford 1993. p.386-391, 4 ill.

3597
Mapping, charting, and geodetic standardization activities within the United States Department of Defense. In: 12th United Nations Regional Cartographic Conference for Asia and the Pacific. Vol. II, Technical Papers. Bangkok, 20-28 February 1991. - New York 1995. p.311-313.

3598
Martin, Robert Sidney: Following the river through the mountains: mapping Big Bend National Park. In: Exploration and Mapping

of the National Parks. - Winnetka, Ill. 1994. p.48-83, 1 ill. (Occasional Paper No. 4.)

3599
Masuoka, Penny M.; Hoppin, Andrew D.; Lowman, Paul D.: A study of the Sudbury Basin, Ontario, using radar combined with digital elevation data: preliminary results. In: Technical Papers 1995 ACSM/ASPRS, Charlotte, North Carolina, Annual Convention & Exposition. Vol. 3. - Bethesda 1995. p.704-713.

3600
Mclaughlin, Glen; Mayo, Nancy H.: The mapping of California as an island. - Saratoga, CA: California Map Society 1995. 135 p., ill. (Occasional Paper. California Map Society. 5.)

3601
Milošev, Stojančo: Edromaštabnoto kartografirane v SAŠt. Etapi pri izgotvjaneto na edromaštabnata karta. In: Geodezija, kartografija, zemeustrojstvo. 34, 1994, 3/4. p.28-31. [The large-scale cartography in USA. Stages of the drawing up the large-scale map.] [Bulg.]

3602
Milošev, Stojančo: Edromaštabnoto kartografirane na naseleni mesta v SAŠt. potrebiteli na edromaštabnata karta. In: Geodezija, kartografija, zemeustrojstvo. 34, 1994, 1. p.17-19. [Large-scale mapping of towns and villages in USA. Users of the large-scale map.] [Bulg.]

3603
Moffat, Riley; Stockton, Karen; Suzuki, Mabel: Keeping track of paradise: maps of the Hawaiian National Parks. In: Exploration and Mapping of the National Parks. - Winnetka, Ill. 1994. p.182-216, 3 ill. (Occasional Paper No. 4.)

3604
Nagel, David E.; Lillesand, Thomas M.: Use of preclassification image masking to im-prove the accuracy of wetland mapping undertaken in support of statewide land cover classification. In: Technical Papers 1995 ACSM/ASPRS, Charlotte, North Carolina, Annual Convention & Exposition. Vol. 3. - Bethesda 1995. p.866-875, 1 ill., 5 tab.

3605
Nisbet, Robert A.; Botkin, Daniel B.: Integrating a forest growth model with a Geographic Information System. In: Environmental modeling with GIS. - New York; Oxford 1993. p.265-270, 6 ill.

3606
Parrish, David A. and others: U.S. EPA Region 6 Comparative Risk Project: evaluating ecological risk. In: Environmental modeling with GIS. - New York; Oxford 1993. p.348-352, 1 ill., 4 tab.

3607
Rasmussen Rhodes, Hannah; Myers, Donald E.: GRASS used in the geostatistical analysis of Lakewater Data from the Eastern Lake Survey, Phase I. In: Environmental modeling with GIS. - New York, Oxford 1993. p.438-446, 13 ill., 4 tab.

3608
Rebert, Paula: Mapping the United States-Mexico boundary, 1849-1857. Madison: University of Wisconsin, Madison 1995. [Doct. diss.]

3609
Rex, Heather F.: An underground odyssey: the discovery and mapping of Carlsbad Caverns National Park. In: Exploration and Mapping of the National Parks. - Winnetka, Ill. 1994. p.84-106, 4 ill. (Occasional Paper No. 4.)

3610
Seavey, Charles A.: "... the most sublime of all earthly spectacles." Exploration and mapping of the Grand Canyon. In: Exploration and Mapping of the National Parks. - Winnetka, Ill. 1994. p.148-181, 2 ill. (Occasional Paper No. 4.)

3611
Sechrist, Daniel R.; Wilen, Bill O.: Wetlands evaluation: a geographic information system analysis of multi agency wetlands data for Wicomico County, Maryland. In: Technical Papers 1995 ACSM/ASPRS, Charlotte, North Carolina, Annual Convention & Exposition. Vol. 2. - Bethesda 1995. p.348-364, 6 ill.

3612
Shaw, Barbara; Allen, James R.: Analysis of a dynamic shoreline at Sandy Hook, New Jersey using a geographic information system. In: Technical Papers 1995 ACSM/ ASPRS, Charlotte, North Carolina, Annual Convention & Exposition. Vol. 2. - Bethesda 1995. p.382-391, 3 ill., 1 tab.

3613
Shrestha, Ramesh L.: Four-year surveying and mapping undergraduate education in the United States. In: Surveying and Land Information Systems. 54, 1994, 4. p.210-218, 6 ill., 6 tab. [With Engl. rés.]

3614
Simcox, George N.: The changing face of army topography and its research and development. In: Technical Papers 1995 ACSM/ASPRS, Charlotte, North Carolina, Annual Convention & Exposition. - Bethesda 1995. p.277-280.

3615
Smith, S.E. and others: Georeferencing of Satellite Imagery for Digital Soil Mapping. In: Surveying and Land Information Systems. 55, 1995, 1. p.13-20, 6 ill., 2 tab. [With Engl. rés.]

3616
Snyder, Gregory I.; McDermott, Michael P.; Ogrosky, Charles E.: National mapping program user evaluation of selected current products. In: Technical Papers 1995 ACSM/ ASPRS, Charlotte, North Carolina, Annual Convention & Exposition. - Bethesda 1995. p.261-269.

3617
Sohn, Youngsinn: Mapping low density vegetation using spectral unmixing in Thematic Mapper data: Long Valley, Nevada. - Salt Lake City: University of Utah 1994. [Doct. diss.]

3618
Stark, Peter L.: Revealing the sapphire secret of the Cascade Range: exploration and mapping of Crater Lake National Park. In: Exploration and Mapping of the National Parks. - Winnetka, Ill. 1994. p.108-147, 2 ill. (Occasional Paper No. 4.)

3619
Starr, Lowell E.; Anderson, K. Eric: A USGS perspective on GIS. In: Geographical information systems. Principles and applications. Vol. 2: Applications. - New York 1994. p.11-22.

3620
Status of cartographic activities in the United States. In: 12th United Nations Regional Cartographic Conference for Asia and the Pacific. Vol. II, Technical Papers. Bangkok, 20-28 February 1991. - New York 1995. p.79-98.

3621
Stephenson, Richard W.: "A plan whol[l]y new". Pierre Charles L'Enfant's plan of

the City of Washington. - Washington, D.C.: Library of Congress, Geography and Map Division 1993. 85 p., ill.

3622
Walsh, Jim: Yellowstone Park: the first of many, the grandest of all. In: Exploration and Mapping of the National Parks. - Winnetka, Ill. 1994. p.252-285, 3 ill. (Occasional Paper No. 4.)

3623
Watkins, Allen H.; Thorley, Gene A.: A new direction for the National Mapping Program. In: Technical Papers 1995 ACSM/ASPRS, Charlotte, North Carolina, Annual Convention & Exposition. - Bethesda 1995. p.270-271.

3624
Western Association of Map Libraries, Directory of Members, July 1995. In: Information Bulletin. Western Association of Map Libraries. 26, 1995, 3. p.64-73.

3625
Whistler, Jerry L. and others: The Kansas State Land Cover Mapping Project: regional scale land use/land cover mapping using Landsat Thematic Mapper data. In: Tech-nical Papers 1995 ACSM/ASPRS, Charlotte, North Carolina, Annual Convention & Exposition. Vol. 3. - Bethesda 1995. p.773-785.

3626
Wood, Alberta Auringer and others: Report on the 32nd Annual Clinic on Library Applications of Data Processing. GIS and libraries: patrons, maps and spatial information, April 2-4, 1995. In: Bulletin. Association of Canadian Map Libraries and Archives. 93, 1995. p.14-20.

3627
Wood, Jeffrey R.: Combining remote sensing, GPS, and GIS for wetlands mapping in New Jersey. In: Technical Papers 1995 ACSM/ASPRS, Charlotte, North Carolina, Annual Convention & Exposition. Vol. 2. - Bethesda 1995. p.440-449.

3628
Woodcock, Curtis E. and others: Inversion of the Li-Strahler model for mapping forest vegetation: what works and what doesn't. In: Technical Papers 1995 ACSM/ASPRS, Charlotte, North Carolina, Annual Convention & Exposition. Vol. 2. - Bethesda 1995. p.299-308, 7 ill., 3 tab.

3629
Yeager, J.A.; Lockwood, M.: Una serie de Mapas Topográficos-Batimétricos Informatizados de los Estados Unidos de América. In: Topografía y Cartografía. 67, 1995, 12. p.38-46, 1 ill., 2 tab. [With Engl. and French rés.]

e. Asia
Asien
L'Asie

3630
12th United Nations Regional Cartographic Conference for Asia and the Pacific. Vol. II, Technical Papers. Bangkok, 20-28 February 1991. New York 1995. XII, 390 p.

3631
Bugaevskij, Lev M.; Bilibina, N.A.: Proekcii kart Aziatsko- Tichookeanskovo regiona. In: Izvestija vyšsich učebnych zavedenij. Geodezija i aerofotosemka. 1993, 5/6. p.130-138, 3 ill. [Kartenprojektionen der asiatischen Region des Stillen Ozeans.] [Russ.]

3632
Cameron, J.: Implementation of GIS technology: A SE Asian experience. In: Cartography. Journal of the Australian Institute of Cartographers. 24, 1995, 1. p.21-32, 3 ill., 1 tab.

3633
Cartographic activities in Asia and the Pacific, 1986-1990. Paper submitted by the United Kingdom of Great Britain and Northern Ireland. In: 12th United Nations Regional Cartographic Conference for Asia and the Pacific. Vol. II, Technical Papers. Bangkok, 20-28 February 1991. - New York 1995. p.75-78, 7 tab.

3634
Deggau, Michael: Die Projekte STABIS und CORINNE Land Cover. In: Gewinnung von Basisdaten für Geoinformationssysteme. Vorträge des 28. DVW-Seminars vom 5.-6. März an der Universität Hannover und vom 24.-25. Sept. 1992 an der Technischen Universität Dresden. - Stuttgart 1992. p.75-86. (Schriftenreihe des DVW. 4.) (Vorträge des DVW-Seminars. 28.)

3635
Divisional report of the United Nations Group of Experts on Geographical Names for the Division of Asia, south-east, and Pacific, south-west. In: 12th United Nations Regional Cartographic Conference for Asia and the Pacific. Vol. II, Technical Papers. Bangkok, 20-28 February 1991. - New York 1995. p.367-368.

3636
Etat d'avancement 1987-1991, et principales interventions régionales. In: 12th United Nations Regional Cartographic Conference for Asia and the Pacific. Vol. II, Technical Papers. Bangkok, 20-28 February 1991. - New York 1995. p.14-15.

3637
Hirata, Masumi; Kanazawa, Kei; Hashimoto, Ryoichi: Preparation of the 1:3 500 000 Map of Japan Sea and its surrounding countries - a Japan version of the "Upside-down Map". In: Map. 33, 1995, 2. p.48-53, 2 ill., 3 tab., 1 mp. [Japan.]

3638
The Madaba mosaic map. In: The Carto-Philatelist. 40, 1995, 1. p.11-12.

3639
Okhuizen, Edwin: Exploration and mapping of the Northeast Passage and Northern Eurasia, 15th-19th centuries. In: The Northeast Passage. From the Vikings to Nordenskjöld. - Helsinki 1992. p.10-48; p.272-275, ill.

3640
Production of topographic base maps in south-east Asia: some considerations. In: 12th United Nations Regional Cartographic Conference for Asia and the Pacific. Vol. II, Technical Papers. Bangkok, 20-28 February 1991. - New York 1995. p.176-178.

3641
Račkovskaja, E.I.; Safronova, I.N.: Novaja karta botaniko-geografičeskogo rajonirovanija Kazachstana i Srednej Azii v predelach pustynnoj oblasti. In: Geobotaničeskoe kartografirovanie. 1992. p.33-49, 1 ill. [The new map of botanical-geographic subdivision of Kazakhstan and Middle Asia within the limits of the desert region.] [Russ.]

CIS / GUS / CEI

3642
Abaimov, A.P. and others: Multipurpose mapping of the forests of the Central Putorana Upland, East Siberia. In: Mapping Sciences & Remote Sensing. 32, 1995, 4. p.274-283, 3 ill.

3643
Application of remote sensing data in stud-ies of natural resources and mapping. In: 12th United Nations Regional Cartographic Conference for Asia and the Pacific. Vol.

II, Technical Papers. Bangkok, 20-28 February 1991. - New York 1995. p.157-158.

3644
Berljant, Alexander M.; Kapralov, E.G.; Kravcova, V.I.: Cifrovoe tematičeskoe kartografirovanie v universitetach Rossii. In: Vestnik Moskovskogo Universiteta: Serija. Geogr. 5, 1995, 6. p.60-67. [Digital thematic mapping at Russian universities.] [Russ.]

3645
Berljant, Alexander M.: Kartografičeskoe obrazovanie v universitetach Rossii: naučnye i učebno - metodičeskie problemy. In: Geodezija i Kartografija. 1994, 10. p.36-38. [Cartographic education in Russian universities: scientific and training problems.] [Russ.]

3646
Boginskij, V.M.: O sozdanii v Rossii Gosudarstvennogo kataloga geografičeskich nazvanij. In: Geodezija i Kartografija. 1995, 4. p.43-46. [On State Catalog of geographical names developments in Russia.] [Russ.]

3647
Boginskij, V.M.; Nefedova, E.A.; Sudakov, A.S.: Zasedanie Otdela Vostočnaja Evropa, Severnaja i Srednjaja Azija. Gruppy ėkspertov OON po standartizacii geografičeskich nazvanij. In: Geodezija i Kartografija. 1995, 2. p.52-54. [Meeting of UN Expert Group's Section "Eastern Europe, Northern and Middle Asia" on Geographical Names Standardization.] [Russ.]

3648
Breese, J.: Interpretation of the Anglo-Russian treaty of 1825 and establishment of the Alaska-Canada-boundary. In: Survey Review. 33, 1995. p.161-176, 1 mp.

3649
Cartographic activity in the USSR. In: 12th United Nations Regional Cartographic Conference for Asia and the Pacific. Vol. II, Technical Papers. Bangkok, 20-28 February 1991. - New York 1995. p.73-75.

3650
Heidbreder, William H. and others: DMA [Defense Mapping Agency] evaluation of Russian imagery. In: Technical Papers 1995 ACSM/ASPRS, Charlotte, North Carolina, Annual Convention & Exposition. Vol. 2. - Bethesda 1995. p.1-17, 14 ill.

3651
Ilyin, Pavel: Renaming of Soviet cities after exceptional people - a historical perspective on toponymy. In: Map. 33, 1995, 2. p.13-42, 1 ill. [Japan.]

3652
Kočhurov, B.I.; Zherebtsova, N.A.: Mapping ecological situations: status, methodology, and prospects. In: Mapping Sciences & Remote Sensing. 32, 1995, 4. p.310-319, 2 tab.

3653
Koroljuk, A.Ju.: Krupnomasštabnoe kartirovanie rastitel'nosti Barabinskoj ravniny s ispol'zovaniem AFS i KS. In: Geobotaničeskoe kartografirovanie. 1991. p.69-74, 3 ill. [Large-scale vegetation mapping in the Baraba plain using the aerial and space photographs.] [Russ.]

3654
Kuznetsova, T.I.: Landscape mapping of Cisbaykalia based on remote sensing imagery. In: Mapping Sciences & Remote Sensing. 32, 1995, 1. p.9-20, 2 ill., 2 tab. [With Engl. rés.]

3655
Moskovchenko, D.V.: Mapping the resistance of northern landscapes in West Siberia to chemical pollution. In: Mapping Sciences & Remote Sensing. 32, 1995, 2. p.120-133, 1 ill., 2 tab. [With Engl. rés.]

3656
Namzalov, B.B.: Opyt krupnomasštabnogo kartirovanija rastitel'nosti gor jugo-vostočnogo Altaja. In: Geobotaničeskoe kartografirovanie. 1991. p.46-63, 4 ill. [An experience of the large-scale mapping of the mountainous vegetation in the south-eastern Altai.] [Russ.]

3657
Nefedova, E.A.: O sozdanii bazovoj karty "Rossija i sopredel'nye gosudarstva". In: Geodezija i Kartografija. 1994, 8. p.31-34. [Base map "Russian and adjacent states" preparation.] [Russ.]

3658
Plyusnin, V.M.: A remote sensing-based assessment of landscape modification in East Siberia. In: Mapping Sciences & Remote Sensing. 32, 1995, 1. p.71-79, 3 ill. [With Engl. rés.]

3659
Sladkopevcev, S.A.; Kadetov, O.K.; Kravcov, V.V.: Kartografičeskoe obespečenie ėkologičeskogo monitoringa neftegazonosnych rajonov Zapadnoj Sibiri. In: Izvestija vysšich učebnych zavedenij. Geodezija i aerofotosemka. 1995, 3. p.125-134, 2 ill., 1 tab. [Die kartographische Sicherstellung des ökologischen Monitorings der erdöl- und erdgashaltigen Zonen Westsibiriens.] [Russ.]

3660
Sudakov, A.S.: O merach po uporjadočeniju upotreblenija geografičeskich nazvanij v Rossijskoj Federacii. In: Geodezija i Kartografija. 1994, 7. p.34-35. [Measures of ordering geographical names in Russian Federation.] [Russ.]

3661
Technical co-operation in mapping for agriculture. In: 12th United Nations Regional Cartographic Conference for Asia and the Pacific. Vol. II, Technical Papers. Bangkok, 20-28 February 1991. - New York 1995. p.383-385.

3662
Tibaldi, Alessandro: Photo interpretation of active faults in regions of complex topography: possible errors in correspondence of ridges. In: ITC-Journal. 1995, 2. p.127-132, 6 ill. [With Engl., French and Span. rés.]

3663
Vinogradov, B.V. and others: Mapping the dynamics of complex ecosystems based on sequential remote sensing imagery. In: Mapping Sciences & Remote Sensing. 32, 1995, 1. p.80-93, 2 ill., 2 tab. [With Engl. rés.]

3664
Žalkovskij, E.A.: Cifrovoe kartografirovanie Rossijskoj Federacii. In: Izvestija vysšich učebnych zavedenij. Geodezija i aerofotosemka. 1995, 1. p.3-25, 3 tab. [Die digitale Kartierung der Russischen Föderation.] [Russ.]

China / China / China

3665
Hu, Bangbo: Culture and maps: society and cartography in Chinese administrative gazetteers of the Song Dynasty (960-1279 A.D.). - Milwaukee: University of Wisconsin, Milwaukee 1994. [Doct. diss.]

3666
Imhof, Viola: Die. Minya-Konka-Expedition von Eduard Imhof 1930. In: Die Alpen. 71, 1995, 3. p.145-159, ill.

3667
Li, Zhaoyuan: Maps as a visual language: a Chinese perspective. - Waterloo: Wilfrid Laurier University 1995. [Master's thesis.]

3668
Mapping and map publication in China. In: 12th United Nations Regional Cartographic Conference for Asia and the Pacific. Vol. II, Technical Papers. Bangkok, 20-28 February 1991. - New York 1995. p.220-223.

3669
New developments in surveying and mapping in China, 1987-1990. In: 12th United Nations Regional Cartographic Conference for Asia and the Pacific. Vol. II, Technical Papers. Bangkok, 20-28 February 1991. New York 1995. p.7-12.

3670
Qing, Wan: Simulation of flood evacuation with GIS. In: Geo-Informations-Systeme. 8, 1995, 1. p.19-22, 3 ill.

3671
Ryser, Martin: Auf den Spuren Eduard Imhofs in Osttibet. In: Die Alpen. 71, 1995, 3. p.160-170, ill.

3672
Shupeng, Chen: GIS in China. In: Geo-Informations-Systeme. 8, 1995, 1. p.1-5, 3 ill.

3673
Standards and specifications of surveying and mapping in China. In: 12th United Nations Regional Cartographic Conference for Asia and the Pacific. Vol. II, Technical Papers. Bangkok, 20-28 February 1991. - New York 1995. p.306-307, 1 tab.

3674
Yafang, Su: Investment environment studies with GIS. In: Geo-Informations-Systeme. 8, 1995, 1. p.14-18, 5 ill.

Cyprus / Zypern / Chypre

3675
Progress made in the field of surveying and mapping in Cyprus, 1987-1990. In: 12th United Nations Regional Cartographic Conference for Asia and the Pacific. Vol. II, Technical Papers. Bangkok, 20-28 February 1991. - New York 1995. p.13-14.

Hong Kong / Hongkong / Hong-Kong

3676
Surveying and mapping in Hong Kong: 1987-1991. In: 12th United Nations Regional Cartographic Conference for Asia and the Pacific. Vol. II, Technical Papers. Bangkok, 20-28 February 1991. - New York 1995. p.103-104.

Indonesia / Indonesien / Indonésie

3677
The development of geographical information systems in Indonesia. In: 12th United Nations Regional Cartographic Conference for Asia and the Pacific. Vol. II, Technical Papers. Bangkok, 20-28 February 1991. - New York 1995. p.297-301, 2 ill.

3678
Digital mapping and topographic databases: aspects of the development of spatial information systems in Indonesia. In: 12th United Nations Regional Cartographic Conference for Asia and the Pacific. Vol. II, Technical Papers. Bangkok, 20-28 February 1991. - New York 1995. p.235-247, 8 ill.

3679
Lavigne, Franck; Thouret, Jean-Claude: Proposition d'une méthode d'évaluation et de cartographie des risques liés aux lahars sur le volcan Merapi <Java, Indonésie>. In: Croissance urbaine et risques naturels dans les montagnes des pays en développement. -

Grenoble 1994. p.151-166, 3 ill., 3 tab. (Revue de Géographie Alpine. 82. 1994, 4.) [With Engl. and French rés.]

3680
Øvstedal, Ola: Praktisk bruk av GPS under flyfotografering i Indonesia. In: Kart og plan. 88, 1995, 2. p.103-108, 2 ill., 1 tab. [Experiences with GPS in aerial photography in Indonesia.] [Norw. with Engl. rés.]

3681
Survey and mapping activity in Indonesia, 1987-1990. In: 12th United Nations Regional Cartographic Conference for Asia and the Pacific. Vol. II, Technical Papers. Bangkok, 20-28 February 1991. - New York 1995. p.19-27, 5 ill., 1 tab.

3682
Zandvliet, Kees: Indonesia in the mirror of history: old maps of Indonesia and the world. - [Jakarta: Erasmus Huis 1994.] 20 p.

Israel / Israel / Israel

3683
Delano-Smith, Catherine: Expliquer ou décrire? Les cartes de la Terre Sainte antérieures à 1600. In: L'æil du cartographe et la représentation géographique du Moyen Age à nos jours. - Paris 1995. p.39-52, 6 ill. (Mémoires de la section de géographie physique et humaine. 18.)

3684
Dürst, Arthur: Die Karte des Heiligen Landes in der Froschauer-Bibel 1525: erste in Zürich gedruckte Karte. In: Alte und neue Schätze: Zentralbibliothek Zürich. Hrsg. Alfred Cattani u.a. - Zürich 1993. p.50-53; p.180-184.

3685
Elkins, Dick: Maps of the Holy Land on postage stamps. In: Journal. Israeli Map Collectors Society. 11, 1994. p.16-22, 14 ill.

3686
Haag, Hans Jakob: A map considered to be the oldest woodcut map of the Holy Land (around 1560). In: Journal. Israeli Map Collectors Society. 10, 1993. p.40-41.

3687
Künz, Armin: Cranach as cartographer: the rediscovered map of the Holy Land. In: Print Quarterly. 12, 1995, 2. p.123-144.

3688
Wajntraub, Eva: The Holy City of Jerusalem. In: Journal. Israeli Map Collectors Society. 12, 1995. p.1-12, 22 ill.

3689
Wajntraub, Eva; Wajntraub, Gimpel: Gerard Mercator's Map of Palestine, 1537. In: Journal. Israeli Map Collectors Society. 11, 1994. p.1-6, portr.

3690
Wajntraub, Gimpel; Wajntraub, Eva: Holy Land maps and views by German-speaking cartographers. In: Journal. Israeli Map Collectors Society. 10, 1993. p.3-22.

3691
Wajntraub, Gimpel: Alphabetical list of German-speaking cartographers of Holy Land maps, part IV. In: Journal. Israeli Map Collectors Society. 11, 1994. p.24-36, 4 ill.

Japan / Japan / Japan

3692
Akachi, Yuich: Maps showing the change in passenger arrivals and departures at railway stations in the Tokyo Metropolitan Area. In: Map. 33, 1995, 3. p.49-56, 6 ill. [Japan. with Engl. rés.]

3693
Cartographic work in Japan 1990-1993. The 13th United Nations Regional Cartographic Conference for Asia and the Pacific. In: Bulletin of the Geographical Survey Institute. 41, 1995, March. p.125-136, 11 tab.

3694
Cartographic work in Japan, 1986-1989. In: 12th United Nations Regional Cartographic Conference for Asia and the Pacific. Vol. II, Technical Papers. Bangkok, 20-28 February 1991. - New York 1995. p.27-36, 11 tab.

3695
Etsuo, Iguchi: Some changes in the Metropolitan (Tokyo) Street Car Plans and their specific features. In: Map. 33, 1995, 3. p.27-34, 12 ill. [Japan. with Engl. rés.]

3696
Hasegawa, Koji: Road atlases in early modern Japan and Britain. In: Geographical studies & Japan. Ed. by John Sargent & Richard Wiltshire. Folkestone, Kent 1993. p.15-24.

3697
Iwabuchi, Hiroyuki: Tokyo area JR Lines. In: Map. 33, 1995, 3. p.13-14, 2 ill. [Japan.]

3698
Kaneko, Jun'ichi; Hishiyama, Takehide: Toponymic guidelines for map and other editors: Japan. In: Bulletin of the Geographical Survey Institute. 41, 1995, March. p.119-124, 1 tab.

3699
Kubo, Sachio: The development of GIS in Japan. In: Geographical information systems. Principles and applications. Vol. 2: Applications. - New York 1994. p.47-56, 2 ill.

3700
Nakagawa, Koichi: Maps and plans which appeared in the Railway Travel Guidebook. In: Map. 33, 1995, 3. p.15-26, 8 ill. [Japan. with Engl. rés.]

3701
Preparation of the National Atlas of Japan, revised edition. In: 12th United Nations Regional Cartographic Conference for Asia and the Pacific. Vol. II, Technical Papers. Bangkok, 20-28 February 1991. New York 1995. p.216-218, 1 tab.

3702
Seto, Reiko: The change in commuter flow by Shi, Ku, Machi and Mura Units in the Kanto District from 1965 to 1985. In: Map. 33, 1995, 1. p.14-29, 9 ill., 3 tab. [Japan. with Engl. rés.]

3703
Shimizu, Yasuo: Railway symbols on topographical maps. In: Map. 33, 1995, 3. p.35-40, 11 ill., 1 tab. [Japan. with Engl. rés.]

3704
Yonechi, Fumio; Fujiwara, Takao: "Agricultural production of the Japanese Empire, Atlas" as a first thematic atlas in Japan. In: Map. 33, 1995, 2. p.1-12, 4 ill. [Japan. with Engl. rés.]

Korea / Korea / Korea

3705
Mapping in Korea. In: 12th United Nations Regional Cartographic Conference for Asia and the Pacific. Vol. II, Technical Papers. Bangkok, 20-28 February 1991. - New York 1995. p.54-58, 2 ill., 9 tab.

Laos / Laos / Laos

3706
La cartographie en RDP [République démocratique populaire] Lao. In: 12th United Nations Regional Cartographic Conference for Asia and the Pacific. Vol. II, Technical Papers. Bangkok, 20-28 February 1991. - New York 1995. p.36.

Malaysia / Malaysia / Malaysia

3707
Cartographic activities in Malaysia, 1987-1990. In: 12th United Nations Regional Cartographic Conference for Asia and the Pacific. Vol. II, Technical Papers. Bangkok, 20-28 February 1991. - New York 1995. p.37-41, 2 ill., 2 tab.

Nepal / Nepal / Nepal

3708
Cartographic activities in Nepal. In: 12th United Nations Regional Cartographic Conference for Asia and the Pacific. Vol. II, Technical Papers. Bangkok, 20-28 February 1991. - New York 1995. p.42-46, 5 ill.

3709
Finsterwalder, Rüdiger: Eine neue Alpenvereinskarte Hunza-Karakorum", 1:100 000. In: Mitteilungen. Deutscher Alpenverein. 47, 1995, 5. p.340-342, ill.

3710
Jüptner, Bernhard: Die Trekkingkarte - Entstehung, Methodik und Inhalte (mit einer Aufzählung bisher veröffentlichter Produkte und einer kritischen Gegenüberstellung von Beispielen aus dem Langthang Himal). - Wien: Institut für Kartographie der Österreichischen Akademie der Wissenschaften 1994. 48 p., 20 ill., 12 tab. (Berichte und Informationen. 24.)

3711
Mt. Everest mit Schweizer Mass. In: Zeitschrift für Vermessungswesen. 118, 1993, 6. Beilage, p.XI-XII.

Philippines / Philippinen / Philippines

3712
Large-scale urban base mapping in the Metro Manila Region. In: 12th United Nations Regional Cartographic Conference for Asia and the Pacific. Vol. II, Technical Papers. Bangkok, 20-28 February 1991. New York 1995. p.377-381, 2 ill.

3713
Surveying and mapping in the Philippines, 1986-1990. In: 12th United Nations Regional Cartographic Conference for Asia and the Pacific. Vol. II, Technical Papers. Bangkok, 20-28 February 1991. - New York 1995. p.51-54.

Singapore / Singapur / Singapour

3714
Mapping and surveying activities, 1987-1990 [Singapore]. In: 12th United Nations Regional Cartographic Conference for Asia and the Pacific. Vol. II, Technical Papers. Bangkok, 20-28 February 1991. - New York 1995. p.59-60.

Sri Lanka / Sri Lanka / Sri Lanka

3715
Bartlett, Alan: "And the peculiar commodity of the island". [Ceylon] [by Robert Knox]. In: Journal. Israeli Map Collectors Society. 10, 1993. p.42-46, 2 ill.

Thailand / Thailand / Thailand

3716
Mapping and surveying to support land administration in Thailand: the first six years

of the Land Titling Project. In: 12th United Nations Regional Cartographic Conference for Asia and the Pacific. Vol. II, Technical Papers. Bangkok, 20-28 February 1991. - New York 1995. p.178-183, 3 tab.

3717
Mapping socio-economic characteristics by value-by-area cartograms (anamorphic maps). Paper submitted by Germany. In: 12th United Nations Regional Cartographic Conference for Asia and the Pacific. Vol. II, Technical Papers. Bangkok, 20-28 February 1991. - New York 1995. p.203-209, 4 ill.

3718
Progress report on cartographic activities in Thailand. In: 12th United Nations Regional Cartographic Conference for Asia and the Pacific. Vol. II, Technical Papers. Bangkok, 20-28 February 1991. - New York 1995. p.60-73, 6 ill., 2 tab.

3719
A strategy for designing an integrated land information system for a large third world city: The Bangkok Land Information System Project. In: 12th United Nations Regional Cartographic Conference for Asia and the Pacific. Vol. II, Technical Papers. Bangkok, 20-28 February 1991. - New York 1995. p.279-285, 1 ill.

3720
Topographic mapping project of the Bangkok Metropolitan Area. In: 12th United Nations Regional Cartographic Conference for Asia and the Pacific. Vol. II, Technical Papers. Bangkok, 20-28 February 1991. New York 1995. p.381-383.

Turkey / Türkei / Turquie

3721
Dinc, A.O.; D'Souza, G.: Detailed soil mapping in rangelands using Landsat-TM data in southeastern Anatolia Region of Turkey. In: Technical Papers 1995 ACSM/ ASPRS, Charlotte, North Carolina, Annual Convention & Exposition. Vol. 3. - Bethesda 1995. p.748-758, 2 ill., 4 tab.

3722
Dinc, A.O.: Importance of satellite remote sensing for developing countries for mapping and monitoring natural resources: examples from Turkey. In: Technical Papers 1995 ACSM/ASPRS, Charlotte, North Carolina, Annual Convention & Exposition. Vol. 3. - Bethesda 1995. p.741-744, 3 ill.

3723
Zindler, Friedrich A.: Kartenentwurf in Problemräumen, Region Südostanatolien. Versuch einer raumanalytischen Unter-suchung mit besonderer Berücksichtigung der Funktion der Karte als Kommunikationsmittel. - Wien: Universität Wien 1992. 165 p., 26 ill., suppl. [Dipl.-Arb.]

Vietnam / Vietnam / Vietnam

3724
Dubuc, Sylvie: Atlas du Viêt-Nam. In: Mappe Monde. 1995, 3. p.45-47, 5 ill.

3725
Foundation, building and development of geodesy and cartography work in Viet Nam. In: 12th United Nations Regional Cartographic Conference for Asia and the Pacific. Vol. II, Technical Papers. Bangkok, 20-28 February 1991. - New York 1995. p.98-100.

f. Australia and the Pacific Islands
Australien und Ozeanien
L'Australie et l'Océanie

3726
Atschko, Gerhard and others: Der erste Blick in die Welt: Australien-Karten aus Hölzel 5/8. Atlasinnovation für

die 5. bis 8. Schulstufe aus dem Verlag Ed. Hölzel. In: GW-Unterricht. 57, 1995. p.95-96.

3727
Laubsch, Jeffrey: Mapping South Australia. In: Cartography, Suppl. National Report to ICA, 1995, Australia. 17th International Cartographic Conference. 10th General Assembly of ICA. 1995. p.77-81, 1 ill.

Australia / Australien / Australie

3728
Aplin, Graeme: Changing maps of changing cities: mapping urban change. In: The Globe. Journal of the Australian Map Circle. 41, 1995. p.19-26, 2 ill.

3729
Atchison, John: Towards an Australian national place names project. In: The Globe. Journal of the Australian Map Circle. 43, 1995. p.47-59.

3730
Bagnell, Wayne: Mapping Queensland. In: Cartography, Suppl. National Report to ICA, 1995, Australia. 17th International Cartographic Conference. 10th General Assembly of ICA. 1995. p.50-60, 3 ill.

3731
Baker, Graham: Australian Surveying and Land Information Group (AUSLIG) Department of Administrative Services. In: Cartography, Suppl. National Report to ICA, 1995, Australia. 17th International Cartographic Conference. 10th General Assembly of ICA. p.22-25.

3732
Baker, Graham: National coordination. In: Cartography, Suppl. National Report to ICA, 1995, Australia. 17th International Cartographic Conference. 10th General Assembly of ICA. p.16.

3733
Baker, Graham: Towards a national land and geographic data infrastructure. In: The Globe. Journal of the Australian Map Circle. 42, 1995. p.1-14.

3734
Banks, Dominic: Terrain modelling as an aid to historic visualisation. In: Cartography. Journal of the Australian Institute of Cartographers. 24, 1995, 2. p.75-83, 6 ill.

3735
Benson, Doug: Mapping vegetation. In: The Globe. Journal of the Australian Map Circle. 41, 1995. p.40-44.

3736
Benson, John: Sampling, strategies and costs of regional vegetation mapping. In: The Globe. Journal of the Australian Map Circle. 43, 1995. p.18-28, 1 ill., 4 tab. [With Engl. rés.]

3737
Cartographic activities in Australia, 1987-1990. In: 12th United Nations Regional Cartographic Conference for Asia and the Pacific. Vol. II, Technical Papers. - New York 1995. p.3-7.

3738
Cooke, Terry: Maps for orienteering. In: The Globe. Journal of the Australian Map Circle. 42, 1995. p.49-57, 2 ill.

3739
Cooper, Richard: The 1:250 000 scale Hydrogeological Map Series of the Murray Basin. In: The Globe. Journal of the Australian Map Circle. 43, 1995. p.60-67, 2 ill.

3740
Duncan, Stuart: The Australian Map Circle. In: Cartography, Suppl. National Report to ICA, 1995, Australia. 17th International

Cartographic Conference. 10th General Assembly of ICA. p.17-18.

3741
Eeles, Allan: Mapping in the Australian Capital Territory. In: Cartography, Suppl. National Report to ICA, 1995, Australia. 17th International Cartographic Conference. 10th General Assembly of ICA. 1995. p.48-49.

3742
Epps, Roger: Mapping broom by satellite imagery at Barrington Tops N.S.W. In: The Globe. Journal of the Australian Map Circle. 43, 1995. p.6-11, 2 ill. [With Engl. rés.]

3743
Ferry, John: Mapping the New South Wales free selection acts in Colonial New England. In: The Globe. Journal of the Australian Map Circle. 43, 1995. p.29-42, 7 ill. [With Engl. rés.]

3744
Fraser, David: Cartographic education in Australia. In: Cartography, Suppl. National Report to ICA, 1995, Australia. 17th International Cartographic Conference. 10th General Assembly of ICA. 1995. p.108-112.

3745
Fraser, David: Mapping Victoria. In: Cartography, Suppl. National Report to ICA, 1995, Australia. 17th International Cartographic Conference. 10th General Assembly of ICA. 1995. p.73-76.

3746
Furness, Ronald A.; Clark, Meredith: Royal Australian Navy Hydrographic Service. In: Cartography, Suppl. National Report to ICA, 1995, Australia. 17th International Cartographic Conference. 10th General Assembly of ICA. 1995. p.26-33, 4 ill., 1 tab.

3747
Hillier, John: Murray Darling Basin Commission (MDBC). In: Cartography, Suppl. National Report to ICA, 1995, Australia. 17th International Cartographic Conference. 10th General Assembly of ICA. 1995. p.43-45, 1 ill.

3748
Hogan, Christopher: Mapping beach conditions to provide an efficient surf rescue service. In: The Globe. Journal of the Australian Map Circle. 41, 1995. p.68-82, 9 ill., 2 tab.

3749
Hutchinson, Michael: Development of a continent-wide DEM with applications to terrain and climate analysis. In: Environmental modeling with GIS. - New York; Oxford 1993. p.392-399, 3 ill.

3750
Jones, Alan; Prescott, Dorothy: Digital spatial data and libraries in Australia. In: The Globe. Journal of the Australian Map Circle. 42, 1995. p.15-35.

3751
Kohen, Jim: Mapping Aboriginal linguistic and clan boundaries in the Sydney region. In: The Globe. Journal of the Australian Map Circle. 41, 1995. p.32-39, 2 ill.

3752
Mackenzie, Ailsa: Geographical patterns of crime. In: The Globe. Journal of the Australian Map Circle. 41, 1995. p.83-87, 1 ill.

3753
Mapping Northern Territory. In: Cartography, Suppl. National Report to ICA, 1995, Australia. 17th International Cartographic Conference. 10th General Assembly of ICA. 1995. p.103-105.

3754
Mapping Western Australia. In: Cartography, Suppl. National Report to ICA, 1995, Australia. 17th International Cartographic Conference. 10th General Assembly of ICA. 1995. p.82-102, 4 ill.

3755
McEwen, David: Mapping New South Wales. In: Cartography, Suppl. National Report to ICA, 1995, Australia. 17th International Cartographic Conference. 10th General Assembly of ICA. 1995. p.61-72, 3 ill.

3756
National Report to ICA, 1995, Australia. 17th International Cartographic Conference. 10th General Assembly of ICA. - Barcelona 1995. 112 p. (Cartography, Suppl.)
ISBN 0-9589120-2-5

3757
A new Australian standard for spatial data transfer. In: 12th United Nations Regional Cartographic Conference for Asia and the Pacific. Vol. II, Technical Papers. Bangkok, 20-28 February 1991. - New York 1995. p.302-306.

3758
O'Callaghan, John F.; Garner, Barry J.: Land and geographical information systems in Australia. In: Geographical information systems. Principles and applications. Vol. 2: Applications. - New York 1994. p.57-70, 3 ill., 2 tab.

3759
Ogureeva, G.N.; Kotova, T.V.; Rjabova, N.V.: Opyt melkomasštabnogo kartografirovanija rastitel'nosti Avstralii. In: Geobotaničeskoe kartografirovanie. 1992. p.20-32, 1 mp. [An experience of the small-scale vegetation mapping of Australia.] [Russ.]

3760
Pressey, Robert; Ferrier, Simon: Types, limitations and uses of geographic data in conservation planning. In: The Globe. Journal of the Australian Map Circle. 41, 1995. p.45-52.

3761
Roberts, John E.: Problems of survival: is it a beginning, an end or a continuation of the status quo? In: The Globe. Journal of the Australian Map Circle. 42, 1995. p.62-70, 3 ill.

3762
Selkirk, Patricia; Adamson, Don: Mapping Macquarie Island. In: The Globe. Journal of the Australian Map Circle. 41, 1995. p.53-67, 4 ill., 1 tab.

3763
Skitch, Bob: Mapping Australia - national overview. In: Cartography, Suppl. National Report to ICA, 1995, Australia. 17th International Cartographic Conference. 10th General Assembly of ICA. p.13-15.

3764
Smith, Keith: Australian Map Industry Association - AMIA. In: Cartography, Suppl. National Report to ICA, 1995, Australia. 17th International Cartographic Conference. 10th General Assembly of ICA. p.17.

3765
Smith, Keith: The Australian Institute of Cartographers. In: Cartography, Suppl. National Report to ICA, 1995, Australia. 17th International Cartographic Conference. 10th General Assembly of ICA. p.6-8.

3766
Turk, Andrew; Mackaness, William A.: Design considerations for spatial information systems and maps to support native title negotiation and arbitration. In:

Cartography. Journal of the Australian Institute of Cartographers. 24, 1995, 2. p.17-28, 7 ill.

3767
Volkova, E.A.; Fedorova, I.T.: Karty rastitel'nosti v atlase resursov Avstralii. In: Geobotaničeskoe kartografirovanie. 1992. p.50-53. [Vegetation maps in atlas of resources of Australia.] [Russ.]

3768
Williams, Brian: Hazard mapping. In: The Globe. Journal of the Australian Map Circle. 43, 1995. p.1-5. [With Engl. rés.]

3769
Wood, S.N.; Kentish, P.M.: La "Gestión de Calidad" - Una nueva interfaz entre los Gobiernos y los Topógrafos catastrales. In: Topografía y Cartografía. 71, 1995, 12. p.43-53, 2 ill., 2 tab. [Span. with Engl. and French rés.]

New Zealand / Neuseeland / Nouvelle Zélande

3770
Bradley, Barry: Applying the donor principle to map names. A practical experience. In: Proceedings of the 17th conference. New Zealand Geographical Society. Victoria Univ. of Wellington, august 30 - september 2, 1993. - Christchurch 1993. p.67-69.

3771
Bradley, Barry: Cartography for the New Zealand Historical Atlas: using computers to draw maps. In: The Bulletin of The Society of Cartographers. 28, 1994, 2. p.19-22, 2 ill.

3772
Cartographic activities in New Zealand, 1987-1990. In: 12th United Nations Regional Cartographic Conference for Asia and the Pacific. Vol. II, Technical Papers. Bangkok, 20-28 February 1991. - New York 1995. p.47-51.

3773
Dickson, Phil: When is a city not a city? Place names on maps. In: Proceedings of the 17th conference. New Zealand Geographical Society. Victoria Univ. of Wellington, august 30 - september 2, 1993. Christchurch 1993. p.70-72, 1 tab.

3774
Harmsworth, Garth R.; Dymond, John R.; McLeod, Malcolm: Automated mapping of soils in hilly terrain using DTMs [Digital Terrain Models]: A New Zealand example. In: ITC-Journal. 1995, 2. p.87-94, 4 ill., 4 tab. [With Engl. rés.]

3775
Lewis, Keith: New ways of looking at the seabed. In: New Zealand Cartography and Geographic Information Systems. 24, 1995, 2. p.1-11, 8 ill.

3776
Management of national mapping and charting programmes. In: 12th United Nations Regional Cartographic Conference for Asia and the Pacific. Vol. II, Technical Papers. Bangkok, 20-28 February 1991. - New York 1995. p.359-362.

3777
McKinnon, Malcolm: Why geographers are indispendable to the making of an historical atlas of New Zealand. In: Proceedings of the 17th conference. New Zealand Geographical Society. Victoria Univ. of Wellington, august 30 - september 2, 1993. - Christchurch 1993. p.8-10.

3778
O'Malley, Geoff; Fraser, Tony: Using the world projection and mapping program with coreldraw. In: The Bulletin of The Society of Cartographers. 28, 1994, 2. p.27-30, 3 ill.

3779
O'Regan, Peter; Chalmers, Lex: Shoreline change analysis using digital mapping techniques. In: Proceedings of the 17th conference. New Zealand Geographical Society. Victoria Univ. of Wellington, august 30 - september 2, 1993. - Christchurch 1993. p.40-43, 2 ill.

3780
Pawson, Eric: Compiling a plate for the historical atlas of New Zealand. The West Coast coal industry. In: Proceedings of the 17th conference. New Zealand Geographical Society. Victoria Univ. of Wellington, august 30 - september 2, 1993. - Christchurch 1993. p.16-18.

3781
Pawson, Eric: Historical atlas of New Zealand. Introduction. In: Proceedings of the 17th conference. New Zealand Geographical Society. Victoria Univ. of Wellington, august 30 - september 2, 1993. Christchurch 1993. p.8.

3782
Roche, Michael: Atlases, ethics and freezing works. In: Proceedings of the 17th conference. New Zealand Geographical Society. Victoria Univ. of Wellington, august 30 - september 2, 1993. - Christchurch 1993. p.11-15, 2 ill., 1 tab.

Oceania / Ozeanien / Océanie

3783
12th United Nations Regional Cartographic Conference for Asia and the Pacific. Vol. II, Technical Papers. Bangkok, 20-28 February 1991. New York 1995. XII, 390 p.

3784
Cartographic activities in Asia and the Pacific, 1986-1990. Paper submitted by the United Kingdom of Great Britain and Northern Ireland. In: 12th United Nations Regional Cartographic Conference for Asia and the Pacific. Vol. II, Technical Papers. Bangkok, 20-28 February 1991. - New York 1995. p.75-78, 7 tab.

3785
Divisional report of the United Nations Geoup of Experts on Geographical Names for the Division of Asia, south-east, and Pacific, south-west. In: 12th United Nations Regional Cartographic Conference for Asia and the Pacific. Vol. II, Technical Papers. Bangkok, 20-28 February 1991. - New York 1995. p.367-368.

3786
Etat d'avancement 1987-1991, et principales interventions régionales. In: 12th United Nations Regional Cartographic Conference for Asia and the Pacific. Vol. II, Technical Papers. Bangkok, 20-28 February 1991. - New York 1995. p.14-15.

3787
Guillande, Richard and others: Automated mapping of the landslide hazard on the island of Tahiti based on digital satellite data. In: Mapping Sciences & Remote Sensing. 32, 1995, 1. p.59-70, 6 ill., 2 tab. [With Engl. rés.]

g. Europe
Europa
L'Europe

3788
The 1994 European GIS Yearbook. - Oxford: NCC Blackwell 1994-.

3789
Anderegg, Susann: Der Kanton hat ein Juwel zurück [Konrad Geiger und Johannes Müller]. Basler-&-Hofmann-Stiftung übergibt Moritz Leuenberger eine 230jährige Karte. In: Cartographica Helvetica. 12, 1995. p.48-49, 4 ill.

3790
Anno quingentesimo libri cronicarum. 500 Jahre Buch der Chroniken. 500 Jahre Schedelsche Weltchronik. Begleitheft zur Ausstellung. Germanisches Nationalmuseum, 13.7. - 30.12.1993. - Nürnberg: Verlag des Germanischen Nationalmuseums 1993. 22 p., ill.

3791
Brand, Michael: EUROGI. The European umbrella organisation for geographic information. In: The 1994 European GIS Yearbook. p.48-50.

3792
Brocard, Madeleine; Lecoquierre, Bruno; Mallet, Pascal: Le chorotype de l'estuaire européen. In: Mappe Monde. 1995, 3. p.6-7. [With French, Engl. and Span. rés.]

3793
Coppock, J. Terry: GIS in Europe. A personal perspective. In: The 1994 European GIS Yearbook. p.86-88.

3794
Dale, Peter F.: Land information systems in Europe. In: The 1994 European GIS Yearbook. p.123-125.

3795
De Taeye, Alain; Essen, Robert van: Realising the European digital road map. In: The 1994 European GIS Yearbook. p.52-54, 1 ill.

3796
Dotter, Franz: Zur Namenschreibung in Alpenvereinskarten. In: Festschrift Ortsnamenforschung. 20 Jahre Salzburger Ortsnamenkommission. - Salzburg 1995. p.89-101. (SIR Schriftenreihe, Bd 14.)

3797
Haydn, Rupert; Volk, Peter: Umweltbeobachtung mit Satellitenbilddaten - Beispiele für Aktivitäten in Europa. In: Umweltinformation und Karte. Beiträge zur kartographischen Informationsverarbeitung. - Trier 1994. p.114-124. (Sonderband zum Deutschen Kartographentag. 43.)

3798
Hökby, Torsten: GIS och GIS-utbildning ur ett europeiskt perspektiv. In: Lantmäteritidskriften. 1995, 1. p.23-28, 4 ill. [GIS and GIS-education from an european view.] [Swed.]

3799
Irsen, Wolfgang: Bezugs- und Koordinatensysteme von Vermessung und Kartographie im Hinblick auf die europäische Vereinheitlichung. In: Die benutzte Erde. Ökosysteme, Rohstoffgewinnung, Herausforderungen. Berlin 1994. p.113-119, 1 ill.

3800
Jacobs, Heiko; Sties, Manfred: Multitemporale Landnutzungsklassifizierung und Analyse der Nutzungsänderung im Oberrheingraben. In: Zeitschrift für Photogrammetrie und Fernerkundung. 63, 1995, 4. p.160-173, 8 ill., 7 tab.

3801
Jäger, Eckhard: Ostdeutschland und die deutschen Siedlungsgebiete im östlichen Europa in der Kartographie. In: Deutsche im Osten. Geschichte, Kultur, Erinnerungen. - Berlin 1994. p.22-43, ill.

3802
Jurkovskaja, T.K.: Karty stepeni opasnosti

vozniknovenija požara v sredizemnomor'e. In: Geobotaničeskoe kartografirovanie. 1992. p.53-55. [Maps of the degrees of the fire-danger in Mediterranea.] [Russ.]

3803
Karamyševa, Z.V.; Jurkovskaja, T.K.: Ocerednoe rabočee soveščanie po "Karte rastitel'nosti Evropy". In: Geobotaničeskoe kartografirovanie. 1992. p.55-58. [Next in turn workshop on the vegetation map of Europe.] [Russ.]

3804
Kemp, Karen K.: GIS education in Europe. In: The 1994 European GIS Yearbook. p.90-92, 1 ill.

3805
Klöppel, Reinhard: Das Vermessungswesen im Spannungsfeld zwischen föderaler Vielfalt und europäischer Integration. In: Mitteilungen der DVW-Landesvereine Hessen e.V. und Thüringen e.V. 46, 1995, 3; 6, 1995, 3. p.28-35, ill.

3806
Knoop, Hans: Normung und technische Regelsetzung des Vermessungswesens in der Europäischen Union. In: 78. Deutscher Geodätentag 1994 in Mainz "Geodäsie traditionell fortschrittlich". Kongreßdokumentation d. Fachvorträge. - Stuttgart 1994. p.106-114, 2 ill. (Deutscher Verein für Vermessungswesen e.V. Schriftenreihe. 12.)

3807
Kreft, Wolfgang: Eine Spezialsammlung historischer Senkrechtluftbilder Ostmitteleuropas in der Kartensammlung des Marburger Herder-Instituts. Bestand, Erschließung, Forschungsaspekte. In: Karten hüten und bewahren.- Gotha 1995. p.81-95, 9 ill. (Kartensammlung und Kartendokumentation. 11.)

3808
Kretschmer, Ingrid: Die Donau - ein geographischer Überblick. In: Flüsse im Herzen Europas. Rhein-Elbe-Donau. Mosaiksteine einer europäischen Flußlandschaft. - Berlin 1993. p.135-137. (Staatsbibliothek zu Berlin. Ausstellungskatalog. N.F. 6.)

3809
Kretschmer, Ingrid: Donau und Donauländer. Thematische Karten und Atlanten vom 18. Jahrhundert bis zur Gegenwart. In: Flüsse im Herzen Europas. Rhein-Elbe-Donau. Mosaiksteine einer europäischen Flußlandschaft. - Berlin 1993. p.147-157, 4 ill.

3810
Kreuer, Werner: Imago Civitatis. Stadtbildsprache des Spätmittelalters [Hartmann Schedel]. - Essen 1993. 195 p., 71 ill., 32 facs. (Essener Geogr. Schriften. 2.)

3811
Krogt, Peter C.J. van der: De foliokaart van de Nederlanden door Filips Galle uit 1579. In: Caert-Thresoor. 14, 1995, 3. p.63-67, 2 ill.

3812
Masser, Ian: Mapping the future of Europe. Recent developments in research. In: The 1994 European GIS Yearbook. p.76-81, 1 ill.

3813
Morrison, Alastair: Des différences entre les plans des transports publics en France, en Allemagne et en Espagne. In: Mappe Monde. 1995, 3. p.23-29, 7 ill. [With French, Engl. and Span. rés.]

3814
Mousset, Joe: CERCO. Fifteen years of progress. In: The 1994 European GIS Yearbook. p.62-63.

3815
Okhuizen, Edwin: Exploration and mapping of the Northeast Passage and Northern Eurasia, 15th-19th centuries. In: The Northeast Passage. From the Vikings to Nordenskjöld. - Helsinki 1992. p.10-48; p.272-275, ill.

3816
Pečnik, Slavko: Digital terrain model of Europe. In: Geodetski vestnik. 39, 1995, 1. p.13-18, 1 ill., 1 tab.

3817
Pečnik, Slavko: Digitalni model reliefa Evrope. In: Geodetski vestnik. 39, 1995, 1. p.7-12, 1 ill., 1 tab. [Digital terrain model of Europe.] [Slov.]

3818
Reynolds, Jonathan: GIS for retailing across Europe. In: The 1994 European GIS Yearbook. p.115-117, 1 ill., 2 tab.

3819
Rhind, David W.: Does Europe exist? In: The 1994 European GIS Yearbook. p.30-33, 2 ill.

3820
Rickman, Daniel: Implications of the European DRIVE programme. In: The 1994 European GIS Yearbook. p.55-56.

3821
Rowley, John: National standards acivity in Europe. A summary. In: The 1994 European GIS Yearbook. p.73-75.

3822
Rowley, John: National standards activity in Europe. A country-by country review. In: The 1994 European GIS Yearbook. p.226-237, 1 tab.

3823
Rozenblat, Céline: Tissu d'un semis de villes européennes. In: Mappe Monde. 1995, 4. p.22-27, 7 ill. [With French, Engl., and Span. rés.]

3824
Salgé, François: Geographic information. The challenge for Europe. In: The 1994 European GIS Yearbook. p.36-38.

3825
Schön, Karl Peter: Kartographische Darstellungen zu einem europäischen Raumordnungskonzept. Cartographic presentation in the context of a European concept of regional planning. In: Vorstellungen der Bundesrepublik Deutschland zu einem europäischen Raumordnungskonzept. Referate eines Workshops am 26.-27.4.1993 in Marburg. - Marburg/Lahn 1993. p.13-26, 10 mp. (Marburger geographische Schriften. 125.) [In German and Engl.]

3826
Schoeneich, Philippe: Comparaison des systèmes de légendes français, allemand et suisse - principes de la légende IGUL. In: Cartographie géomorphologique - Cartographie des risques. Actes de la Réunion annuelle de la Société Suisse de Géomorphologie 19 au 21 juin 1992 aux Diablerets et à Randa. - Lausanne 1992. p.15-24, 5 ill. (Université de Lausanne. Inst. de Géographie. Travaux et recherches. 9.) [With German and French rés.]

3827
Schreuer, Vital: Eurostat. Bringing the geographical dimension to statistics. In: The 1994 European GIS Yearbook. p.44-47, 3 ill.

3828
Strübin Rindisbacher, Johanna: Vermessungspläne von Joseph Plepp (1595-1642), dem bernischen Werkmeister, Maler und

Kartenverfasser. In: Cartographica Helvetica. 12, 1995. p.3-12, 10 ill., portr.

3829
Voiron-Canicio, Christine: Morphologie d'un semis de villes européennes. In: Mappe Monde. 1995, 4. p.17-21, 7 ill. [With French, Engl., and Span. rés.]

3830
Wicks, Malcolm; Norton-Standon, Graham: GIS and the European utilities. In: The 1994 European GIS Yearbook. p.119-121, 2 ill.

Albania / Albanien / Albanie

3831
Barnes, Grenville; Sartori, Michael: A GPS methodology for surveying and mapping cadastral parcels in Albania. In: Technical Papers 1995 ACSM/ASPRS, Charlotte, North Carolina, Annual Convention & Exposition. Bethesda 1995. p.111-120, 2 ill., 2 tab.

3832
Kronsteiner, Gerald: Eine aktuelle Karte von Albanien. Versuch einer aktuellen kartographischen Darstellung von Albanien im Maßstab 1:200 000 einschl. einer Kurzfassung der jüngeren Kartographiegeschichte Albaniens. - Univ. Wien 1994. 118 p., 57 ill., 1 mp. [Dipl.-Arb.]

3833
Onuzi, Kujtim: Historical view over geological cartography in Albania. Tirana 1995. 7 p. (Paper for the 16th International Conference on the History of Cartography.)

3834
Shehu, Agim; Kristo, Vasil: Kartografia albańska. In: Polski przegląd kartograficzny. 26, 1994, 1. p.24-27. [Albanian cartography.] [Pol. with Engl. and Russ. rés.]

Austria / Österreich / Autriche

3835
Alte Landkarten aus Niederösterreich. Eine Ausstellung aus den Sammlungen der NÖ Landesbibliothek. 8. April bis 3. September 1995. - Grafenegg: Metternich'sche Schloßverwaltung 1995. 78 p. (Katalog).

3836
Asch, Angela; Fasching, Gerhard L.: Die Ortsnamenbearbeitung bei der Salzburger Ortsnamenkommission. In: Festschrift Ortsnamenforschung. 20 Jahre Salzburger Ortsnamenkommission. - Salzburg 1995. p.165-176, 5 ill. (SIR Schriftenreihe, Bd 14.)

3837
Aschenbrenner, Jörg; Slupetzky, Heinz: Die Karte "Hohe Riffel" 1:5 000. In: Mitteilungen der Österreichischen Geographischen Gesellschaft. Bd 136. - Wien 1994. p.263-265, 1 mp.-suppl.

3838
Aschenbrenner, Jörg; Slupetzky, Heinz: Neue Hochgebirgskarten aus den Hohen Tauern (Granatspitz- und Glocknergruppe). In: Mitteilungen der Österreichischen Geographischen Gesellschaft. 135, 1993. p.243- 246, 1 ill., 2 mp.

3839
Bácsatyai, László: Umwandlung der Budapester stereographischen Koordinaten in österreichische Gauss-Krüger-Koordinaten. In: Österreichische Zeitschrift für Vermessung & Geoinformation. 83, 1995, 4. p.227-233, 5 ill., 3 tab.

3840
Bedjanic, Klaudia: Kartographische Bearbeitung von Orthophoto-Stadtplänen mit touristischer Thematik. Entwurf und Erstellung einer Touristenkarte des 1. Bezirks von Wien

mit gastronomischen Komponenten. - Wien 1993. 74 p., 3 ill., 4 mp. [Dipl.-Arb.]

3841
Belada, Peter: Die Mehrzweckstadtkarte von Wien. In: Österreichische Zeitschrift für Vermessung & Geoinformation. 82, 1994, 4. p.400.

3842
Birsak, Lukas: Atlaskartographie auf dem Weg ins dritte Jahrtausend. EDV-gestützte Kartenherstellung für die neuen österreichischen Hölzel-Atlanten. In: GW-Unterricht. 56, 1994. p.85-87.

3843
Blaschitz, Friedrich: Vom Grundsteuerkataster zur Digitalen Katastralmappe. In: Eich- und Vermessungsmagazin. 79, 1995. p.18-22, 2 ill.

3844
Blühberger, Günther: Isoerodentenkarte von Vorarlberg mit der Liste der ÖBAG-Niederschlagsfaktoren Rv und Rw sowie Periodenvergleich und monatliche Mittelwerte der Niederschläge. - Wien: Umweltinstitut des Landes Vorarlberg 1993. 32 p., 11 tab., 1 ill., 1 mp.

3845
Brandstätter, Ernst: Neuordnung der Nutzungsinformation im Kataster. In: Angewandte Geographische Informationsverarbeitung VII. Beiträge zum GIS-Symposium 5.-7. Juli 1995. - Salzburg 1995. p.39-41. (Salzburger Geographische Materialien. 22.)

3846
Braumann, Christoph; Philipp-Pommer, Karin: Ortsnamen im Salzburger Geographischen Informationssystem SAGIS. In: Festschrift Ortsnamenforschung. 20 Jahre Salzburger Ortsnamenkommission. - Salzburg 1995. p.59-63, 2 ill., 4 mp. (SIR Schriftenreihe, Bd 14.)

3847
Csaplovics, Elmar; Kanonier, Johannes; Sindhuber, Adele: Zur Integration hochauflösender kosmischer Photoaufnahmen mit der Kamera KFA-1000 in regionale Geo-Informationssysteme - Fallstudie Nationalpark Neusiedler See - Fertö Tó (Österreich, Ungarn). In: Angewandte Geographische Informationsverarbeitung V. Beiträge zum GIS-Symposium 7.-9. Juli 1993. - Salzburg 1993. p.283-289, 3 ill.(Salzburger Geographische Materialien, H. 20.)

3848
Ditz, Robert: Die Geometrieerfassung für ein GIS aus der amtlichen Karte ÖK 50. - TU Wien 1994. [Dipl.-Arb.]

3849
Eisenhut, Max: Die österreichische Bodenkarte - ein Beitrag zum Schutz der Umwelt. In: Mitteilungen der Österreichischen Geographischen Gesellschaft. 135, 1993. p.175-190, 7 ill., 1 tab.

3850
Fasching, Gerhard L.: 20 Jahre Salzburger Ortsnamenkommission 1975- 1995. In: Festschrift Ortsnamenforschung. 20 Jahre Salzburger Ortsnamenkommission. - Salzburg 1995. p.17-22. (SIR Schriftenreihe, Bd 14.)

3851
Fischer, Karl: Die kartographische Darstellung Wiens bis zur Zweiten Türkenbelagerung. In: Das ist die stat Wien. Vom Albertinischen Plan zur Computerstadtkarte. Ein halbes Jahrtausend Wiener Stadtkartographie. Wiener Geschichtsblätter. Beiheft 4, 1995. p.8-28.

3852
Fischer, Karl: Streiflichter auf die Wien-Kartographie der letzten beiden Jahrhunderte. In: Das ist die stat Wien. Vom Albertinischen Plan zur Computerstadtkarte. Ein halbes Jahrtausend Wiener Stadtkartographie. Wiener

Geschichtsblätter. Beiheft 4, 1995. p.38-45.

3853
Franzen, Michael and others: Digitale Luftbildkarte/Digitale Satellitenbildkarte. In: Österreichische Zeitschrift für Vermessung & Geoinformation. 82, 1994, 4. p.406, 1 ill.

3854
Fuchs, Walter: Die derzeitigen Methoden der topographischen Kartenfortführung vor dem Hintergrund der digitalen Verfahren der Landesaufnahme. In: Eich- und Vermessungsmagazin. 79, 1995, 1. p.38-46, 4 ill.

3855
Fuxjäger, Gerald: Flächenwidmungsplan als abfragbarer Datensatz - Marktgemeinde Unterpremstätten/Steiermark. In: Österreichische Zeitschrift für Vermessung & Geoinformation. 82, 1994, 4. p.406.

3856
Gamsjäger, Erika: Isoliniendarstellung geologischer Flächen aus interpretierten Luftbildern unter Verwendung eines geowissenschaftlichen Programmsystems im Gebiet Hochschwab-Salzatal. Univ. Wien 1994. 81 p., ill., 6 suppl. [Diss.]

3857
Geländedarstellung. Von der Maulwurfshügelmanier zum digitalen Geländehöhenmodell. Ausstellung anläßlich der 16. Internationalen Konferenz zur Geschichte der Kartographie. - Wien: Bundesamt für Eich- und Vermessungswesen 1995. 45 p.

3858
Grössing, Helmuth: Entwicklungslinien der Kartographie bis zum Anfang des 16. Jahrhunderts. In: Das ist die stat Wien. Vom Albertinischen Plan zur Computerstadtkarte. Ein halbes Jahrtausend Wiener Stadtkartographie. Wiener Geschichtsblätter. Beiheft 4, 1995. p.3-7.

3859
Gruber, Michael; Meissl, Stephan; Böhm, Rainer: Das dreidimensionale digitale Stadtmodell Wien. Erfahrungen aus einer Vorstudie. In: Österreichische Zeitschrift für Vermessung & Geoinformation. 83, 1995, 1/2. p.29-36, 4 ill., 3 tab.

3860
Hartl, Helmut: Biotopkartierung in Kärnten (1987-1993). In: Carinthia II. 104, 1994, 1. p.277-286, 2 ill.

3861
Hochstöger, Franz: Verwaltung landesweiter Geländehöhendaten. In: Angewandte Geographische Informationsverarbeitung VII. Beiträge zum GIS-Symposium 5.-7. Juli 1995. - Salzburg 1995. p.98-106, 2 ill., 2 tab. (Salzburger Geographische Materialien. 22.)

3862
Höflinger, Ernst: LIS/GIS developments in Austria. In: The 1994 European GIS Yearbook. p.160-162, 2 ill.

3863
Hofecker, Peter: Möglichkeiten neuer Darstellungsformen in der Kartographie: Freizeitaktivitäten im Raum Neue/ Alte Donau. Ein interaktives kartographisches Informationssystem für den tertiären Sektor. Bd 1: Aufbau und Programmierung eines rechnergestützten Freizeit-Informationssystems. - Wien 1993. 155 p., 73 ill. [Dipl.- Arb. Univ. Wien.]

3864
Isamberth, Renate: Ortsnamenbearbeitung im Österreichischen Statistischen Zentralamt. In: Festschrift Ortsnamenforschung. 20 Jahre Salzburger Ortsnamenkommission. - Salzburg 1995. p.77-81, 4 ill. (SIR Schriftenreihe, Bd 14.)

3865
Das ist die stat Wien. Vom Albertinischen Plan zur Computerstadtkarte. Wanderung durch ein halbes Jahrtausend Wiener Stadtkartographie. Objektliste zur Ausstellung des Wiener Stadt- und Landesarchivs und des Historischen Museums der Stadt Wien. - Wien: Historisches Museum der Stadt Wien 1995. 21 p. (204. Sonderausstellung.)

3866
Janeschitz, Elisabeth; Mitsche, Heribert: Der "Seeuferkataster Wörther See" als Teil von KAGIS. In: Angewandte Geographische Informationsverarbeitung V. Beiträge zum GIS-Symposium 7.-9. Juli 1993. - Salzburg 1993. p.157-168, 5 ill., 1 tab. (Salzburger Geographische Materialien, H. 20.)

3867
Kartographische Zimelien. Die 50 schönsten Karten und Globen der Österreichischen Nationalbibliothek. Hrsg.: Österreichische Nationalbibliothek. - Wien: Holzhausen 1995. 148 p., ill.

3868
Kataster, Grundlagenvermessungen, Staatsgrenzen. Modernisierung des Katasters. In: 70 Jahre Bundesamt für Eich- und Vermessungswesen. Wien 1993. p.111-129, 11 ill.

3869
Klostius, Walter: Road extraction for a Road Information System with a positional accuracy of 2-5 m using High-Resolution Satellite Images. In: Geo-Informations-Systeme. 8, 1995, 6. p.20-24, 6 ill. [With Engl. and German rés.]

3870
König, Gebhard; Serbjukov, A.N.: Koncepcija sozdanija i ispol'zovanija basy znanij v kartografičeskoj ėkspertnoj sisteme. Eine Ausstellung aus den Sammlungen der NÖ Landesbibliothek. In: Izvestija vysšich učebnych zavedenij. Geodezija i aerofotosemka. Wien: NÖ Landesbibliothek 1995. 1995, 2. 76 p. (Sonder- und Wechselausstellungen der NÖ Landesbibliothek, Nr. 16.) [Konzeption der Schaffung und Nutzung der Wissensbasis im kartographischen Expertensystem (KES).] [Russ.]

3871
Kossina, Anton: Das Namengut der Katastralmappe in Salzburg. In: Festschrift Ortsnamenforschung. 20 Jahre Salzburger Ortsnamenkommission. - Salzburg 1995. p.27-35, 5 ill. (SIR Schriftenreihe, Bd 14.)

3872
Kraiger, G.; Kühtreiber, N.: Preliminary results of a new Bouger map of Austria. In: Geodesy and physics of the earth. Geodetic contributions to geodynamics. 7. international symposium ... Potsdam, Oct. 5-10, 1992. - Berlin [and so on] 1993. p.133-136, 2 ill. (International Association of Geodesy symposia. 112.)

3873
Kretschmer, Ingrid: Atlas of regional development of Austria. In: Proceedings ICA National and Regional Atlases Commission Meeting. - Madrid 1992. p.185-187. (Comunicaciones y Ponencias, 10.)

3874
Landesaufnahme. In: 70 Jahre Bundesamt für Eich- und Vermessungswesen. - Wien 1993. p.203-239, 20 ill.

3875
Lang, Walter: Möglichkeiten neuer Darstellungsformen in der Kartographie: Freizeitaktivitäten im Raum Neue/Alte Donau. Ein interaktives kartographisches Informationssystem für den tertiären Sektor. Bd 2: Entwicklung und Visualisierung von digitalen Signaturen für die Darstellung am Bildschirm.

- Wien 1993. 68 p., 24 ill. [Dipl.-Arb. Univ. Wien.]

3876
Leberl, Franz; Kalliany, Rainer: Satellite Remote Sensing in Austria and the European Center for Earth Observation. In: Österreichische Zeitschrift für Vermessung & Geoinformation. 83, 1995, 1/2. p.37-47, 1 ill., 3 tab.

3877
Leidlmair, Adolf; Keller, Wilfried: Geographie im Dienste der Schule (Zum Erscheinen der 3. Auflage des Atlas für Südtirol). In: Innsbrucker Jahresbericht 1991/92 der Österreichischen Geographischen Gesellschaft, Zweigverein Innsbruck. - Innsbruck 1993. p.40-44.

3878
Leidlmair, Adolf: Der Tirol-Atlas als Landeskunde in Karten. In: Innsbrucker Jahresbericht 1991/92 der Österreichischen Geographischen Gesellschaft, Zweigverein Innsbruck. - Innsbruck 1993. p.34-44.

3879
Meckel, Helmut: Das Namengut der Österreichischen Karte 1:50 000. In: Festschrift Ortsnamenforschung. 20 Jahre Salzburger Ortsnamenkommission. - Salzburg 1995. p.37-47, 4 ill. (SIR Schriftenreihe, Bd 14.)

3880
Menschik, Gottfried: Zentrum und Peripherie. Zwei neue Karten im neuen Hölzel Weltatlas für die Oberstufe. In: GW-Unterricht. 56, 1994. p.88-91, 1 ill.

3881
Mokre, Jan: "Die Mitführung einer Landkarte ist unerläßlich". Die kartographische Entdeckung der Wiener Gegenden im Biedermeier. In: Karten hüten und bewahren. - Gotha 1995. p.119-139, 1 ill. (Kartensammlung und Kartendokumentation. 11.)

3882
Mokre, Jan: Das große 18. Jahrhundert der Wiener Stadtkartographie. In: Das ist die stat Wien. Vom Albertinischen Plan zur Computerstadtkarte. Ein halbes Jahrtausend Wiener Stadtkartographie. Wiener Geschichtsblätter. Beiheft 4, 1995. p.29-37.

3883
Müller, Guido; Sitte, Wolfgang; Suida, Hermann: Veränderungen der Kulturlandschaft im südlichen Bereich der Stadt Salzburg während der letzten zwei Jahrhunderte im Bild kartographischer Darstellungen. In: Festschrift Helmut Riedl. - Salzburg 1993. p.89-104, 10 ill. (Salzburger Geographische Arbeiten. Bd 25.)

3884
Muggenhuber, Gerhard: Automated cadastre as basis for information systems in Austria. In: UDMS '93. 16th Urban Data Management Symposium 6.-10. Sept. 1993. Proceedings. - Wien 1993. p.308-311, 1 ill., 1 tab.

3885
Nicolussi, Kurt: Bilddokumente zur Geschichte des Vernagtferners im 17. Jahrhundert. In: Zeitschrift für Gletscherkunde und Glazialgeologie. 26, 1990, 2. p.97-119, 4 ill., plates.

3886
Pedrazza, Hannes: Erstellung und Gestaltung eines digitalen Flächenwidmungsplanes. Dargestellt am Beispiel der NÖ Gemeinde Obergrafendorf. - Wien 1993. 75 p., 20 ill., 3 mp. [Dipl.-Arb. Univ. Wien.]

3887
Purkhart, Jörg: Vorarlberger Geographisches Informationssystem (VOGIS). In: Österrei-

chische Zeitschrift für Vermessung & Geoinformation. 83, 1995, 1/2. p.26-29, 2 ill.

3888
Rabenstein, Edmund: Die Fertigstellung der Österreichischen Karte 1:200 000. In: Eich- und Vermessungsmagazin. 79, 1995. p.14-18, 2 ill.

3889
Ranzinger, Monika; Lorber, Günther: 3D-Stadtmodell Graz - Überlegungen für eine operationelle Umsetzung. In: Österreichische Zeitschrift für Vermessung & Geoinformation. 83, 1995, 3. p.111-118, 6 ill., 6 tab. [With German and Engl. rés.]

3890
Reischer, Johannes: Möglichkeiten der digitalen Erstellung ausgewählter kartenverwandter Ausdrucksformen durch optimierte Visualisierung von Geländemodellen (DGM): dargestellt am Beispiel des Gebietes Schneeberg und Rax. - Univ. Wien 1994. 87 p., ill., mp. [Dipl.-Arb.]

3891
Riepl, Hermann: Der Bezirk Hollabrunn - alte Ansichten, Karten und Bücher. Zur sechsten Ausstellung der NÖ Landesbibliothek über die Bezirke Niederösterreichs. In: Unsere Heimat. 64, 1993, 1. p.36-37.

3892
Riepl, Hermann: Niederösterreich im alten Kartenbild. In: Unsere Heimat. 66, 1995, 3. p.214.

3893
Schirmer, Herbert: High-Tech im Rucksack. Die Neuauflage der Dachsteinkarte. In: Berg '93 = Alpenvereinsjahrbuch. 117, 1993. p.75-79, 3 ill.

3894
Stani-Fertl, Roman: Zwei Kartenproben aus dem neuen Europateil des Unterstufen-Schulatlas von Freytag & Berndt. In: GW-Unterricht. 56, 1994. p.82-84, 2 mp.

3895
Steiner, Christian: Genauigkeitsanalyse des Atlas Tyrolensis. - Technische Universität Wien 1994. 123 p., ill., tab., 13 p. suppl. [Dipl.-Arb.]

3896
Stocker, Erich: Geomorphologische Kartierung alpiner Gebiete - Erfahrungen an einem Beispiel aus dem Voralpengebiet bei Salzburg. In: Mitteilungen der Österreichischen Geographischen Gesellschaft. 135, 1993. p.161-174, 3 ill.

3897
Stöhr, Gerhard: Die Problematik der Verwaltungsgrenzen und Herstellung digitaler Sonderkarten. In: Eich- und Vermessungsmagazin. 77, 1995, 1. p.17-26, 6 ill.

3898
Stöhr, Gerhard: Sonderkarten des Katasters und Verwaltungsgrenzen. Vom Katastralmappenarchiv zu digitalen Plangrundlagen. In: Angewandte Geographische Informationsverarbeitung VII. Beiträge zum GIS-Symposium 5.-7. Juli 1995. - Salzburg 1995. p.183-190, 4 ill. (Salzburger Geographische Materialien. 22.)

3899
Strenn, Leopold; Zill, Viktor: Digitale Kartographie im Bundesamt für Eich- und Vermessungswesen (BEV). In: Österreichische Zeitschrift für Vermessung & Geoinformation. 83, 1995, 1/2. p.3-13, 9 ill. [With German and Engl. rés.]

3900
Wawrik, Franz: Die Kartensammlung der Österreichischen Nationalbibliothek - Geschichte und Gegenwart. In: Kartographische Zimelien. - Wien 1995. p.3-10, 1 ill.

3901
Wawrik, Franz: Die Kartensammlung der Österreichischen Nationalbibliothek. Erwerbungspolitik - neue Erwerbungen. In: Eich- und Vermessungsmagazin. 79, 1995. p.22-26, 1 ill.

3902
Wawrik, Franz: Kartensammler und -sammlungen in Österreich. In: Karten hüten und bewahren. - Gotha 1995. p.205-220. (Kartensammlung und Kartendokumentation. 11.)

3903
Weber, Robert; Walter, Gerhard; Klotz, Stefan: GPS-relevante Koordinatensysteme und deren Bezug zum Österreichischen Festpunktfeld. In: Österreichische Zeitschrift für Vermessung & Geoinformation. 83, 1995, 4. p.190-200, 9 ill., 2 tab.

3904
Wernhart, Helmut: Das Bundesmeldenetz in der Österreichischen Karte 1:50 000. In: Eich- und Vermessungsmagazin. 77, 1995, 1. p.9-17, 21 ill.

3905
Wilmersdorf, Erich: Computerunterstützte Kartographie in der Wiener Stadtverwaltung. In: Das ist die stat Wien. Vom Albertinischen Plan zur Computerstadtkarte. Ein halbes Jahrtausend Wiener Stadtkartographie. Wiener Geschichtsblätter. Beiheft 4, 1995. p.46-53.

3906
Wurth, Johannes: Die Gewässernamenbearbeitung beim Hydrographischen Dienst in Österreich. In: Festschrift Ortsnamenforschung. 20 Jahre Salzburger Ortsnamenkommission. - Salzburg 1995. p.83-87, 4 ill. (SIR Schriftenreihe, Bd 14.)

3907
Zill, Viktor: Automationsunterstützte Datenverarbeitung in der österreichischen Landesaufnahme. In: Angewandte Geographische Informationsverarbeitung V. Beiträge zum GIS-Symposium 7.-9. Juli 1993. - Salzburg 1993. p.61-64, 2 ill. (Salzburger Geographische Materialien, H. 20.)

3908
Zill, Viktor: Das Projekt GEONAM in BEV/ Gruppe Landesaufnahme. In: Festschrift Ortsnamenforschung. 20 Jahre Salzburger Ortsnamenkommission. - Salzburg 1995. p.49-58, 5 ill. (SIR Schriftenreihe, Bd 14.)

Belgium / Belgien / Belgique

3909
Bogaerts, M.J.M.: GIS-Vlaanderen, grootschalig niveau. Advies van het Weetenschappelijk Comité GIS Vlaanderen. In: Geodesia. 37, 1995, 6. p.291-296, 1 ill.

3910
Buelens, P.: GBK Vlaanderen. Kwaliteit, uniformiteit en pragmatisme. In: Geodesia. 37, 1995, 3. p.139-141, 1 ill.

3911
Delattre, N.: Le produit topographique DB250 de l'Institut Géographique National. Conception d'un système d'information géographique à l'échelle 1:250 000. In: Bulletin Trimestriel de la Société Belge de Photogrammetrie-Teledetection et Carto-

graphie. 199/ 200, 1995. p.3-26 = French; 6 ill., 7 tab.; p.27-50 = Flam.

3912
Herben, W.: Cartographie communale numérique. In: Bulletin Trimestriel de la Société Belge de Photogrammetrie-Télédétec-tion et Cartographie. 197/198, 1995. p.45-50, 2 ill. [Fläm. und franz. Version.]

3913
Linssen, P.: De Vlaamse milieudatabank en haar belang voor GIS. In: Bulletin Trimestriel de la Société Belge de Photogrammetrie-Télédétection et Cartographie. 197/198, 1995. p.3-8. [Fläm. und frz. Version.]

3914
Mortier, J.: Het typebestek GBKV [Grootschalige Basiskaart van Vlaanderen] van CARDIB CV. De toekomstige standaard voor grootschalige kaartvervaardiging in Vlaanderen? In: Geodesia. 37, 1995, 9. p.391-398, 8 ill.

3915
Stoeve, Wilbert; Buisseret, David: A French engineer's atlas of the River Somme, 1644: commentary on a Newberry manuscript. In: Mapline. 77, 1995. p.1-10, 8 ill.

3916
Vanneste, Dominique: University training in GIS in Belgium: a survey. In: Bulletin Trimestriel de la Société Belge de Photogrammetrie-Teledetection et Cartographie. 199/200, 1995. p.51-59.

3917
Watelet, Marcel: De Rupelmonde à Louvain. In: Gérard Mercator cosmographe, le temps et l'espace. - Anvers 1994. p.72-91, 15 ill., 3 mp.

3918
Watelet, Marcel: Le terrain des ingénieurs. La cartographie routière en Wallonie au XVe siècle. - Bruxelles: Racine 1995. 232 p., ill.

Bulgaria / Bulgarien / Bulgarie

3919
Kamenarov, Aranas: Nacionalen seminar "Istorija na kartografijata v Balgarija". In: Geodezija, kartografija, zemeustrojstvo. 34, 1994, 3/ 4. p.35-36. [A national seminar "The History of Cartography in Bulgaria".] [Bulg.]

3920
Koen, Benjamin: Sto i petdeset godini ot izdavaneto na părvata karta na bălgarski ezik. In: Geodezija, kartografija, zemeustrojstvo. 33, 1993, 4. p.22-24, 2 ill. [150 years since the publication of the first map in Bulgaria.] [Bulg.]

3921
Milošev, Stojančo; Minčev, M.: Bălgarija - člen na Evropejskija komitet na răkovoditelite na nacionalnite kartografski službi (CERCO). In: Geodezija, kartografija, zemeustrojstvo. 34, 1994, 5. p.32. [Bulgaria - member of the European Committee of the Heads of National Cartographic Organ-izations (CERCO).] [Bulg.]

3922
Penev, Evlogi: Triangulaciite na Sofija. Triangulacijata na Bartel, 1890-1896 g. In: Geodezija, kartografija, zemeustrojstvo. 33, 1993, 3. p.16-19, 2 ill., 3 tab. [The triangulations in Sofia. The Bartel's triangulation, 1890-1896.] [Bulg.]

3923
Penev, Evlogi: Triangulaciite na Sofija. Triangulacijata na A. Klaja, 1930-1932 g. In: Geodezija, kartografija, zemeustrojstvo. 33, 1993, 5/6. p.31-33, 3 ill. [The

Sofia triangulations. A. Klaya's triangulation, 1930-1932.] [Bulg.]

3924
Stojnov, Vladimír; Vălev, Georgi: Normalnata konformna konična proekzija i văzmožnostite za prilaganeto i v našata strana. In: Geodezija, kartografija, zemeustrojstvo. 33, 1993, 1. p.20-23, 4 tab. [The normal conformal conical projection and the possibilities for its application in our country.] [Bulg.]

CIS / GUS / CEI

3925
Aleksandrov, V.N.: Cifrovoe kartografirovanie i geoinformacionnye sistemy. In: Geodezia i Kartografia. 1994, 3. p.49-51. [Digital cartography and GIS.] [Russ.]

3926
Baldina, Elena A.; Knizhnikov, Yuri F.; Labutina, Irina A.: The Astrakhanskiy Biosphere Reserve GIS. Part 2: Aerospace and cartographic maintenance. In: ITC- Journal. 1995, 3. p.193-196, 2 tab. [With Engl., French and Span. rés.]

3927
Berljant, Alexander M.; Kapralov, E.G.; Kravcova, V.I.: Cifrovoe tematičeskoe kartografirovanie v universitetach Rossii. In: Vestnik Moskovskogo Universiteta: Serija. Geogr. 5, 1995, 6. p.60-67. [Digital thematic mapping at Russian universities.] [Russ.]

3928
Berljant, Alexander M.: Kartografičeskoe obrazovanie v universitetach Rossii: naučnye i učebno - metodičeskie problemy. In: Geodezija i Kartografija. 1994, 10. p.36-38. [Cartographic education in Russian universities: scientific and training problems.] [Russ.]

3929
Boginskij, V.M.: O sozdanii v Rossii Gosudarstvennogo kataloga geografičeskich nazvanij. In: Geodezija i Kartografija. 1995, 4. p.43-46. [On State Catalog of geographical names developments in Russia.] [Russ.]

3930
Boginskij, V.M.; Nefedova, E.A.; Sudakov, A.S.: Zasedanie Otdela Vostočnaja Evropa, Severnaja i Srednjaja Azija. Gruppy èkspertov OON po standartizacii geografičeskich nazvanij. In: Geodezija i Kar-tografija. 1995, 2. p.52-54. [Meeting of UN Expert Group's Section "Eastern Europe, Northern and Middle Asia" on Geographical Names Standardization.] [Russ.]

3931
Bredikhin, A.V.; Panin, A.V.: Experience in the development and use of a geology-geomorphology block in a geographic information system. In: Mapping Sciences & Remote Sensing. 32, 1995, 1. p.50-58, 3 ill. [With Engl. rés.]

3932
Heidbreder, William H. and others: DMA [Defense Mapping Agency] evaluation of Russian imagery. In: Technical Papers 1995 ACSM/ASPRS, Charlotte, North Carolina, Annual Convention & Exposition. Vol. 2. - Bethesda 1995. p.1-17, 14 ill.

3933
Ilyin, Pavel: Renaming of Soviet cities after exceptional people - a historical perspective on toponymy. In: Map. 33, 1995, 2. p.13-42, 1 ill. [Japan.]

3934
Kaminsky, V.I.; Kotelnikova, Natalia E.: The development of digital cartography in Russia and the usage of digital maps in the Russian

State Library. In: The LIBER Quarterly. European Research Libraries Cooperation ERLC. 5, 1995, 3. p.342ff.

3935
Kasimov, N.S.; Berljant, Alexander M.: Ėkologičeskoe kartografirovanie i proekt ekologičeskogo atlasa Rossii. In: Geodezia i Kartografia. 1994, 1. p.43-47. [Ecological mapping and ecological atlas design.] [Russ.]

3936
Kočhurov, B.I.; Zherebtsova, N.A.: Mapping ecological situations: status, methodology, and prospects. In: Mapping Sciences & Re-mote Sensing. 32, 1995, 4. p.310-319, 2 tab.

3937
Komedčikov, N.N.; Ljutyj, A.A.: Bank vtoričnoj informacii po ėkologičeskomu kartografirovaniju Rossii. In: Geodezija i Kartografija. 1995, 3. p.34-37. [Secondary Information Bank on Russia ecological mapping.] [Russ.]

3938
Komedčikov, N.N. and others: The ecology of Russia on maps. In: Mapping Sciences and Remote Sensing. 31, 1994. p.186-200, 13 tab.

3939
Kotelnikova, Natalia E.: Development of the digital cartography in Russia and use of digital maps in Russian State Library. - Moskva 1994. 2 p. [Paper anläßl. der 9. Konferenz der LIBER-Gruppe der Karten-bibliothekare 1994 in Zürich.] [mimeogr.]

3940
Kusov, V.S.: Ritm preobrazovanij: k istorii otečestvennogo kartografo-geodezičeskogo dela. In: Geodezia i Kartografia. 1994, 3. p.57-65, 5 ill. [Reformation rhythm: on History of National Cartography and Geodesy.] [Russ.]

3941
Labutina, Irina A. and others: The Astrakhanskiy Biosphere Reserve GIS. Part 3: Vegetation map. In: ITC-Journal. 1995, 3. p.197-201, 1 ill. [With Engl., French and Span. rés.]

3942
Lychagin, Michael Y. and others: The Astrakhanskiy Biosphere Reserve GIS. Part 1: Present status and perspectives. In: ITC-Journal. 1995, 3. p.189-192. [With Engl., French and Span. rés.]

3943
Nefedova, E.A.: O sozdanii bazovoj karty "Rossija i sopredel'nye gosudarstva". In: Geodezija i Kartografija. 1994, 8. p.31-34. [Base map "Russian and adjacent states" preparation.] [Russ.]

3944
Sudakov, A.S.: O merach po uporjadočeniju upotreblenija geografičeskich nazvanij v Rossijskoj Federacii. In: Geodezija i Kartografija. 1994, 7. p.34-35. [Measures of ordering geographical names in Russian Federation.] [Russ.]

3945
Szykula, Krystyna: The re-discovered Jenkinson Map of Russia dated 1562. Further investigations. - Warszawa 1995. 2 p., ill. (Paper for the 16th International Conference on the History of Cartography.)

3946
Žalkovskij, E.A.: Cifrovoe kartografirovanie Rossijskoj Federacii. In: Izvestija vysšich učebnych zavedenij. Geodezija i aerofotosemka. 1995, 1. p.3-25, 3 tab. [Die digitale Kartierung der Russischen Föderation.] [Russ.]

3947
Ždanov, N.D.: Kartografo-geodezičeskaja služba rossii na novom etape razvitija.

In: Geodezia i Kartografia. 1994, 3 .p.1-8. [Russian Cartographic-Geodetic Survey at new stage of development.] [Russ.]

Croatia / Kroatien / Croatie

3948
Božićnik, Marijan: Hrvatski katastar zemljišta na putu ka obliku mednoga katastra. In: Geodetski list. 49, 1995, 1. p.25-36, 1 tab. [Croatian Land Register on its way to reach the form of Boundary Land Register.] [Croat. with Engl. rés.]

3949
Frančula, Nedjeljko; Lapaine, Miljenko; Lovrić, Paško: Kartografija u Hrvatskoj 1991-1995. In: Geodetski list. 49, 1995, 3. p.213-224. [Cartography in Croatia 1991-1995.] [Croat.]

3950
Lovrić, Paško: Zagreb na zemljovidima. In: Geodetski list. 49, 1995, 1. p.41-43, 1 ill. [Zagreb on maps.] [Croat.]

Cyprus / Zypern / Chypre

3951
Progress made in the field of surveying and mapping in Cyprus, 1987-1990. In: 12th United Nations Regional Cartographic Conference for Asia and the Pacific. Vol. II, Technical Papers. Bangkok, 20-28 February 1991. - New York 1995. p.13-14.

Czech Republic / Tschechische Republik / Tchéquie

3952
Kučera, Jiří: Problematika podnikání v kartografii. In: Geodetický a kartografický obzor. 41, 1995, 9. p.209-210. [Problems of management in cartography.] [Czech with Engl., French and German rés.]

3953
Nováček, Vitězslav and others: Soubor geografických map o životním prostředí list Hodonín 34-22. In: Zprávy geografického ústavu ČSAV. 29, 1992, 2. p.52-56. [A set of geographical maps about the environment.] [Czech.]

3954
Petch, James R.; Pauknerova, Eva; Heywood, D. Ian: GIS in nature con-servation: the Zdarske vrchy project, Czech Republic. In: ITC- Journal. 1995, 2. p.133-142, 8 ill. [Engl. with French and Span. rés.]

3955
Rybanský, Marian: Metodika určování mezní doby zastarání obsahu topografických map. In: Kartografické Listy. 1995, 3. p.55-60. [Methodology of determining the topographic map contents ageing.] [Czech with Engl. rés.]

Denmark / Dänemark / Danemark

3956
Gregor, Ole; Stubkjaer, Erik: An environmental GIS for the county of Viborg. In: The 1994 European GIS Yearbook. p.166-167, 1 ill., 1 tab.

3957
Jacobi, Ole: GIS developments in Denmark. In: The 1994 European GIS Yearbook. p.163-165, 2 ill.

Finland / Finnland / Finlande

3958
Karvinen, Pauli: Reform av det finska lantmäteriverkets organisation. In: Lantmäteritidskriften. 1995, 6. p.20-24, 3 ill. [Reformation of the Finnish land survey organisation.] [Swed.]

3959
Lamppu, Seppo; Vikman, Iris: Lokaldatat i planering av markanvändningen. In: Lantmäteritidskriften. 1995, 6. p.35-39, 2 ill. [The local data at the planning of 'area-using'.] [Swed.]

3960
Rainio, Antti: The geographic information market in Finland. In: The 1994 European GIS Yearbook. p.168-170, 1 ill.

France / Frankreich / France

3961
Bouchard, Virginie and others: Progression des marais salés à l'ouest du Mont-Saint-Michel entre 1984 et 1994. In: Mappe Monde. 1995, 4. p.28-34, 4 ill. [French with French, Engl. and Span. rés.]

3962
Boulanger, Claudine; Battu, Serge: Un village de montagne modélisé à l'école. In: Mappe Monde. 1995, 3. p.40-42, 5 ill. [With French, Engl. and Span. rés.]

3963
Bousquet-Bressolier, Catherine: De la peinture géométrale> à la carte topographique. Évolution de l'héritage classique au cours du XVIIIe siècle. In: L'æil du cartographe et la représentation géographique du Moyen Age à nos jours. - Paris 1995. p.93-106, 3 ill. (Mémoires de la section de géographie physique et humaine. 18.)

3964
Chevalier, Jean-Pierre: Les écoliers, les cartes et les territoires, diversité et complémentarité des regards disciplinaires. In: Mappe Monde. 1995, 4. p.1-5, 4 ill. [French with French, Engl. and Span. rés.]

3965
Cheylan, Jean-Paul: An agenda for GIS research in France. In: The 1994 European GIS Yearbook. p.171-173.

3966
Corvisier de Villèle, Marie-Anne: Les Naudin et la cartographie militaire française de 1688 à 1744. In: L'æil du cartographe et la représentation géographique du Moyen Age à nos jours. - Paris 1995. p.147-164, 5 ill. (Mémoires de la section de géographie physique et humaine. 18.)

3967
Crozat, Dominique: Images du bal en France. In: Mappe Monde. 1995, 1. p.1-4, 7 ill. [With French, Engl. and Span. rés.]

3968
Denegre, Jacques: CNIG. Policy and practice. In: The 1994 European GIS Yearbook. p.176.

3969
Desbrière, Michel: L'æuvre de Jacques Fougeu relative à la Champagne septentrionale pendant le règne de Henri IV. In: L'æil du cartographe et la représentation géographique du Moyen Age à nos jours. - Paris 1995. p.233 244, 4 ill. (Mémoires de la section de géographie physique et humaine. 18.)

3970
Etat d'avancement 1987-1991, et principales interventions régionales. In: 12th United Nations Regional Cartographic Conference for Asia and the Pacific. Vol. II, Technical Papers. Bangkok, 20-28 February 1991. - New York 1995. p.14-15.

3971
Ferras, Robert: Près d'un demi-millier de cartes sur la France physique, sa population et ses villes: les 3 premiers volumes de l'Atlas de France. In: Mappe Monde.

1995, 4. p.35-41, 5 ill. [With French, Engl., and Span. rés.]

3972
Gautier, Denis: La délimitation des paysages: exemple de la Vallée Française en Cévennes. In: Mappe Monde. 1995, 3. p.35-39, 4 ill. [With French, Engl. and Span. rés.]

3973
Gourmelon, Françoise; Bioret, Frédéric; Brigand, Louis: SIG et usage des sols: l'île d'Ouessant (finistère) de 1952 à 1992. In: Mappe Monde. 1995, 4. p.6-10, 2 mp. [With French, Engl., and Span. rés.]

3974
Guillande, Richard and others: Automated mapping of the landslide hazard on the island of Tahiti based on digital satellite data. In: Mapping Sciences & Remote Sensing. 32, 1995, 1. p.59-70, 6 ill., 2 tab. [With Engl. rés.]

3975
Heffernan, Michael J.: An imperial utopia: French Surveys of North Africa in the Early Colonial Period. In: Maps and Africa. Proceedings of a Colloquium at the University of Aberdeen, April 1993. - Aberdeen 1994. p.81-107, 7 ill.

3976
Helle, Cécile: Villes et organisation de l'espace vauclusien. In: Mappe Monde. 1995, 1. p.14-17, 8 ill. [With French, Engl. and Span. rés.]

3977
Hellwig, Fritz: La carte de Lorraine. In: Gérard Mercator cosmographe, le temps et l'espace. - Anvers 1994. p.296-315, 17 ill., 1 mp.

3978
Jalabert, Guy; Weissberg, Daniel: Organisation et dynamique de la région Midi-Pyrénées. In: Mappe Monde. 1995, 1. p.9-13, 6 ill. [With French, Engl. and Span. rés.]

3979
Ledoux, Bruno: Les études de vulnérabilité dans la cartographie réglementaire des inondations à la Réunion: approche méthodologique, études de cas et rélexion sur leur finalité. In: Croissance urbaine et risques naturels dans les montagnes des pays en développement. - Grenoble 1994. p.167-177. (Revue de Géographie Alpine. 82. 1994, 4.) [With Engl. and French rés.]

3980
Mesure de la qualité de l'information d'occupation du sol dans un SIG. In: 12th United Nations Regional Cartographic Conference for Asia and the Pacific. Vol. II, Technical Papers. Bangkok, 20-28 February 1991. - New York 1995. p.355-358, 3 ill., 5 tab.

3981
Méthode de saisie de la couche occupation du sol de la base de données cartographiques de l'IGN-France. In: 12th United Nations Regional Cartographic Conference for Asia and the Pacific. Vol. II, Technical Papers. Bangkok, 20-28 February 1991. - New York 1995. p.288-291.

3982
Morant, Philippe; Le Henaff, Françoise; Marchand, Jean-Pierre: Les mutations d'un paysage bocager: essai de cartographie dynamique. In: Mappe Monde. 1995, 1. p.5-8, 4 ill. [With French, Engl. and Span. rés.]

3983
Normalisation des échanges d'informations géographiques en France. In: 12th United Nations Regional Cartographic Conference for Asia and the Pacific. Vol. II, Tech-

nical Papers. Bangkok, 20-28 February 1991. - New York 1995. p.308-311.

3984
Ottavi, J.-Y.; Dagorne, A.: Système littoral et Système d'Information Géographique. Application à la Côte d'Azur. In: Bulletin du Comité Français de Cartographie. 145, 1995. p.17-33, 15 ill.

3985
Pailhé, Joël: L'Aquitaine, un modèle localisé. In: Mappe Monde. 1995, 3. p.1-5, 7 ill. [With French, Engl. and Span. rés.]

3986
Pastoureau, Mireille: Entre Gaule et France, la "Gallia". In: Gérard Mercator cosmographe, le temps et l'espace. - Anvers 1994. p.316-333, 15 ill., 2 mp.

3987
Pedley, Mary Sponberg: 'Commode, complet, uniforme, et suivi': problems in atlas editing in enlightenment France. In: Editing early and historical atlases. - Toronto etc. 1995. p.83-108, 3 ill.

3988
Pelletier, Monique: Formation et missions de l'ingénieur géographe militaire au XVIIIe siècle. In: L'æil du cartographe et la représentation géographique du Moyen Age à nos jours. - Paris 1995. p.73-92, 4 ill. (Mémoires de la section de géographie physique et humaine. 18.)

3989
Petto, Christine Marie: Kartographie als Staatsaufgabe - die Förderung französischer Kartographen im 17. und 18. Jahrhundert. In: Cartographica Helvetica. 12, 1995. p.38-41, 3 ill.

3990
Picon, Antoine: Cartographie et aménage-ment du territoire. Les cartes des élèves des Ponts de Chaussées à la fin du XVIIIe siècle. In: L'æil du cartographe et la représentation géographique du Moyen Age à nos jours. - Paris 1995. p.107-125, 4 ill. (Mémoires de la section de géographie physique et humaine. 18.)

3991
Pinot, Jean-Pierre: L'adaptation d'une carte à de nouveaux utilisateurs. La carte de Bretagne de Bertrand d'Argentré (1582). In: L'æil du cartographe et la représentation géographique du Moyen Age à nos jours. - Paris 1995. p.223-231, 3 ill. (Mémoires de la section de géographie physique et humaine. 18.)

3992
Prat, Alain: Le Plan Cabanne, centre des immigrés Maghrébins à Montpellier. In: Mappe Monde. 1995, 3. p.8-11, 5 ill.

3993
Principales interventions sur les noms géographiques. In: 12th United Nations Regional Cartographic Conference for Asia and the Pacific. Vol. II, Technical Papers. Bangkok, 20-28 February 1991. - New York 1995. p.362-364.

3994
Rapport Cartographique National. Travaux exécutés de 1991 à 1995. In: Bulletin du Comité Français de Cartographie. 144, 1995. 55 p., 3 mp.-suppl.

3995
Ravenel, Loïc: L'origine géographique des footballeurs professionnels. In: Mappe Monde. 1995, 1. p.44-47, 4 ill. [With French, Engl. and Span. rés.]

3996
Rimbert, Sylvie: Cartomatique et sciences

humaines. Les résultats d'une enquête du CNRS. In: Bulletin du Comité Français de Cartographie. 145, 1995. p.35-40, 1 ill., 3 tab.

3997
Robic, Marie-Claire: Carte et topographie: quand pédagogues, savants et militaires définissent l'intelligence du terrain (1870-1914). In: L'æil du cartographe et la représentation géographique du Moyen Age à nos jours. - Paris 1995. p.245-265, 6 ill. (Mémoires de la section de géographie physique et humaine. 18.)

3998
Le Système d'Information Géographique National de l'IGN. In: 12th United Nations Regional Cartographic Conference for Asia and the Pacific. Vol. II, Technical Papers. Bangkok, 20-28 February 1991. - New York 1995. p.350-355, 3 ill.

3999
Verdeil, Eric: Les entrées de ville de Martigues. In: Mappe Monde. 1995, 3. p.12-16, 5 ill. [With French, Engl. and Span. rés.]

4000
Watelet, Marcel: Le nord de la France au coeur des enjeux Europeens. Contribution à la cartographie topographique militaire des Allies (russes et prussiens) dans le département des Ardennes. In: Sedan. De l'Europe des principautes à l'Europe des nations. - Nancy 1995. p.105-121, ill.

4001
Weber, Christiane: The National GIS Observatory. An information resource for the French GIS community. In: The 1994 European GIS Yearbook. p.174-175, 1 ill.

4002
Zanin, Christine: Les nouvelles cartes de l'intercommunalité. In: Revue de géographie de Lyon. 70, 1995, 2. p.129-138, 10 ill., 2 tab.

Germany / Deutschland / Allemagne

4003
9. Informationsveranstaltung der Bayer. Vermessungsverwaltung über die graphische Datenverarbeitung am Mittwoch, den 26. April 1995 in der TU München. - München 1995. 83 p., ill.

4004
Ament, Rüdiger: Das Datenmodell des DKM aus fachlicher Sicht und aus Sicht der ALK/ATKIS-Datenbank. In: Nachrichten aus dem Karten- und Vermessungswesen. Rh.I, 113, 1995. p.9-18, 5 ill. [With German, Engl. and French rés.]

4005
Ament, Rüdiger: Realisierung der Verknüpfung zwischen DLM und DKM im ALK/ATKIS-Datenbankteil. In: Nachrichten aus dem Karten- und Vermessungswesen. Rh.I, 113, 1995. p.19-25, 3 ill. [With German, Engl. and French rés.]

4006
Andreas, Karl: Die Entwicklung der Deutschen Grundkarte 1:5 000. In: 40 Jahre Ortsverein Karlsruhe der Deutschen Gesellschaft für Kartographie e.V. - Karlsruhe 1994. p.263-266.

4007
Aschenberner, Peter: Festschreibung von Grundsatzkriterien zum urheberrechtlichen Schutz kartographischer Produkte. In: Kartographische Nachrichten. 45, 1995, 3. p.107-108.

4008
Ausbildung im Studiengang Vermessungswesen an der Technischen Hochschule Darmstadt. In: Mitteilungen der DVW-Landesvereine Hessen e.V. und Thüringen e.V. 46, 1995,1; 6, 1995, 1. p.13-16, 4 tab.

4009
Bauer, Hans: Georg Christoph Lichtenberg und die Kurhannoversche Landesaufnahme. In: Nachrichten der Niedersächsischen Vermessungs- und Katasterverwaltung. 45, 1995, 1. p.3-9.

4010
Begrenzung und Wachstum. Berliner Stadtentwicklung im Spiegel von Karten. Ausstellungskatalog. Landesarchiv Berlin 1994/95. - Berlin: Landesarchiv 1994. 122 p., ill.

4011
Bieberstein, Karina; Kranz, Katrin: Das Forstliche Geographische Informationssystem Sachsens. In: Geo-Informations-Systeme. 7, 1995, 5. p.2-8, 6 ill. [With German and Engl. rés.]

4012
Das Bild der alten Marck. Die Altmark in historischen Landkarten. Katalog der Ausstellung. Text: Ulrich Kalmbach; Hrsg.: Salzwedeler Museen. - Salzwedel 1994. 48 p., ill.

4013
Bindig, S.; Bolze, Günther; Rokahr, F.: Das Vermessungswesen in Berlin nach der Wiedervereinigung - zwei ausgewählte Aufgabenschwerpunkte. In: Zeitschrift für Vermessungswesen. 120, 1995, 5. p.214-225.

4014
Birke, Manfred; Raschka, Helmut; Rauch, Uwe: Regionale Oberflächengeochemie. Eine Methode zur umweltgeochemischen Übersichtsaufnahme. In: Zeitschrift für angewandte Geologie. 41, 1995, 1. p.10-20, ill.

4015
Bobzien, Eckart: Starker Anstieg der Anzahl der Öffentlich bestellten Vermessungsingenieure. In: Mitteilungen aus dem Vermessungswesen. Berlin. 21, 1995. p.40-42.

4016
Die Bodenübersichtskarte der Bundesrepublik Deutschland im Maßstab 1:1 Mill. In: Zeitschrift für angewandte Geologie. 41, 1995, 1. p.31-36, ill.

4017
Bömelburg, Johann: Die Nutzung von ATKIS-Daten des Kreises Offenbach für Boden- und Gewässerschutz. In: Das Geoinformationssystem ATKIS und seine Nutzung in Wirtschaft und Verwaltung. Vorträge ... anläßlich d. AdV-Symposiums ATKIS am 15. u. 16. Juni 1994 im Landesvermessungsamt Nordrhein-Westfalen, Bonn-Bad Godesberg. - Bonn 1994. p.85-92, 2 ill.

4018
Bönisch, D.; Egreder, K.; Sachsenweger, E.: Untersuchung der Genauigkeit von Flurkarten am Beispiel Leidersbach (Ufr). In: Mitteilungsblatt DVW Landesverein Bayern. 47, 1995, 1. p.55-72, 2 ill., 6 tab.

4019
Bolze, Günther: Zum Lagenetz in Berlin. In: Mitteilungen aus dem Vermessungswesen. Berlin. 21, 1995. p.20-23.

4020
Bonnekamp, Heinz: Die "Antiquarische Charte". In: Michael Buyx (1795- 1882). Geometer, Altertumsfreund, Sammler. - Geldern 1995. p.158. (Veröffentli-

chungen des Historischen Vereins für Geldern und Umgegend. 96.)

4021
Bonnekamp, Heinz: Register zur "Antiquarischen Charte" des Michael Buyx. In: Michael Buyx (1795-1882). Geometer, Altertumsfreund, Sammler. - Geldern 1995. p.193-233. (Veröffentlichungen des Historischen Vereins für Geldern und Umgegend. 96.)

4022
Bor, Wilhelm: Die Erstellung des Flächennutzungsplanes auf der Basis von ATKIS-Daten. In: Das Geoinformationssystem ATKIS und seine Nutzung in Wirtschaft und Verwaltung. Vorträge ... anläßlich des AdV-Symposiums ATKIS am 15. u. 16. Juni 1994 im Landesvermessungsamt Nordrhein-Westfalen, Bonn-Bad Godesberg. - Bonn 1994. p.131-136.

4023
Borchert, Ralf: Produktionsmerkmale und Qualitätssicherung der ATKIS-Daten. In: Das Geoinformationssystem ATKIS und seine Nutzung in Wirtschaft und Verwaltung. Vorträge ... anläßlich des AdV-Symposiums ATKIS am 15. u. 16. Juni 1994 im Landesvermessungsamt Nordrhein-Westfalen, Bonn-Bad Godesberg. - Bonn 1994. p.147-170, 1 ill., 7 suppl.

4024
Brichzin, Hans: Peter und Philipp Apian - und die verpaßten Chancen in der sächsischen Kartographie. In: Peter Apian. Astronomie, Kosmographie und Mathematik am Beginn der Neuzeit. Mit Ausstellungskatalog. - Eichstätt 1995. p.247-254, ill.

4025
Brohl, Elmar: Pläne und Karten von Ziegenhain zwischen 1616 und 1833. In: Schwälmer Jahrbuch 1995. p.104-131, ill., mp.

4026
Brüggemann, Heinz: Zukunftsaspekte des Geoinformationssystems ATKIS. In: Das Geoinformationssystem ATKIS und seine Nutzung in Wirtschaft und Verwaltung. Vorträge ... anläßlich des AdV-Symposiums ATKIS am 15. u. 16. Juni 1994 im Landesvermessungsamt Nordrhein-Westfalen, Bonn-Bad Godesberg. - Bonn 1994. p.171-187, 3 ill.

4027
Brunner, Hans: Die Großenhainer Basis in Sachsen. In: Zur Geschichte des Vermessungswesens. - Wiesbaden 1995. p.69-75, 6 ill. (VDV-Schriftenreihe. 8.)

4028
Brunner, Kurt: Philipp Apians Landesaufnahme Bayerns. In: Zur Geschichte des Vermessungswesens. - Wiesbaden 1995. p.38-45, 4 ill. (DVW-Schriftenreihe. 8.)

4029
Brunner, Kurt: Zwei Regionalkarten Süddeutschlands von David Seltzlin. In: Karten hüten und bewahren. - Gotha 1995. p.33-47, 5 ill. (Kartensammlung und Kartendokumentation. 11.)

4030
Buder, Wolfgang: Biotopkartierung in Sachsen - Methode, Stand, Ausblick. In: LfUG Bericht. Vorträge u. Fachaufsätze. Freistaat Sachsen. Landesamt für Umwelt und Geologie. 1, 1994, 1. p.31-34, 3 ill.

4031
Cummerwie, Heinz-Günter: Organisationsmanagement der Raumbezogenen Informationsverarbeitung (RIV) in den Kommunalverwaltungen. In: Zeitschrift für Vermessungswesen. 120, 1995, 8. p.391-402, 3 ill.

4032
Darstellungen der Potsdamer Kulturlandschaft in Karten, Literatur und Abbildungen. In: Die Potsdamer Kulturlandschaft. Eine Untersuchung des historisch-kulturellen Landschaftspotentials. - s.l. 1993. p.66-128, ill.

4033
Deuschle, Angela; Poschlod, Peter: Monitoring feiner Veränderungen in Moorkomplexen. Mikrokartierung von Vegetationsmosaik-Komplexen. In: Feuchtgebiete. Gefährdung, Schutz Naturierung. - Ostfildern 1994. p.253-261, 4 ill. (Hohenheimer Umwelttagung. 26.)

4034
Diedenhoven, Wilhelm A.: Klevische Gartenlust. Gartenkunst und Badebauten in Kleve. - Kleve: Freunde des Städt. Museums Haus Koekkoek 1994. 136 p., ill., mp.

4035
Dietrich, Alfred: Beitrag der Photogrammetrie und Fernerkundung zum Aufbau kommunaler Informationssysteme in Bayern. In: 9. Informationsveranstaltung der Bayer. Vermessungsverwaltung über die graphische Datenverarbeitung am Mittwoch, den 26. April 1995 in der TU München. - München 1995. p.77-83, 4 ill.

4036
Dreves, Hein D.: MERKIS-Empfehlungen für Schleswig-Holstein. In: Nachrichten aus dem Karten- und Vermessungswesen. Rh.I, 113, 1995. p.35-50, 4 ill. [With German, Engl. and French rés.]

4037
Durwen, Karl-Josef and ohters: Digitaler landschaftsökologischer Atlas Baden-Württemberg auf Grundlage der Standortskartierung. In: Angewandte Geographische Informationsverarbeitung VII. Beiträge zum GIS-Symposium 5.-7. Juli 1995. - Salzburg 1995. p.60-64. (Salzburger Geographische Materialien. 22.)

4038
Ehrensvärd, Ulla: Die schwedische Landesaufnahme von Pommern in den Jahren 1758-1763. In: Karten hüten und bewahren. - Gotha 1995. p.51-55, 1 ill. (Kartensammlung und Kartendokumentation. 11.)

4039
Endrullis, Manfred and others: Sammlung und Zusammenführung von Verwaltungsgrenzen-Datensätzen der Bundesrepublik Deutsch-land. Ein Beitrag der Bundesrepublik Deutschland zum MEGRIN-Projekt. In: Kartographische Nachrichten. 45, 1995, 5. p.165-172, 2 ill., 3 tab., 2 mp.

4040
Espenhorst, Jürgen: Andree, Stieler, Meyer & Co. Handatlanten des deutschen Sprachraumes (1800-1945) nebst Vorläufern und Abkömmlingen im In- und Ausland. Bibliographisches Handbuch. - Schwerte: Pangaea Verlag 1994. 431 p., ill.

4041
Fandel, Ulla: Ansätze zum Aufbau der digitalen Datenbasis für einen Nationalatlas der Bundesrepublik Deutschland. - Trier: Geograph. Gesellschaft 1992. 123 p., ill., mp. (Beiträge zur kartographischen Informationsverarbeitung. 7.) ISBN 3-921599-97-0

4042
Farjas Abadía, Mercedes: La enseñanza de la Topografía en la República Federal Alemana, R.F.A. In: Topografía y Cartografía. 66, 1995, 12. p.9-20, 3 ill., 1 tab. [Span. with Engl. rés.]

4043
Fiedler, Ralf; Klöppel, Peter: Das Land-

schaftsinformationssystem Rheinland-Pfalz (LANIS-RP) - Konzept und Realisierung. In: Umweltinformation und Karte. Beiträge zur kartographischen Informationsverarbeitung. - Trier 1994. p.69-80, 1 tab., 1 ill. (Sonderband zum Deutschen Kartographentag. 43.)

4044
Finsterwalder, Rüdiger: Die Genauigkeit der Kartierung Bayerns zur Zeit von Peter Apian (1495-1552). In: Peter Apian. Astronomie, Kosmographie und Mathematik am Beginn der Neuzeit. Mit Ausstellungskatalog. - Eichstätt 1995. p.161-168, 6 ill.

4045
Frankewitz, Stefan: Die Karten und Pläne des Michael Buyx. In: Michael Buyx (1795-1882). Geometer, Altertumsfreund, Sammler. - Geldern 1995. p.115-136, 23 ill. (Veröffentlichungen des Historischen Vereins für Geldern und Umgegend. 96.)

4046
Gau, Hans-J.: Qualitätsbestimmende Einflüsse bei der Gewinnung von Rasterdaten topographischer Landeskartenwerke - Archivierung und Nutzung der Daten. In: Nachrichten aus dem Karten- und Vermessungswesen. Rh. I, 113, 1995. p.65-77, 8 ill. [With German, Engl. and French rés.]

4047
Geisselbrecht-Capecki, Ursula: Ein Bilderatlas des Niederrheins vom 16. bis in das 19. Jahrhundert. Die Sammlung Robert Angerhausen im Städtischen Museum Haus Koekkoek, Kleve. In: Mitteilungsblatt. Freundeskreis für Cartographica. 9, 1995. p.20-27, 2 mp.

4048
Das Geoinformationssystem ATKIS und seine Nutzung in Wirtschaft und Verwaltung. Vorträge von Reinhard Bachhuber ... anläßlich des AdV-Symposiums ATKIS am 15. u. 16. Juni 1994 im Landesvermessungsamt Nordrhein-Westfalen, Bonn-Bad Godesberg. Hrsg. von Rolf Harbeck im Auftrag der Arbeitsgemeinschaft der Vermessungsverwaltungen der Länder der Bundesrepublik Deutschland (AdV). - Bonn 1994. 187 p., ill., 7 suppl.

4049
Grosser, Konrad; Droth, Alf; Henker, Stephen: Karten zur Bevölkerung der Euroregion Neiße. In: Regionen an deutschen Grenzen. Strukturwandel an der ehemaligen innerdeutschen Grenze und an der deutschen Ostgrenze. - Leipzig 1995. p.92-102, 3 ill., 6 tab., 3 suppl.-mp. (Beiträge zur regionalen Geographie. 38.)

4050
Hafeneder, Rudolf: Integration von ATKIS-Daten in das Topographische Informationssystem der Bundeswehr TOPIS. In: Das Geoinformationssystem ATKIS und seine Nutzung in Wirtschaft und Verwaltung. Vorträge ... anläßlich des AdV-Symposiums ATKIS am 15. u. 16. Juni 1994 im Landesvermessungsamt Nordrhein-Westfalen, Bonn-Bad Godesberg. - Bonn 1994. p.70-77.

4051
Hanke, Peter; Proß, Erhard: Zur Fortführung des ATKIS 200 unter Verwendung digitaler Bilddaten. In: Nachrichten aus dem Karten- und Vermessungswesen. Rh. I, 113, 1995. p.79-88, 1 mp.-suppl. [With German, Engl. and French rés.]

4052
Harbeck, Rolf; Irsen, Wolfgang; Mittelstrass, Gerhard: O karte potencial'noj rastitel'nosti

sredizemnomor'ja. In: Zeitschrift für Vermessungswesen. 120, 1995, 8. p.381-391, 1 ill. [On the map of the potential ve-getation of the Mediterranean.] [Russ.]

4053
Harbeck, Rolf: Überblick über Konzeption, Aufbau und Datenangebot des Geoinformationssystem ATKIS. In: Das Geoinformationssystem ATKIS und seine Nutzung in Wirtschaft und Verwaltung. Vorträge ... anläßlich des AdV-Symposiums ATKIS am 15. u. 16. Juni 1994 im Landesvermessungsamt Nordrhein-Westfalen, Bonn-Bad Godesberg. - Bonn 1994. p.13-32, 6 ill.

4054
Haslach, Klaus: Digitale Flurkarte in Bayern - Stand und Weiterentwicklung. In: 9. Informationsveranstaltung der Bayer. Vermessungsverwaltung über die graphische Datenverarbeitung am Mittwoch, den 26. April 1995 in der TU München. - München 1995. p.53-60, 4 ill., 1 tab.

4055
Heddergott, Dirk; Meissner, Bernd: Pilotstudie zum Aufbau eines Umweltinformationssystems der Stadt Chemnitz mit ARC/INFO. In: Kartographische Nachrichten. 45, 1995, 2. p.68-70, 1 suppl.

4056
Heilmann, Heiner: Die Konzeptbodenkarte als Grundlage für Landes-, Regional- und Kommunalplanung. In: LfUG [Landesamt für Umwelt und Geologie] Bericht. Vorträge und Fachaufsätze. Freistaat Sachsen. Landesamt für Umwelt und Geologie. 1, 1994, 1. p.60-62, 3 ill.

4057
Henninger, W.: Ausbildung zum Vermessungstechniker / zur Vermessungstechnikerin. In: 79. Deutscher Geodätentag 1995 in Dortmund "Lebensräume erfassen - werten - gestalten". Kongreßdokumentation der Fachvorträge. - Stuttgart 1995. p.223-226. (Schriftenreihe des DVW. 20.)

4058
Herdeg, Eberhard: Rechtliche Bedingungen und Entgelte bei der Bereitstellung von ATKIS-Daten und anderen geotopographischen Daten. In: Das Geoinformationssystem ATKIS und seine Nutzung in Wirtschaft und Verwaltung. Vorträge ... anläßlich des AdV-Symposiums ATKIS am 15. u. 16. Juni 1994 im Landesvermessungsamt Nordrhein-Westfalen, Bonn-Bad Godesberg. - Bonn 1994. p.121-130, 3 tab.

4059
Herkert, Friedrich: Aufbau eines grafischen Informationssystems zur Erfüllung kommunaler Aufgaben (I). Zusammenarbeit zwischen Kommune, Dienstleister und Vermessungsamt. In: 9. Informationsveranstaltung der Bayer. Vermessungsverwaltung über die graphische Datenverarbeitung am Mittwoch, den 26. April 1995 in der TU München. München 1995. p.61-64.

4060
Herzfeld, Günter: Das Vermessungs- und Katasterwesen in Rheinland-Pfalz - traditionell fortschrittlich. In: 78. Deutscher Geodätentag 1994 in Mainz "Geodäsie traditionell fortschrittlich". Kongreßdokumentation d. Fachvorträge. - Stuttgart 1994. p.48-54. (Deutscher Verein für Vermessungswesen e.V. Schriftenreihe. 12.)

4061
Herzog, Werner: Die Zukunft der Amtlichen topographischen Karte 1:25 000. Will die Geographie keinen Einfluß nehmen? In: Rundbrief Geographie. 130, 1995. p.1-4, 2 ill.

4062
Heymann, Reinhard von: Kartographie in der Wasserwirtschaft von Baden-Württemberg am Beispiel des Kartenwerks Wasser- und Abfallwirtschaft. In: 40 Jahre Ortsverein Karlsruhe der Deutschen Gesellschaft für Kartographie e.V. - Karlsruhe 1994. p.261-262.

4063
Historisches Ortschaftsverzeichnis für ehemals zu Deutschland gehörige Gebiete (Zeitraum 1914-1945). Bd 1 ff. - Frankfurt am Main: Verlag des Institutes für angewandte Geodäsie 1994-

4064
Janczak, Julian: Odrzanskie archiwalia kartograficzne. In: Rzeki. Kultura, cywilizacja, historia. 1, 1992. p.107-118, 5 ill. [Storage of cartographic archive material.] [Pol.]

4065
Johann, Marion: Das Bodenbelastungskataster Rheinland-Pfalz - Aufbau der Datenbasis und methodische Komponenten für die Ableitung von Analysekarten. In: Umweltinformation und Karte. Beiträge zur kartographischen Informationsverarbeitung. - Trier 1994. p.139-159, 6 ill. (Sonderband zum Deutschen Kartographentag. 43.)

4066
Kammerer, Peter: Weiterverarbeitung von Daten des Bayerischen Landesvermessungsamtes auf dem PC. In: Nachrichten aus dem Karten- und Vermessungswesen. Rh. I, 113, 1995. p.117-127, 3 ill., 1 tab. [With German, Engl. and French rés.]

4067
Kappel, Wilfried: Das deutsche Seekartenwerk. In: 44 DKT. Deutscher Kartographentag 1995. Tagungsführer. Kartographie im Norden. DGfK. CC Hamburg, 21.-24. Mai. - Hamburg 1995. p.34-41, 3 ill.

4068
Kern, Hans F.; Morhard, Heinz: Verkehrsstärkenkarten in der Bundesrepublik Deutschland. In: Kartographische Nachrichten. 45, 1995, 1. p.9-16, 1 ill., 24 ill.-suppl.

4069
Kerscher, Hermann: Die Neuvermessung der Fossa Carolina. In: Fossa Carolina - 1200 Jahre Karlsgraben. - München 1993. p.11-16, 5 mp.

4070
Kerscher, Hermann: Kartographische Darstellung der Fossa Carolina. In: Fossa Carolina - 1200 Jahre Karlsgraben. - München 1993. p.7-8.

4071
Kertscher, Klaus: ALK - die automatisierte Liegenschaftskarte. In: Festschrift für Bodo Schrader zum 65. Geburtstag. - Braunschweig 1994. p.93-100, 4 ill. (Geodätische Schriftenreihe der Technischen Universität Braunschweig. 12.)

4072
Kindler, Annegret: Der Einsatz von GIS in der Umweltforschung - dargestellt am Beispiel stadtökologischer Untersuchungen im Umweltforschungszentrum Leipzig-Halle. In: Nachrichten aus dem Karten- und Vermessungswesen. Rh. I, 113, 1995. p.129-137, 2 ill., 1 tab. [With German, Engl. and French rés.]

4073
Klaus, Wolfram: Städte der neuen Bundesländer im Kartenbild. Teil I: Pläne und Grundrisse von 1550 - 1850. 2. Aufl. -

Berlin: Staatsbibliothek zu Berlin 1994. 104 p. (Kartographische Bestandsverzeichnisse. 2.)

4074
Klöppel, Reinhard: Basisgeoinformationssysteme in Hessen - Konzept, Stand und Verwirklichung. In: 9. Informationsveranstaltung der Bayer. Vermessungsverwaltung über die graphische Datenverarbeitung am Mittwoch, den 26. April 1995 in der TU München. - München 1995. p.39-52, 5 ill.

4075
Klotzsch, M.: Zur Geschichte der Geodäsie an der Technischen Hochschule Darmstadt. In: Mitteilungen der DVW-Landesvereine Hessen e.V. und Thüringen e.V. 46, 1995, 1; 6, 1995, 1. p.7-12.

4076
Klüver, Hartmut: 175 Jahre amtliche Landesbeschreibung in Baden-Württemberg. In: Rundbrief Geographie. 131, 1995. p.22-23.

4077
Klug, Harald: Aufbau eines graphischen Informationssystems zur Erfüllung kommunaler Aufgaben (II). Zusammenarbeit zwischen Kommune, Ingenieurbüro und Vermessungsamt. In: 9. Informationsveranstaltung der Bayer. Vermessungsverwaltung über die graphische Datenverarbeitung am Mittwoch, den 26. April 1995 in der TU München. - München 1995. p.65-67.

4078
Koch, Reinhold: 20 Jahre EDV-gestützte thematische Kartographie in der bayerischen Landesplanung. Rückblick - Bestandsaufnahme - Ausblick. In: Planungskartographie und Geodesign. - Bonn 1993. p.421-434. (Informationen zur Raumentwicklung. 7.)

4079
Koch, Wolf Günther: Zwei aktuelle landeskundliche Atlasprojekte. In: Wissenschaftliche Zeitschrift der Technischen Universität Dresden. 43, 1994, 5. p.70-75.

4080
Kötter, K.-H.: Zur Ausbildung von Dipl.-Ing. (FH) für Vermessungswesen. In: 79. Deutscher Geodätentag 1995 in Dortmund "Lebensräume erfassen - werten - gestalten". Kongreßdokumentation der Fachvorträge. - Stuttgart 1995. p.229-230. (Schriftenreihe des DVW. 20.)

4081
Kohlus, J.: Kartographie von Projektergebnissen der Ökosystemforschung Schleswig-Holsteinisches Wattenmeer - Anwendungen eines geographischen Informationssystems im Landesamt für den Nationalpark Schleswig-Holsteinisches Wattenmeer. In: Geographie der Meere und Küsten. Beiträge zur 11. Tagung des Arbeitskreises. - Greifswald 1994. p.141-156, 6 ill. (Greifswalder geographische Arbeiten. 10.)

4082
Kophstahl, Erwin: Überblick über Anwendungen des Geoinformationssystems ATKIS - Datenintegrationskonzept. In: Das Geoinformationssystem ATKIS und seine Nutzung in Wirtschaft und Verwaltung. Vorträge ... anläßlich des AdV-Symposiums ATKIS am 15. u. 16. Juni 1994 im Landesvermessungsamt Nordrhein-Westfalen, Bonn-Bad Godesberg. - Bonn 1994. p.33-46.

4083
Krakau, Winfried: Die topographische Abbildung des Landes Brandenburg im Maßstab 1:50 000. In: Kartographische Nachrichten. 45, 1995, 4. p.134-139, 4 ill.

4084
Krause, Ulrich: Konzeption des Landesvermessungsamtes NRW zur Fortführung des DLM 25/1 und zur Realisierung des DLM 25/2. In: Nachrichten aus dem Karten- und Vermessungswesen. Rh. I, 113, 1995. p.139-145. [With German, Engl. and French rés.]

4085
Kresse, Wolfgang: Schriftplazierung in ATKIS. In: Nachrichten aus dem Karten- und Vermessungswesen. Rh. I, 113, 1995. p.147-154, 4 ill. [With German, Engl. and French rés.]

4086
Kummer, Klaus: Die Erneuerung der Liegenschaftskarte im Land Sachsen-Anhalt. In: Zeitschrift für Vermessungswesen. 119, 1994, 2. p.71-84, 11 ill.

4087
Kupčík, Ivan: Mappae Bavariae: thematische Karten von Bayern bis zum Jahr 1900; Sonderausstellung des Deutschen Museums München. - Weissenhorn: Konrad 1995. 134 p., mp. (Veröffentlichungen aus dem Archiv des Deutschen Museums. 2.) ISBN 3-87437-375-4

4088
Kusch, Manfred: Rechnergestützte Herstellung von Karten 1:25 000 und 1:10 000 im Regelblattschnitt auf der Grundlage der Präsentationsgraphik des DLM 25/1. In: Nachrichten aus dem Karten- und Vermessungswesen. Rh. I, 113, 1995. p.155-159, 1 ill. [With German, Engl. and French rés.]

4089
Laux, Werner: Nutzung des ATKIS-Landschaftsmodells für die statistische Erhebung geplanter Flächennutzungen. In: Das Geoinformationssystem ATKIS und seine Nutzung in Wirtschaft und Verwaltung. Vorträge ... anläßlich des AdV-Symposiums ATKIS am 15. u. 16. Juni 1994 im Landesvermessungsamt Nordrhein-Westfalen, Bonn-Bad Godesberg. - Bonn 1994. p.78-84, 1 ill.

4090
Leipziger Stadtpläne: Verzeichnis der in Leipziger Institutionen verfügbaren Karten und Pläne. Hrsg. von Pro Leipzig in Zusammenarbeit mit dem Stadtgeschichtlichen Museum Leipzig. - [Leipzig]: Passage-Verlag 1994. 39 p., ill., mp. ISBN 3-9803465-4-4

4091
Liedtke, Herbert; Förster, Uwe: Namen und Abgrenzungen von Landschaften in der Bundesrepublik Deutschland. Anhang: Übersichtskarte 1:1 000 000, Landschaften - Namen und Abgrenzungen. - Trier: Zentralausschuß für Deutsche Landeskunde 1994. 136 p., 1 mp.- suppl. (Forschungen zur deutschen Landeskunde. 239.) ISBN 3-88143-050-4

4092
Lottermoser, Jürgen: Anforderungen an ein kommunales Umweltinformationssystem für die Stadt Saarbrücken. In: Umweltinformation und Karte. Beiträge zur kartographischen Informationsverarbeitung. - Trier 1994. p.202-207. (Sonderband zum Deutschen Kartographentag. 43.)

4093
Mahr, Hans: ATKIS-DKM Entwicklungsstufe des HLVA auf der Basis von Intergraph Hard- und Software. In: Kartographische Nachrichten. 45, 1995, 1. p.17-24, 7 ill., 1 mp.

4094
Mahr, Hans: DKM-Entwicklungsstufe im Hessischen Landesvermessungsamt, Wiesbaden. In: Nachrichten aus dem Karten-

und Vermessungswesen. Rh. I, 113, 1995. p.161-165, 2 ill. [With German, Engl. and French rés.]

4095
Matthias, Ekkehard: Die digitale Stadtkarte von Hamburg - DISK. In: 44 DKT. Deutscher Kartographentag 1995. Tagungsführer. Kartographie im Norden. DGfK. Hamburg, 21.-24. Mai. - Hamburg 1995. p.30-33, 2 ill.

4096
May, Rudolf: Die Datenbank der Floristischen Kartierung. Ein Beispiel für die dezentrale Erhebung und zentrale Zusammenführung von raumbezogenen, naturschutzrelevanten Informationen. In: Umweltdatenbanken. Hrsg. von Horst Kremers. - Marburg 1994. p.155-175, 11 ill. (Praxis der Umweltinformatik. 5.)

4097
Mayr, A.; Tzschaschel, S.: Aktueller Planungsstand zum Atlas Bundesrepublik Deutschland. In: Rundbrief Geographie. 132, 1995. p.19-22.

4098
Meier, Siegfried; Endlich, Marion: Von der Topographischen Karte zum Digitalen Geländemodell - Schätzwerte für landschaftsgebundene Rasterweiten. In: Geo-Informations-Systeme. 8, 1995, 6. p.10-13, 1 ill., 3 tab. [With German and Engl. rés.]

4099
Mertens, Hans: Bemerkungen zur Bodenübersichtskarte 1:100 000. In: Natur und Landschaft im Kreis Neuss. - Neuss 1995. p.31-37, 1 ill. (Schriften des Kreises Neuss. 19.)

4100
Meurer, Peter H.: Hintergründe und Analysen zu Tobias Mayers "Kritischer Karte von Deutschland". In: Cartographica Helvetica. 12, 1995. p.19-26, 3 ill., 2 tab., portr.

4101
Meurer, Peter H.: Le territoire Allemand. In: Gérard Mercator cosmographe, le temps et l'espace. - Anvers 1994. p.336-349, 11 ill., 1 tab. 3 mp.

4102
Milz, Joseph: Duisbourg. Duisbourg au cours de la première moitié du XVIe siècle. In: Gérard Mercator cosmographe, le temps et l'espace. - Anvers 1994. p.92-105, 22 ill.

4103
Mittelstrass, Gerhard: Die Geobasisdaten der Vermessungsverwaltungen als Grundlage der raumbezogenen Informationsverarbeitung. In: Geo-Informations-Systeme. 8, 1995, 4. p.28-26, 3 ill. [With Engl. and German rés.]

4104
Monshausen, Lothar: Die Topographische Landesaufnahme im Raume Bitburg durch den französischen Obersten Tranchot. In: Nachrichtenblatt der Vermessungs- und Katasterverwaltung Rheinland-Pfalz. 38, 1995, 3. p.183-190, 2 ill., 3 mp.

4105
Müller, Karlheinz: Kartographie bei der Stadt Karlsruhe. In: 40 Jahre Ortsverein Karlsruhe der Deutschen Gesellschaft für Kartographie e.V. - Karlsruhe 1994. p.268-270, 1 ill.

4106
Müller, Manfred: Die Nutzung von ATKIS-Daten beim Umweltinformationssystem Baden-Württemberg. In: Das Geoinformationssystem ATKIS und seine Nutzung in Wirtschaft und Verwaltung. Vorträge ... anläßlich des AdV-Symposiums ATKIS am 15. u. 16. Juni 1994 im Landesvermessungsamt Nordrhein-Westfalen, Bonn-Bad Godesberg. - Bonn 1994. p.93-102, 3 ill.

4107
Müller, Wolfgang: Anforderungen an Basisinformationssysteme aus der Sicht des Umweltinformationssystems Baden-Württemberg. In: Gewinnung von Basisdaten für Geoinformationssysteme. Vorträge des 28. DVW-Seminars vom 5.-6. März an der Universität Hannover und vom 24.-25. Sept. 1992 an der Technischen Universität Dresden. - Stuttgart 1992. p.47-61, 7 ill., 2 tab. (Schriftenreihe des DVW. 4.) (Vorträge des DVW-Seminars. 28.)

4108
National report on surveying and mapping. In: 12th United Nations Regional Cartographic Conference for Asia and the Pacific. Vol. II, Technical Papers. Bangkok, 20-28 February 1991. - New York 1995. p.17-19.

4109
Neumann, Joachim: Über deutsche Landkartenausstellungen und ihre Kataloge. In: Karten hüten und bewahren. - Gotha 1995. p.141-147. (Kartensammlung und Kartendokumentation. 11.)

4110
Neumann, Karl; Koch, Hans: Ein experimentelles Informationssystem für ATKIS-Daten. In: Nachrichten aus dem Karten- und Vermessungswesen. Rh. I, 113, 1995. p.179-190, 5 ill. [With German, Engl. and French rés.]

4111
Neumann-Mahlkau, Peter: Die 1994 erschienenen amtlichen geologischen Karten der Bundesrepublik Deutschland. In: Zeitschrift der Deutschen Geologischen Gesellschaft. 146, 1995. p.317-320.

4112
Der Pfinzing-Atlas von 1594. Faksimile-Edition anläßlich des 400jährigen Jubiläums.- Simmelsdorf: Altnürnberger Landschaft 1994. 56 p.

4113
Pfitzinger, Heinz: Probleme bei der Einführung der Automatisierten Liegenschaftskarte - ALK - in Berlin. In: Mitteilungen aus dem Vermessungswesen. Berlin. 21, 1995. p.4-19.

4114
Planungskartographie und Geodesign. In: Informationen zur Raumentwicklung. 1993, 7. p.389-487. [Themenheft.]

4115
Pott, Richard: Farbatlas Nordseeküste und Nordseeinseln: ausgewählte Beispiele aus der südlichen Nordsee in geobotanischer Sicht. - Stuttgart: Ulmer 1995. 288 p., ill., mp. ISBN 3-8001-3350-4

4116
Prell, Karl-Martin: Automationskonzept in der Flurneuordnungsverwaltung Thüringen. In: Zeitschrift für Vermessungswesen. 120, 1995, 3. p.305-316, 2 ill.

4117
Raykowski, Hans: Historisches Gemeindeverzeichnis für das Oldenburger Land 1814-1980. Mit Angaben zur Vogtei-, Amts- und Kreiszugehörigkeit sowie zur Karten- und Kirchenbuchüberlieferung und einem Kartenanhang. 2., verb. Aufl. - Oldenburg: Holzberg 1994. 52 p. (Inventare und kleinere Schriften des Staatsarchivs in Oldenburg. 14.)

4118
Rötzer, Thomas; Würländer, Roland: Neuartige Karten des Wasserhaushalts von Bayern unter Berücksichtigung der Topographie. In: Wetter und Leben. 46, 1994, 1/2. p.15-29, 3 ill.

4119
Rose, Andreas; Zurhorst, Michael: Zur Problematik digitaler Katasterkarten in den Neuen Bundesländern. In: 78. Deutscher Geodätentag 1994 in Mainz "Geodäsie traditionell fortschrittlich". Kongreßdokumentation der Fachvorträge. - Stuttgart 1994. p.124-129. (Deutscher Verein für Vermessungswesen e.V. Schriftenreihe. 12.)

4120
Roßmann, Thomas: Aufbau eines graphischen Informationssystems zur Erfüllung kommunaler Aufgaben (III). Zusammenarbeit zwischen Kommune, Ingenieurbüro und Vermessungsamt. In: 9. Informationsveranstaltung der Bayer. Vermessungsverwaltung über die graphische Datenverarbeitung am Mittwoch, den 26. April 1995 in der TU München. - München 1995. p.69-75, 4 ill.

4121
Sagischewski, Herbert and others: Einsatz eines Waldinformationssystems für den niedersächsischen Harz. In: Geo- Informations-Systeme. 7, 1995, 5. p.15-17, 2 ill. [With German and Engl. rés.]

4122
Salaba, Marie: Gemarkungspläne der zweiten Hälfte des 18. Jahrhunderts im Generallandesarchiv Karlsruhe. In: Karten hüten und bewahren. - Gotha 1995. p.149-171, 14 ill. (Kartensammlung und Kartendokumentation. 11.)

4123
Saurer, Helmut; Klein, Gereon; Goßmann, Hermann: Das Freiburger Regionalisierungsmodell (FREIM) - Ein Konzept und seine Anwendung zur Erzeugung von Niederschlagsdaten. In: Nachrichten aus dem Karten- und Vermessungswesen. Rh. I, 113, 1995. p.195-208, 5 ill. [With German, Engl. and French rés.]

4124
Scharfe, Wolfgang: The image of Brandenburg on maps of Germany. Central Europe of the 15th and 16th centuries. - Berlin 1995. 16 p., ill. (Paper for the 16th International Conference on the History of Cartography.)

4125
Schellein, H.: GEOGIS 25 - Datenstruktur, Datenerfassung und Datenabgabe. In: 9. Informationsveranstaltung der Bayer. Vermessungsverwaltung über die graphische Datenverarbeitung am Mittwoch, den 26. April 1995 in der TU München. - München 1995. p.21-29, 7 ill.

4126
Schiermeier, Ruth: Aufbau eines Informationssystems für Forstzwecke in Bayern am Beispiel Fichtelgebirge. In: Geo-Informations-Systeme. 7, 1995, 5. p.8-14, 7 ill. [With German and Engl. rés.]

4127
Schindler, Gernod: Neue Modelle der Aus- und Weiterbildung im Vermessungswesen. In: 79. Deutscher Geodätentag 1995 in Dortmund "Lebensräume erfassen - werten - gestalten". Kongreßdokumentation der Fachvorträge. - Stuttgart 1995. p.23-30, 3 tab. (Schriftenreihe des DVW. 20.)

4128
Schlüter, Wolfgang: Das Forstkartenwerk der Forstdirektion Karlsruhe. In: 40 Jahre Ortsverein Karlsruhe der Deutschen Gesellschaft für Kartographie e.V. - Karlsruhe 1994. p.257-261, 2 ill.

4129
Schnall, Uwe: Seekarten als Mittel im Konkurrenzkampf zwischen Hamburg und Bremen? In: Karten hüten und bewahren. - Gotha 1995. p.173-183, 4 ill. (Kartensammlung und Kartendokumentation. 11.)

4130
Schreiber, Theo: Niederzier im Spiegel amtlicher topographischer Karten. In: Jahrbuch des Kreises Düren 1994. p.121-134, 6 ill., 3 tab.

4131
Schubert-Weller, Christoph; Bittner, Ulla: Die geographischen Positionen der fünf neuen Bundesländer und Berlins. - Freiburg im Breisgau: Ebertin 1994. 185 p. ISBN 3-87186-076-X

4132
Schulz, Siegmund: Stadtkarte von Hamburg auf CD. In: Kartographische Nachrichten. 45, 1995, 6. p.222-224.

4133
Schulze, Thomas: ATKIS-Anwendungen beim Landkreis Osnabrück. In: Das Geoinformationssystem ATKIS und seine Nutzung in Wirtschaft und Verwaltung. Vorträge ... anläßlich des AdV-Symposiums ATKIS am 15. u. 16. Juni 1994 im Landesvermessungsamt Nordrhein-Westfalen, Bonn-Bad Godesberg. - Bonn 1994. p.103-115, 2 ill.

4134
Schuster, Otmar: Die Deutsche Wiedervereinigung und das Kataster. In: 78. Deutscher Geodätentag 1994 in Mainz "Geodäsie traditionell fortschrittlich". Kongreßdokumentation der Fachvorträge. - Stuttgart 1994. p.130-137. (Deutscher Verein für Vermessungswesen e.V. Schriftenreihe. 12.)

4135
Schuster, Otmar: New land register in the former eastern territories experiences gained during the reunification of Germany. In: Technical Papers 1995 ACSM/ ASPRS, Charlotte, North Carolina, Annual Convention & Exposition. - Bethesda 1995. p.347-353.

4136
Die Seehandlung. Preußische Staatsbank. Handel - Verkehr - Industrie - Bankwesen. Eine Ausstellung des Geheimen Staatsarchivs Preußischer Kulturbesitz und der Stiftung Preußische Seehandlung. - Berlin 1993. 107 p., ill., mp.

4137
Sellge, H.: Basisinformationen der Vermessungsverwaltungen (ALK und ATKIS). In: Gewinnung von Basisdaten für Geoinformationssysteme. Vorträge des 28. DVW-Seminars vom 5.-6. März an der Universität Hannover und vom 24.-25. Sept. 1992 an der Technischen Universität Dresden. - Stuttgart 1992. p.87-95. (Schriftenreihe des DVW. 4.) (Vorträge des ... DVW-Seminars. 28.)

4138
Seyfert, Eckhardt: Stand und Entwicklungstendenzen der Topographischen Landesaufnahme im Land Brandenburg. In: 78. Deutscher Geodätentag 1994 in Mainz "Geodäsie traditionell fortschrittlich". Kongreßdokumentation der Fachvorträge. - Stuttgart 1994. p.138-145. (Deutscher Verein für Vermessungswesen e.V. Schriftenreihe. 12.)

4139
Spata, Manfred: Fünfzig Jahre Luftbildplanwerk 1:25 000 des Deutschen Reiches. In: Mitteilungsblatt. Freundeskreis für Cartographica. 9, 1995. p.28-33, 2 ill.

4140
Spata, Manfred: Fünfzig Jahre Luftbildplanwerk des Deutschen Reiches. In: Zur Geschichte des Vermessungswesens. - Wiesbaden 1995. p.99-102, 1 ill. (DVW-Schriftenreihe. 8.)

4141
Sperling, Walter: Geographische Namen, politisch instrumentalisiert. Das Beispiel Schlesien. In: Karten hüten und bewahren. -

Gotha 1995. p.185-203. (Kartensammlung und Kartendokumentation. 11.)

4142
Stadtökologie und Kartographie. [Informationszentrum Raum und Bau der Fraunhofer-Gesellschaft]. 3rd enl. ed. - Stuttgart: IRB-Verlag 1993. 101 p. (IRB-Literaturauslese Nr. 2528.) ISBN 3-8167-2452-3

4143
Ulmer, Jürgen; Heier, Karlheinz: Graphisch-technisches Informationssystem der Stadtwerke Karlsruhe. In: 40 Jahre Ortsverein Karlsruhe der Deutschen Gesellschaft für Kartographie e.V. - Karlsruhe 1994. p.271-272, 1 ill.

4144
Umbach, Jürgen: Luftbilder der Allierten aus dem 2. Weltkrieg. In: Nachrichten der Niedersächsischen Vermessungs- und Katasterverwaltung. 45, 1995, 3. p.214-217, ill.

4145
Unverhau, Dagmar: Das Danewerk kartographiegeschichtlich. In: Beretning fra trettende tvaerfaglige, Vikingesymposium, Kiels Univ. 26.-27.5.1994. - Hojbjerg 1994. p.7-28, ill.

4146
Vickus, Georg: Weiterentwicklung der kartographischen Modellbildung in ATKIS. In: Kartographische Nachrichten. 45, 1995, 2. p.50-57, 7 ill.

4147
Werner, Peter and others: Biotopkartierung im besiedelten Bereich - Fundus und Herausforderung für die stadtökologische Forschung. In: Stadtökologie. Versuch einer Standortbestimmung. - Frankfurt a.M. 1994. p.59-66, 3 ill., 2 tab. (Geobotanische Kolloquien. 11.) (Überarbeitete Fassung der Vorträge des ... Arbeitstreffens des Arbeitskreises Stadtökologie in der Gesellschaft für Ökologie. 1.)

4148
Wettstädt, Günter; Heiß, Dora: Fünf Jahre Vermessungsamt Wedding. Ausstellung Archäologische und Historische Funde in Wedding - Darstellung in Karten, Plänen, Bildern und Gegenständen. Wedding 1993. - Berlin 1993. 15 p., ill.

4149
Wiegand, Günther: Die Erschließung historisch wertvoller Kartenbestände. Ziele, Verlauf und Bilanz eines Förderprogramms der Deutschen Forschungsgemeinschaft. In: Zeitschrift für Bibliothekswesen und Bibliographie. 40, 1993, 1. p.22-31.

4150
Wilking, Rainer: Überlegungen zur Umstellung des Raumordnungskatasters auf ATKIS-Geobasisdaten. In: Das Geoinformationssystem ATKIS und seine Nutzung in Wirtschaft und Verwaltung. Vorträge ...anläßlich des AdV-Symposiums ATKIS am 15. u. 16. Juni 1994 im Landesvermessungsamt Nordrhein-Westfalen, Bonn-Bad Godesberg. - Bonn 1994. p.116-120.

4151
Wimmer, Heinrich; Zahn, Johann: Der Aufbau des GEOGIS 500 und die Ableitung der ÜK 500 von Bayern. In: Kartographische Nachrichten. 45, 1995, 4. p.125-134, 13 ill., 2 tab., 1 mp.

4152
Wirth, Klaus: Stadtplanwerk Ruhrgebiet, ein Stadtkartenwerk im Umbruch. In: Kartographische Nachrichten. 45, 1995, 6. p.215-220, suppl. with 12 ill.

4153
Witke, Thomas: Erfahrungen bei der Erfassung, Vorverarbeitung, Fortführung, Ausgabe, Archivierung und Abgabe von Raster-

daten. In: Nachrichten aus dem Karten- und Vermessungswesen. Rh. I, 113, 1995. p.225-231, 2 ill., 1 tab. [With German, Engl. and French rés.]

4154
Wodtke, Klaus-Peter: Zweites AdV-Symposium ATKIS in Hannover. In: Kartographische Nachrichten. 45, 1995, 5. p.189-190.

4155
Wolff, Fritz: Karten und Atlanten in fürstlichen Bibliotheken des 16. und 17. Jahrhunderts. Beispiele aus Hessen. In: Karten hüten und bewahren. - Gotha 1995. p.221-231. (Kartensammlung und Kartendokumentation. 11.)

4156
Wolff, Fritz: Wetterau und Vogelsberg in alten Landkarten. - Friedberg 1994. 51 p., ill. (Geschichte und Kultur in Wetterau und Vogelsberg. 2.)

4157
Würth, Karl: Die kartographischen Arbeiten beim Regionalverband Mittlerer Oberrhein. In: 40 Jahre Ortsverein Karlsruhe der Deutschen Gesellschaft für Kartographie e.V. - Karlsruhe 1994. p.266-268.

4158
Zahn, Johann: Die Herstellung der digitalen Übersichtskarte von Bayern 1:500 000. In: Nachrichten aus dem Karten- und Vermessungswesen. Rh. I, 113, 1995. p.233-243, 7 ill., 1 suppl. [With German, Engl. and French rés.]

4159
Zierl, Eckhard: Die Digitale Bundeswasserstraßenkarte DBWK. In: 40 Jahre Ortsverein Karlsruhe der Deutschen Gesellschaft für Kartographie e.V. - Karlsruhe 1994. p.255-257, 1 ill.

4160
Zimmermann, Bernhard: Friedrich Wilhelm Bessel und die ostpreußische Gradmessung. In: Zur Geschichte des Vermessungswesens. - Wiesbaden 1995. p.54-64, 5 ill., 1 tab. (VDV-Schriftenreihe. 8.)

4161
Zögner, Gudrun K.: Karten in "Feuer und Flamme". In: Mitteilungsblatt. Freundes-kreis für Cartographica. 9, 1995. p.37-39.

4162
Zögner, Lothar: A national historical Dictionary of Mapmakers. In: How to identify a mapmaker. An international bibliographic Guide. - Paris 1995. p.11-16.

Great Britain / Großbritannien / Grande-Bretagne

4163
Armitage, Geoff: County cartobibliographies of England and Wales: addendum. In: The Map Collector. 73, 1995. p.20-23, 2 ill.

4164
Blakemore, Michael: The Association for Geographic Information, five years on. In: The 1994 European GIS Yearbook. p.223-225, 1 ill.

4165
Boothby, John; Hull, Andrew P.: Mapping Cheshire's ponds. In: The Bulletin of The Society of Cartographers. 29, 1995, 1. p.13-17, 4 ill.

4166
Buchanan, H.: Product conformance with BS7567 (NTF) with an example studying Ordnance Survey Boundary Line. In: The Cartographic Journal. 32, 1995, 1. p.18-23, 7 ill.

4167
Cartographic activities in Asia and the Pacific, 1986-1990. Paper submitted by the United Kingdom of Great Britain and Northern Ireland. In: 12th United Nations Regional Cartographic Conference for Asia and the Pacific. Vol. II, Technical Papers. Bangkok, 20-28 February 1991. - New York 1995. p.75-78, 7 tab.

4168
Chorley, Roger; Buxton, Richard: The government setting of GIS in the United Kingdom. In: Geographical information systems. Principles and applications. Vol. 1: Principles. - New York 1994. p.67-79.

4169
Collier, Peter; Fontana, Dominic; Pearson, Alastair: GIS mapping of Langstone Harbour for an integrated ecological and archaeological study. In: The Cartographic Journal. 32, 1995, 2. p.137-142, 2 ill.

4170
Ell, Paul S.; Slater, T.R.: The religious census of 1851: a computer-mapped survey of the Church of England. In: Journal of Historical Geography. 20, 1994, 1. p.44-61, 6 ill.

4171
Fletcher, David: The Careswell Atlas: working tool and work of art. In: The Map Collector. 73, 1995. p.34-37, 5 ill.

4172
Garland, Ken: Mr Beck's Underground map. - Harrow Weald [London]: Capital Transport Publ. 1994. 80 p., mp. ISBN 1-85414-168-6

4173
Green, D.R.: Cartographic activities in the United Kingdom, 1991-1995. In: The Cartographic Journal. 32, 1995, 1. p.50-73.

4174
Hasegawa, Koji: Road atlases in early modern Japan and Britain. In: Geographical studies & Japan. Ed. by John Sargent & Richard Wiltshire. Folkestone, Kent 1993. p.15-24.

4175
An introduction to the Guide to training facilities in survey and mapping for overseas students in Great Britain. In: 12th United Nations Regional Cartographic Conference for Asia and the Pacific. Vol. II, Technical Papers. Bangkok, 20-28 February 1991. - New York 1995. p.386-387.

4176
Last piece of the jigsaw. (The last digitised map of Britain is completed.). In: The Geographical Magazine. 67, 1995, 10. p.35-36, ill.

4177
Lunn, Angus: Vegetation and species distribution mapping in Britain, with special reference to North East England. In: The Bulletin of The Society of Cartographers. 28, 1994, 2. p.13-17.

4178
Moore, J.N.: The Ordnance Survey 1:500 town plan of Glasgow: a study of largecale mapping, departmental policy and local opinion. In: The Cartographic Journal. 32, 1995, 1. p.24-32, 2 ill.

4179
Shirley, Rodney W.: "Lost" British Isles wall map by John Senex found in the Newberry Library. In: Mapline. 78/79, 1995/96. p.[1]-4, 3 ill.

4180
Smith, David: The preparation of the town maps for Lysons' Magna Britannia. In: The Cartographic Journal. 32, 1995, 1. p.11-17, 3 ill., 1 tab.

4181
Sowton, Michael Sam: Development of GIS-related activities at the Ordnance Survey. In: Geographical information systems. Principles and applications. Vol. 2: Applications. - New York 1994. p.23-38, 1 tab.

4182
Unwin, David J.: Masters of what? GIS education in the United Kingdom 1993. In: The 1994 European GIS Yearbook. p.216-218.

4183
Varanka, Dalia: The rise of English world atlases. - Milwaukee: University of Wisconsin, Milwaukee 1994. [Doct. diss.]

Greece / Griechenland / Grece

4184
Filippakopoulou, Vassiliki; Nakos, Byron: Is GIS technology the present solution for creating tourist maps? In: Cartographica. 32, 1995, 1. p.51-62, 4 ill., 2 tab.

4185
Kavouras, Marinos; Tsamouras, Stratis: GIS in Greece. In: The 1994 European GIS Yearbook. p.178-181, 6 ill.

4186
Livieratos, E.; Valsamaki, M.: Cartometric analysis of Ptolemy's maps of Greece. - Thessaloniki 1995. 11 p., ill. (Paper for the 16th International Conference on the History of Cartography.)

Hungary / Ungarn / Hongrie

4187
Bartha, Lajos: The first educational globes in Hungarian language 1800-1850. In: Der Globusfreund. 43/44, 1995. p.237-248, plates 32-33; p.248-256. [In Engl. and German.]

4188
Brichzin, Hans: Eine Ungarnkarte von Nicolaus Angielus, sowie Grund- und Aufrisse ungarischer Festungen aus dem Jahr 1566 im Sächsischen Hauptstaatsarchiv zu Dresden. Teil II. In: Cartographica Hungarica. 1994, 4. p.12-18, 14 ill.

4189
Csaplovics, Elmar; Kanonier, Johannes; Sindhuber, Adele: Zur Integration hochauflösender kosmischer Photoaufnahmen mit der Kamera KFA-1000 in regionale Geo-Informationssysteme - Fallstudie Nationalpark Neusiedler See - Fertő Tó (Österreich, Ungarn). In: Angewandte Geographische Informationsverarbeitung V. Beiträge zum GIS-Symposium 7.-9. Juli 1993. - Salzburg 1993. p.283-289, 3 ill. (Salzburger Geographische Materialien, H. 20.)

4190
Kovács, Gáborné: A digitális földmérési alaptérképkészítés és helyzete Magyarországon. In: Geodézia és Kartográfia. 47, 1995, 1. p.16-18. [Production of the digital surveying basic maps in Hungary.] [Hung. with Engl. rés.]

4191
Kretschmer, Ingrid: Kartographische Neuigkeiten aus Ungarn. In: Kartographische Nachrichten. 45, 1995, 2. p.70-72.

4192
Raum, Frigyes: 200 éves a méter mértékrendszer. In: Geodézia és Kartográfia. 47, 1995, 2. p.94-97, 2 ill., 2 portr. [200 years of the Metric System.] [Hung. with Engl. rés.]

4193
Stätter, Christian: Landnutzungsklassifikation Pannonischer Raum. - Technische Universität Wien 1994. [Dipl.-Arb.]

4194
Szabó, Szilárd: Hungary: an active role in European GIS. In: The 1994 European GIS Yearbook. p.186-188, 1 ill.

4195
Szathmáry, Tibor: Der bisher unbekannte Zustand von Ungarnkarte Deutechums (1661-1663). In: Cartographica Hungarica. 1994, 4. p.5-8, 10 ill.

4196
Szathmáry, Tibor: Deutechum 1596-os Magyarország térképének eddig ismeretlen (utolsó) kiadása. In: Cartographica Hungarica. 1994, 4. p.2-4, 7 ill. [Der bisher unbekannte Zustand von Ungarnkarte Deutechums.] [Hung.]

4197
Tremmel, Agoston: Hagyományőrzés a katonai térképészetnél. In: Geodézia és Kartográfia. 47, 1995, 4. p.193-196, 3 ill. [Respect for tradition at the Military Mapping Service.] [Hung. with Engl. rés.]

Ireland / Irland / Irlande

4198
Miller, Scott B.; Walker, A. Stewart, Walsh, Muiris C.: Digital photogrammetry at the Ordnance Survey of Ireland. In: Technical Papers 1995 ACSM/ASPRS, Charlotte, North Carolina, Annual Convention & Exposition. Vol. 2. - Bethesda 1995. p.195-204.

Italy / Italien / Italie

4199
Barac, Arrigo: A military map of the Jewish Brigade, May 1945. In: Journal. Israeli Map Collectors Society. 11, 1994. p.7, 1 ill.

4200
Bertacchi, Andrea; Onnis, Antonino: Evoluzione dell'uso del territorio e della copertura vegetale delle colline pisane. In: Bollettino della Associazione Italiana di Cartografia. 93/94, 1995. p.81-86, 3 ill. [Ital. with Engl. rés.]

4201
Brandolini, Pierluigi and others: G.I.S. e cartografia tematica nella zonizzazione dei comuni di "media montagna" in Liguria. In: Bollettino della Associazione Italiana di Cartografia. 93/94, 1995. p.63-72. [Ital. with Engl. rés.]

4202
Brundu, Brunella: L'importanza della cartografia nella valutazione del consumo di spazio. In: Bollettino della Associazione Italiana di Cartografia. 93/94, 1995. p.143-151, 2 ill. [Ital. with Engl. rés.]

4203
Colmano, David: Erstellung eines Regionalatlas für Südtirol mit Hilfe von Desktop Publishing. - Univ. Wien 1994. 75 p., 12 ill., suppl. [Dipl.-Arb.]

4204
Di Gregorio, Felice; Martinez, Giovanna Luigia: La carta della pericolosità da inondazione nella Bassa Valle del Temo (Sardegna nord-occidentale). In: Bollettino della Associazione Italiana di Cartografia. 93/94, 1995. p.119-124. [Ital. with Engl. rés.]

4205
Fiore, Tullia and others: La cartografia tematica da strumento di descrizione a supporto interpretativo per la gestione delle risorse idriche: la qualità delle acque superficiali nel bacino del Riu Cixerri (Sardegna meridionale). In: Bollettino della Associazione Italiana di Cartografia. 93/94, 1995. p.53-62, 7 ill. [Ital. with Engl. rés.]

4206
Galli, Paola; Mosciatti, Maurizio; Ortolani, Paolo: Esempio di cartografia del verde ornamentale finalizzata alla gestione degli ambienti urbanizzati. In: Bollettino della Associazione Italiana di Cartografia. 93/94, 1995. p.77-80. [Ital. with Engl. rés.]

4207
Leidlmair, Adolf; Keller, Wilfried: Atlas für Südtirol. Der Schulatlas für die Mittelschulen in Südtirol aus dem Verlag Ed. Hölzel. In: GW-Unterricht. 55, 1994. p.104-107, 8 ill.

4208
Madonia, Paolo: Applicazione della tecnologia GIS nella realizzazione di carte tematiche: distribuzione territoriale dei parametri del bilancio idrogeologico nel bacino del Riu Cixerri (Sardegna meridionale). In: Bollettino della Associazione Italiana di Cartografia. 93/94, 1995. p.43-52, 7 ill., 2 tab. [Ital. with Engl. rés.]

4209
Marinoni, Augusto: La pianta di Imola. In: Leonardo artista delle macchie e cartografo. - Firenze 1994. p.77-82, 2 ill.

4210
Melis, Paolo: Carta archeologica del Comune di Tergu. In: Bollettino della Associazione Italiana di Cartografia. 93/94, 1995. p.135-138, 3 ill. [Ital. with Engl. rés.]

4211
Melis, Rita Teresa; Tanda, Giuseppina: Esempio di cartografia finalizzata a valutare i rapporti tra ambiente fisico e siti archeologici nel territorio di Sedilo (Sardegna Centrale). In: Bollettino della Associazione Italiana di Cartografia. 93/94, 1995. p.125-133, 7 ill. [Ital. with Engl. rés.]

4212
Melis, Rita Teresa; Maccioni, Luigi: Carta morfopedologica del Parco del Sinis-Montiferru (Sardegna Occidentale). In: Bollettino della Associazione Italiana di Cartografia. 93/94, 1995. p.93-102, 2 ill., 3 tab. [Ital. with Engl. rés.]

4213
Moreno, Diego; Bousquet-Bressolier, Catherine: Une source pour l'histoire et l'archéologie des ressources végétales. Les cartes topographiques de la montagne Ligure (Italie). In: L'æil du cartographe et la représentation géographique du Moyen Age à nos jours. - Paris 1995. p.175-198, 11 ill. (Mémoires de la section de géographie physique et humaine. 18.)

4214
Pampaloni, Maurizio: L'Istituto Geografico Militare: programmi e prodotti. In: Bollettino della Associazione Italiana di Cartografia. 93/94, 1995. p.7-14.

4215
Penon, Angelo and others: Un' esperienza di produzione cartografica attraverso l'uso di un GIS: la Carta Generale del territorio della Regione Piemonte alla scala 1:250 000. In: Bollettino della Associazione Italiana di Cartografia. 93/94, 1995. p.33-41, 2 tab. [Ital. with Engl. rés.]

4216
Pezzoli, Stefano: Piacenza, foglio 162: dalla topografia austriaca del XIX secolo a quella odierna. Una proposta di letteratura del paesaggio. In: Bollettino della Associazione Italiana di Cartografia. 93/94, 1995. p.139-142, 1 ill. [Ital. with Engl. rés.]

4217
Progetto didattico Pianura senza confini. In: Bollettino della Associazione Italiana di Cartografia. 95, 1995. 123 p. [Ital.]

4218
Ricci, Marcello: L'Atlante tematico d'Italia del Touring Club Italiano. In: Bollettino della Società Geografica Italiana. Serie XI, Vol. XII, 1995. p.91-96. [With Engl. rés.]

4219
Tomei, Paolo Emilio; Bertacchi, Andrea: Carta della vegetazione scenario Alta Garfagnana. In: Bollettino della Associazione Italiana di Cartografia. 93/94, 1995. p.87-91, 2 ill. [Ital. with Engl. rés.]

4220
Torricelli, Gian Paolo: Proposte per l'elaborazione di un atlante tematico permanente, nell' ambito della cooperazione transfrontaliers Ticino-Lombardia-Piemonte. - Bellinzona: Periodoco dell'Istituto di ricerche economiche 1993. 68 p., tab., mp.

Latvia

4221
Collecting the Latvian map stamp - part two. In: The Carto-Philatelist. 39, 1994, 4. p.98-107.

Luxembourg / Luxemburg / Luxembourg

4222
Schares, N.: A geographical and technical information system for the city of Luxembourg. In: The 1994 European GIS Yearbook. p.192-196, 5 ill.

Netherlands / Niederlande / Pays-Bas

4223
Aardoom, L.: "Wat is waar?" of: De geodesie als ruimtelijk- informatieve wetenschap. Een samenvatting van het Nationaal Geodetisch Plan 1995. In: Geodesia. 37, 1995, 2. p.75-82, 5 ill.

4224
Bakker, N.J.: Kaartrevisie bij de Topografische Dienst. In: Kartografisch Tijdschrift. 21, 1995, 2. p.11-18, 10 ill. [Dutch with Engl. and French rés.]

4225
Berends, J.; Janssen, H.C.: Het 1:10 000 Kernbestand. Grond onder de voeten voor GIS-gebruik. In: Geodesia (Kartografisch Tijdschrift 21, 1995, 1). 37, 1995, 1. p.7-11, 3 ill.

4226
Bibliography of the History of Cartography of the Netherlands. Compiled by Peter van der Krogt, Marc Hameleers and Paul van den Brink. - Utrecht: H & S Publishers 1993. 418 p. ISBN 90-6194-158-X

4227
Blok, C.A.: Routekaart Nederland '95/'96. ANWB ledenwijzer met uitgebreide carpool informatie. In: Kartografisch Tijdschrift. 21, 1995, 2. p.49-51, 2 ill., 1 mp. [Dutch.]

4228
Boer, A.M. den: Van Heerlen naar Emmen en terug. Wil Nederland één, twee of tien digitale wegennetwerken 1:10 000? In: Geodesia (Kartografisch Tijdschrift 21, 1995, 1). 37, 1995, 1. p.21-25, 5 ill.

4229
Bruggen, R.H.A. van: De kaartenverzameling van de gemeente Heemstede. In: Caert-Thresoor. 14, 1995, 1. p.6-8, 2 ill.

4230
Hesselink-Duursma, C.W.: Manuscriptkaarten. Illustratie van de eerste ontwikkeling van de Nederlandse kartografie aan de hand van drie manuscriptkaarten uit het Streekarchief Hollands Midden. In: Geodesia. 37, 1995, 3. p.143-147, 4 ill.

4231
Hofman, M. and others: Actief GPS Referentie Systeem voor Nederland. Plannen voor een permanent GPS-netwerk ten behoeve van navigatie, GIS, landmeetkunde en wetenschappelijk onderzoek. In: Geodesia. 37, 1995, 5. p.227-230, 3 ill.

4232
Jongh, H. de: De Kaart van Amsterdam 1:10 000. Van kaart naar objectgericht bestand. In: Geodesia (Kartografisch Tijdschrift 21, 1995, 1). 37, 1995, 1. p.27-31, 5 ill.

4233
Kolk, E.: Op weg met TOPIOvector. Een landsdekkende middenschalige geografische gegevensbank. In: Geodesia (Kartografisch Tijdschrift 21, 1995, 1). 37, 1995, 1. p.13-20, 5 ill.

4234
Krogt, Peter C.J. van der: Het vorhoudingsgetal als schaal en de eerste kaart op schaal 1:10 000. In: Geodesia (Kartografisch Tijdschrift 21, 1995, 1). 37, 1995, 1. p.3-5, 3 ill.

4235
Ligtendag, Wim: Het nut van oude kaarten voor historisch-geografen: de bevindingen tijdens een onderzoek. In: Caert-Thresoor. 14, 1995, 1. p.1-5, 2 ill.

4236
Maas, A.: Is geodesie van waarde? Pleidooi voor een minder introverte geodetisch generalist; het Nationaal Geodetisch Plan onder vuur. In: Geodesia. 37, 1995, 5. p.237-240, 1 ill.

4237
Molenaar, Martien: Is er nog geodetisch onderzoek na het NGP? Een oproep tot samenwerken. In: Geodesia. 37, 1995, 6. p.309-315.

4238
Raa, Fineke te: Kaarten in het Rijksarchief in Noord-Brabant. In: Caert-Thresoor. 14, 1995, 4. p.87-92, 3 ill. [With Engl. rés.]

4239
Raamsdonk, J. van: TOPIOvector: ondergrond voor integraal waterbeheer. In: Geodesia (Kartografisch Tijdschrift 21, 1995, 1). 37, 1995, 1. p.33-36, 6 ill.

4240
Scheele, Theo: Een dagje ... Landmeten en Vastgoed in Rotterdam. Landmeten in dynamisch Rotterdam, meer dan geo-informatie. In: Geodesia. 37, 1995, 7/8. p.359-364, 8 ill.

4241
Smit, L.A.: Optitheek Rotterdam. Rotterdam in kaart, beeld en tekst op PC, een primeur. In: Geodesia. 37, 1995, 10. p.447-451, 5 ill., 1 tab.

4242
Snabilié, Chris J.: Berichten en Netwerk. 20 jaar verslaggeving in het Kartografisch Tijdschrift. In: Kartografisch Tijdschrift. 21, 1995, 3. p.15-18, 4 ill.

4243
Veen, J.B. van der; Uitermark, H.T.: Naar een objectgerichte GBKN?! Van basiskaart tot basisbestand via het objectbegrip. In: Geodesia. 37, 1995, 2. p.83-88, 4 ill.

4244
Verroen, A.H.: Stadskartografie. In 25 jaar Nederlandse kartografische tijdschriften, 1970-1995. In: Kartografisch Tijdschrift. 21, 1995, 3. p.37-45, 3 ill.

4245
Vogelvluchtopnamen van Nederland 1921-1939: foto's van KLM Aerocarto Luchtfotografie. Red.: Sergio Derks. - Weesp: Robas 1994. 148 p., ill. ISBN 90-72770-57-9

4246
Wouters, W.J.C.: TOPhoogteMD. Van de Hoogtekaart 1:10 000 naar het Digitale Hoogtebestand van Nederland. In: Geodesia (Kartografisch Tijdschrift 21, 1995, 1). 37, 1995, 1. p.37-39, 3 ill.

Norway / Norwegen / Norvège

4247
Andersen, Øystein: Bruk av digitale bilder i kartproduksjon. In: Kart og plan. 88, 1995, 2. p.109-114, 6 ill. [Use of digital images in map production.] [Norw. with Engl. rés.]

4248
Bø, Tore: Grunnkart Bergen - vedlikehold av basen med terrestriske metoder. Erfaringer fra et forsøk i Kråkenesdalen i juni 1994. In: Kart og plan. 88, 1995, 1. p.41-44, 3 ill. [Basic Map Bergen - maintenance of the database, with the use of terrestrial methods.] [Norw. with Engl. rés.]

4249
Kjørsvik, Heidi: Forslag til farge- og symbolbruk på arealplankart for kystsonen etter plan- og bygningsloven. In: Kart og plan. 88, 1995, 3. p.153-157, 3 ill. [Colour and symbols to be used in the planning for the Coastal Zone adapted to the planning and building act.] [Norw. with Engl. rés.]

4250
Piepjohn, Karsten and others: Geologische Neukartierung der Germaniahalvøya, Haakon VII Land, NW-Spitzbergen, Svalbard. In: Geowissenschaftliche Spitzbergen-Expedition 1900 und 1991 "Stofftransporte Land-Meer in polaren Geosystemen" - Zwischenbericht. Stuttgart 1992. p.37-54, 3 ill. (Stuttgarter geographische Studien. 117.)

4251
Sky, Per Kåre: Eiendomsregisterets (katasterets) samfunnsmessige betydning og funksjon, belyst ut fra samspillet med offentlig og med privat sektor. In: Kart og plan. 88, 1995, 2. p.124-131, 1 ill., 1 tab. [Social importance and function of cadastral systems.] [Norw. with Engl. rés.]

4252
Sky, Per Kåre: Etablering av et eiendomsinformasjonssystem i Forsvarets bygningstjeneste. In: Kart og plan. 88, 1995, 1. p.9-15, 5 ill., 1 tab. [Implementation of a Land Information System in The Norwegian Defence Construction Service.] [Norw. with Engl. rés.]

4253
Stavestrand, Harald: Nytt nasjonalt kartbladsystem? Forslag om å ta i bruk Euref89 for alle offentlige kartserier. In: Kart og plan. 88, 1995, 4. p.240-242, 1 ill., 1 tab. [This is a proposal for a new official map series system, based on the Euref89 reference.] [Norw.]

4254
Stene, Øyvind: Statens kartverk i omstilling. In: Kart og plan. 88, 1995, 2. p.81-86. [The Norwegian Mapping Authority in change.] [Norw. with Engl. rés.]

4255
Strandli, Bjørn: GIS for miljødata i Vestfold fylke. In: Lantmäteritidskriften. 1995, 6. p.29-30. [GIS for environment in Vestfold area.] [Norw.]

4256
Thannheiser, Dietbert: Vegetationskartierung auf der Germaniahalvøya. In: Geowissenschaftliche Spitzbergen-Expedition 1900 und 1991 "Stofftransporte Land-Meer in polaren Geosystemen" - Zwischenbericht. Stuttgart 1992. p.141-160, 9 ill. (Stuttgarter geographische Studien. 117.)

Poland / Polen / Pologne

4257
Bzinkowska, Jadwiga: Implementation of the Virginia Technology Library System in the Jagiellonian Library and its Cartographic Department. In: The LIBER Quarterly. European Research Libraries Cooperation ERLC. 5, 1995, 3. p.337-341.

4258
Gazdzicki, Jerzy: GIS/LIS developments in Poland. In: The 1994 European GIS Yearbook. p.197-199.

4259
Gołaski, Janusz: Bieżąca problematyka nazw miejscowych w polskiej kartografii. In: Polski przegląd kartograficzny. 27, 1995, 2. p.61-68. [The problem of place names in Polish cartography.] [Pol. with Engl. rés.]

4260
Iracka, Maria: Mapa zdrowotnego stanu drzewostanów w Pienińskim Parku Narodowym w skali 1:10 000. In: Polski przegląd kartograficzny. 26, 1994, 2. p.92-95. [Maps about the health conditions of the trees in the Pieninski National Park at the scale of 1:10 000.] [Pol.]

4261
Janczak, Julian: Odrzanskie archiwalia kartograficzne. In: Rzeki. Kultura, cywilizacja, historia. 1, 1992. p.107-118, 5 ill. [Storage of cartographic archive material.] [Pol.]

4262
Jędrzejczyk, Dobiesław: Mapa nadwyżek i niedoborów ludności polskiej Jerzego Smoleńskiego z 1926 roku. In: Polski przegląd kartograficzny. 26, 1994, 2. p.95-99, 1 ill. [Excess or deficit of the Polish population in the maps of Georg Smolensky 1926.] [Pol.]

4263
Lankamer, Tadeusz: Oficjalny wykaz nazw geograficznych Rzeczypospolitej Polskiej - geneza, realizacja, zawartość. In: Polski przegląd kartograficzny. 27, 1995, 1. p.12-16, 1 ill. [The official list of geographical names of the Republic of Poland - origin, realization, contents.] [Pol. with Engl. and Russ. rés.]

4264
Lewiński, Stanisław: Polska z kosmosu - satelitarna mapa Polski. In: Polski przegląd kartograficzny. 27, 1995, 2. p.68-73. [Poland from space - the satellite image map of Poland.] [Pol. with Engl. rés.]

4265
Makowski, Andrzej: Jubileusz 40-lecia studiów kartograficznych w Politechnice Warszawskiej ("... od kamienia ... do komputera ...". In: Geodezja i Kartografia. 43, 1994, 4. p.287-301, 10 ill. [The 40th anniversary of cartogaphic studies in Warsaw University of Technology ("... from litographic stone ... to the computer...").] [Pol.]

4266
Marsch, Angelika: Friedrich Bernhard Werner (1690-1776). Ein europäischer Ansichtenzeichner aus Schlesien. - Würzburg: Stiftung Kulturwerk Schlesien 1995. 56 p., ill.

4267
Marsch, Angelika: Friedrich Bernhard Werner und seine Topographie von Oberschlesien. In: Stadtgeschichte Oberschlesiens. Studien zur städtischen Entwicklung ... herausgegeben von Thomas Wünsch. 1995. p.253-275, 11 ill.

4268
Marsch, Angelika: Oppeln-Falkenberg-Groß Strehlitz. Historische Ansichten aus vier

Jahrhunderten. - Würzburg: Bergstadt Verlag 1995. 160 p., ill.

4269
Meurer, Peter H.: Les territoires de la couronne polonaise. In: Gérard Mercator cosmographe, le temps et l'espace. - Anvers 1994. p.350-359, 5 ill., 1 mp.

4270
Najgrakowski, W.: Der neue Atlas von Polen. In: Kartographische Nachrichten. 45, 1995, 6. p.224-229, 1 ill.

4271
Paszyński, Janusz; Niedźwiedź, Tadeusz: O przedstawianiu częstości kierunków wiatru na mapach. In: Polski przeglad kartograficzny. 26, 1994, 4. p.218-226, 7 ill. [Mapping the frequency of wind directions.] [Pol. with Engl. and Russ. rés.]

4272
Plit, Joanna: Zastosowanie metody kartograficznej do badania procesu przekształcenia krajobrazów roślinnych w XIX i XX wieku na przykładzie Mazowsza. In: Polski przegląd kartograficzny. 26, 1994, 2. p.65-75, 4 ill., 1 tab. [Application of the cartographical method for studying the process of vegetation landscape transformation in the 19th and 20th centuries upon the example of Mazovia.] [Pol. with Engl. and Russ. rés.]

4273
Schnayder, Edward: Polska kartografia wojskowa w czasie II wojny światowej (Przypomnienie w 50-lecie zakończenia wojny). In: Polski przegląd kartograficzny. 27, 1995, 4. p.191-200. [Polish military cartography at the time of World War II (Note on the 50th anniversary of the end of the War).] [Pol. with Engl. and Russ. rés.]

4274
Schnayder, Edward: Unbekannte oder wenig bekannte Polen betreffende, gedruckte Landkarten aus den Sammlungen in Wolfenbüttel und Stockholm. In: Zeszyty naukowe Uniwersytetu Jagiellonskogo. 1808. 1994. p.105-115, ill. (Prace histor. Z. 111.)

4275
Sirko, Mieczysław: Metodyczne problemy doboru osiedli na mapach średnio- i małoskalowych. In: Polski przegląd kartograficzny. 27, 1995, 1. p.1-12, 4 ill., 4 tab. [Methodological problems of selection of settlements on medium- and small-scale maps.] [Pol. with Engl. and Russ. rés.]

4276
Sperling, Walter: Geographische Namen, politisch instrumentalisiert. Das Beispiel Schlesien. In: Karten hüten und bewahren. - Gotha 1995. p.185-203. (Kartensammlung und Kartendokumentation. 11.)

4277
Świderski, Slawomir: Numeryczna Mapa Ewidencji Gruntów i Budynków. Zasady tworzenia. Praktyczne zastosowanie na obiekcie m. Elbląga. In: Geodezja i Kartografia. 44, 1995, 2/3. p.375-381. [Numerical map of ground and building stocktaking. Working principles. Practical application on site in Elblag.] [Pol.]

4278
Wytyczak, Roman: Zbiory kartograficzne Biblioteki Zakładu Narodowego im. Ossolińskich we Wrocławiu. Część II. In: Polski przegląd kartograficzny. 26, 1994, 2. p.85-92, 2 tab. [The cartographic collection of the Ossolinskis National Institute Library in Wroclaw.] [Pol. with Engl. and Russ. rés.]

Rumania / Rumänien / Roumanie

4279
Soler, Tomás; Hall, Lucy W.: Establishment of a GPS high accuracy geodetic network in Romania. In: Surveying and Land Information Systems. 55, 1995, 4. p.183-191, 4 ill., 3 tab.

Slovak Republic / Slowakische Republik / Slovaquie

4280
Čaňová, Jana: Tvorba Základnej mapy SR veľkej mierky. - Bratislava: Slovenská technická univerzita 1995. [The production of the large scale basic map of Slovakia.] [Slovak.] [Dipl.-Arb.]

4281
Drinka, Andrej: Posúdenie presnosti Základnej mapy SR veľkej mierky. - Bratislava: Slovenská technická univerzita 1995. [Assessing the accuracy of the large scale basic map of SR.] [Slovak.] [Dipl.-Arb.]

4282
Fašiangová, Lýdia: Skúsenosti z vytvárania vektorovej katastrálnej mapy. In: Geodetický a kartografický obzor. 41, 1995, 7. p.142-145. [Experiences of forming the vector cadastral map.] [Czech with Engl., German, French and Russ. rés.]

4283
Hocková, Miroslava: Model tvorby novej topografickej mapy. - Bratislava: Slovenská technická univerzita 1995. [A model of the new topographic map production.] [Slovak.] [Dipl.-Arb.]

4284
Horňanský, Imrich: Skončenie štandardizácie geografických názvov zo Základnej mapy Slovenskej republiky 1:10 000. In: Geodetický a kartografický obzor. 41, 1995, 5. p.92-94. [Finishing the standardization of geographic names from the Basic Map of the Slovak Republic 1:10 000.] [Slov. with Czech, French, Engl. and Russ. rés.]

4285
Hrabák, Otakar: Kartografické informácie na vojenských mapách. - Bratislava: Slovenská technická univerzita 1995. [The cartographic information in military maps.] [Slovak.] [Dipl.-Arb.]

4286
Kondášová, Marta: Spracovanie, vydávanie a využívanie kartografických diel územia Slovenskej Republiky. In: Kartografické Listy. 1995, 3. p.5-12. [Processing, issue and use of cartographic series of the Slovak Republic territory.] [Slovak with Engl. rés.]

4287
Krčulová, Jana: Tematická mapa Slovenska. - Bratislava: Slovenská technická univerzita 1995. [A thematic map of Slovakia.] [Slovak.] [Dipl.-Arb.]

4288
Krivosudská, Gabriela: Zakladné mapové diela v rezorte dopravy SR. In: Kartografické Listy. 1995, 3. p.99-104. [The basic map works in the field of transport in the Slovak Republic.] [Slovak with Engl. rés.]

4289
Kružliak, Peter: Model 10 - súbor topologicko vektorových objektov Slovenska. (Správa o genéze, súčasnom stave a výhľ'adoch do budúcnosti). In: Kartografické Listy. 1995, 3. p.87-90. [Model 10 - the datasets of topographical vector data.] [Slovak with Engl. rés.]

4290
Mikulcová, Denisa: Hodnotenie presnosti určenia kartometrických súradníc podrob-ných

bodov polohopisu vybraného typu katastrálnych máp. - Bratislava: Slovenská technická univerzita 1995. [Assessing the precision of cartometric coordinates of detail mapping points in selected type of cadastral maps.] [Slovak.] [Dipl.- Arb.]

4291
Nagy, Alexander and others: Geologické mapy a mapovanie Západných Karpát. In: Geodetický a kartografický obzor. 41, 1995, 9. p.204-209, 5 ill., 2 tab. [Geologic maps and geologic survey of Western Carpathian mountains.] [Czech with Engl., French and German rés.]

4292
Osuská, Zuzana: Modernizácia obsahu topografických máp. - Bratislava: Slovenská technická univerzita 1995. [The modernization of topographic maps contents.] [Slovak.] [Dipl.-Arb.]

4293
Pavelka, Stanislav: Tvorba máp životného prostredia. - Bratislava: Slovenská technická univerzita 1995. [The production of environmental maps.] [Slovak.] [Dipl.-Arb.]

4294
Simová, Bronislava: Technológia spracovania novej topografickej mapy. Bratislava: Slovenská technická univerzita 1995. [A technology of processing the new topographic map.] [Slovak.] [Dipl.-Arb.]

4295
Vojtičko, Ondrej: Koncepcia tvorby máp, budovanie základnej bázy údajov pre GIS a ich legislatívne prostredie. In: Geodetický a kartografický obzor. 41, 1995, 9. p.175-178. [Concept of map compilation, forming of fundamental data base of GIS and their legislation base.] [Czech with Engl., French and German rés.]

4296
Žiaková, Adriana: Návrh kartografického zobrazenia Slovenska. - Bratislava: Slovenská technická univerzita 1995. [A proposal of a cartographic projection for Slovakia.] [Slovak.] [Dipl.-Arb.]

4297
Žihlavník, Štefan: Problematika a trend lesníckeho mapovania. In: Kartografické Listy. 1995, 3. p.105-108. [Problematik und Trend der forstlichen Kartierung.] [Slov. with German rés.]

Slovenia / Slowenien / Slovénie

4298
Boldin, Danijel: Uporaba digitalih prostorskih podatkov pri urbanistični zasnovi mesta Jesenice. In: Geodetski vestnik. 39, 1995, 3. p.177-183, 2 ill., 1 tab. [Use of digital spatial data in urban planning for the city of Jesenice.] [Slov. with Czech and Engl. rés.]

4299
Lipej, Božena: Predstavitev Pregledne karte Slovenije z občinami. In: Geodetski vestnik. 39, 1995, 1. p.47-48, 2 ill. [Presentation of a general map of Slovenia with communes.] [Slov.]

4300
Pecek, Dusan: Slovenia - opportunities and challenges. Slovenia 'suffers from all the GIS diseases'. In: The 1994 European GIS Yearbook. p.201-204, 1 ill.

4301
Petrovič, Dušan; Rojc, Branko: Državna topografska karta 1:25 000 - nova slovenska sistemska karta. In: Geodetski vestnik. 39, 1995, 3. p.202-207, 2 ill. [National topographic map scale 1:25 000 - new Slovene system map.] [Slov. with Czech and Engl. rés.]

4302
Pregledna karta Republike Slovenije v merilu 1:200 000. In: Geodetski vestnik. 39, 1995, 1. p.49-50, 1 ill. [General map of the Republic of Slovenia at 1:200 000 scale.] [Slov.]

4303
Rener, Roman: Strokovne usmeritve geodezije v novi državi - kataster in kartografija. In: Geodetski vestnik. 39, 1995, 3. p.222-228. [Professional orientations in geodesy in the new state - land cadastre and cartography.] [Slov. with Czech and Engl. rés.]

4304
Sever, Grega; Radovan, Dalibor: Zasnova in izdelava digitalne državne topografske karte 1:25 000. In: Geodetski vestnik. 39, 1995, 3. p.229-236, 1 ill. [Preparation and production of a digital national topographic map scale 1:25 000.] [Slov. with Czech and Engl. rés.]

4305
Vodopivec, Florijan; Kogoj, Dušan: Visoki strokovni študij geodezije. In: Geodetski vestnik. 39, 1995, 3. p.237-242, 3 tab. [Four-year university curriculum for geodesy.] [Slov. with Slov. and Engl. rés.]

4306
Žvan, Mimi: Vloga Geodetskega informacijskega centra Geodetske uprave Republike Slovenije. In: Geodetski Vestnik. 39, 1995, 2. p.131-133, 2 ill. [Role of the Geodetic Information Center of the Surveying and Mapping Authority of the Republic of Slovenia.] [Slov.]

4307
Žvokelj, Borut Pegan: Standardi prostorskih podatkov: pregled in ocena stanja in uporabnosti nekaterih standardov s področja prostorske informatike. In: Geodetski vestnik. 39, 1995, 3. p.243-248. [Standards of spatial data: examination and estimate of the situation of spatial standards and their usage.] [Slov. with slov. and Engl. rés.]

Spain / Spanien / Espagne

4308
González-Pumariega Solís, Pelayo: La imagen de la cartografía en la filatelia española contemporánea (I y II). In: Topografía y Cartografía. 69, 1995, 12; 70, 1995, 12. p.25-45, 18 ill.; p.54-63, 12 ill.

4309
Ruiz Pérez, Maurici and others: GIS and multimedia applications to support environmental impact assessment and local planning. In: Cognitive aspects of human-computer interaction for geographic information systems. - Dordrecht 1995. p.221-238, 12 ill. (NATO ASI series. Ser. D: Behavioural and social sciences. 83.)

4310
Sandoval Ramon, Leonardo: Cartografía digital: Situación actual y futura a corto y medio plazo. In: Boletín de Información. Servicio Geográfico del Ejército. 77, 1994. p.43-60, 2 ill.

4311
Sastre Domingo, Jesús: Documentos de fotogrametría terrestre en el I.G.N. (español). Pasado, presente y futuro. In: Topografía y Cartografía. 66, 1995, 12. p.40-49, 2 ill. [With Engl. and French rés.]

4312
Silió y Fermín Turiel, Fernando: Los mapas nacionales (1750-1900). In: La imagen del mundo. 500 años de cartografía. - Madrid 1992. p.75-89, 20 ill.

4313
Woldai, Tsehaie: Lithologic and structural mapping in a vegetated low-relief terrain using

multiple-source remotely sensed data: a case study of the Calañas area in south-west Spain. In: ITC-Journal. 1995, 2. p.95-114, 15 ill. [With Engl., Span. and French rés.]

Sweden / Schweden / Suède

4314
Arnberg, Wolter: Design concepts of the National PC-Atlas of Sweden. Stockholm 1994. 17 p. [Paper anläßl. der 9. Konferenz der LIBER-Gruppe der Kartenbibliothekare 1994 in Zürich.] [mimeogr.]

4315
Bäärnhielm, Göran: The National PC-Atlas of Sweden. In: The LIBER Quarterly. European Research Libraries Cooperation ERLC. 5, 1995, 3. p.245-248.

4316
Boresjö Bronge, Laine: Första detaljerade vegetationskartan producerad med satellitbildsteknik. In: Lantmäteritidskriften. 1995, 3. p.36-40, 1 ill., 1 tab. [The first particularized vegetation map produced by photogrammetry.] [Swed.]

4317
Ottoson, Lars; Rystedt, Bengt: National GIS programmes in Sweden. In: Geographical information systems. Principles and applications. Vol. 2: Applications. - New York 1994. p.39-46, 6 ill.

4318
Pajanskaja-Gvozdeva, I.I.: Karty rastitel'nosti v nacional'nom atlase Švecii. In: Geobotaničeskoe kartografirovanie. 1991. p.79-82. [The vegetation maps in National Atlas of Sweden.] [Russ.]

4319
Rosenbaum, Michael S.; Söderström, Mats: Cokriging of heavy metals as an aid to biogeochemical mapping. In: Geoinformation of agricultural planning and advisory work. - Göteborg 1995. V, 15 p., 5 ill., 2 tab.

4320
Sandgren, Ulf: Den nya lantmäteriorganisationen i Sverige. In: Lantmäteritidskriften. 1995, 6. p.25-28, 1 ill. [The new land survey organization in Sweden.] [Swed.]

4321
Sandgren, Ulf: GIS research and development in Sweden. In: The 1994 European GIS Yearbook. p.205-208, 1 ill.

4322
Sena, Michael L.: Adaptation of a public agency GIS database to dynamic route guidance. In: Technical Papers 1995 ACSM/ASPRS, Charlotte, North Carolina, Annual Convention & Exposition. - Bethesda 1995. p.361-365, 1 ill.

4323
Silfvernagel, Christer: Kart- och mätningsutbildningar i nya skolformer - vad har hänt? In: Lantmäteritidskriften. 1994, 4. p.20-23, 1 ill. [New school-education by mapping and surveying - what happened ?] [Swed.]

4324
Sjölin, Jonas: Noggrannhet hos fotogrammetriska plankartor och terrängmodeller för projektering. In: Lantmäteritidskriften. 1995, 1. p.29-35, 5 ill., 4 tab. [Exactness by photogrammetric maps and topographical models by planning.] [Swed.]

Switzerland / Schweiz / Suisse

4325
Aerni, Klaus: Kirchberg auf alten Karten. In: Kirchberg: Ortsgeschichte zum 1000-Jahr-Jubiläum. Schriftleitung: Daniel Meichtry. - Kirchberg (Bern) 1994. p.33-44, mp.

4326
Allgöwer, Britta: GIS im Schweizerischen Nationalpark. In: Cratschla. 1, 1993, 1. p.40-43, ill., tab.

4327
Altherr, Jakob: Gabriel Walser (1695-1776): Pfarrer, Chronist, Geograph und Kartenzeichner. - Herisau: Verlag Appenzeller Hefte 1994. 64 p., ill. (Das Land Appenzell. 24.)

4328
Anderegg, Susann: Der Kanton hat ein Juwel zurück [Konrad Geiger und Johannes Müller]. Basler-&-Hofmann-Stiftung übergibt Moritz Leuenberger eine 230jährige Karte. In: Cartographica Helvetica. 12, 1995. p.48-49, 4 ill.

4329
Atlas du territoire genevois: permanences et modifications cadastrales aux XXe et XXe siècles. - Genève: Service des monuments et des sites (canton de Genève) 1993. 24 p., ill., 2 mp.

4330
Bachofen, Ernst: Der Stauberhof-Plan von 1707: Beispiel einstiger Dreizelgenwirtschaft. In: Maurmer Neujahrs-Blätter. - Maur 1993. p.32-38, ill., mp.

4331
Bagutti, Aurelia: I baliaggi svizzeri in Italia nella cartografia di H.A. Jaillot. In: Archivio storico Ticin. 116, 1994. p.215-222 [Cantone Ticino; Graubünden].

4332
Barandun, S.: Netzinformationssystem der Stadt Zürich. In: Vermessung, Photogrammetrie, Kulturtechnik. 93, 1995, 5. p.327-329, 1 ill.

4333
Borioli Sandoz, V.: Les données géoréférées disponibles en Suisse. L'expérience pra tique au service GEOSTAT de l'OFS et l'inventaire des données du groupe de travail SIG-CSI. In: Vermessung, Photogrammetrie, Kulturtechnik. 93, 1995, 5. p.334-338, 4 ill.

4334
Cartographie géomorphologique - Cartographie des risques. Actes de la Réunion annuelle de la Société Suisse de Géomorphologie 19 au 21 juin 1992 aux Diablerets et à Randa. Ed. Philippe Schoeneich, Emmanuel Reynard. - Lausanne 1992. 129 p. (Université de Lausanne. Inst. de Géographie. Travaux et recherches. 9.) [With German and French rés.]

4335
Claramunt, Christophe; Vidale, Laura: GIS in Switzerland. In: The 1994 European GIS Yearbook. p.209-210, 1 ill.

4336
Digitale Karten in der Schweiz. Produkte, Datensätze und Anwendersysteme. Zusammengestellt von Jürg Bühler und Thomas Klöti. Hrsg. von der Arbeitsgruppe Kartenbibliothekarinnen/ Kartenbibliothekare (BBS). - Zürich und Bern 1994. 19 p. [mimeogr.]

4337
Dürst, Arthur: Die Ostschweiz im Bild der frühen Kartenmacher. - Murten: Cartographica Helvetica 1994. 55 p., ill.

4338
Eidenbenz, Ch.: GIS-Grundlagedaten beim Bundesamt für Landestopographie. In: Vermessung, Photogrammetrie, Kulturtechnik. 93, 1995, 5. p.330-333, 1 ill.

4339
Engelberts, Derck: Eine Karte der Region Burgdorf [Lambert de Varicourt]. In: Burgdorfer Jahrbuch. 61, 1994. p.9-23, mp.

4340
Faoro, G.: SYSIF: Le système Infographique Fribourgeois - un SIT à l'échelle du canton. In: Vermessung, Photogrammetrie, Kulturtechnik. 93, 1995, 1. p.8-11, 3 ill.

4341
Feldmann, Hans-Uli: Rock representation in topographic maps of Switzerland. - Wabern 1995. 4 p. (Paper for the 16th International Conference on the History of Cartography.)

4342
Fitze, Urs: Der Bodenseeraum auf alten Karten. Ausstellung "Die Ostschweiz im Bild der frühen Kartenmacher", Landesmuseum Zürich. In: Bodensee Hefte. 44, 1994, 11. p.22-27, mp.

4343
Gasperina, Fabrizio: Evolution de la Chaux-de-Fonds à travers ses plans cadastraux de 1794 à nos jours. - Neuchâtel: Institut de géographie, Université de Neuchâtel 1993. [Travail de diplôme.]

4344
Gatti, M.; Bruhin, G.: Einführung eines Landinformationssystems in der Gemeinde Meilen. In: Vermessung, Photogrammetrie, Kulturtechnik. 93, 1995, 5. p.321-323, 3 ill.

4345
Geographische Informationssysteme (GIS) in der Forstwirtschaft. 32. Tagung Schweiz. Arbeitskreis für Forsteinrichtung, Birmensdorf, 26.-27.9.1991. In: Schweizerische Zeitschrift für Forstwesen. 144, 1993, 9. p.701-750, ill., tab.

4346
Geographisches Informationssystem der Stadt Zürich. [Versch. Beiträge]. In: Gas, Wasser, Abwasser. 74, 1994, 11. p.903-952, ill., tab., mp.

4347
Giudicetti, Franchino: Die italienischen Nachzeichnungen der Schweizer Karte des Aegidius Tschudi, 1555-1598: Dokumentation. - Murten: Cartographica Helvetica 1993. 15 p., ill.

4348
Grosjean, Georges: Karte des bernischen Staatsgebietes 1638 von Joseph Plepp. In: Cartographica Helvetica. 12, 1995. p.13-17, 8 ill.

4349
Gurtner, Martin: Karten lesen: Handbuch zu den Landeskarten. - Wabern: Bundesamt für Landestopographie 1995. 283 p., ill., mp. ISBN 3-85902-137-0

4350
Haller-Brem, Susanne: Eine Ausstellung im Landesmuseum zeigt Karten und Instrumente aus fünf Jahrhunderten. In: Vierteljahresschrift der naturforschenden Gesellschaft Zürich. 139, 1994, 4. p.185-186, ill., mp. [Die Ostschweiz im Bild der frühen Kartenmacher].

4351
Hochrein, Werner; Stoll, Heinz: Veränderungskarten: Dokumente des Landschaftswandels. In: Vermessung, Photogrammetrie, Kulturtechnik. 91, 1993, 5. p.338-345, ill., tab.

4352
Höhener, Hans-Peter: La Suisse. In: Gérard Mercator cosmographe, le temps et l'espace. - Anvers 1994. p.360-367, 12 ill., 1 mp., 1 tab.

4353
Höhener, Hans-Peter: Zur Geschichte der Kartendokumentation in der Schweiz. In: Karten hüten und bewahren. - Gotha 1995. p.57-66. (Kartensammlung und Kartendokumentation. 11.)

4354
Huber, P.: Die Bedeutung der Geo-Information in der öffentlichen Verwaltung. In: Vermessung, Photogrammetrie, Kulturtechnik. 93, 1995, 5. p.313-315.

4355
Hurni, Lorenz: Digital cartographic and topographic products from the Swiss Federal Office of Topography. - Wabern 1994. 5 p., 1 ill. [Paper anläßl. der 9. Konferenz der LIBER-Gruppe der Kartenbibliothekare 1994 in Zürich.] [mimeogr.]

4356
Hurni, Lorenz: Digital cartographic and topographic products from the Swiss Federal Office of Topography. In: The LIBER Quarterly. European Research Libraries Cooperation ERLC. 5, 1995, 3. p.249-254.

4357
Huser, Meinrad: Schweizerisches Vermessungsrecht: gesetzliche Grundlagen und rechtliche Fragen der amtlichen Vermessung. - Fribourg: M. Huser 1994. XXIX, 178 p.

4358
Husner, Erich: Der Einsatz von geographischen Informationssystemen (GIS) im Kanton Basel-Stadt. In: Vermessung, Photogrammetrie, Kulturtechnik. 91, 1993, 5. p.324-326, ill., mp.

4359
Imobersteg, Marc: Die "Erste Post & Dampfschifffahrt Reise Carte der Schweiz". In: Cartographica Helvetica. 12, 1995. p.42-44, 5 ill.

4360
Kleiner, Andreas; Trachsler, Heinz: GIS-ZH: Das Geographische Informationssystem des Kantons Zürich. In: Vermessung, Photogrammetrie, Kulturtechnik. 93, 1995, 1. p.12-15, 2 ill.

4361
Kleiner, Andreas; Trachsler, Heinz: GIS-ZH: raumbezogene Daten effizienter nutzen und bewirtschaften. In: KAUZ: Kanton-Umwelt-Zürich. 5, 1993, 1. p.4-8, ill.

4362
Klöti, Thomas: Die Landtafel des Standes Luzern aus der Werkstatt der Malerfamilie Wägmann. In: Vermessung, Photogrammetrie, Kulturtechnik. 93, 1995, 10. p.619-621, 3 ill.

4363
Klöti, Thomas: Johann Friedrich von Ryhiner, 1732-1803. Berner Staatsmann, Geograph, Kartenbibliograph und Verkehspolitiker. - Bern: Geogr. Gesellschaft 1994. (Jahrbuch der Geogr. Gesellschaft Bern. 58, 1992/93.)

4364
Klöti, Thomas: Karten in der Stadt- und Universitätsbibliothek Bern: die Erschließung der Sammlung Ryhiner. In: Berner Zeitschrift, Geschichte und Heimatkunde. 56, 1994, 2. p.179-189, ill., tab., mp.

4365
Lugon, Ralph; Dousse, Jean-Philippe: Modélisation numérique du pergélisol dans les Alpes valaisannes. In: Cartographie géomorphologique - Cartographie des risques. Actes de la Réunion annuelle de la Société Suisse de Géomorphologie 19 au 21 juin 1992 aux Diablerets et à Randa. - Lausanne 1992.

p.61-63, 2 ill., 1 mp. (Université de Lausanne. Inst. de Géographie. Travaux et recherches. 9.) [With German and French rés.]

4366
Martig, P.: Bernische Grenz- und Gewässerpläne. In: Vermessung, Photogrammetrie, Kulturtechnik. 93, 1995, 10. p.622-625, 6 ill.

4367
Matthias, Herbert J.; Spiess, Ernst: AVW 4: Amtliche Vermessungswerke, Band 4: Topographische Grundkarte, der Übersichtsplan. - Aarau: Verlag Sauerländer 1995. 166 p., ill. ISBN 3-7941-1749-2

4368
Parra del Rio, Maria Dolores: Los "Planos geognosticos de los Alpes, la Suiza y el Tirol" de Carlos de Gimbernat. - Aranjuez: Ediciones Doce Callas 1993. 383 p., 12 mp., ill. (Theatrum naturae. Serie Textos clasicos.)

4369
Philipp, Reto: The digital geological map of Switzerland 1:100 000. - Zürich 1994. 2 p., ill. [Paper anläßl. der 9. Konferenz der LIBER-Gruppe der Kartenbibliothekare 1994 in Zürich.] [mimeogr.]

4370
Reynard, Emmanuel: Comparaison de cartes géomorphologiques à différentes échelles. Le cas de la vallée de la Morge. In: Cartographie géomorphologique - Cartographie des risques. Actes de la Réunion annuelle de la Société Suisse de Géomorphologie 19 au 21 juin 1992 aux Diablerets et à Randa. - Lausanne 1992. p.25-30, 3 ill. (Université de Lausanne, Institut de Géographie. Travaux et recherches. 9.) [With German and French rés.]

4371
Rohr, Hans Peter: Das Schaffhauser Kartengemälde von Johann Rudolph Frey (1715). In: Schaffhauser Beiträge. Geschichte. 71, 1994. p.125-135, 1 mp. [Kanton Schaffhausen].

4372
Rüsch, Elfi: Il "mappone" di Brissago. In: Bollettino Società Storica Locarnese. 1994, 2. p.53-56.

4373
Santi, Cesare: La mappe catastale di Monticello del 1793. In: Quaderni grigionitaliani. 62, 1993, 2. p.149-159, tab., mp.

4374
Schoeneich, Philippe: Cartographie géomorphologique en Suisse. Une bibliographie commentée et des propositions. In: Cartographie géomorphologique - Cartographie des risques. Actes de la Réunion annuelle de la Société Suisse de Géomorphologie 19 au 21 juin 1992 aux Diablerets et à Randa. - Lausanne 1992. p.1-13. (Université de Lausanne. Inst. de Géographie. Travaux et recherches. 9.) [With German and French rés.]

4375
Spocci, R.: Il sistema di informazione del territorio del canton Ticino. In: Vermessung, Photogrammetrie, Kulturtechnik. 93, 1995, 1. p.4-7, 4 ill.

4376
Strübin Rindisbacher, Johanna: Vermessungspläne von Joseph Plepp (1595-1642), dem bernischen Werkmeister, Maler und Kartenverfasser. In: Cartographica Helvetica. 12, 1995. p.3-12, 10 ill., portr.

4377
Stutz, Edgar: Cartes des aléas et des dangers géologiques. Comment informer l'utilisateur? L'exemple du Bouveret

(Port-Valais, VS). In: Cartographie géomorphologique - Cartographie des risques. Actes de la Réunion annuelle de la Société Suisse de Géomorphologie 19 au 21 juin 1992 aux Diablerets et à Randa. - Lausanne 1992. p.75-86, 5 ill. (Université de Lausanne, Institut de Géographie. Travaux et recherches. 9.) [With German and French rés.]

4378
Torricelli, Gian Paolo: Proposte per l'elaborazione di un atlante tematico permanente, nell' ambito della cooperazione transfrontaliers Ticino-Lombardia-Piemonte. - Bellinzona: Periodoco dell'Istituto di ricerche economiche 1993. 68 p., tab., mp.

4379
Weber, Bruno: Herrlibergers Topograph: das zeichnerische Werk des Küfers Hans Conrad Nözli (1709-1751). - Zürich: Verlag Neue Zürcher Zeitung 1993. 175 p., ill.

4380
Weibel, Thomas: Der digitale Orthophotoplan als Basiskarte für landschaftsplanerische Projekte. In: Gaia. 3, 1994, 4. p.241-242, ill.

4381
Wiesli, Urs: Das Aaretal zwischen Olten und Schönenwerd auf dem Midart-Plan um 1780. In: Jahrbuch. Solothurnische Geschichte. 66, 1993. p.437-440, 1 mp.

4382
Zaugg, Hans-Ulrich; Sandoz, Valérie Borioli: GEOSTAT - the service for Spatial Data in the Swiss Federal Administration. - Bern 1994. 8 p., 2 ill. [Paper anläßl. der 9. Konferenz der LIBER-Gruppe der Kartenbibliothekare 1994 in Zürich.] [mimeogr.]

4383
Zimmermann, Hans: INFOPLAN: ein räumliches Informationssystem für die Planung. In: Vermessung, Photogrammetrie, Kulturtechnik. 91, 1993, 5. p.319-323, ill., tab., mp.

Turkey / Türkei / Turquie

4384
Klemp, Egon: Helmuth von Moltkes Beitrag zur Kartographie des Vorderen Orients. - Berlin 1995. 6 p., ill. (Paper for the 16th International Conference on the History of Cartography.)

h. Polar Regions
Polargebiete
Les régions polaires

4385
Marova, N.A.: The bottom relief of Antarctica and its representation on new bathymetric maps. In: Mapping Sciences & Remote Sensing. 32, 1995, 2. p.134-144, 1 ill.

Antarctic / Antarktis / Antarctique

4386
Yoshida, Yoshio; Kanazawa, Kei: A map of Antarctica on a scale of 1:10 000 000. In: Map. 33, 1995, 1. p.30-35, 9 ill., 1 mp.-suppl. [Japan. with Engl. rés.]

i. Outer Space
Weltraum
L'espace cosmique

4387
Baumann, Arthur: Eine Armillarsphäre als Bastelarbeit. In: Der Globusfreund. 43/44, 1995. p.305-312, 5 ill.; p.312-316. [In German and Engl.]

4388
Bell, Scott: Cartographic presentation as an aid to spatial knowledge acquisition in unknown environments. - Santa Barbara: University of California, Santa Barbara 1995. [Master's thesis.]

4389
Engel, David W.: A cartographic and statistical comparison of the global distribution of volcanoes on Venus and Earth. - Hattiesburg: University of Southern Mississippi 1995. [Master's thesis.]

4390
Marktl, Petra: Kartographie extraterrestrischer Himmelskörper. Entwicklungen seit dem Einsatz von Raumfahrzeugen zur Erkundung des Planetensystems. - Wien 1993. 85 p., 32 ill., 13 tab. [Dipl.-Arb. Univ. Wien.]

4391
Ostapenko, E.A.: Technologičeskaja struktura i trebovanija k bankam videodannych dlja sistem kosmičeskogo ėkologičeskogo monitoringa. In: Izvestija vysšich učebych zavedenij. Geodezija i aerofotosemka. 1994, 6. p.99-110, 3 ill. [Technologische Struktur und Anforderungen an Video-Datenbanken für Systeme des kosmischen und ökologischen Monitorings.] [Russ.]

INDEX OF AUTHORS
AUTORENREGISTER
LISTE DES AUTEURS

A

D

E

T

FSC
www.fsc.org
MIX
Papier | Fördert
gute Waldnutzung
FSC® C083411

Kolibri 360 GmbH
Ferdinand-Jühlke-Straße 7
99095 Erfurt, Deutschland
produktsicherheit@kolibri360.de